普通高等教育"十五"国家级规划教材
面向21世纪课程教材
21世纪高等学校机械设计制造及其自动化专业系列教材

材料成形工艺基础
（第四版）

主　编　沈其文
副主编　周世权
参　编　龚文权　陈国清　诸　衡
　　　　彭江英　李远才　安　萍
主　审　傅水根

华中科技大学出版社
中国·武汉

内 容 简 介

本书是以常用工程材料成形工艺和技术基础为主要内容的技术基础课教材，是在总结近几年华中科技大学实施“工程制图与机械基础系列课程教学内容与课程体系改革”教改项目所取得的经验，并参考金属工艺学、机械制造基础等课程教材的基础上，以扩大知识面、提高起点、满足宽口径教学要求为原则重新编写而成的。

本书分为5篇。第1篇主要介绍金属的铸造成形工艺，包括铸造成形工艺的理论基础、常用铸造合金及其熔炼、金属的铸造成形工艺、铸造工艺设计、铸件的结构设计等内容；第2篇主要介绍金属的塑性成形工艺，包括金属塑性成形工艺的理论基础、锻造成形工艺、板料的冲压成形工艺，以及金属的其他塑性成形工艺；第3篇主要介绍金属的焊接成形工艺，包括熔焊、压焊、钎焊、封接与胶接工艺，以及金属材料的焊接性、焊接结构的设计等内容；第4篇介绍其他的材料成形工艺，包括塑料的成形工艺、橡胶及其模塑成形工艺、粉末冶金成形工艺、陶瓷及玻璃材料的成形工艺、复合材料的成形工艺、3D打印成形工艺；第5篇主要介绍材料成形工艺的选择，包括常用材料成形工艺分析、材料成形工艺方案的变更及选用。

本书可作为高等学校机械类、材料工程类、近机械类及非机械类本、专科学生的教材，也可供有关工程技术及管理人员参考。

图书在版编目(CIP)数据

材料成形工艺基础/沈其文主编. —4版. —武汉：华中科技大学出版社，2021.8
ISBN 978-7-5680-7387-5

Ⅰ. ①材…　Ⅱ. ①沈…　Ⅲ. ①工程材料-成型-工艺-高等学校-教材　Ⅳ. ①TB3

中国版本图书馆CIP数据核字(2021)第141329号

材料成形工艺基础(第四版)
Cailiao Chengxing Gongyi Jichu(Di-si Ban)　　沈其文　主编

策划编辑：万亚军
责任编辑：姚同梅
封面设计：原色设计
责任监印：周治超
出版发行：华中科技大学出版社(中国·武汉)　　电话：(027)81321913
武汉市东湖新技术开发区华工科技园　　邮编：430223
录　　排：华中科技大学惠友文印中心
印　　刷：武汉市籍缘印刷厂
开　　本：787mm×1092mm　1/16
印　　张：27　插页：2
字　　数：712千字
版　　次：2021年8月第4版第1次印刷
定　　价：69.80元

21 世纪高等学校
机械设计制造及其自动化专业系列教材

总　　序

“中心藏之，何日忘之”，在新中国成立 60 周年之际，距离“21 世纪高等学校机械设计制造及其自动化专业系列教材”出版 9 年之后，再次为此系列教材写序时，《诗经》中的这两句诗又一次涌上心头。衷心感谢作者们的辛勤写作，感谢多年来读者对这套系列教材的支持与信任，感谢为这套系列教材出版与完善作出过努力的所有朋友们。

追思世纪交替之际，华中科技大学出版社在众多院士和专家的支持与指导下，根据 1998 年教育部颁布的新的普通高等学校专业目录，紧密结合“机械类专业人才培养方案体系改革的研究与实践”和“工程制图与机械基础系列课程教学内容和课程体系改革研究与实践”两个重大教学改革成果，约请全国 20 多所院校数十位长期从事教学和教学改革工作的教师，经多年辛勤劳动编写了“21 世纪高等学校机械设计制造及其自动化专业系列教材”。这套系列教材共出版了 20 多本，涵盖了“机械设计制造及其自动化”专业的所有主要专业基础课程和部分专业方向选修课程，是一套改革力度比较大的教材，集中反映了华中科技大学和国内众多兄弟院校在改革机械工程类人才培养模式和课程内容体系方面所取得的成果。

这套系列教材出版发行 9 年来，已被全国数百所院校采用，受到了教师和学生的广泛欢迎。目前，已有 13 本列入“普通高等教育‘十一五’国家级规划教材”，多本获国家级、省部级奖励。其中的一些教材(如《机械工程控制基础》《机电传动控制》《机械制造技术基础》等)成为同类教材的佼佼者。更难得的是，“21 世纪高等学校机械设计制造及其自动化专业系列教材”成为一个著名的丛书品牌。9 年前为这套教材作序的时候，我希望这套教材能加强各兄弟院校在教学改革方面的交流与合作，对机械工程类专业人才培养质量的提高起到积极的促进作用，现在看来，这一目标很好地达到了，让人倍感欣慰。

李白讲得十分正确：“人非尧舜，谁能尽善？”我始终认为，金无足赤，人无完人，文无完文，书无完书。尽管这套系列教材取得了可喜的成绩，但毫无疑问，这套书中，某本书中，这样或那样的错误、不妥、疏漏与不足，必然会存在。何况形势总在不断地发展，更需要进一步来完善，与时俱进，奋发前进。较之9年前，机械工程学科有了很大的变化和发展，为了满足当前机械工程类专业人才培养的需要，华中科技大学出版社在教育部高等学校机械学科教学指导委员会的指导下，对这套系列教材进行了全面修订，并在原基础上进一步拓展，在全国范围内约请了一大批知名专家，力争组织最好的作者队伍，有计划地更新和丰富“21世纪高等学校机械设计制造及其自动化专业系列教材”。此次修订可谓非常必要，十分及时，修订工作也极为认真。

“得时后代超前代，识路前贤励后贤。”这套系列教材能取得今天的成绩，是几代机械工程教育工作者和出版工作者共同努力的结果。我深信，对于这次计划进行修订的教材，编写者一定能在继承已出版教材优点的基础上，结合高等教育的深入推进与本门课程的教学发展形势，广泛听取使用者的意见与建议，将教材凝练为精品；对于这次新拓展的教材，编写者也一定能吸收和发展原教材的优点，结合自身的特色，写成高质量的教材，以适应“提高教育质量”这一要求。是的，我一贯认为我们的事业是集体的，我们深信前贤、后贤一起一定能将我们的事业推向新的高度！

尽管这套系列教材正开始全面的修订，但真理不会穷尽，认识不是终结，进步没有止境。“嘤其鸣矣，求其友声”，我们衷心希望同行专家和读者能继续不吝赐教，及时批评指正。

是为之序。

中国科学院院士 杨叔子

2009.9.9

第四版前言

本书是21世纪高等学校机械设计制造及其自动化专业系列教材之一，先后被列为教育部“面向21世纪课程教材”（第二版）和“普通高等教育‘十五’国家级规划教材”（第三版）。

自出版发行以来，本书一直受到业内相关读者的关注和喜爱。本书第三版在2003年9月出版，距今已经近18年。虽然在2020年我们搜集的教材使用单位反馈意见中，各单位均肯定本书内容篇幅基本符合教学要求，但考虑到十几年来科学技术飞速进步，机械制造中的成形材料及成形工艺亦发生了日新月异的变化，为此今年我们特对本书进行修订。

在第三版的基础上，本版对传统的材料成形工艺内容进行了精选，缩减或删除了陈旧过时的内容，酌情增加了新材料及相应的成形新工艺及成形技术的原理和应用实例。如在第5篇“材料成形工艺的选择”中的第22章“材料成形工艺的方案变更及选用”中以汽车的主要零部件替代小型汽油发动机，删除已淘汰的化油器结构（当今已采用电喷）。修订后的教材内容更丰富，插图更规范，更适应教学需要。

本版与上一版相比具体有如下变化：

（1）上一版沿用第一版的内容，而第一版的编写宗旨是贯彻1998年国家教委会议精神，适应宽口径新专业教学的需要，淡化专业，加强基础，提高起点，深化、拓宽和加强基础，其内容涵盖整个材料工程所有的成形工艺和工艺设计，有些偏重于专业基础，强调培养学生分析零件结构工艺性和选择成形工艺方法的基本素质，这对于机械制造、机电一体化等专业是非常适合的。但随着材料工程等专业教学改革工作的推进，后来又出现了与专业课更接近的如材料工程等专业基础教材，因而出现前后课程内容重复的现象。为了避免此现象，将本版更准确地定位为技术基础课教材，以扩大读者使用范围。

（2）本版不过分强调零件的结构工艺性及工艺设计，原因是随着众多三维绘图软件如Unigraphics、Pro/Engineer、AutoCAD、I-DEAS、CATIA、SolidWorks、CAXA的不断升级，其模块设计功能更强，可早期发现有关零件结构工艺性的问题，并能及时纠正错误，弥补其设计的不足；特别是随着当今3D打印技术的发展，设计过程对设计者在零件结构工艺性方面的要求越来越宽松，可以说“只有想不到，没有做不到”。

（3）本版更注重贯彻“能适应，才能创业”的指导思想。为了使学生能适应科学技术的突飞猛进和社会的不断进步,本版又对成形工艺的新进展做了适当拓展,增加了合金的凝固模拟、定向凝固概念,金属和非金属材料复合成形工艺(如消失模与熔模、真空压铸复合成形),挤压压铸模锻成形新工艺,纤维、塑料、陶瓷、玻璃及复合材料的复合铸造成形,复合材料半固态液体模塑成形,陶瓷基复合材料的增韧工艺,化学气相浸渗成形和溶胶-凝胶工艺,铸锻铣一体化3D打印成形工艺及设备,3D与4D打印相结合的应用等内容。

(4)本版尽可能结合日常所见到的机械零件,如飞机、汽车、火车、自行车、家庭用具中的零件来介绍材料及成形技术方法的选择,尽可能图文并茂,以便于读者理解各种成形技术方法,弥补目前高校学生因实习受限,难以见到新工艺、新技术等不足。

(5)本版更注重同一种成形工艺技术方法对于不同材料的综合应用。例如,液态成形不仅用于铸造,也用于锻造(称为液态模锻),不仅用于金属成形,也用于塑料(浇铸、灌注及离心铸造)、陶瓷(粉浆浇铸)、复合材料(液相工艺)的成形;轧制、挤压成形同样不仅用于金属成形,亦可用于塑料(挤出、压制)、陶瓷(压制)、玻璃(拉制、轧制)、复合材料(模锻、拉拔、挤压)成形;焊接工艺不仅用于金属成形,亦可用于塑料、陶瓷等非铁金属(脉冲等离子弧焊、激光焊接与切割、超声波焊接及钎焊等)成形。

(6)本版内容涉及领域更广泛,叙述尽量通俗易懂,大量应用插图,使初学者更容易理解阐述的内容。

(7)为了便于教学,从本修订版开始,每章都附有复习思考题参考答案和PPT教学课件,读者若需要可发送邮件至电子邮箱 hustp_jixie@163.com 索取。

要说明的是,本版仍采用了“材料成形”这一提法,而不用“材料成型”。国外同类教材中“成形”和“成型”这两个词区分较清楚:“成形”为“shaping”,“成型”为“forming”。“成型”工艺通常使用模具(模腔),其最终产品通常是接近或就是所要求的形状,几乎不要或只要少量加工,例如形状复杂的金属或塑料壳体零件都是将材料熔化成液态浇入模腔中“成型”的;而形状简单的零件一般只用简单的工模具或不用有模腔的模具来“成形”制造,如丝材及圆钢的拉拔、轧制等,也不需要模具。因此,本版仍采用“材料成形”,以使使用范围更广。

在学习本书之前应修完“工程制图”、“工程实践”(或“金工实习”)、“工程材料”及“公差与配合”等先行课程。凡在前期课程中已介绍的内容,除与材料成形密切相关的以外,本书原则上不再赘述。但为了能让学生对材料成形技术与制造方法有一个完整的印象,对有些必要的内容(如钢铁生产的过程)做了相应的补充。

本书在结构上突破了传统体系,以零件的结构与其成形工艺可行性的矛盾分析为核心,提高了学习的起点;内容丰富翔实,深入浅出,有关新工艺、新材料的内容更多,并有一定深度;体系完整、新颖,重点突出,主次分明,实践性强,避免了千篇一律的程式化叙述;淡化了专业界限,完整地表达了相关知识之间的内在联系,加强了基础知识,拓宽了学生的视野;语言流畅,通俗易懂,图文并茂且插图丰富规范。本书不仅仅适合机械类、材料工程类、近机械类专业师生的教学,也适合非机械类,包括新闻、经济管理等类专业的本科、专科生及职业技术院校的学生和有关工程技术及管理人员自学阅读。

本版仍由华中科技大学沈其文教授主编,参加修订的人员有:沈其文(第1、2、3、4、5、18、20、21、22章),龚文权、陈国清(第6、7、9章和第8章部分内容),周世权(第10、11、12、13、14章),褚衡(第15、16章),彭江英(第17章),李远才(第19章),安萍(第8章部分内容)。

由于编者水平有限,在教学改革中探索的经验也还有待进一步完善,因此,本教材难免存在错误或疏漏之处,恳请读者指正。

编 者

2021年5月

目　　录

第 3 篇 金属的焊接成形工艺

第4篇　其他的材料成形工艺

第 5 篇 材料成形工艺的选择

第0章　概　　述

随着市场经济的不断发展，人类对所使用的各种机器设备、仪器、工具、用具和零件的性能、质量要求越来越高，从而推动科技不断进步。而各种科技产品，不论其大小和复杂程度如何，都是通过各种不同的材料、利用各种不同的成形工艺制造出来的，例如与材料成形和制造技术密切相关的汽车，它是由采用成百上千种材料和工艺成形的众多零件装配制造而成的，其几乎涵盖了金属[①]、粉末冶金、塑料和橡胶、陶瓷、玻璃及复合材料等的所有成形工艺及制造技术。图0.1所示为汽车主要零部件的名称，图0.2所示为汽车发动机主要零部件。

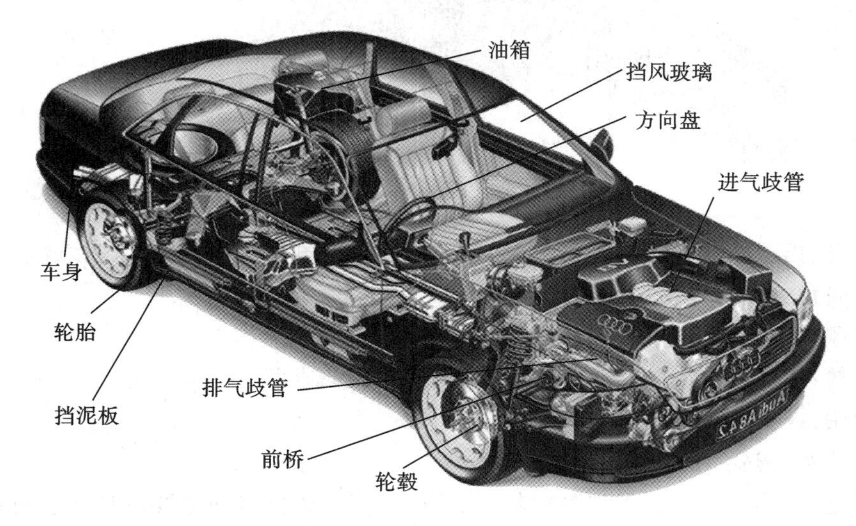

图0.1　汽车主要零部件

汽车及其发动机主要零件的材料及成形工艺如下。

(1)发动机气缸体、气缸盖：优质灰铸铁，砂型或壳型铸造成形(中大型汽车)，或铝合金压铸成形(小轿车)。

(2)进气歧管：铝合金，金属型铸造或气化模铸造成形。

(3)排气歧管：蠕墨铸铁，砂型或壳型铸造成形；或不锈钢，熔模精密铸造成形。

(4)曲轴、凸轮轴、齿轮：中碳低合金钢，模锻成形；或球墨铸铁，砂型铸造成形。

(5)水泵体：铝合金，砂型铸造或金属型铸造成形。

(6)气缸套：灰铸铁，离心铸造成形。

(7)活塞：铝合金，金属型铸造、低压铸造成形或液态模锻成形。

(8)气门：合金钢，镦锻成形。

(9)衬套：铜合金，粉末冶金成形。

(10)连杆、前桥：中碳钢，轧制成形。

---

① 本书所提到的“金属”是指广义的金属，包括合金。

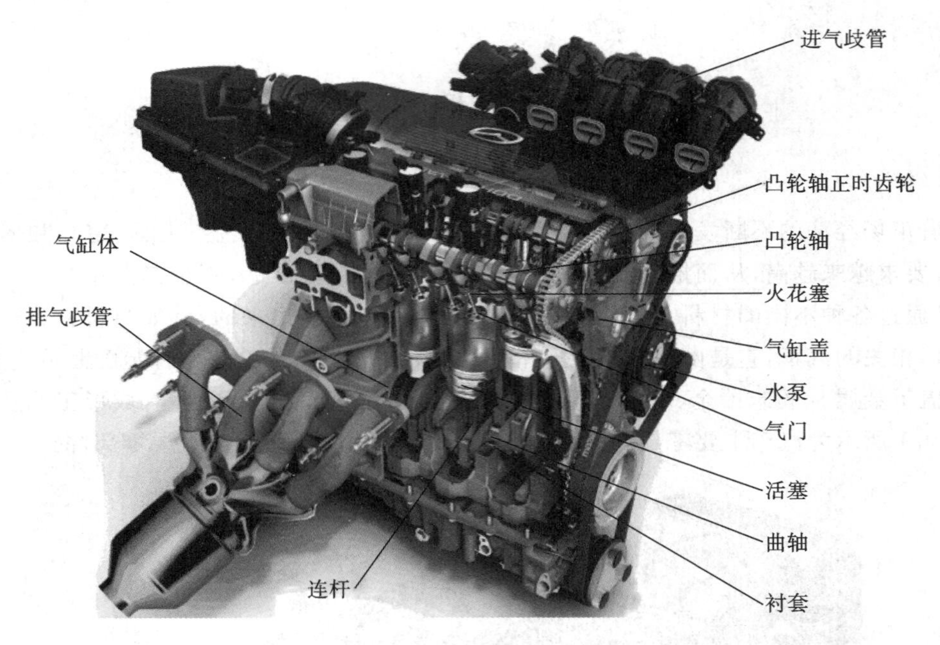

图 0.2 汽车发动机主要零部件

(11)车身、挡泥板、油箱:碳钢薄板,冲压成形后再用电阻点焊或缝焊焊接成形。

(12)方向盘:塑料,注射成形。

(13)挡风玻璃:钢化玻璃,压制成形。

(14)轮毂:铝合金(或镁合金),低压铸造或液态模锻成形。

(15)轮胎:橡胶,压塑成形。

(16)火花塞:陶瓷,灌浆成形。

由此可见,上述零件用到了许多材料和成形工艺(金属材料的主要成形工艺见图 0.3),而

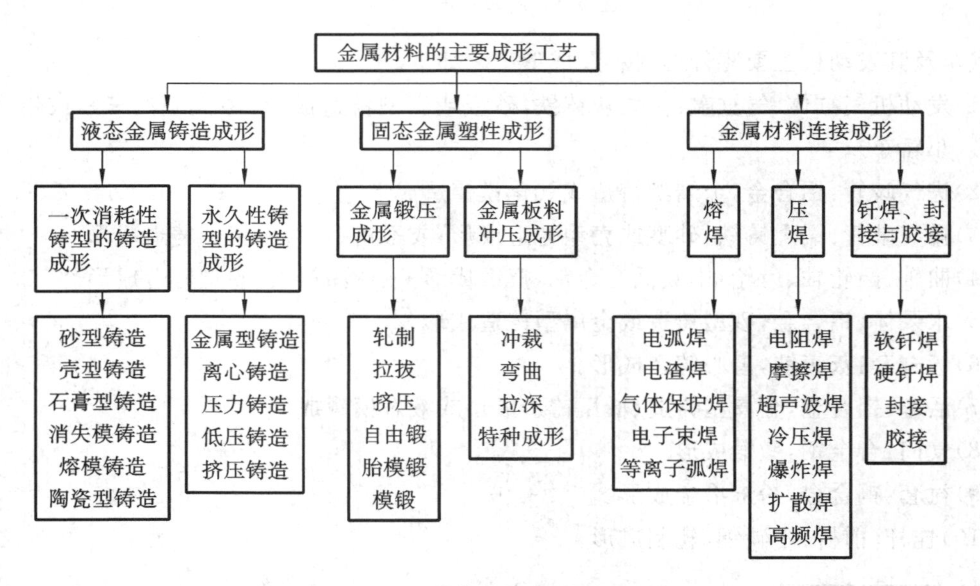

图 0.3 金属材料的主要成形工艺

且，几乎所有的成形零件都要用各种制造工艺进行加工(包括粗、精切削加工，化学、电化学加工，电火花、激光与电子束加工，研磨及线切割加工等)。材料成形与制造技术在人类生活的各个领域中已无处不在。我们必须认真学习和掌握关于常用基本材料的力学性能和制造工艺性能的知识，并通过学习，充分理解各种基本成形工艺的加工能力、应用范围，认识各种常用基本成形工艺与经济因素的重要和复杂关系，能较正确地选用基本成形工艺，为今后的工作实践奠定相关技术基础。

本书侧重介绍以下几个方面的内容：①工艺参数和材料对制造工艺和操作的影响；②设计考虑的因素，产品质量、制造成本因素；③制造工艺的加工能力与选用。

第 1 篇　金属的铸造成形工艺

第1章　铸造成形工艺的理论基础

1.1　铸造成形工艺的特点和分类

铸造是一种将金属液平稳地浇入铸型的型腔，待其冷却凝固后获得铸件的成形工艺（见图1.1）。铸造是公元前4 000年就已出现的古老方法，当时，铸造用于艺术品、铜剑及农具等的制造，现在发展到用于义齿及医疗器械的制造。今天，铸造已成为生产中一种重要的成形技术，正朝着优质、高效、低耗、清洁的方向发展。

金属铸造成形的工艺过程复杂，其中金属熔炼、铸型制备、浇冒口系统和铸造工艺设计是铸造过程中的主要环节。铸型制备涉及各种铸造成形技术的选择，金属熔炼、浇冒口系统和铸造工艺设计则直接影响铸件质量。

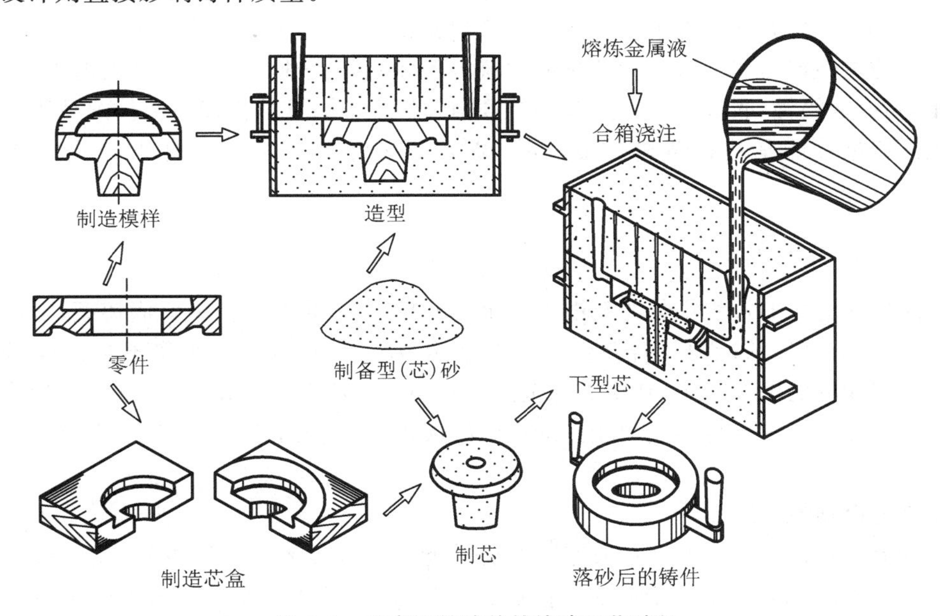

图1.1　汽车飞轮铸件的铸造工艺过程

1.1.1　铸造成形工艺的特点

与其他成形技术相比，铸造成形工艺有如下特点：

(1)适合制造形状复杂、特别是内腔形状复杂的铸件，如箱体、机架、阀体、泵体、叶轮、气缸体、螺旋桨铸件等等。

(2)铸件的大小几乎不受限制，如小到几克的钟表零件，大到数百吨的轧钢机机架，均可铸造成形。

(3)使用的材料范围广，凡能熔化成液态的材料（包括金属和塑料、陶瓷等）几乎均可用于铸造。对于采用某些塑性很差的金属材料（如铸铁）的零件或毛坯，铸造是其唯一的成形工艺。

在工业生产中,铸铁件的应用最广,其产量占铸件总产量的70%以上。一般说来,由于铸件是由金属液直接凝固成形的零件,其内部组织均匀性及致密度均较低,其力学性能低于塑性成形件。

1.1.2　铸造成形工艺的分类

铸造成形工艺依铸型材料、造型工艺和浇注方式的不同,可分为重力作用下的铸造成形工艺和外力作用下的铸造成形工艺两大类;按铸型使用寿命分为一次消耗性铸型铸造成形工艺、永久性铸型铸造成形工艺两大类;此外,还有介于两者之间的半永久型(如泥型、石墨型等)和复合型的铸造成形工艺(见3.4节)。在众多铸造成形工艺中,以砂型铸造成形工艺最为常用。用砂型铸造成形工艺生产的铸件占铸件总产量的70%～90%甚至更高,它适用于各种金属材料,可制作大小、形状和批量不同的各种铸件,且成本低廉。其他铸造成形工艺在铸件品质、生产率等方面优于砂型铸造,但其使用有局限性,成本也比砂型铸造高。

1.2　合金的铸造性能

金属的铸造主要是指合金的铸造,因此,谈到铸造性能,一般是指合金的铸造性能。

合金的铸造性能是指合金在铸造过程中获得尺寸精确、结构完整的铸件的能力,主要包括合金的流动性、收缩性、吸气性以及成分偏析倾向性等性能。这些性能对铸件的品质有很大影响。合金的铸造性能是选择铸造合金材料、确定铸造工艺方案、进行铸件结构设计的依据之一。

1.2.1　合金的充型

合金液填充铸型的过程简称为充型。合金的充型能力,是指合金液充满铸型,以获得轮廓清晰、形状准确的铸件的能力。若合金液的充型能力不足,铸件将产生浇不到、冷隔等缺陷。影响合金充型能力的因素很多,凡影响合金液在铸型中的流动时间和流动速度的因素,都能影响合金的充型能力。影响合金充型能力最主要的因素是合金的流动性、浇注条件和铸型的填充条件。

1. 合金的流动性

合金的流动性是指合金本身在液态下的流动能力。合金的流动性越好,充填铸型的能力就越强,也就越易于铸出轮廓清晰的薄壁复杂铸件,越利于合金液中气体和熔渣的上浮与排除,越有助于对凝固过程中所产生的收缩进行补偿。反之,合金的流动性越差,铸件就越容易产生浇不到、冷隔等缺陷。而且,流动性差也是引起铸件气孔、夹渣和缩孔缺陷的间接原因。

1)流动性的测定

合金流动性的测定方法是:将合金液浇入螺旋形标准试样(见图1.2)的铸型中,冷凝后,测出所浇注试样的实际螺旋线长度。为便于测定,在标准试样上每隔50 mm设置一个凸台标记。在相同的工艺条件下,螺旋线越长,合金的流动性就越好。在常用的铸造合金中,灰铸铁、硅黄铜的流动性较好,铸钢较差,铝合金居中。

2)合金的凝固(结晶)

固态的合金为晶体,所以液态合金的凝固又称为结晶。不同化学成分的合金,因结晶特性、黏度不同,其流动性亦不同。图1.3为不同成分合金的结晶特性示意图。其中,$T_{浇}$表示合金的浇注温度，$\Delta T_{过}$ 表示合金的过热度(浇注温度与合金熔点之间的温度差)，$\Delta T_{凝}$ 表示合金的凝固温度范围。

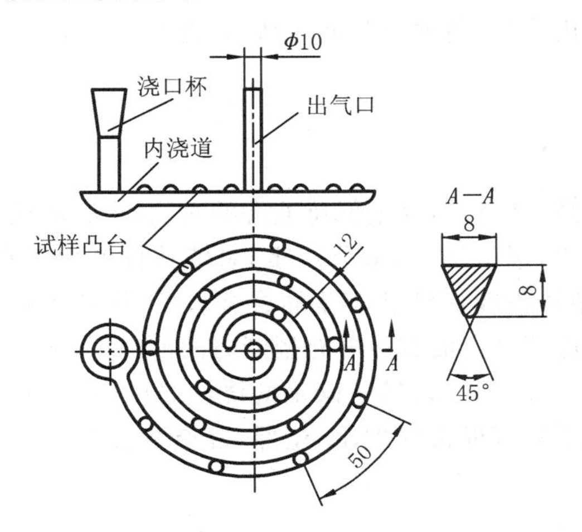

图 1.2　螺旋形标准试样

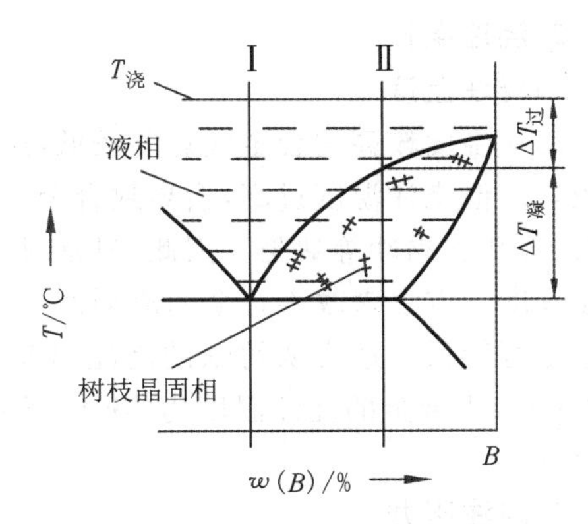

图 1.3　不同成分合金的结晶特性

(1)共晶成分合金(以图 1.3 中共晶成分合金Ⅰ为例)的结晶特性：

①在恒温下以共晶团进行结晶，其凝固状态是从表层开始向中心逐层凝固，结晶前沿(已凝固层与剩余合金液的界面)较平滑(图 1.4a)，对尚未凝固合金液的流动阻力小；

②共晶成分合金的熔点最低，在相同浇注温度下，其 $\Delta T_{过}$ 最大，保持液态的时间最长；

③共晶结晶过程中放出的大量潜热有利于推迟金属的凝固，故共晶成分合金的流动性最好。

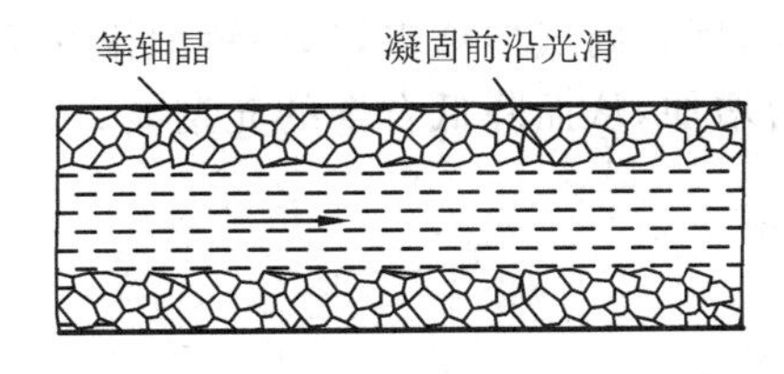

a）纯金属或共晶合金在恒温下凝固

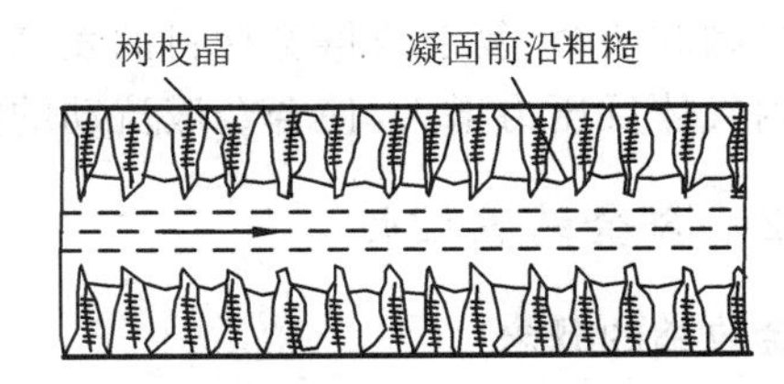

b）凝固温度范围大的合金

图 1.4　不同结晶特性合金的凝固状态

(2)结晶温度范围大的合金(以图 1.3 中过共晶成分合金Ⅱ为例)的结晶特性：

①其凝固过程是在一定温度范围 $\Delta T_{凝}$ 内完成的，经过了液、固两相共存区。该区是液相与固相界面不清晰的糊状凝固区。其中的固相为树枝晶，树枝晶主干间有合金液的存在，树枝晶有三维主干和支干，它使凝固前沿的液固界面粗糙(图 1.4b)，增加了对合金流动的阻力；

②树枝晶的表面积大，导热快，有利于加速合金液的凝固。一般铁及其合金糊状凝固区窄(温差为 50 ℃)，而铝、镁合金糊状凝固区宽(温差为 110 ℃)。以上合金都以糊状凝固方式凝固。合金的糊状凝固区越大，树枝晶越发达，合金的流动性也越差，并容易使铸件成分不均、偏析和产生显微多孔性。

3)影响合金流动性的成分

凡能降低合金液黏度的成分均有助于提高合金流动性，如磷可降低铁液的凝固温度和黏度，因而可提升铁液的流动性，但会引起铸铁的冷脆性。所以，高磷铸铁一般用于力学性能要求不高的小件、薄壁件和艺术品铸件。为了防止浇不到和冷隔缺陷,获得轮廓清晰的铸件,可将磷含量[①]提高至0.5%～1.0%,对于耐磨要求高的铸件,磷含量可更高一些。硫能与锰结合,形成悬浮于铁液中的MnS质点,增加铁液的内摩擦,使铁液黏度增高,表面形成氧化膜,导致合金流动性下降。

2. 浇注条件

1)浇注温度

浇注温度较高的合金液黏度较低,过热度较高,蓄热多,合金保持液态的时间较长,故流动性较好。但浇注温度过高,会导致合金的收缩增大,吸气增多,氧化严重,易使铸件产生缩孔、缩松、气孔和黏砂等缺陷。因此,只是对薄壁复杂铸件或流动性较差的合金,才采用适当提高浇注温度的方法来改善合金的流动性。一般,在保证合金液有足够充型能力的前提下,浇注温度应尽可能低。通常灰铸铁的浇注温度为1 200～1 380 ℃,铸造碳钢的浇注温度为1 520～1 620 ℃,铝合金的浇注温度为680～780 ℃,具体如何视铸件大小、壁厚、复杂程度及合金成分而定。

2)浇注压力

增大浇注压力显然可改善合金液的流动性,如生产中常采用增加直浇道高度的方法或采用压力铸造、离心铸造工艺来增大浇注压力,提高合金液的充型能力。

3. 铸型填充条件

1)铸型导热能力

在金属型铸造中,金属型导热能力强,合金液的流动性容易降低。而在干砂型铸造中,特别是在加热状态的砂型中,合金液的流动性将显著增加。

2)铸型的阻力

铸型的型腔狭窄、复杂或铸型材料的发气量大,型腔内气体增多,如果铸型排气不通畅,会造成铸型内气体反压力增大,使合金液流动的阻力增加,从而降低合金的充型能力。

1.2.2　合金的收缩性

1. 合金收缩的概念

合金从浇注、凝固直至冷却到室温的过程中体积或尺寸缩减的现象,称为收缩。收缩是合金固有的物理特性,但如果在铸造过程中不能对收缩进行控制,常常会导致铸件产生缩孔、缩松、变形和裂纹等缺陷。因此,必须研究合金的收缩规律。在图1.5中,合金Ⅰ从浇注温度冷却至室温的收缩过程包括三个阶段:

(1)液态收缩　液态收缩是从浇注温度($T_{浇}$)到凝固开始温度(即液相线温度$T_{液}$)间的收缩,液态收缩量用$\varepsilon_{液}$表示。

(2)凝固收缩　凝固收缩是从凝固开始温度到凝固终了温度(即固相线温度$T_{固}$)间的收缩,凝固收缩量用$\varepsilon_{凝}$表示。

(3)固态收缩　固态收缩是从凝固终了温度到室温($T_{室温}$)间的收缩,固态收缩量用$\varepsilon_{固}$表示。

合金的总收缩量为上述三种收缩量之和。

合金的液态收缩和凝固收缩表现为合金体积的缩减,常用体收缩率表示,这两种收缩是造

① 本书中提到的物质含量、成分、用量如未特别说明均指质量分数。

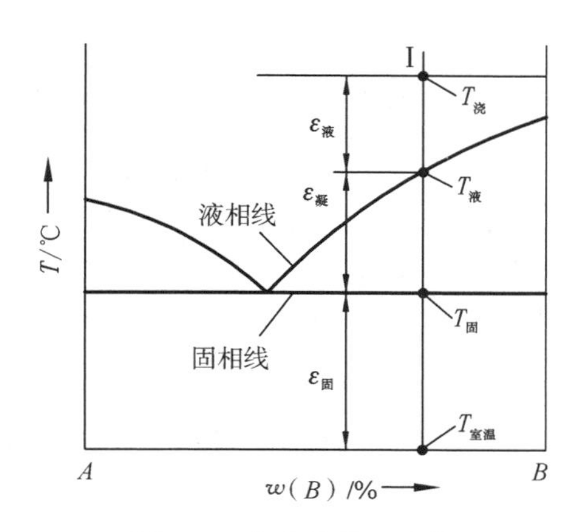

图 1.5　合金收缩三阶段

成铸件缩孔和缩松缺陷的基本原因。合金的固态收缩直观地表现为铸件轮廓尺寸的减小，因此，可用铸件在单位长度上的收缩量，即线收缩率来表示。固态收缩是铸件产生内应力、变形和裂纹的基本原因。

不同合金有不同的收缩率。在常用铸造合金中，铸钢收缩率较大，而灰铸铁收缩率较小。这是由于灰铸铁中的碳在凝固过程中以石墨形态析出，石墨比化合碳的比容大，产生体积膨胀，部分抵消了合金的收缩。

2. 影响合金收缩的因素

1)化学成分

钢的碳含量增加，其 $\varepsilon_{凝}$ 增加而 $\varepsilon_{固}$ 略减。灰铸铁中的碳、硅含量越高，灰铸铁的石墨化能力越强，故其收缩率越小；硫可阻碍石墨析出，使灰铸铁收缩率增大。

2)浇注温度

浇注温度越高，过热度越大，合金的 $\varepsilon_{液}$ 和总收缩率就越大。

3)铸件结构和铸型条件

铸件在铸型中的凝固收缩往往不是自由收缩而是受阻收缩。其原因是：

①铸件各部分的冷却速度不同，引起各部分收缩不一致，相互约束而对收缩产生阻力。

②铸型和型芯对铸件收缩产生机械阻力，使铸件的实际收缩率比自由收缩率要小一些。铸件结构越复杂，铸型强度和硬度越高，型芯的芯骨越粗大，铸件的收缩阻力就越大。

3. 铸件中的缩孔与缩松

1)缩孔和缩松的形成

合金液在铸型中凝固的过程中，液态收缩和凝固收缩将引起合金体积缩减，如合金液得不到补充，则在铸件最后凝固的部分内就会形成孔洞。由此形成的集中孔洞称为缩孔，细小分散的孔洞称为缩松。

(1)缩孔的形成　缩孔的形成过程如图 1.6 所示。合金液充满铸型后，由于铸型吸热，靠近型壁的一层合金液先凝固而形成铸件外壳；内部剩余合金液的收缩因受外壳阻碍，不能得到补偿，故其液面开始下降；铸件继续冷却，凝固层加厚，内部剩余的合金液由于自身的液态收缩和补充已凝固层的收缩，体积缩减，液面继续下降，这种过程一直延续到凝固终了，结果在铸件最后凝固的部位形成缩孔。缩孔呈倒锥形，内表面粗糙。

依凝固条件不同，缩孔可能隐藏在铸件表皮下(此时铸件上表皮可能呈凹陷状)，亦可能露

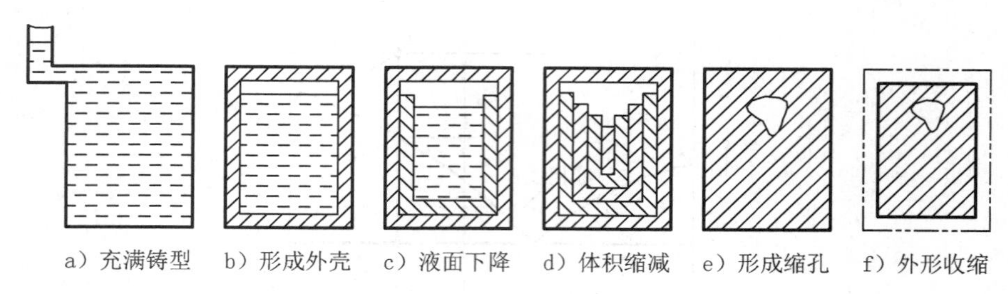

图 1.6　缩孔的形成过程

在铸件表面。纯金属和共晶合金(如一般的铁合金)易形成集中缩孔。

(2)缩松的形成　缩松的形成过程如图 1.7 所示。铸件首先从外层开始凝固,凝固前沿凹凸不平,当两侧的凝固前沿向中心汇聚时,汇聚区域形成一个同时凝固区。在此区域内,剩余合金液被凸凹不平的凝固前沿分隔成许多小液体区。最后,这些数量众多的小液体区因得不到补缩而形成了缩松。缩松隐藏于铸件内部,从外观上不易发现。凝固温度范围大的合金(如糊状凝固区宽的铝、镁合金)结晶时呈糊状凝固状态,凝固中树枝晶将合金液分隔成难以得到补缩的小液体区,故其缩松倾向大。

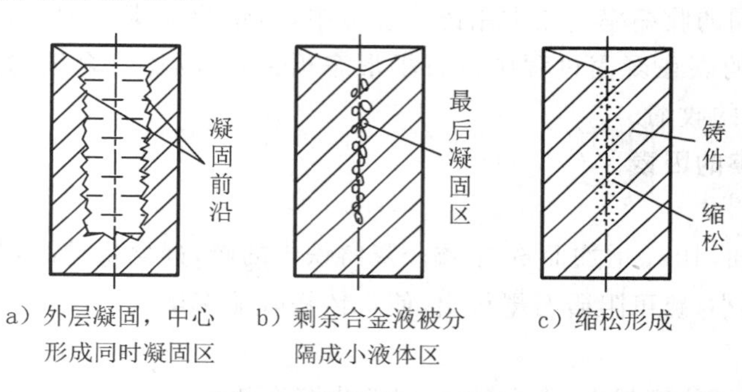

图 1.7　缩松的形成过程

缩松分为宏观缩松和显微缩松两种。宏观缩松是可以用肉眼或放大镜看到的分散细小缩孔。显微缩松是分布在晶粒之间的微小缩孔,要用显微镜才能观察到,这种缩松分布极为广泛,甚至遍布整个铸件。

2)缩孔和缩松的防止

(1)缩孔的防止　缩孔将削减铸件有效截面积,大大降低铸件的承载能力,必须根据技术要求,采取适当的工艺措施予以防止。

①设置冒口　铸件凝固过程伴有收缩现象,只要恰当地控制铸件的凝固顺序,就可获得无缩孔的致密铸件。其具体工艺是:采用冒口和冷铁,使铸件定向凝固。铸件上热量集聚的部位称为热节,一般用铸件截面上的内切圆(称为热节圆)表示,可依据它的大小来判断铸件的冷却次序。显然,热节圆直径最大的部位就是铸件最后可能出现缩孔的部位。所谓定向凝固,就是在热节圆直径最大的部位安放冒口(图 1.8),使铸件远离冒口的部位最先凝固,靠近冒口的部位随后凝固,冒口本身最后凝固。定向凝固使铸件最先凝固部位的收缩由随后凝固部位的合金液来补充,随后凝固部位的收缩由冒口中的合金液补充(如图 1.8 中箭头所示),最后缩孔将转移到冒口之中。冒口作为合金液“储蓄库”,用于补充合金液,以补偿合金液在凝固过程中产生的收缩。

冒口是铸件上多余的部分,清理铸件时需将它去除。对于形状复杂、有多个热节的铸件,为实现定向凝固往往需要设置多个冒口并配合冷铁使用。

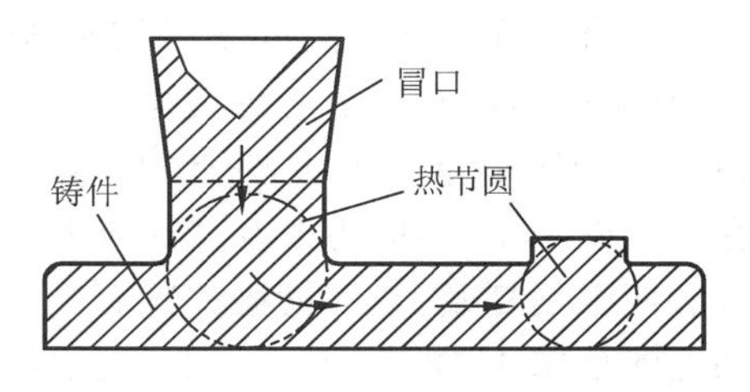

图1.8 用冒口补缩,实现定向凝固

②设置冷铁 冷铁分为外冷铁和内冷铁两类。

外冷铁多使用铸钢、铸铁或铜、石墨制造,可重复使用。安放在铸型中时,与合金液接触的表面应涂敷耐火涂料,以防止与铸件熔黏。如图1.9所示的阀体铸件,其有分布在上部、中部、底部的五个热节,底部凸台处热节不便安放冒口,上部的冒口又难以对该处进行补缩,故在底部设置外冷铁。外冷铁相当于局部金属型,在外冷铁的作用下厚大凸台反而可先凝固。上部和中部的热节,分别由明冒口及暗冒口分别对它们进行补缩。冷铁的作用仅仅是加速铸件局部的冷却,控制铸件的凝固方向,本身并不起补缩作用。

内冷铁要熔合在铸件内,其材质应与铸件材质相同,并要求去油、锈且干燥。由于其熔合时易产生气孔、粘不牢等缺陷,故内冷铁一般应用在不重要的铸件中。图1.10所示为铸铁砧座应用内冷铁减小冒口的实例。

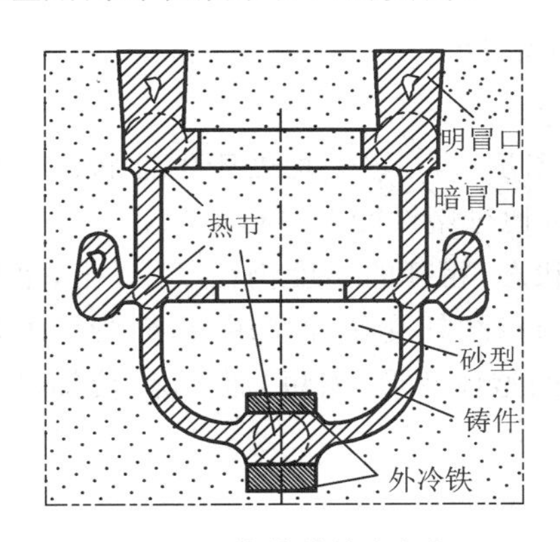

图1.9 阀体铸件的定向凝固

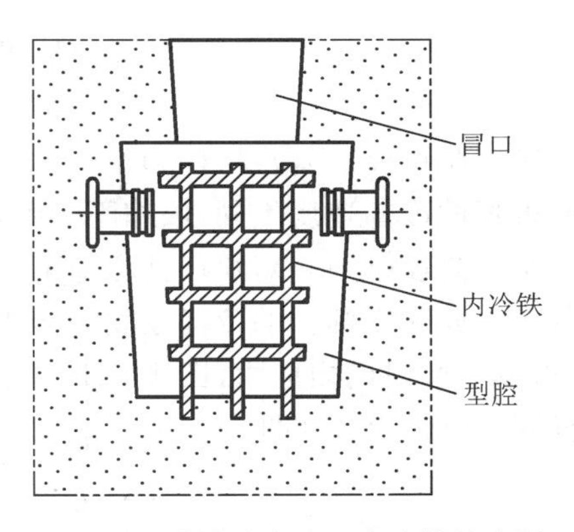

图1.10 铸铁砧座应用内冷铁的实例

(2)缩松的防止 缩松是细小分散的缩孔,它对铸件承载能力的影响比集中缩孔要小,但它会影响铸件的气密性,容易使铸件渗漏。对于气密性要求高的油缸、阀体等承压铸件,必须采取工艺措施来防止缩松。然而,防止缩松比防止缩孔要困难得多。缩松不仅难以发现,而且常出现在由凝固温度范围大的合金所制造的铸件中,由于发达的树枝晶堵塞了补缩通道,因此即使采用冒口也难以对热节进行补缩。目前,生产中多采用在热节处安放冷铁或在砂型的局部表面涂敷激冷涂料的办法,加大铸件的冷却速度,或加大结晶压力,以破碎枝晶,减少对合金液流动的阻力,从而达到部分防止缩松的效果。

4. 铸造内应力及铸件的变形和裂纹

铸件的固态收缩受到阻碍时,在铸件内部产生的内应力称为铸造内应力。当铸造内应力方向与铸件所受外力方向相同时,铸件的实际承载能力会降低。此外,铸造应力还是使铸件产生变形和裂纹的基本原因。

1)**内应力的形成**

(1)热应力 热应力是由于铸件各部分冷却速度不同,以致在同一时间内铸件各部分收缩不一致、相互约束而引起的内应力。

为了分析热应力的形成过程,首先应了解固态合金自高温冷却到室温时其力学状态的变化。固态合金在再结晶温度 $T_{再}$(钢和铸铁的 $T_{再}$ 为 620～650 ℃)以上时处于塑性状态，此时，在应力作用下，固态合金便可发生塑性变形(即永久变形)，其内应力在金属变形后可自行消除；在 $T_{再}$ 以下时呈弹性状态，此时，金属在应力作用下仅能产生弹性变形，金属变形后应力仍然存在。图 1.11 为应力框及其热应力形成过程示意图。应力框(图 1.11a)由长为 L_0 的一根粗杆和两根细杆及上、下横梁整铸而成，用来分析热应力的形成过程。应力框中的粗、细杆的冷却曲线如图 1.12 所示。由图可见，粗杆与细杆的截面厚度不同，冷却速度不一，收缩不一致，因而杆中会产生内应力。其具体形成过程可分为三个阶段。

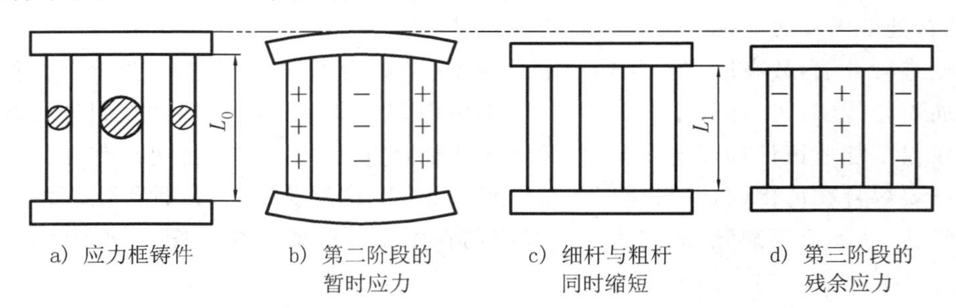

图 1.11 应力框及其热应力的形成过程

注：+表示拉应力；−表示压应力。

第一阶段(t_0～t_1)：粗杆和细杆的温度均高于再结晶温度 $T_{再}$，它们均处于塑性状态。尽管两种杆的冷却速度不同，收缩不一致，但瞬时的应力均可通过塑性变形自行消除。

第二阶段(t_1～t_2)：细杆已冷却至 $T_{再}$ 以下，进入弹性状态，粗杆的温度仍在 $T_{再}$ 以上，呈塑性状态。此时因细杆的冷却速度大于粗杆，收缩亦大于粗杆，细杆受拉伸作用，粗杆受压缩作用，形成了暂时的内应力(图 1.11b)。但内应力会随粗杆的塑性变形(缩短)而消除，使细杆与粗杆同时缩短至 L_1(图 1.11c)。

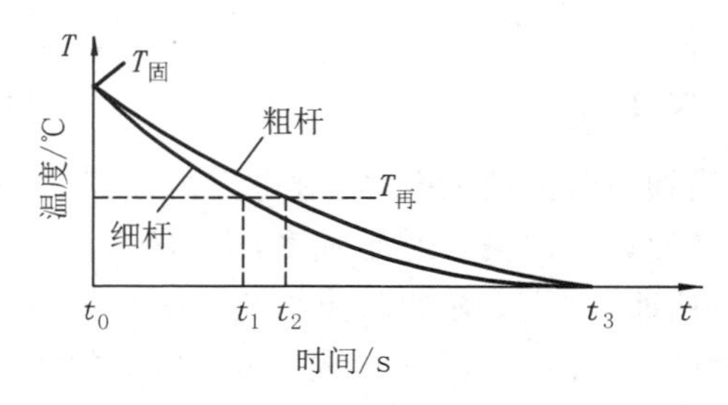

图 1.12 应力框中粗杆和细杆的冷却曲线

第三阶段(t_2～t_3)：因塑性变形而缩短的粗杆也冷却至 $T_{再}$ 以下并呈弹性状态。此时粗杆的温度较高，还会有较大的收缩，而细杆的温度较低，收缩已趋停止。因此，粗杆的收缩必然受到细杆的强烈阻碍，结果，粗杆受弹性拉伸作用，细杆受弹性压缩作用。冷却到室温时，应力框中就产生了残余内应力(图 1.11d)。

由以上分析可以得出：

①热应力的特点是，铸件缓冷部位(厚壁部位或心部)收缩后的长度比薄壁快冷部位要小一些，但由于受到已固化薄壁部位的阻碍而产生拉伸应力；快冷部位(薄壁部位或表层)则由于受到厚壁的压缩作用而产生压缩应力。

②铸件冷却时各部位的温差愈大，定向凝固顺序愈明显，合金的固态收缩率和弹性模量愈大，则热应力愈大。

防止热应力产生的基本途径是缩小铸件各部位的温差，使其均匀冷却。具体措施有：尽量选用弹性模量小的合金；设计壁厚均匀的铸件；从铸造工艺方面促使铸件各部位同时凝固。对图 1.13 所示的壁厚不均匀的阶梯形铸件，若将内浇道开在薄壁处，而在远离浇道的厚壁处放置冷铁，那么，薄壁处因被高温金属液加热而凝固减缓，厚壁处则因被冷铁激冷而凝固加快，从而达到同时凝固的效果。在实际生产中，使铸件同时凝固是减小铸造内应力、防止铸件变形和裂纹的有效工艺措施。这一措施尤其适用于形状复杂的薄壁铸件。

(2)机械应力(又称收缩应力)　机械应力是铸件的固态收缩受到铸型或型芯的机械阻碍而形成的内应力。如图 1.14 所示，轴套铸件在冷却收缩时，其轴向受砂型阻碍，径向受型芯阻碍，由此产生机械应力。显然，机械应力将使铸件产生拉应力或切应力，其大小取决于铸型及型芯的退让性，当铸件落砂后，这种应力可局部甚至全部消失。然而，若机械应力在铸型中与热应力共同起作用，则将增大铸件某部位的拉应力，促使铸件产生裂纹。

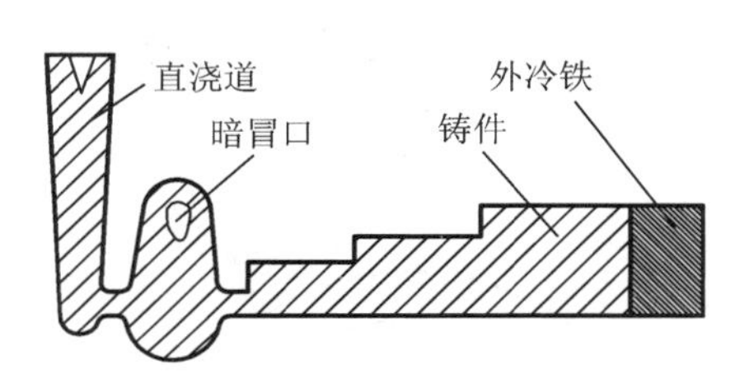

图 1.13　阶梯形铸件同时凝固

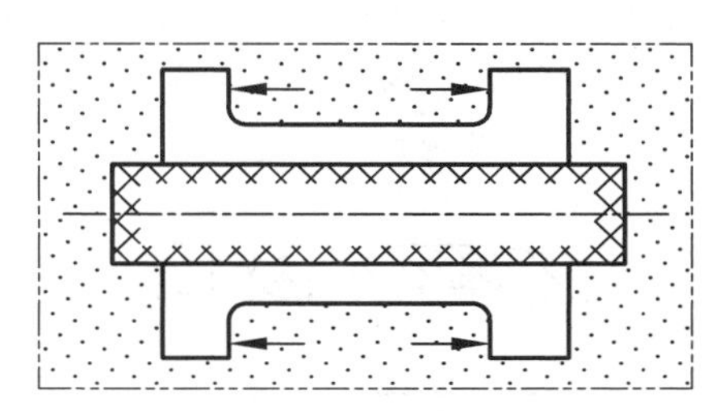

图 1.14　受应力作用的轴套铸件

2)铸件的变形及其防止

残余内应力使铸件内部的晶体结构被拉伸或压缩，好像弹簧被拉伸或压缩一样，处于一种不稳定状态，有自发通过变形来释放应力、回到稳定平衡状态的倾向。显然，只有原来受拉伸部分产生压缩变形、受压缩部分产生拉伸变形，铸件中的残余内应力才会减小或消除。根据此规律可预计铸件变形的方向。

铸件变形以杆件和板件上的弯曲变形最为明显。所谓杆件是指长度大大超过宽度和高度的件，而板件是指长度、宽度大大超过高度的件。梁形件、床身件可视为杆件，而平板件则可视为板件。图 1.15 所示的 T 形梁铸件(图中的双点画线表示变形前的形状)，其上部较厚，冷却较慢，受拉应力，将产生压缩变形来释放应力。因此，最后出现了上边短(内凹)、下边长(外凸)的弯曲变形。

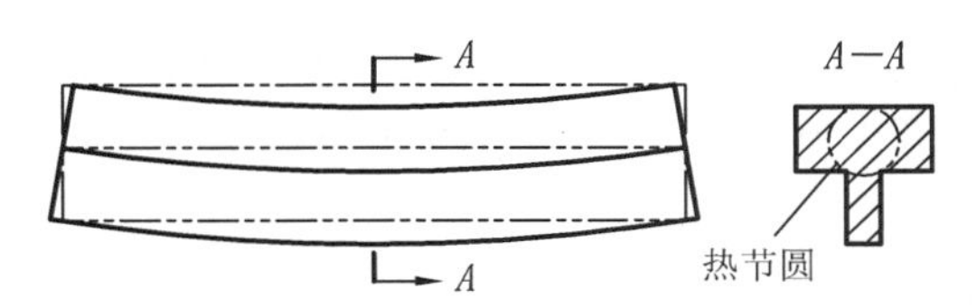

图 1.15　T 形梁铸件的弯曲变形

同理，图 1.16 所示的床身铸件，其导轨较厚，冷却较慢，受拉应力，床壁较薄，受压应力，最后导轨产生内凹的翘曲变形。

图 1.17 所示的平板铸件(图中的双点画线表示变形前的形状)虽厚薄均匀，但由于平板中心部位比四周冷却慢，因此中心部位受拉应力，周边受压应力，且铸型上面又比下面散热快，于是，平板产生上凸的变形。

为了防止铸件变形，除减小应力外，最好是将铸件设计成对称结构，使其内应力互相平衡。

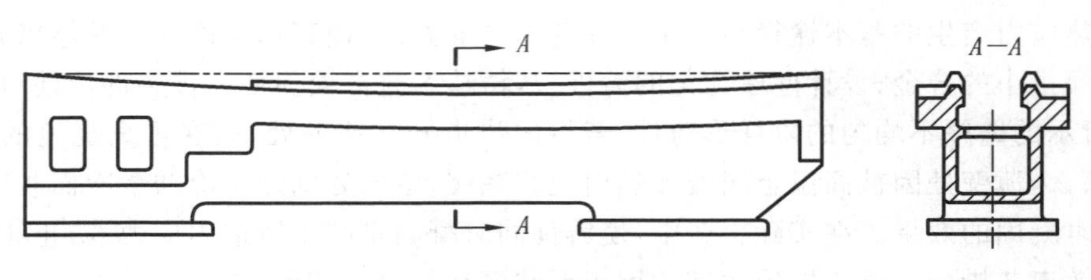

图 1.16　床身铸件的变形

铸造生产中防止变形最有效的方法反变形法。它是指在统计同类铸件变形规律的基础上，在模样上预先做出相当于铸件变形量的反变形量，用以抵消铸件的变形。如长度大于 2 m 的床身铸件，一般每米长采用 1～3 mm 或更多的反变形量。对于某些铸件还可以设置拉肋(又称防变形肋)来防止变形。如图 1.18 所示的半圆形大型齿圈铸件，其因收缩受砂型阻碍，会产生如图中双点画线所示的变形。为此，可设一根拉肋(有时可用浇道代替)将其拉住，待铸件经热处理消除应力后，再将拉肋去掉。为保证拉肋的作用，使拉肋先于铸件凝固，拉肋的厚度应为铸件厚度的 0.8 倍。

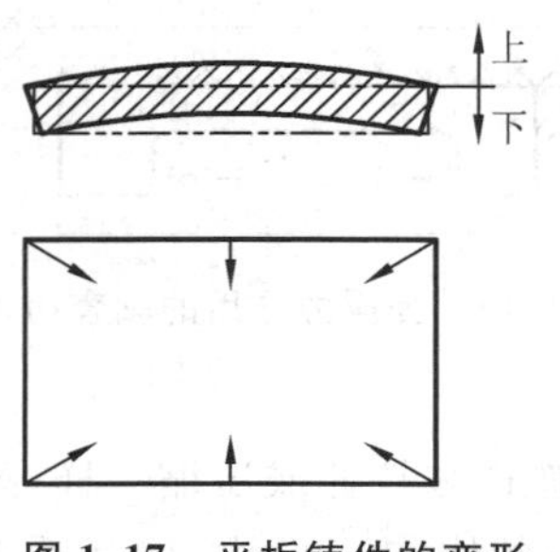

图 1.17　平板铸件的变形

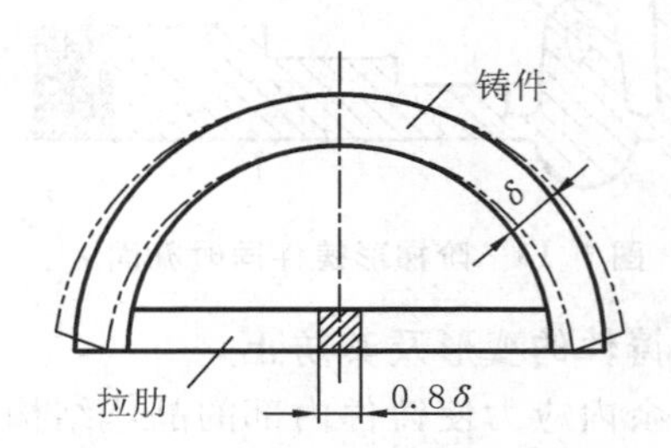

图 1.18　设置拉肋的齿圈铸件

实践证明，尽管变形后铸件的内应力有所减小，但并未彻底消除。铸件经切削加工后，因内应力重新分布，还将缓慢地发生微量变形，使零件精度降低，严重时会使零件报废。为此，对于装配精度和稳定性要求高的重要零件(如机床导轨、箱体、刀架等)，必须进行时效处理。时效处理可分为自然时效处理和人工时效处理两种。自然时效处理是将铸件置于露天场地半年以上，使其在自然的气压和温度作用下缓慢地变形，从而消除内应力。人工时效处理是将铸件加热到 550～650 ℃(用于钢铁铸件)进行去应力退火。人工时效处理比自然时效处理节省时间和场地，应用较普遍。时效处理宜在粗加工之后进行，这样既可将原有的内应力消除，又可将粗加工过程中所产生的内应力一并消除。20 世纪 70 年代以来，又出现了振动去应力的新技术。它是指在零件上设置合理的振击点，并在振击点以恰当的频率和振幅对零件施加振动作用，从而在室温下就可高效消除内应力。

3)铸件的裂纹及其防止

当铸件的内应力超过金属的强度极限时，铸件便产生裂纹。裂纹是一种严重的铸造缺陷，常导致铸件报废。根据产生的原因，裂纹可分为热裂纹与冷裂纹两类。

(1)热裂纹　热裂纹是铸件凝固末期、在接近固相线的高温下形成的。此时，结晶出来的固态金属已形成完整的骨架，进入了线收缩阶段，但晶粒间还存有少量液体，故金属的高温强度很低。例如，含碳 0.3%的碳钢，它在室温下的抗拉强度大于 480 MPa，而在 1 380～1 410 ℃的温度下抗拉强度仅为 0.75 MPa。若高温下铸件的线收缩受到阻碍，机械应力超过其高温强度，则铸件会产生热裂纹。热裂纹的特征是裂纹短，缝隙宽，形状曲折，裂纹内表面呈氧化色。热裂纹在铸钢件和铝合金铸件中较常见。

为了防止产生热裂纹，除应尽量选择凝固温度范围小、热裂倾向小的合金和改善铸件结构外，还应提高型砂的退让性（如在型砂中加木屑，采用有机黏结剂等），对于铸钢和铸铁，必须严格控制其硫含量，防止热脆性。

(2)冷裂纹　冷裂纹是较低温度下，由于热应力和收缩应力的综合作用，铸件的内应力超过合金的强度极限而产生的。冷裂纹常出现在铸件受拉应力的地方，尤其是有集中应力的地方（如内尖角处和缩孔、气孔以及非金属夹杂物的附近）。冷裂纹的特征是裂纹细小，呈连续直线状，裂缝内表面有金属光泽或轻微氧化色。

壁厚差别大、形状复杂的铸件，尤其是大的薄壁铸件易发生冷裂。不同铸造合金的冷裂倾向不同。灰铸铁、白口铸铁、高锰钢等塑性差的合金较易发生冷裂。钢铁中磷含量愈高，铸件愈易冷裂。凡是能减小铸件内应力和降低合金脆性的因素均有利于降低冷裂发生的概率。

此外，设置防裂肋亦可有效地防止铸件产生裂纹。一般，用造型工具在砂型上切割薄片缝隙，铸造时铸件在该处即形成防裂肋（也称割肋）。图 1.19 所示的是在 T 形铸件接头处设置的防裂肋。防裂肋的厚度一般为铸件壁厚的 1/5～1/3。

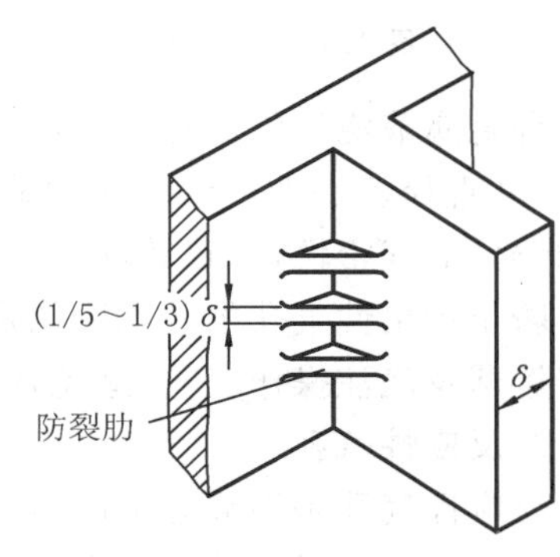

图 1.19　防裂肋

1.2.3　合金的吸气性

合金液中吸入的气体，若在冷凝过程中不能逸出，滞留在合金中，将使铸件内形成气孔。气孔破坏了合金的连续性，减小了其承载的有效截面积，并且在气孔附近会产生集中应力，从而使铸件的力学性能降低。弥散性气孔还可促进显微缩松的形成，降低铸件的气密性。按照气体的来源，气孔可分为侵入性气孔、析出性气孔和反应性气孔三类。

1. 侵入性气孔

侵入性气孔主要是因砂型和型芯中的气体侵入合金液而形成的。这种气孔的特征是位于砂型及型芯表面附近，尺寸较大，呈椭球形或梨形。在浇注过程中，砂型及型芯被加热，其中所含的水分蒸发，有机物及附加物挥发，产生大量气体，若砂型及型芯排气不畅，气体则会侵入合金液，使铸件中形成气孔。如图 1.20 所示铸件中的气孔，就是型芯排气不畅所致的。防止侵入性气孔的主要途径是降低型砂及芯砂的发气量和增强铸型的排气能力。

2. 析出性气孔

金属在熔化和浇注过程中很难与气体隔离。一些双原子气体（如 H_2、N_2、O_2等）可以伴随炉料、炉气等进入合金液，其中氢不与金属形成化合物，且原子直径小，较易溶解于合金液。气体在合金液中的溶解度较在固态合金中的大得多，且随温度升高而加大。图 1.21 所示为氢气在纯铝中的溶解度 $\gamma(H_2)$随温度变化的情况。

合金的过热度愈高，其吸气性愈强。溶解有氢的合金液在冷凝过程中，由于氢的溶解度下降，呈过饱和状态，于是，氢原子结合成分子以气泡的形式从合金液中析出。上浮的气泡若遇阻碍或出现合金液因温度下降而黏度增加等情况，则不能浮出合金液，铸件中就形成析出性气孔。

析出性气孔的特征是：气孔的尺寸较小，分布面积较广，甚至遍布整个铸件截面，而且，用

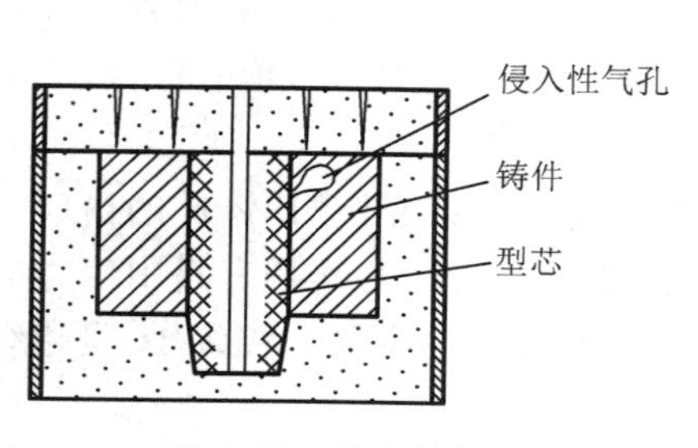

图 1.20　侵入性气孔

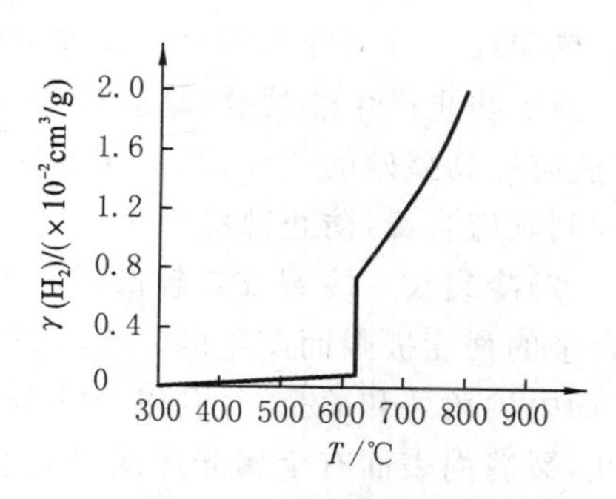

图 1.21　氢气在纯铝中的溶解度

同一种金属液浇注的所有铸件均有气孔,可致使铸件成批报废。析出性气孔在铝合金中最为多见,其直径多小于 1 mm,故常称之为"针孔"。针孔不仅会降低合金的力学性能,还会严重影响铸件的气密性,导致铸件承压时渗漏。

防止析出性气孔的基本途径是:保证炉料入炉前不含水、油、锈等污物,干燥而洁净;严格遵守熔炼及浇注操作工艺,避免合金液与空气接触,并控制炉气为中性气氛。

3. 反应性气孔

反应性气孔是因液态金属与铸型材料、芯撑、冷铁或熔渣之间发生化学反应,产生气体而形成的。例如,冷铁、芯撑若有锈蚀,与灼热的钢液、铁液接触时,将发生如下化学反应:

$$Fe_3O_4 + 4C = 3Fe + 4CO\uparrow$$

产生的 CO 气体常在冷铁、芯撑附近形成气孔(图 1.22)。因此,冷铁、芯撑表面不得有锈蚀、油污,并应保持干燥。

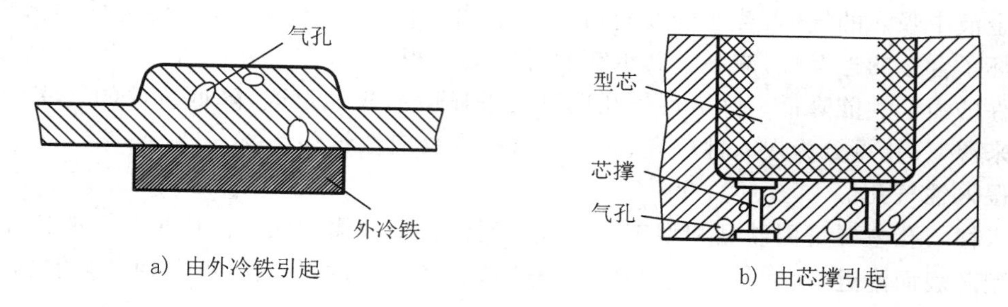

a) 由外冷铁引起　　b) 由芯撑引起

图 1.22　反应性气孔

复习思考题

(1)试述铸造成形的实质及优缺点。

(2)合金的流动性取决于哪些因素?合金流动性不好对铸件品质有何影响?

(3)试述提高合金充型能力的方法。

(4)何谓合金的收缩?影响合金收缩的因素有哪些?

(5)冒口补缩的原理是什么?冷铁是否可以补缩?其作用与冒口有何不同?某厂铸造一批哑铃,常出现如图 1.23 所示的明缩孔,你有什么措施可以防止这种缩孔出现,并使铸件的清理工作量最小?

(6)何谓铸件的同时凝固和定向凝固?试设计图 1.24 所示阶梯形试块铸件的浇注系统,

并设计冒口及冷铁，使其实现定向凝固。

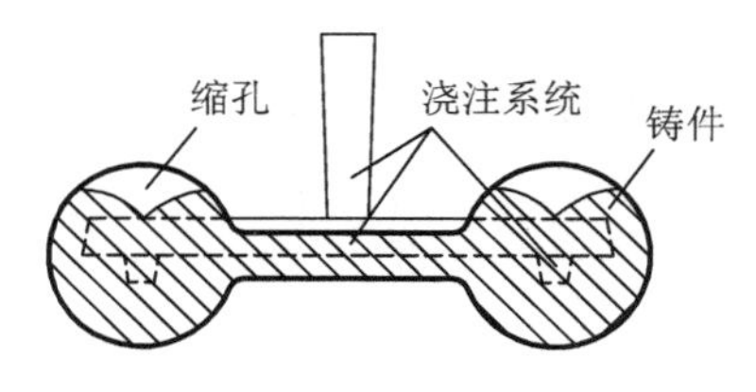

图 1.23　哑铃铸件

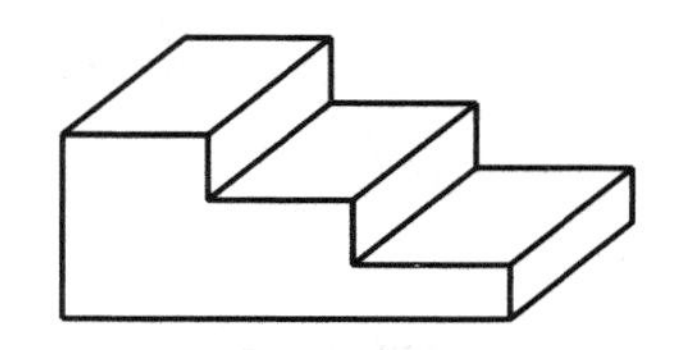

图 1.24　阶梯形试块铸件

(7)何谓铸件的热节？一般用什么方法来确定热节？它对铸件质量有何影响？

(8)某厂自行设计了一批如图 1.25 所示的铸铁槽形梁，铸后立即进行了机械加工，使用一段时间后梁在长度方向上发生了弯曲变形，试分析：

①该件壁厚均匀，为什么还会变形？原因是什么？

②有何铸造工艺措施能防止变形？

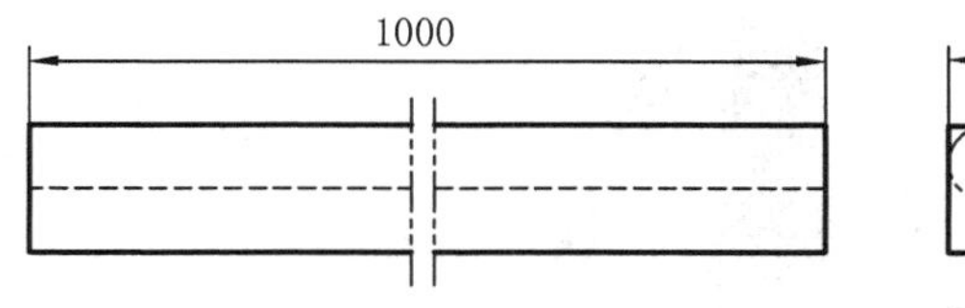

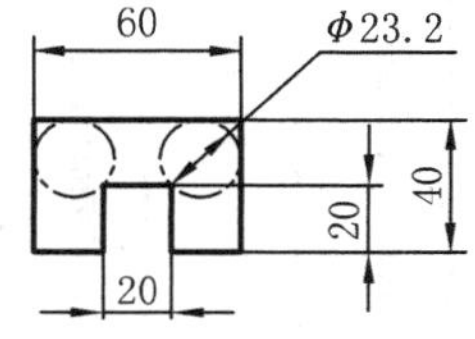

图 1.25　铸铁槽形梁

(9)怎样区分铸件裂纹的性质？可用什么措施防止裂纹？

(10)铸件的气孔有哪几种？下列情况下分别容易产生哪种气孔？

①熔化铝合金时铝料油污过多；

②造型起模时刷水过多；

③造型时舂砂过紧；

④芯撑有锈蚀。

第 2 章　常用铸造合金及其熔炼

2.1　钢铁的生产过程

钢铁的生产过程是一个将铁矿石冶炼成生铁，再将生铁炼成钢液并浇注成钢锭的过程，如图 2.1 所示。

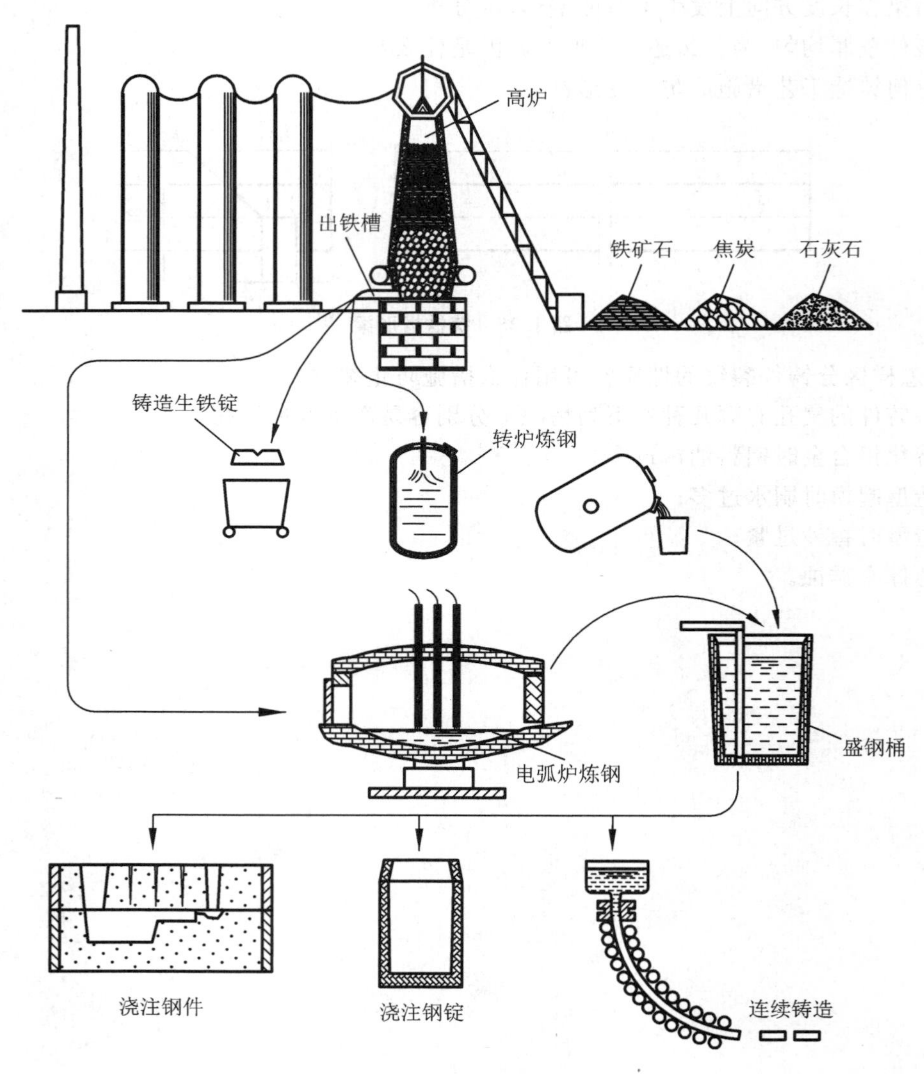

图 2.1　钢铁的生产过程

2.1.1　炼铁

炼铁多在高炉中进行，其过程如下：将铁矿石（大部分成分为氧化铁，混有一定数量的脉石矿物）、焦炭和石灰石（熔剂）等，按一定比例配成一批批炉料，由加料车送入炉内，形成料柱；加料完毕，将炉顶关闭。被热风炉预热到 900～1 200 ℃的热风，由炉壁上的风口吹入高炉下部，使焦炭燃烧，产生大量的炉气（如 CO_2气体等）。炽热的炉气在炉内上升，加热炉料，并与之发生如下几种化学反应。

（1）还原反应　焦炭中的碳和一氧化碳将氧化铁中的氧分离出来，使铁还原。

（2）造渣反应　石灰石分解出来的碱性氧化物 CaO 与脉石矿物中的酸性氧化物 SiO_2结合成低熔点炉渣，使铁与脉石矿物分开。

（3）渗碳反应　已还原的铁吸收焦炭中的碳，形成碳含量较高、熔点较低的铁液。

炉渣的密度小，浮在铁液之上，二者分别从高炉下部的出渣口和出铁口排出炉外。在炼铁过程中，同时被还原出来的硅、锰及炉料带入的硫、磷也溶解在铁液中。高炉生铁的化学成分如表 2.1 所示。

表 2.1　高炉生铁的化学成分

生铁类型	C	Si	Mn	P	S
炼钢生铁	≥3.50%	≤1.25%	≤2.00%	≤0.40%	≤0.07%
铸造生铁	>3.30%	1.25%～3.60%	≤0.50%～1.30%	≤0.060%～>0.200%	≤0.030%～0.050%

注：表中数据摘自 YB/T 5295—2011《炼钢用生铁》、GB/T 718—2005《铸造用生铁》。

高炉生铁主要用来炼钢，这种生铁称为炼钢生铁。其中部分浇注成铸铁锭，供铸造车间熔炼铸铁用，这种生铁称为铸造生铁。不论哪种生铁，均以化学成分而不以力学性能为质量标准。

2.1.2　炼钢

炼钢的主要任务是将生铁中多余的碳和其他杂质氧化成氧化物，并将其随炉气或炉渣一起去除。间接氧化是炼钢的主要反应形式，即氧首先与铁液发生氧化反应，生成 FeO，然后再通过 FeO 来氧化其他元素。有时亦可采用氧与碳或其他杂质反应的直接氧化的形式（如转炉炼钢）。

1. 钢的熔炼方法

依炼钢设备的不同，钢的熔炼方法可分为转炉炼钢法、平炉炼钢法、电炉（电弧炉、感应电炉）炼钢法。由于氧气转炉、炉外精炼、连续铸钢及高功率电炉炼钢等高效、优质熔炼技术持续发展，平炉炼钢法几乎完全被淘汰。炉衬多用碱性材料，以利于钢液的脱磷、脱硫。

1）转炉炼钢

转炉的外形像一个缩口的大盛钢桶，常采用高炉或冲天炉的铁液作为炉料。熔炼时，向炉内吹入压缩空气或纯氧，将铁液中的碳、硅、锰、磷等元素氧化，并放出大量的热，从而在较短的时间内获得钢液。转炉所炼钢液品质较高，其氮、氢、氧的含量均可控制在较低水平，还能脱除硫、磷等杂质。转炉炼钢法的特点是生产率高（目前已有几百吨容量的转炉），熔炼周期短，投资少，投产迅速，成本低（不需外加燃料），既可用来生产适合进行板料冲压且焊接性好的低碳钢，又可用来生产中碳钢和合金钢，而且转炉生产线适合与连续铸造生产线匹配。因此，转炉炼钢法成为当今世界上最主要的炼钢方法之一。

2)**电炉炼钢**

电炉炼钢是在感应电炉中,利用工频、中频或高频感应电流对金属炉料(固态或液态均可)进行加热,或在电弧炉中,利用电极与炉料引燃的电弧(类似电弧焊引弧)放热来熔炼钢液,用铁矿石作氧化剂(或辅助吹氧)。电炉炼钢对钢液成分和温度的控制精度均优于转炉,钢液品质最好,一般用于优质结构钢、工具钢、模具钢、高合金钢及铸钢件的熔炼。但电炉的耗电量大,生产率低于转炉炼钢,炼钢成本高。

炼好的钢液部分浇入连续铸造机,铸成钢坯,直接用来轧制钢材;部分浇注到钢锭模中,铸成一定形状和尺寸的钢锭。

2. 镇静钢与沸腾钢

1)**镇静钢**

镇静钢是用锰铁、硅铁和纯铝完全脱氧得到的钢。这种钢浇注、凝固过程平稳,成分较均匀,组织较致密,品质好,常用来制作优质钢和合金钢钢锭。但镇静钢钢锭上部的缩孔较深,轧钢前须先切除钢锭头部,故钢的成材率较低。

2)**沸腾钢**

沸腾钢是仅用锰铁进行部分脱氧而得到的钢。由于钢液中尚存有部分 FeO,因此,浇入钢锭模后,FeO 与钢液中的碳发生如下反应:

$$\mathrm{FeO+C=\!=\!=Fe+CO}\uparrow$$

钢锭表面凝固后,CO 气泡无法逸出,在钢锭内形成许多气孔(这些气孔在轧钢时会自行焊合),使钢的体积增大,冷凝时的收缩得到补偿,因此,沸腾钢钢锭的头部没有缩孔,轧钢时无须切去头部或切除甚少,故钢的成材率高,成本低。沸腾钢一般是低碳钢,因不用硅铁脱氧,钢中硅含量比镇静钢低。沸腾钢具有良好的塑性,常轧制成薄板,用于冲压件的制造。

2.2 工业中常用的铸造合金及其熔炼

用于生产铸件的金属材料称为铸造合金。工业中最常用的铸造合金是铸铁、铸钢及铸造非铁合金。

2.2.1 铸铁及其熔炼

常用的铸铁是接近共晶成分($w(\mathrm{C})=2.5\%\sim4.0\%$、$w(\mathrm{Si})=1.0\%\sim2.5\%$)的铁碳合金。它具有良好的铸造性能,又易于切削加工,适合制造形状复杂的铸件,是工业中应用较广的材料。在普通机器中,铸铁件的质量占机器总质量的 50%以上。

铸铁的种类较多。按碳存在的形态(以化合态存在的记为 $\mathrm{C}_{化合}$,以石墨态存在的记为 $\mathrm{C}_{石墨}$)不同,可分为白口铸铁(碳全部为 $\mathrm{C}_{化合}$)、灰铸铁(碳主要为 $\mathrm{C}_{石墨}$)及麻口铸铁(碳大部分为 $\mathrm{C}_{化合}$);按石墨形状不同,可分为灰铸铁(片状石墨)、蠕墨铸铁(蠕虫状石墨)、可锻铸铁(团絮状石墨)和球墨铸铁(球状石墨);按金属基体不同,可分为铁素体铸铁、珠光体铸铁、铁素体与珠光体混合基体铸铁。另外,加入合金元素,从而具有特殊性能的铸铁称为合金铸铁。

1. 灰铸铁

1)**石墨对灰铸铁性能的影响**

石墨是决定灰铸铁性能的主要因素。石墨本身的力学性能极差,它好似空洞和缺口存在于金属基体中，特别是片状石墨的尖角，会引起应力集中。因此，石墨数量愈多、形态愈粗大、分布愈不均匀，对金属基体的割裂就愈严重。灰铸铁的抗拉强度低，塑性差，但却有良好的吸震性、减摩性和低的缺口敏感性，且易于铸造和切削加工。它常用于制造机座、箱体等静载下的承压件及导轨、活塞环、缸套等滑动摩擦副的零件。

铸铁中的碳以石墨形式析出和聚集的过程称为石墨化。铸铁的性能在很大程度上取决于石墨的数量、大小、形状及分布。石墨化不充分，易产生白口，铸铁硬、脆，难以切削加工；石墨化过分，形成粗大的石墨，则铸铁的力学性能会降低。因此，在生产中应控制石墨化过程。影响铸铁石墨化程度的主要因素是化学成分和冷却速度。

(1)化学成分　铸铁中常见的碳、硅、锰、磷、硫都会影响铸铁的石墨化程度。

①碳和硅　碳是促进石墨化的元素，含碳愈多，可能析出的石墨愈多，但这种可能性还取决于硅的含量。硅是强烈促进石墨化的元素(称为孕育剂)。含硅越多，石墨化的可能性就越大；反之，碳含量高而硅含量少时，容易得到含 $C_{化合}$ 的白口铸铁。因此，铸铁中碳、硅含量愈高，析出的石墨就愈多、愈粗大，而金属基体中的碳含量就愈少(即基体中的铁素体增多，珠光体减少)；反之，则析出的石墨就愈少、愈细小。实验证明，控制铸铁中碳、硅含量的比例将得到不同组织与性能的铸铁，如图 2.2 所示。由该图可见，碳、硅含量过低时，易获得硬且较脆的白口或麻口铸铁；而碳、硅含量过高时，易获得石墨粗大、强度和硬度很低的铁素体灰铸铁。

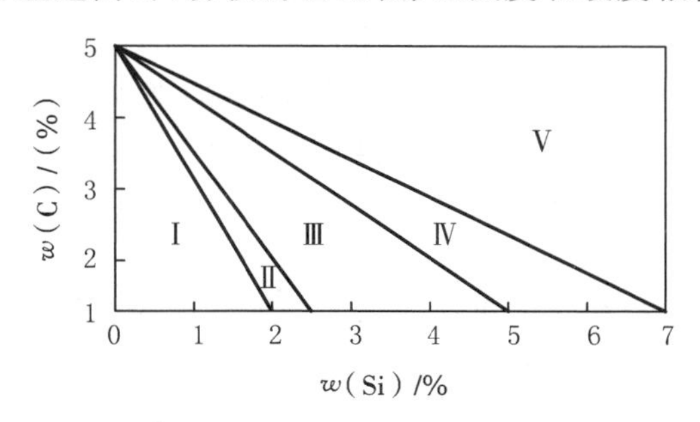

图 2.2　碳、硅含量与铸铁组织的关系

Ⅰ—白口铸铁区；Ⅱ—麻口铸铁区；Ⅲ—珠光体铸铁区；Ⅳ—珠光体-铁素体铸铁区；Ⅴ—铁素体铸铁区

②硫和锰　硫是强烈阻碍石墨化的元素，硫含量高，易促使铸铁形成白口组织。同时，硫还形成低熔点(985 ℃)、分布于晶界上的 FeS-Fe 共晶体，造成铸铁的热脆性。硫是铸铁中的有害元素，一般将硫含量控制在 0.1%～0.15%之间。

锰也会阻碍铸铁石墨化，它具有稳定珠光体(阻碍珠光体中碳的石墨化)的作用，能提高铸铁的强度和硬度。同时，锰与硫的亲和力大，二者易结合形成熔点高(1 600 ℃)、密度小的 MnS，MnS 将上浮并随熔渣排出炉外。故锰是铸铁中的有益元素，一般将其含量控制在 0.6%～1.2%之间。

③磷　磷对铸铁的石墨化影响不显著，但当磷含量超过 0.3%时，便形成呈网状分布于晶界的低熔点、高硬度的 Fe_3P 共晶体。这有利于铸铁耐磨性的提高，故耐磨铸铁件的磷含量可高达 0.5%～0.7%。然而，磷含量过高将造成铸铁的冷脆性增强。因此，一般将铸铁件的磷含量限制在 0.5%以下，对于高强度铸铁件，则将磷含量限制在 0.2%～0.3%之间。

(2)冷却速度　冷却速度很慢时，碳原子析出很充分，并不断聚集，形成粗大的石墨片。随着冷却速度的加快，碳原子析出变得不够充分，聚集较慢，只有部分碳原子以细石墨片形式析出，而另一部分碳原子以渗碳体形式析出，使铸铁基体中出现珠光体。冷却速度很大时，石墨化过程不能进行，碳原子全部以渗碳体形式析出而产生白口组织。

铸铁的冷却速度主要受铸型的冷却条件及铸件壁厚的影响。不同铸型材料的导热能力不同，如金属型导热快，冷却速度大，碳的石墨化受到严重阻碍，铸件易获得白口组织；而砂型冷却慢，铸件得到的组织就不同。例如铸造冷硬轧辊、矿车车轮，就是采用局部金属型(主体是砂型)来激冷铸件的表面，使铸件表面产生耐磨的白口组织。

当铸型材料相同时，铸件的壁厚不同，其组织和性能也不同。在厚壁处冷却较慢，铸件易获得铁素体基体和粗大的石墨片，力学性能较差；而在薄壁处，冷却较快，铸件易获得硬而脆的白口组织或麻口组织。在实际生产中，一般是根据铸件的壁厚(对于重要铸件指其重要部位的厚度，对于一般铸件则取其平均壁厚)选择铁液的化学成分(主要指碳、硅)，以获得所需的铸铁组织。砂型铸造时，铸件壁厚和碳、硅含量对铸铁组织的影响如图 2.3 所示。

2)灰铸铁的孕育处理

因粗大片状石墨对灰铸铁中金属基体的割裂作用，灰铸铁的力学性能偏低(R_m＝100～200 MPa)。提高灰铸铁性能的途径是减少石墨数量并减小其尺寸，并使石墨分布均匀。孕育处理是提高灰铸铁性能的有效方法，其原理是：先熔炼出相当于白口或麻口组织的低碳、硅含量(w(C)＝2.7％～3.3％、w(Si)＝1.0％～2.0％)的高温(1 400～1 450 ℃)铁液，然后向铁液中冲入少量细粒状或粉末状的孕育剂。孕育剂一般为含硅 75％的硅铁合金(有时也用硅钙合金)，加入量为铁液的 0.25％～0.6％。孕育剂在铁液中形成大量弥散的石墨结晶核心，使石墨化作用骤然加强，从而得到细晶粒珠光体和分布均匀的细片状石墨组织。经孕育处理后的铸铁称为孕育铸铁，它的强度、硬度较孕育处理前显著提高(R_m＝250～350 MPa，硬度为 170～270 HBS)。原铁液中碳含量愈小，石墨愈细小，铸铁强度、硬度愈高。但因石墨仍为片状，故铸铁塑性、韧性仍然很差。

孕育铸铁的另一优点是冷却速度对其组织和性能的影响很小，因此铸件上厚大截面的性能较均匀。孕育处理对铸件厚大截面硬度的影响如图 2.4 所示。

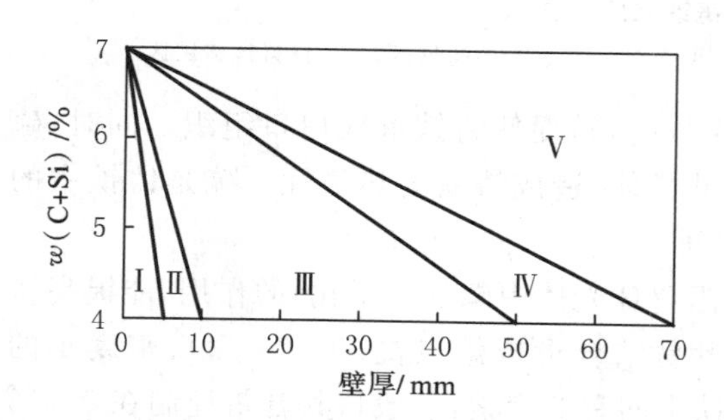

图 2.3　壁厚和碳、硅含量对铸铁组织的影响

Ⅰ—白口铸铁；Ⅱ—麻口铸铁；Ⅲ—珠光体铸铁；
Ⅳ—珠光体-铁素体铸铁；Ⅴ—铁素体铸铁

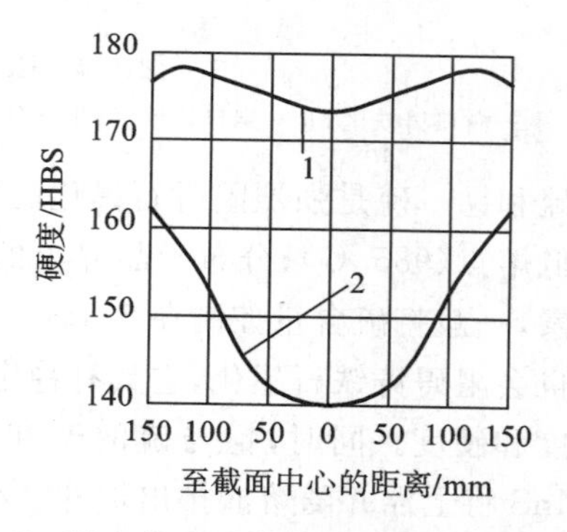

图 2.4　孕育处理对铸件厚大截面硬度的影响

1—孕育铸铁；2—普通灰铸铁

孕育铸铁适用于静载下强度、耐磨性或气密性要求较高的铸件，特别是厚大铸件，如重型机床床身、气缸体、气缸套及液压件等。

必须指出的是：

①孕育处理前原铁液的碳、硅含量不能太高，否则孕育后石墨数量多而粗大，反而使铸铁的强度降低；

②铁液出炉温度不应低于 1 400 ℃，以免孕育处理操作后的铁液温度过低，使铸件产生浇不到、冷隔、气孔等缺陷；

③经孕育处理后的铁液必须尽快浇注，以防止孕育作用衰退。

3）灰铸铁件的生产特点、牌号及选用

(1)灰铸铁件的生产特点　灰铸铁一般在冲天炉中熔炼，成本低廉。因灰铸铁的成分接近共晶成分，凝固中又有石墨化膨胀补偿收缩，故流动性好，收缩小，铸件的缩孔、缩松、浇不到、热裂、气孔倾向均较小。灰铸铁件通常采用同时凝固工艺，一般不需冒口补缩，也较少使用冷铁。

灰铸铁件一般不能用热处理来提高其力学性能，这是因为，灰铸铁组织中粗大石墨片对基体的破坏作用不能通过热处理来消除或减轻。对精度要求高的铸件，可进行时效处理，以消除内应力，防止加工后变形；或进行软化退火，以消除白口组织，降低铸件硬度，改善其切削加工性能。

(2)灰铸铁的牌号及选用　灰铸铁的牌号用“灰”“铁”二字汉语拼音的首字母“H”“T”和表示其抗拉强度(MPa)的数字表示。按 GB/T 9439—2010，灰铸铁分为八个牌号，其中常用的六个牌号灰铸铁的抗拉强度、特性及应用举例如表 2.2 所示。

表 2.2　灰铸铁的抗拉强度、特性及应用举例

牌　号	铸件壁厚/mm	R_m/MPa（不小于）	特性及应用举例
HT100	2.5～10 10～20 20～30 30～50	130 100 90 80	铸造性能好，工艺简便，铸造应力小，不需人工时效处理，减震性优良。适用于载荷小，对摩擦、磨损无特殊要求的，不需加工或只需简单加工的零件，例如盖、外罩、油盘、手轮、支架、底板、重锤等
HT150	2.5～10 10～20 20～30 30～50	175 145 130 120	性能特点和 HT100 基本相同，但有一定的强度。适用于中等载荷下受磨损的零件以及在弱腐蚀介质中工作的零件，例如：普通机床上的支柱、齿轮箱、刀架、轴承座、圆周速度为 6～12 m/s 的带轮；工作压力不大的管件和壁厚不大于 30 mm 的耐磨轴套；发动机的进、排气管，液压泵进油管，机油壳；在纯碱或染料介质中工作的化工容器、泵壳、法兰等
HT200	2.5～10 10～20 20～30 30～50	220 195 170 160	强度较高，耐磨、耐热性较好，减震性好；铸造性能较好，但需进行人工时效处理。适用于承受较大载荷和要求一定的气密性或耐蚀性的零件，例如：一般机械制造中较为重要的铸件（如气缸、衬套、棘轮、链轮、飞轮、齿轮、机座、机床床身及立柱）；汽车、拖拉机的气缸体、气缸盖、活塞环、刹车轮、联轴器盘等；具有测量平面的检验工件（如划线平板、V 形铁、平尺、水平仪框架等）；承受压力小于 785×10^{4} Pa 的油缸、泵体、阀体；圆周速度为 12～20 m/s 的带轮；要求有一定耐蚀能力和较高强度的化工容器、泵壳、塔器等；中压油缸阀体、泵体等
HT250	4.0～10 10～20 20～30 30～50	270 240 220 200	

续表

牌　号	铸件壁厚/mm	R_m/MPa（不小于）	特性及应用举例
HT300	10～20 20～30 30～50	290 250 230	属于高强度、高耐磨性的灰铸铁，其强度和耐磨性均优于以上牌号的铸铁，但白口倾向大，铸造性能差，需进行人工时效处理。适用于承受高载荷和要求保持高气密性的零件，例如：机械制造中某些重要的铸件，如剪床、压力机、自动车床和其他重型机床的床身、机座、机架、主轴箱、卡盘，以及受力较大的齿轮、凸轮、衬套、大型发动机的曲轴、气缸体、气缸套、气缸盖等；高压的油缸、水缸、泵体、阀体；圆周速度为20～25 m/s的带轮等
HT350	10～20 20～30 30～50	340 290 260	

注：灰铸铁HT250至HT350是经孕育处理的孕育铸铁。

HT100、HT150、HT200属于普通灰铸铁，其中：HT100为铁素体灰铸铁，其因强度、硬度低而很少应用，仅用于薄壁铸件或不重要的铸件；HT150为珠光体-铁素体灰铸铁，是铸造生产中最容易获得的铸铁，力学性能可满足一般要求，故应用最广；HT200为珠光体灰铸铁，一般用于力学性能要求较高的铸件；HT250至HT350是经过孕育处理的孕育铸铁，用于要求更高的重要件。

应指出的是：因灰铸铁的性能不仅取决于化学成分，还与铸件壁厚有关，故选择铸铁牌号时，必须考虑铸件壁厚。例如壁厚分别为8 mm、25 mm的两种铸铁件，均要求R_m＝150 MPa，则壁厚为25 mm的铸件应选HT200，而壁厚为8 mm的铸件应选HT150。同理，用试棒代替铸件本体取样进行铸铁性能测试时，亦必须选择能反映铸件壁厚的、恰当的试棒直径。

2. 可锻铸铁

可锻铸铁(其实不可锻)俗称玛钢或玛铁。它是将白口铸铁在退火炉中经长时间高温石墨化退火，使白口组织中的渗碳体分解为铁素体或珠光体基体加团絮状石墨而得到的铸铁。

1)可锻铸铁的生产特点

制造可锻铸铁必须采用碳、硅含量很低的铁液，通常w(C)＝2.4％～2.8％，w(Si)＝0.4％～1.4％，以获得完全的白口组织。如果铸出的坯件中已出现石墨(即呈麻口或灰口)，则退火后不能得到团絮状石墨(仍为片状石墨)。

除了要求铁液的碳、硅含量低以外，可锻铸铁件的壁厚也不得太大，否则铸铁件冷却速度缓慢，不能得到完全的白口组织。同时，可锻铸铁件的尺寸也不宜太大，因为进行石墨化退火时，要将白口铸铁坯件置于退火炉中的退火箱内，显然，铸铁坯件的尺寸受退火箱、退火炉尺寸的制约。同时，白口铸铁的流动性差，收缩大，铸造时应适当提高浇注温度，采用设置冒口、冷铁及防裂肋等铸造工艺措施。

可锻铸铁件的石墨化退火工序是：先清理白口铸铁坯件；然后将其置于退火箱，并加盖，用泥密封；再将其送入退火炉，缓慢加热到920～980 ℃，保温10～20 h；最后按规范冷到室温(对于黑心可锻铸铁还要在700 ℃以上进行第二阶段保温)。石墨化退火的周期一般为40～70 h，因此，可锻铸铁的生产过程复杂，周期长，能耗大，铸件成本高。

2)可锻铸铁的性能牌号及选用

可锻铸铁的石墨呈团絮状，其对基体的割裂作用相对片状石墨而言大大减轻，因而可锻铸铁的抗拉强度明显高于灰铸铁，一般为 300～400 MPa，最高可达 700 MPa。尤为可贵的是这种铸铁具有一定的塑性与韧性（$A\leqslant12\%$，$\alpha_{KU}\leqslant30\ J/cm^2$），例如，材质为可锻铸铁的固定扳手弯曲成 120°也不会断裂。可锻铸铁就是因具有一定塑性、韧性而得名，但它并不能真正用于锻造。

按照退火方法的不同，可锻铸铁可分为黑心可锻铸铁、珠光体可锻铸铁及白心可锻铸铁，其性能及应用举例如表 2.3 所示（白心可锻铸铁已很少使用了，故介绍从略）。其牌号中的“KTH”“KTZ”分别表示黑心可锻铸铁、珠光体可锻铸铁，两组数字中前者表示铸铁的最低抗拉强度（MPa），后者表示铸铁的伸长率（%）。黑心可锻铸铁的基体为铁素体，故其塑性、韧性好，耐腐蚀，适合用于制造耐冲击、形状复杂的薄壁小件和各种水管接头、农机件等。珠光体可锻铸铁的强度、硬度及耐磨性优良，并可通过淬火、调质等处理来强化，珠光体可锻铸铁可取代钢来制造小型连杆、曲轴等重要件。

表 2.3　可锻铸铁的特性及应用举例

牌　号	特性和应用举例
KTH300-06	有一定的韧度和强度，气密性好，用来制造承受低动载荷及静载荷、要求气密性好的工作零件，如管道配件、中低压阀门等
KTH330-08	有一定的韧度和强度，用来制造承受中等动载荷和静载荷的工作零件，如农机上的犁铧、犁柱、车轮壳，机床用的扳手以及钢丝绳轧头等
KTH350-10 KTH370-12	有较高的韧度和强度，用来制造承受较高的冲击、震动及扭转载荷的工作零件，如汽车和拖拉机上的前后轮壳、差速器壳、转向节壳、制动器，农机上的犁铧、犁柱以及铁道零件、冷暖器接头、船用电机壳等
KTZ450-06 KTZ550-04 KTZ650-02 KTZ700-02	韧度低但强度大、硬度高、耐磨性好、切削加工性良好，可用来代替低碳、中碳、低合金钢及非铁金属制作承受较高载荷、耐磨损并要求有一定韧性的重要工作零件，如曲轴、凸轮轴、连杆、齿轮、摇臂、活塞环、轴承、犁铧、耙片、闸、万向接头，棘轮、扳手、传动链条、矿车轮等

可锻铸铁虽然存在退火周期长、生产过程复杂、能耗大的缺点，但在形状复杂、承受冲击载荷的薄壁小件的制造方面，仍有不可替代的作用。这些小件用铸钢制造困难会较大，若用球墨铸铁制造，品质又难以保证。可锻铸铁件不仅受金属原材料的限制小，且品质容易控制。可锻铸铁今后的发展方向主要是开发快速退火新工艺和研发新品种。

3. 球墨铸铁

球墨铸铁（简称球铁）是向铁液中加入一定量的球化剂和孕育剂而直接得到球状石墨的铸铁。

1）球墨铸铁对原铁液的要求及其处理工艺

（1）铁液化学成分　球墨铸铁对原铁液化学成分的要求与一般灰铸铁的基本相同，但成分控制较严，其中硫、磷对球墨铸铁危害很大，其含量越低越好，一般应使 $w(S)\leqslant0.07\%$、$w(P)\leqslant0.1\%$，并要求适当提高碳含量（$w(C)=3.6\%\sim4.0\%$），以保证良好的铸造性能和消除白口倾向。

（2）铁液温度　铁液出炉温度应高于 1 400 ℃，以防止球化及孕育处理操作后温度过低而使铸件产生浇不到等缺陷。

(3)球化和孕育处理　球化和孕育处理是制造球墨铸铁的关键,必须严格控制。

球化剂的作用是使石墨呈球状析出。纯镁是一种主要的球化剂,但其密度小(1.73 g/cm³)、沸点低(1 120 ℃),若直接加入铁液,其将浮于液面并立即沸腾,利用率很低。如果采用特殊装置加入球化剂,不仅操作麻烦,而且不安全。镧(La)、铈(Ce)、钕(Nd)、镨(Pr)等 17 种稀土元素的球化作用虽比镁弱,但它们熔点高、沸点高、密度大,并有强烈的脱硫、去气能力,还能细化晶粒,改善铸造性能。我国有丰富的稀土资源,20 世纪 60 年代初,我国开发了独具特色的稀土镁合金球化剂。这种球化剂综合了二者的优点,它与铁液反应平稳,操作安全,并减少了镁的用量。球化剂的加入量为 1.0%～1.6%,视铁液化学成分和铸件大小而定。

孕育剂的主要作用是促进铸铁石墨化,防止球化元素所造成的白口倾向。同时,孕育还可使石墨圆整、细小,从而改善球墨铸铁的力学性能。常用的孕育剂为含硅 75%的硅铁合金,加入量为铁液的 0.4%～1.0%。

目前应用较普遍的球化处理工艺有冲入法和型内球化法。冲入法球化处理的过程如图 2.5 所示:首先将球化剂放在浇包底部的“堤坝”内,在上面铺以硅铁粉和草灰,以防止球化剂上浮,并使球化作用缓和;然后冲入占浇包容积 2/3 的铁液,使球化剂与铁液充分反应,并扒去熔渣;最后将孕育剂置于冲天炉出铁槽,再冲满浇包,进行孕育处理。

处理后的铁液应及时浇注,否则球化作用衰退,会引起球化不良,从而降低铸件性能。为了避免球化衰退现象,进一步提高球化效果,并减少球化剂用量,近年来常采用型内球化法,如图 2.6 所示。该方法是将球化剂和孕育剂置于浇注系统内的反应室,使铁液流过反应室,与之作用而产生球化效果。型内球化方法最适合在大量生产的机械化流水线上使用。

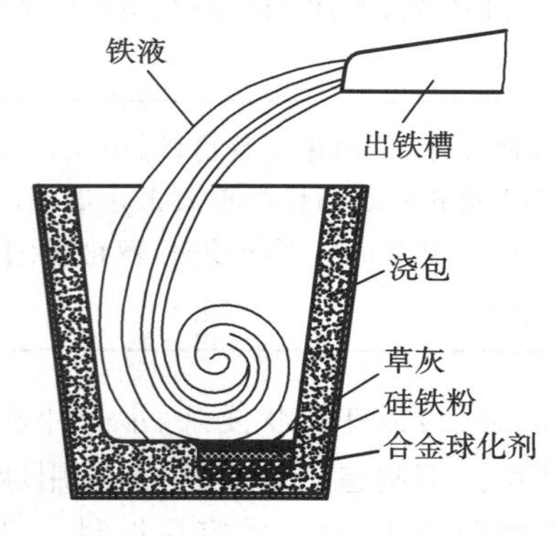

图 2.5　冲入法球化处理

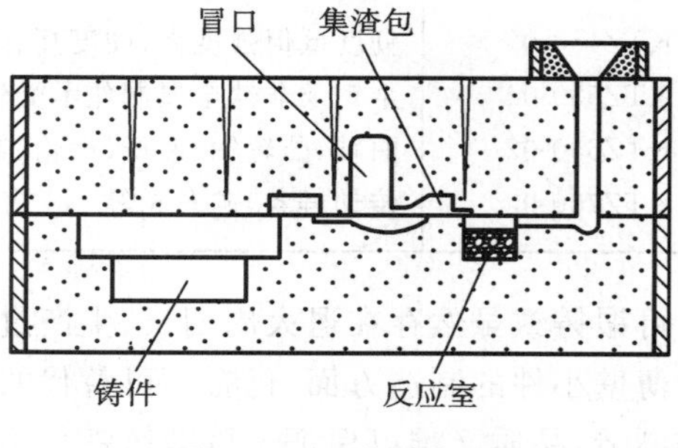

冒口　集渣包

铸件　反应室

图 2.6　型内球化法

2)**球墨铸铁件的铸造工艺**

球墨铸铁碳含量高,接近共晶成分,其凝固特征决定了它会析出石墨,凝固收缩率低,缩孔、缩松倾向却很大。球墨铸铁在浇注后的一定时间内,其铸件凝固后形成的外壳强度甚低,而球状石墨析出时的膨胀力却很大,致使初始形成的铸件外壳向外胀大,于是造成铸件内部合金液不足,因而在铸件最后凝固的部位产生缩孔和缩松。

为了防止球墨铸铁件产生缩孔、缩松缺陷,应采用如下工艺措施。

(1)增加铸型刚度。阻止铸件外壳向外膨胀,并可利用石墨化膨胀产生“自补缩”的效果,防止或减少铸件的缩孔或缩松。如生产中常通过增加铸型紧实度、采用黏土干砂型或水玻璃化学硬化砂型(用于中小型铸件)、牢固夹紧砂型等措施来防止铸型型壁移动。

(2)安放冒口、冷铁,对铸件进行补缩。

球墨铸铁件易出现气孔，其原因是铁液中残留的镁或硫化镁与型砂中的水分会发生下列反应：

$$Mg+H_2O \xlongequal{} MgO+H_2\uparrow$$

$$MgS+H_2O \xlongequal{} MgO+H_2S\uparrow$$

生成的 H_2、H_2S 部分进入铁液表层，使铸件产生皮下气孔。为防止气孔缺陷，除应降低铁液硫含量和残余镁量外，还应限制型砂水分或采用干型。

此外，球墨铸铁件还容易产生夹渣缺陷，故浇注系统应能将铁液平稳地导入型腔，并有良好的挡渣作用。

3)球墨铸铁的牌号、性能及应用

球墨铸铁的牌号、性能及用途举例如表 2.4 所示。

表 2.4　球墨铸铁的牌号、性能及用途举例

铸铁牌号	主要特性	应用举例
QT400-18 QT400-15	焊接性及切削加工性好，韧性好，脆性转变温度低	①农机具，如犁铧、犁柱、收割机及割草机上的导架、差速器壳、护刃器； ②汽车、拖拉机的轮毂、驱动桥壳体、离合器壳、差速器壳、拨叉等； ③通用机械，如阀体、阀盖、压缩机上高低压气缸等； ④其他，如铁路垫板、电动机机壳、齿轮箱、飞轮壳等
QT450-10	同上，但塑性略低而强度与冲击韧度(小能量冲击下)较高	
QT500-7	中等强度与塑性，切削加工性尚好	①内燃机的机油泵齿轮； ②汽轮机中温气缸隔板、铁路机车车辆轴瓦； ③机器座架、传动轴、飞轮、电动机机架等
QT600-3	中高强度，低塑性，耐磨性较好	①大型内燃机的曲轴，部分轻型柴油机和汽油机的凸轮轴、气缸套、连杆，以及进、排气门座等； ②脚踏脱粒机齿条、轻载荷齿轮、畜力犁铧； ③部分磨床、铣床、车床的主轴； ④空压机、气压机、冷冻机、制氧机、泵的曲轴、缸体、缸套； ⑤球磨机齿轮、矿车车轮、桥式起重机大小滚轮、小型水轮机主轴等
QT700-2 QT800-2	强度较高，耐磨性较好，塑性及韧性较差	
QT900-2	强度高，耐磨性好，弯曲疲劳强度、接触疲劳强度较高，有一定的韧性	①农机上的犁铧、耙片； ②汽车上的螺旋锥齿轮、转向节、传动轴； ③拖拉机上的减速齿轮； ④内燃机曲轴、凸轮轴

球墨铸铁牌号中的“Q”“T”是“球”“铁”二字的汉语拼音首字母，其后两组数字分别表示铸铁的最低抗拉强度(MPa)和伸长率(%)。表中 QT400-18 至 QT450-10 属于铁素体球墨铸铁，QT500-7 至 QT900-2 属于珠光体球墨铸铁。由于球状石墨对基体的割裂作用和造成的应力集中现象较片状石墨大为减轻，基体对球墨铸铁力学性能的影响又起到了主导作用，基体强度利用率高达 70%～90%，因此，球墨铸铁的力学性能与灰铸铁相比有显著提高。尤为突出的是球墨铸铁屈强比($R_{p0.2}/R_m \approx 0.7 \sim 0.8$)高于碳钢($R_{p0.2}/R_m \approx 0.6$)，珠光体球墨铸铁的屈服

强度超过了45钢。因在机械设计中材料的许用应力一般以屈服强度为依据,显然,对于承受的冲击载荷不大的零件,用球墨铸铁代替钢是完全可行的。

实验证明,球墨铸铁有良好的耐疲劳性能,其弯曲疲劳强度(带缺口试样)与45钢相近,扭转疲劳强度比45钢高20%左右,因此,球墨铸铁完全可以代替铸钢或锻钢用于制造承受交变载荷的零件。

球墨铸铁的塑性、韧性虽比钢差,但其他力学性能可与钢媲美,而且还具有灰铸铁的许多优点,如良好的铸造性、耐磨性、吸震性能及低的缺口敏感性等。

此外,还可用热处理方法进一步提高球墨铸铁的性能。多数球墨铸铁的铸态基体为珠光体加铁素体的混合组织,很少是单一的基体组织,有时还存在自由渗碳体,形状复杂件还有残余应力。因此,对球墨铸铁进行热处理主要是为了改变其基体组织,以获得所需的性能,这一点与灰铸铁不同。球墨铸铁热处理后的性能如表2.5所示。

表2.5 球墨铸铁热处理后的力学性能

球墨铸铁类型	热处理工艺	R_m/MPa	A/%	a_{KU}/(J/cm^2)	硬度	备注
铁素体球墨铸铁	退火	400~500	12~25	60~120	121~179 HBS	可代替碳素钢,如35钢、40钢
珠光体球墨铸铁	正火 调质	700~950 900~1 200	2~5 1~5	20~30 5~30	229~302 HBS 32~43 HRC	可代替合金结构钢、碳素钢,如35CrMo钢、45钢、40CrMnMo钢
贝氏体球墨铸铁	等温淬火	1 200~1 500	1~3	20~60	38~50 HRC	可代替合金结构钢,如20CrMnTi钢

与铸钢比,球墨铸铁的熔炼及铸造工艺简单,成本低,投产快,在一般铸造车间即可生产。目前球墨铸铁件在机械制造中已得到了广泛的应用,它成功地取代了不少可锻铸铁、铸钢及某些非铁金属件,甚至取代了部分承受载荷较大、受力复杂的锻件。例如,汽车、拖拉机、压缩机上的曲轴,现已大多用珠光体球墨铸铁取代传统的锻钢来制造。

球墨铸铁硅含量高,其低温冲击韧度较可锻铸铁差,又因球化处理会降低铁液温度,故在薄壁小件的生产中,其品质不如可锻铸铁稳定。

4. 蠕墨铸铁

蠕墨铸铁是铁液经蠕化处理,使石墨呈蠕虫状(介于片状和球状之间的形态)的铸铁。

1)蠕墨铸铁的牌号和性能

蠕墨铸铁有五个牌号,即RuT420、RuT380、RuT340、RuT300及RuT260,其中RuT260采用铁素体基体,其余牌号采用铁素体加珠光体混合基体或珠光体基体。牌号中的“RuT”为“蠕铁”的汉语拼音的前三个字母,其后数字为该牌号铸铁的最低抗拉强度(MPa)。

蠕墨铸铁的性能介于基体相同的灰铸铁和球墨铸铁之间,有良好的力学性能(抗拉强度优于灰铸铁,低于球墨铸铁,有一定的塑性和韧性,伸长率为1.5%~8%),且其断面敏感性较普通灰铸铁小,故厚大截面上的力学性能较为均匀。

蠕墨铸铁还有良好的使用性能，它组织致密，突出的优点是导热性优于球墨铸铁，而抗生长性和抗氧化性比其他铸铁均高，耐磨性优于孕育铸铁及高磷耐磨铸铁。

2）蠕墨铸铁的生产

蠕墨铸铁的生产与球墨铸铁相似，铁液成分与温度要求亦相似。在炉前处理时，先向高温、低硫、低磷铁液中加入蠕化剂进行蠕化处理，再加入孕育剂进行孕育处理。蠕化剂一般采用稀土镁钛、稀土镁钙合金或镁钛合金，加入量为铁液的 1%～2%。蠕墨铸铁的铸造性能接近灰铸铁，缩孔、缩松倾向比球墨铸铁小，故铸造工艺简便。

3）蠕墨铸铁的应用

蠕墨铸铁的力学性能高，导热性和耐热性优良，因而适用于制造工作温度较高或温度梯度较高的零件，如大型柴油机的气缸盖、制动盘、排气管，钢锭模及金属型等。又因其断面敏感性小，铸造性能好，故可用来制造形状复杂的大型铸件，如重型机床和大型柴油机的机体等。用蠕墨铸铁代替孕育铸铁，既可提高铸件强度，又可节省废钢。

5. 合金铸铁

当要求铸铁件具有某些特殊性能（如高耐磨、耐蚀性等）时，可在铸铁中加入一定量的合金元素，制成合金铸铁。

1）耐磨铸铁

普通高磷（$w(\mathrm{P})=0.4\%\sim0.6\%$）铸铁虽具有较好的耐磨性，但强度低，韧性差，故常在其中加入铬、锰、铜、钒、钛、钨等合金元素构成高磷耐磨铸铁。加入以上合金元素不仅可强化和细化基体组织，而且可形成碳化物硬质点，进一步提高铸铁的耐磨性等力学性能。

除高磷耐磨铸铁外，还有铬钼铜耐磨铸铁、钒钛耐磨铸铁及中锰耐磨球墨铸铁等。耐磨铸铁常用作机床导轨，汽车发动机的缸套、活塞环、轴套，球磨机的磨球等铸件的材料。

2）耐热铸铁

在铸铁中加入一定量的铝、硅、铬等元素，能使铸铁表面形成致密的氧化膜，如 Al_2O_3、SiO_2、Cr_2O_3膜等，保护铸铁内部不再继续氧化。另外，这些元素的加入能提高铸铁组织的相变温度，阻止渗碳体的分解，从而使这类铸铁能够耐高温（700～1 200 ℃）。耐热铸铁一般用来制造加热炉底板、炉门、钢锭模及压铸模等铸件。

3）耐蚀铸铁

在铸铁中加入硅、铝、钙等合金元素，能使铸铁表面形成耐蚀保护膜，并提高铸铁基体的电极电位。根据铸件所接触的腐蚀介质的不同，可选择不同种类的耐蚀铸铁。它们常用来制造化工设备中的管道、阀门、泵、反应釜及盛储器等。

合金铸铁流动性差，易产生缩孔、气孔、裂纹等缺陷，化学成分控制要求严格，铸造难度较大，需采用相应的工艺措施，方能获得合格铸件。

6. 铸铁的熔炼

熔炼铸铁的设备有冲天炉、反射炉、电弧炉、中频和工频感应电炉等，与其他熔炉相比，冲天炉可连续熔炼大量的金属。冲天炉的形状与高炉相似，都为用圆柱形或圆锥形钢筒和耐火材料砌成的井式炉，但冲天炉的炉顶没有用料钟装置密闭，而是与大气相通。

1）冲天炉的熔炼过程

冲天炉的每一批炉料均包括燃料、金属料、熔剂。燃料一般为焦炭，冲天炉内最底层的焦炭称为底焦;金属料包括铸造生铁、回炉铁(冒口、废铸件、铁屑)、废钢、铁合金(硅铁、锰铁)等;熔剂常采用石灰石、萤石等。焦炭、熔剂、金属料交替层装入炉内,如图 2.7 所示。

在熔炼过程中,冲天炉内的高温炉气不断上升,炉料不断下降,同时伴随着如下过程:底焦燃烧;金属料被预热、熔化和过热;发生冶金反应,铁液成分发生变化。故金属料在冲天炉内由固态变为液态并非简单的熔化过程,实质上为一熔炼过程。

(1)炉气、炉料温度的变化(图 2.7)　来自鼓风机的空气经风口进入炉内,底焦完全燃烧,并放出大量的热,使炉温高达 1 600～1 700 ℃。

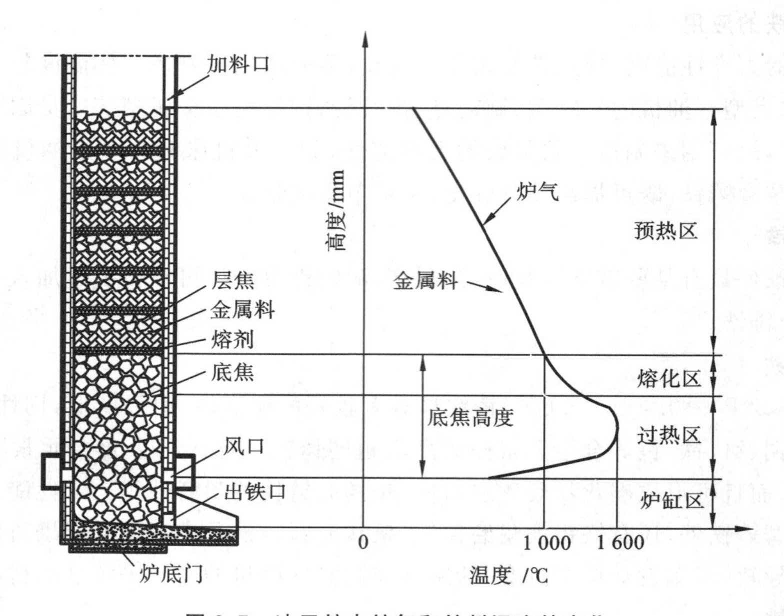

图 2.7　冲天炉内炉气和炉料温度的变化

显然,燃烧反应主要在风口以上的底焦中进行,层焦在未成为底焦之前几乎未燃烧。层焦的作用是补充底焦的消耗,以维持底焦高度不变。风口以下的炉缸区内无炉气流动,焦炭几乎不燃烧。

(2)炉料的熔化　从加料口装入的炉料,迎着上升的炉气下降,并被逐渐加热,当温度达 1 100～1 200 ℃时,金属料开始熔化,形成液滴。下落的液滴经过过热区时,被高温的炉气和炽热的焦炭进一步加热,最后降落到炉缸中,经出铁口流至炉外铁水包中或经冲天炉的过桥流至前炉储存。熔渣从出渣口(出渣口高于出铁口并偏置一角度,图中未表示)排出炉外。

在炉料熔化过程中须控制底焦高度,保证铁料在该区中熔化,并使铁液充分过热,达到足够高的出炉温度。若底焦高度过低,金属将位于高温区,此时其熔化虽快,但氧化损耗会加剧,因此铁液温度仍然很低;若底焦高度过高,则炉料会位于低温区,要等待多出的底焦燃烧到正常高度时,金属料才开始熔化,因此熔化率低,焦炭消耗量大。

2)铁液化学成分的控制

由于熔炼中铁料与炽热的焦炭和炉气直接接触,铁液的化学成分将发生变化。

(1)硅和锰减少。具有氧化性的炉气使铁液中的硅、锰烧损,一般硅的烧损量为 10%～20%,锰的烧损量为 15%～25%。

(2)碳增加。一方面,铁料中的碳被炉气氧化烧损;另一方面,铁料在与炽热焦炭接触时又会吸收碳。因此，铁液碳含量的最终变化是炉内渗碳与脱碳两个过程综合作用的结果。实践证明，铁液碳含量的变化总是趋向于接近共晶点的碳含量。在大多数情况下，当铁料碳含量小于 3.6％时，铁液将以增碳为主；当铁料碳含量大于 3.6％时，铁液则以脱碳为主。鉴于铁料碳含量一般小于 3.6％，故铁液大多是增碳。

必须指出，共晶点碳含量只是决定了铁料碳含量的变化趋向。实际上铁料碳含量愈低，铁液碳含量也愈低，所以在熔炼孕育铸铁、可锻铸铁时，为获得碳含量低的铁液，必须在铁料内配入一定比例的废钢，以降低铁料的原始碳含量。

(3)硫增加。铁料吸收焦炭中的硫，硫含量将增加 50％左右。

(4)磷基本不变。进行金属炉料配备时，首先根据铸件所要求的组织、性能，由碳、硅含量与铸铁组织的关系图(图 2.2)确定铁液应达到的碳、硅含量范围，然后根据现有铁料的成分，确定每批炉料中生铁锭、回炉铁及废钢铁的比例，并加入一定量的硅铁、锰铁等铁合金，以弥补铁料中硅、锰的烧损。由于在冲天炉内铁液通常难以脱除硫、磷，因此，欲得到低硫、磷铁液，应采用优质焦炭。为了解熔炼后铁液的成分与铸件壁厚之间的关系是否恰当，可在炉前浇注三角试样，用肉眼观察其试样断口组织(图 2.8)进行粗略判断。例如，根据试样的白口宽度，即可确定该铁液所浇注的铸件不产生白口组织的最小壁厚。若铸件壁厚小于试样白口宽度就会在铸件薄壁处出现白口组织，此时可在炉前加入硅铁对铁液进行孕育处理，以消除白口组织，降低铸件硬度；若看到试样断口组织晶粒过粗，可向铁液中加入少量锰铁，使铸件的组织变细，硬度增加。

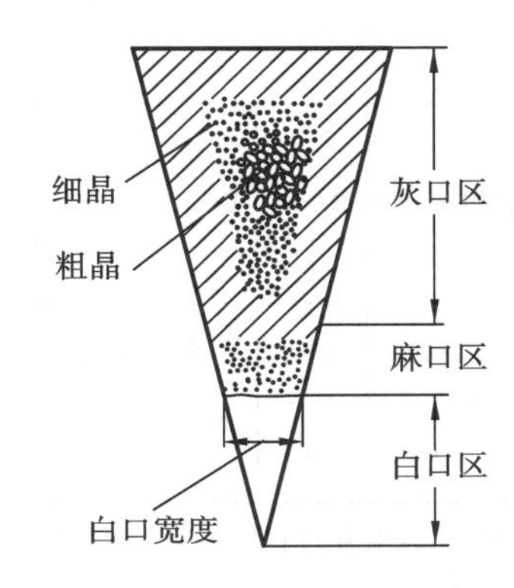

图 2.8　三角试样断口组织

2.2.2　铸钢及其熔炼

1. 铸钢的分类、性能及应用

按化学成分分类，铸钢(ZG)可分为铸造碳钢和铸造合金钢两大类。表 2.6 所示为常用铸造碳钢的牌号、主要化学成分、力学性能及用途举例。

表 2.6　常用铸造碳钢的牌号、主要化学成分、力学性能及用途

牌　号	主要化学成分 /%(不大于)					力学性能(不小于)					应用举例
	C	Si	Mn	P	S	R_{eH}($R_{p0.2}$) /MPa	R_m /MPa	A /%	Z /%	A_{KV} /(J/cm²)	
ZG200-400	0.20	0.60	0.80	0.035		200	400	25	40	30	有良好的塑性、韧性和焊接性能，用来制造受力不大的机械零件，如机座、变速箱壳等

续表

牌　号	主要化学成分/%(不大于)					力学性能(不小于)					应用举例
	C	Si	Mn	P	S	$R_{eH}(R_{p0.2})$ /MPa	R_m /MPa	A /%	Z /%	A_{KV} /(J/cm²)	
ZG230-450	0.30	0.60	0.90	0.035		230	450	22	32	35	有一定的强度,用来制造受力不太大的机械零件,如砧座、外壳、轴承盖、阀门等
ZG270-500	0.40	0.60	0.90	0.035		270	500	18	25	27	有较高的强度,用来制造机架、连杆、箱体、缸体、轴承座等
ZG310-570	0.50	0.60	0.90	0.035		310	570	15	21	24	有高的强度、较大的裂纹敏感性,用来制造齿轮、棘轮等
ZG340-640	0.60	0.60	0.90	0.035		340	640	10	18	16	

注:①表中所列的各牌号性能对应厚度在 100 mm 以下的铸件。当厚度超过 100 mm 时,表中规定的 $R_{eH}(R_{p0.2})$仅供设计使用。

②表示冲击吸收功的试样缺口为 2 mm。

由表 2.6 可见,铸钢的综合力学性能高于各类铸铁,它不仅强度高,而且具有铸铁不可比的优良塑性和韧性,适合制造承受大能量冲击载荷的高强度、高韧度的铸件,如火车轮、锻锤机架、砧座、高压阀门和轧辊等。铸钢较球墨铸铁性能稳定,质量较易控制,在大截面和薄壁铸件生产中,这一优点尤为明显。此外,铸钢的焊接性好,便于采用铸-焊联合结构制造形状复杂的大型铸件。因此,铸钢在重型机械制造中甚为重要。

常用的铸造碳钢主要是 $w(C)=0.25\%\sim0.45\%$的中碳钢(ZG25 至 ZG45)。这是由于低碳钢熔点高,流动性差,易氧化和易热裂,通常仅利用其软磁特性制造电磁吸盘和电动机零件;高碳钢虽然熔点较低,但塑性差,易冷裂,仅用来制造某些耐磨件。在碳钢中加入少量(质量分数小于 3.5%)合金元素,如锰、硅、铬、钼、钒等,可得到力学性能和淬透性更好的合金结构钢。

如欲使铸钢件具有耐磨、耐蚀、耐热等特殊性能,则需用合金元素含量更高(质量分数大于10%)的高合金钢作为材料。例如,ZGMn13 钢为铸造耐磨钢,其碳含量为 1.2%,锰含量为13%。这种钢经淬火韧化处理后,在室温下具有单相奥氏体组织,在使用过程中,其表层受撞击而产生加工硬化,硬度和耐磨性大为提高,但中心部位仍有很高的韧度,可承受较大的冲击。因此,这种材料常用来制造坦克、拖拉机、推土机的履带板,铁轨道叉,破碎机颚板,大型球磨机衬板等。又如,ZG1Cr18Ni9 钢为铸造不锈钢,其耐蚀性好,常用来制造耐酸泵、天然气管道阀门等石油、化工机械零件。

2. 铸钢的熔炼

生产成形铸钢件所用钢液的熔炼与生产钢锭及钢材所用钢液的熔炼相似,亦可采用转炉及电弧炉,其中最常用的是 1～5 t 的三相电弧炉(图 2.1)。这种炼钢炉开炉和停炉方便,熔炼出的钢液质量高,可炼的钢种多,对加入的金属炉料(如废钢及回炉料)的品质要求不严格。

对于高级合金钢及碳含量极低的铸钢，还可采用熔炼速度快、能源消耗少、对钢液成分和品质的控制更准确的中频或工频感应电炉熔炼。图 2.9 所示的是工频感应电炉。

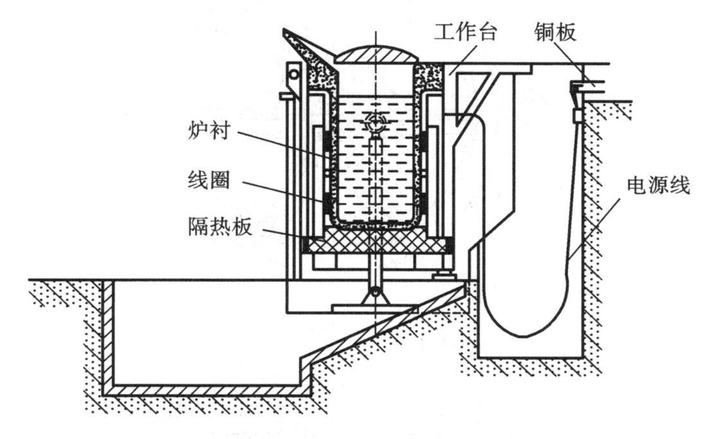

图 2.9　工频感应电炉

3. 铸钢件的铸造工艺特点

钢液的浇注温度高(大于 1 500 ℃)，收缩量大(比铸铁大 3 倍)，流动性差，易氧化，易吸气，因此铸造性能差，易产生浇不到、气孔、缩孔、缩松、热裂、黏砂等缺陷。为了获得合格的铸钢件，常采用以下的工艺措施。

1)**提高型砂性能**

铸钢用砂应具有高的耐火度、良好的透气性和退让性、低的发气量等。为此，要采用颗粒大而均匀的原砂，对于大铸件采用人造硅砂或耐火性更好的镁砂、铬铁矿砂、锆砂。为防止黏砂，可在砂型和型芯与钢液接触的表面上涂敷硅石粉或锆石粉涂料(不能用石墨涂料，以免钢件增碳)。为降低型砂的发气量，提高其强度，改善其流动性，大件多采用黏土干砂型或水玻璃砂型。此外，还可在型(芯)砂中加入糖浆、糊精或木屑等，以改善型砂退让性和出砂性。

2)**安放冒口和冷铁**

除薄壁铸件和小件外，几乎绝大多数铸钢件都采用冒口和冷铁，以实现铸件的定向凝固，达到补缩效果，防止产生缩孔和缩松缺陷。如图 2.10 所示的齿轮铸钢件，轮缘、轮辐的交接处有容易产生缩孔的热节Ⅰ、Ⅱ。为防止该处产生缩孔，现采用三个冒口和三个冷铁来控制铸钢件定向凝固：轮辐凝固中补缩所需的钢液，从尚未凝固的热节Ⅰ经轮缘通道补给；继而是轮缘、热节Ⅰ凝固，其补缩所需的钢液，由轮缘暗冒口补给，最后才是暗冒口凝固。考虑到轮缘厚度小于热节圆的直径，为防止轮缘提早凝固而堵塞补缩通道，故在冒口附近设置水平和垂直的“补贴”，将轮缘局部加厚，待铸钢件铸出后再用气割方法切除。为了向轮毂及其与轮辐交接处的热节Ⅱ进行补缩，又在轮毂中央安放了一个大的明冒口。

3)**设置防裂肋**

在两壁交接处(如图 2.10 中轮辐与轮缘、轮毂的交接处)设防裂肋，以防止铸钢件在这些部位产生裂纹。

4)**铸钢件的热处理**

热处理是生产铸钢件的必要工序。因为钢的铸态组织晶粒粗大，组织不均匀，常存在残余内应力，这些都会给铸钢件的强度、塑性和韧性带来不利影响，因此，须对铸钢件进行正火或退

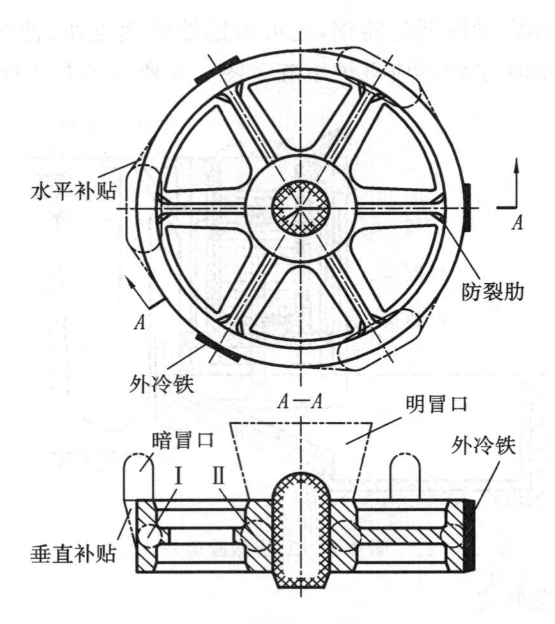

图 2.10 铸钢齿轮件的铸造工艺

火处理。正火铸钢件的力学性能高于退火铸钢件,且成本低,应尽可能采用正火工艺。但正火铸钢件的应力较大,因此,形状复杂、容易产生裂纹或较易硬化的铸钢件,仍以采用退火处理为宜。

由上可知,与铸铁件相比,铸钢件工艺复杂,品质控制较严,并需要安放冒口。冒口会消耗大量的钢液,其质量常占浇注钢液总质量的25%～60%,有时甚至大于铸钢件本身的质量,使得铸钢件成本增高。

2.2.3 铸造非铁合金及其熔炼

铸造非铁合金一般是指除铸钢、铸铁合金以外的其他铸造合金。铸造非铁合金品种较多,工业中常用的是铸造铜合金和铸造铝合金。

1. 铸造铜合金

铸造铜合金虽价格较高,但由于它具有很好的耐蚀性、减摩性及一定的力学性能,因此,目前仍是工业中不可缺少的合金。铸造铜合金按其成分分为铸造黄铜和铸造青铜两类。

1)铸造黄铜

普通的黄铜是指以铜和锌为主要成分的合金,有时还常含有硅、锰、铝、铅等合金元素。铸造黄铜因铜含量稍低,故其价格低于铸造青铜。但它有相当高的力学性能,如 R_m=250～450 MPa,A=7%～30%,硬度为60～120 HBS。同时,它的凝固温度范围较小,所以,铸造黄铜有优良的铸造性能,常用于制造在重载低速条件下工作或一般用途的轴承、衬套、齿轮等耐磨件,以及形状复杂的阀门、大型螺旋桨等耐蚀件。

2)铸造青铜

以铜和锡为主要成分的合金是最普通的青铜,称为锡青铜。虽然铸造锡青铜的力学性能大多低于黄铜,但其耐磨性优于黄铜。锡青铜的凝固温度范围宽,容易产生显微缩松。这些缩松可作为储油槽,使锡青铜特别适合用于制造高速滑动轴承和衬套。同时,锡青铜的耐蚀性一般优于黄铜，适合制造在海水中工作的零件。除锡青铜外，还有铝青铜、铅青铜等，其中，铝青铜有优良的耐磨、耐蚀性，但铸造性能较差，仅用来制造有重要用途的耐磨、耐蚀件。表 2.7 所示为常用铸造铜合金的牌号、主要化学成分、力学性能及用途举例。

表 2.7　常用铸造铜合金的牌号、主要化学成分、力学性能及用途举例

合金名称	合金牌号	主要化学成分及其质量分数/%	铸造方法	力学性能				应用举例
				R_m/MPa	$R_{p0.2}$/MPa	A_5/%	布氏硬度/HBW	
10-1 锡青铜	ZCuSn10P1	Sn 9.0～11.5 P 0.8～1.1 其余为 Cu	S、R J Li La	220 310 330 360	130 170 170 170	3 2 4 6	80 90 90 90	承受高载荷、高滑动速度耐磨零件，如连杆衬套、齿轮、蜗轮等
10-10 铅青铜	ZCuPb10Sn10	Pb 8.0～11.0 Sn 9.0～11.0 其余为 Cu	S J Li、La	180 220 220	80 140 110	7 5 6	65 70 70	轧辊、车辆用轴承、内燃机双金属轴瓦、活塞销套、摩擦片等
38 黄铜	ZCuZn38	Cu 60.0～63.0 其余为 Zn	S J	295 295	95 95	30 30	60 70	一般结构件和耐蚀零件，如法兰、阀座、支架、手柄、螺母等
40-3-1 锰黄铜	ZCuZn40 Mn3Fel	Fe 0.5～1.5 Mn 3.0～4.0 Cu 53.0～58.0 其余为 Zn	S、R J	440 490	— —	18 15	100 110	耐海水腐蚀的零件，如船舶螺旋桨等

注：S—砂型铸造；R—熔模铸造；J—金属型铸造；Li—离心铸造；La—连续铸造。

2. 铸造铝合金

铝合金密度小，比强度（强度/质量）高，熔点低，导电、导热和耐蚀性优良，常用来制造质量小而具有一定强度的铸件。

铸造铝合金分为铝硅、铝铜、铝镁及铝锌合金四类。其中，铝硅合金因流动性好、线收缩率低、热裂倾向小、气密性好，又有足够的强度，所以应用最广，常用来制造形状复杂的薄壁件或气密性要求较高的铸件，如内燃机缸体、化油器、仪表外壳等。铝铜合金的铸造性能差，热裂倾向大，气密性和耐蚀性较差，但耐热性较好，主要用来制造活塞、气缸头等。表 2.8 所示为常用铸造铝合金的牌号、主要化学成分、力学性能和用途举例（GB/T 1173—2013）。

表 2.8　常用铸造铝合金的牌号、主要化学成分、力学性能及用途举例

合金类别	合金牌号	合金代号	主要化学成分及其质量分数/%	铸造方法	热处理状态	力学性能			应用举例
						R_m/MPa	A/%	布氏硬度/HBW	
铝硅合金	ZAlSi7Mg	ZL101	Si 6.5～7.5 Mg 0.25～0.45 其余为 Al	JB J、JB	T4 T5	185 205	4 2	50 60	形状复杂、承受中等载荷的零件，如飞机仪表件、抽水机壳体等
铝硅合金	ZAlSi5Cu1Mg	ZL105	Zn 4.5～5.5 Cu 1.0～1.5 Mg 0.4～0.6 其余为 Al	J	T5	235	0.5	70	气缸头、油泵壳体等
铝硅合金	ZAlSi12Cu1Mg1Ni1	ZL109	Si 11.0～13.0 Cu 0.5～1.5 Mg 0.8～1.3 Ni 0.8～1.5 其余为 Al	J J	T1 T6	195 245	0.5 —	90 100	在高温下工作的零件，如活塞等
铝铜合金	ZAlCu5Mn	ZL201	Cu 4.5～5.3 Mn 0.6～1.0 Ti 0.15～0.35 其余为 Al	S、J、R、K S、J、R、K	T4 T5	295 335	8 4	70 90	气缸头、活塞、挂架梁、支臂等
铝镁合金	ZAlMg10	ZL301	Mg 9.5～11.0 其余为 Al	S、J、R	T4	280	9	60	在大气或海水中工作、能承受较大振动载荷的零件
铝锌合金	ZAlZn11Si7	ZL401	Zn 6.0～8.0 Cu 0.1～0.3 Zn 9.0～13.0 其余为 Al	S、R、K J	T1 T1	195 245	2 1.5	80 90	工作温度不超过200 ℃，结构形状复杂的汽车、飞机零件

注：S—砂型铸造；J—金属型铸造；R—熔模铸造；K—壳型铸造；B—变质处理；T1—人工时效处理；T4—固溶处理加自然时效处理；T5—固溶处理加不完全人工时效处理；T6—固溶处理加完全人工时效处理。

3. 铸造铜合金、铝合金的熔炼

铸造铜合金、铝合金在液态下均具有易氧化和吸气的特性，铜合金氧化后生成 Cu_2O，溶解在铜合金内，可降低铜合金力学性能。铝合金易氧化生成 Al_2O_3，Al_2O_3 的熔点高达 2 050 ℃，且密度稍大于铝，易沉淀在铝液中，成为非金属夹渣。同时铝液还极易吸收氢气，使铸件产生针孔缺陷。另外，非铁合金品种很多，且有时熔点相差很大，不宜按成分直接配料。

为了防止上述缺陷产生，需采取下列措施。

1)采用坩埚炉熔炼

将铜合金或铝合金置于坩埚(铜合金用石墨坩埚，铝合金多用铁坩埚)中，进行间接加热，使金属料不与燃料直接接触，以减少金属的烧损，保持金属液纯净。此外，当合金元素的熔点相差太大时，不直接加入低熔点金属，而以中间合金(母合金)的形式加入。中间合金是用一种低熔点金属与一种或两种高浓度的所需成分元素熔炼配成的(有商品供应，亦可自己配制)。坩埚炉可用焦炭、油、电阻丝或感应电流加热，视工厂条件而定。图 2.11 所示为电阻坩埚炉。

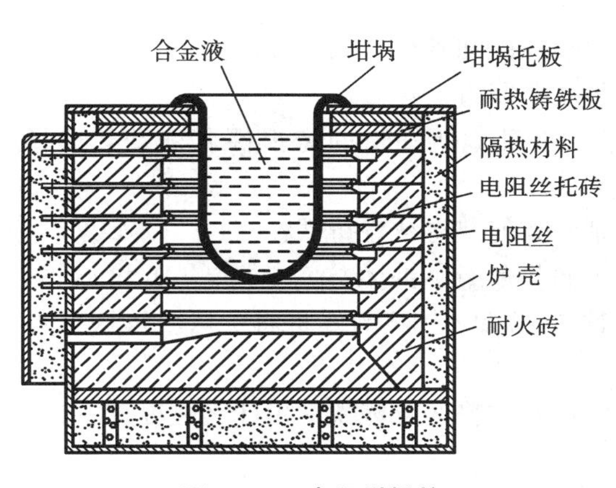

图 2.11　电阻坩埚炉

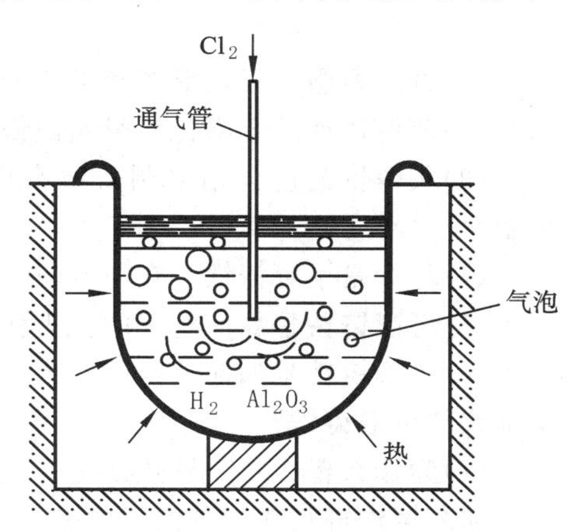

图 2.12　向坩埚内金属液中通入氯气

2)用熔剂覆盖金属液

用熔剂覆盖金属液，可以隔绝空气并防止金属液氧化。熔炼青铜时用木炭粉加玻璃、硼砂做熔剂，而熔炼铝合金时常用 KCl、NaCl、FCa_2 等做熔剂。

3)脱氧、去气精炼

为了将 Cu_2O 脱氧还原，铜液出炉前，应向其中加入占铜液 0.3%～0.6%的磷铜合金(其中磷的质量分数为 10%)进行脱氧，其反应如下：

$$5Cu_2O+2P=\!=\!=10Cu+P_2O_5\uparrow$$

$$6Cu_2O+2P=\!=\!=10Cu+2CuPO_3\text{(上浮进入渣中)}$$

因锌本身就是良好的脱氧剂，且锌氧化后可在铜液表面生成比较致密的氧化锌薄膜来保护铜液，所以熔炼黄铜时一般不需另加熔剂和脱氧剂。

为了去除铝液中的氢及 Al_2O_3 夹杂物，在铝液出炉前要对其进行精炼。其原理是利用不溶于金属液的外来气体所形成气泡的上浮过程，将有害气体和夹杂物一并带出液面而去除。具体工艺方法有多种，例如，用管子向铝液内吹氯气(或氮气、氩气)5～10 min(图 2.12)。氯气分别与铝和氢气发生如下反应：

$$3Cl_2+2Al=\!=\!=2AlCl_3\uparrow$$

$$Cl_2+H_2=\!=\!=2HCl\uparrow$$

生成的$AlCl_3$、HCl及过剩的氯气泡中的分压为零，使得铝液中的氢向气泡中扩散，$AlCl_3$夹杂物亦附着到气泡上，在气泡上浮过程中一并被带出铝液。生产中还可通过向铝液中加入氯化锌($ZnCl_2$)等氯盐或六氯乙烷(C_2Cl_6)等氯化物来产生同样效果。

4)采用正确的铸造工艺

为避免非铁合金在浇注过程中再度氧化吸气，防止金属液飞溅，应尽量采用平稳快浇、快凝的浇注工艺和底注式或某些特殊的浇注系统，将金属液连续平稳地导入型腔。采用金属型可使金属液快速冷凝，减少吸气，细化晶粒。如果用砂型铸造，则必须严格控制型砂水分，并采用细颗粒原砂，增大砂型的紧实度。铜液的密度大、流动性好，特别易渗入砂粒孔隙而产生机械黏砂，使铸件清理工作量大。

铜合金、铝合金的凝固收缩率比铸铁大，除锡青铜外，一般需采用冒口补缩。

复习思考题

(1)试从石墨的存在形式和影响分析灰铸铁的力学性能和其他性能特征。

(2)何谓铸铁的石墨化？影响铸铁石墨化过程的主要因素是什么？

(3)灰铸铁最适合用来制造什么样的铸件？举出五种你所知道的铸铁件名称及其选材理由。

(4)什么是孕育铸铁？它与普通灰铸铁有何区别？如何获得孕育铸铁？

(5)可锻铸铁是如何获得的？为什么它只宜用于制作薄壁小铸件？

(6)球墨铸铁是如何获得的？为什么说球墨铸铁是“以铁代钢”的好材料？球墨铸铁可否全部代替可锻铸铁？

(7)为什么普通灰铸铁热处理的效果不如球墨铸铁好？普通灰铸铁常用什么热处理方法？对普通灰铸铁进行热处理的目的是什么？

(8)识别下列牌号的材料名称，并说出其中字母和数字所表示的含义：QT600-2、KTH350-10、HT200、RuT260。

(9)冲天炉熔炼时，加入废钢、硅铁、锰铁的作用分别是什么？若采用单一的生铁锭或回炉铁为原料，铸出的产品品质如何？

(10)铸钢的熔炼应采用什么设备？

(11)铸造铜合金和铝合金熔炼时常采用什么熔炼炉？其熔炼和铸造工艺有何特点？

(12)试述铸钢的铸造性能及铸造工艺特点。

(13)识别下列牌号的材料名称，并说明其各组成部分的含义：ZAlSi7Mg、ZCuSu10P1、ZCuZn38。

第3章　金属的铸造成形工艺

3.1　铸造成形工艺的类型

铸造成形工艺依据铸型材料、铸造工艺及金属液浇注入铸型的方法不同而分为如下几类。

(1)一次消耗性铸型成形工艺　一次消耗性铸型如砂型(黏土砂型、树脂砂型、壳型、石墨型及V法造型等)、石膏型、消失模、精密铸造型壳及陶瓷型等的材料,都是用黏结剂(或不用)与砂混合而成的。当金属液浇注到铸型中并冷凝后,需打破铸型取出铸件,即一个铸型只能浇注一次。

(2)永久性铸型的成形工艺　永久性铸型一般用金属材料制造,可重复浇注成千上万次,适用于批量生产铸件。其成形工艺有金属型铸造、低压铸造、压力铸造、离心铸造、真空吸铸和挤压铸造等。

(3)复合铸型的成形工艺　这些工艺一般由采用两种以上不同铸型的成形工艺组成,如消失模真空密封铸造成形(V-EPC法)、低压消失模铸造成形、真空吸铸消失模铸造成形、水玻璃砂或内衬陶瓷金属型铸造成形、铁模覆砂成形、金属型内衬硅橡胶铸型离心铸造成形等。

砂型铸造以外的其他铸造成形工艺在铸件品质、生产率等方面优于砂型铸造,但其使用有局限性,成本也比砂型铸造高。

3.2　一次消耗性铸型的成形工艺

3.2.1　*砂型铸造*

砂型铸造是用模样和型砂制造砂型来进行铸造的一种传统工艺。

1.型(芯)砂和砂型

1)型(芯)砂的组成

用于制造砂型的材料称为型砂,用于制造砂芯的材料称为芯砂。不同于一般建筑和其他用途的沙子,型(芯)砂是由原砂、黏接剂及附加物组成的。

(1)原砂　其化学成分应满足耐火度要求(不容易被高温金属液烧焦或熔融),粒形尽可能接近圆形,且按由国际标准筛确定的粒度供应(表面粗糙度较低的优质铸件,所用原砂一般较细,粒度主要有50～100目、70～140目和100～200目几种,并且粒度不宜过于集中,一般采用三筛砂或四筛砂;大件砂一般较粗,粒度宜为40～70目或50～100目)。原砂中硅砂多用于铁合金(SiO_2含量大于90%)及非铁合金铸件(SiO_2含量大于75%);铸钢件常用热膨胀率小的氧化锆、镁橄榄石砂和导热性好的铬铁矿砂。

(2)黏结剂　一般由黏土(主要分为高岭土和膨润土两类,前者用于烘烤的干砂型、后者用于湿砂型)、水玻璃和树脂(常用呋喃或酚醛)构成。

(3)附加物　如煤粉、油类、淀粉类、合成有机聚合物、纤维素类(如木屑粉)。

2)型(芯)砂的混制

将原砂、黏结剂与附加物根据工艺要求的配方在混砂机中混匀。混制后型(芯)砂的砂粒表面均匀地包覆黏结剂膜,相互黏结砂粒使型(芯)砂具有一定的强度和透气性,利于浇注时排气。型砂中的附加物如煤粉、油类等的作用是使砂型型腔表面产生还原性气体隔膜,防止黏砂,改善铸件表面质量;有的如纤维素类等,能使型砂具有良好的退让性,避免阻碍铸件收缩产生热裂纹或冷裂纹。

3)砂型(芯)的种类

(1)湿砂型　它是用钠基膨润土的黏土砂,通过手工造型或造型机舂制形成的,是铸造中应用最普通、最便宜的砂型。"湿"是指金属液浇入砂型时,砂型中的砂处于潮湿状态。湿砂型多用于中小件。

(2)表干型(芯)　用火焰喷烧黏土砂型(芯)表面,使之具有较高的强度,这样得到的就是表干型(芯)。表干型(芯)一般用于大铸件。

(3)干型(芯)　在金属液浇注前将普通黏土砂型置于干燥窑中烘烤即得到干型(芯)。与湿型相比,用干型(芯)铸造所得铸件强度高,尺寸精度高,表面粗糙度低。但用干型(芯)铸造有以下缺点:砂型变形很大;砂型退让性差,易造成铸件热裂;砂型烘烤时间长,生产率低、能耗大。目前此类砂型(芯)已趋淘汰。

(4)自硬型(芯)　将各种有机或无机黏结剂如液态自硬树脂(加入量为1%~1.5%)或水玻璃(加入量在6%以下)混合到砂中黏结砂粒,可以产生很高的化学强度,使砂型精度比湿型的更高,清砂性能好。这样得到的砂型(芯)称为自硬型(芯)。其硬化原理是在砂中加入硬化剂(磺酸、磷酸等),或吹硬化气体(如吹三乙胺、SO_2及CO_2等),使之在室温下硬化铸型或砂芯。但自硬型(芯)价格较高。

(5)捣打成的石墨型(芯)　此法用于像钛、锆等活泼金属铸型,这些金属易与硅砂中的硅产生激烈反应,故不能用普通砂型。石墨型造型工艺与普通砂型相似:将石墨和黏结剂混合后捣制成铸型,然后在空气中干燥、在175 ℃温度下烘烤、在870 ℃温度下焙烧,最后在一定湿度和温度下贮存(需要时取出浇注)。它实际上有时也可作为能反复浇注许多次的半永久型。

2. 砂型铸造的分类

1)手工造型

手工造型的关键是顺利地从砂型中起出模型,获得符合铸件尺寸形状要求的型腔。手工造型的起模方式是手工起模。图3.1所示是采用由不同几何体所构成的铸件模样的砂型的基本造型方法。一般应将砂型剖分成两个或多个部分,砂型的剖分面称为分型面。剖分砂型的目的是将模样的最大截面暴露在分型面上,以便顺利取模。但有些模样轮廓较复杂,即使将砂型分成多个部分,仍不能将模样顺利起出,例如图3.1d所示的几何体,若用整体模样进行三箱造型,模样会被卡在中间砂箱中,无法起出。在这种情况下,必须将整体模样分成两块或多块。显然,用形状各异的模样造型时,所需的砂型分型面与模样分块形式是不同的,因此,就产生了不同的砂型成形工艺(常称为造型方法)。

(1)铸件形体组合与造型方法　首先分析由三个不同截面的圆柱体S_1、S_2、S_3(S_1截面最大,S_3截面最小)所构成的不同形状铸件的造型方法(图3.1)。图3.1a所示铸件从外形来看好似宝塔轮,其形状特征是最大截面位于零件顶端,其他各截面大小依次向下端递减。造型时,可用一个平面将砂型分成上、下两型,用整体模样造型,这种方法称为整体模造型。

图3.1b所示铸件从外形来看好似联轴器,其形状特征是最大截面居中,两端截面较小。

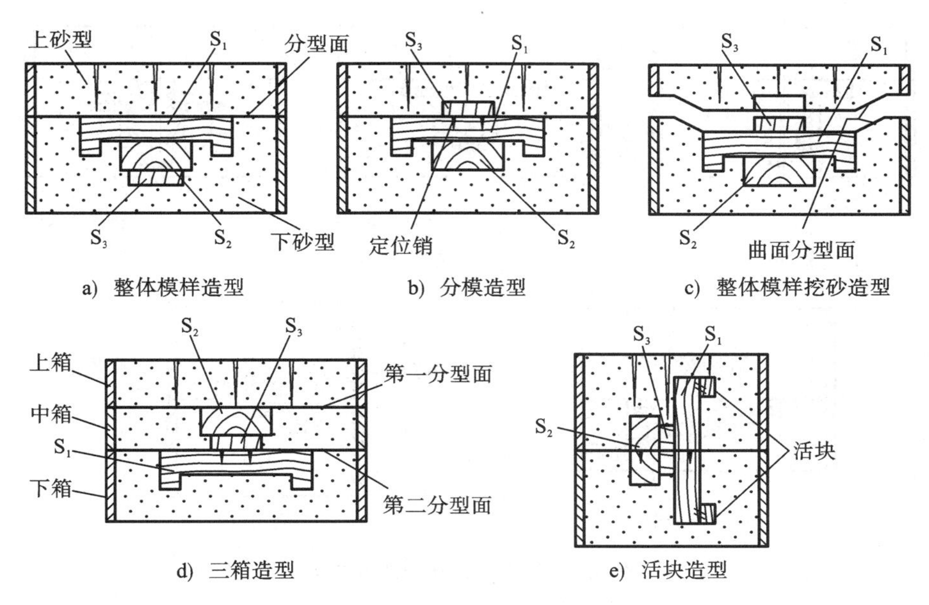

a) 整体模样造型　b) 分模造型　c) 整体模样挖砂造型

d) 三箱造型　e) 活块造型

图 3.1　采用由不同几何体所构成铸件模样的砂型的造型方法

这时可用一个平面将砂型沿 S_1 的顶面分型，并且，为了便于起模，还应将模样分为上、下两块，这种方法称为分模造型。

若铸件的最大截面居中，又不允许将模样分开，这时就只能采用整体模样，并用挖砂造型方法挖出 S_1 的最大截面，如图 3.1c 所示。挖砂后的分型面是一个曲面或阶梯面。这种造型方法显然很费工时，生产率低。当这类铸件的生产数量较多时，可将模样垫板制成与分型面形状相应的成形垫板；数量不太多时，亦可将型砂舂紧并修制成成形砂胎(称为假箱)造型。

图 3.1d 所示铸件从外形来看好似双联齿轮坯，其形状特征是外形轮廓的最小截面居中，两端截面较大，即两个大截面体间夹有一个小截面体。这时需采用两个分型面、三个砂箱造型，并且还需将模样从最小截面处分开，称为三箱造型。

若将图 3.1d 所示铸件旋转 90°放置来考虑造型方法，则应从铸件中心线所在平面分型及分模，并在模样的相应处设置活块 (图 3.1e)。这种方法称为活块造型。

由上可见，造型方法主要是根据铸件最大截面在铸件形体中的位置而确定的，一般并不涉及铸件的内腔形状。

(2)铸件内腔形状对造型方法的影响　铸件的内腔形状多半是通过在铸型中装配一个或多个型芯来形成的。例如，将图 3.1 所示的各实心铸件改为有空腔的铸件时，其造型方法如图 3.2 所示。由图可见，除型腔中增加了型芯及固定型芯所需的芯头(有垂直的和水平的两类芯头)外，其造型方法基本没有改变。可见，在确定带空腔铸件的造型方法时，仍可将铸件视为实体铸件，只是在模样上增加有关芯头几何体，即将芯头也看成模样的一部分，并考虑其对分型与起模的影响。

(3)型芯对分型面及造型方法的影响　型芯不仅可形成铸件内腔轮廓形状，而且可形成铸件外部可能局部妨碍起模的凹坑、凸台、肋、耳等，从而可简化分型面、模样结构及造型工艺。例如，用图 3.3 所示的环形型芯可将原来需两个分型面、三箱造型的工艺(图 3.1d)改为只需一个分型面、两箱造型的工艺，且无须分模。又如，用图 3.4 所示的外型芯可形成侧壁上的凹坑，从而可取消图 3.1e 中所示的活块。

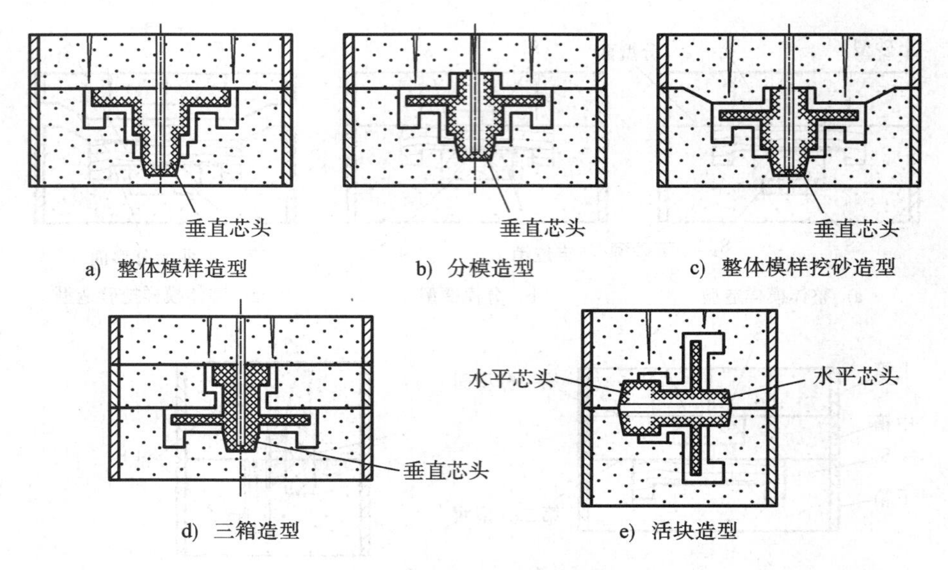

图 3.2 带空腔铸件的造型方法

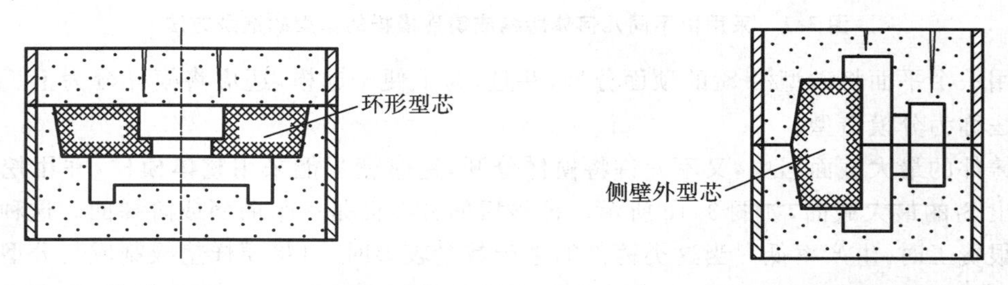

图 3.3 用环形型芯将三箱改为两箱　　图 3.4 用侧壁外型芯代替活块

2)机器造型

手工造型劳动强度大,生产率低,砂型紧实度不均匀,铸件的尺寸精度低、尺寸偏差较大。当铸件的生产批量较大时,常采用机器造型。机器造型是指对紧砂和起模等主要工序实行机械化操作,大批量生产时还可将机器造型工序与浇注、冷却、落砂等工序一起组成生产流水线。

(1)机器造型的紧砂方式　机器造型的紧砂方式有压实式、振实式、振压式、抛砂式和射压式等多种,其中,对于中小型铸件,以振压式紧砂方式(图 3.5)应用最广,大铸件多采用抛砂式紧砂方式(图 3.6)。

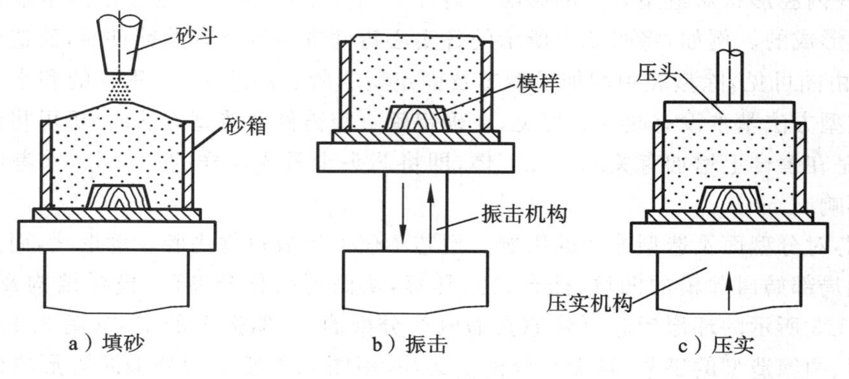

图 3.5 振压式紧砂

(2)机器造型的起模方式　机器造型主要有以下几种起模方式。

①顶箱式起模(图 3.7)　顶箱机构驱动四根顶杆顶住砂箱四角徐徐上升，完成起模。这种方法仅适用于形状简单、高度不大的砂型。

②漏模式起模(图 3.8)　将模样上有较深凹凸形状的部分活装在模板上，紧砂后，先将该凹凸部分从漏板中往下起出，此时砂型被漏板托住，不会垮砂。这种方法适用于有肋或较深的凹凸形状、起模困难的模样。

③翻转式起模(图 3.9)　紧砂后，使砂箱连同模样一齐翻转 180°后再下落，完成起模。这种方法适用于型腔中有较深吊砂或砂台的砂型。

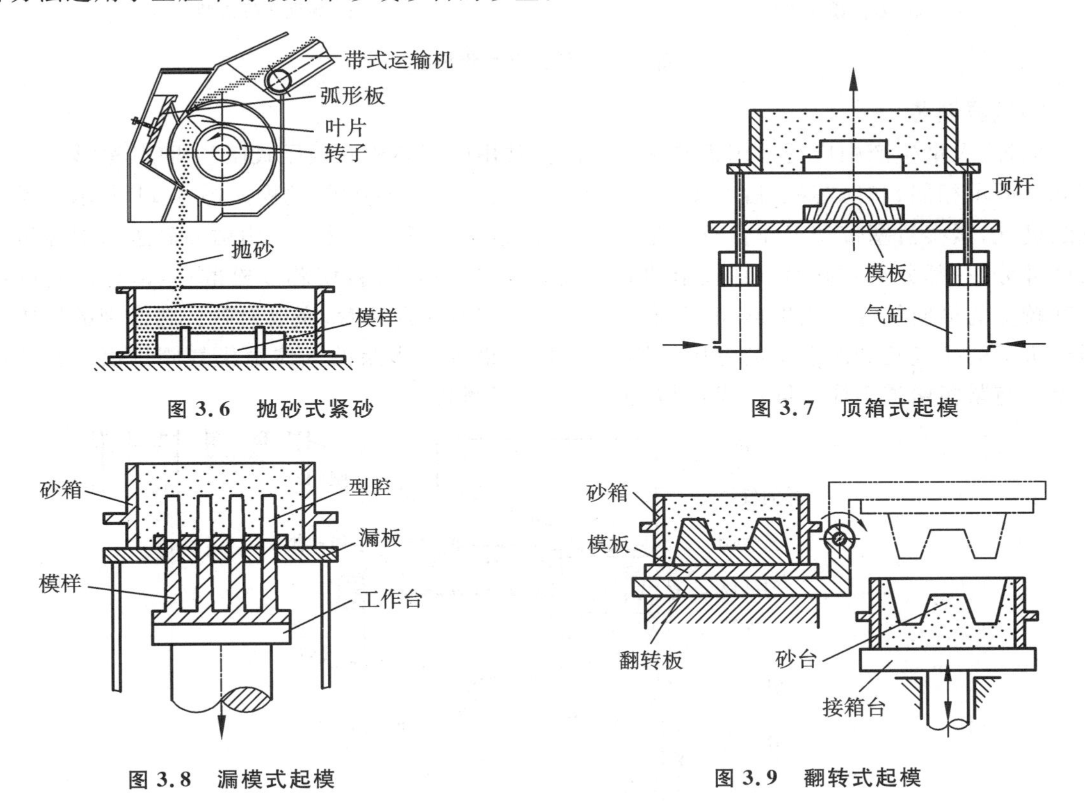

图 3.6　抛砂式紧砂

图 3.7　顶箱式起模

图 3.8　漏模式起模

图 3.9　翻转式起模

(3)机器造型的工艺特点　机器造型的工艺特点具体如下。

①机器造型采用模板造型。模板是将模样、浇注系统与底板连接成一体的专用模具。造型时，底板形成分型面，模样形成型腔。小铸件常采用底板两侧都有模样的双面模板及其配套的砂箱(图 3.10a)；其他大多数情况下则采用上、下模分开装配的单面模板中的上模板与专用上砂箱配合专造上箱，下模板与下砂箱配合专造下箱(图 3.10b)。不论单面模板还是双面模板，其上面均装有定位导销，与专用砂箱上的销孔精确定位，故通过机器造型生产的铸件尺寸精度比手工造型的高。

②机器造型不适用于三箱造型及活块造型。这是因为机器造型的砂型都是由上、下砂型装配而成的。如若用三箱，则要为不同铸件特制不同高度的中箱，显然这将使生产组织及管理十分复杂。同时，要起出型腔中的活块，必须使机器停止运动，这又将导致机器造型生产率下降。因此，对手工造型时需采用三箱或活块的铸件采用两个砂箱进行机器造型时，常采用外型芯来解决起模方面的问题(图 3.3、图 3.4)。

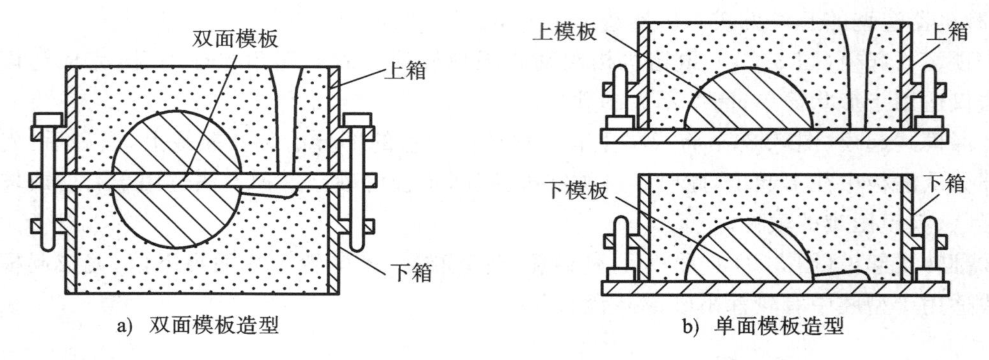

a) 双面模板造型　　b) 单面模板造型

图 3.10　机器造型用模板

3)机器制芯

成批、大量生产中广泛采用机器制芯方法。常用的制芯机有振压式制芯机(其紧砂原理与图 3.5 所示相同)和射芯机,后者多用来生产小型芯。射芯机射砂过程如图 3.11 所示。紧实气缸进气,紧实活塞带动工作台及芯盒上升,并压紧射砂筒。压缩空气由射砂阀进入射腔后分成两部分:一部分从射砂筒下部较窄的纵向气缝中进入射砂筒,使芯砂松散;一部分从射砂筒上部较宽的横向气缝进入射砂筒,以很大的压力将芯砂射入芯盒,完成射砂。芯盒中的气体从射砂头上的排气孔和芯盒上的专用排气道中排出,射腔中多余的气体由排气阀排出。射砂机将填砂与紧实两道工序一同完成,制芯速度快,生产率高。

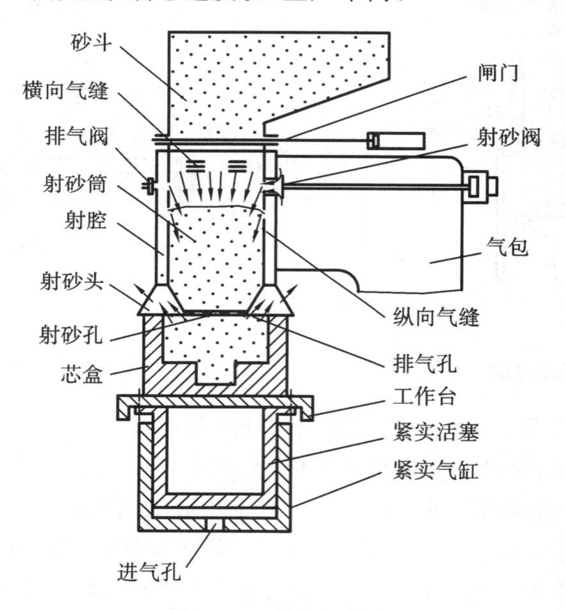

图 3.11　射芯机射砂

砂型铸造是应用最广泛、最灵活的铸造方法。它既可用于单件、小批生产的手工造型,也可用于成批、大量生产的机器造型和自动生产线;既能浇注低熔点非铁金属及其合金液,又能浇注高熔点的铁液及钢液;铸件的尺寸可大可小,形状可简单亦可复杂;等等。但砂型铸造一型只能浇注一次,生产的工序较多,影响铸件品质的因素亦较多。例如,砂型冷却速度慢而导致铸件晶粒不够细密,使铸件力学性能受到一定的影响。

3.2.2　壳型铸造

在砂型铸造中，砂型直接承受金属液作用的只是表面一层厚度仅数毫米的砂壳，其余的砂层只起支撑这一层砂壳的作用。受砂型铸型的启发，人们发明了壳型铸造成形方法。壳型铸造是用酚醛树脂砂制造薄壳砂型或型芯而进行铸造的方法，其工艺过程主要可分为覆膜砂制备、壳型(芯)制造两个部分。

1. 覆膜砂的制备

1)覆膜砂的组成

(1)原砂　一般采用硅砂，对于重要件和厚实的铸钢件则采用锆砂。

(2)黏结剂　一般用热塑性酚醛树脂，加入量为原砂的 1.5%～3.5%，用于铝合金铸造的覆膜砂，其树脂加入量取下限。

(3)固化剂　固化剂的作用是促进热塑性树脂硬化，形成不溶、不熔的结构。常用的固化剂为六亚甲基四胺[$(CH_2)_6N_4$]，商品名为乌洛托品，加入量为树脂的 10%～15%，并按 m(六亚甲基四胺)∶m(水)=1∶1 配成水溶液。

(4)附加物　常用的附加物有硬脂酸钙，加入量为树脂的 5.0%～7.0%，其作用是防止覆膜砂在存放期间结块，增加覆膜砂的流动性，使型芯表面致密，制壳时易于顶出。另外，加入硅石粉(加入量为原砂的 2%左右)可提高覆膜砂的高温强度，加入氧化铁粉(加入量为原砂的 1%～3%)可提高型芯的热塑性，防止铸件产生毛刺和皮下气孔。

2)覆膜砂的混制工艺

覆膜砂混制工艺有冷法、温法及热法三种，其中热法是一种适合大量制备覆膜砂的方法。热法混制时，先将砂加热到 140～160 ℃，再加入树脂与热砂混匀，树脂被加热熔化，包覆在砂粒表面，当砂温降到 105～110 ℃时，加入乌洛托品水溶液，吹风冷却，再加入硬脂酸钙混匀，经过破碎、筛分，即得到被树脂膜均匀包覆的、松散的覆膜砂。

2. 壳型(芯)的制造

壳型制造方法有翻斗法和吹砂法。翻斗法应用较多，其工艺过程如下：

(1)将金属模板预热到 250～300 ℃，并在表面喷涂乳化甲基硅油分型剂，如图 3.12a 所示；

(2)将热模板置于翻斗上，并固紧，如图 3.12b 所示；

(3)将翻斗翻转 180°，使斗中覆膜砂落到热模板上，保持 15～50 s(常称为结壳时间)，覆膜砂上的树脂软化重熔，在砂粒间接触部位形成连接“桥”，将砂粒黏结在一起，并沿模板形成一定厚度、塑性状态的型壳，如图 3.12c 所示；

(4)翻斗复位，多余的覆膜砂落回斗中，如图 3.12d 所示；

(5)将附着在模板上的塑性薄壳继续加热 30～50 s(常称为烘烤时间)，如图 3.12e 所示；

(6)顶出型壳，得到厚度为 5～15 mm 的壳型，如图 3.12f 所示。

3. 壳型铸造的优点

(1)覆膜砂可以储存较长时间(三个月以上)，且砂的消耗量少；

(2)无须捣砂，能获得尺寸精确的壳型及壳芯；

(3)壳型(芯)强度高，质量小，易搬运；

(4)壳型(芯)透气性好，可用细原砂得到表面光洁的铸件；

(5)不需砂箱，壳型及壳芯可长期存放。

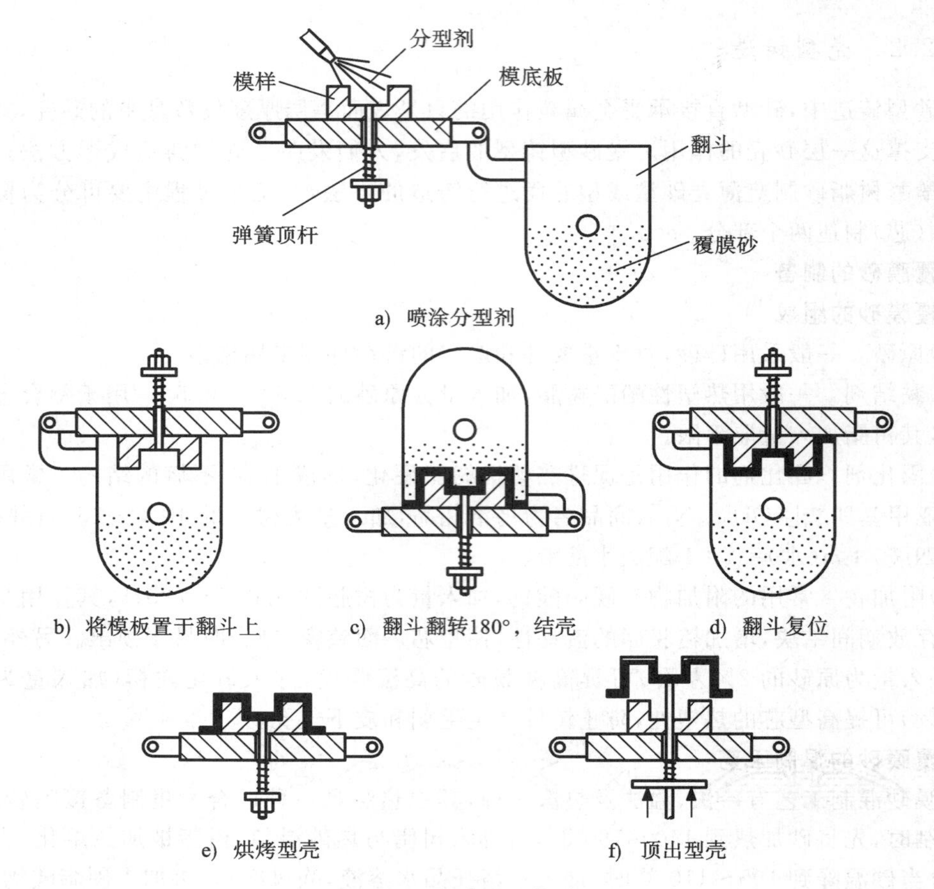

图 3.12　翻斗法工艺过程

鉴于上述优点，尽管酚醛树脂覆膜砂价格较高，制壳的能耗较高，但在对表面粗糙度和尺寸精度要求甚高的铸件生产中仍有应用。通常，壳型多用来生产液压件、凸轮轴、曲轴、耐蚀泵体、履带板及集装箱角件等钢铁铸件，壳芯多用来生产汽车、拖拉机、液压阀体等铸件。

3.2.3　熔模铸造

熔模铸造是在重力作用下将金属液注入由蜡模熔失后形成的中空型壳，从而获得精密铸件的方法，又称为失蜡铸造。

1. 熔模铸造的基本工艺过程

熔模铸造工艺过程如图 3.13 所示。

1)蜡模制造

制造蜡模是熔模铸造的重要步骤，每生产一个铸件就要使用一个蜡模。蜡模制造不仅可直接影响铸件的精度，对铸件成本也有相当大的影响。蜡模制造过程如下。

(1)制造压型　压型是用来压制蜡模的专用模具。压型应尺寸精确、表面光洁，对于其型腔尺寸必须考虑蜡料和铸造合金的双重收缩量。

压型的制造方法随铸件的生产批量不同而不同，常用的有如下两种：

①机械加工　机械加工压型是以钢或铝为材料，经机械加工后组装而成的。这种压型使用寿命长，成本高，仅用于大量生产。

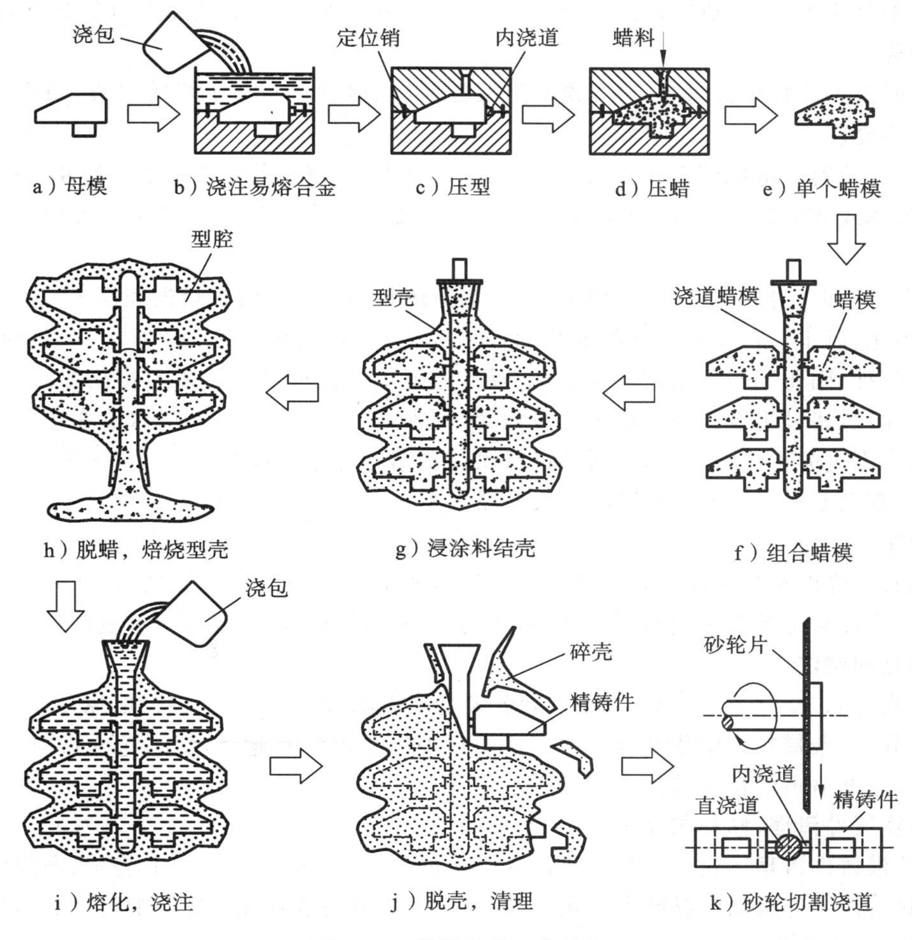

图 3.13　熔模铸造工艺过程

②用易熔合金铸造　易熔合金压型是用易熔合金液(如锡铋合金液)直接浇注到考虑了双重收缩率(有时还考虑了双重加工余量)的母模上,取出母模后而获得的压型。这种压型使用寿命可达数千次,而且制造周期短,成本低,适用于中小批量生产。

此外,在单件、小批生产中,还可采用石膏、塑料(环氧树脂)或硅橡胶压型等。

(2)制造陶瓷型芯　对于铸件上细小、深而窄的内腔,很难进行涂料、撒砂及硬化等精铸操作,只能采用陶瓷型芯。一般用耐火粉料(石英玻璃粉和刚玉粉)和增塑剂(石蜡、蜂蜡等)以及其他附加物混制成浆料,将其压入金属芯盒中成形,然后取出压制的陶瓷型芯坯,在炉中经高温烧结而得到陶瓷型芯。压制蜡模时将陶瓷型芯置于压型的相应位置上,用蜡料将其包住,但应露出型芯的芯头。制壳时陶瓷型芯依靠芯头与型壳组成一体,形成型壳的一部分,用它形成铸件上细小的深凹内腔。

(3)压制蜡模　蜡模材料可用石蜡、硬脂酸等配制而成,在常用的蜡料中,石蜡和硬脂酸各占 50%,其熔点为 50～60 ℃。高熔点蜡料中亦可加入可熔性塑料。制模时,先将蜡料熔为糊状,然后以 0.2～0.4 MPa 的压力将蜡料压入型内,待凝固成形后取出,修去毛刺,即可获得附有内浇道的单个蜡模。

(4)装配蜡模组　熔模铸件一般较小,为提高生产率,降低成本,通常将多个蜡模焊在一个涂有蜡料的浇道棒上，构成蜡模组，以便一次浇注出多个铸件，减少直浇道的金属消耗。

2)结壳

在蜡模组上涂挂耐火材料，经几次反复浸挂涂料、撒砂、硬化、干燥等过程，最后制成较坚固的耐火型壳。

(1)浸挂涂料　将蜡模组浸入由耐火粉料(一般为硅石粉，重要件用刚玉粉或锆石粉)和黏结剂(水玻璃或硅溶胶等)配成的涂料中(粉与液的质量比约为 1∶1)，使蜡模表面均匀覆盖涂料层。

(2)撒砂　向浸挂涂料后的蜡模组撒干砂，并使其均匀地黏附在蜡模表面。

(3)固化、风干　将黏有干砂的蜡模组浸入固化剂(氯化铵浓度为 20%～25%的水溶液)中浸泡数分钟，固化剂与黏结剂发生化学作用，分解出的硅酸溶胶将砂粒牢固黏结，同时硅酸溶胶迅速固化，蜡模组表面便形成 1～2 mm 厚的薄壳。将固化后的型壳放置在空气中至型壳达到不湿也不过分干燥的状态，然后再进行第二轮结壳过程。这种过程一般需要重复 4～6 轮或更多轮，直至制成 5～10 mm 厚的耐火型壳为止。

3)脱蜡

将黏有型壳的蜡模组浸入 85～90 ℃的热水，使蜡料熔化、上浮而脱除(亦可用蒸汽或微波加热脱蜡，或在焙烧炉中脱蜡)，便得到中空型壳。蜡料经回收、处理后可重复使用。

4)熔化和浇注

将型壳送入 900～1 050 ℃(对于硅溶胶型壳取上限)的加热炉中进行焙烧，以彻底去除型壳中的水分、残余蜡料和固化剂等。型壳从加热炉中拿出后宜趁热浇注，这样做对获得壁薄、形状复杂、轮廓清晰的精密铸件十分有利。

5)熔模铸件清理、修补与精整

(1)熔模铸件清理　主要包括清除铸件组上的型壳，切除浇冒口和工艺肋、磨削浇冒口的余根、清除铸件内外表面的黏砂和氧化皮及毛刺等，以获得表面光洁完整的铸件。熔模铸件清理方法如表 3.1 所示。

表 3.1　熔模铸件常用的清理工艺方法

目的	工艺方法	目的	工艺方法
脱除型壳	振动脱壳，电液压清砂，高压水力清砂	磨除铸件上浇冒口的余根	①砂轮机磨削； ②砂带磨床磨削
切除浇冒口和工艺肋	砂轮切割，压力切割或手工敲击，气割，锯床气割，碳弧气刨与切割，阳极切割，等离子切割	清除铸件表面和内腔的黏砂和氧化皮	①抛丸清理； ②喷砂清理； ③化学清砂(将铸件放入苛性钠或苛性钾溶液中进行碱煮，或放入 500～520 ℃、浓度为 90%～95%的苛性钠溶液中进行碱爆，或在氢氟酸中浸泡)； ④电化学清砂(在熔融状态的苛性钠中通低压直流电，铸件接阴极，坩埚壁接阳极)
		清除铸件表面毛刺、铸瘤	①用风动磨头抛光； ②用风动异形旋转锉切削

（2）熔模铸件的修补　包括焊补和浸渗处理。

①焊补　铸件不符合验收技术要求的缺陷（如穿透性孔洞、裂纹等），可通过焊补修复（焊后需进行清理和热处理）。

②浸渗处理　对于有气密性要求的铸件，需在真空或压力下将浸渗剂渗透到其内部缩松、针孔等细小的缺陷孔隙中，利用加温使浸渗剂固化，从而填充、堵塞孔洞，使铸件达到防渗、防漏、耐压等技术要求，同时也提高铸件耐内腐蚀的能力，并为铸件电镀、油漆等表面处理工序做准备。

（3）熔模铸件的精整　精整是指将清砂干净、初检合格和经过修补的铸件，进行精细修整、矫正、光饰和表面处理以达到技术要求的工序。

①铸件的精细修整　一般用砂轮、砂带磨光机或风动砂轮磨头、风动异形旋转锉及各种规格的锉刀进行手工或专用机床磨削。

②铸件的矫正　矫正一般在铸件热处理后用手工或机械进行，矫正后的铸件还需经回火处理。

③铸件的光饰　当铸件表面质量不能满足技术要求时，可采用液体喷砂、机械抛光、电解抛光等方法进行光饰加工。

④熔模铸件的钝化处理与防锈　对304（06Cr19Ni10）、316（06CrNi12Mo2）等牌号的不锈钢精铸件，常需要进行钝化处理。经钝化处理的铸件能保持金属光泽，且耐蚀性提高。此外，在加工过程中为防止零件生锈，还必须用防锈水对其进行防锈处理。

2. 熔模铸造的特点和适用范围

1）熔模铸造的优点

（1）铸件的精度高（IT11～IT14），表面粗糙度低（Ra＝12.5～1.6 μm）；

（2）可铸出形状复杂的薄壁铸件，如铸件上宽度大于3 mm的凹槽、直径大于2.5 mm的小孔均可直接铸出；

（3）铸造合金种类不受限制，钢铁及非铁合金均适用；

（4）生产批量不受限制。

2）熔模铸造的缺点

（1）工序复杂，生产周期长；

（2）原材料价格高，铸件成本高；

（3）铸件尺寸不能太大，否则蜡模易变形，丧失原有精度。

综上所述，熔模铸造是一种实现少无切削加工的、先进的精密成形工艺，它最适合用于25 kg以下的高熔点、难以切削加工的合金钢铸件的成批、大量生产，目前主要用于航天飞行器、飞机、汽轮机、泵、汽车、拖拉机和机床上的小型精密铸件和复杂刀具的生产。

3.2.4　石膏型铸造

石膏型铸造是用粒度很小的石膏混合料代替型砂或熔模精铸涂料和石英砂进行的铸造成形工艺。

1. 石膏型混合料

石膏型是用生石膏或硫酸钙制造而成的。纯石膏受热时体积收缩率大（1.5%～2.5%），且其热导率低，烧结时极易产生裂纹，不能直接用于浇注石膏型。必须在纯石膏中加入耐火材料和硅粉，以提高石膏型强度和控制凝固时间。石膏型混合料的配比如表3.2所示。将这些组分用水混合形成浆料，浇注到模样上；待石膏型混合料凝固(通常需 15 min)后，取模，使石膏型在 120～260 ℃的温度下干燥，去除水分。石膏型的模样材料一般为铝合金、黄铜、锌合金、热硬性塑料、硅橡胶及木材(木模不适用于大量生产石膏型，因其在反复与石膏浆接触时易吸水变形)。制造石膏型也可采用蜡模(普通蜡模或快速成形制造的高分子蜡模)，用蜡模制造石膏型时不需取模，这样制出的石膏型称为熔模石膏型。这种石膏型在珠宝首饰，以及汽车、航空航天国防工业中的精密铸件上的应用很广泛。

表 3.2　石膏型混合料的基本组成(质量分数)

序号	石　膏	硅酸铝质耐火材料	硅 石 粉	方石英粉	硅 藻 土	应　用
混合料 1	33%～37%	粉:31%～33% 砂:32%～34%	—	—	—	大中件
混合料 2	25%～40%	30%～40%	30%～40%	—	—	一般用途
混合料 3	33.5%	—	29.0%	35.5%	2%	精细饰品

2. 石膏型的焙烧及浇注

在浇注之前需根据石膏型的类型进行不同的处理。从型腔中取出模样并干燥好的石膏型，经 120 ℃预热后即可用于浇注。熔模石膏型则要先经 90～96 ℃热水(或水蒸气，或 150～250 ℃热空气)脱蜡，也可在焙烧炉内将蜡烧失；然后缓慢升温(升温速度一般为 50～100 ℃/h)到 250～300 ℃对石膏型进行焙烧，除去石膏中的自由水及结晶水，再升温到 700～750 ℃，除去型腔中的残蜡。

石膏型透气性低，不易排出金属液中的气体，故一般用真空、低压或离心浇注方式进行浇注(图 3.14)。可采用 Antioch 法增加石膏型的透气性，即将石膏型置于高压锅(密封加压的烤炉)中脱水 6～12 h，然后在空气中脱水 14 h。提高石膏型透气性的另一方法是采用能捕捉空气泡的发泡石膏。

3. 石膏型的特点

(1)石膏型最高只能承受约 1 200 ℃的温度，仅适用于非铁合金如铝、镁、锌及某些铜基合金的铸造成形。

(2)石膏型铸件表面纹理细腻，表面粗糙度低(锌、铝合金铸件为 $Ra=3.2\sim0.8\ \mu m$；铜合金铸件为 $Ra=6.3\sim1.6\ \mu m$)。

(3)石膏型导热性差，冷却时间比砂型长 3～6 倍，可使铸件组织均匀，不易产生翘曲变形，铸件最薄壁厚可达 0.6 mm。

(4)石膏溃散性极好，使得石膏型特别适合用来制造有复杂深凹内腔的铸件。

3.2.5　消失模铸造

消失模铸造(expendable pattern casting，EPC；或 lost foam casting，LFC)又称气化模铸造(evaporative pattern casting，EFC)或实型铸造(full mold casting，FMC)。它是用发泡的塑料模(聚苯乙烯)代替木模或金属模，用干砂或树脂砂、水玻璃砂等型砂进行造型，无须起模，直接将高温金属液浇注到铸型中可气化的模样上，使模样经历“变形收缩—软化—熔化—气化—燃烧—消失”过程，使金属液占据原本由泡沫塑料模样占据的位置(在金属液与泡沫模样之间存在气相和液相)，冷却凝固而形成铸件的方法(图 3.15)。

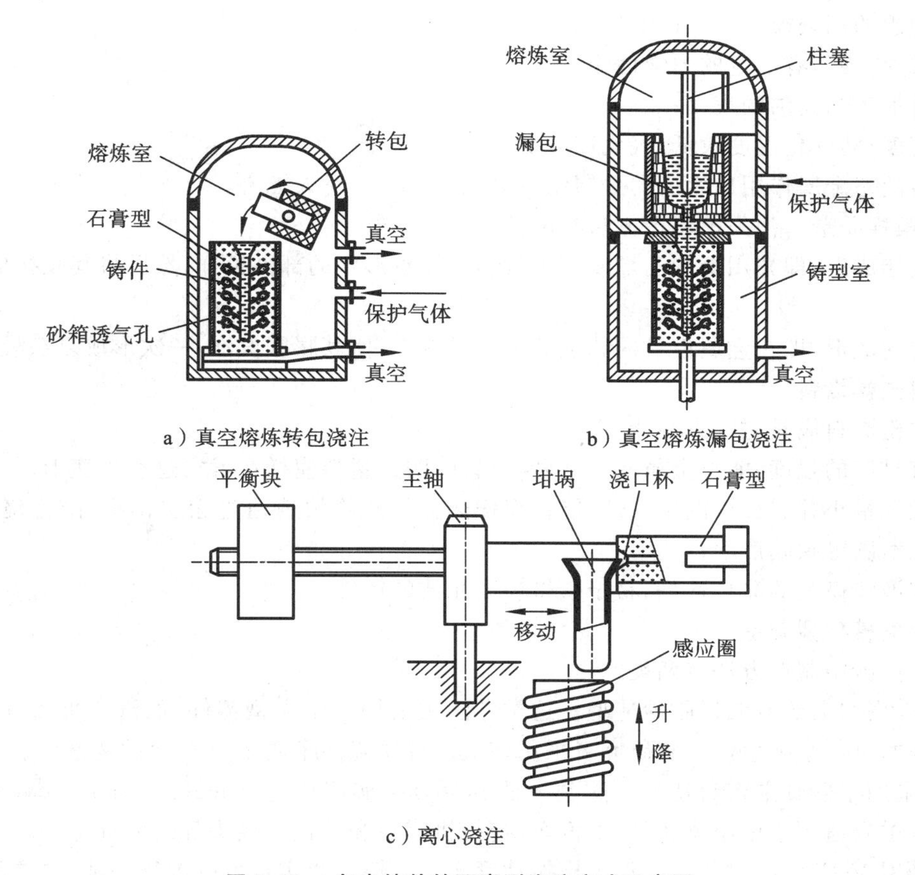

a）真空熔炼转包浇注　b）真空熔炼漏包浇注

c）离心浇注

图 3.14　复杂铸件的石膏型浇注方式示意图

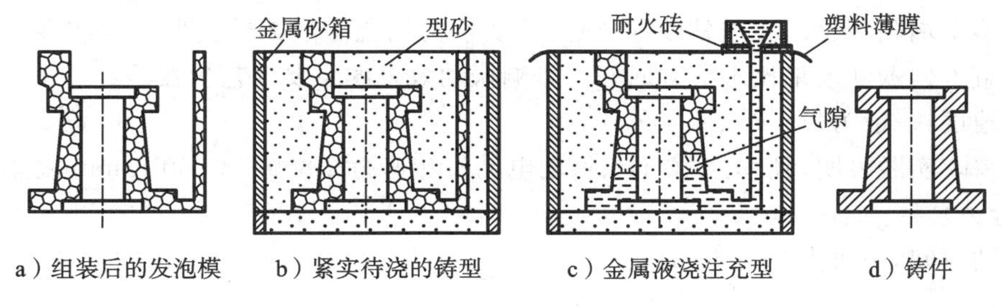

a）组装后的发泡模　b）紧实待浇的铸型　c）金属液浇注充型　d）铸件

图 3.15　消失模铸造成形过程

1. 消失模铸造成形的关键技术

1)消失模应具备的材质及性能

(1)消失模材料　消失模的材料包括可发性聚苯乙烯(EPS)、可发性聚甲基丙烯酸甲酯(EPMMA)及两者的共聚物(STMMA)等，它们受热气化后产生的热解产物及其热解的速度有很大的不同。EPS 的价格便宜，应用广泛，但热解产物中大分子气体和单质碳含量较多，使铸件易产生冷隔、皱皮和增碳等缺陷；PMMA 热解产物中小分子气体和单质碳含量较少，可克服 EPS 的缺点，但其发气量大，强度小，易使模样变形且浇注时金属液易产生返喷现象；STMMA 综合了两者的某些优点，克服了两者的缺点，是目前较好的消失模材料，但价格较贵。

较理想的消失模应具有以下性能：

①成形性好，有一定的力学性能；

②易加工出光洁的表面；

③密度小，气化温度较低，气化速度快；

④与液态金属作用后生成的残留物少、发气量小，且对人无害。

(2)模样制造　消失模制造方法有两种：

①胶接成形，即先用聚苯乙烯发泡板材制作简单形状的部件模样，然后将其胶接成整体复杂模样；

②发泡成形，即在金属模具内加热聚苯乙烯颗粒，使其膨胀发泡，一次形成复杂模样。

2)消失模涂料

消失模涂料应具有以下性能：

①有足够的强度，能将金属液与干砂隔离开，防止塑料模样在紧实过程中变形；

②发气量小并有良好的透气性，能将模样热分解产物快速通过涂层排出，防止浇不足、气孔、夹渣、增碳等缺陷产生；

③在泡沫模上的涂挂性好，易于获得表面光洁的铸件。

3)消失模砂型制造

消失模砂型制造方法有两类：

(1)采用水玻璃砂或树脂砂造型。这类方法主要用于中大型铸件，如汽车覆盖件模具、机床床身等的单件小批生产。有研究者采用该法还成功浇注了质量为 50 t 的铸铁件。

(2)采用干砂真空密封造型。这类方法称为真空实型铸造(vacuum evaporative pattern，V-EPC)，主要适用于中小型铸件，如汽车、拖拉机零件和铸铁管接头等的大批生产。

在采用 V-EPC 法时会用到消失模振动紧实台。振动紧实台可以进行一维、二维及三维振动。显然，维数越多的振动紧实台振实效果越好，但设备费越高。砂型紧实不足会导致浇注时铸型产生型壁塌陷、胀大、渗透黏砂等缺陷；过度紧实又会使泡沫模变形。目前多采用一维振动。其竖直方向振动效果比水平方向好。影响振动效果的主要工艺参数是：

①加速度，一般为(1～2)g。

②频率。实践表明，频率为 50 Hz、振动电动机转速为 2 800～3 000 r/min、振幅为 0.5～1 mm较合适)。

③振动时间，一般为 30～60 s。

4)浇注

因消失模汽化时要消耗热量，且金属液与汽化模之间有气隙，为了防止冷隔和塌箱，采用消失模时宜在真空下高温(高于普通砂型浇注温度 20～50 ℃)快速浇注；消失模铸造浇注系统比砂型铸造浇注系统约大 1 倍。

2. 消失模铸造的特点

(1)消失模铸造是一种少无余量、精密成形的新工艺。由于无须起模，无分型面，无型芯，因而铸件无飞边毛刺，且由型芯组合引起的铸件尺寸误差减少。铸件的尺寸精度和表面粗糙度接近熔模铸造件，但铸件尺寸可大于熔模铸造件。

(2)为铸件结构设计提供了充分的自由度。只要不影响气化模砂型的紧实，对铸件的结构形状几乎无任何特殊限制。对于局部不易紧实的地方，如细小、复杂的孔腔，可以采用在发泡塑料模上镶嵌树脂砂芯等的联合铸造方法。各种形状复杂的铸件模样均可采用胶接消失模，从而可使加工装配时间减少，铸件成本下降10%～30%。

(3)相比于砂型铸造和熔模铸造，消失模铸造的工序简单，对操作工人的技术要求不高。

3. 消失模铸造的适用范围

(1)除低碳钢以外的各类合金(消失模在浇注过程中会因熔失而对低碳钢产生增碳作用，使低碳钢的碳含量增加)。该法的典型应用是制造各种汽车的气缸盖、铝合金发动机缸体(图3.16)及其他铸件。

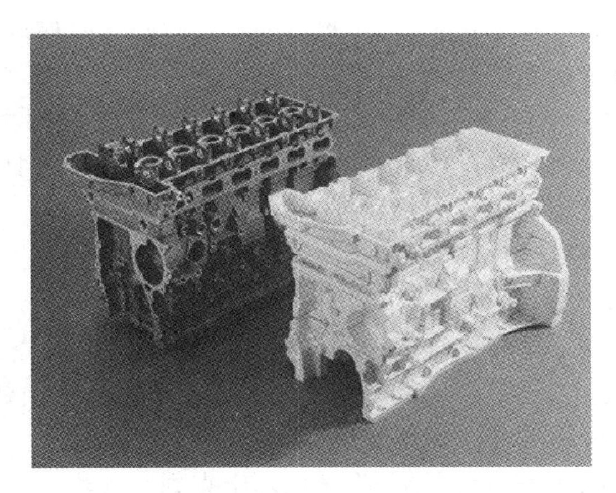

图3.16　六缸发动机缸体消失模铸件及泡沫模样

(2)壁厚在4 mm以上的铸件。

(3)质量为几千克至几十吨的铸件。

(4)铸件生产批量不受限制，其中V-EPC法要求年产量为数千件以上。

3.2.6　陶瓷型铸造

在重力作用下将金属液注入陶瓷型中成形铸件的方法称为陶瓷型铸造，它是在砂型铸造和熔模铸造的基础上发展起来的一种精密铸造方法。

1. 陶瓷型铸造的基本工艺过程

陶瓷型铸造有不同的工艺方法，其中应用较为普遍的一种如图3.17所示。

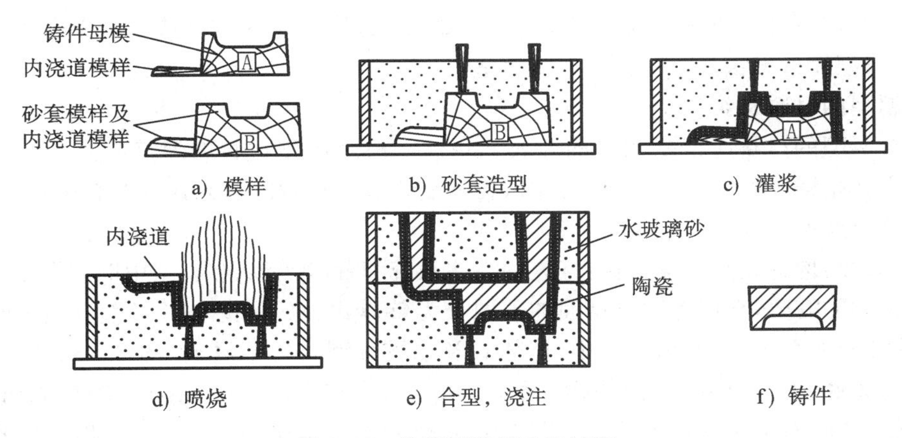

图3.17　陶瓷型铸造工艺过程

(1)砂套造型　为节省陶瓷材料和提高铸型的透气性，通常先用水玻璃砂制出砂套(相当于砂型铸造的背砂)。制造砂套的模样比铸件母模应大一个陶瓷料的厚度(图 3.17a)。砂套的制型方法与砂型相同(图 3.17b)。批量较多时,可用金属型内衬陶瓷型代替砂套。

(2)灌浆与结胶　灌浆与结胶过程即陶瓷面层制造过程。具体做法是:将铸件母模固定于平板上,刷上分型剂,扣上砂套,将配制好的陶瓷浆由浇注口注满(图 3.17c),几分钟后,陶瓷浆便开始结胶。陶瓷浆由耐火材料(如刚玉粉、铝矾土等)、黏结剂(如硅酸乙酯水解液)、催化剂(如 $Ca(OH)_2$、MgO)、透气剂(双氧水)等组成。

(3)起模与喷烧　灌浆 5～15 min 后,在浆料尚有一定弹性时便可起出模样。为加速固化过程,必须用明火均匀地喷烧整个型腔(图 3.17d)。

(4)合箱与浇注(图 3.17e)　浇注前,要在 350～550 ℃下焙烧陶瓷型 2～5 h,以烧去残存的乙醇、水分等,并使铸型的强度进一步提高。浇注温度可略高,以获得轮廓清晰的铸件。用金属型套时可通冷却水,以加快铸件冷却速度。

2. 陶瓷型铸造的特点及适用范围

陶瓷型铸造有如下优点。

(1)陶瓷型铸造具有许多与熔模铸造相同的优点。因为是在陶瓷面层处于弹性状态时起模,同时,陶瓷型高温变形小,故铸件的尺寸精度和表面粗糙度与熔模铸造铸件相近。此外,陶瓷材料耐高温,故陶瓷型可用于浇注高熔点合金。

(2)陶瓷型铸件的大小几乎不受限制,质量从几千克到几吨均可。

(3)在单件小批生产条件下,需要的投资少,生产周期短,在一般铸造车间中较易实现。

陶瓷型铸造的不足是:不适合用于批量大、质量小或形状复杂铸件,生产难以实现机械化和自动化。

目前陶瓷型铸造主要用来生产厚大的精密铸件,如冲模、锻模、玻璃器皿模、压铸模、模板等铸件,也可用来生产中型铸钢件。

3.3　永久性铸型的铸造成形工艺

3.3.1　金属型铸造

在重力作用下将金属液注入金属型中成形的方法,称为金属型铸造。由于金属型可重复使用,故金属型铸造方法又可称为永久型铸造。

1. 金属型的材料及结构

制造金属型的材料应根据浇注的金属选用。一般金属型材料的熔点应高于金属液的温度。浇注锡、锌、镁等低熔点合金时,可用灰铸铁制作金属型;浇注铝、铜等合金时,要用合金铸铁或钢制作金属型。

金属型的结构首先必须保证铸件(连同浇注系统和冒口)能从金属型中顺利取出。为适应各种形状铸件的需要,金属型按分型面的不同分为整体式、水平分型式、垂直分型式和复合分型式等,其结构如图 3.18 所示。其中,整体式及水平分型式的金属型(图 3.18a、b)多用于外形较简单的铸件;垂直分型式的金属型(图 3.18c)开、合型方便,浇注系统、冒口的开设和铸件的取出均较便利,易于实现机械化,应用较多;复合分型式金属型(图 3.18d)用于形状复杂的铸件。

金属型多采用底注式或侧注式浇注系统,以防止浇注时金属液飞溅。飞溅的金属液滴遇

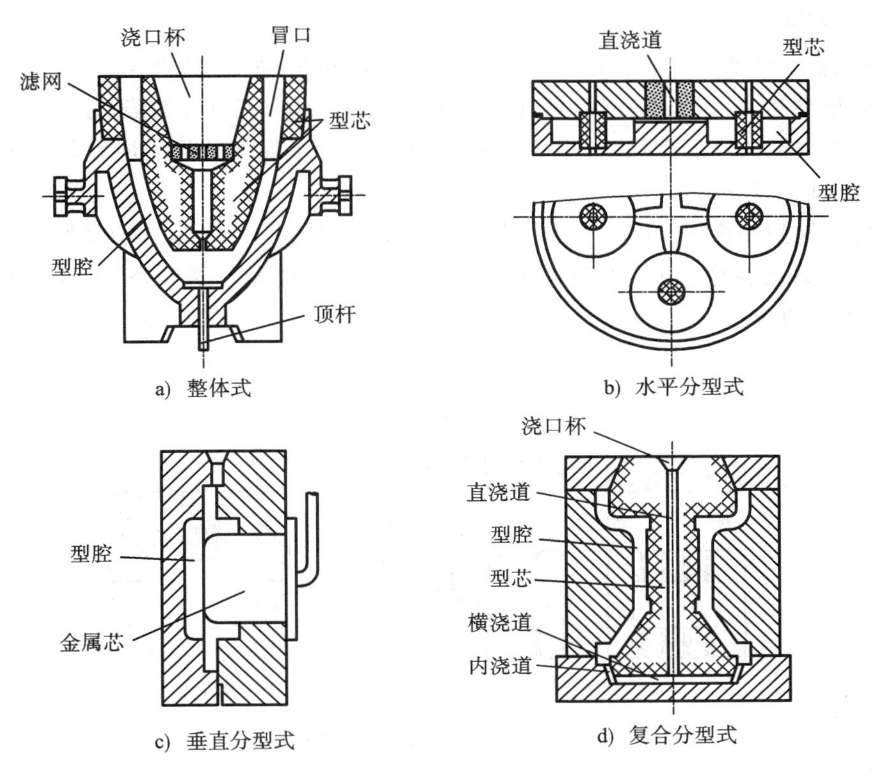

图 3.18　常用金属型的结构

到金属型壁后，受激冷后凝固成“冷豆”并留在铸件中，将影响铸件品质。

铝活塞的金属型由左、右两个半型和底型组成，左半型固定，与右半型用铰链连接（图3.19a），因此也称为铰链开合式金属型。它采用鹅颈缝隙式浇注系统，金属液能平稳注入型腔。为防止型温过高，可将金属型设计成夹层空腔形式，并采用循环水冷却。

金属型用的型芯有金属型芯和砂芯两种。金属型芯一般适用于非铁金属铸件，使用时需考虑金属型芯能否顺利起出。较复杂的金属型芯常做成组合式，如图3.19b所示。当铸件凝固后，立即抽出左右销孔型芯及中间型芯，再抽出左右侧型芯。浇注高熔点合金（如铸铁等）时，宜采用砂芯，但每个砂芯只能使用一次。

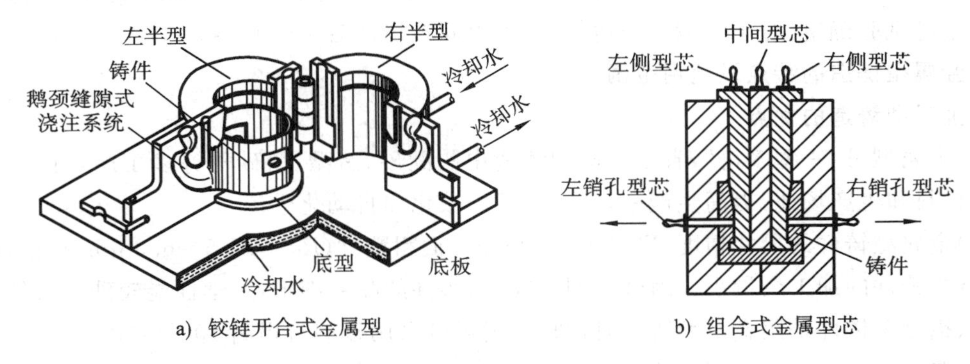

图 3.19　铸造铝活塞金属型与金属型芯

2. 金属型铸造工艺

金属型克服了砂型的许多缺点,但也带来了一些新问题,如:金属型无透气性,易使铸件产生气孔;金属型导热快,又无退让性,铸件易产生浇不到、冷隔、裂纹等缺陷;金属型的耐热性不如砂型好,在金属液的高温作用下,型腔易损坏;等等。为了保证铸件品质和延长金属型的使用寿命,必须采取下列措施。

(1)加强金属型的排气。除在金属型的型腔上部设排气孔外,还常在金属型的分型面上开通气槽(图 3.20a)或在型壁上设置通气塞(图 3.20b),气体能通过通气塞,金属液则因表面张力的作用而不能通过。

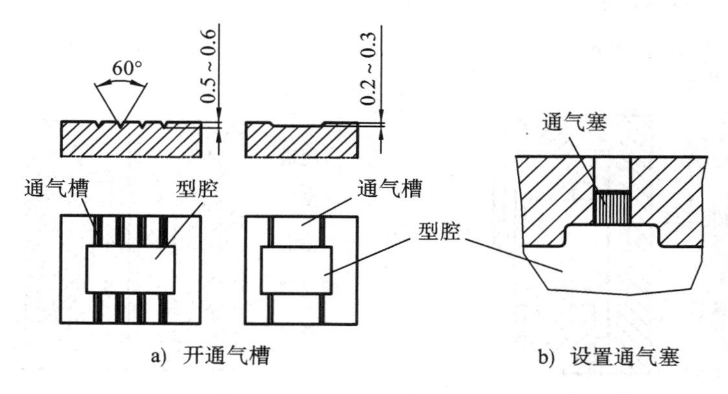

图 3.20　金属型的排气方式

(2)在金属型的工作表面上喷刷涂料。在金属型与金属液接触的工作表面上喷刷涂料,可避免高温金属液与金属型内表面直接接触,延长金属型的使用寿命。涂料一般由硅石粉、石墨粉、炭黑等耐火材料和黏结剂调制而成,涂层厚度为 0.1～0.5 mm。

(3)预热金属型并控制其温度。浇注前预热金属型可避免它突然受热膨胀,利于其使用寿命的延长,还可改善金属液的充型能力,防止铸件产生浇不到、冷隔缺陷,以及应力和白口倾向等。在连续工作中,为防止金属型温度过高,还要对其进行冷却,通常将金属型的工作温度控制在 120～350 ℃范围内。

(4)及时开型。由于金属型无退让性,铸件在型内冷却时,容易产生较大的内应力而开裂,甚至被卡住。故在铸件凝固后,在保证铸件强度的前提下,应尽早开型,取出铸件。合适的开型时间通过试验确定,对于一般中小铸件,开型时间在浇注后 10～60 s。

3. 金属型铸造的特点及适用范围

1)金属型铸造的优点

(1)金属型可“一型多铸”,省去了砂型铸造中的配砂、造型、落砂等许多工序,可节省大量的造型材料和生产场地,提高生产率,易于实现机械化和自动化生产。

(2)金属型铸件的尺寸精度(IT12～IT14)和表面粗糙度(Ra=12.5～6.3 μm)指标均优于砂型铸件,铸件的加工余量小。因金属型冷却快,铸件的晶粒细密,力学性能较砂型铸件高,如铜合金、铝合金铸件采用金属型铸造时抗拉强度可较采用砂型时提高 10%～20%。

(3)劳动条件好。金属型铸造由于不用砂或少用砂,大大减少了硅尘对人体的危害。

2)金属型铸造的缺点

(1)金属型的制造成本高,周期长,不适合单件小批生产。

(2)不适合用于制造形状复杂(尤其是内腔形状复杂)铸件、薄壁铸件和大型铸件。

(3)用来制造铸钢等高熔点合金铸件时,金属型寿命较短,同时,还易使铸铁件产生硬、脆的白口组织。

目前,金属型铸造主要用于铜、铝、镁等非铁合金铸件,如内燃机活塞、缸盖、油泵壳体、轴瓦、衬套、盘盖等中小型铸件的大批生产。

3.3.2　离心铸造

将金属液浇入高速(通常为250～1 500 r/min)旋转的铸型,使其在离心力作用下充填铸型和凝固而形成铸件的成形工艺称为离心铸造。

1. 离心铸造的基本类型

1)立式离心铸造

立式离心铸造机如图3.21所示。金属液浇入铸型后,铸型在立式离心铸造机上绕竖轴旋转,在离心力作用下,金属液自由表面(内表面)呈抛物面形,凝固后形成的铸件沿高度方向的壁厚不均匀(上薄、下厚)。铸件高度愈大、直径愈小,铸型转速愈低,铸件上下壁厚差就愈大。因此,立式离心铸造仅适用于高度不大的环类铸件。

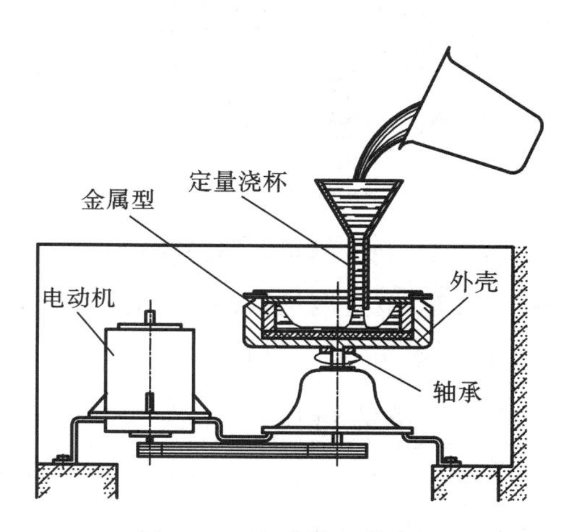

图3.21　立式离心铸造机

2)卧式离心铸造

卧式离心铸造机如图3.22所示。当铸型在卧式离心铸造机上绕水平轴旋转时,由于铸件各部分的冷却成形条件基本相同,所得铸件的壁厚在轴向和径向上都是均匀的,因此,卧式离心铸造适用于铸造长度较大的套筒及管类铸件,如铜衬套、铸铁缸套、水管等。

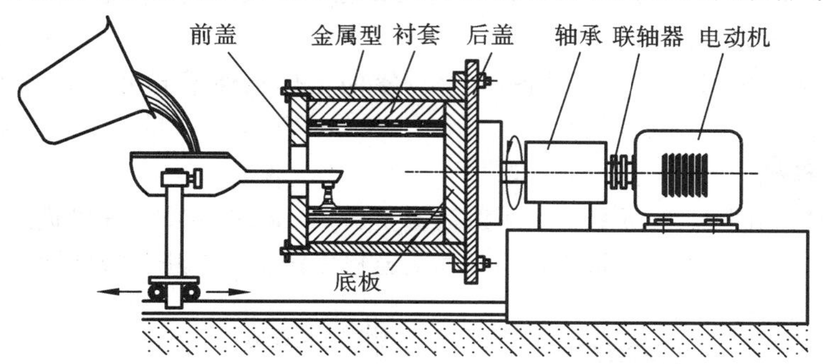

图3.22　卧式离心铸造机

3)成形件的离心铸造

成形件的离心铸造如图3.23所示。将铸型安装在立式离心铸造机上,金属液在离心力作用下充满型腔,故其充型性好,有利于薄壁铸件的成形。同时,由于金属是在离心力作用下逐层凝固的,所以,浇道可取代冒口对铸件进行补缩。离心铸造的铸型可用金属型,亦可用金属型内衬砂型、壳型、熔模型壳甚至耐温橡胶铸型(低熔点合金铸件离心铸造时使用)等。

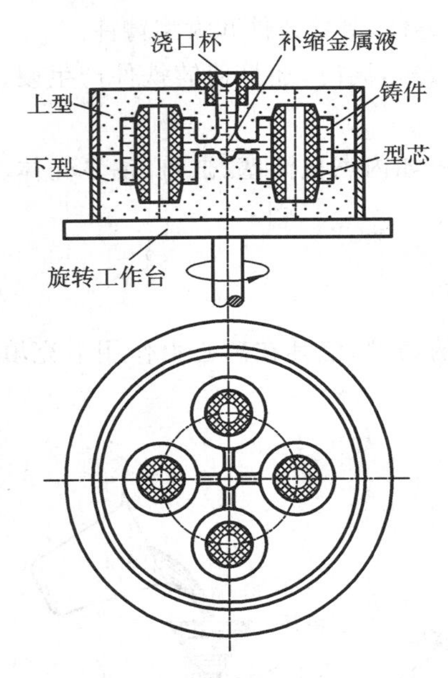

图 3.23　成形件的离心铸造

2. 离心铸造的特点及适用范围

1)离心铸造的优点

(1)生产空心旋转体铸件时可省去型芯、浇注系统和冒口。

(2)在离心力作用下,密度大的金属被推向外壁,密度小的气体、熔渣向内自由表面移动,形成自外向内的定向凝固,故补缩条件好,铸件组织致密,力学性能好。

(3)便于浇注“双金属”轴套和轴瓦,如在钢套内镶铸一薄层铜衬套,可节省价格较高的铜料。

2)离心铸造的缺点

(1)铸件内孔自由表面粗糙,尺寸误差大,品质差。

(2)不适用于密度偏析大的合金(如铅青铜等)及铝、镁等轻合金的铸造。

离心铸造主要用来大量生产管筒类铸件,如铁管、铜套、缸套、双金属钢背铜套、耐热钢辊道、无缝钢管、造纸机干燥滚筒等;还可用来生产轮盘类铸件,如泵轮、电动机转子等。

3.3.3　压力铸造

压力铸造简称压铸,是在高压作用下将液态或半液态金属快速压入金属铸型,并使其在压力下凝固而获得铸件的方法(采用半液态金属时称为半固态金属压铸)。该方法常用于大批量生产非铁铸造合金压铸件。

压铸所用的压力一般为 30～70 MPa,金属液充填速度为 5～100 m/s,充型时间为 0.05～0.2 s。金属液在高压下以高速充填压铸型,是压铸区别于其他铸造工艺的重要特征。

1. 压铸机工作原理及应用

压铸机是完成压铸过程的主要设备,根据压室的工作条件不同可分为热压室压铸机和冷压室压铸机两类。

1)热压室压铸机

热压室压铸机如图 3.24 所示。当压射活塞上升时,金属液通过进口进入压室内;压铸型合型后,在压射活塞下压时,金属液沿通道经喷嘴充填压铸型;冷却凝固成形后,开型取出铸件。

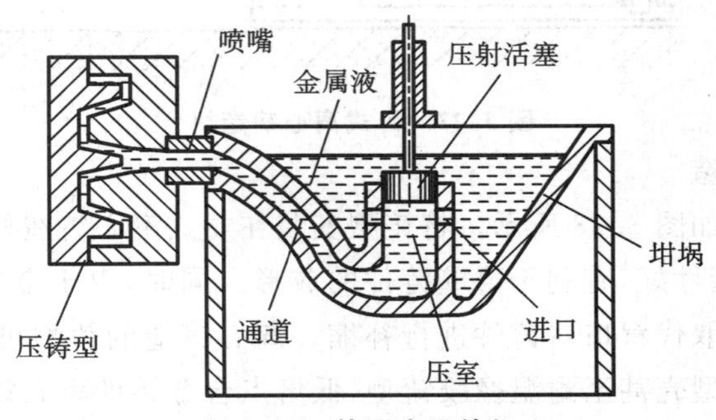

图 3.24　热压室压铸机

热压室压铸机的优点是：生产过程简单，效率高；金属消耗少，工艺稳定；压入型腔的金属液较纯净，铸件品质好；易于实现自动化。但是，压室、压射活塞长期浸在金属液中，使用寿命会受到影响，同时这样还会增加金属液的铁含量。热压室压铸机目前多用来压铸低熔点金属，如锌、铅、锡等。

2）冷压室压铸机

该类压铸机的压室不浸在金属液中，柱塞用高压油驱动，其合型力比热压室压铸机的大。图3.25所示为目前应用较普遍的卧式冷压室压铸机的工作原理。压铸所用的压铸型由定型和动型两部分组成，定型固定在压铸机的定模板上，动型固定在压铸机的动模板上，可随动模板水平移动。顶杆和芯棒由压铸机上的相应机构控制，可自动抽出芯棒和顶出铸件。

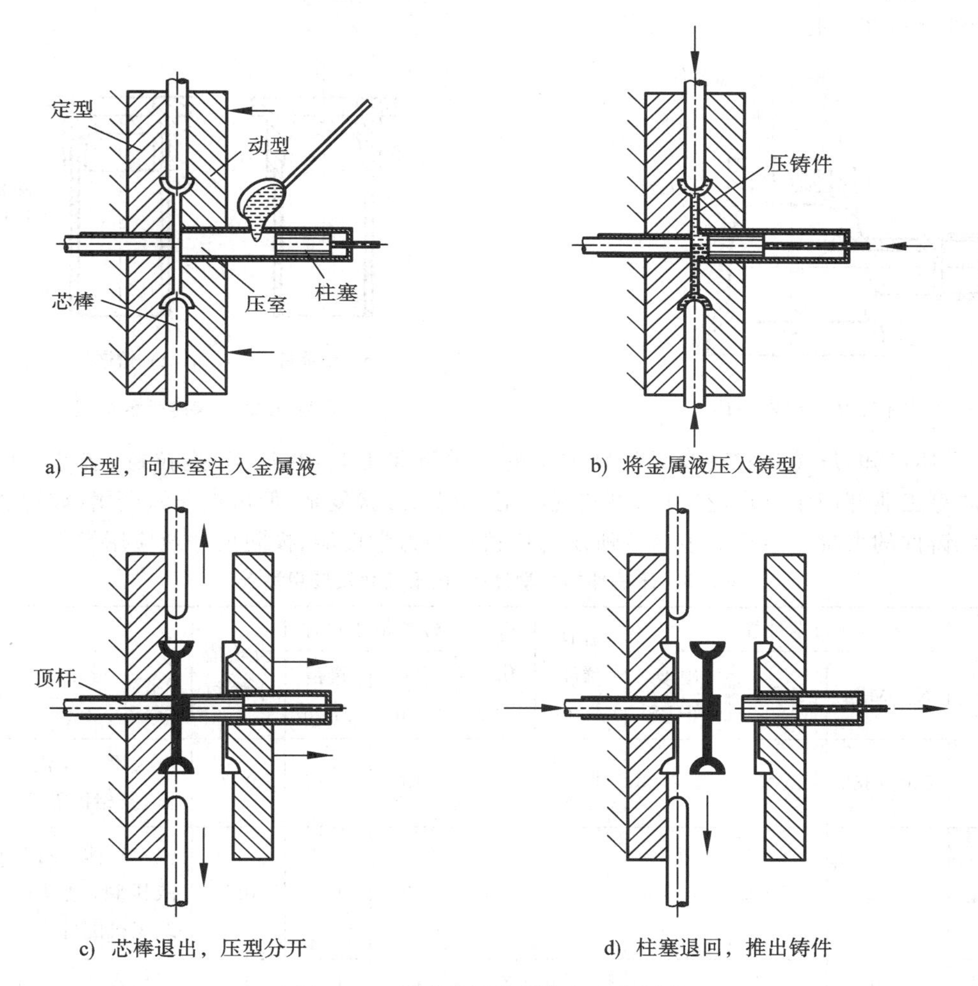

图3.25　卧式冷压室压铸机工作原理

这种压铸机的压室与金属液的接触时间很短，可用来压铸熔点较高的非铁金属（如铜合金等）和钢铁金属。

2. 压铸的特点及应用

1）压铸的优点

（1）生产率高，每小时可压铸50～150次，最高可达500次，易于实现自动化和半自动化生产。

(2)铸件的尺寸精度高(IT11～IT13),表面粗糙度低($Ra=3.2\sim0.8\ \mu m$),并可直接铸出极薄件、带有小孔及螺纹的铸件。

(3)铸件冷却快,且在压力下结晶,故晶粒细小,表层紧实,铸件的强度、硬度高。

(4)便于采用嵌铸法(又称镶铸法)。嵌铸法是将金属或非金属的零件嵌放在铸型中,使其在压铸时与压铸件合成一体而进行铸造的工艺,如图 3.26 所示。

采用嵌铸法可以制出用一般压铸法难以制出的复杂件。如图 3.27a 所示的难以抽芯的深腔件,若按图 3.27b 改进,便可顺利铸出。此外,采用嵌铸法还可消除铸件局部热节,减小铸件壁厚,防止缩孔;可改善和提高铸件局部性能,如耐磨性、导热性、导磁性和绝缘性等;还可将许多小铸件合铸在一起,省去装配工序。

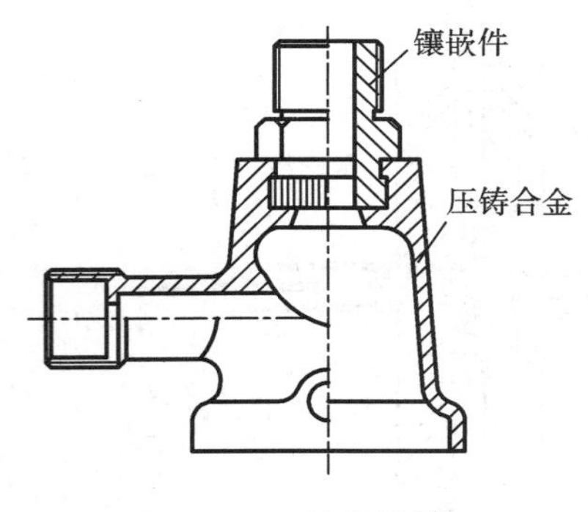

图 3.26　镶嵌铸件

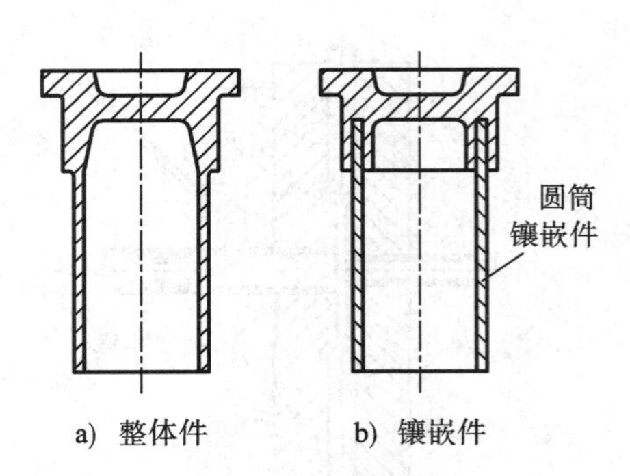

图 3.27　深腔件的改进

由上述可知,压铸是实现少无切削加工的一种重要工艺,在汽车、拖拉机、航空、仪表、纺织、国防等工业部门中已广泛应用,以实现小型、薄壁、形状复杂、低熔点非铁金属(如锌、铝、镁等合金)铸件的大批量生产。表 3.3 所示为压铸件的力学性能、极限尺寸及应用举例。

表 3.3　压铸件的力学性能、极限尺寸及应用举例

合金种类	力学性能			适宜壁厚/mm	最小孔径/mm	螺纹最小尺寸		齿轮最小模数	应用举例
	R_m/MPa	A/%	硬度/HBS			直径/mm	螺距/mm		
锌合金	250～380	2～5	65～120	1～4	1	10	0.75	0.3	电表骨架,汽车化油器,照相机零件
铝合金	160～220	0.5～2	50～100	1.5～5	2.5	20	1.0	0.5	汽车缸体、车门、喇叭,减压阀,电动机转子,纺织机配件
镁合金	150	1～2	—	1.5～5	2.0	15	1.0	0.5	飞机零件

2)压铸的缺点

(1)压铸机费用高,压铸型制造成本极高,工艺准备时间长,不适宜用在单件小批生产中。

(2)由于压铸型寿命原因,目前压铸尚不适用于铸钢、铸铁等高熔点合金的铸造。

(3)由于金属液注入和冷凝速度过快,型腔气体难以完全排出,对厚壁处难以进行补缩,故压铸件内部常存在气孔、缩孔和缩松缺陷。

3)压铸应注意的方面

(1)应使铸件壁厚均匀,并且壁厚以3～4 mm为宜,最大壁厚应小于8 mm,以防止缩孔、缩松等缺陷。

(2)一般不宜对压铸件进行热处理,且不宜使压铸件在高温下工作,以免压铸件内气孔中的气体膨胀,导致铸件变形或破裂。

(3)由于内部疏松,压铸件塑性、韧性差,所以它不适合用来制造承受冲击的零件。

(4)应尽量避免对压铸件进行普通余量机械加工,以防止其内部孔洞外露。

3.3.4　低压铸造

低压铸造是介于金属型铸造和压铸之间的一种铸造方法,它是在20～70 MPa的低压下将金属液自下而上地注入型腔,并使金属液在压力下凝固成形而获得铸件的方法。

1. 低压铸造的工作原理

低压铸造装置如图3.28所示。将干燥的压缩空气或惰性气体通入盛有金属液的密封坩埚中,使金属液在低压气体作用下沿升液管上升,经浇道进入铸型型腔;当金属液充满型腔后,保持(或增大)压力直至铸件完全凝固;然后使坩埚与大气相通,撤销压力,使升液管和浇道中尚未凝固的金属液在重力作用下流回坩埚;最后开启上型,用顶杆顶出铸件。

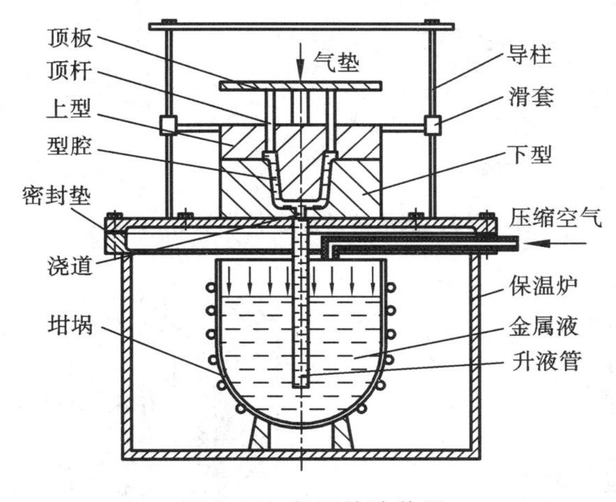

图3.28　低压铸造装置

2. 低压铸造的主要工艺

1)创造自下而上定向凝固的条件

低压铸造的铸件一般无须另设冒口,由浇道兼起补缩作用。因此低压铸造的关键是创造液体金属在压力下自下而上补缩铸件并定向凝固的条件(图3.29)。工艺措施如下:

(1)浇道的截面尺寸必须足够大,且应开在铸件的厚壁处,同时使薄壁处远离浇道(图3.30);亦可在浇道铸型壁部位填以保温材料。

(2)用上下不等厚的加工余量调整铸件壁厚和凝固方向(图3.31)。

(3)改变铸件冷却条件。在砂型铸造时,对壁厚均匀的铸件,或难以补缩的较厚部位,可用不同厚度的外冷铁来改变铸件的冷却速度(图3.32a),使铸件自上而下凝固;而在金属型铸造时,可通过改变金属型壁厚来调整冷却速度,达到相同的效果(图3.32b)。

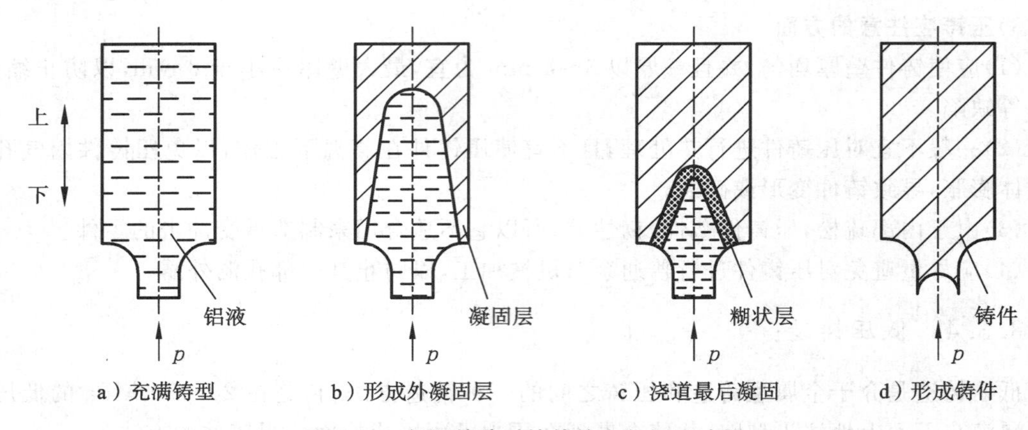

a）充满铸型　b）形成外凝固层　c）浇道最后凝固　d）形成铸件

图 3.29　低压铸造时铸件的定向凝固过程

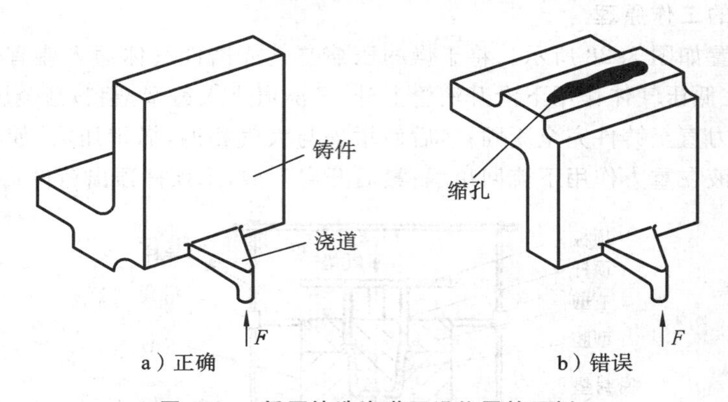

a）正确　b）错误

图 3.30　低压铸造浇道开设位置的示例

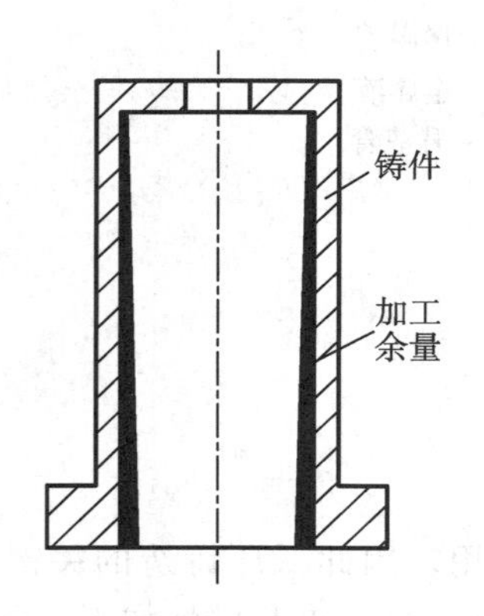

图 3.31　用上下不等厚的加工余量调整凝固顺序

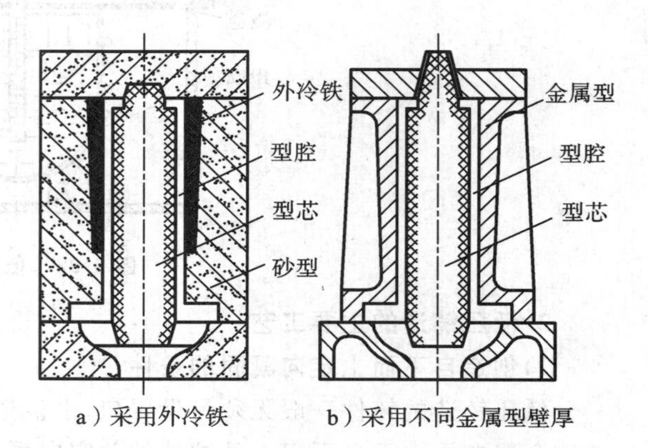

a）采用外冷铁　b）采用不同金属型壁厚

图 3.32　促使铸件定向凝固的措施

2)合理地控制铸件成形过程各阶段

铸件成形过程分为升液、充型、凝固、保压四个阶段。

(1)升液阶段:自加压开始至金属液到浇口处为止。升液压力反映了金属液在升液管内上升的速度。金属液上升速度应尽可能缓慢,一般约小于 0.15 m/s,以利于型内气体排出,防止金属液进入浇口时产生喷溅。

(2)充型阶段:从金属液充型上升到铸型被充满为止。充型速度过快时,型内气体来不及排出，甚至产生“反压力”，金属液面就会不连续地脉动上升，造成铸件表面形成不美观的“水纹”，并使铸件产生包气或气孔缺陷；若充型太慢，对薄壁件尤其是采用金属铸型时，会引起浇不足及冷隔缺陷。一般根据铸件壁厚、复杂程度及导热条件确定充型速度，通常取 0.16～0.17 m/s。如浇注复杂铝合金铸件，在不出现气孔和表面水纹的前提下，可用较大的充型速度；而对于砂型铸造厚大件，为了保证型内气体顺利排出，可采用较低的充型速度。

(3)凝固阶段　金属液充满型腔后，再继续增压，使铸件在此结晶压力下凝固。显然，结晶压力越大，补缩效果越好，铸件组织越致密。但是否要增大结晶压力应根据铸型材质具体判断。例如湿砂型低压铸造时，过大的压力会使铸件表面黏砂或胀砂；又如浇注金属型薄壁铸件时，因铸型导热快，金属凝固快，增大结晶压力无意义。一般结晶压力为充型压力的 1.2～1.3倍。

(4)保压时间　保压时间是指保持结晶压力到铸件完全凝固的时间。保压时间不够，会造成金属液不完全凝固而回流到坩埚，使铸件“放空”报废；时间过长，则会引起浇口“冻结”，降低工艺收得率，并增加清理工作量，使铸件出型困难。一般在铸件凝固后，残留浇口长度约 40 mm，或铸件内浇口处无缩孔时，即可停止保压。

3)铸型工作温度及浇注温度

(1)铸型工作温度　非金属铸型的工作温度一般为室温；而金属型的工作温度一般为 200～250 ℃，浇注薄壁复杂件时取 300～350 ℃。

(2)浇注温度　在保证铸件成形的前提下，浇注温度越低越好，以减小合金形成缩孔和缩松的倾向。一般低压铸造是在密封状态下进行的，散热较少，因此其浇注温度可比重力浇注时低 10～30 ℃。

4)涂料

用于低压铸造的铸型涂料与用于其他铸造方法的铸型涂料相同。低压铸造升液管涂料的成分非常重要，因为它长期浸泡在金属液中，受腐蚀和高温作用，容易损坏和污染金属液，降低铸件的力学性能。对于浇注铝合金的升液管，可用 45%的硼酸与 55%的菱苦土($MgCO_3$)加水调制成糊状，在 200～250 ℃时涂刷 2～3 mm 的涂层。

3. 低压铸造的特点及应用范围

低压铸造可弥补压铸的某些不足，从而有利于获得优质铸件。其主要优点如下：

(1)浇注压力和速度便于调节，可适应不同材料铸型(如金属型、砂型、石墨型、陶瓷型及熔模型壳等)的要求。充型平稳，对铸型的冲击力小，气体较易排除，能有效地克服铝合金的针孔缺陷。

(2)便于实现定向凝固，以防止缩孔和缩松，使铸件组织致密，力学性能好。

(3)一般不用冒口，金属的利用率可高达 90%～98%。

(4)铸件的尺寸精度(IT12～IT14)和表面粗糙度(Ra=12.5～3.2 μm)高于金属型铸件，但比压铸件的低；铸件壁厚可小至 1.5～2 mm。此外，低压铸造设备费用较压铸设备低。

低压铸造存在的主要问题是：

①设备的密封系统易泄漏；

②升液管寿命短，金属液在保温过程中易产生氧化和夹渣现象；

③低压铸造的生产率低于压铸。

低压铸造目前主要用于铝合金铸件(如气缸体、缸盖、活塞、曲轴箱、壳体、粗纱锭翼等)的大量生产，也可用于较大的球墨铸铁、铜合金铸件，如球墨铸铁曲轴、铜合金螺旋桨等的生产。

3.3.5　挤压铸造

挤压铸造(简称挤铸)是介于压铸和低压铸造之间的一种铸造方法,它能够铸造大型薄壁件,如汽车门、机罩及航空与建筑工业中所用的薄板等,多用于铝合金,黑色金属也可进行挤压铸造。

1. 挤压铸造的工艺过程

挤压铸造所采用的铸型大多为金属型,也可以是半永久型(如挤压铸造铁锅时可用泥型)。图 3.33 所示为大型薄壁铝铸件的挤压铸造工艺过程。

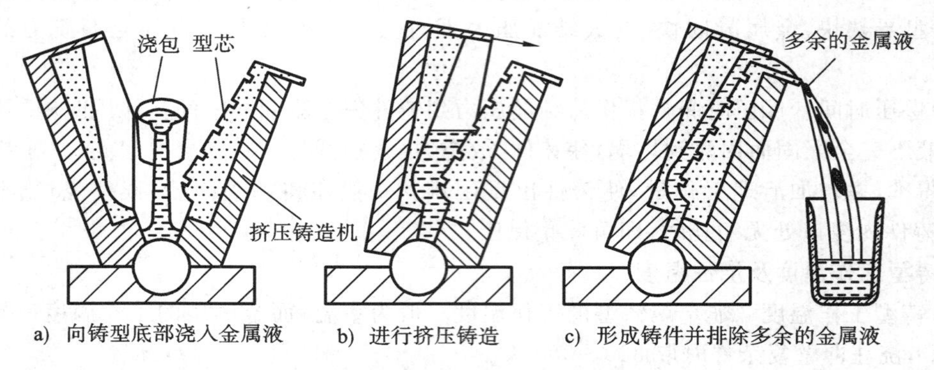

图 3.33　大型薄壁铸件的挤压铸造

在图 3.33 中,铸型由两扇半型组成,一扇是固定的,另一扇是活动的。首先,向敞开的铸型底部浇入一定量的金属液,然后逐渐合拢铸型,金属液被挤向上而充满铸型,多余的金属液从铸型顶部被挤出。与此同时,金属液中所含的气体和杂质也一起被挤出。

2. 挤压铸造的特点

挤压铸造的主要特征是其压力较小(2～10 MPa),挤压速度较低(0.1～0.4 m/s),无涡流、无飞溅现象。同时还因为挤压时金属液的静压力逐渐增加,树枝晶间的微缩孔可以得到较好的补缩。不仅如此,金属液不断在结晶层旁流过和冲刷结晶层,还可防止树枝晶自由长大,使铸件结晶组织细化。因此挤压铸造可以铸出高品质的大平面薄壁铝铸件及复杂空心薄壁件。

挤压铸造与压铸、低压铸造的共同点是,其增压的作用使铸件成形、被"压实"并得到致密的组织。其与后面两者的不同点是:挤压铸造的压力和速度大大低于压铸,但稍高于低压铸造;挤压铸造时没有浇注系统,且铸件的尺寸较大、较厚一些,金属液流所受阻力较小,故铸件成形所需的压力远比压铸小。

挤压铸造时金属液与铸型接触较紧密,且在铸型中停留的时间较长,故应采用水冷铸型,并在型腔内壁上涂敷涂料,以延长铸型寿命;宜采用垂直分型,以利于开型取出铸件和涂敷涂料的操作。

3.4　复合铸造成形工艺及其新进展

3.4.1　消失模复合铸造的新进展

1. 消失模-熔模精密复合铸造

消失模-熔模精密复合铸造法简称 CS(repli-cast ceramic shell)法。CS 法对消失模工艺进行了改进，用泡沫模样代替蜡模进行精铸涂挂陶瓷浆料结壳，在浇注之前先将型壳中的泡沫模样烧掉，然后将金属液浇入中空的陶瓷壳，可完全避免碳进入铸件。这是该方法优于普通消失模铸造的主要方面。

2. 消失模-真空吸铸和消失模-低压铸造

为了适应铝、镁合金消失模铸造的需要，一些消失模复合成形工艺，如消失模-真空吸铸（图3.34）、消失模-低压铸造（图3.35）等相继被开发出来。与重力消失模铸造工艺相比，消失模复合成形工艺能在可控气压下使铝、镁合金平稳地进入型腔，提高金属液的充型能力，还可降低这些合金的浇注温度，消除气孔、浇不足等缺陷（对于镁合金还可消除浇注时氧化燃烧的现象），铸出光洁、形状复杂的优质铝、镁合金铸件。

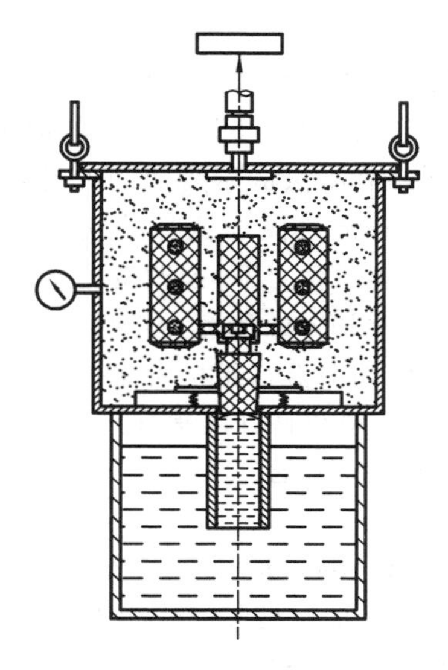

图3.34 消失模-真空吸铸

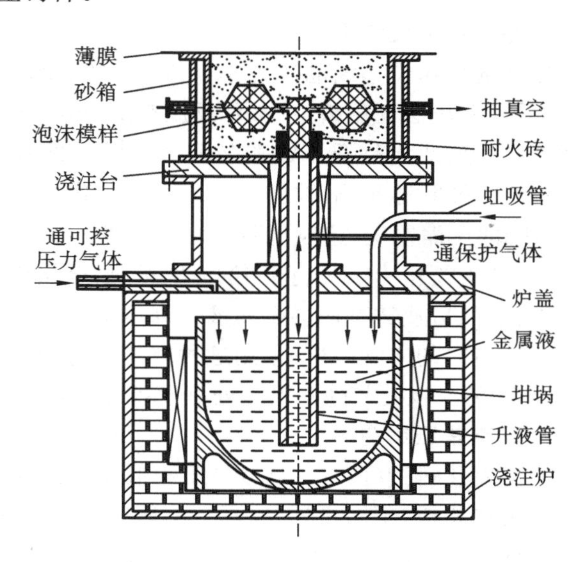

图3.35 消失模-低压铸造

3.4.2 压力铸造的新进展

近年来出现了吸入式真空压铸（图3.36）、充氧压铸等新的成形工艺（图3.37），它们或是将型腔内的空气抽走以形成相对真空，或是用氧气充填压射室和型腔，取代其中的空气和其他气体，然后再压入金属液。这些新成形工艺的优点是：

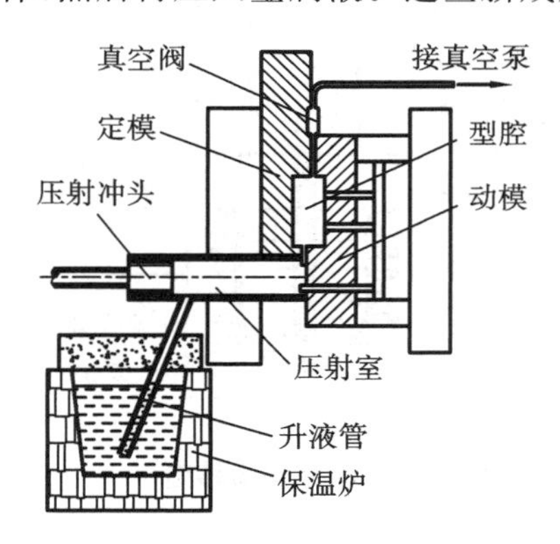

图3.36 吸入式真空压铸原理

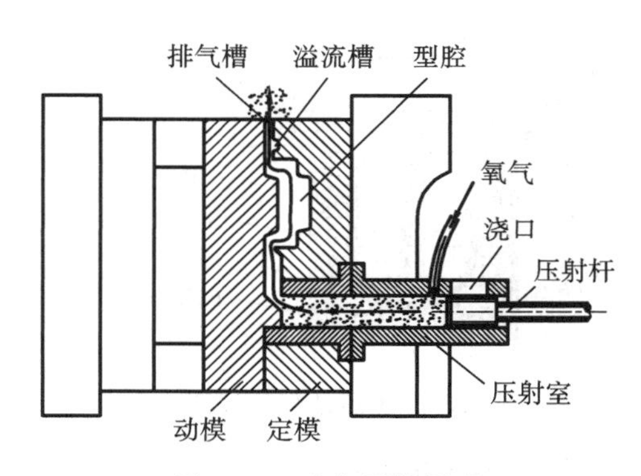

图3.37 充氧压铸原理

(1)可减少铸件中的气孔、缩孔、缩松等微孔缺陷;可提高压铸件的力学性能,如抗拉强度较普通压铸件高10%,伸长率较普通压铸件高1～2倍。

(2)铸件可进行热处理,热处理后抗拉强度可提高30%,屈服强度可提高100%,同时冲击性能也有显著提高。

与真空压铸相比,充氧压铸的设备结构更简单,操作更方便,投资更少。

同时,新型压铸型材料的研制成功及半固态压铸新技术的出现,使钢铁金属的压铸也取得了一定程度的进展,压铸成形技术的应用范围因此也将日益扩大。

3.4.3　低压铸造的新进展

1. 差压法低压铸造

因普通低压铸造结晶压力不能太大,对于那些内部组织要求高,希望在压力下结晶的铸件,宜采用差压法低压铸造(又称反压铸造、压差铸造或差压铸造),如图3.38所示。差压法低压铸造技术实质上是低压铸造与压力下结晶两种技术的结合。差压法低压铸造的关键环节是:将铸型和保温炉分别装入上、下压力筒,同时向压力上、下压力筒通入压力为0.5～0.6 MPa的压缩空气,这时型腔与坩埚内的压力相等,所以金属液不会上升;当改变上筒或下筒压力,使上筒压力 p_1 小于下筒压力 p_2 时,金属液面上获得约50 kPa的压力,金属液则上升充填型腔,然后使铸型内的金属液在高压下凝固。差压法低压铸造时金属液的补缩能力是普通低压铸造时的4～5倍。采用这种方法能得到组织致密的铸件,使铸件强度提高25%,伸长率提高50%。该工艺的不足之处是设备较大,操作麻烦,只用于特殊场合。

2. 真空差压铸造

真空差压铸造(图3.39)是差压法低压铸造与真空吸铸相结合的成形工艺。该法与差压法低压铸造相似,不同之处是,真空差压铸造需在密封罩内抽真空,抽出型腔中的气体再浇注,这样可使充型速度提高到3 m/s(差压法低压铸造时充型速度为0.05～0.8 m/s)。真空差压铸造时铸件不会产生氧化夹杂物和气孔等缺陷,故该方法适合用来浇注复杂的大型薄壁铸件;在充型完成后再向金属液面施加较大的压力,使它在较大的压力差(0.4～0.5 MPa)下补缩结晶,所以铸件致密性好,不需要高压容器罐,设备结构简单,成本低,操作、控制方便。

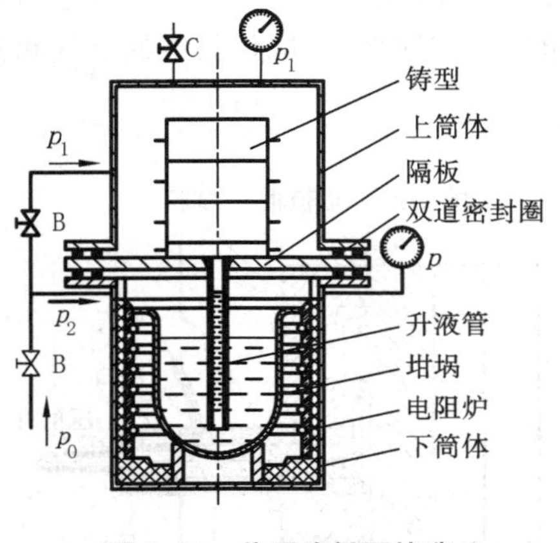

图3.38　差压法低压铸造

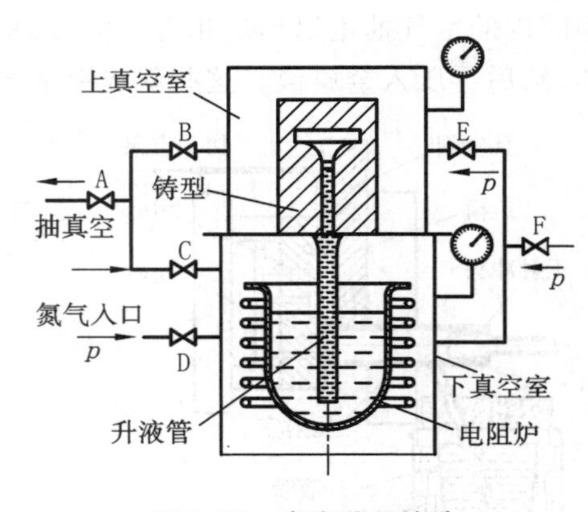

图3.39　真空差压铸造

3. 冒口加压法低压铸造

如图3.40a所示的铸件上部和下部壁厚大,中部壁厚较小,加工和质量要求很高,仅用一般低压铸造工艺不能使上部厚壁得到补缩。采用冒口加压法(图 3.40b),即在铸件上端设补缩冒口,在冒口上方放一个过滤砂芯,只能通气而不能通过金属液,加低压使金属液充满型腔,待铸件四根立柱部分凝固后,从砂芯上部通入压力与坩埚内液面压力相等的压缩空气,使上端厚大部位得到补缩,下部厚壁仍由浇口补缩,最终得到品质令人满意的铸件。

3.4.4　熔模铸造新工艺

熔模铸造可与许多种铸造成形工艺,如真空吸铸、调压铸造、低压铸造、过滤净化、悬浮熔炼、定向凝固和单晶铸造等新工艺相结合,用于生产高精密的铸件,特别是航空航天高温合金精密铸件。

1. 真空吸铸

真空吸铸(图 3.41)的工作过程是:将精铸型壳预置于真空室,然后进行抽真空,使型壳内产生负压,再将型壳浸入熔池,使金属液被吸入型腔;当铸件内浇道凝固后,解除负压,让直浇道中未凝固的金属流回熔池。该法的优点是:充型能力强,可浇注最小壁厚达 0.2 mm 的铸件;可减少气孔、夹渣等缺陷。因此,该方法特别适合用于制造质量要求高的小型精密薄壁铸件。但该法也存在特殊的技术问题,如型壳必须有足够的强度和透气性,必须合理地控制凝固时间,型壳与真空室间必须密封。

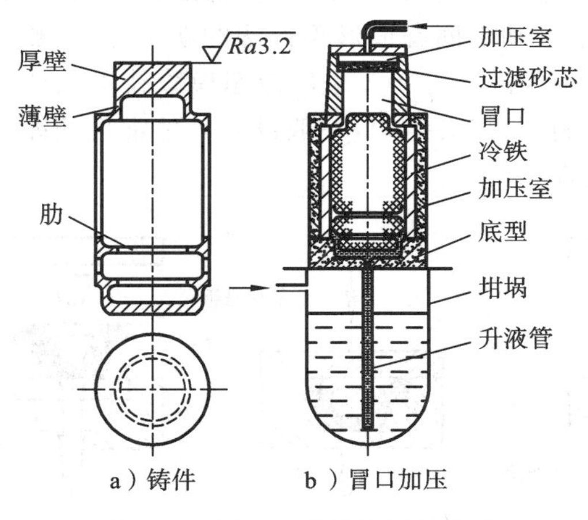

图 3.40　冒口加压法低压铸造图

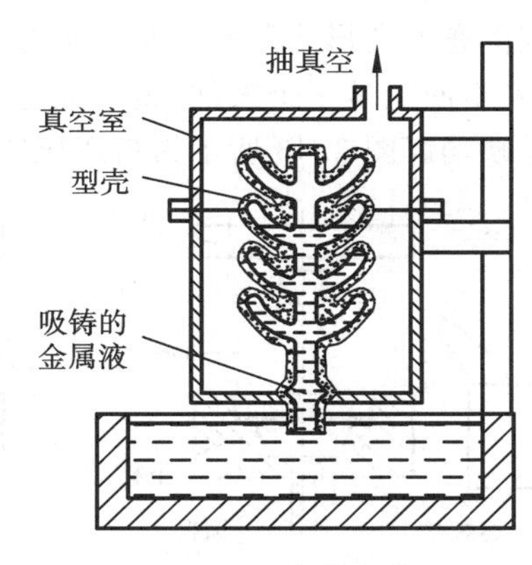

图 3.41　真空吸铸

2. 定向凝固和单晶铸造

20 世纪 70 年代以来,定向凝固技术用于铸造高温合金涡轮叶片,使燃气轮机的性能有了新的飞跃。在合金成分相同的条件下,定向凝固的叶片性能更高,特别是高温抗蠕变和耐热疲劳性能。同时,定向凝固可提高叶片工作温度,并延长其使用寿命。定向凝固又称定向结晶,是通过严格控制铸件的凝固过程,使金属或合金由液态定向生长,以获得平行于叶片主应力方向(叶片的轴向)的、具有成束柱状晶体组织的叶片,即定向凝固叶片。定向凝固叶片的制造过程是:用加热器预热熔模型壳(型壳底部被水冷急冷板支撑,急冷板为单方向散热的冷源),金属液浇注入型壳后,升降机构缓慢下降,晶体开始在急冷板上向上生长出柱状晶粒(图3.42a),并通过螺旋选晶器获得单晶叶片(图 3.42b)。这样制造出来的叶片沿纵向定向凝固,没有横向晶界,因此它在燃气轮机中沿离心力方向的强度很高。

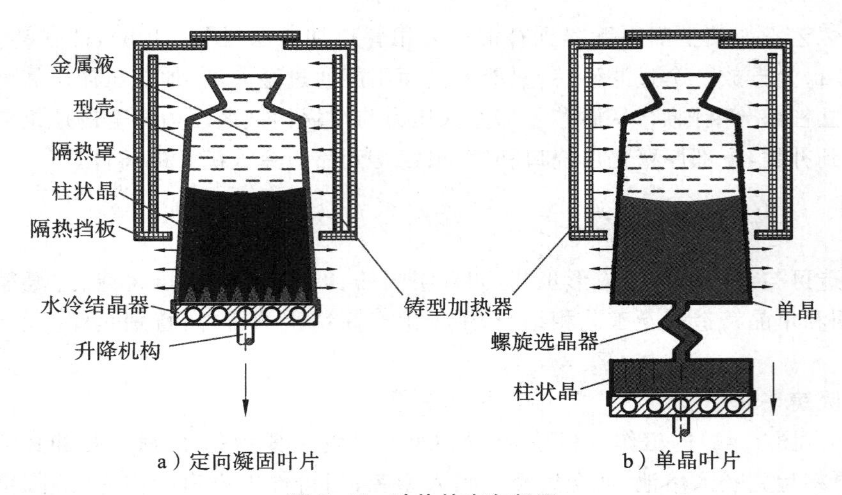

a）定向凝固叶片　　b）单晶叶片

图 3.42　叶片的定向凝固

3.4.5　挤压压铸模锻新工艺

1. 挤压压铸模锻原理

挤压压铸模锻工艺本质上是一种连铸连锻工艺，是一种综合了压铸、低压（差压、负压、重力）铸造、挤压铸造、液态模锻（熔汤锻造）、连铸连锻和半固态成形等方法的新工艺，一般要求达到固态的变形或塑性变形。液态模锻一般在油压机上进行。采用液态模锻技术生产的毛坯，其本质上是一个锻件，整个毛坯内部为破碎晶粒与锻态组织，一般没有铸件常见的缩孔和缩松缺陷。图 3.43 所示为挤压压铸模锻工艺过程。

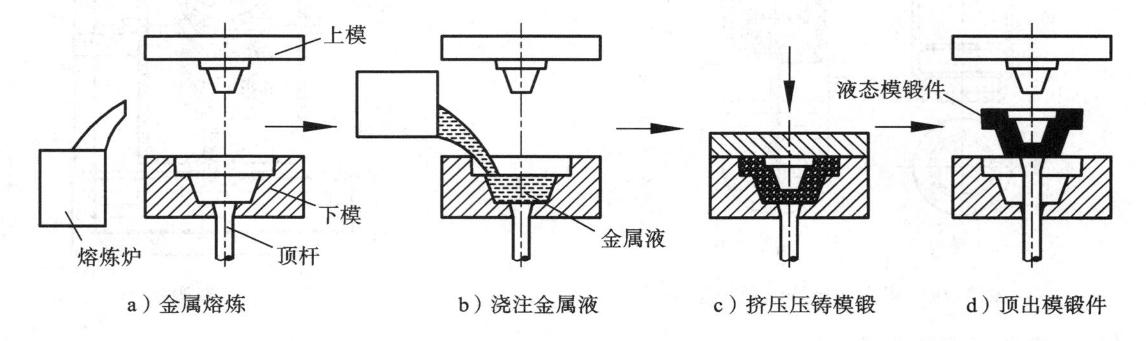

a）金属熔炼　　b）浇注金属液　　c）挤压压铸模锻　　d）顶出模锻件

图 3.43　挤压压铸模锻工艺过程

2. 挤压压铸模锻的特点及应用

与普通锻造相比，挤压压铸模锻具有以下优点：

(1)产品精度高，加工余量小；

(2)冷却速度快，产品晶粒细、组织致密；

(3)能量消耗比锻造少；

(4)可制造形状复杂的零件；

(5)金属型磨损小、使用寿命比锻造模具长。

挤压压铸模锻常用于铝、铜合金及黑色金属铸件的生产，亦可用于某些流动性差的金属，如纯铜、纯铝及某些易偏析的合金如铅青铜（可消除偏析）铸件的生产。

复习思考题

(1)为什么制造蜡模多采用糊状蜡料加压成形,而较少采用蜡液浇注成形?为什么脱蜡时水温不应达到沸点?

(2)壳型铸造与普通砂型铸造相比有何优点?它适用于什么零件的生产?

(3)金属型铸造有何优越性和局限性?

(4)试比较熔模铸造与陶瓷型铸造的异同点。陶瓷型铸造的主要应用是什么?

(5)试述熔模铸造的主要工序。在不同批量下,其压型的制造方法有何不同?

(6)试比较消失模铸造与熔模铸造的异同点及其各自的应用范围。

(7)压铸工艺有何优缺点?它与熔模铸造工艺的适用范围有何显著不同?

(8)低压铸造的工作原理与压铸有何不同?试述低压铸造的优点及应用范围。

(9)什么是离心铸造?它在圆筒形铸件的铸造方面有哪些优越性?圆盘状铸件及成形铸件应采用什么形式的离心铸造方法?

(10)试确定下列零件在大量生产条件下最宜采用的工艺:

①缝纫机机头;②汽轮机叶片;③铝活塞;④大口径铸铁水管;⑤柴油机缸套;⑥摩托车气缸体;⑦车床床身;⑧大模数齿轮滚刀;⑨汽车喇叭;⑩煤气炉减压阀阀体。

(11)试确定图3.44所示零件在单件小批生产条件下的造型方法。

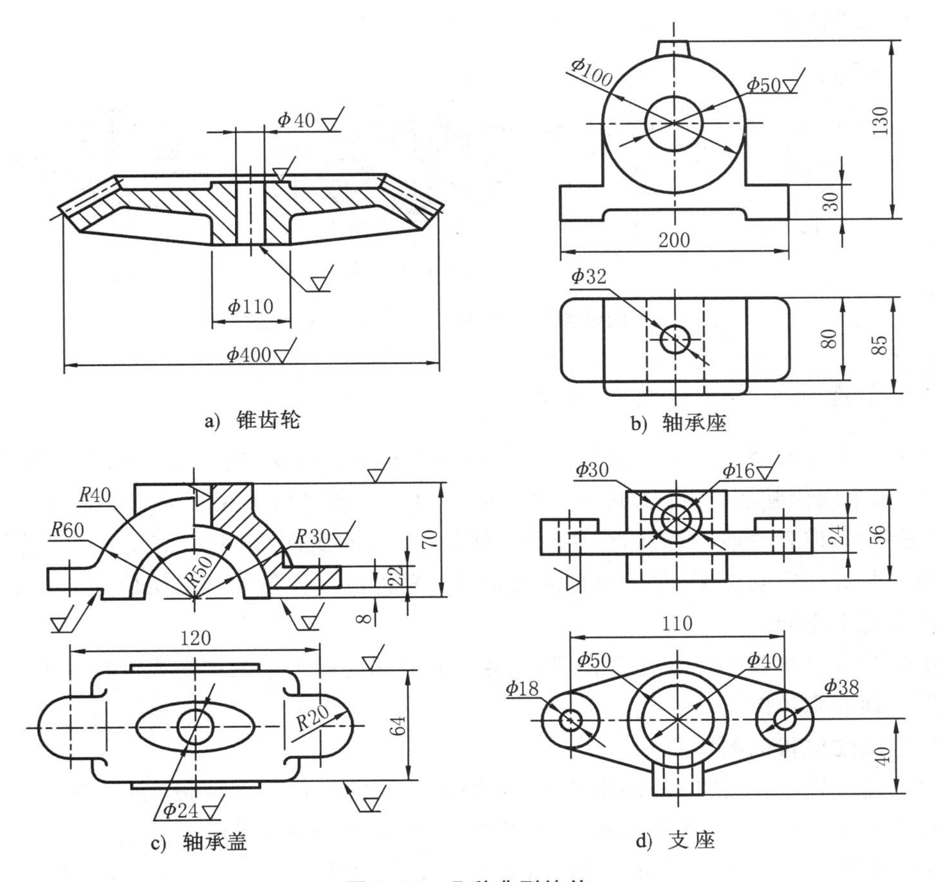

a) 锥齿轮　b) 轴承座　c) 轴承盖　d) 支座

图3.44 几种典型铸件

第4章　铸造工艺设计

在生产铸件之前，要编制出控制铸件生产工艺过程的技术文件，即要进行铸造工艺设计。本章主要介绍应用最广的砂型铸造工艺设计方法。

4.1　铸造工艺方案的确定

铸件生产的首要步骤就是根据零件的结构特征、材质、技术要求、生产批量和生产条件等因素确定铸造工艺方案，具体内容包括：选择铸件的浇注位置及分型面，确定型芯的数量、定位方式、下芯顺序、芯头形状及尺寸，确定工艺参数（如机械加工余量、起模斜度、铸造圆角及收缩率等）以及浇注系统、冒口、冷铁的形状尺寸及冒口、冷铁在砂型中的位置等，然后将所确定的工艺方案用文字和铸造工艺符号在零件图上表示出来，绘制铸造工艺图。

铸造工艺图是制造模样和铸型、进行生产准备和铸件检验的依据，是铸造生产的基本工艺文件。图4.1所示为圆锥齿轮的零件图、铸造工艺图及模样图。

铸造工艺图上的工艺符号如表4.1（见书末插页）所示。

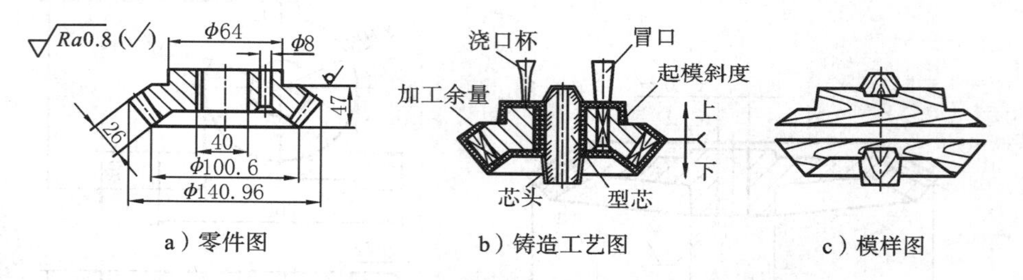

图4.1　圆锥齿轮的零件图、铸造工艺图及模样图

4.1.1　浇注位置及分型面的选择

浇注时铸件在砂型中所处的空间位置称为铸件的浇注位置，它反映了浇注时铸件的哪个表面朝上，哪个表面朝下，哪个面侧立，哪个面倾斜。而铸件的分型面是指两半铸型（一般为上、下两箱造型）或多个铸型（多箱造型）相互接触、配合的表面，而铸件的造型位置（造型时模样在砂型中所处的空间位置）是由分型面决定的。铸件的浇注位置与造型位置通常是一致的，只在少数情况下不同。

浇注位置与分型面的选择是否合理，对铸件品质和铸造工艺的难易程度有较大的影响，一般可根据下列原则考虑。

1. 确定浇注位置的基本原则

确定浇注位置时，应使铸件的重要面、大平面及薄壁部位朝下或侧立，厚壁部位朝上（图4.2）。这是由于：浇注中一旦有熔渣、气体被卷入型腔，其因密度小于金属液会上浮至顶面，因此铸件朝上的面易产生夹渣、气孔等缺陷；大平面朝上时（图4.2a中方案(2)），高温金属液对砂型型腔的顶面进行长时间烘烤，容易使铸件产生夹砂缺陷。

车床床身的导轨面及平板的大平面属重要面，应将其朝下放置(图 4.2a、c 中方案(1))。油盘铸件的底部为面积大而薄壁的平面，为了使金属液在浇注时易于充满型腔，防止产生浇不足或冷隔缺陷，应将盘底朝下(图 4.2b 中方案(1))。卷扬机滚筒铸件的法兰大端与筒体交界处的热节圆直径比下部壁厚大，确定浇注位置时，应将该处朝上放置(图 4.2d 中方案(1))，以利于设置冒口，对该处进行补缩。

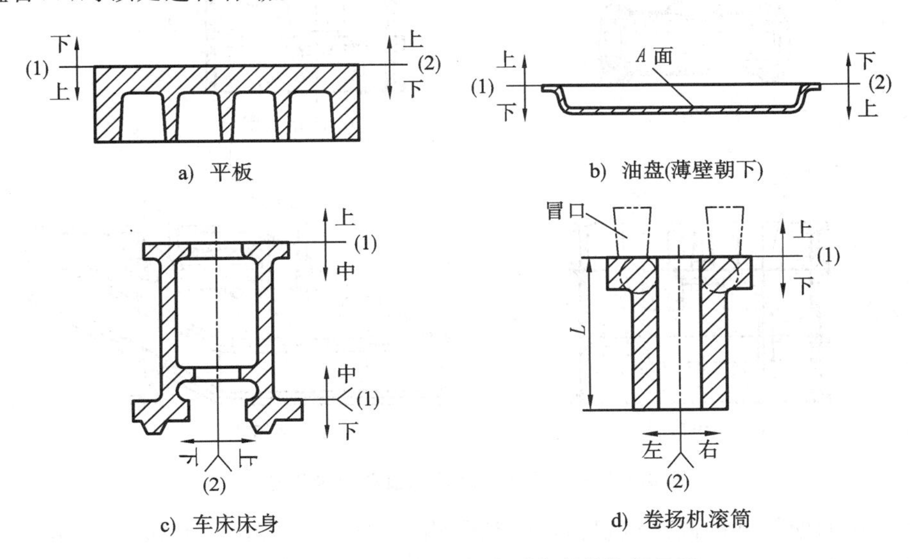

图 4.2　铸件浇注位置和分型方案的选择示例

必须指出，上述确定浇注位置的原则，在不同情况下存在一定的灵活性。例如图 4.2c 所示的车床床身铸件，在中小批量生产条件下，采用导轨面朝下的方案(1)(立浇)是较理想的。但在成批、大量生产、机器造型时不允许用三箱造型，所以宜采用两箱造型的方案(2)(卧浇)。这时导轨面处于侧立浇注位置，上箱顶面附近的部分导轨的品质，必须通过改进浇注系统、冒口，加强撇渣、排气等措施加以保证。又如图 4.2b 所示的油盘铸件，其重要面应为盘底的上表面 A，因 A 面用途是承接切削时落下的切屑及切削液。显然，为了遵循重要面朝下的原则，应采用方案(2)(A 面朝下)，但此时却不符合薄壁朝下的原则。当两原则发生矛盾时，应以解决主要矛盾为主。显然，在此情况下，油盘铸件的主要矛盾是铸件能否浇满成形，故应优先采用方案(1)(A 面朝上)。再如，某些轴向尺寸较大的轴或套类铸件，当其外圆或内孔表面为必须保证品质的重要面时：若竖直造型(图 4.2d 中方案(1))，则因砂型太高而难以操作；若水平造型，则铸件圆筒外壁总有一部分处于型腔顶面，铸件品质难以保证。这时，可采用“平做立浇”的方案(图 4.2d 中方案(2))，即采用分开模水平造型，下芯、合箱后，夹紧上、下砂箱并旋转 90°浇注。若 L 过大，砂箱难以完全竖直，亦可采用“平做斜浇”的方案。

2. 确定分型面

确定分型面的基本原则是便于起模，此外还应保证零件的位置精度，简化造型工艺，如尽量将铸件置于一个砂箱，以减少错箱；尽可能使分型面数量少，且为平面。例如图 4.3a 所示的三通铸件，该件的三个法兰端面为装配面(重要面)；其内腔用一个 T 形型芯来成形。

为了使型芯在型腔中定位，制造模样时，在与铸件三个法兰端面孔对应的部位，应做三个芯头。选择分型面时，同时亦必须考虑模样上的芯头形状能否方便起模。就三通铸件而言，能满足起模原则的分型方案有多个(图 4.3b～d)。显然，采用三箱及四箱造型时，因分型面太

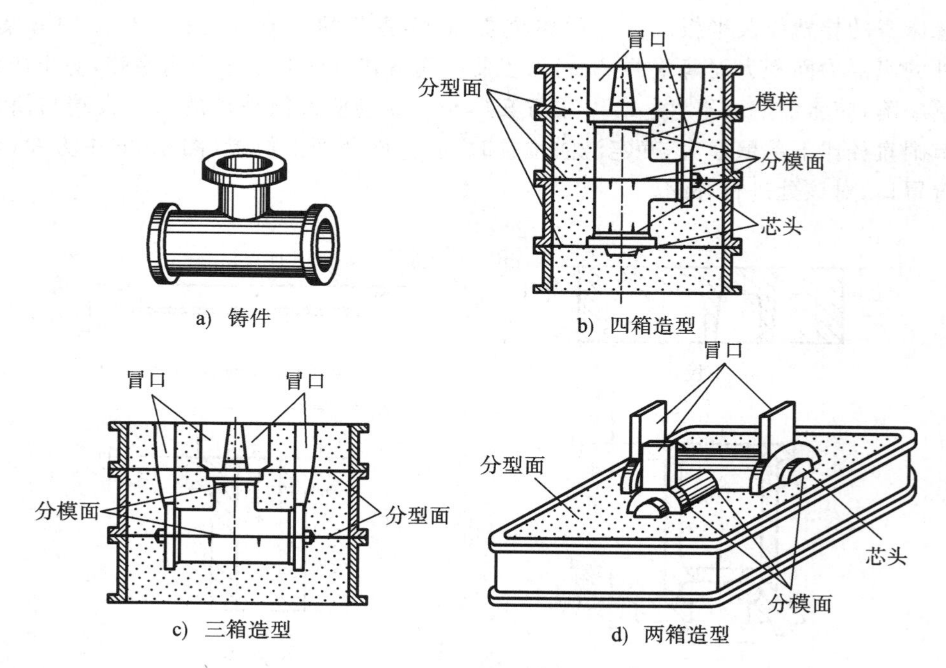

图 4.3　三通铸件的浇注位置和分型面选择

多,易产生错箱而使铸件的浇注位置精度受到影响,且造型工艺麻烦;而如图 4.3b、c 所示的浇注位置方案中,总有一个法兰端面位于型腔顶面,铸件易产生夹渣、气孔等缺陷。因此,经分析比较后,只有如图 4.3d 所示的一个分型面、两箱造型的工艺方案才是最佳方案。因为就浇注位置而言,三个法兰端面处于侧立位置,利于保证其品质;就分型面而言,分型面少(仅一个)且为平面,可减少错箱对铸件位置精度的影响。此外,型芯及冒口安放也很方便。

由上述可知,铸件分型面的选择与浇注位置有密切的关系。从工艺设计步骤来看,一般是先确定浇注位置再选择分型面,但最好是二者同时考虑,而且铸件的分型面应尽可能与浇注位置一致,这样才能使铸造工艺简便,并易于保证铸件品质。分型面一般是根据零件的形体结构特征、技术要求、生产批量,并结合浇注位置来选择的。例如图 4.4 所示的角架铸件,根据浇注位置及技术要求的不同,可允许有多种不同铸造工艺方案,即活块造型、机器造型(用砂芯形成凸台的形状)、挖砂造型、盖板型芯造型。

浇注位置和分型面的选择原则是:以保证铸件品质(内在品质、表面品质及尺寸精度等)为主,兼顾造型、下芯、合箱及清理操作便利性等。切忌牺牲铸件品质来满足操作便利性要求。例如图 4.5 所示的摇臂铸件的分型方案,其中图 4.5a 所示的方案中分型面是平面,这样分型虽便于造型,但会使铸件在分型面处产生披缝,铸件清理时,难以对两圆柱与平板相交处的披缝进行打磨,从而影响铸件后续机械加工时夹具定位的准确性。而在图 4.5b 中分型面虽为曲面,要用挖砂造型(单件生产)或成形底板(成批大量生产)造型,会带来造型操作或模板制造方面的麻烦,但该方案使铸件的大部分位于一箱之中,可使铸件具有较好的尺寸精度,而且,即使铸件上有披缝,但由于披缝是凸出的,也很容易打磨平整,利于保证铸件品质,故宜选择图 4.5b所示方案。

4.1.2　型芯形状、数量及分块

型芯用来形成铸件内腔或外形上妨碍起模的部位。图 4.6 所示车轮铸件有七个独立的内

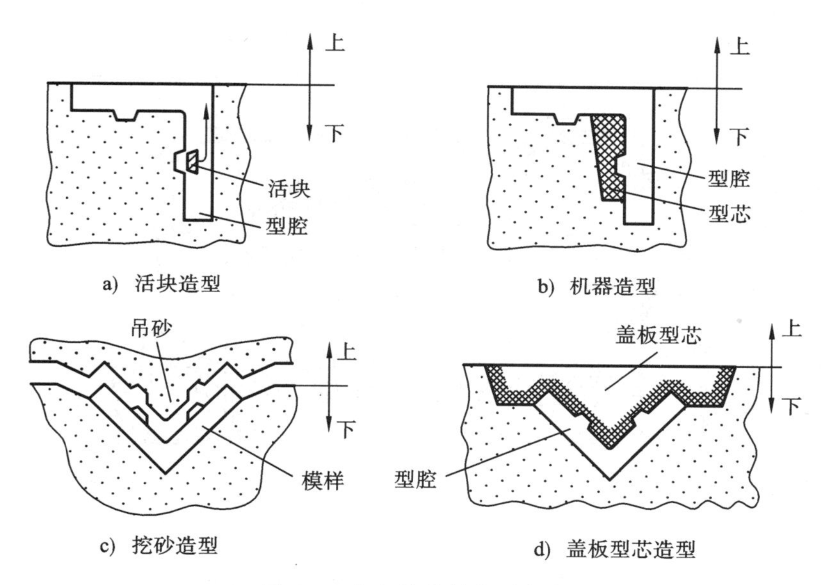

图 4.4　角架铸件的分型方案

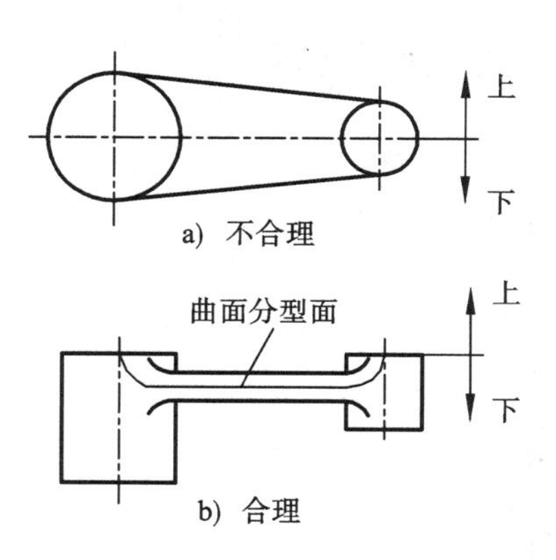

图 4.5　摇臂铸件的工艺方案

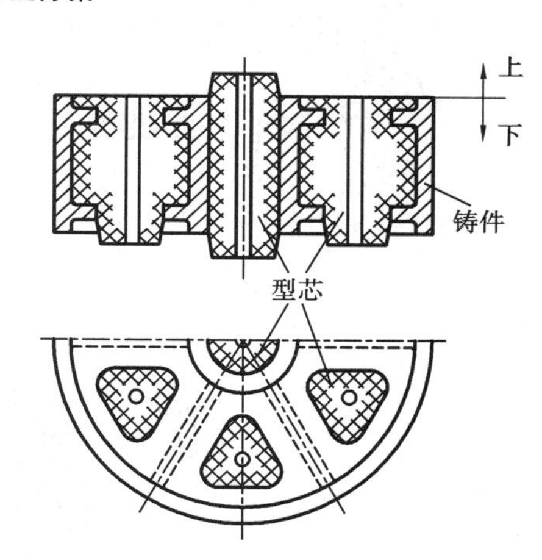

图 4.6　车轮铸件型芯的分块

腔，即截面为圆形的中心空腔及六个截面为三角形的空腔，需由七个型芯来形成。

对于内腔形状复杂的大铸件，常常将形成内腔的型芯分割成数块，使每块型芯的形状简单，尺寸较小，以便于操作、搬运、烘干，并简化芯盒的结构。多块型芯拼装时，必须考虑每块型芯的下芯顺序，用数字加符号＃表示（如对于最先下入型腔的型芯，在铸造工艺图上标 1#），并且用不同的工艺剖面符号进行区分，各型芯应能准确连接与定位，并且各型芯的通气道应相互连通，如图 4.7 所示。

对于某些铸件，为了增加型芯稳定性，常采用两个或多个铸件共一个整体型芯的方法。如图 4.8a 所示铸件上的盲孔需采用芯头较长的悬臂式型芯。若采用图 4.8b 所示的挑担型芯（两件共用），即可减少芯头的长度及模板与砂箱尺寸，且型芯安放更稳定。又如图 4.9 所示的弯头铸件，其单个的型芯为弯月形，在型腔中易产生偏转，影响铸件壁厚，宜采用四件合铸的联合式型芯。

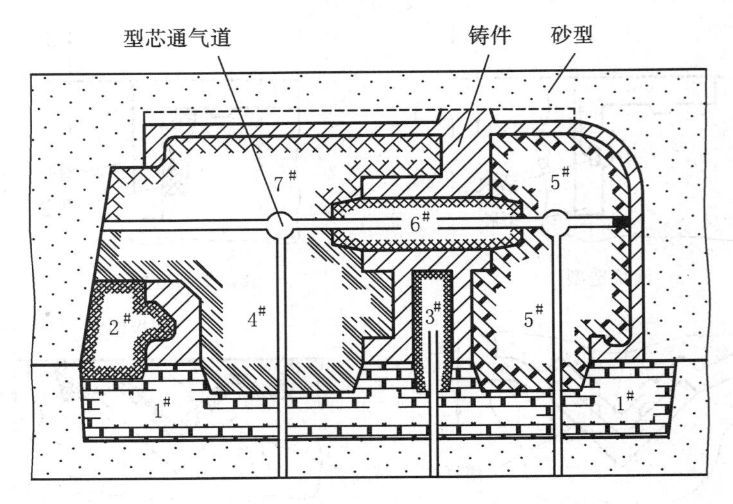

图 4.7　复杂内腔的型芯分块

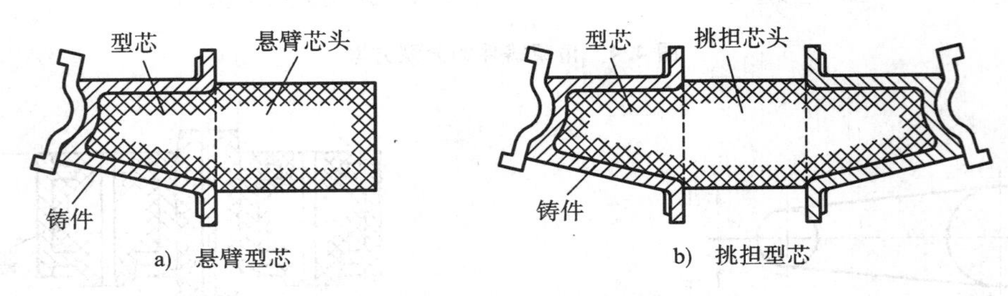

图 4.8　悬臂式型芯及挑担式型芯

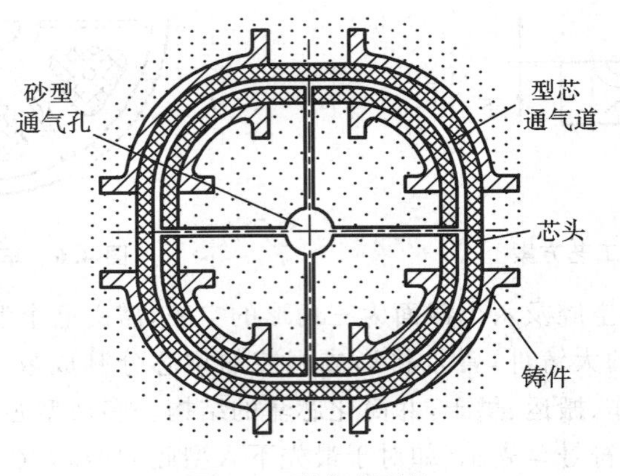

图 4.9　联合式型芯

4.2　铸造工艺参数的确定

1. 机械加工余量

在铸件需要进行切削加工的表面上增加的一层金属层厚度，称为机械加工余量。机械加工余量过大，不仅浪费金属，而且会使晶粒较细、性能较好的铸件表层被切除；余量过小，则达不到加工要求，影响产品的品质。机械加工余量应根据材料性质、造型方法、加工要求、铸件的形状和尺寸、浇注位置等来确定。铸钢件表面粗糙，其机械加工余量应比铸铁大；非铁合金价格高，铸件表面光洁，其机械加工余量应比铸铁小；机器造型的铸件精度比手工造型的高，机械加工余量可小一些；铸件尺寸愈大，机械加工余量亦应愈大；若浇注时加工表面为顶面，则机械加工余量比它为侧面和底面时大。

铸件机械加工余量应与铸件公差(casting tolerance，CT)相配合，规定机械加工余量的代号用字母MA表示，加工精度由精到粗分为A、B、C、D、E、F、G、H、J共九个等级。表4.1所示为用于大批量生产时与灰铸铁件尺寸公差配套使用的铸件机械加工余量等级。详见国家标准《铸件　尺寸公差与机械加工余量》(GB/T 6414—2017)。

表4.1　大批量生产时灰铸铁件机械加工余量等级

等级	砂型铸造手工造型		砂型铸造机器造型和壳型	金属型重力铸造和低压铸造	熔模铸造	
	黏土砂	化学黏结剂砂			水玻璃	磷酸盐
尺寸公差等级	13～15	11～13	8～12	8～10	7～9	4～6
加工余量等级	F～H		E～G	D～F	E	

铸件尺寸公差等级和机械加工余量等级确定后，应按零件有加工要求的表面上最大公称尺寸和该表面距它的加工基准间尺寸两者中较大的尺寸来确定机械加工余量的数值。例如灰铸铁件机械加工余量可按表4.2选取。

表4.2　与尺寸公差配套使用的灰铸铁件机械加工余量

尺寸公差等级		8	9	10	11	12	13
加工余量等级		G	G	G	H	H	H
公称尺寸/mm	浇注时的位置	加工余量数值/mm					
～100	顶面	2.5	3.0	3.5	4.5	5.0	6.5
	底、侧面	2.0	2.5	2.5	3.5	3.5	4.5
100～160	顶面	3.0	3.5	4.0	5.5	6.5	8.0
	底、侧面	2.5	3.0	3.0	4.5	5.0	5.5
160～250	顶面	4.0	4.5	5.0	7.0	8.0	9.5
	底、侧面	3.5	4.0	4.0	5.5	6.0	7.0
250～400	顶面	5.0	5.5	6.0	8.5	9.5	11
	底、侧面	4.5	4.5	5.0	7.0	7.5	8.0
400～630	顶面	5.5	6.0	6.5	9.5	11	13
	底、侧面	5.0	5.0	5.5	8.0	8.5	9.5
630～1 000	顶面	6.5	7.0	8.0	11	13	15
	底、侧面	6.0	6.0	6.5	9.0	10	11

注：表中每栏有两个加工余量数值，上面的是单侧加工时的加工余量，下面的是双侧加工时每侧的加工余量。

使用表4.2确定机械加工余量时，应遵守以下几条规定：

①在小批和单件生产中，铸件的不同加工表面允许采用相同的机械加工余量数值。

②用砂型铸造的铸件，其顶面(相对于浇注位置)的机械加工余量等级应比底、侧面机械加工余量等级低一级。例如，某铸件的底、侧面的机械加工余量等级为MA—G级(尺寸公差等级为DCT10)，其顶面机械加工余量等级则应为MA—H级(尺寸公差等级为DCT11)。

③砂型铸造中孔的机械加工余量,可采用与顶面相同的等级。

2. 铸孔

铸件上的加工孔是否铸出,要从可能性、必要性及经济性的角度考虑。若孔很深、孔径很小而不便铸出或铸出并不经济,一般不铸出。铸件上的最小铸出孔直径如表 4.3 所示。

不加工的特形孔,如液压阀流道、弯曲小孔等,原则上应铸出。非铁金属铸件上的孔,也应尽量铸出。

表 4.3 铸件上的最小铸出孔直径 (mm)

生产类型	灰铸铁件	铸钢件
大量生产	12～15	—
成批生产	15～30	30～50
单件、小批生产	30～50	50

注:若是加工孔,则孔的直径应为加上机械加工余量后的数值,有特殊要求的铸件例外。

3. 起模斜度

在造型和造芯时,为了顺利起模而不致损坏砂型和砂芯,应该在模样或芯盒的起模方向上做出一定的斜度,这个斜度称为起模斜度。若铸件本身没有设计足够的结构斜度(不要与起模斜度混淆),在铸造工艺设计时就要给出铸件的起模斜度。

《铸件模样 起模斜度》(JB/T 5105—1991)中规定了砂型铸造所用的起模斜度。起模斜度可采取增加铸件壁厚、加减铸件壁厚或减小铸件壁厚三种方式形成,如图 4.10 所示。

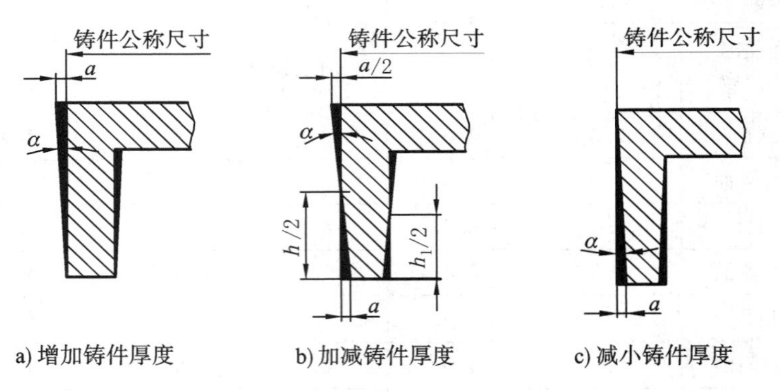

图 4.10 起模斜度的形式

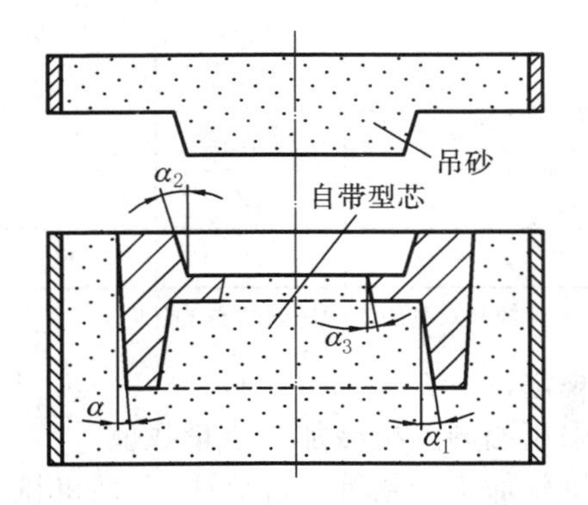

图 4.11 自带型芯的起模斜度

起模斜度在工艺图上用角度 α 或宽度 a(mm)表示。用机械加工方法加工模具时,用角度标注;手工加工模具时,用宽度标注。

对于垂直于分型面的孔,当其孔径大于其高度时(图 4.11),可在模样上挖孔,造型起模后,在砂型上形成吊砂或自带型芯,并由此形成铸件孔。考虑到起模时模样上的孔内壁与型砂的摩擦力较其外壁大些,故内壁的起模斜度应大于外壁(如图 4.11 中 α_1、α_2、α_3 均大于 α)。

起模斜度的大小应根据模样的高度、表面粗糙度以及造型方法来确定,具体如表 4.4 所示。

表 4.4　砂型铸造时模样外表面及内表面的起模斜度

测量面高度/mm	外表面起模斜度(≤)				测量面高度/mm	内表面起模斜度(≤)			
	金属模、塑料模		木模			金属模、塑料模		木模	
	α	a/mm	α	a/mm		α	a/mm	α	a/mm
≤10	2°20′	0.4	2°55′	0.6	≤10	4°35′	0.8	5°45′	1.0
>10～40	1°30′	0.8	1°25′	1.0	>10～40	2°20′	1.6	2°50′	2.0
>40～100	1°10′	1.0	0°40′	1.2	>40～100	1°05′	2.0	1°45′	2.2
>100～160	0°25′	1.2	0°30′	1.4	>100～160	0°45′	2.2	0°55′	2.6
>160～250	0°20′	1.6	0°25′	1.8	>160～250	0°40′	3.0	0°45′	3.4
>250～400	0°20′	2.4	0°25′	3.0	>250～400	0°40′	4.6	0°45′	5.2
>400～630	0°20′	3.8	0°20′	3.8	>400～630	0°35′	6.4	0°40′	7.4
>630～1 000	0°15′	4.4	0°20′	5.8	>630～1 000	0°30′	8.8	0°35′	10.2
>1 000～1 600	—	—	0°20′	8.0	>1 000	—	—	0°35′	—

4. 铸造圆角

铸件上相邻两壁的交角应做成铸造圆角，以避免铸件产生冲砂及裂纹等缺陷。圆角半径一般为相交两壁平均厚度的 1/3～1/2。

5. 铸造收缩率

由于金属的固态收缩(线收缩)，铸件冷却后的尺寸将比型腔的尺寸小。线收缩率的大小取决于铸造金属的种类及铸件的结构、尺寸等因素。为了保证铸件的应有尺寸，模样和芯盒的制造尺寸应比铸件大(铸件尺寸＝模样和芯盒的制造尺寸×(1＋合金的线收缩率)。通常，灰铸铁的线收缩率为 0.7％～1.0％，铸造碳钢的线收缩率为 1.3％～2.0％，铝硅合金的线收缩率为 0.8％～1.2％，锡青铜的线收缩率为 1.2％～1.4％。

4.3　芯头及芯座

当铸件上的空腔需用型芯来铸出时，为了保证型芯在砂型中定位准确、安放稳固且排气通畅，在型芯及模样上均需做出芯头。模样上的芯头称为芯座，它比芯头大一个间隙 δ。造型时芯座在砂型中形成凹坑"座位"，使型芯的芯头坐落其上而定位。根据型芯在砂型中安放的位置不同，常分为垂直型芯和水平型芯两类。垂直安放的型芯，一般有上、下芯头(图 4.12)，对于矮而粗的型芯，也可不用上芯头。垂直芯头的高度 h 一般取 15～150 mm，型芯的横截面积越大，型芯高度 H 越大，h 亦越大。下(型)芯头的斜度较小，一般为 5°左右，以增加型芯安放的稳定性；上芯头的斜度要大一些，一般为 10°左右，以利于砂型合箱。水平安放的型芯如图 4.13 所示。中小型芯的芯头长度 l 一般为 20～80 mm，型芯的长度 L 愈大，横截面愈大，l 也愈长。

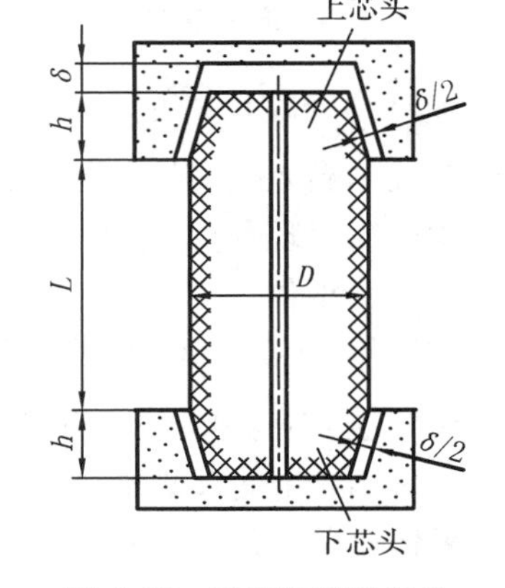

图 4.12　垂直型芯及芯头

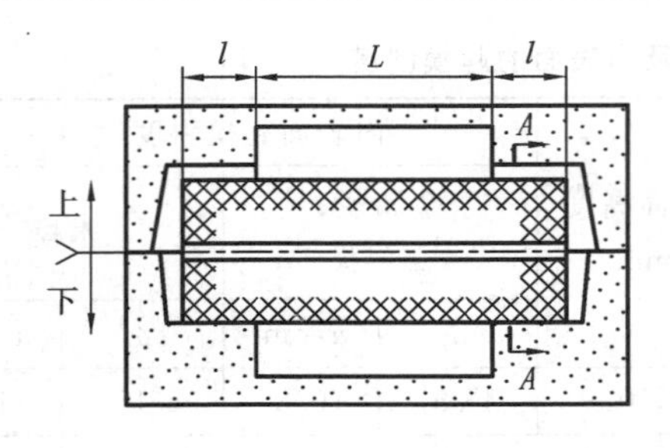

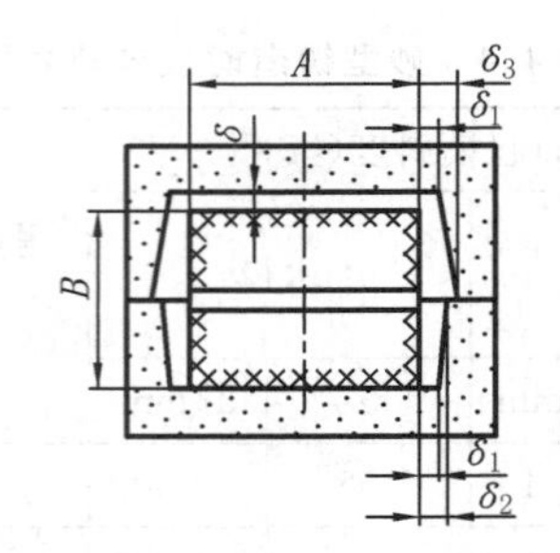

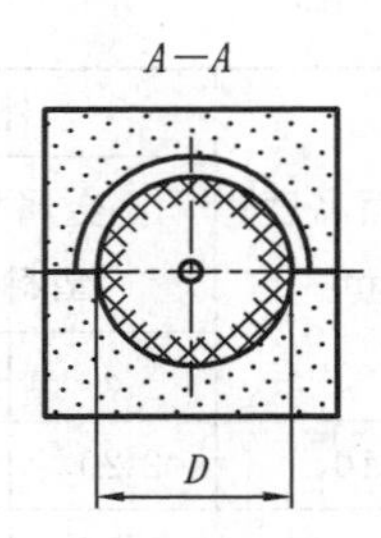

图 4.13　水平型芯及芯头

为了便于下芯装配，芯头与芯座之间应留有间隙 δ。机器造型、造芯时，δ 较小；手工造型、造芯时，δ 一般为 0.4～0.5 mm。型芯尺寸较大，间隙也较大。对于水平芯头(图 4.13)，间隙 δ_1 与 δ 相当，而 δ_2 及 δ_3 分别较 δ 大 0.5 mm 和 1 mm。

4.4　浇注系统和冒口

4.4.1　浇注系统

浇注系统是引导金属液流入型腔的一系列通道的总称。它一般由浇口杯(盆)、直浇道、横浇道和内浇道等基本组元所组成，如图 4.14 所示。

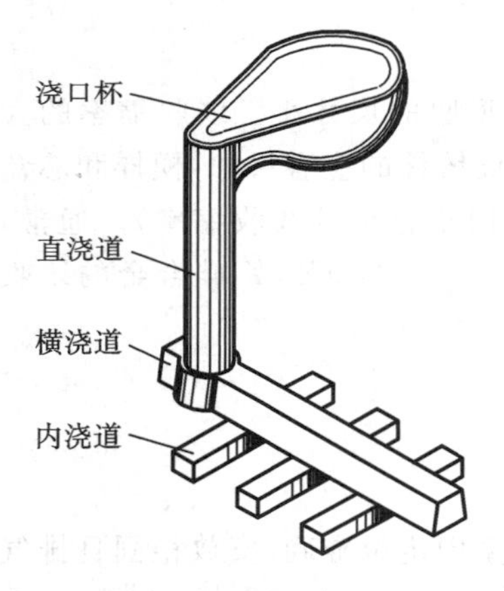

图 4.14　浇注系统的组成

1. 浇注系统尺寸的确定

1)内浇道总横截面尺寸 $\sum S_{内}$ 的确定

$\sum S_{内}$ 可以根据铸件所用合金的种类、质量、尺寸、壁厚、所需浇注的压头高度及浇注时间，并考虑金属液在浇注系统内的沿程摩擦损耗和涡流损失，用水力学公式进行计算；在生产中多根据有关经验图表直接查出。

如果铸件上有 n 个内浇道，则每个内浇道的截面积为 $\sum S_{内}/n$。

2)浇注系统其他组元横截面尺寸的确定

(1)封闭式浇注系统　这种浇注系统各组元中总截面积最小的是内浇道，即 $S_{直} > \sum S_{横} > \sum S_{内}$，其组元截面比为 $S_{直} : \sum S_{横} : \sum S_{内} = 1.15 : 1.1 : 1$。这种浇注系统容易为金属液所充满，撇渣能力较好，可防止气体卷入金属液，通常用于中小型铸铁件。但封闭式浇注系统中金属液流速较大，有时甚至发生喷射现象，故它不适用于易氧化的非铁金属铸件或压头大的铸件，也不宜用于用柱塞包浇注的铸钢件。

(2)开放式浇注系统　这种浇注系统的最小截面(阻流截面)是直浇道的横截面，即 $S_{直} < \sum S_{横} < \sum S_{内}$。显然，金属液难以充满这种浇注系统中的所有组元，故其撇渣能力较差，渣及气体容易随液流进入型腔，造成废品。但内浇道处金属液流速度不高，流动平稳，冲刷力小，金属液受氧化的程度轻。它主要适用于易氧化的非铁金属铸件、球墨铸铁铸件和用柱塞包浇注的中大型铸钢件。在铝合金、镁合金铸件上常用的组元截面比是 $S_{直} : \sum S_{横} : \sum S_{内} = 1 : 2 : 4$。

2. 常见浇注系统的类型

1)顶注式浇注系统

顶注式浇注系统(图4.15a)的内浇道开设在铸件的顶部，其优点是金属液自由下落，自下而上地逐渐充满型腔，利于定向凝固和补缩；缺点是冲击力大(与铸件高度有关)，充型不平稳，易发生飞溅、氧化和卷入气体的现象，使铸件产生砂眼、冷隔、气孔和夹渣等缺陷。这种浇注系统多用于质量、高度不大且形状简单的薄壁或中等壁厚的铸件，易氧化金属铸件则不宜采用。

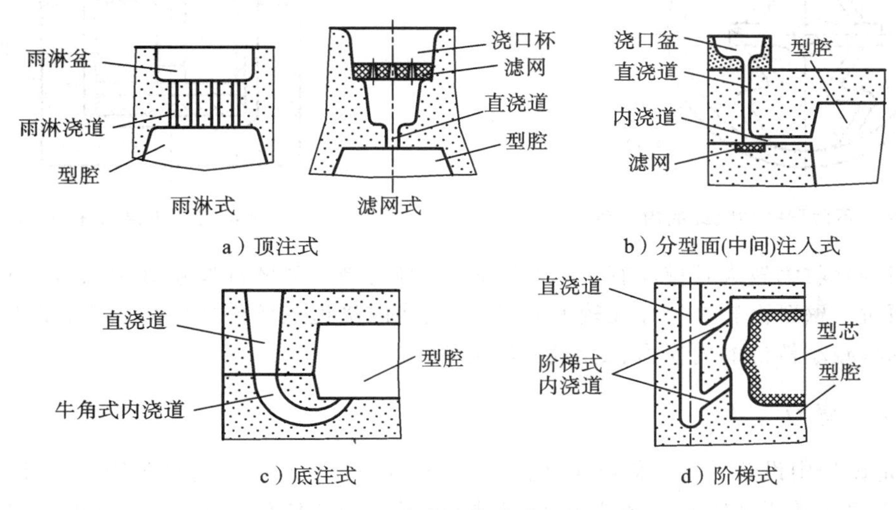

图4.15　几种常见的浇注系统形式

2)分型面(中间)注入式浇注系统

分型面(中间)注入式浇注系统如图4.15b所示。由于内浇道开设在分型面上，能方便地按需要进行布置，有利于控制金属液的流量分布和铸型热量的分布。这种浇注系统应用普遍，适用于中等质量、高度和壁厚的铸件。

3)底注式浇注系统

底注式浇注系统(见图4.15c)是内浇道开设在型腔底部的浇注系统。其优点是金属液充型平稳，避免了金属液冲击型芯，同时避免了飞溅、氧化及由此引起的铸件缺陷；型内气体易于逐渐排出，整个浇注系统充满较快，利于横浇道撇渣。其缺点是型腔底部金属液温度较高，而上部液面温度较低，不利于冒口的补缩。故采用底注式浇注系统时，应尽快浇注。底注式浇注系统多用于易氧化的合金铸件。

4)阶梯式浇注系统

阶梯式浇注系统(图4.15d)是具有多层内浇道的浇注系统。阶梯式浇注系统兼有底注式和顶注式的优点，且克服了两者的缺点，不但注入平稳，减少了飞溅，而且便于补缩。其缺点是浇注系统结构复杂，增大了造型及铸件清理工作量。它多用于高度较大、型腔较复杂、收缩率较大或品质要求较高的铸件。

3. 内浇道与铸件型腔连接位置的选择原则

(1)应使内浇道中的金属液畅通无阻地进入型腔，不正面冲击铸型壁、砂芯或型腔中薄弱的突出部分。

(2)内浇道不应妨碍铸件收缩。如图4.16所示的圆环铸件，其四个内浇道做成曲线形状，就不会阻碍铸件向中心收缩，从而可避免铸件的变形和裂纹。

(3)内浇道尽量不开设在铸件的重要部位。因内浇道附近易局部过热而造成铸件晶粒粗大,并可能出现疏松,从而影响铸件品质。

(4)内浇道应开在容易清理和打磨的地方。如图 4.17 所示的开在铸件砂芯内的内浇道就难以清理。

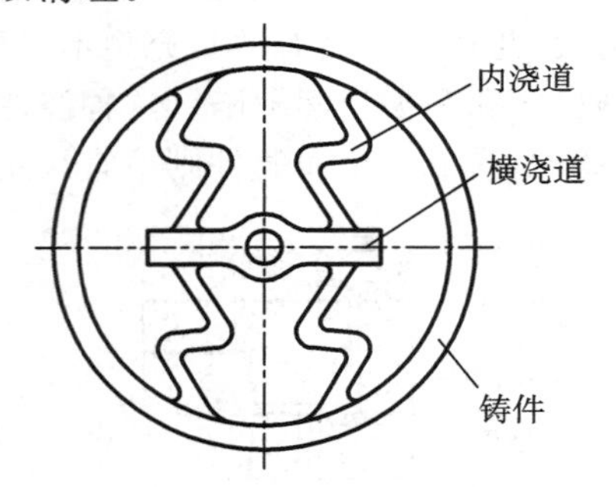

图 4.16　不阻碍铸件收缩的内浇道

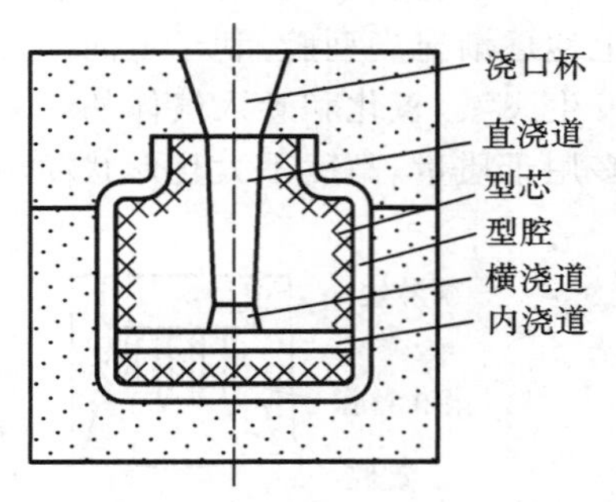

图 4.17　不易清理的内浇道

(5)当合金收缩较大且壁厚有一定差别时,宜将内浇道从铸件厚壁处引入,以利于铸件定向凝固;而对于壁薄而轮廓尺寸又较大的铸件,宜将内浇道从铸件薄壁处引入,以便铸件各部分同时凝固,减小铸件的内应力、变形量,防止裂纹产生。

4.4.2　冒口

冒口是铸型中设置的一个储存金属液的空腔,其主要作用是在铸件凝固收缩过程中,提供由于铸件收缩而需要补给的金属液,对铸件进行补缩,防止铸件产生缩孔、缩松等缺陷。清理铸件时,再将冒口切除,从而得到合格的铸件。

如前文所述,冒口应设置在铸件热节圆直径 d_y 较大的部位。冒口尺寸计算的方法有多种,工厂中目前应用最多、最简便的为比例法,它是一种经验方法。其基本原理是使冒口根部的直径 d 大于铸件被补缩处的热节圆直径 d_y,冒口高度 H 由所选定的系数乘以 d 得出。图 4.18 所示为铸钢件冒口分类和尺寸,表 4.5 所示为铸钢件冒口尺寸。

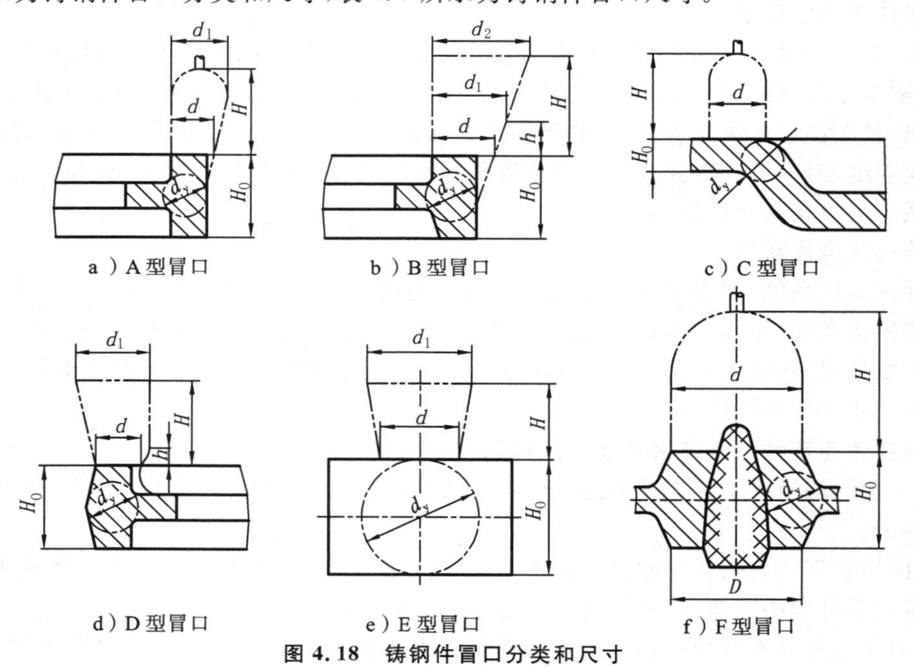

图 4.18　铸钢件冒口分类和尺寸

表 4.5　铸钢件冒口尺寸

冒口类型	H_0/d_y	D	d_1	d_2	h	H	$L/\%$	应用实例
A	<5 >5	$(1.4\sim1.6)d_y$ $(1.6\sim2.0)d_y$	$(1.3\sim1.5)d$			$(1.8\sim2.5)d$ $(2.5\sim3)d$	35～40 30～35	车轮齿轮联轴器
B	<5 >5	$(1.5\sim1.8)d_y$ $(2\sim2.0)d_y$	$(1.3\sim1.5)d$	$1.1d$	$0.3H$ $0.3H$	$(2.5\sim3)d$ $(3\sim4)d$	20	车轮
C	≥1 <50	$(2\sim2.5)d_y$				$(2\sim2.5)d$	30～35	瓦盖
D	<5 >5	$(1.3\sim1.5)d_y$ $(1.6\sim1.8)d_y$	$(1.1\sim1.3)d$ $(1.3\sim1.5)d$		$(0.15\sim0.2)H$	$(2\sim2.5)d$ $(2\sim2.5)d$	100	制动臂
E	<5 >5	$(1.4\sim1.7)d_y$ $(1.5\sim1.8)d_y$	$(1.3\sim1.5)d$			$(1.5\sim2.2)d$ $(2\sim2.5)d$	50～100	锤座立柱
F	<5 >5	$D=d$ $D=d$				$(1.3\sim1.5)d$ $(1.4\sim1.8)d$	100 100	—

在表 4.5 中，冒口的相对长度(相对延续度)L 是沿铸件长度方向各个冒口根部长度的总和与铸件被补缩部分长度之比的百分数。例如图 4.19 所示的齿轮铸钢件的直径为 D(D 可以从零件图上得知)，则被补缩的长度为其周长 $s(s=\pi D)$。设在轮缘上均匀安放的冒口数目为 n，而每个冒口的根部长度为 l，则冒口的相对长度 $L=(nl/s)\times100\%$。该齿轮铸钢件适合安放 A 型冒口，查表 4.5，有 $L=30\%\sim35\%$。也就是说，冒口根部的总长度 nl 要达到铸件补缩长度 s 的 1/3 左右，才能保证铸件品质。代入 L 值，则当 n 值确定时，就可求出 l；l 为已知时，就可求出 n。

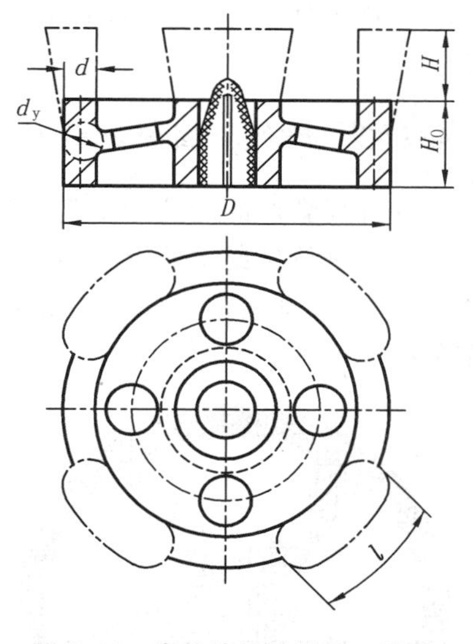

图 4.19　齿轮铸钢件的冒口设置

相对长度 L 考虑了冒口的有效补缩距离。当 n 及 l 为已知时，若计算所得的 L 值小于由表 4.5 查得的 L 值，就说明各个冒口的有效补缩距离不够，必须增加冒口，或者在两个冒口之间设置冷铁，或者增加水平补贴。冒口尺寸是否合适，可用铸件的工艺出品率进行校核。

铸件工艺出品率的计算式为：

$$\text{铸件工艺出品率}=\frac{\text{铸件质量}}{\text{铸件质量}+\text{冒口总质量}+\text{浇注系统质量}}\times100\%$$

一般，明冒口的工艺出品率为 58%～67%，暗冒口的工艺出品率为 63%～70%(铸件壁厚 >50 mm 时取下限)。

4.5　铸件的凝固模拟

4.5.1　铸件的凝固模拟原理

在传统的铸造工艺设计中,往往是凭经验或依据一些简单的、定性的原则和规范来规划铸件的铸造工艺。对形状复杂的铸件而言,这样做常常是很不可靠的。为此,必须在铸造工艺设计和决策环节引入定量分析的机制。一种比较科学的定量决策方法是,先按已有知识为铸件草拟一个初步工艺方案,根据铸件的材质、形状和该方案的工艺配置,从浇注开始时的初始状态出发,模拟过程的发生,遵循过程规律,逐时逐点地定量计算,推算铸件浇注、凝固过程中每一个时刻的下一步,型腔内每一处将要发生的物理变化,并记录下每一步变化的结果,包括温度压力、填充状态、致密程度、夹杂情况、收缩结果、孔洞分布等等。这些逐步逐次的计算和记录,整个地累积下来,就形成这个铸件充型、凝固过程完整轨迹的模拟记录,其中也包含最后凝固结果状态的记录。根据最终结果修改初步工艺方案,并在修改后,再次模拟、预测,然后再次修改。经过多次"模拟—预测—修改"的循环,最终得到一个比较理想的工艺方案。这样,就可以实现工艺方案的优化。

这种定量模拟及优化决策的技术,统称为"凝固模拟"技术。在计算机应用技术大类中,它归属于计算机辅助工程(computer aided engineering,CAE)技术范畴,因此,称为铸造 CAE 技术。

4.5.2　铸件凝固模拟技术的应用

以往开发新产品的铸造工艺,或初次为一个铸件摸索合理的铸造工艺方案,都要通过实际的生产过程进行试制试验,往往要以巨大的材料、能源、时间等的消耗为代价,经过若干次修改和摸索,才能逐渐接近形成一个比较可行的工艺方案,生产出合格的铸件。这是铸造行业千古以来的逻辑定式。

图 4.20　汽车轮毂零件的三维图

然而,引进 CAE 技术后,只需在计算机上对多种铸件工艺方案进行试验验证、对比、择优,以数值模拟优化取代需付出巨大消耗的实际生产试制,这样不仅可避免出现废品,节省诸多消耗,还可大大节省试制的时间。因此,可以更从容、更充分地进行工艺优化,从而使工艺优化结果更完美。例如在汽车轮毂零件(图 4.20)的铸件凝固模拟中,可清晰地看出浇注过程中铸件的温度分布(图 4.21,见书末)、液相分布(图 4.22,见书末)及凝固完毕后,最后在铸件上出现的缩孔和缩松的位置(图 4.23,见书末)。改进浇冒口等工艺设计后,经过再模拟,最终获得无孔洞等缺陷的铸件。

铸造 CAE 软件已成为优化铸造工艺的重要工具,铸件凝固模拟成为工艺设计过程的重要环节,一方面使铸造生产的技术过程、决策过程更为科学化、程序化,另一方面使所形成的工艺方案更合理、更可靠,生产的效率显著提高,得到的铸件质量更好。

4.6　铸造工艺方案及工艺图示例

4.6.1　铸造工艺方案示例

1. 轴座铸造工艺方案

铸件名称：轴座。

材料：HT200。

生产批量：单件小批或成批生产。

工艺分析：轴座零件(图 4.24)的主要作用是支承轴件，故其上 $\phi40$ mm 的内孔表面是在确定浇注位置时应特别注意的重要部位。此外，轴座底平面也有一定的加工及装配要求，其底板上有四个 $\phi8$ mm 的圆孔(螺栓孔)。该孔直径小，可不铸出，留待以后钻削加工。

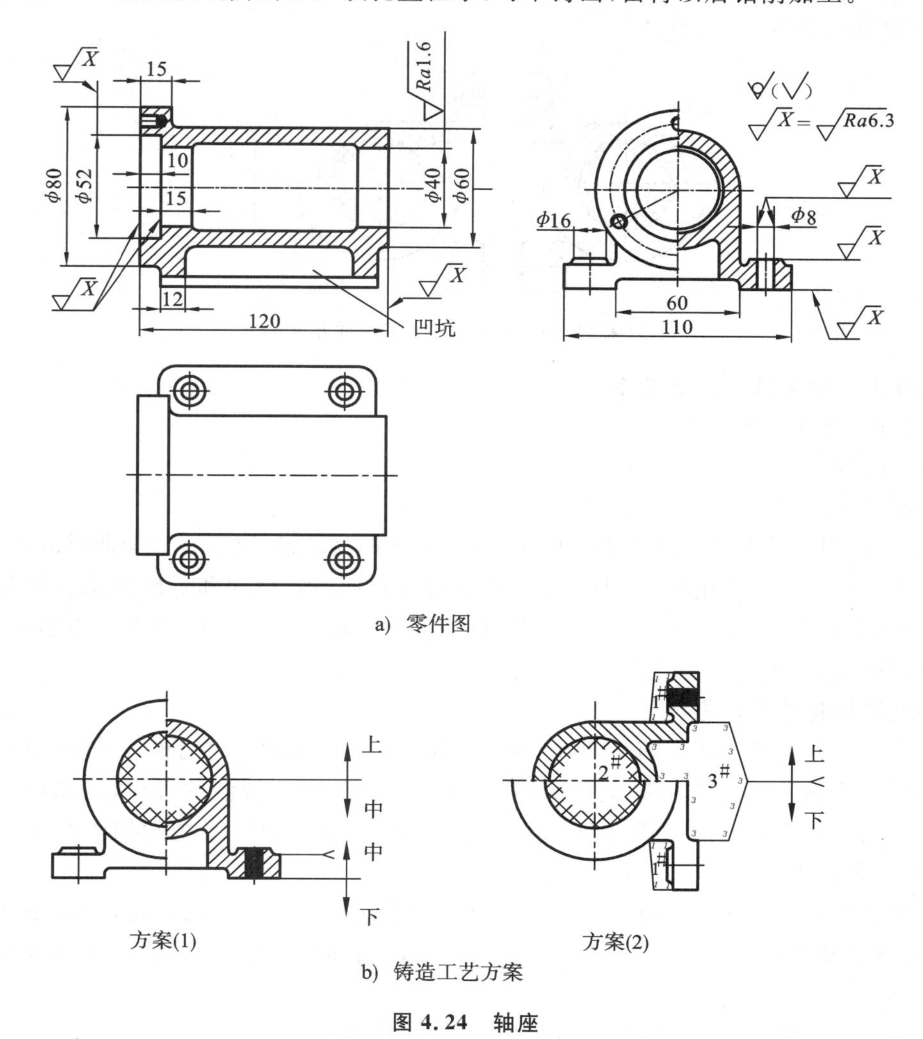

图 4.24　轴座

1)单件、小批生产工艺方案

如图 4.24b 中方案(1)所示，采用两个分模面、三箱造型，并选择了底板在下、轴孔在上的浇注位置。这样设置浇注位置似乎不符合重要部位朝下的原则,但仔细分析后不难看出,因轴孔上方还有一层 10 mm 厚的金属,故轴孔内表面并不是顶面。这样设置浇注位置不仅可以保证轴孔的品质,而且,轴座底部的长方形凹坑可以由下型自带的型芯成形。如将轴孔朝下而凹坑向上,则该凹坑就得在上型中用吊砂成形,这将使造型操作麻烦。该方案只需制造一个圆柱形内孔型芯,减少了制模费用。

2)**成批生产工艺方案**

如图 4.24b 中方案(2)所示,采用分模两箱造型,选择轴孔处于中间的浇注位置。采用该方案时造型操作简便,生产效率高,但除了形成轴孔的 2# 型芯外,还增加了四个形成 ϕ16 mm 圆形凸台的 1# 外型芯及一个形成长方形凹坑的 3# 外型芯,因而会增加制造芯盒的费用。但由于批量大,单个铸件的成本并不高,因而是合算的。

另外,3# 型芯为悬臂型芯,其芯头较长。

成批生产时,还可考虑一箱铸造两件的方案(图 4.25),使悬臂型芯成为挑担型芯,芯头长度缩短,下芯定位简便,成本更低。

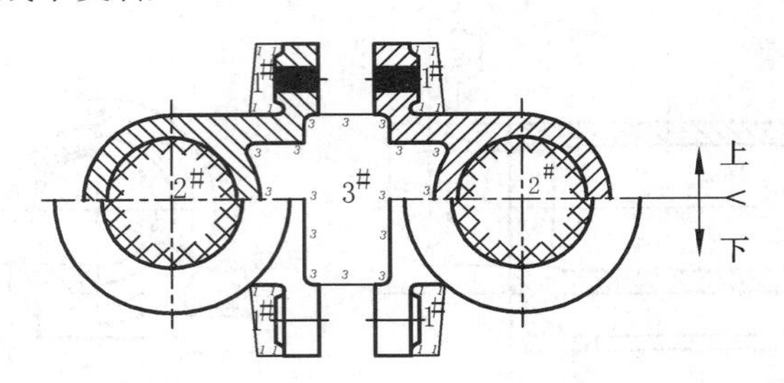

图 4.25 轴座铸件的一型两件方案

2. 车床刀架转盘铸造工艺方案

铸件名称:车床刀架转盘。

材料:HT200。

生产批量:小批生产。

工艺分析:刀架转盘为车床刀架上的重要件,其下部为转盘,可使小刀架回转成不同角度,以车制锥体。其上部为燕尾槽,是供小刀架移动的导轨面。转盘面和导轨面虽然都是需要刮研的重要面,不容许有砂眼、气孔、夹渣等表面缺陷,但导轨面更易磨损,又属外露表面,故对耐磨性的要求更高,品质要求也更高。

1)**平做平浇铸造工艺方案**

平做平浇铸造工艺方案如图 4.26 中 A—A 视图右半部所示。将铸件的导轨面朝下,转盘面朝上,这样,导轨面不仅产生缺陷的倾向小,还因受到上部金属液的补缩,内部组织更加致密。为保证朝上的转盘面的品质,应加大其加工余量,并强化浇注系统的挡渣措施及防止砂眼、气孔的工艺措施。

铸件的分型面选在转盘导轨的底面。为使燕尾槽及转盘均不妨碍起模,避免出现活块和外型芯,将燕尾槽填成直角,并采用挖砂工艺,使底盘上表面暴露在分型面处,形成如图中折线所示的分型面。

本方案的工装简单,成本低,但转盘处的品质难以控制。

2)**平做立浇铸造工艺方案**

平做立浇铸造工艺方案如图 4.26 中 A—A 视图左半部所示。该方案与平做平浇方案相

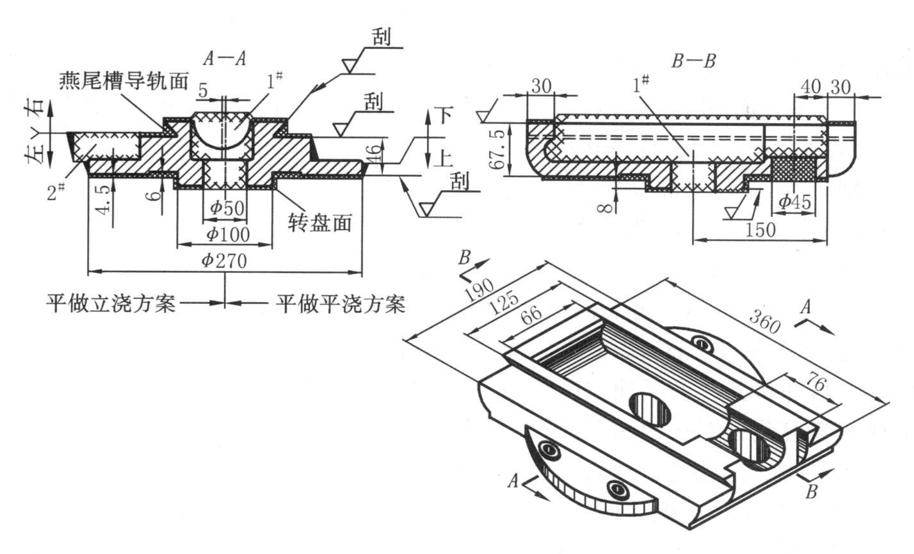

图 4.26　刀架转盘的铸造工艺图

比有以下特点：

(1)增加了两个 2# 型芯，省去了挖砂步骤，形成了平直的分型面，造型方便，并减小了曲面分型飞边清理工作量。

(2)采用配对的专用砂箱，经造型、下芯、合箱并锁紧后，将铸型竖立(图 4.27)起来进行浇注。燕尾槽导轨和转盘需刮研的上、下两面均处于侧立位置，更易于保证转盘铸件重要面的品质。

(3)便于采用底注式浇注系统，使铁液能平稳地进入型腔。

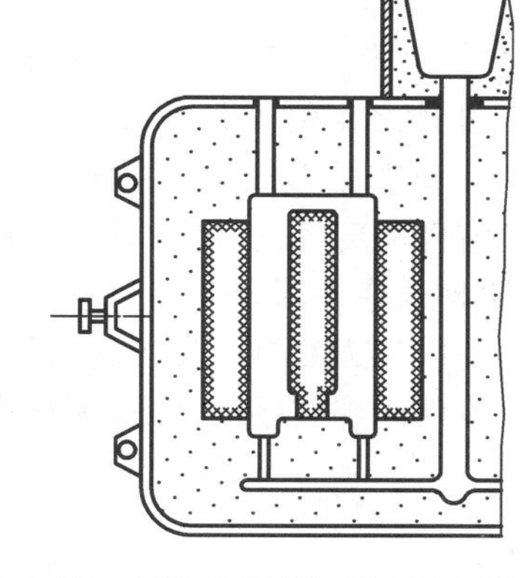

图 4.27　刀架转盘铸件的平做立浇方案

4.6.2　铸造工艺图示例

铸件名称：机床底架。

材料：HT200。

生产批量：单件小批或成批生产。

1)绘制铸造工艺图

铸造工艺图如图 4.28 所示(见书末插页。为使工艺图清晰，对原零件图进行了简化)，其绘制步骤如下。

(1)确定浇注位置及分型面。经分析后，确定如图 4.28 所示的工艺方案，即将表面品质要求较高的小端面朝下，品质要求较低的大端面朝上，并将大端面(该件的最大截面)选定为分型面。因该件自身有上大、下小的结构斜度，故只需一个分型面即能起出主体模样，而四周壁上少部分妨碍起模的凸台，在单件小批生产时可用活块 1 及活块 2 来成形，成批生产时可用 3# 及 4# 外型芯来成形。

(2)确定加工余量。根据铸件最大尺寸及材质，查《铸造工艺设计手册》确定加工余量，下面、侧面和顶面的加工余量分别为 8 mm、5 mm 和 10 mm。

(3)确定起模斜度。该件自身有结构斜度,故不必再考虑起模斜度。

(4)确定铸造圆角。按相交两壁平均壁厚的1/3～1/2选取铸造圆角,标注在图样中。

(5)确定收缩率。因机床底架为中空箱形结构,收缩时受型芯阻碍较大,依阻碍程度不同,取线收缩率为0.8%～1.0%,标注在图样中。

(6)确定型芯、芯头及间隙尺寸。

2)确定型芯分块及下芯工艺过程

机床底架的内腔形状复杂,其型芯分块数量较多,共分为八个型芯,其芯头及间隙的尺寸如图4.28所示(见书末插页),各型芯的序号表示下芯顺序。其下芯工艺过程说明如下:

(1)1# 型芯的芯头为倒锥,在造型时预先将其放置在模样上对应位置的孔中,利用型砂的紧实力将其夹紧,并将其芯头预埋在砂型中,以防止浇注时型芯在铁液浮力作用下上浮。

(2)形成侧直壁凸台圆孔的两个2# 型芯是在将6# 及7# 型芯放入型腔之前分别预先装入6# 及7# 型芯上的加长芯座的。放置6# 及7# 型芯时,不应使之碰到型壁。

(3)3# 及4# 型芯是形成两端斜侧壁上凸台及圆孔的燕尾型芯。

(4)5# 型芯是形成长斜壁上圆孔的型芯。它是在将6# 及7# 型芯放入型腔之前预先装入砂型的芯座的,控制5# 型芯、与6# 及7# 型芯之间的间隙为0.5 mm,以防止放置6# 及7# 型芯时5# 型芯被压坏。

(5)将6# 及7# 型芯放入型腔前应校准芯撑的高度,使之等于铸件壁厚,再先后放入6# 及7# 型芯,并使之定位于芯撑上。

(6)8# 型芯是形成内腔中间隔板上的圆孔型芯,放置在6# 及7# 型芯的芯座上。

(7)该件高度较高、尺寸较大,为使浇注平稳且时间不致太长,并利于补缩,采用了两个直浇道及阶梯式浇注系统。

(8)在内浇道的对面设置两个排气冒口,以利于型腔排气和适当对铸件进行补缩。

(9)该件底部壁厚较大,采用外冷铁激冷,以控制其凝固方向,防止产生缩孔。

复习思考题

(1)何谓铸件的浇注位置?它是否指铸件上的内浇道位置?

(2)试述分型面与分模面的概念。分模两箱造型时,分型面是否就是分模面?

(3)浇注位置对铸件的品质有什么影响?应按什么原则来选择?

(4)浇注系统一般由哪几个基本组元组成?各组元的作用是什么?

(5)什么是芯头和芯座?它们分别起什么作用?其尺寸大小是否相同?

(6)什么是悬臂型芯、挑担型芯及联合型芯?它们分别用在什么工况下?

(7)什么样的铸件孔会形成吊砂及自带型芯?

(8)何谓冒口?其作用是什么?冒口应安放在铸件什么部位?

(9)何谓封闭式、开放式、底注式及阶梯式浇注系统?它们各有什么优点?

(10)简述铸件的凝固模拟原理及应用。

(11)试用铸造工艺图规定的符号表示手柄(图4.28)、槽轮(图4.29)、煤气炉燃烧器(图4.30)及底座(图4.31)等铸件的浇注位置、分型面、分模面及型芯等(如没有则不表示)。

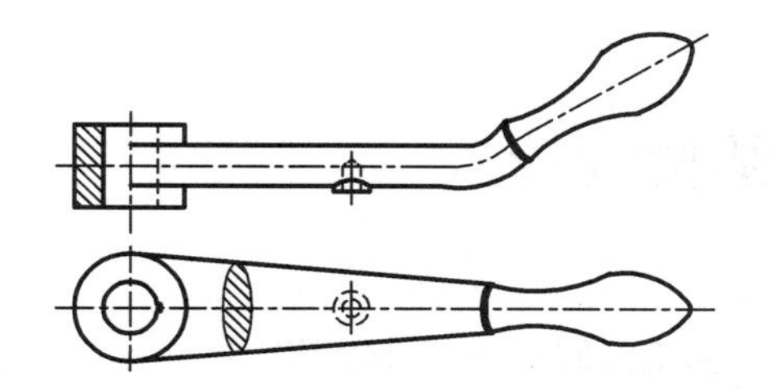

图 4.28　手柄铸件

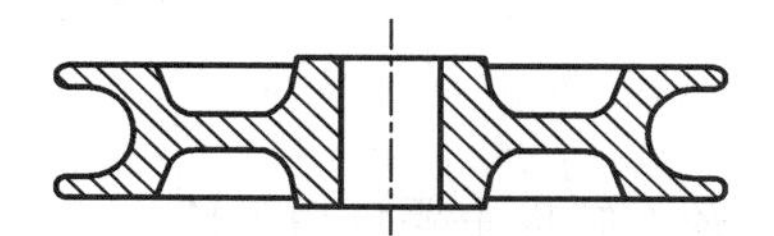

图 4.29　槽轮铸件

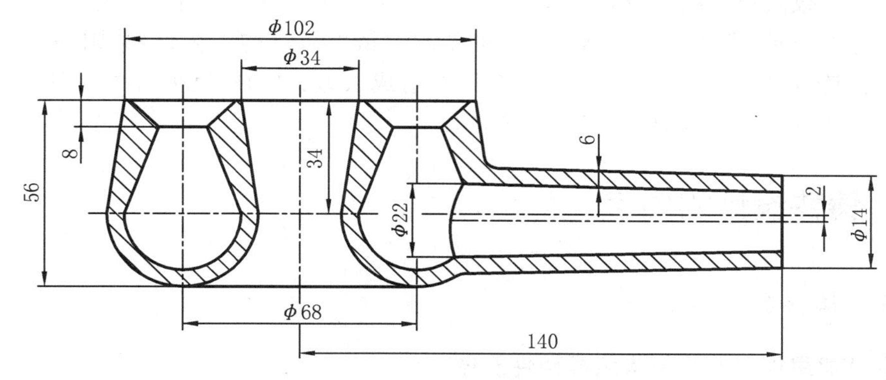

图 4.30　煤气炉燃烧器

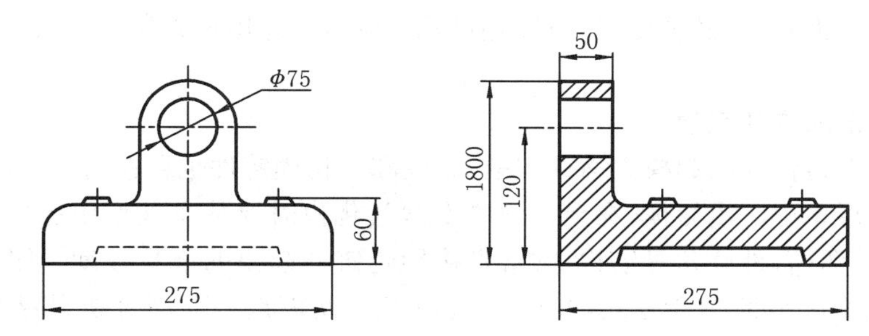

图 4.31　底座(图中次要尺寸从略)

第5章　铸件的结构设计

铸件结构主要包括铸件的外形、内腔、壁(肋)厚及壁(肋)间的连接形式等，铸件设计的过程就是确定铸件结构的过程。

铸件设计不仅要符合机械设备对铸件的使用性能和力学性能要求，还应符合铸造工艺和合金铸造性能的要求，即所谓铸件结构工艺的要求。铸件若结构工艺性好，则易于铸造，成本低，生产率高，铸件品质好；若结构工艺性差，则会造成人力、物力的巨大浪费。因此，铸件结构工艺性是进行铸件结构设计时不可忽视的问题。

5.1　铸件设计的内容

5.1.1　铸件的外形设计

1. 应尽可能用规则的几何体组成铸件形体

如果采用一些非标准的曲线或曲面形体组成铸件形体，则会使模样制造困难，费工时，也使造型操作麻烦。因此，在满足使用要求的前提下，应尽可能用长方体、圆柱、圆锥等规则几何体组成铸件形体。

2. 铸件的外形应方便起模

不仅砂型铸造铸件存在起模方面的问题，熔模和气化模铸件也存在这方面的问题，因为在压制蜡模时要从压型中起出熔模，在金属型中发泡气化模时要从发泡型中起出气化模。铸件上的凸台、肋、耳、凹槽、外圆角等结构，常常直接影响铸件起模的难易程度。图5.1所示的变速箱体铸件采用单件小批生产方式，其外形结构工艺性极差。下面分析其结构并提出改进措施。

1)妨碍起模的形体结构

(1)凸台　铸件两侧壁分别有3个凸台，其位置低于分型面，需采用活块1方能起模。又由于凸台两两非常接近，最小距离仅为3 mm，故在进行活块起模操作时，此薄砂层易被破坏。

(2)肋　在两侧壁的每个凸台下设有支承加强肋，各加强肋均低于分型面，其中有两条肋与分型面不垂直。每条肋均会妨碍起模，只有采用活块2方能起模。

(3)吊耳　在左右侧壁上共有3个悬挂吊耳，亦会妨碍起模，必须将耳尖部分做成活块(活块3)并采用挖砂造型工艺。

(4)凹坑　该件底部和侧壁分别有凹坑，其中侧凹坑对图示的分型面而言，属妨碍起模的结构，必须采用活块4，将侧凹坑下部做成如图5.1所示的结构。此外，用于减少箱体接触面的底部凹坑深达80 mm，若用自带型芯，则型芯太高，不仅起模困难，而且容易被金属液冲垮。

(5)外圆角　该件分型面处外圆角低于分型面，需用挖砂工艺方能起模。

2)改进措施

(1)将十分接近的3个凸台连成一片，并延伸至分型面，取消活块1。

(2)使肋与分型面垂直，取消活块2。

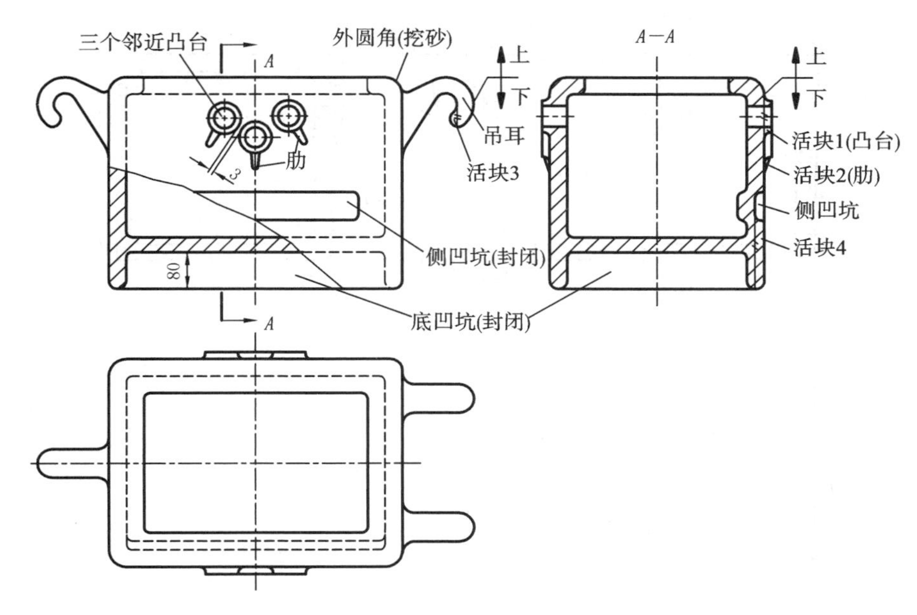

图 5.1　铸件结构工艺性极差的变速箱体设计

(3)将吊耳的外圆曲面改成平面和斜面,取消活块 3 且无须挖砂。

(4)将侧凹坑由四周封闭的形状改成下沿敞开的形状,取消活块 4。

(5)将底凹坑深度减少至 10 mm,并将框形改为条形,这样也可保证箱体的支承平稳性。

(6)去除铸件外形上不必要的外圆角,尤其是处在分型面上的外圆角,去除挖砂工艺,变曲折分型面为平直分型面。

(7)在垂直于分型面的非加工面上设计结构斜度。与起模斜度不同的是,结构斜度是进行铸件结构设计时由设计者自行确定的,其斜度大小一般无限制,由设计者自己控制。

铸件结构斜度的大小随垂直壁的高度而异,高度愈小,角度就愈大,具体数值可参阅表 5.1。由表可见,铸件上凸台或壁厚过薄处的斜度可大到 30°～45°。

通过上述对箱体铸件结构的改进措施(图 5.2),改善了铸件结构工艺性,免去了活块,省去了挖砂步骤,大大简化了造型操作,使起模容易,并能保证铸件品质和使用要求。以上改进过程符合一般铸件外形结构设计应遵守的规范。

表 5.1　铸件的结构斜度

斜度 $a:h$	角度 β	使用范围
1∶5	10°	$h<$ 25 mm,铸钢件和铸铁件
1∶10	5°	
1∶20	2°30′	$h<$ 25～500 mm,铸钢件和铸铁件
1∶50	1°	$h>$ 500 mm,铸钢件和铸铁件
1∶100	30′	非铁合金铸件

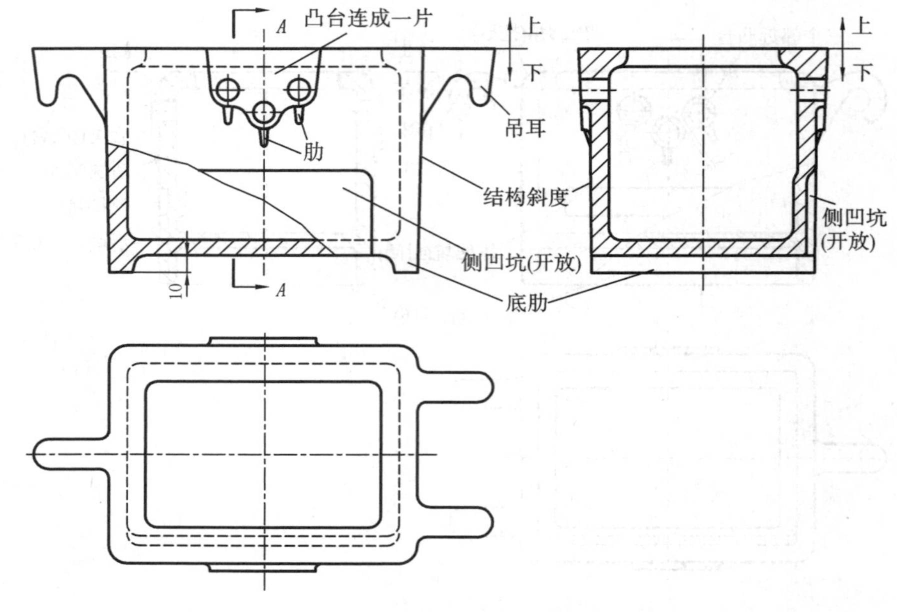

图 5.2　修改结构后的变速箱体设计

5.1.2　铸件的内腔设计

1. 尽量减少型芯数量,去掉不必要的型芯

不用或少用型芯,可使生产工艺过程简化,节省制造芯盒、造芯及下芯装配的时间和材料,降低成本,还可减少型芯组装间隙对铸件尺寸精度的影响,避免型芯安放不稳定、排气不畅等因素所导致的铸件缺陷。

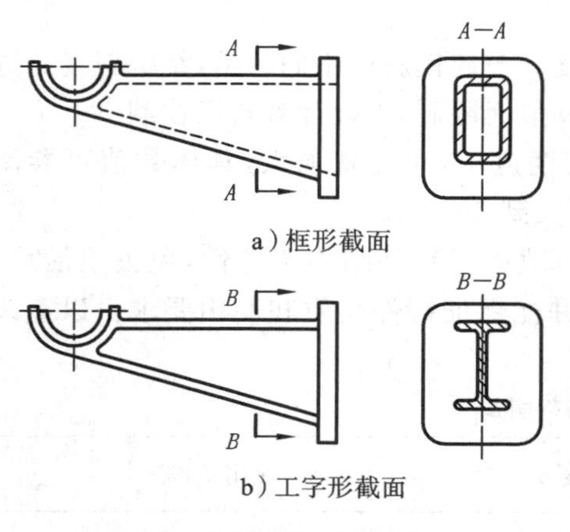

图 5.3　悬臂托架的两种结构

图 5.3 所示为悬臂托架铸件的两种结构设计。图 5.3a 所示为框形截面结构,采用该结构时必须采用悬臂型芯及芯撑才能实现型芯定位和紧固,下芯操作耗费工时。而图 5.3b 所示的为工字形截面结构,采用该结构时可省去型芯。显然,在托架铸件的支承力能满足要求的前提下,采用工字形截面的结构比采用框形截面结构要好。

对于一般盖类或罩类铸件,内腔设计的目的是减小铸件质量或使铸件壁厚均匀。图 5.4 所示为圆盖铸件的两种内腔设计。图 5.4a 所示的内腔设计出口处直径缩小,需采用型芯;而图 5.4b 所示的结构,因内腔直径 D 大于其高度 H,故可直接形成自带型芯,而不必要另外采用型芯。

2. 铸件的内腔形状设计应有利于型芯的固定、排气和铸件清理

图 5.5 所示的为高炉风口铸件,材质为青铜。图 5.5a 所示为最初的设计方案,铸件中心孔为热风通道,四周是循环水的水套夹层空间,顶部有两个直径较小的孔,作为循环水的进水孔与出水孔。该件外形上有结构斜度,便于起模,但为了方便下芯,需采用两个分型面三箱造

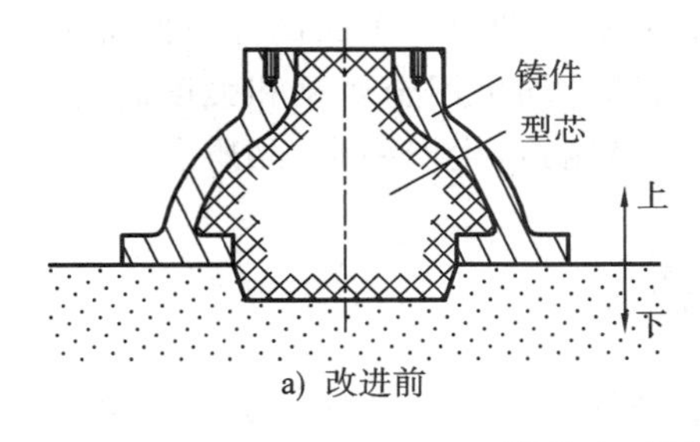

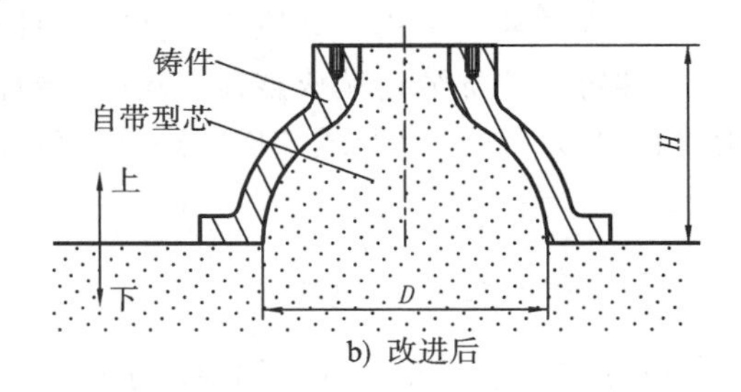

图 5.4　圆盖铸件的两种内腔设计

型。其内腔由垂直通孔型芯 1# 及水套型芯 2#（环形套筒状）形成。水套型芯只能靠两个小孔（进、出水孔）芯头固定，并用铁丝捆绑在上砂型上，显然，要固定型芯，需在其底面、侧面及顶面安放许多芯撑。这种结构不仅使操作十分困难，而且难以保证铸件品质，其原因如下。

(1)因大量采用芯撑来增加型芯的辅助支撑点，因此下芯操作十分麻烦，而且还会因芯撑而产生一系列的铸件品质问题：若芯撑表面不洁净（有油、锈等）或有水分，则在芯撑附近易产生气孔；若芯撑厚度不当亦会造成废品。若芯撑厚度过小，浇注时过早地被金属液熔化，将失去支撑作用，使型芯上浮，铸件壁被刺穿，铸件报废；若芯撑厚度过大，芯撑在铸件本体凝固时尚不能完全与铸件熔合，将致使铸件渗漏。

(2)水套型芯的气体只能从两个小孔芯头排出，排气不畅，易造成铸件的气孔缺陷。

(3)铸件清理时，只能从两个小孔中将水套型芯的芯砂和芯骨掏出，致使清理工作十分困难。

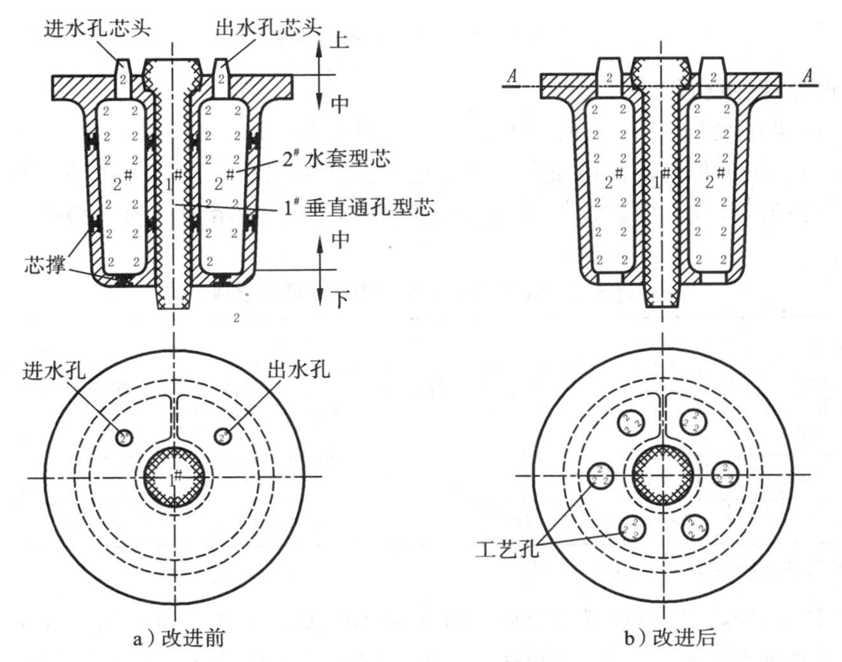

图 5.5　高炉风口铸件内腔结构设计的改进

为此，对水套结构做一定改进，如图 5.5b 所示。在该铸件上、下增开了适当大小和数量的工艺孔，使下芯方便，也利于型芯的排气和清理。但因该铸件上不允许存在工艺孔，故清理铸件后，须用螺钉或柱塞、堵头等将工艺孔封闭，保证铸件不渗漏。

其实,该件的最佳结构设计应为,将铸件沿图 5.5b 所示的 $A—A$ 面剖分成两部分分别铸造,然后用螺钉将两部分连接成整体。这时,铸件的两部分均可用金属型和强度高、溃散性好的树脂砂芯成形。这种分开式结构的高炉风口铸件容易制造,生产率高,品质易保证,适合大批量生产。

5.1.3　铸件壁厚的设计

铸件壁厚首先应根据铸件使用要求进行设计,但必须同时从合金的铸造性能来考虑设计的可行性,以免铸件产生缺陷而达不到使用要求。

1. 铸件的壁厚应均匀,不应过厚或过薄

1)采用挖空、设肋等方法减薄铸件壁厚

铸件壁厚过大容易使铸件内部晶粒粗大,甚至产生缩孔、缩松等缺陷。如图 5.6a 所示的圆柱座铸件,其中心为一轴孔,现因壁厚过大而出现缩孔。采用如图 5.6b 所示挖空方法或图 5.6c所示的设加强肋的方法可以使壁厚小且均匀,消除缩孔,并能满足使用要求。

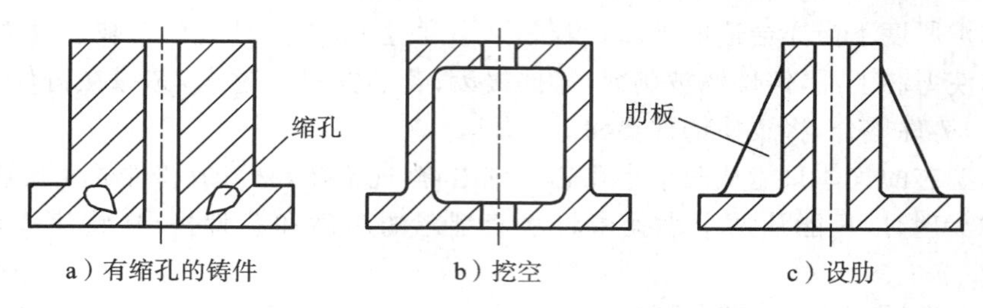

a)有缩孔的铸件　　b)挖空　　c)设肋

图 5.6　减小铸件壁厚的方法

2)合理设计铸件壁厚

(1)铸件的最小允许壁厚　如果所设计的铸件壁厚小于允许的最小壁厚,则易产生浇不到、冷隔等缺陷。对于灰铸铁件还需考虑铸件过薄会产生白口等问题。铸件的最小壁厚主要取决于合金的种类,以及铸件的大小和复杂程度等。表 5.2 所示为一般砂型铸造条件下铸件的最小壁厚。

表 5.2　砂型铸造条件下铸件的最小壁厚　(mm)

铸件尺寸/(mm×mm)	合金种类					
	铸钢	灰铸铁	球墨铸铁	可锻铸铁	铜合金	铝合金
<200×200	8	5～6	6	5	3～5	3
200×200～500×500	10～12	6～10	12	8	6～8	4
>500×500	15～20	15～20	15～20	10～12	10～12	6

注:对于结构复杂、高牌号铸铁的大件宜取上限。

(2)铸件最大壁厚　铸件的最大壁厚约等于最小壁厚的三倍。铸件的实际承载能力并不随其壁厚的增加而成比例地提高,对灰铸铁件而言这一点尤其明显。表 5.3 表明,随着灰铸铁件的壁厚增加,其相对强度反而下降。

表 5.3　灰铸件壁厚与其相对强度的关系

壁厚/mm	相对强度
15～20	1.0

续表

壁厚/mm	相对强度
20～30	0.9
30～50	0.8
50～70	0.7

(3)铸件的外壁、内壁、肋的厚度　铸件的外壁、内壁和肋的厚度比约为1∶0.8∶0.6。铸件的内壁一般是由型芯形成的，其散热条件比由砂型形成的外壁要差，冷却要慢一些。保证铸件壁厚的均匀性，是为了使铸件各处的冷却速度相近，并非要求所有的壁厚完全相同。图5.7所示的为铸钢阀体，最初的设计方案(图5.7a)中内壁与外壁的厚度相同，因内壁散热较慢，故形成了热节。该处常发生热裂。实践证明，将内壁的厚度减小1/5～1/3，并改变壁间连接处结构(图5.7b)，可消除热节，使内壁的冷却速度与外壁相近，减少应力集中，从而可防止该处产生热裂。铸件的加强肋应更薄些，这是为了使肋在内、外壁尚未凝固前就凝固，真正起到加强作用，防止铸件产生变形和裂纹。

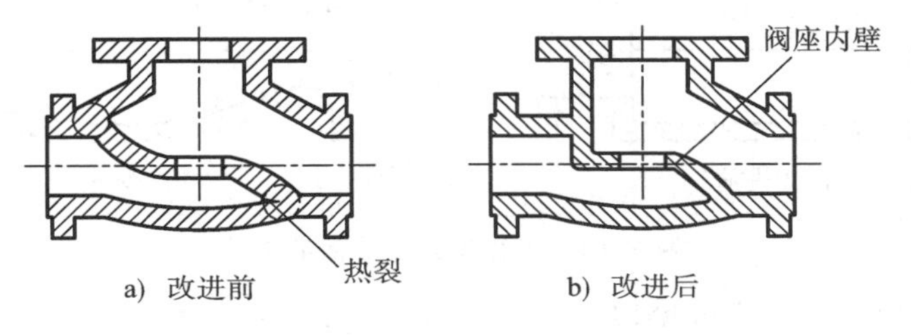

图5.7　减薄铸件内壁，消除热裂

2. 壁厚不均匀的铸件的设计应有利于定向凝固

为满足工况需要，铸件壁厚不均匀或厚度较大时，应使铸件壁厚设计有利于定向凝固，铸件结构应便于安放冒口进行补缩，以防止缩孔和缩松产生。如图5.8a所示的铝活塞件，其原设计中活塞销凸台处难以补缩。做图5.8b所示的改进设计，即在活塞销凸台顶部增加两道肋，形成补缩通道，同时，使活塞筒壁下薄上厚，可实现自下而上的定向凝固。

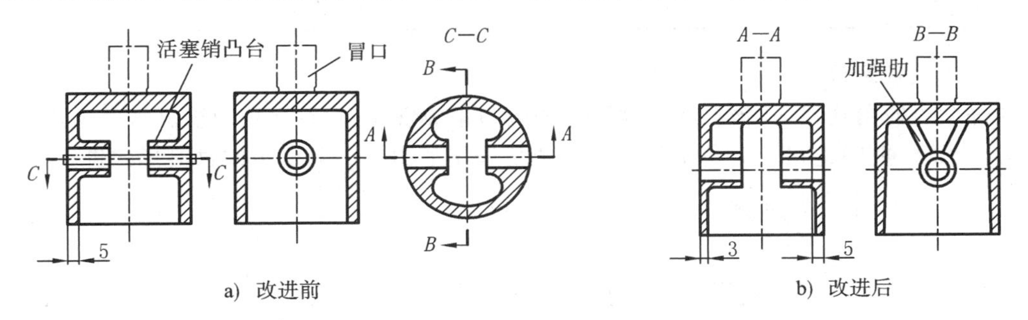

图5.8　铝活塞结构的改进

5.1.4　铸件壁(肋)间的连接设计

1. 采用圆弧连接、圆滑过渡

铸件壁(肋)间转角应以圆角为宜，避免直角连接。因为直角连接的转角处将产生集中应力，并形成热节，使冷却较慢的内侧易产生缩孔或缩松(图5.9)。同时，由于晶体结晶的方向性,直角处晶体间的结合比较脆弱,铸件容易在该处产生热裂。而采用圆角连接可减少热节和缓解应力集中现象。例如火车车辆下的风缸铸钢件,它最初的结构设计如图 5.10a 所示,因铸钢收缩大,在直角连接处常产生裂纹,导致铸件报废,改为图 5.10b 所示大圆弧过渡的圆滑连接后则避免了裂纹。

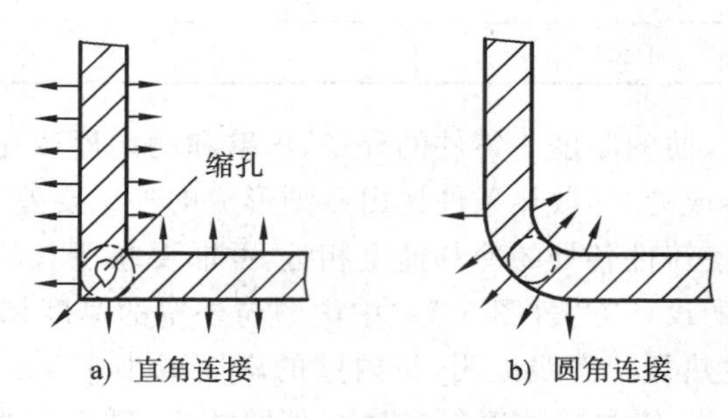

a) 直角连接　　b) 圆角连接

图 5.9　不同转角处的热节

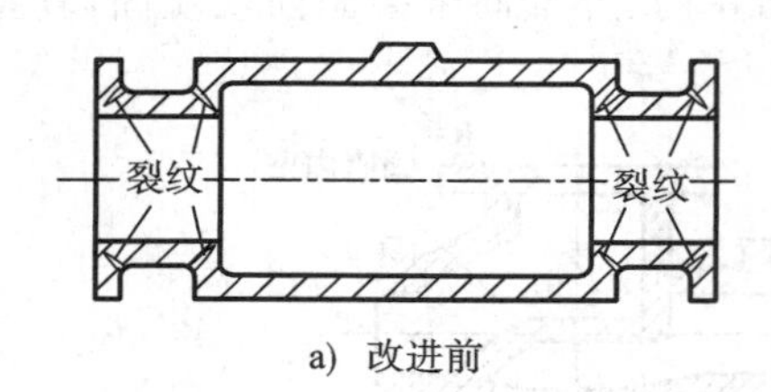

a) 改进前

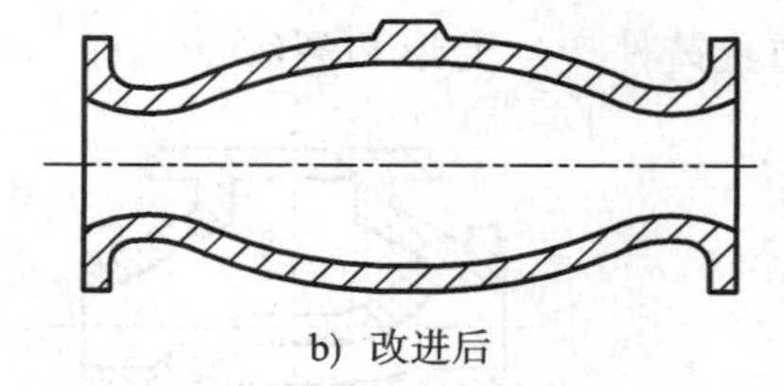
b) 改进后

图 5.10　风缸铸钢件壁间的连接

铸件结构圆角的大小视铸件壁厚及合金品种而定,如表 5.4 所示。

表 5.4　铸件的内圆角半径 R 值　　(mm)

连接处结构	材料	$a+b/2$							
		≤8	8～12	12～16	16～20	20～27	27～35	35～45	45～60
	铸铁	4	6	6	8	10	12	16	20
	铸钢	6	6	8	10	12	16	20	25

2. 避免锐角连接

铸件壁以锐角连接时,该处将出现明显的应力集中现象,导致出现裂纹。为减少热节和缓解应力,当铸件壁间连接处夹角小于 90°时,建议采用如图 5.11b 所示的过渡形式进行连接。

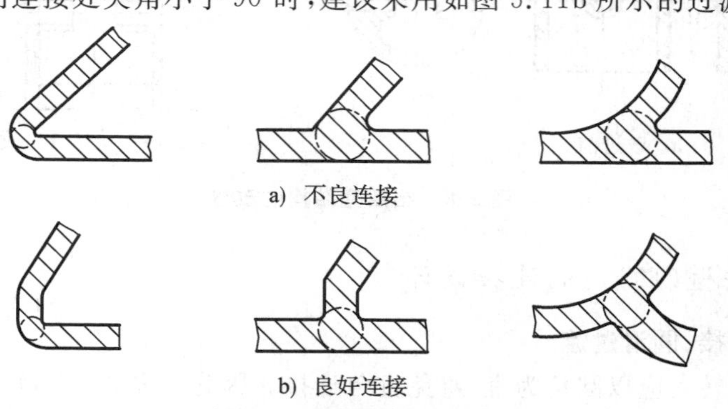
a) 不良连接

b) 良好连接

图 5.11　壁间的锐角连接

3. 厚壁与薄壁间的连接要逐步过渡

当铸件各部分的壁厚难以做到均匀一致，甚至存有很大差别时，为减少应力集中现象，应采用逐步过渡的方法，防止壁厚突变。表 5.5 所示为壁厚过渡部位的几种结构形式和相应尺寸。

表 5.5　壁厚过渡部位的结构形式及尺寸

图　例	尺寸/mm		
	$b>2a$	铸铁	$R\geqslant\left(\frac{1}{6}-\frac{1}{3}\right)\left(\frac{a+b}{2}\right)$
		铸钢	$R\approx\frac{a+b}{4}$
	$b>2a$	铸铁	$L>4(b-a)$
		铸钢	$L\geqslant 5(b-a)$
	$b>2a$	$R\geqslant\left(\frac{1}{6}-\frac{1}{3}\right)\left(\frac{a+b}{2}\right)$，$R\geqslant R_1+\left(\frac{a+b}{2}\right)$，$c\approx 3\sqrt{b-a}$，$h\geqslant(4\sim 5)c$	

4. 避免壁厚差过大的壁肋连接及十字形交叉连接

图 5.12 所示的为几种壁或肋的连接形式。其中图 5.12a 所示为壁厚差过大的壁肋连接及十字形交叉连接，这样的连接形式下热节圆直径较大，连接处内部易产生缩孔、缩松缺陷，内应力也难以松弛，故较易产生裂纹。图 5.12b 所示为 T 形交错连接和环状连接，采用这两种连接形式时连接处热节均较十字形交叉连接时小，且可通过微量变形来缓解内应力，因此抗裂性能较好。

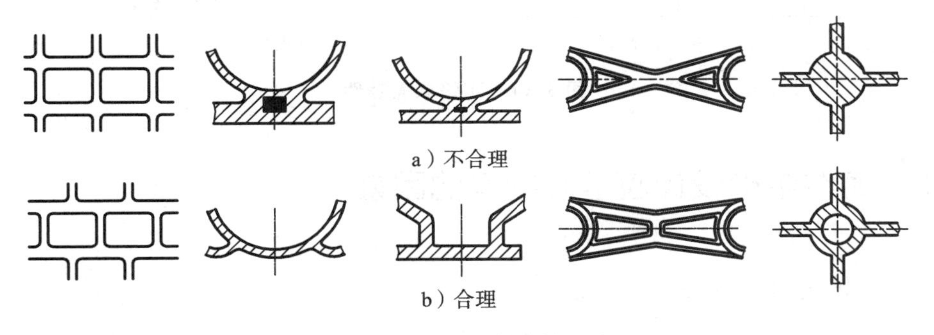

a）不合理

b）合理

图 5.12　壁和肋的连接形式

5. 轮形铸件的轮辐连接

对于轮形铸件（如带轮、齿轮、飞轮等），轮辐和辐板的形式不同，其抗裂效果也不同。应尽量避免偶数对称排列的轮辐和水平式辐板。图 5.13 所示为轮辐及辐板的多种连接形式。图 5.13a 所示为偶数（六根）轮辐连接形式，当合金的收缩较大且轮毂、轮缘与轮辐（或辐板）的厚度差较大时，这几个部位的冷却速度不同，收缩时间不一致，因而铸件内会形成较大的内应力。采用偶数轮辐难以使铸件的应力通过变形而自行松弛，故轮辐与轮缘（或轮毂）连接处常产生裂纹。若采用图 5.13b 所示的奇数轮辐连接形式，则因每根轮辐位置相对的部位为轮缘，其应力可通过轮缘的微量变形来释放。此外,还可采用图 5.13c 所示的 S 形曲线轮辐连接,此时,铸件的应力可通过轮辐自身的微量弹性变形来释放,从而避免裂纹的产生。同理,采用图 5.13d 所示的水平式辐板连接将会形成较大的内应力;采用图 5.13e 所示的在辐板上面开孔(圆形孔或扇形孔,最好是奇数孔)的办法亦可释放一些应力;采用如图 5.13f 所示的 S 形曲面辐板连接,则能通过辐板自身的变形大量减小应力。对于材料收缩大而承载能力要求高的轮形铸件(如火车车轮等),常采用 S 形曲面辐板结构。

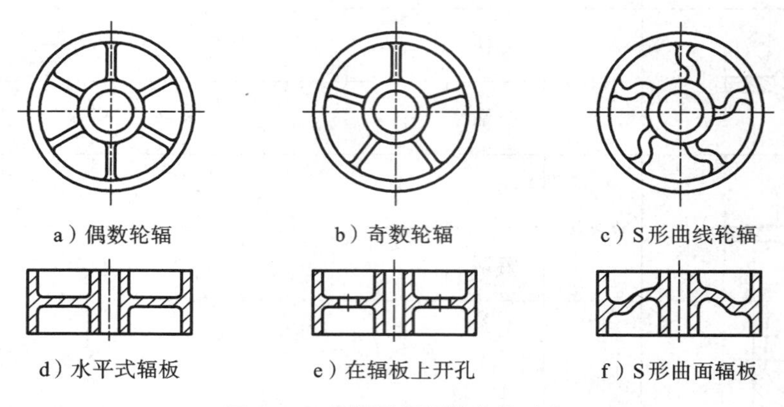

图 5.13 轮辐及辐板的连接形式

6. 避免尺寸较大的水平面

如图 5.14 所示的薄壁罩壳铸件,当使壳顶呈水平状态确定浇注位置(图 5.14a)时,因薄壁件金属液散热快,加上渣、气易滞留在顶面,该件易产生冷隔、气孔和夹渣等缺陷。若改为图 5.14b 所示的斜面结构,并将浇注位置颠倒过来,则可消除上述缺陷。

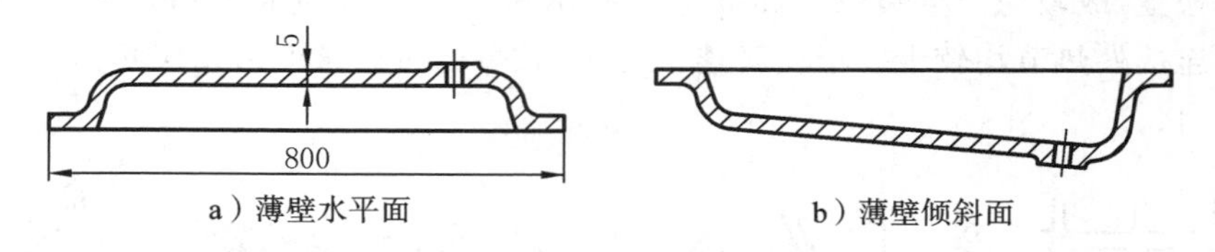

图 5.14 薄壁罩壳铸件

5.2 铸件结构设计应考虑的其他因素

5.2.1 铸造合金的使用性能

如灰铸铁抗压强度与钢相近而抗拉强度较低,因此,在设计灰铸铁件的结构时,就应充分发扬其抗压强度高的长处,而避开其抗拉强度差的短处。如图 5.15 所示的灰铸铁支座件,当其受力 F 作用时,图 5.15a 所示的为不良结构(肋受拉),而图 5.15b 所示的为良好结构(肋受压)。

5.2.2 不同铸造工艺的特殊性

铸件结构设计主要是以砂型铸造工艺为基础而进行的,不同的铸造工艺方法对铸件结构的要求也不相同。

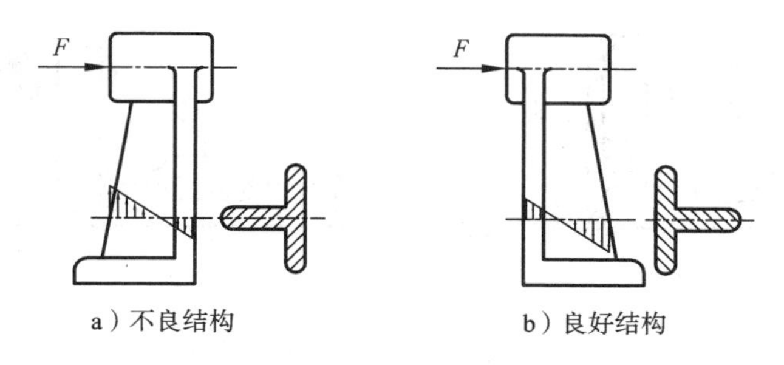

a）不良结构 b）良好结构

图5.15 灰铸铁支座件

1. 熔模铸件的设计

为了便于浸挂涂料和撒砂，熔模铸件的孔、槽不宜过小或过深。通常，孔径应大于2 mm，对于薄壁件则应大于0.5 mm。若是通孔，孔深与孔径的比值应为4～6；若是盲孔，孔深与孔径之比应不大于2。槽宽应大于2 mm，且应为槽深的2～6倍。

因熔模型壳（尤其是平板型壳）的高温强度低，易变形，故对于熔模铸件应尽量避免采用大平面。为防止变形，可在铸件大平面上设工艺孔或工艺肋，增加型壳的刚度（图5.16）。

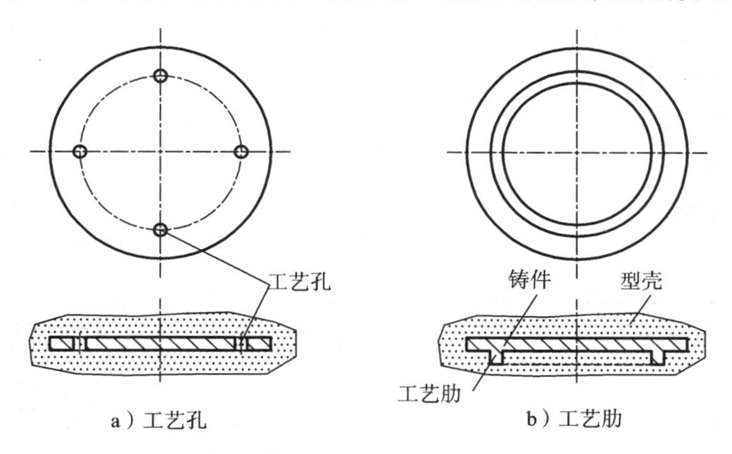

a）工艺孔 b）工艺肋

图5.16 熔模铸件平面上的工艺孔和工艺肋

2. 压铸件的设计

对于压铸件，应尽量避免设计侧凹坑和深腔，在无法避免时，至少应保证所设计的结构便于抽芯，以便顺利地从压铸型中取出压铸件。

图5.17所示为压铸件的两种设计方案。图5.17a所示的结构因侧凹坑朝内，无法抽芯。改为图5.17b所示的结构后，侧凹坑朝外，可按箭头方向抽出外型芯，这样就能方便地取出压铸件。

5.2.3 铸件结构的剖分与组合

1. 铸件的剖分设计

铸件的剖分设计是指将一个铸件设计成几个较小的铸件，经机械加工后，再用焊接或螺栓连接等方法将其组合成整体。其优点是：

(1)能有效解决铸造熔炉、起重运输设备能力不足的困难，以小设备能力制造大型铸件；

(2)可根据使用要求用不同材料制造一个铸件的不同部分，铸造工艺简单，铸件品质优良，

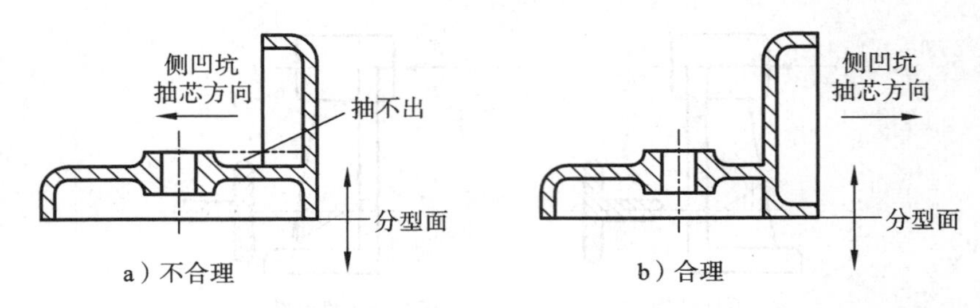

图 5.17　压铸件的两种设计方案

结构合理；

(3)易于解决整铸时切削加工工艺或设备上的某些困难。

图 5.18　底座的铸焊结构

铸件需要剖分的情况有以下几种。

1)铸件太大或太复杂

图 5.18 所示为铸钢底座的铸焊结构，为便于铸造，将它剖分成形状较简单的两个铸件，然后焊接成整体。图 5.19a所示的整铸床身铸件形状复杂，铸造工艺难度大，按图 5.19b 所示将其设计为剖分成两部分并用螺钉装配的结构后，就易于制造了。

2)成形工艺存在局限性

如图 5.20a 所示的铸件，若采用压铸成形工艺，既难以抽芯也无法出型，因而无法整铸。若改成图 5.20b 所示的剖分结构，则抽芯和出型均可顺利进行。

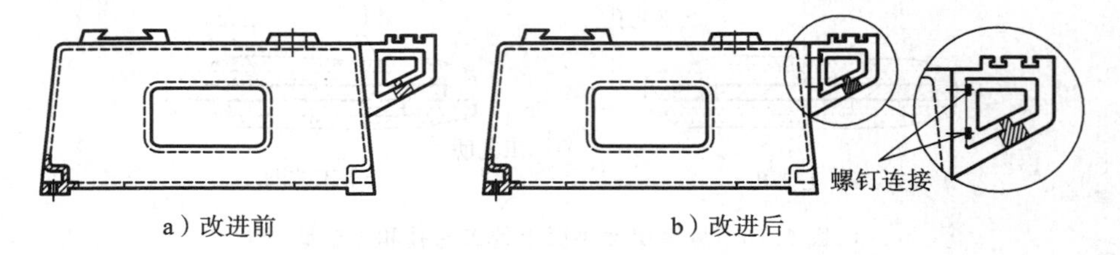

图 5.19　机械连接的组合床身铸件

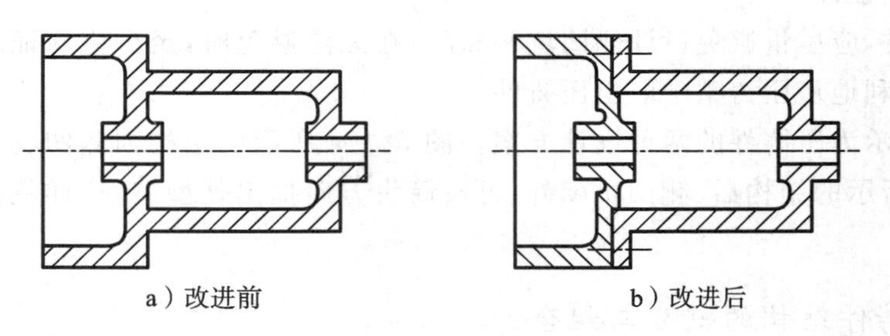

图 5.20　整体结构改为剖分结构

3)零件不同的部分性能要求不同

当零件不同的部分对耐磨、导电或绝缘等性能的要求不同时，常采用剖分结构，将零件的两个部分分开制造后，再镶铸成一体。如图 3.26 所示的铸件就是适合镶铸的一个例子。

2. 铸件的组合设计

利用熔模及气化模等铸造工艺具有无须起模、能制造复杂铸件的特点，可将原需加工装配的组合件改为整铸件，以简化制造过程，提高生产效率，同时方便使用。如图 5.21 所示，车床上的摇手柄由加工装配结构(图 5.21a)改成了熔模铸造的整铸结构(见图 5.21b)。

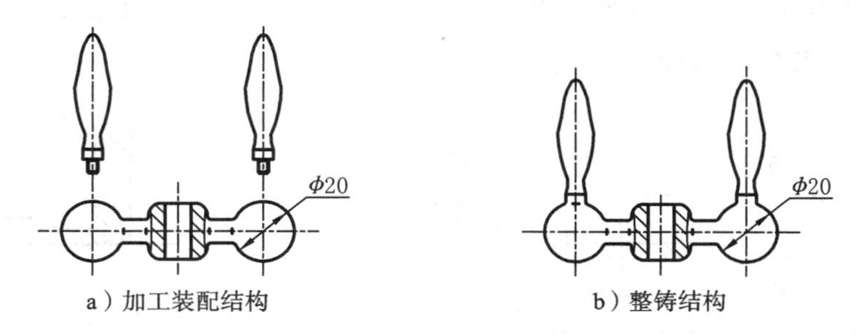

a）加工装配结构　　b）整铸结构

图 5.21　车床摇手柄的设计

复习思考题

(1)试述结构斜度与起模斜度的异同点。

(2)在方便铸造和易于获得合格铸件的条件下，图 5.22 所示的各铸件结构是否有值得改进之处？若有，应怎样改进？

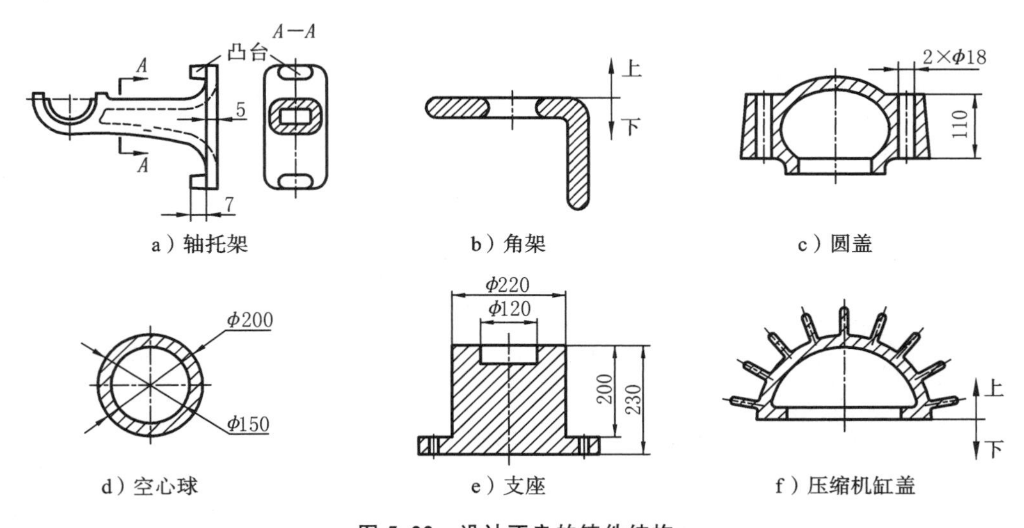

a）轴托架　b）角架　c）圆盖
d）空心球　e）支座　f）压缩机缸盖

图 5.22　设计不良的铸件结构

(3)铸造一个直径为 φ1 500 mm 的铸铁顶盖，有如图 5.23 所示的两个设计方案，试说明哪个方案易于铸造，并简述理由。

(4)为防止图 5.24 所示的铸件产生角变形，可以采取什么措施？

(5)图 5.25 所示为铸铁底座件，试用内接圆法确定该铸件的热节部位。在保证外形轮廓尺寸不变的前提下，应如何使该铸件壁厚尽量均匀？

(6)如图 5.26 所示的支腿铸铁件，其受力方向如图中箭头所示。该件在使用中多次发生断腿事故，试分析原因，并重新设计腿部结构。

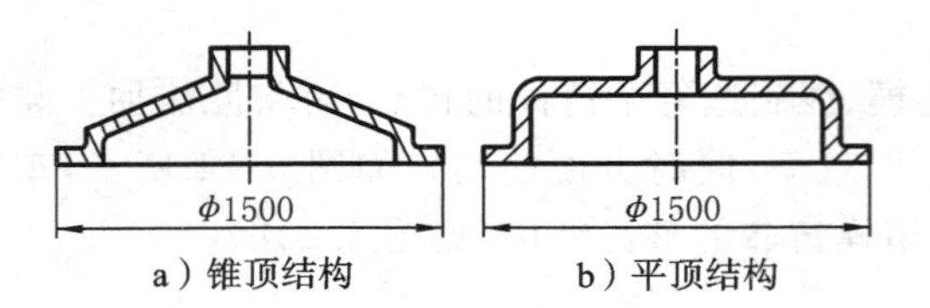

a）锥顶结构　　b）平顶结构

图 5.23　顶盖

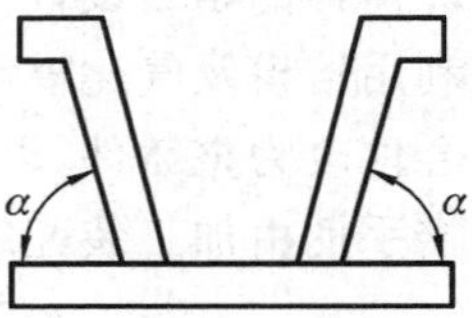

图 5.24　角架

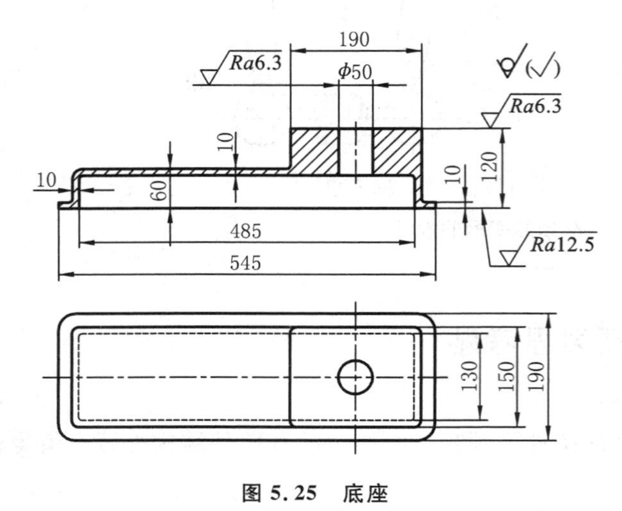

图 5.25　底座

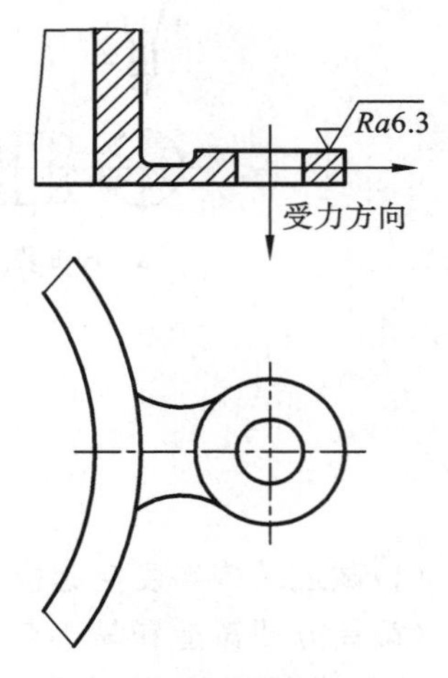

图 5.26　支腿铸铁件

第 2 篇　金属的塑性成形工艺

第6章　金属塑性成形工艺的理论基础

利用金属在外力作用下所产生的塑性变形来获得具有一定形状、尺寸和力学性能的原材料、毛坯或零件的成形工艺，称为金属塑性成形（也称为压力加工）工艺。

在金属塑性成形过程中，作用在金属坯料上的外力主要有两种：冲击力和压力。锤类设备通过冲击力使金属变形，轧机与压力机通过压力使金属变形。

钢和大多数有色金属及其合金都具有一定的塑性，因此可以实现其在热态或冷态下的压力加工。

6.1　金属塑性成形的基本工艺

1. 轧制

金属坯料在两个回转轧辊之间受压变形（图 6.1）而形成各种产品的成形工艺称为轧制。轧制生产所用的坯料主要是金属锭。在轧制过程中，坯料借助它与轧辊的摩擦力得以连续从两轧辊之间通过，同时受压而变形，从而截面减小，长度增加。

合理设计不同形状的轧辊（其组成的间隙形状与产品截面轮廓相似），可以轧制出不同截面（图 6.2）的产品，如钢板、型材和无缝管材等，也可以直接轧制出毛坯或零件。

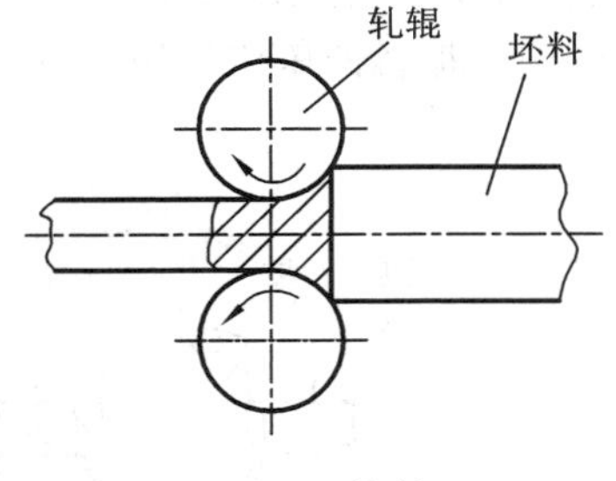

图 6.1　轧制

图 6.2　轧制产品截面形状

2. 挤压

金属坯料在挤压模内受压被挤出模孔而变形的成形工艺称为挤压（图 6.3），通过挤压可以获得各种复杂截面（图 6.4）的型材、管材或零件。挤压工艺适用于低碳钢、非铁金属及其合金的加工，如采取适当的工艺措施，还可用来对合金钢和难熔合金进行加工。

3. 拉拔

将金属坯料拉过拉拔模的模孔而使其变形的成形工艺称为拉拔（图 6.5）。拉拔工艺主要用来制造各种细线材（如电缆等）、薄壁管（如医疗针头的细针管等）和特殊几何形状的型材（图 6.6）。

4. 锻造

使金属坯料在上下砧铁间或锻模模膛内受冲击力或压力而变形的成形工艺称为锻造（图 6.7），锻造可分为自由锻（图 6.7a）与模锻（图 6.7b）两种形式。汽车、机械、兵器制造业中的许

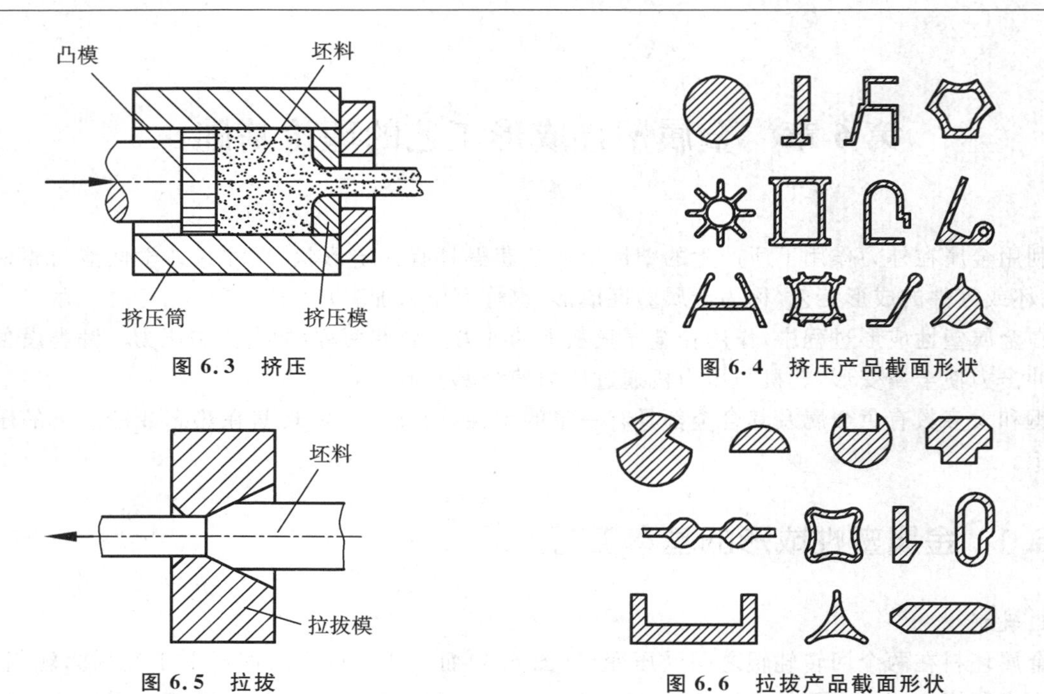

图 6.3 挤压

图 6.4 挤压产品截面形状

图 6.5 拉拔

图 6.6 拉拔产品截面形状

多毛坯或零件,特别是承受重载荷的机器零件,如机床的主轴、重要齿轮、发动机的连杆、曲轴、枪管及炮管等,都采用锻件做毛坯。

5. 板料冲压

金属板料在冲模之间受压产生分离或变形的成形工艺称为冲压(图 6.8)。各种平板零件、立体的弯曲件、拉深件等钣金零件都可通过板料冲压得到。板料冲压广泛用于汽车、电器、仪表及日用品制造工业。

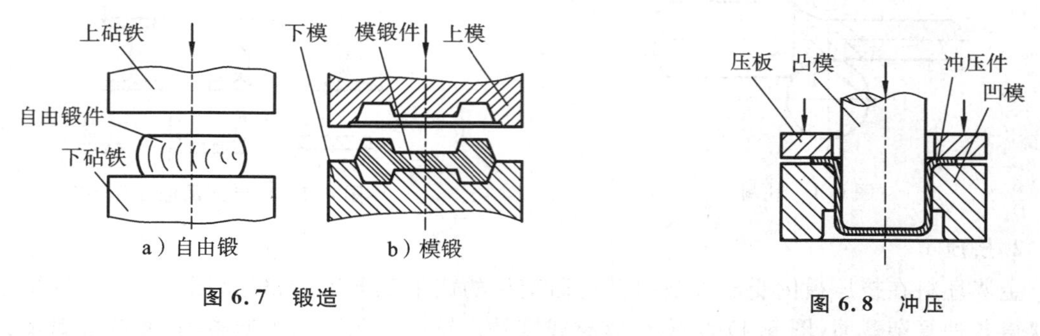

图 6.7 锻造

图 6.8 冲压

常用的金属型材、板材和线材等,大多是通过轧制、挤压、拉拔等方法制成的。与铸造成形件相比,塑性成形件的力学性能较好,但塑性成形工艺不宜用来制造形状复杂的零件(除少数情况之外)。同时,塑性成形设备的费用也比较高。

6.2 金属的塑性变形

6.2.1 金属塑性变形后的组织和性能

各种金属压力加工方法,都是通过对金属施加外力,使之产生塑性变形来实现的。金属受外力作用后，首先产生弹性变形，当外力超出该金属的屈服强度时，才开始产生塑性变形。塑性变形过程中伴随着弹性变形。外力去除后，弹性变形将恢复，这种现象称为弹性回复。

在常温下经塑性变形后，金属内部组织将发生如下变化(图 6.9)：

①晶粒沿变形最大的方向伸长；

②晶格与晶粒均发生扭曲，产生内应力；

③晶粒间产生碎晶。

这些组织的改变将使金属的力学性能发生明显的变化。滑移面上的碎晶块和晶格扭曲，增大了滑移阻力，使继续滑移难以进行。因此，随变形程度的增加，金属的强度及硬度提高，而塑性和韧性下降，这种现象称为加工硬化。利用金属加工硬化提高金属的强度，是工业生产中强化金属材料的一种手段。该方法尤其适用于通过热处理工艺不能强化的金属材料。

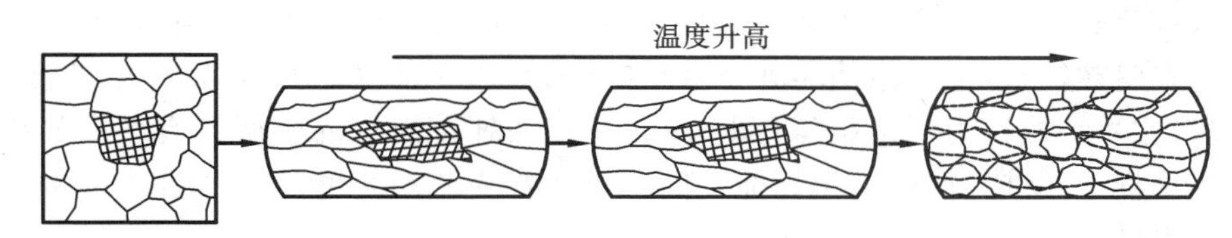

图 6.9 金属的回复和再结晶

加工硬化是一种不稳定的现象，具有自发回复到稳定状态的倾向，在室温下不易实现。温度升高，原子获得了热能，其热运动就会加剧，使原子排列回复到正常状态，从而消除晶格扭曲，并部分消除加工硬化。这时的温度称为回复温度 $T_{回}$，$T_{回}=(0.25\sim0.3)T_{熔}$（$T_{熔}$为金属熔化温度，用热力学温度表示）。

当温度升高到 $T_{熔}$ 的 0.4 倍时，金属原子获得更多的热能，开始以碎晶或杂质为核心结晶，形成细小而均匀的再结晶新晶粒，从而全部消除加工硬化。这个过程称为再结晶，这时的温度称为再结晶温度 $T_{再}$，$T_{再}=0.4T_{熔}$。在压力加工生产中，加工硬化给金属继续进行塑性变形带来了困难，应加以消除。故生产中常在再结晶温度以上加热已发生加工硬化的金属，使其发生再结晶而重新获得良好的塑性，这种操作工艺称为再结晶退火。

6.2.2 金属塑性变形的类型

金属在不同温度下变形后的组织和性能不同。通常以再结晶温度为界，将低于再结晶温度时发生的变形称为冷变形，高于再结晶温度时发生的变形称为热变形。若变形发生在再结晶温度以下，且变形过程中既产生变形硬化也产生弹性回复，则称之为温变形。

1. 冷变形

若金属在变形过程中只有加工硬化而无弹性回复与再结晶现象，变形后的金属只具有加工硬化组织，则这种变形为冷变形。冷变形加工的产品具有表面品质好、尺寸精度高、力学性能好的特点，一般不需再切削加工。由于产生加工硬化，冷变形需要很大的变形力，而且冷变形程度也不宜过大，以免缩短模具寿命或使工件破裂。另外，冷变形抗力大，要求设备的吨位大。金属在冷镦、冷挤、冷轧以及冷冲压中的变形都属于冷变形。

2. 热变形

若金属变形产生的加工硬化组织会随金属的再结晶而消失，变形后的金属具有细而均匀的再结晶等轴晶粒组织而无任何加工硬化痕迹，则这种变形为热变形。只有在发生热变形时，金属才能在较小的变形功的作用下产生较大的变形,形成尺寸较大和形状较复杂的金属件,同时获得具有较高力学性能的再结晶组织。但是,由于热变形是在高温下进行的,因而金属在加热过程中,表面容易形成氧化皮,从而会影响产品尺寸精度和表面品质。另外,热变形加工劳动条件较差,生产率也较低。金属在自由锻、热模锻、热轧、热挤压中的变形都属于热变形。

6.2.3　纤维组织的利用原则

金属压力加工的初始坯料是铸锭,其内部组织很不均匀,晶粒较粗大,并存在气孔、缩松、非金属夹杂物等缺陷。这种钢锭被加热并进行压力加工后,由于经过塑性变形及再结晶,其组织由粗大的铸态组织变为细小的再结晶组织。同时,其中的气孔、缩松被弥合,使材料力学性能有很大提高。

此外,铸锭在压力加工中产生塑性变形时,基体金属的晶粒形状和沿晶界分布的杂质形状将沿着变形方向被拉长,呈纤维状。其中,纤维状的杂质不能经再结晶而消失,在塑性变形后被保留下来,这种结构称为纤维组织(图 6.10)。存在纤维组织的金属具有各向异性,平行于纤维方向与垂直于纤维方向的力学性能不同。金属的变形程度越大,纤维组织就越明显,各向异性也就越明显。

纤维组织的化学稳定性强,其分布一般不能通过热处理改变,而只能通过不同方向上的锻压成形改变。因此,为了获得具有最佳力学性能的零件,应充分利用纤维组织的方向性。一般应遵循两项原则:

①使纤维分布与零件的轮廓相符合而不被切断;

②使零件所受的最大拉应力与纤维方向一致,最大切应力与纤维方向垂直。

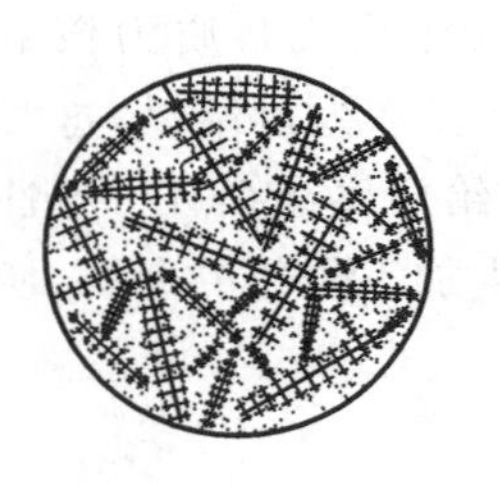

a)变形前

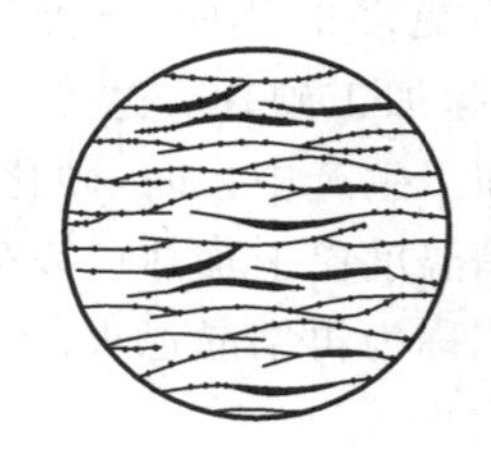

b)变形后

图 6.10　铸锭热压变形前后的纤维组织

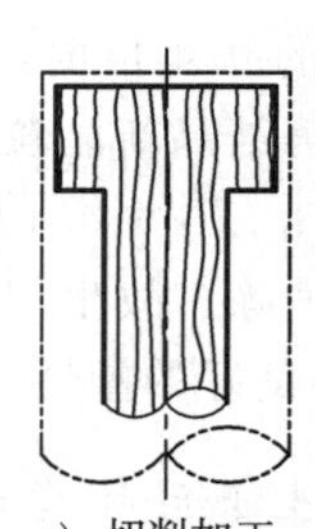

a) 切削加工

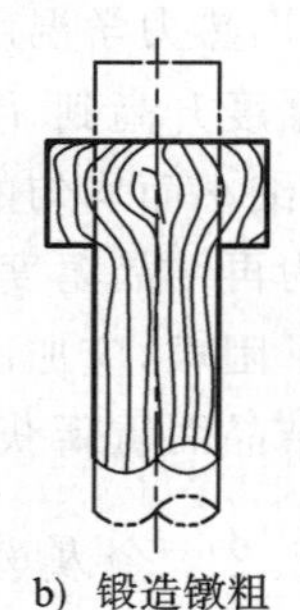

b) 锻造镦粗

图 6.11　由不同成形工艺所得到的纤维组织

图 6.11 所示为由不同成形工艺所得到的纤维组织。当采用圆钢直接经切削加工制造螺栓时,螺栓头部与杆部的纤维被切断(图 6.11a),不能连贯起来,受力时产生的切应力方向与纤维方向平行,故螺栓的承载能力较弱。当采用同样的圆钢,通过局部镦粗来制造螺栓时(图 6.11b),纤维不被切断且连贯性好,纤维方向也较为合理,故锻造成形的螺栓品质较好。

6.3　塑性变形理论及假设

1. 最小阻力定律

金属塑性成形的实质是金属的塑性流动。影响金属塑性流动的因素十分复杂,要定量描述线性流动规律非常困难,但可以应用最小阻力定律定性地描述金属质点的流动方向。金属受外力作用发生塑性变形时，如果金属质点在几个方向上都可流动，那么，金属质点最终将沿着阻力最小的方向流动，这就称为最小阻力定律。根据这一原理，可以通过调整某个方向的流动阻力，来改变金属在某些方向的流动量，使得成形更为合理。

运用最小阻力定律可以解释为什么用平头锤镦粗时，金属坯料的截面形状随着坯料的变形都逐渐接近于圆形。图 6.12a、b、c 分别表示镦粗时圆形、正方形、矩形坯料截面上各质点的流动方向。图 6.13 表示正方形截面坯料镦粗后的截面形状。镦粗时，金属流动的距离越短，摩擦阻力越小。端面上任何一点到边缘的距离最短的是垂直距离，即端面上的金属质点必然沿着与边缘垂直的方向流动，因此，正方形截面中心部分金属大多垂直于正方形的四边流动，而很少有金属沿对角线方向流动。随着变形程度的增加，截面的形状将趋近于椭圆，而椭圆将进一步变为圆。此后，各质点将沿着半径方向流动，因为相同面积的所有形状中，圆形的周长最短。最小阻力定律在镦粗中也称为最小周边法则。

a) 圆形

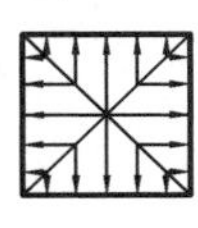

b) 正方形

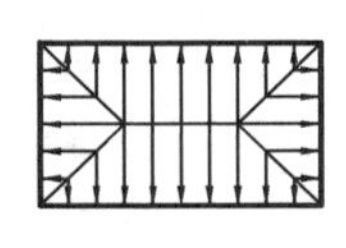

c) 矩形

图 6.12　坯料镦粗时不同截面上质点的流动方向

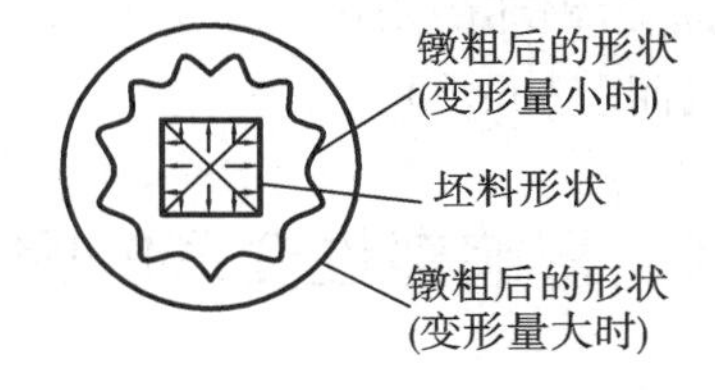

图 6.13　正方形截面坯料镦粗后的截面形状

2. 塑性变形前后体积不变的假设

金属在塑性变形时，由于材料连续而致密，其体积变化很小，与形状变化相比可以忽略不计。这就是体积不变的假设。也就是说，在塑性变形时，可以假设物体变形前的体积等于变形后的体积。在金属塑性成形过程中，体积不变的假设是相当重要的。有些问题可根据几何关系直接利用体积不变假设来求解，再结合最小阻力定律，便可大体确定塑性成形时的金属流动模型。

3. 金属塑性变形程度的计算

在压力加工过程中，常用锻造比($Y_{锻}$)来表示金属坯料的变形程度。锻造比的计算公式与变形方式有关(锻造比永远大于 1)。

1)**拔长锻造比**

拔长锻造比为拔长前横截面积与拔长后横截面积之比，或拔长后长度与拔长前长度之比，即

$$Y_{拔}=\frac{S_0}{S}=\frac{D_0^2}{D^2}=\frac{L}{L_0}$$

式中：$Y_{拔}$ 为拔长锻造比；S_0、S 分别为拔长前、后坯料的横截面积；D_0、D 分别为拔长前、后坯料的直径；L_0、L 分别为拔长前、后坯料的长度。

2)**镦粗锻造比**

镦粗锻造比为镦粗后横截面积与镦粗前横截面积之比，或镦粗前高度与镦粗后高度之比，即

$$Y_{镦}=\frac{S}{S_0}=\frac{D^2}{D_0^2}=\frac{H_0}{H}$$

式中：$Y_{镦}$ 为镦粗锻造比；S_0、S 分别为镦粗前、后坯料的横截面积；D_0、D 分别为镦粗前、后坯料的直径；H_0、H 分别为镦粗前、后坯料的高度。

锻造比直接影响锻件的力学性能。当用钢锭为坯料进行锻造时:对于主要要求横向力学性能的零件,锻造比应为2.0～2.5;对于主要要求纵向力学性能的零件,锻造比应适当加大。

根据锻造比可得出坯料的尺寸。例如采用拔长锻造时,坯料截面$S_{坯料}$的大小应满足技术要求规定的锻造比$Y_{拔}$,即坯料截面积应为

$$S_{坯料}=Y_{拔}\times S_{锻件}$$

式中:$S_{锻件}$为锻件的最大截面积(mm^2)。

如果坯料是钢坯,则可求出其直径D(圆钢)或边长A(方钢),然后按照钢坯的标准选取钢坯的直径或边长。最后根据体积不变原则,按照选用钢坯的标准直径或边长,计算出钢坯的长度,即

$$L_{钢坯}=\frac{V_{坯料}}{S_{钢坯}}$$

式中:$L_{钢坯}$为钢坯的长度(mm);$V_{坯料}$为坯料的体积(mm^3);$S_{钢坯}$为按标准直径或边长所得的钢坯的截面积(mm^2)。

6.4　影响塑性变形的因素

金属材料经受压力加工而产生塑性变形的工艺性能,常用金属的可锻性来衡量。金属的可锻性好,说明该金属宜用压力加工方法成形;金属的可锻性差,说明该金属不宜用压力加工方法成形。可锻性的优劣是以金属的塑性和变形抗力来综合评定的。

塑性是指金属材料在外力作用下产生永久变形而不破坏其完整性的能力。金属对变形的抵抗力,称为变形抗力。塑性反映了金属塑性变形的能力,而变形抗力反映了金属塑性变形的难易程度。塑性好,则金属在变形中不易开裂;变形抗力小,则金属变形的能耗小。一种金属材料若既有较好的塑性,又有较小的变形抗力,那它就具有良好的可锻性。金属的可锻性取决于材料的性质(内因)和加工条件(外因)。

6.4.1　材料性质的影响

1. 化学成分的影响

金属的化学成分不同,其可锻性也不同。一般来说,纯金属的可锻性比合金的可锻性好。钢中合金元素含量越多,合金成分越复杂,其塑性越差,变形抗力越大,可锻性就越差。例如,纯铁、低碳钢和高合金钢,它们的可锻性是依次下降的。

2. 金属组织的影响

金属内部的组织结构不同,其可锻性有很大差别。纯金属及固溶体(如奥氏体)的可锻性好,而碳化物(如渗碳体)的可锻性差。具有铸态柱状组织和粗晶粒组织金属的可锻性不如具有晶粒细小而又均匀的组织的金属好。

6.4.2　加工条件的影响

1. 变形温度的影响

在一定的变形温度范围内,随着温度的升高,原子动能增加,金属的塑性提高,变形抗力减小,可锻性得到明显改善。

但是,加热温度要控制在一定范围内。若加热温度过高,晶粒急剧长大,金属的力学性能

将降低，这种现象称为“过热”。若加热温度接近熔点，晶界氧化破坏了晶粒间的结合，金属将失去塑性而报废，这种现象称为“过烧”。金属锻造加热时允许的最高温度称为始锻温度。在锻造过程中，金属坯料温度不断降低，降低到一定程度时塑性变差，变形抗力增大，此时应停止锻造，否则会引起加工硬化甚至开裂。停止锻造时的温度称终锻温度。锻造温度是指始锻温度与终锻温度之间的温度。

2. 变形速度的影响

变形速度即单位时间内的变形程度。它对金属可锻性的影响按其大小的不同而有所不同(图6.14)。

当变形速度小于 a 时，由于变形速度的增大，不能通过回复和再结晶及时克服加工硬化现象，金属塑性下降，变形抗力增大，可锻性变差。

当变形速度大于 a 时，金属在变形过程中，消耗于塑性变形的能量有一部分转化为热能，金属温度升高(称为热效应)，金属的塑性提高，变形抗力下降，可锻性变好。变形速度越大，热效应现象越明显。但热效应现象只有在高速锤上锻造时才能实现，在一般设备上变形速度都不可能超过 a，故塑性较差的材料(如高速钢等)或大型锻件，还是以采用较小的变形速度为宜。

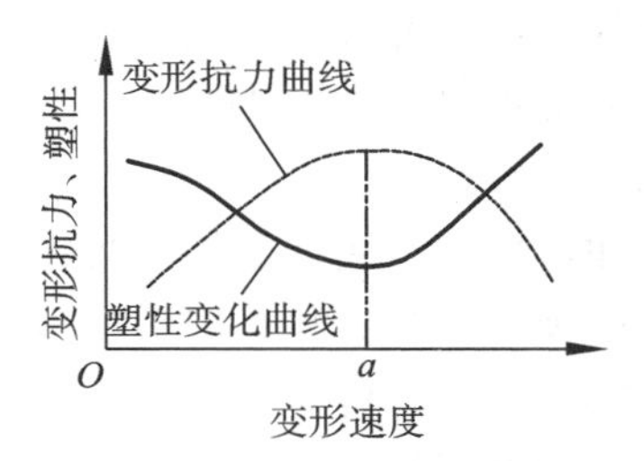

图6.14　变形速度对塑性及变形抗力的影响

6.4.3　应力状态的影响

金属在发生不同的变形时，所产生应力的大小和性质(压应力或拉应力)是不同的。例如，挤压变形时坯料处于三向受压状态(图6.15)，而拉拔时坯料则处于两向受压、一向受拉的状态(图6.16)。

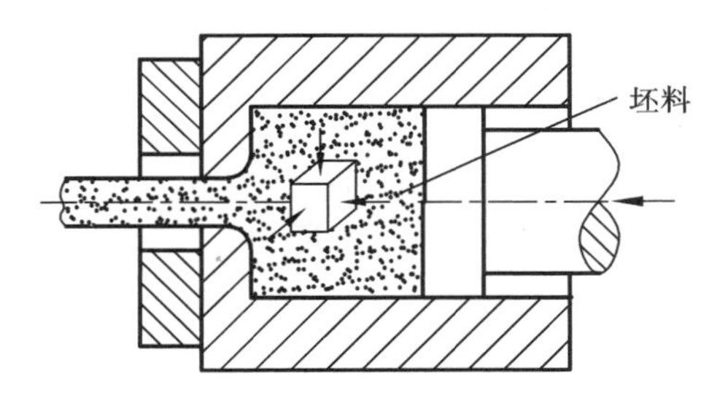

图6.15　挤压时金属应力状态

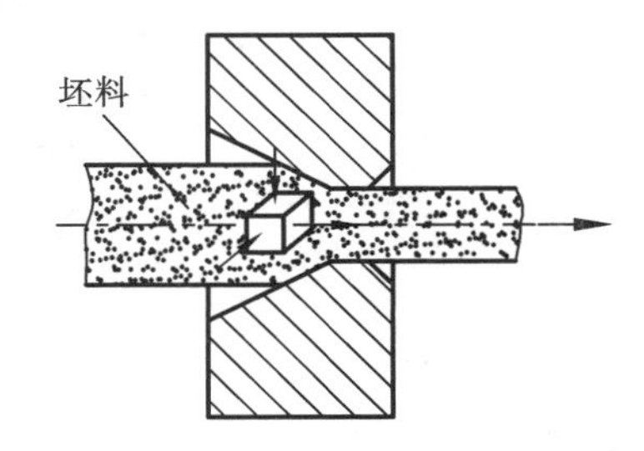

图6.16　拉拔时金属应力状态

实践证明，在三向应力状态图中，压应力的数量愈多，则金属的塑性愈好，拉应力的数量愈多，则金属的塑性愈差。其理由是，在金属材料的内部或多或少总是存在着微小的气孔或裂纹等缺陷，在拉应力作用下，缺陷处产生的应力集中会使缺陷扩展，甚至破坏基体，从而使金属失去塑性。而压应力会使金属内部原子间距减小，又不易使缺陷扩展，故金属的塑性会增强。但压应力同时又会使金属内部摩擦增大，变形抗力也随之增大，为实现变形加工，就要相应增大设备吨位来增加变形力。

在选择具体加工方法时，应考虑应力状态对金属可锻性的影响。对于塑性较低的金属，应尽量使其在三向压应力下发生变形，以免其产生裂纹。对于本身塑性较好的金属，变形时出现拉应力是有利的，可以减少变形能量的消耗。

综上所述,影响金属塑性变形的因素是很复杂的。在压力加工中,要综合考虑所有的因素,根据具体情况采取相应的有效措施,力求创造最有利的变形条件,充分发挥金属的塑性,降低金属的变形抗力,降低设备吨位,减少能耗,使变形充分,实现优质低耗生产。

复习思考题

(1)何谓塑性变形?塑性变形的实质是什么?

(2)金属材料的冷热变形是以什么为界限来区分的?

(3)什么是加工硬化?对金属组织及力学性能的影响如何?

(4)什么是最小阻力定律?

(5)轧材中的纤维组织是怎样形成的?它的存在对制作零件而言有何利弊?

(6)要锻造一个直径 $D_{锻件}$ 为 90 mm、高度 $H_{锻件}$ 为 40 mm 的碳钢齿轮锻件,试确定其坯料尺寸 $D_{坯料}$ 和 $H_{坯料}$。

(7)如何提高金属的塑性?其中最常用的措施是什么?

(8)同为 45 钢,为什么锻件比铸件的力学性能好?

(9)"趁热打铁"的意义何在?

(10)原始坯料长 150 mm,若拔长到 450 mm,锻造比是多少?

(11)两个带孔坯料,分别套在直径为 ϕ60 mm 的芯轴上扩孔,两孔内径分别为 ϕ60 mm 和 φ120 mm、高均为 30 mm,试用最小阻力定律分析以上两种方式会带来什么不同的扩孔效果。

(12)在如图 6.17 所示的两种砧铁上拔长时,效果有何不同?

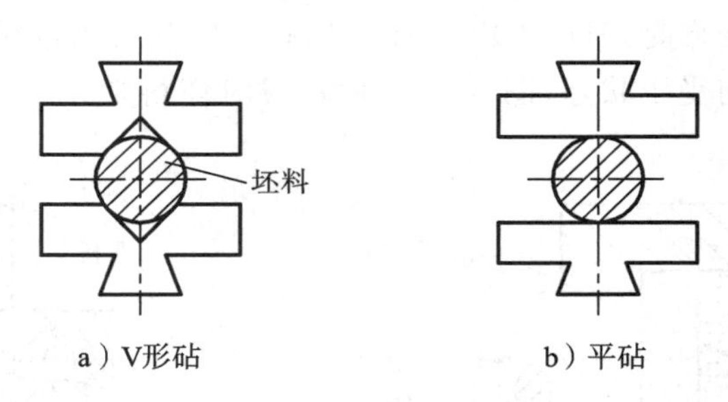

图 6.17　两种砧铁

第7章　锻造成形工艺

7.1　自由锻

自由锻是用冲击力或液压力使金属在锻造设备的上下砧铁(或砥铁)间产生塑性变形,从而获得所需几何形状及内部品质的锻件的压力加工方法。由于不需模具,金属在两砧铁间受力变形自由流动,所得锻件的形状和尺寸主要由操作者的技术来控制。自由锻分为手工自由锻和机器自由锻两种。

1. 手工自由锻

手工自由锻只适合单件小型件的生产,如农机具上的锻件。由于劳动强度大,锻件精度差,已逐渐被淘汰。

2. 机器自由锻

机器自由锻是主要的自由锻生产方法,按使用设备不同,又分为锤上自由锻和液压机上自由锻。机器自由锻的主要设备包括:锻锤、空气锤、蒸汽-空气锤、水压机、液压机。

锤上自由锻是依靠锻锤产生的冲击力使金属坯料变形的,因能力有限,故只用来生产中小型锻件。

液压机上自由锻是依靠液压机产生的压力使金属坯料变形的。其中,水压机可产生很大的作用力,能锻造质量达300 t的锻件,是重型机械厂生产大型锻件所用的主要设备。该种自由锻是生产大型和特大型锻件的唯一成形方法。近年来常将新出现的快速锻造液压机与操作机配合使用,进行大型发电设备的转子轴锻造、高合金钢锻件的开坯自由锻等,取得了良好的经济效益。

碳钢和低合金钢的中小型自由锻件锻造的关键在于成形,要灵活运用各种工序,如镦粗、拔长、冲孔、弯曲、错移、压肩、切断等,提高锻件精度和生产率。

以钢锭为原料的大中型锻件和高合金钢锻件锻造的关键在于改变性能,为了保证锻件的质量,除了提高原材料的冶炼质量以外,还应从锻造工艺、设备方面来采取措施。

7.2　模锻

模锻是成批和大批大量生产锻件的主要工艺方法。它是对在锻模模膛内加热到锻造温度的金属坯料一次或多次施加冲击力或压力,使其被迫流动成形以获得锻件的压力加工成形工艺。由于在金属坯料变形过程中,模膛对金属坯料流动存在限制,因而锻造终了时能得到和模膛形状相符的锻件。模锻的主要设备有模锻锤、热模锻压力机、平锻机、螺旋压力机等。

模锻的优点:生产率较高;锻件尺寸精确,加工余量小;可以锻造出形状比较复杂的锻件;节省金属材料,能减少切削加工工作量,在批量足够大的条件下能降低零件成本;操作简单,易于实现机械化、自动化。

模锻的缺点:锻模制造周期长;锻模成本高;受模锻设备吨位的限制,模锻件不能太大,质量一般在 150 kg 以下。

模锻按使用的设备不同分为:胎模锻、锤上模锻、压力机上模锻。其中压力机上模锻由于锻件精度好,应用较广。

7.2.1　胎模锻和锤上模锻

1. 胎模锻

在自由锻设备上,使用可移动的胎模生产锻件的锻造工艺,称为胎模锻。胎模不固定在自由锻锤上。锻造时,将胎模放在砧座上,将加热后的坯料放入胎模,锻造成形。也可先将坯料经过自由锻预锻成与锻件近似的形状,然后在胎模内终锻成形。

胎模结构较简单,可提高锻件的精度,不需要昂贵的模锻设备,扩大了自由锻生产的范围,但胎模易损坏,寿命短,与其他模锻方法相比较,生产的锻件质量低,劳动强度大,故胎模锻只适合没有模锻设备的中小型工厂以中小批量生产锻件时采用。

2. 锤上模锻

锤上模锻是在自由锻、胎模锻的基础上发展起来,用于大批量生产锻件的高效锻造成形工艺。锤上模锻所用设备为模锻锤,它有蒸汽-空气锤、夹板锤、无砧座锤、高速锤等多种形式。模锻锤产生的冲击力使金属变形,其打击速度较高,所以模锻时金属易充满锻模型槽,而且可以在模锻锤上完成多种制坯工步。图 7.1 所示为工厂中常用的蒸汽-空气模锻锤,其工作原理与自由锻的蒸汽-空气锤基本相同,但锤头与导轨间隙较小,且机架与砧座相连,以保证上下模准确合拢,模锻锤的吨位(落下部分的重量)为 10～160 kN,可锻制 150 kg 以下的锻件。

锤上模锻用的锻模如图 7.2 所示。它是由带有燕尾的上模和下模两部分组成的。下模用紧固楔铁固定在模垫上,上模靠紧固楔铁紧固在锤头上,随锤头一起做上下往复运动。上、下模合在一起形成中空模膛,锻件在其中成形。锻模上还设有分模面和飞边槽。

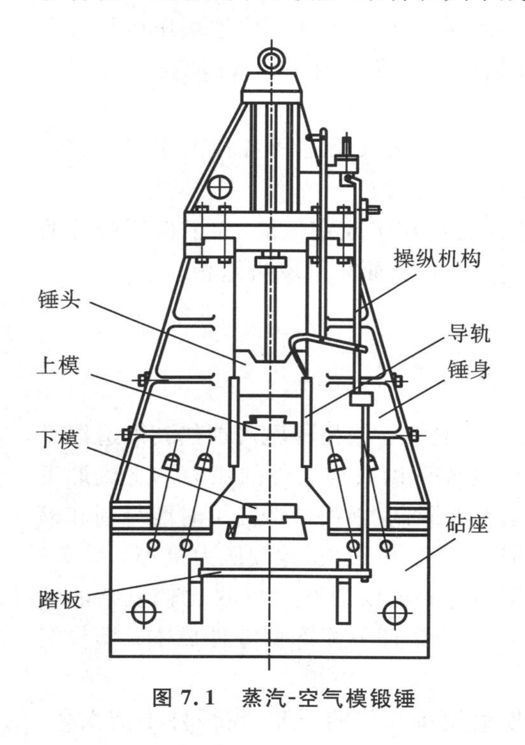

图 7.1　蒸汽-空气模锻锤

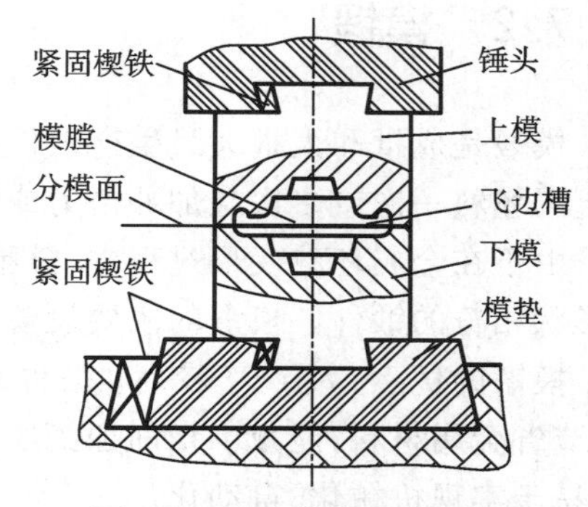

图 7.2　锤上模锻用的锻模

7.2.2　压力机上模锻

锤上模锻工艺适应面广，目前仍在锻压生产中广泛应用。但模锻锤在工作中存在震动和噪声大、蒸汽效率低、能源消耗多、工人劳动条件差等难以克服的缺点，因此，近年来大吨位模锻锤有逐步被压力机所取代的趋势。按所使用的模锻设备，压力机上模锻有螺旋压力机上模锻、热模锻压力机上模锻和平锻机上模锻等。

1. 螺旋压力机上模锻

螺旋压力机是采用摩擦、液压或调频电动机，通过齿轮副直接驱动等传动方式使飞轮加速旋转，同时由螺旋副将飞轮的旋转运动的动能转化为滑块的直线向下打击动能的锻压设备。螺旋压力机包括摩擦式(图 7.3a)、电动式(图 7.3b)、液压式(图 7.3c)、离合器式等多种。

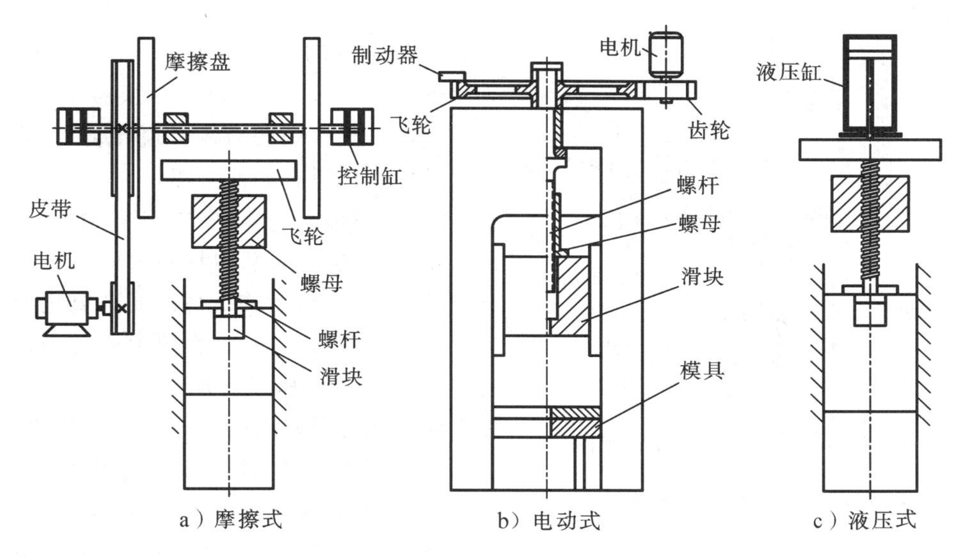

图 7.3　螺旋压力机的传动方式

螺旋压力机工作时，飞轮加速旋转以储蓄能量，通过螺杆、螺母推动滑块向下运动。模具接触锻件时，飞轮被迫减速至完全停止，储存的旋转动能转变为冲击能，使锻件变形。打击结束后，飞轮反转，滑块上升，回到原始位置。在螺旋压力机工作过程中，滑块的速度为 0.5～1.0 m/s，滑块具有一定的冲击作用，可使坯料变形，且滑块行程可控制，这与锻锤相似。坯料变形中的抗力由机架承受，形成封闭力系，这又与压力机相同。所以，螺旋压力机兼有锻锤和压力机的工作特性。螺旋压力滑块的打击速度不高，每分钟行程次数少，多用于中小型锻件的生产。

螺旋压力机上模锻的特点：

(1)螺旋压力机的滑块无固定下死点，因而可实现轻打、重打，可在一个模膛内进行多次锻打，锻件竖向精度高。工艺适应性好，能满足模锻及各种冲压工序的要求。

(2)滑块运动速度低，金属变形过程中的再结晶可以充分进行，因而特别适合锻造低塑性合金钢和非铁合金(如铜合金)等。

(3)设备本身具有顶料装置，在生产中不仅可以使用整体式锻模，还可以采用特殊结构的组合式模具，便于复杂、精密模锻成形。

(4)螺旋压力机适用于精锻、精整、精压、压印、校正及粉末冶金压制等工序 。

2. 热模锻压力机上模锻

热模锻压力机广泛用于锻件的大批量生产,汽车上的连杆、曲轴、齿轮、传动轴、转向节锻件均是在热模锻压力机上生产的,图 7.4 所示为热模锻压力机的传动系统。由偏心式曲轴、连杆、导轨、滑块等构成的曲柄连杆机构的运动由离合器控制,离合器使曲柄旋转,通过连杆将曲柄的旋转运动转换成滑块的上下往复运动,实现对毛坯的锻造加工。热模锻压力机的吨位一般是 2 000～120 000 kN。

热模锻压力机上模锻的特点:

(1)滑块行程固定,并具有良好的导向装置和顶件机构,因此,锻件的尺寸公差、机械加工余量和模锻斜度都比锤上模锻的小。

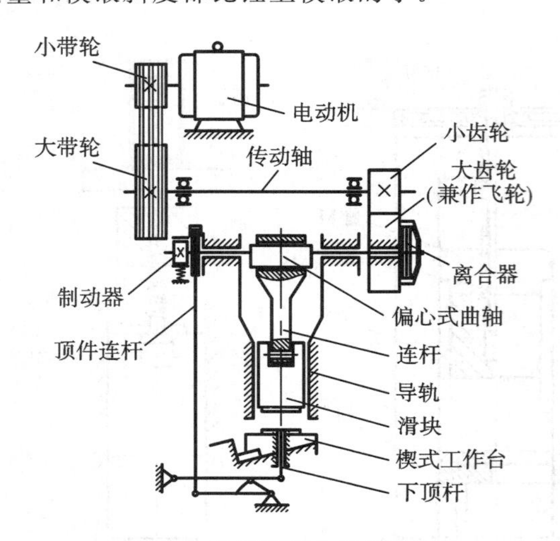

图 7.4　热模锻压力机传动系统

(2)热模锻压力机的作用力是静压力,因此锻模的主要模膛都设计成镶块式的。这种组合模制造简单,更换容易,节省模具材料。热模锻压力机有顶件装置,能够对杆件的头部进行局部镦粗。

(3)滑块行程固定,不论在什么模膛中都是一次成形,所以坯料表面上的氧化皮不易被清除,会影响锻件品质。氧化问题应在加热时解决。同时,在热模锻压力机上也不宜进行拔长和滚压加工。如果是横截面变化较大的长轴类锻件,可以采用周期轧制坯料或用辊锻机制坯来代替这两个工步。

(4)热模锻压力机上模锻是一次成形,金属变形量不宜过大,否则不易使金属填满终锻模膛,因此,变形应该逐步进行。终锻前常采用预成形及预锻工艺。

综上所述,与锤上模锻比较,热模锻压力机上模锻具有锻件精度高、生产率高、劳动条件好和节省金属等优点,适合于大批量生产,但设备复杂、投资大。

3. 平锻机上模锻

平锻机的主要结构与曲柄压力机相同,只因滑块是做水平运动的,故称平锻机(图 7.5)。电动机通过传动带将运动传给带轮,带轮与制动器一同装在传动轴上。传动轴的另一端装有齿轮组,可将运动传至曲轴上。曲轴通过连杆与主滑块相连,凸轮装在曲轴上,与导轮接触。副滑块固定着导轮,并通过连杆系统与活动模相连。

运动传至曲轴后,随着曲轴的转动,主滑块带着凸模(固定在凸模上,图中未画出)前后往复运动,同时曲轴又驱使凸轮旋转。凸轮旋转时,通过导轮使副滑块移动,并驱使动模运动,实现动模与定模的闭合或开启。挡料板通过辊子与主滑块的轨道接触。当主滑块向前运动(工作行程)时,轨道斜面迫使辊子上升,带动挡料板绕其轴线转动,挡料板末端便移至一边,给凸模让出空间。

平锻机的吨位一般为 500～31 500 kN,可加工直径为 25～230 mm 的棒料。最适合在平

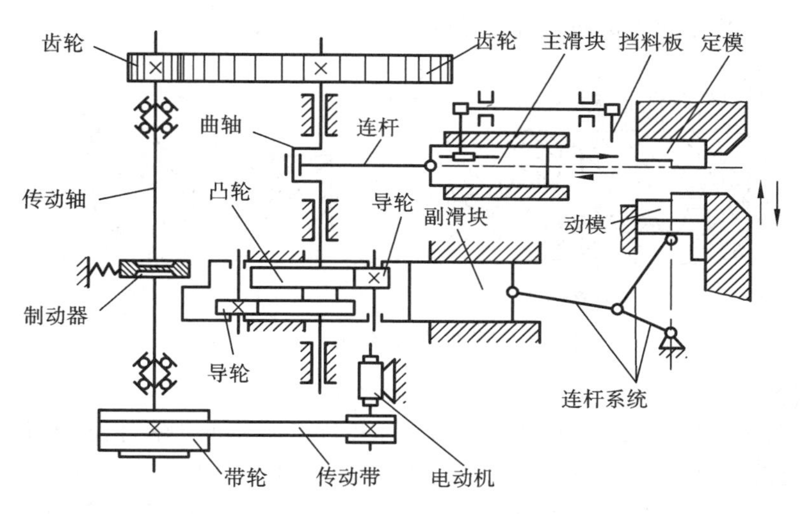

图 7.5　平锻机传动系统

锻机上模锻的锻件是带头部的长杆类和有孔(通孔或不通孔)的锻件,以及在曲柄压力机上不能模锻的锻件(如汽车半轴、倒车齿轮等)。

平锻机上模锻具有如下特点:

(1)平锻模有相互垂直的两个分模面,最适合锻造在相互垂直方向上有凹挡、凹孔的锻件。

(2)坯料水平放置,其长度几乎不受限制,故适合锻造带头部的长杆类锻件,也便于用长棒料逐个连续锻造。

(3)平锻件的斜度小,余量、余块少,冲孔不留连皮,是锻造通孔锻件的唯一方法。锻件几乎没有飞边,材料利用率可达 85%～95%。

(4)易于实现操作机械化,生产率高,每小时可生产 400～900 件。

(5)非回转体及中心不对称的锻件用平锻机较难锻造。

(6)平锻机设备昂贵,投资大。

平锻机主要用于带凹挡、凹孔、通孔、法兰类回转体锻件的大量生产,如气门杆、汽车后桥半轴、抽油杆等。

7.2.3　模锻模膛及其功用

模膛根据其功用的不同,分为模锻模膛和制坯模膛两种。模锻模膛又可分为终锻模膛与预锻模膛,制坯模膛又可分为拔长模膛、滚压模膛、弯曲模膛、切断模膛等。

1. 模锻模膛

1)终锻模膛

终锻模膛的作用是使坯料最后变形成为具有要求的形状和尺寸的锻件,因此它的形状应和锻件的形状相同。但因锻件冷却时要收缩,终锻模膛的尺寸应为锻件尺寸×(1+材料的线收缩率)(钢的线收缩率取 1.5%)。任何锻件的模锻均需要终锻模膛,按照终锻模膛(型槽)特点,终锻模膛可分为闭式模膛与开式模膛,如图 7.6 所示。

开式模膛四周有飞边槽,用以增加金属从模膛中流出的阻力,促使金属充满模膛,同时容纳多余的金属。闭式模膛在正常情况下不产生飞边。对于具有通孔的锻件,由于不可能靠上、下模的凸起部分把金属完全挤压掉,故终锻后在孔内会留下一薄层金属。这一薄层金属称为冲孔连皮。把冲孔连皮和飞边冲掉后,才能得到有通孔的模锻件。

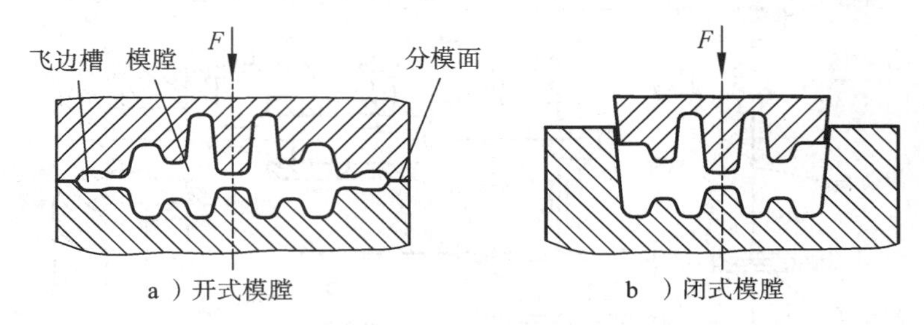

图 7.6 终锻模膛

2)预锻模膛

预锻模膛的作用是使坯料变形到形状和尺寸接近于所要求的锻件,经预锻后再进行终锻时,金属容易充满终锻模膛,同时减少终锻模膛的磨损,延长锻模的使用寿命。预锻模膛和终锻模膛的区别是前者的模锻圆角和斜度较大,没有飞边槽。模锻件形状简单或批量不大时不设置预锻模膛。

2. 制坯模膛

对于形状复杂的模锻件,为了使坯料形状基本接近模锻件形状,使金属能合理分布并很好地充满模膛,必须预先在制坯模膛内制坯。

1)拔长模膛

拔长模膛用来减小坯料某部分的横截面积,增加该部分的长度(图 7.7)。坯料被送进模膛后还需在模膛中翻转。当模锻件沿轴向横截面积相差较大时,采用这种模膛进行拔长。拔长模膛一般设在锻模的边缘,分为开式(图 7.7a)和闭式(图 7.7b)的两种。闭式拔长模膛的拔长效率高,但加工制造比开式拔长模膛麻烦。

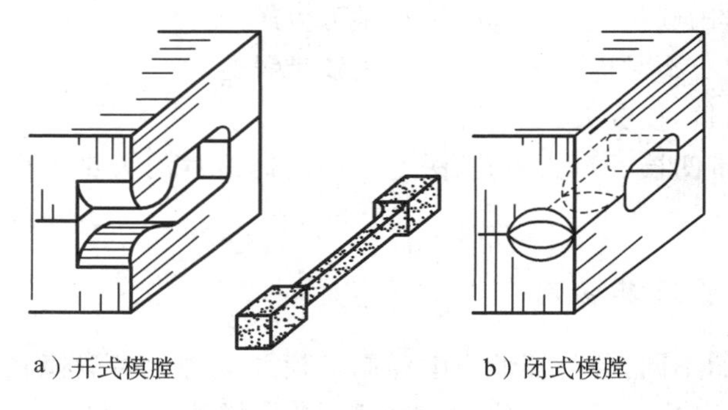

图 7.7 拔长模膛

2)滚压模膛

滚压模膛用来减小坯料某部分的横截面积,增大另一部分的横截面积,使金属按模锻件形状来分布(图 7.8)。滚压模膛也分为开式(图 7.8a)和闭式(图 7.8b)的两种。当模锻件的横截面积相差不很大或对拔长后的坯料做修整时,采用开式滚压模膛;当模锻件的最大和最小横截面积相差较大时,采用闭式滚压模膛。

3)弯曲模膛

对于弯曲的杆类模锻件,需用弯曲模膛(图 7.9a)来制坯。坯料可直接或先经其他工序制坯后再放入弯曲模膛进行弯曲变形。弯曲后的坯料须翻转 90°再放入模锻模膛内成形。

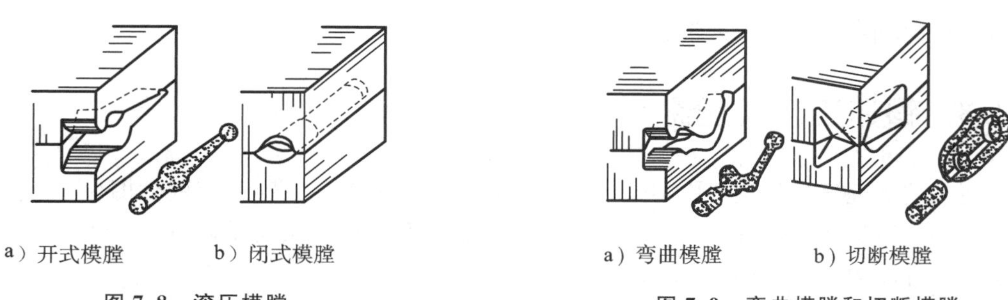

图 7.8　滚压模膛　　　图 7.9　弯曲模膛和切断模膛

4)**切断模膛**

切断模膛(图 7.9b)是上模与下模的角部组成的一对刀口,用来切断金属。单件锻造时,用它从坯料上切下锻件或从锻件上切下钳口;多件锻造时,用它来分离锻件。

此外,还有成形模膛、镦粗台及击扁面等制坯模膛。

模锻件的复杂程度不同,所需的模膛数量亦不等。锻模可以设计成单膛锻模或多膛锻模。单膛锻模是在一副锻模上只具有一个终锻模膛的锻模。如制造形状简单的齿轮坯模锻件,就可将截下的圆柱形坯料直接放入单膛锻模中成形。多膛锻模是在一副锻模上具有两个以上模膛的锻模,如弯曲连杆模锻件的锻模(图 7.10)。坯料经过拔长、滚压、弯曲等三个工步后基本

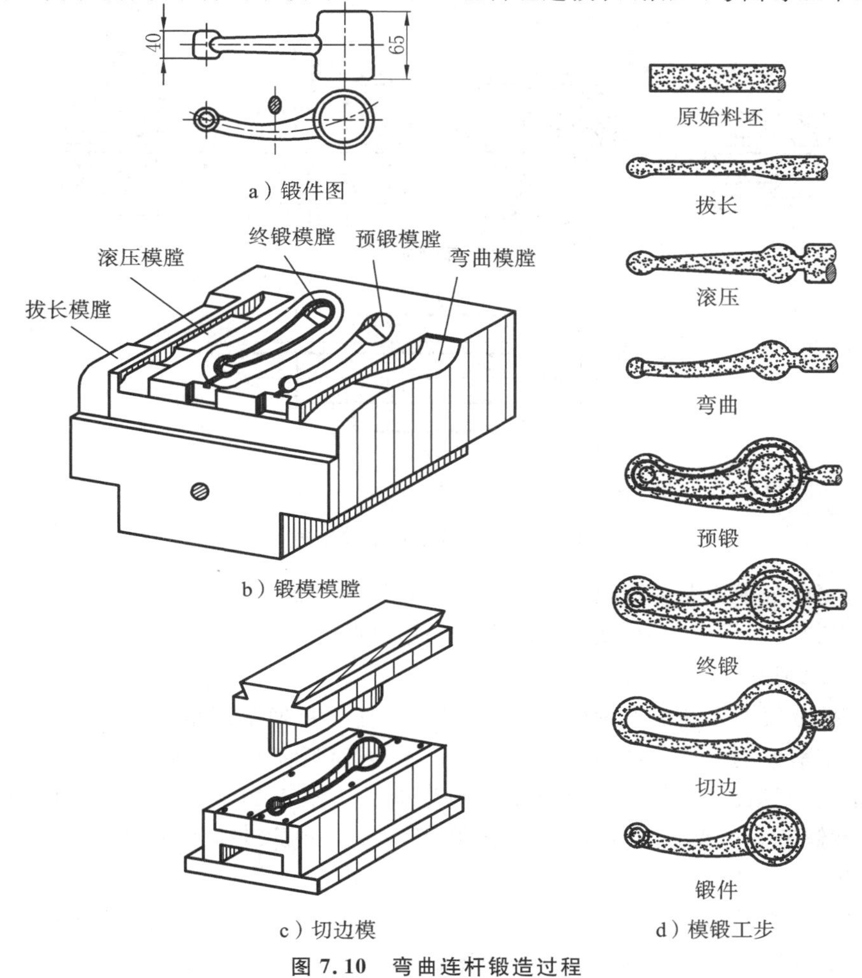

图 7.10　弯曲连杆锻造过程

成形,再经过预锻和终锻,成为带有飞边的锻件。

7.3　锻造工艺规程设计

锻造工艺规程设计的主要内容包括根据产品的机加工零件图绘制模锻件图(一般指冷锻件图)、计算坯料尺寸、确定模锻工步(选择模膛)、选择锻压设备及安排修整工序等,其中最主要的是模锻件图的绘制和模锻工步的确定。

7.3.1　模锻件图的绘制

模锻件图是设计和制造锻模、计算坯料以及检查模锻件的依据,对模锻件的品质有很大影响。绘制模锻件图时应考虑如下几个问题。

1. 选择模锻件的分模面

分模面即是上、下锻模在模锻件上的分界面。分模面位置的选择关系到锻件成形、锻件出模、材料利用率等一系列问题。绘制模锻件图时,必须按以下原则确定分模面位置。

(1)要保证模锻件能从模膛中取出。如图 7.11 所示的零件,若选 *a*—*a* 面为分模面,则无法从模膛中取出锻件。在一般情况下,分模面应选在模锻件尺寸最大的截面上。

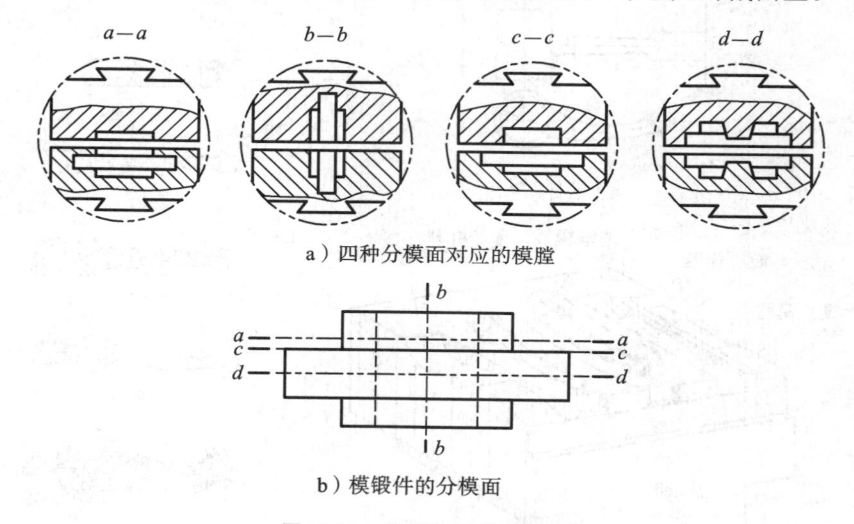

a）四种分模面对应的模膛

b）模锻件的分模面

图 7.11　分模面的选择比较

(2)按选定的分模面制成锻模后,应使上、下两模沿分模面的模膛轮廓一致,这样,在安装锻模和生产中若出现错模现象,便可及时发现并加以调整。如图 7.11 所示,选 *c*—*c* 面为分模面就不符合此原则。

(3)最好把分模面选在模膛深度最浅的位置处,这样可使金属很容易充满模膛,便于取出锻件,并有利于锻模的制造。如图 7.11(b)所示,*b*—*b* 面不宜选作分模面。

(4)选定的分模面应使零件上所加的敷料最少。如图 7.11 所示,选 *b*—*b* 面为分模面,零件中间的孔就锻造不出来,而且此时敷料最多,既会浪费金属,降低材料的利用率,又会增加切削加工的工作量。所以,该面不宜选作分模面。

(5)最好使分模面为一个平面,上、下锻模的模膛深度基本一致,以便于锻模制造。

按上述原则综合分析,在图 7.11 中,选择 *d*—*d* 面作为分模面最合理。

2. 确定模锻件的机械加工余量及尺寸公差

模锻时，金属坯料是在锻模中成形的，因此模锻件的尺寸较精确，其尺寸公差和机械加工余量比自由锻件小得多。机械加工余量一般为1～4 mm，尺寸公差一般为±(0.3～3)mm。

3. 标注模锻斜度

为便于从模膛中取出模锻件，应使模锻件沿锤击方向的表面有一定的斜度，称之为模锻斜度(图7.12)。对于锤上模锻，模锻斜度一般为5°～15°。模锻斜度与模膛深度 h 和宽度 b 有关，模膛深度与宽度的比值 h/b 越大，模锻斜度就应越大。另外，考虑到锻件在锻模中冷却后容易被卡住，锻模内壁斜度 α_2 要比外壁斜度 α_1 大2°～5°。

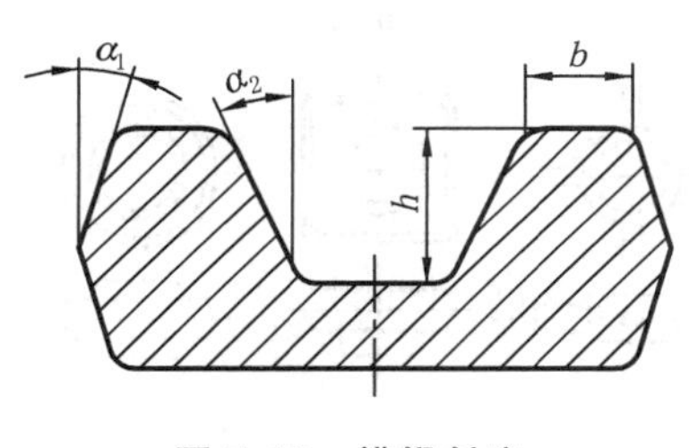

图7.12　模锻斜度

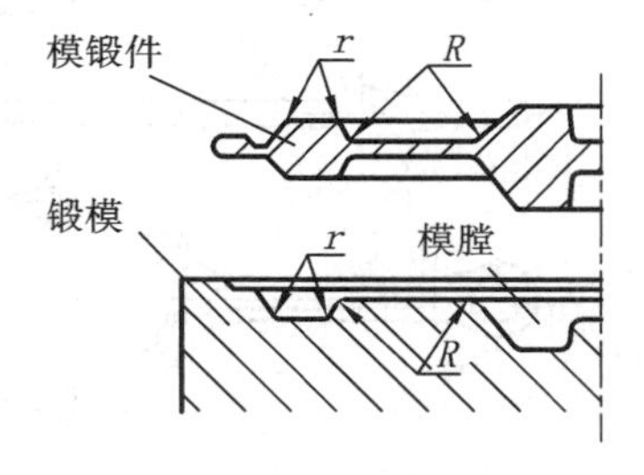

图7.13　模锻圆角

4. 标注模锻圆角半径

模锻件上所有转角处都应做成模锻圆角(图7.13)。这样，除了可提高锻件强度、避免应力集中之外，最主要的是方便金属在模膛中流动，保持金属纤维的连续性，使金属易于充满模膛，避免锻模开裂，延长锻模的寿命。基于与确定模锻斜度相同的理由，一般内圆角半径 R 应大于其外圆角半径 r。对于钢的模锻件，$r=1.5～12$ mm，$R=(2～3)r$。模膛越深，圆角半径取值越大。

5. 确定冲孔连皮厚度

模锻件上直径小于25 mm的孔一般不锻出或只压出球形凹穴，大于25 mm的通孔也不能直接模锻，而必须在孔内保留一层连皮，这层连皮以后需冲除。冲孔连皮的厚度 δ 与孔径 d 有关，当 $d=30～80$ mm时，$\delta=4～8$ mm。

考虑以上五个问题后，便可绘出模锻件图。绘制模锻件图时，用粗实线表示锻件的形状，以双点画线表示零件的轮廓形状。图7.14为齿轮坯的模锻件图。

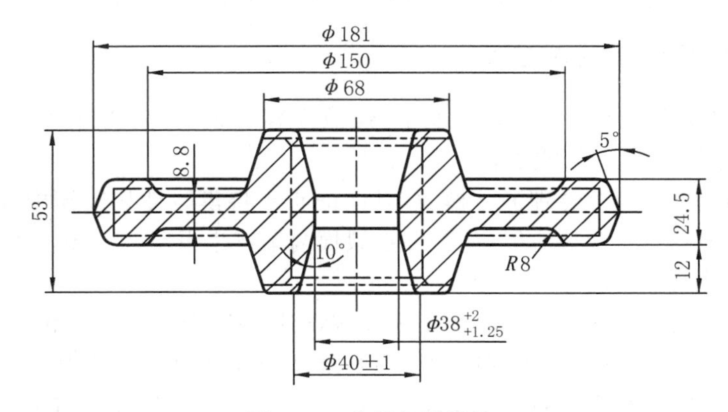

图7.14　齿轮坯模锻件

7.3.2 模锻工步的确定及模膛种类的选择

同一个锻模上的模锻工序称为模锻工步。模锻工步主要是根据模锻件的形状和尺寸来确定的。模锻件按形状可分为两大类:一类是长轴类模锻件,如阶梯轴、曲轴、连杆、弯曲摇臂(图 7.15)等;另一类为盘类模锻件,如齿轮、法兰盘(图 7.16)等。

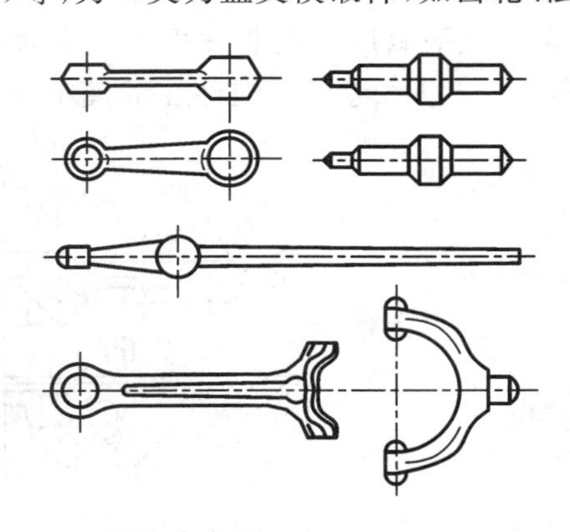

图 7.15 长轴类模锻件

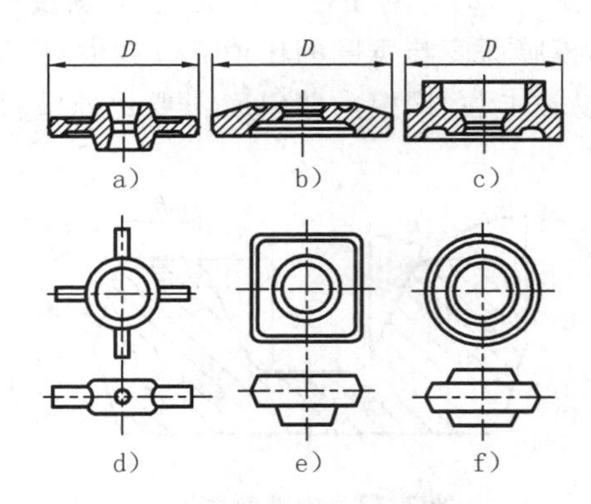

图 7.16 盘类模锻件

长轴类模锻件有直长轴模锻件、弯曲轴模锻件和叉形件等。根据形状需要,直长轴模锻件的模锻工步一般为拔长、滚压、预锻、终锻成形。弯曲轴模锻件和叉形件还需采用弯曲工步。对于形状复杂的模锻件,还需选用预锻工步。最后在终锻模膛中模锻成形。

盘类模锻件多需采用镦粗、终锻工步。对于形状简单的盘类模锻件,可只用终锻工步成形。对于形状复杂、有深孔或高肋的盘类模锻件,可先镦粗,然后经预锻、终锻成形,图 7.14 所示的齿轮坯模锻件即可采用这样的方式模锻成形。

模锻工步确定以后,再根据已确定的工步选择相应的制坯模膛和模锻模膛。

7.4 锻件的结构工艺性

设计锻件时,既要考虑满足使用性能,又要考虑锻造工艺特点,使锻件具有良好的结构工艺性,以使锻件能够成形,同时保证锻件品质,降低成本和提高生产率。

7.4.1 模锻件的结构工艺性

设计模锻件时应按照模锻件图设计要求,使锻件容易脱模,流线好,锻模制造容易、寿命长。模锻件的设计具体应符合下列原则。

(1)模锻件必须具有一个合理的分模面,以保证易于将模锻件从锻模中取出,敷料消耗最少,锻模容易制造,寿命长,锻件流线好,锻件在锻模内不产生滑移。如图 7.17 所示,为使锻件流线好,应采用正确的分模面。

(2)模锻件上与锤击方向平行的非加工表面应设计出模锻斜度,以确保能顺利将锻件从锻模中顶出。非加工表面所形成的角都应设计为圆角,以方便金属在模膛中流动。

(3)为了使金属容易充满模膛和减少工序,零件外形力求简单、平直和对称,尽量避免零件截面间差别过大或具有薄壁、高肋、凸起等结构。如图 7.18a 所示零件,其最小截面与最大截面的比值小于 0.5,法兰薄而高,中间凹下很深。图 7.18b 所示的零件扁而薄,模锻时薄的部

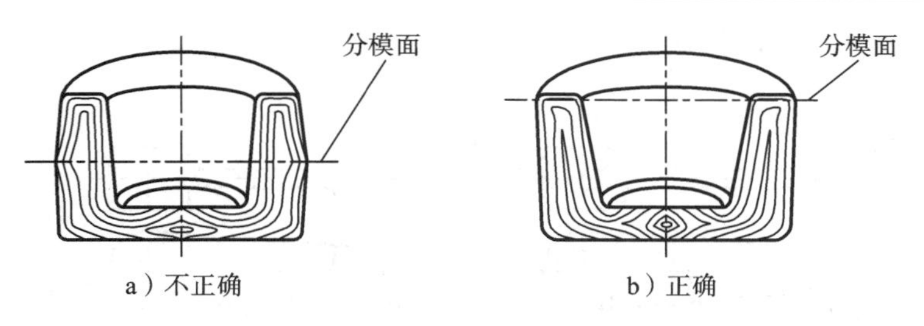

图 7.17　模锻件的分模面与它的纤维方向

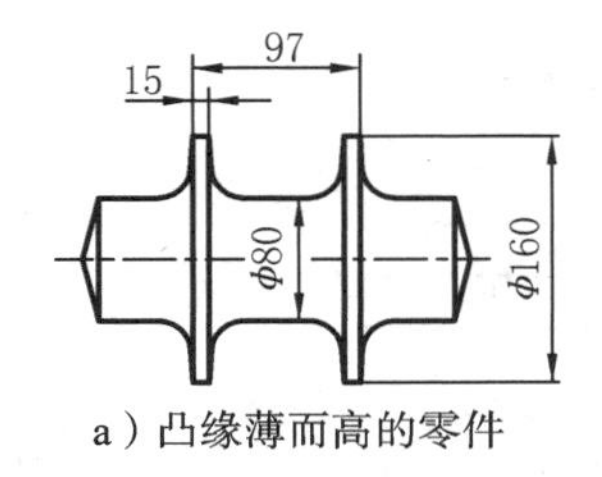

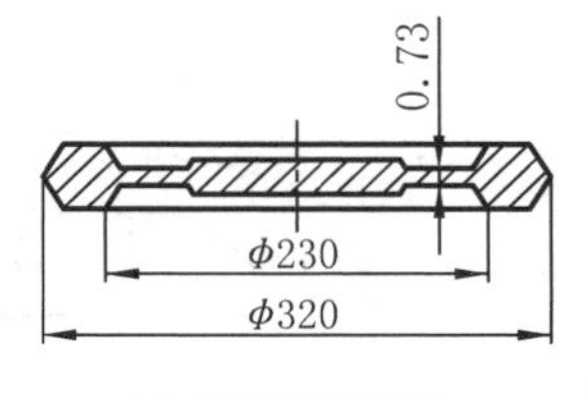

图 7.18　结构不合理的模锻件形状

分金属容易冷却，不易充满模膛。这两种零件均不宜采用模锻方法制造。

(4)在零件结构允许的条件下，设计时应尽量避免深孔和多孔结构。图 7.19 所示齿轮锻件上的四个 φ20 mm 的孔就不能锻出，只能通过机械加工成形。

(5)形状复杂、不便模锻的锻件应采用锻焊组合工艺(图 7.20)，以减少敷料，简化模锻工艺。

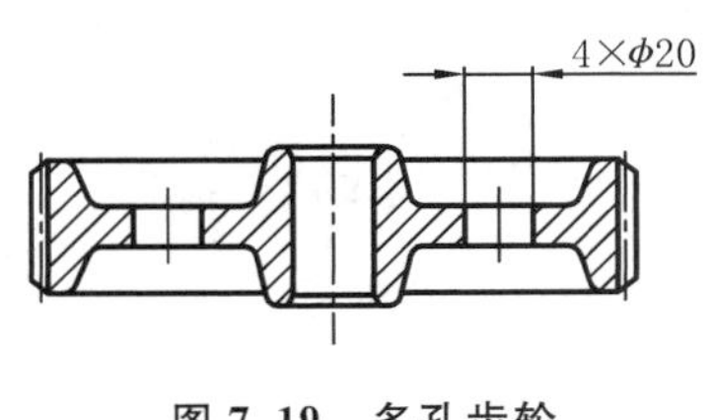

图 7.19　多孔齿轮

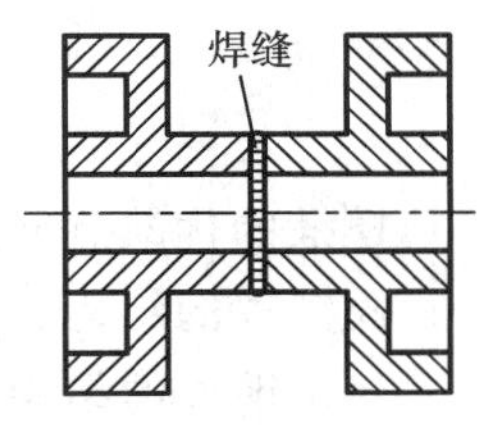

图 7.20　锻焊联合结构

7.4.2　自由锻件的结构工艺性

对于自由锻件，除了按锻件图要求进行结构设计外，还须考虑自由锻的工艺特点，使锻件结构尽可能简单，成形容易。自由锻件设计具体应符合以下原则：

(1)避免自由锻件上有锥体或斜面结构。如图 7.21 所示，轴类自由锻件按图 b 设计时工艺性较好。

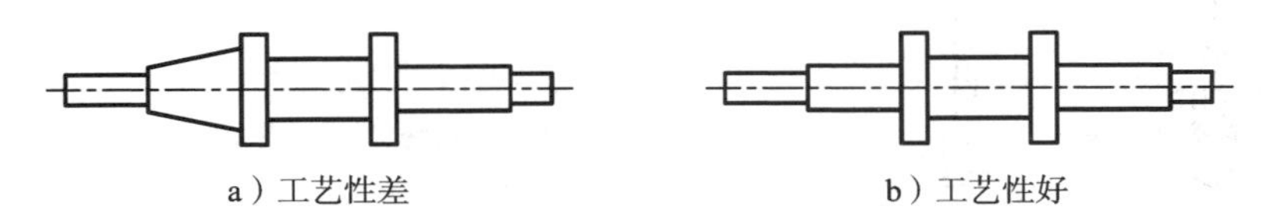

图 7.21　轴类自由锻件结构

(2)锻件由数个简单几何体构成时，几何体间的交接处不应形成空间曲线。如图 7.22a 所示锻件采用自由锻方法极难成形，应改为平面与圆柱、平面与平面相接的结构(图 7.22b)。

(3)自由锻件上不应设计出加强肋、凸台、工字型截面或空间曲线形表面，如图 7.23a 所示结构应改成图 7.23b 所示的结构。

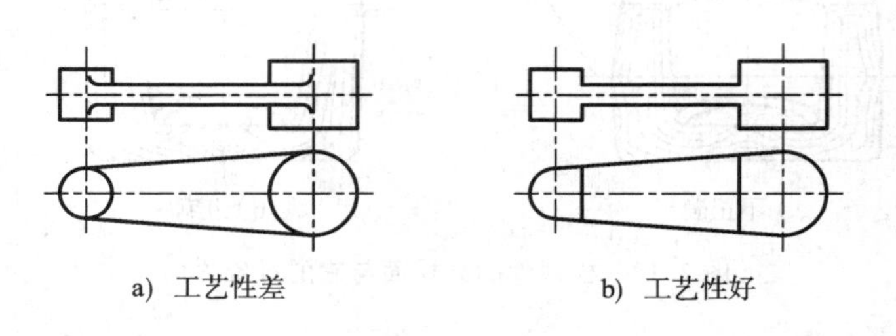

图 7.22 杆类自由锻件结构

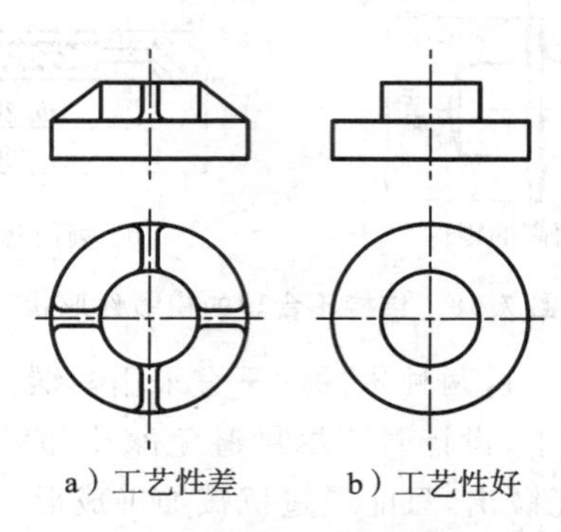

图 7.23 盘类自由锻件结构

复习思考题

(1)模锻的优缺点分别是什么?

(2)模锻件的结构工艺性设计应遵循的原则是什么?

(3)自由锻件的结构工艺性设计应遵循的原则是什么?

(4)为什么模锻所用的金属比充满模膛所要求的要多一些?

(5)锤上模锻时,多模膛锻模的模膛可分为几种?它们的作用是什么?为什么在终锻模膛周围要开设飞边槽?

(6)如何确定模锻件分模面的位置?

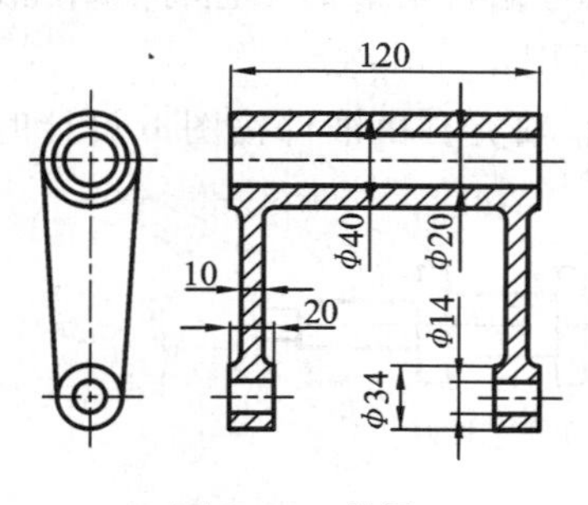

图 7.24 拨叉

(7)绘制模锻件图时应考虑哪些问题?选择分模面与选择铸件的分型面时有何异同?为什么要考虑模锻斜度和圆角半径?锤上模锻带孔的锻件时,为什么不能锻出通孔?

(8)锻造有哪些主要设备?

(9)图 7.24 所示零件的模锻工艺性如何?为什么?其结构应如何修改才能便于模锻?

(10)对图 7.25 所示的两零件采用锤上模锻工艺,试选择合适的分模面。

(11)若成批生产图 7.26 所示的零件,选择哪种锻造方法较为合理?试定性地绘出锻件图。

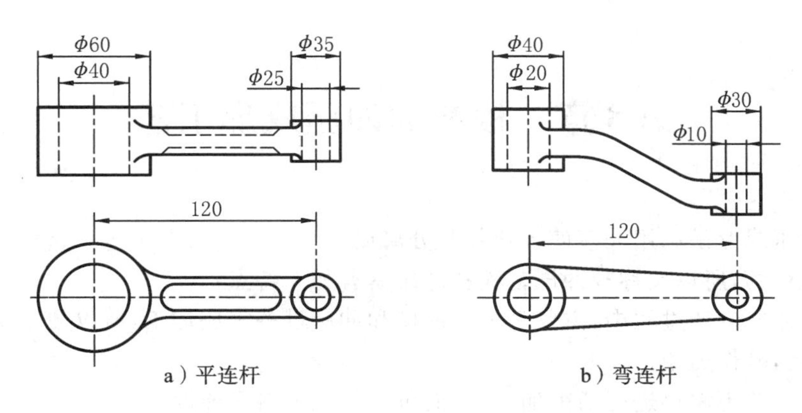

a）平连杆　　b）弯连杆

图 7.25　连杆

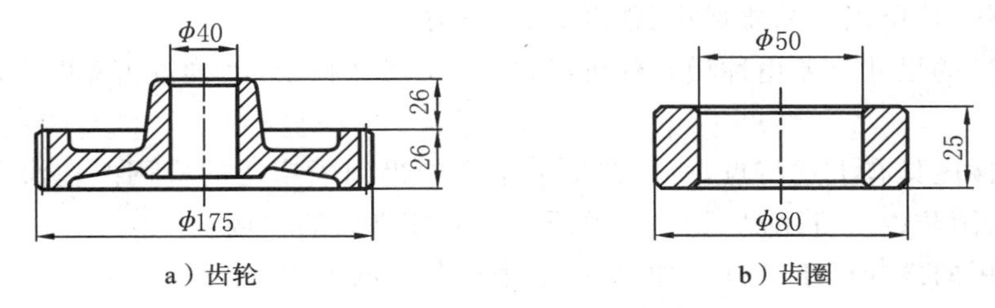

a）齿轮　　b）齿圈

图 7.26　齿轮及齿圈

第8章　板料的冲压成形工艺

板料的冲压成形是利用冲模使板料部分分离或产生变形的成形工艺。这种成形工艺通常是在常温下进行的，所以又称冷冲压。板料冲压具有如下特点：

①在板料冲压生产过程中，主要是依靠冲模和冲压设备完成加工，所以便于实现自动化生产，生产率很高，操作简便。

②冲压件一般不需再进行切削加工，因而可节省原材料和能源。

③板料冲压常用的原材料有低碳钢、塑性好的合金钢和非铁金属，从外观上看多是表面品质好的板料或带料，所以产品质量小、强度高、刚性好。

④因冲压件的尺寸公差由冲模来保证，所以产品尺寸稳定，互换性好，可以成形形状复杂的零件。

由于板料冲压具有上述特点，所以在批量生产中得到了广泛的应用。在汽车、拖拉机、航空、电器、仪表、国防以及日用品工业中，冲压件占有相当大的比例。

生产中采用的冷冲压工艺有多种，概括起来可分为两大类：分离工序和成形工序。

8.1　分离工序

分离工序是使坯料的一部分相对于另一部分相互分离的工序，如落料、冲孔、切断等。

8.1.1　冲裁

冲裁包括落料及冲孔，是使坯料按封闭轮廓分离的工序。落料工序和冲孔工序在坯料变形过程和模具结构方面均相似，只是在材料的取舍上有所不同。落料时被分离的部分为成品，留下的部分是废料；冲孔时被分离的部分为废料，而留下的部分是成品。例如冲制平面垫圈，制取外形的冲裁工序称为落料，而制取内孔的工序称为冲孔。

1. 冲裁变形过程

1）冲裁变形过程的三个阶段

冲裁件品质、模具结构与冲裁时板料的变形过程有密切关系。当凸、凹模的间隙正常时，冲裁变形过程可分为三个阶段（图8.1）。

（1）弹性变形阶段　在凸模压力下，板料产生弹性压缩、拉伸和弯曲变形并向上翘曲，凸、凹模的间隙越大，板料弯曲和上翘越严重。同时，凸模挤入板料上部，板料的下部则略挤入凹模孔口，但板料的内应力未超过材料的弹性极限。

（2）塑性变形阶段　凸模继续压入，板料内的应力达到屈服强度时，便开始产生塑性变形。随着凸模挤入板料深度的增大，塑性变形程度增大，变形区板料硬化加剧，冲裁变形力不断增大，直到刃口附近侧面的板料由于拉应力作用而出现微裂纹，此时塑性变形阶段结束。

（3）断裂分离阶段　随着凸模的继续压入，已形成的上下微裂纹沿最大剪应力方向不断向板料内部扩展，当上下裂纹重合时，板料便被剪断分离。

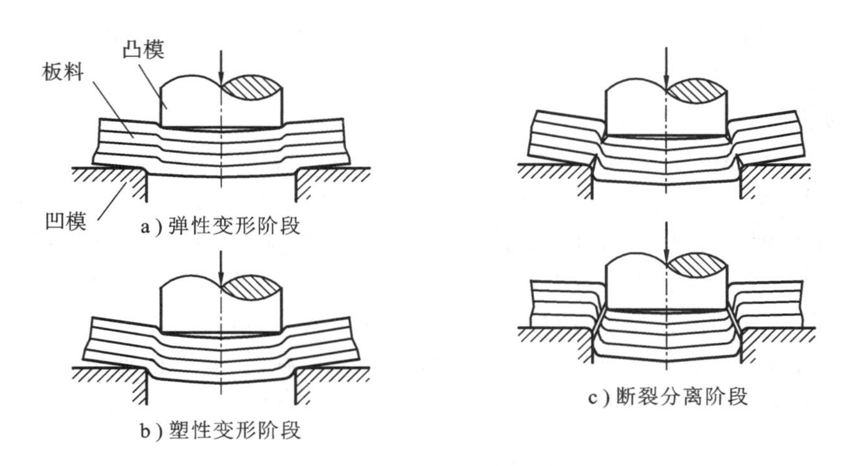

图 8.1　冲裁变形过程

2）冲裁件切断面上的区域特征

冲裁件的切断面(图 8.2)不很光滑，并有一定锥度。它由圆角带、光亮带、断裂带三个部分组成。

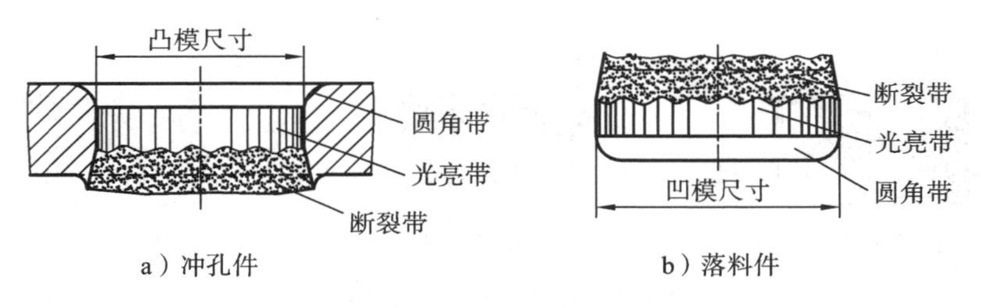

图 8.2　冲裁件切断面

(1)圆角带是冲裁过程中刃口附近的材料被弯曲和拉伸变形的结果。

(2)光亮带是塑性变形过程中凸模(或凹模)挤压切入材料，使材料受到剪切和挤压应力的作用而形成的。

(3)断裂带是刃口处的微裂纹在拉应力作用下不断扩展断裂而形成的。

要提高冲裁件品质，就要增大光亮带，缩小断裂带，并减小冲裁件翘曲变形。冲裁件切断面品质主要与凸、凹模间隙和刃口锋利程度有关，同时也受模具结构、材料性能及板厚等因素的影响。

2. 凸、凹模间隙

凸、凹模的间隙不仅会严重影响冲裁件的断面品质，而且会影响模具寿命、卸料力、推件力、冲裁力和冲裁件的尺寸精度。

1）间隙过小

当间隙过小时，如图 8.3a 所示，凸模刃口处裂纹将相对凹模刃口裂纹向外错开。两裂纹之间的材料随着冲裁的进行将被第二次剪切，在断面上形成第二光亮带。因间隙太小，凸、凹模受到金属的挤压作用增大，从而使材料与凸、凹模之间的摩擦力增大。这样不仅会使冲裁力、卸料力和推件力增大，还会导致凸、凹模磨损加剧，模具寿命缩短(冲裁硬质材料时这一缺点更为突出)。因间隙过小，板料在冲裁时受到挤压而产生压缩变形，所以冲裁件的尺寸略有变化，即落料件的外形尺寸增大；但冲孔件的孔腔尺寸会缩小，这是塑性变形中材料的弹性回复所引起的。同时,间隙小,则光亮带宽度增加,圆角带、断裂带宽度和斜度都有所减小。只要中间撕裂不是很严重,即便间隙较小,所得冲裁件也仍然可以使用。

2)间隙过大

当间隙过大时,如图 8.3c 所示,凸模刃口裂纹相对凹模刃口裂纹向内错开。板料的弯曲与拉伸变形增大,拉应力增大,板料易产生剪切裂纹;塑性变形阶段较早结束,致使切断面光亮带减小,圆角带宽度与锥度增大,冲裁件边缘形成厚而大的拉长毛刺,且难以去除,同时冲裁件的翘曲现象严重。由于板料在冲裁时的拉伸变形较大,所以冲裁件从材料中分离出来后,落料件的外形尺寸因弹性回复而缩小,冲孔件的内腔尺寸增大,品质较差。另一方面,推件力与卸料力大为减小,甚至为零,材料对凸、凹模的摩擦作用大大减弱,所以模具寿命较长。因此,对于批量较大而又无特殊公差要求的冲裁件,可适当采用大间隙冲裁。

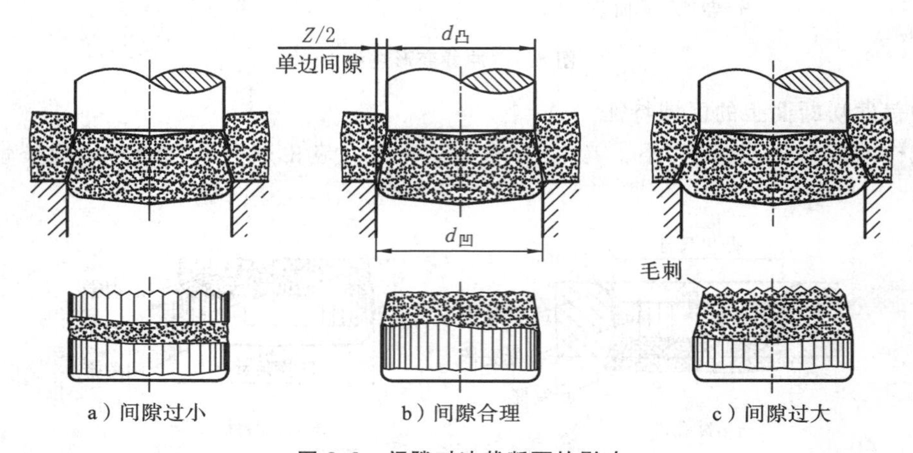

图 8.3 间隙对冲裁断面的影响

3)间隙合理

当间隙合理时,如图 8.3b 所示,上、下裂纹重合,冲裁力、卸料力和推件力适中,模具有足够长的寿命。这时光亮带宽度占板厚的 1/2～1/3,圆角带、断裂带宽度和锥度均很小。零件的尺寸几乎与模具一致,完全可以满足使用要求。

冲裁模间隙值可按表 8.1 选取。对冲裁件品质要求较高时,可将表中数据减小 1/3。

表 8.1 冲裁模合理的间隙值(双边)

板料种类	板料厚度 δ/mm				
	1.4～0.4	0.4～1.2	1.2～2.5	2.5～4	4～6
软钢、黄铜	0.01～0.02 mm	(0.07～0.10)δ	(0.9～0.12)δ	(0.12～0.14)δ	(0.15～0.18)δ
硬钢	0.01～0.05 mm	(0.10～0.17)δ	(0.18～0.25)δ	(0.25～0.27)δ	(0.27～0.29)δ
磷青铜	0.01～0.04 mm	(0.08～0.12)δ	(0.11～0.14)δ	(0.14～0.17)δ	(0.18～0.20)δ
铝及铝合金(软)	0.01～0.03 mm	(0.08～0.12)δ	(0.11～0.12)δ	(0.11～0.12)δ	(0.11～0.12)δ
铝及铝合金(硬)	0.01～0.03 mm	(0.10～0.14)δ	(0.13～0.14)δ	(0.13～0.14)δ	(0.13～0.14)δ

3. 凸、凹模刃口尺寸的确定

在冲裁件尺寸的测量和使用中,都是以光亮带的尺寸为基准的。落料件的光亮带是因凹模刃口挤切板料而产生的,而冲孔件的光亮带是因凸模刃口挤切板料而产生的。故计算刃口尺寸时，应按落料和冲孔两种情况分别进行。

设计落料模时，应先按落料件确定凹模刃口尺寸，以凹模作为设计基准，然后根据间隙确定凸模尺寸（即通过缩小凸模刃口尺寸来保证间隙值）。

设计冲孔模时，应先按冲孔件确定凸模刃口尺寸，以凸模刃口作为设计基准，然后根据间隙确定凹模尺寸（即通过扩大凹模刃口尺寸来保证间隙值）。

冲模在工作过程中必然有磨损，落料件尺寸会随凹模刃口的磨损而增大，而冲孔件尺寸则会随凸模刃口的磨损而减小。为了保证零件的尺寸，并延长模具的使用寿命，落料凹模公称尺寸应取工件尺寸公差范围内的最小尺寸，而冲孔凸模公称尺寸应取工件尺寸公差范围内的最大尺寸。

4. 冲裁力的计算

冲裁力是选用冲床吨位和检验模具强度的一个重要依据。冲裁力计算准确，有利于设备潜力的发挥；冲裁力计算不准确，有可能使设备超载而损坏，造成严重事故。

平刃冲模的冲裁力按下式计算：

$$P=KL\delta\tau$$

式中：P 为冲裁力（N）；L 为冲裁周边长度（mm）；δ 为坯料厚度（mm）；K 为系数，常取 $K=1.3$；τ 为材料抗剪强度（MPa），可查有关手册确定，或取 $\tau=0.8R_m$。

5. 冲裁件的排样

排样是指在板料上合理布置落料件的方法。排样合理可使废料最少，板料利用率最大。

落料件的排样方式按是否有废料分为两种。

（1）有搭边排样　有搭边排样即是在各个落料件之间均留有一定尺寸的搭边的排样方式（图 8.4a～c）。其优点是毛刺小，而且在同一个平面上，落料件尺寸准确，品质较高，但这样排样时板料消耗量大。

（2）无搭边排样　无搭边排样是用落料件的一个边作为另一个落料件的边的排样方式（图 8.4d）。这样排样板料利用率很高，但毛刺不在同一个平面上，而且尺寸不够准确，故这种排样方式只有在对落料件品质要求不高时才采用。

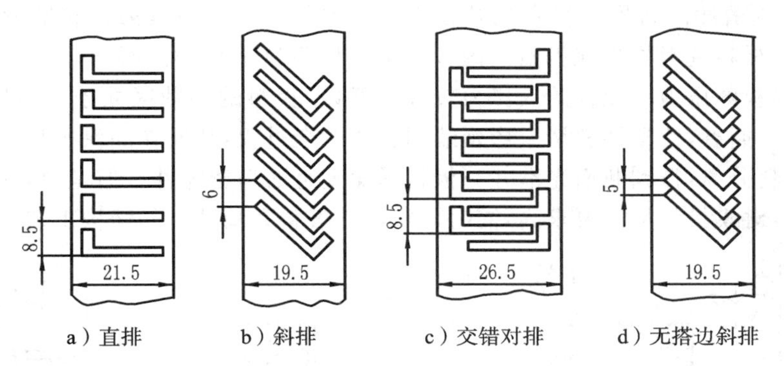

图 8.4　同一落料件的四种排样方式

此外，落料件的排样方式还可以按其他的分类方法分为多种。

如图 8.4 所示，L 形的落料件有四种排样方式，采用不同排样方式时所需板料的量也不同：直排（图 8.4a）时需要 182.75 mm^2 板料；斜排（图 8.4b）时需要 117 mm^2 板料；交错对排（图 8.4c）时需要 225.25 mm^2 板料；无搭边斜排（图 8.4d）时需要 97.5 mm^2 板料。显然，采用图 8.4d所示排样方式时材料利用率最高。

6. 冲裁件的修整

修整是利用修整模沿冲裁件外缘或内孔刮削一薄层金属，以切掉冲裁件切断面上存留的剪裂带和毛刺，提高冲裁件的尺寸精度和降低其表面粗糙度的一种工艺，如图 8.5 所示。

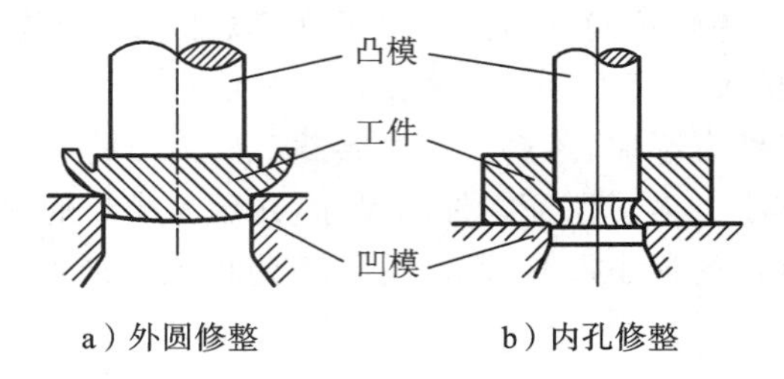

a）外圆修整　　b）内孔修整

图 8.5　修整

修整时应合理确定修整余量及修整次数。外缘修整模的凸、凹模间隙，单边取 0.001～0.01 mm。修整后冲裁件公差等级可达 IT6～IT7，表面粗糙度 Ra＝1.6～0.8 μm。

8.1.2　精密冲裁

普通冲裁件切断面品质较差，精度等级低于 IT11，表面粗糙度 Ra＝25～12.5 μm，只能满足一般产品的使用要求。利用修整工艺可以提高冲裁件的品质，但生产率低，不能适应大批量生产的要求。在生产中采用精密冲裁工艺，可以直接获得公差等级高(IT6～IT8 级)、表面粗糙度低(Ra＝0.8～0.4 μm)的精密零件，同时可以提高生产率，满足精密零件批量生产的要求。精密冲裁(俗称精冲)方法有修整、光洁冲裁、负间隙冲裁及齿圈压板冲裁等多种。精冲件品质好、生产率高，广泛应用于精密零件批量生产。

精密冲裁是在专用(三动)压力机上进行。在凸模接触板料之前，通过压力将带齿压板压紧在凸模上，以防止板料在剪切区内被撕裂和阻止金属横向流动。在将凸模压入材料的同时，利用顶杆的反压力将材料压紧，在冲裁力作用下进行冲裁。图 8.6a 所示的是带齿压料板精冲落料模的工作结构，它由凸模、凹模、带齿压料板和顶杆组成。与普通冲裁的弹性落料模(图 8.6b、c)相比，该精冲落料模的特别之处在于其压料板上有与模具刃口轮廓近似的齿形凸梗(称齿圈)，能将材料变形局限在齿圈以内。由于凹模刃口带极小的圆角，凸、凹模之间的间隙极小，带齿压料板的压力和顶杆的反压力较大。所以，板料的冲裁区处于三向压应力状态，这样能抑制材料的撕裂，使塑性剪切变形延续到剪切的全过程，从而在确保板料不出现剪切裂纹的同时实现板料分离，得到断面光滑并与板料平面垂直的精密零件。但是，精密冲裁需要专用的精冲压力机，对模具的加工要求高，同时对精冲件板料和精冲件的结构工艺性有一定要求。

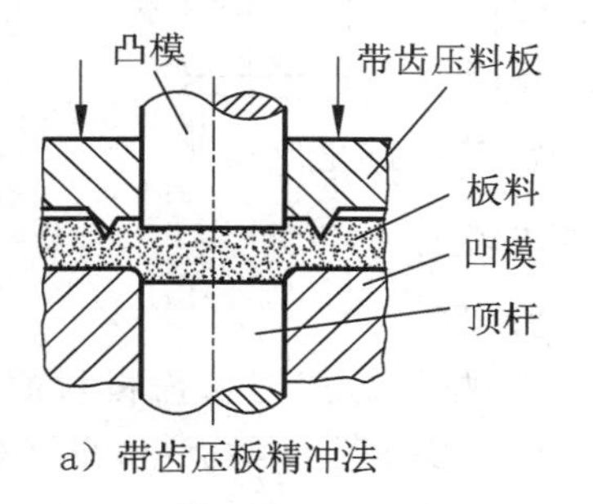

a）带齿压板精冲法

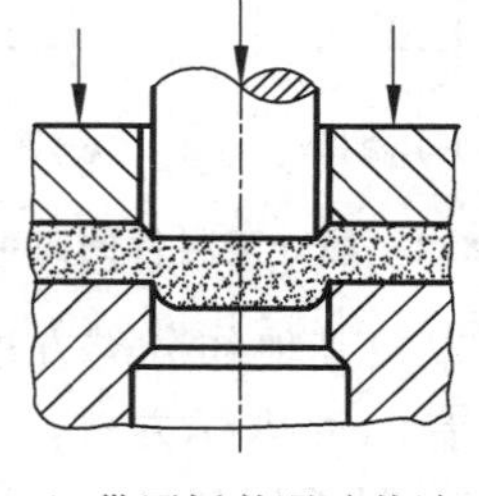

b）带压板普通冲裁法

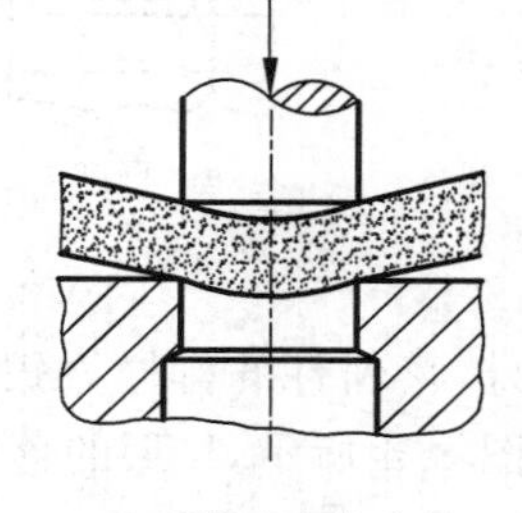

c）普通冲裁法

图 8.6　精密冲裁与普通冲裁所用模具的比较

8.1.3　冲模的分类和构造

冲模在冲压生产中是必不可少的。冲模结构合理与否对冲压件品质、冲压生产的效率及模具寿命都有很大的影响。冲模基本上可分为简单冲模、连续冲模和复合冲模三种。

1. 简单冲模

冲床滑块在一次行程中只完成一个冲裁工序的冲模，称为简单冲模，或称单工序模，如图 8.7 所示。简单冲模只有一个凸模和一个凹模，要求凸模与凹模同轴，刃口锋利并保持合理间隙。凹模用压板固定在下模板上，下模板用螺栓固定在冲床的工作台上；凸模用压板固定在上模板上，上模板则通过模柄与冲床的滑块连接，凸模可随滑块做上下运动。为了使凸模能向下运动并能对准凹模孔，同时使凸、凹模之间的间隙均匀，通常采用导柱和导套。板料在凹模上，沿导板被送进，直至碰到定位销为止。凸模向下冲压时，冲下的零件（或废料）进入凹模孔，而板料则夹住凸模并随凸模一起向上运动（回程）。板料碰到卸料板（固定在凹模上）时被推下，然后继续被送进。重复上述动作，冲下第二个零件。简单冲模结构简单，模具成本低，适合于形状不太复杂的中小零件的批量生产。

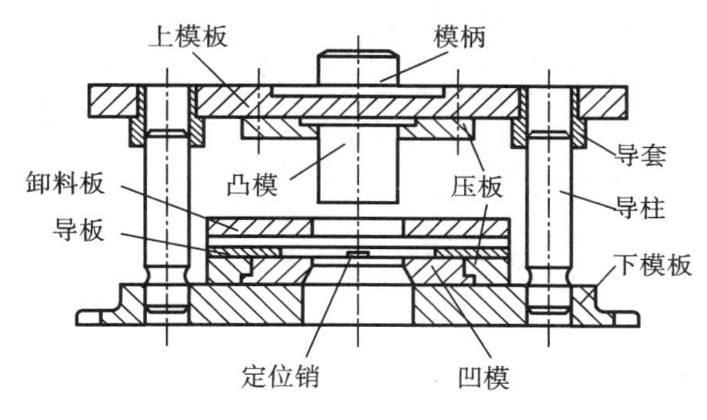

图 8.7　简单冲模

2. 连续冲模

在冲床的一次冲程中，可在不同部位同时完成数道冲压工序的模具称为连续冲模（图 8.8）。工作时，定位销对准预先冲出的定位孔，上模向下运动，凸模进行冲孔。当上模回程时，

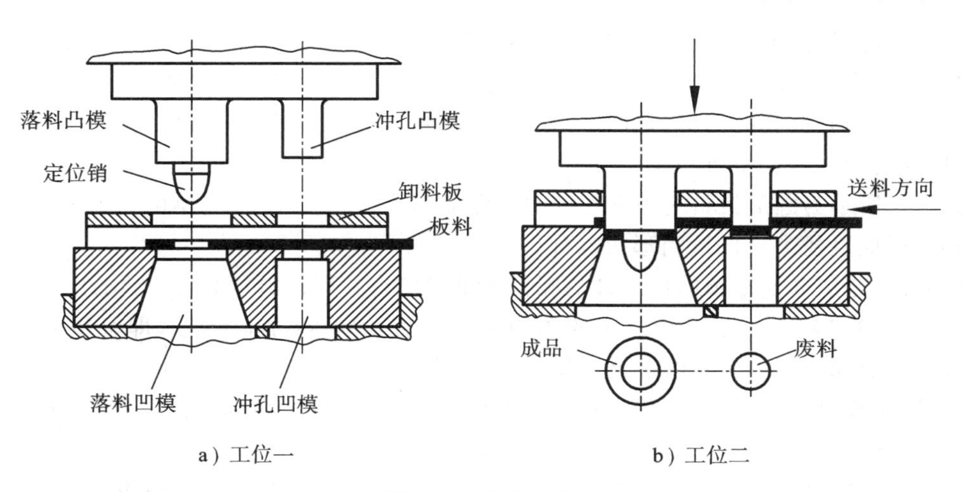

a）工位一　　b）工位二

图 8.8　连续冲模

卸料板从凸模上推下残料。这时再将板料向前送进,进行第二次冲裁。如此循环进行,每次送进距离由挡料销控制。连续冲模适用于成批生产冲压件。

3. 复合冲模

在冲床的一次冲程中,可在同一部位同时完成数道冲压工序的模具,称为复合冲模(图8.9)。复合冲模的最大特点是模具中有一个凸凹模。凸凹模的外圆是落料凸模刃口,内孔则为拉深凹模。当滑块带着凸凹模向下运动时,板料首先在凸凹模和落料凹模中落料,落料件被下模当中的拉深凸模顶住。滑块继续向下运动时,凸凹模随之向下运动进行拉深。在滑块的回程中,推件板和顶板将拉深件推出模具。复合冲模适用于精度高的冲压件的批量生产。

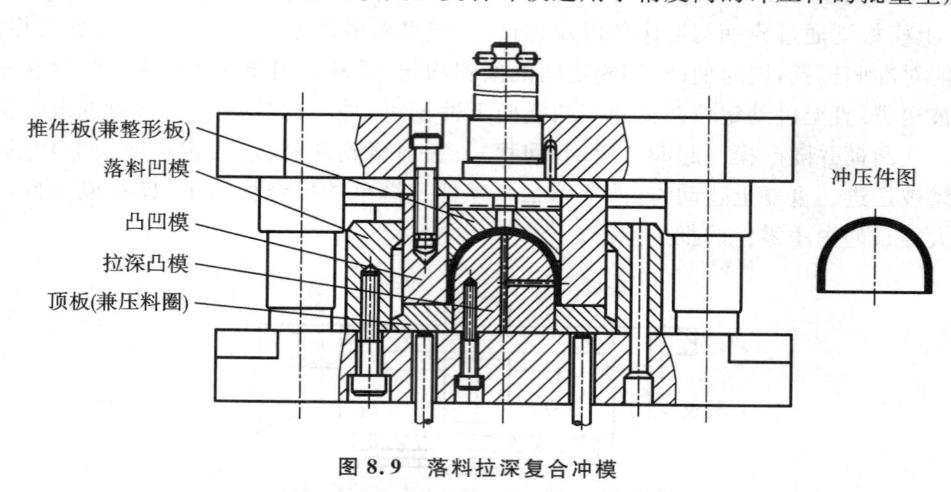

图 8.9　落料拉深复合冲模

8.2　成形工序

成形工序是使坯料的一部分相对另一部分产生位移而不破裂的工序,如拉深、弯曲、翻边、胀形、旋压等。

8.2.1　拉深

拉深是利用拉深模使板料变成开口空心件的冲压工序。利用拉深工序可以制成筒形、阶梯形、盒形、球形、锥形及其他复杂形状的薄壁零件。与冲裁模不同,拉深凸模、凹模都具有一定的圆角而不具有锋利的刃口,它们之间的单边间隙一般稍大于板料厚度。

1. 拉深变形过程及特点

图 8.10 所示为圆形板料变为筒形件的拉深变形过程。直径为 D、厚度为 t 的圆形板料经过拉深后,形成直径为 d 的圆筒形拉深件(图 8.10a)。

圆形板料是怎样变成圆筒拉深件的呢?如果我们将圆形板料(图 8.10b)的扇形阴影部分切去,将留下的许多狭条沿直径为 d 的圆周弯折成直角状,再加以焊接,即可得到一个圆筒件。然而,在拉深过程中板料的多余金属(扇形阴影部分)并没有被切掉,而是发生塑性流动而向邻近位置转移,即当凸模逐渐将板料压入凹模洞口时,板料法兰部分的宽度不断缩小,而筒壁高度不断增大。

为了说明金属的流动过程,可进行如下试验:在圆形板料上画许多间隔相等的同心圆和分度相等的辐射线,这些同心圆和辐射线组成网格(图 8.10c)。拉深后,在圆筒形件底部的网格

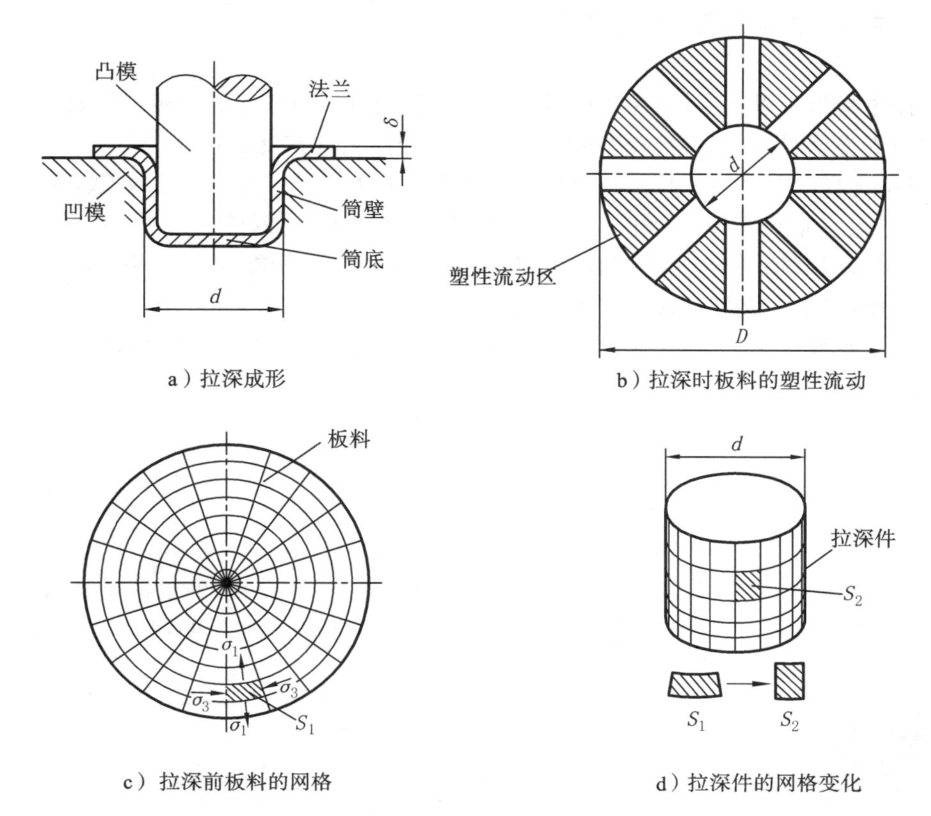

a）拉深成形

b）拉深时板料的塑性流动

c）拉深前板料的网格

d）拉深件的网格变化

图 8.10　拉深变形过程

基本保持原来的形状，而在筒壁部分的网格则发生了很大的变化。原来的同心圆变为筒壁上的水平圆筒线，而且其间距从底部向上逐渐增大，愈靠上部增大愈多；原来的辐射线变成了筒壁上的竖直平行线，其间距完全相等，如图 8.10d 所示。

如果在板料中取一个小单元体进行分析，即可发现它在拉深前是扇环形 S_1，而拉深后则变成了矩形 S_2。其原因是：在拉深过程中金属内部的相互作用，使各个金属小单元体之间产生了内应力，即金属小单元体沿径向受拉应力 σ_1（使板料沿径向伸长），沿切向受压应力 σ_3（使板料沿圆周切向压缩）。在这两种应力的共同作用下，法兰区的材料发生塑性变形和转移，不断被拉入凹模内，最终形成圆筒形零件。

由此可见，板料在拉深过程中，变形主要集中在凹模顶面上的法兰部分。当凸模继续下压时，筒底部分基本不变，法兰部分继续转变为筒壁，使筒壁高度逐渐增大，而法兰部分宽度逐渐减小，直至法兰全部变为筒壁（当拉深件为无法兰边的直壁圆筒件时）。可以说，拉深过程就是法兰部分逐步转变为筒壁的过程。

通过拉深变形过程分析可看出，拉深变形具有以下特点：

①变形区在板料的法兰部分，其他部分是传力区；

②板料变形是在切向压应力和径向拉应力的作用下产生的切向压缩变形和径向伸长变形的综合。

③拉深时，金属材料产生塑性流动，板料直径越大，拉深后筒形直径越小，则其变形程度就越大。

2. 拉深中常见的缺陷及其防止措施

1)拉裂

从拉深过程中可以看到,拉深件中最危险的部位是直壁与底部的过渡圆角处,当拉应力超过材料的屈服强度时,此处将被拉裂(图 8.11)。防止拉裂的措施是:

(1)正确选择拉深系数。拉深件直径 d 与坯料直径 D 的比值称为拉深系数,用 m 表示,即 $m=d/D$。它是衡量拉深变形程度的指标。拉深系数越小,拉深件直径越小,则变形程度越大,板料被拉入凹模越困难,因此越容易产生拉裂。一般拉深系数为 0.5～0.8,对于塑性差的板料取上限值,对于塑性好的板料取下限值。

如果拉深系数过小,不能一次拉深成形,可采用多次拉深工艺(图 8.12),且有:

$$m_1=d_1/D$$

$$m_2=d_2/d_1$$

$$\vdots$$

$$m_n=d_n/d_{n-1}$$

$$m_{总}=m_1 m_2 \cdots m_n=d_n/D$$

式中:$m_1,m_2,\cdots m_n$分别为第 1,2,…n 次拉深时的拉深系数;$m_{总}$为总的拉深系数;D 为毛坯直径(mm);$d_1,d_2,\cdots,d_{n-1},d_n$分别为第 1,2,…,$n-1$,$n$ 次拉深后的平均直径(mm)。

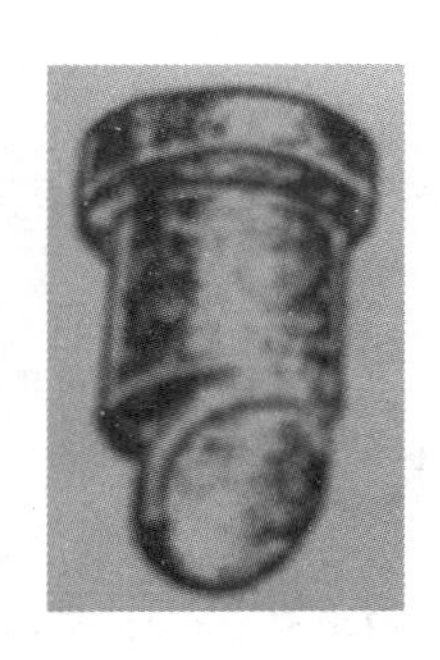

图 8.11　拉裂

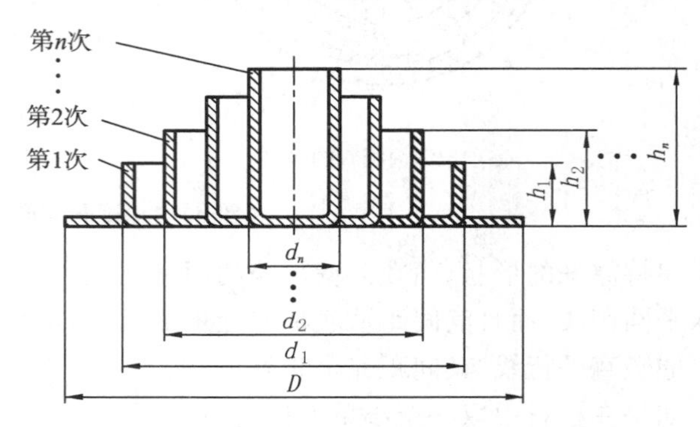

图 8.12　多次拉深时圆筒直径的变化

在多次拉深过程中,必然会产生加工硬化现象。为了保证坯料具有足够的塑性,进行一两次拉深后,应安排工序间的退火处理。此外,在多次拉深中,拉深系数应一次比一次略大,确保拉深件品质,并保证生产顺利进行。

(2)合理设计拉深凸、凹模的圆角半径。设凸、凹模的圆角半径为 r,板料的材质为钢,厚度为 δ,则 $r_{凹}=10\delta$,而 $r_{凸}=(0.6\sim1)r_{凹}$。若这两个圆角半径过小,则工件容易被拉裂。

(3)合理设计凸、凹模的间隙。一般取凸、凹模间隙 $z=(1.1\sim1.2)\delta$,比冲裁模的间隙大。间隙过小,模具与拉深件间的摩擦力增大,容易拉裂工件,擦伤工件表面,缩短模具寿命;间隙过大,又容易使拉深件起皱,影响拉深件的精度。

(4)注意润滑。拉深时通常要在凹模与坯料的接触面上涂敷润滑剂,以利坯料向内滑动,减小摩擦,降低拉深件壁部的拉应力,减少模具的磨损,以防止拉裂。

2)起皱

拉深过程中另一种常见的缺陷是起皱(图 8.13)。拉深时,法兰处受压应力作用而增厚,当拉深变形程度较大、压应力较大、板料又比较薄时,法兰部分板料会因失稳而拱起,产生起皱现象,严重时板料甚至会被拉断而造成工件报废。即便轻微起皱时法兰部分可勉强通过间隙,但因在产品侧壁会留下起皱痕迹，产品品质也会受到影响。因此，在拉深过程中不允许出现起皱现象。起皱缺陷可采用设置压边圈的方法来防止(图 8.14)，也可通过增大毛坯的相对厚度或拉深系数的途径来防止。

图 8.13　起皱的拉深件

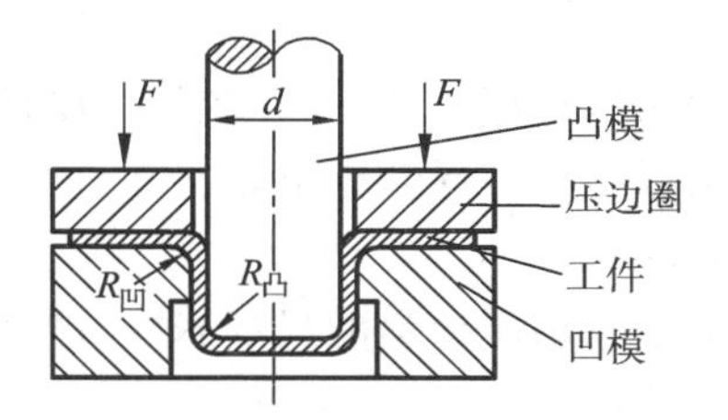

图 8.14　有压边圈的拉深

3. 板料尺寸及拉深力的确定

板料尺寸计算按拉深前后表面积不变的原则进行。首先，把拉深件划分成若干个容易计算的部分，分别求出各部分的表面积；然后，求出各部分表面积之和，得到所需板料的总表面积；最后求出板料直径。应结合拉深件所需的拉深力来选择设备，设备吨位应比所需的拉深力大。对于圆筒件，最大拉深力可按下式计算：

$$F_{max}=3(R_m+R_{eH})(D-d-r_{凹})\delta$$

式中：F_{max}为最大拉深力(N)；σ_b为材料的抗拉强度(MPa)；R_{eH}为材料的上屈服强度(MPa)；D为板料直径(mm)；d为拉深凹模直径(mm)；$r_{凹}$为拉深凹模圆角半径(mm)；δ为板料厚度(mm)。

8.2.2　弯曲

1. 板料弯曲的特点

弯曲是将板料弯成一定角度、一定曲率而形成一定形状零件的工序(图 8.15)。弯曲时，板料内侧受压缩，外侧受拉伸，当外侧拉应力超过板料的抗拉强度时，即会造成板料破裂。板料厚度 δ 越大，内弯曲半径 r 越小，则压缩及拉伸应力越大，越容易产生破裂现象。为防止板料破裂，弯曲的最小半径 r_{min} 应为(0.25～1)δ。若板料塑性好，则弯曲半径可小些。

弯曲时还应尽可能使弯曲线与板料纤维方向垂直(图 8.16a)。若弯曲线与纤维方向一致，则板料容易破裂(图 8.16b)；可通过增大最小弯曲半径来避免破裂。

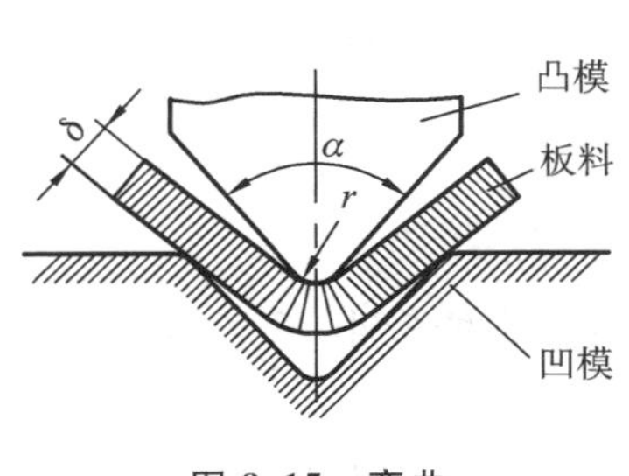

图 8.15　弯曲

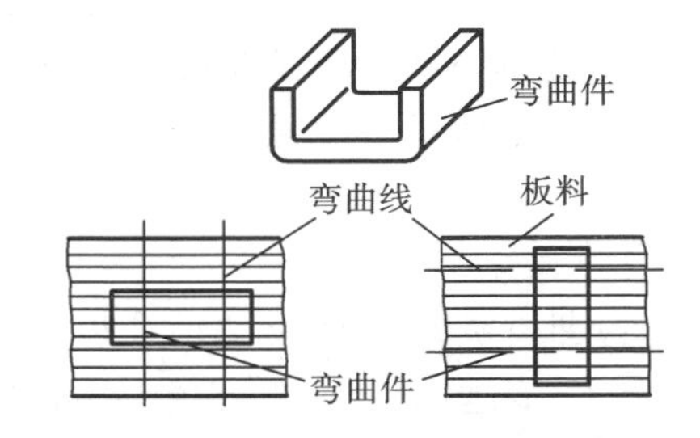

图 8.16　弯曲时的纤维方向

2. 弯曲件的回弹

在弯曲结束后，由于弹性变形的回复，板料略有回弹，弯曲后形成的角度增大，此现象称为回弹现象。一般回弹角为 0°～10°。因此,在设计弯曲模时必须使模具的角度比成品的角度小一个回弹角,以便在弯曲后得到准确的弯曲角度。

8.2.3　其他冲压成形工序

除弯曲和拉深以外,冲压成形工序还包括胀形、翻边、缩口和旋压等。这些成形工序的共同特点是板料只有局部变形。

1. 胀形

胀形主要用于板料的局部胀形(或称起伏成形),如压制凹坑、加强肋、起伏形的花纹及标记等。另外,管形料的胀形(如波纹管)、板料的拉形等,均属胀形工艺。

胀形时,板料的塑性变形局限在一个固定的变形区之内,通常没有外来材料进入变形区。变形区内板料的变形主要是通过减薄壁厚、增大局部表面积来实现的。

胀形的极限变形程度主要取决于板料的塑性。板料的塑性越好,可能达到的极限变形程度就越大。

由于胀形时板料处于两向拉应力状态,变形区的坯料不会产生失稳起皱现象,因此,冲压成形的零件表面光滑,品质好。胀形所用的模具可分为刚模和软模两类。软模胀形时板料的变形比较均匀,容易保证零件的精度,便于成形复杂的空心零件,所以在生产中应用广泛。用软凸模胀形的两种形式如图 8.17 所示。

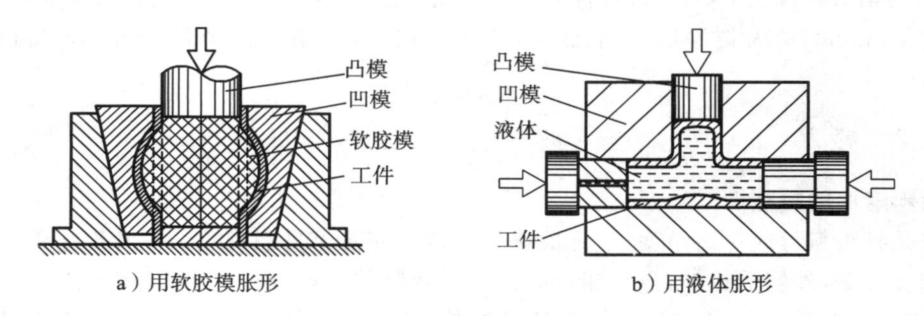

a) 用软胶模胀形　　b) 用液体胀形

图 8.17　用软凸模胀形

2. 翻边

翻边是使材料的平面部分或曲面部分上沿一定的曲率翻成竖立边缘的冲压成形工艺,根据零件边缘的性质和应力状态的不同可分为内孔翻边(图 8.18)和外缘翻边。

圆孔翻边的主要变形是坯料的切向和径向拉伸,越接近孔边缘变形越大。因此,圆孔翻边的缺陷往往是边缘拉裂。翻边破裂的条件取决于变形程度的大小。圆孔变形程度可用下式表示:

$$K_0 = d_0/d$$

式中:K_0 为翻边系数;d_0 为翻边前孔径(mm);d 为翻边后孔径(mm)。

显然,K_0 值越小,变形程度越大。翻边时孔边不破裂所能达到的最小 K_0 值,称为极限翻边系数。对于镀锡铁皮,K_0 为 0.65～0.7;对于酸洗钢板,K_0 为 0.68～0.72。

当零件所需的法兰较高、一次翻边成形有困难时,可采用先拉深、后冲孔(按 K_0 计算得到的容许孔径)、再翻边的工艺来实现。

3. 旋压

图 8.19 所示是用圆头擀棒进行旋压的过程(虚线表示块料的连续位置)。顶块把块料压

紧在模具上，机床主轴带动模具和块料一同旋转，手工操作擀棒加压于块料，反复压辗，使块料逐渐贴在模具上而成形。旋压的基本要点是：

(1)采用合理的转速。主轴如果转速太低，板料将不稳定；如果转速太高，则板料容易被过度辗薄。一般，对于低碳钢板料合理转速为 400～600 r/min，对于铝板料合理转速为 800～1 200 r/min。当块料直径较大，厚度较薄时取下限，反之则取上限。

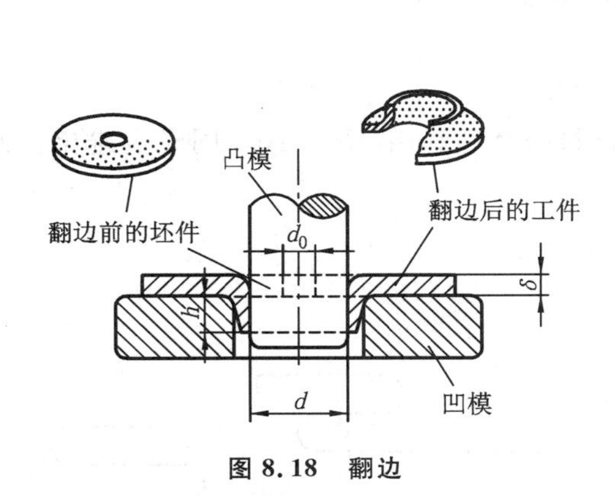

图 8.18　翻边

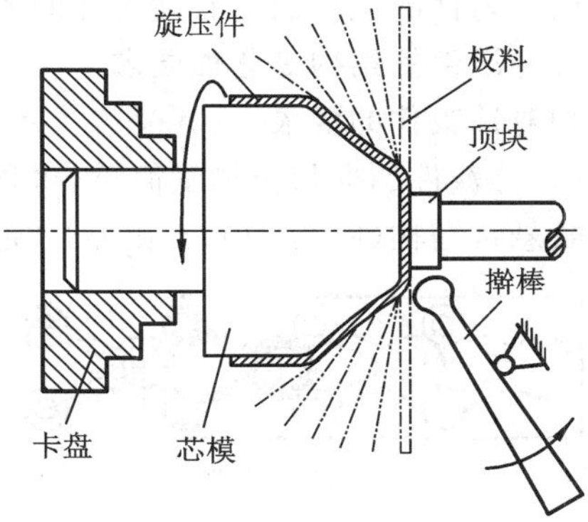

图 8.19　用圆头擀棒进行旋压成形

(2)设计合理的过渡形状。先从块料的内缘(即靠近芯模底部圆角半径)开始，由内向外起辗，逐渐使块料转为浅锥形，然后再由浅锥形向圆筒形过渡。

(3)合理加力。擀棒的加力一般凭经验控制，加力不能太大，否则容易起皱；同时，擀棒的着力点必须不断转移，使块料均匀延伸。

旋压成形虽然是局部成形，但是，如果块料的变形量过大，也易产生起皱甚至破裂缺陷，所以，变形量大的旋压件需要多次旋压成形。对于圆筒旋压件，旋压成形的变形程度可用旋压系数 m 表示，即

$$m=d/D$$

式中：d 为旋压件直径(mm)；D 为板料直径(mm)。

m 一般为 0.6～0.8 相对厚度较小时取上限，反之则取下限。毛坯直径可按等面积法求出，因旋压材料变薄，所以应将计算值减小 5%～7%。

由于旋压件加工硬化严重，多次旋压时必须经过中间退火。

旋压成形主要用于各类回转体，如灯罩、压力锅体、气瓶、导弹壳体及封头等。

以上几种成形工序中：胀形和内孔翻边属于伸长类成形，可因拉应变过大而产生拉裂破坏；缩口和外缘翻边属于压缩类成形，可因坯料失稳起皱而失败；旋压的变形特点又与上述各工序有所不同。因此，在制订工艺和设计模具时，一定要根据不同的成形特点，确定合理的工艺参数。

8.3　冲压件的设计

冲压件的设计不仅应保证其具有良好的使用性能，而且也应确保其具有良好的工艺性能，以减少材料的消耗、延长模具寿命、提高生产率、降低成本及保证冲压件质量等。

8.3.1　分析冲压件的结构工艺性

冲压件的结构工艺性是指冲压件的形状、尺寸等结构要素要满足冲压工艺的要求。冲压件的结构工艺性越好，冲压件的加工成本越低，质量越容易得到保证。冲压件结构工艺性良好，则零件在满足使用要求的前提下，能以最简单、最经济的冲压方式被加工出来。影响冲压件结构工艺性的主要因素有冲压件的形状、尺寸、精度及材料等。

1. 冲压件的结构工艺性要求

1)对冲裁件的要求

(1)冲裁件的形状应尽量简单、对称，有利于材料的合理利用(图 8.20)，同时应避免长槽与细长悬臂结构(图 8.21)，否则制造模具困难。

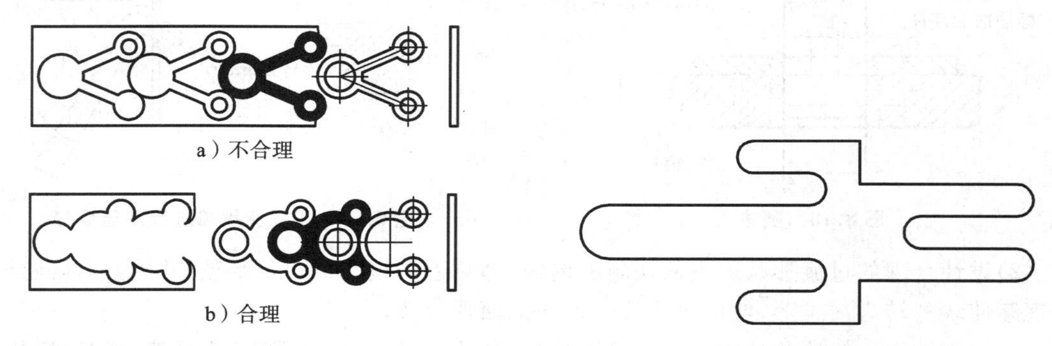

a）不合理

b）合理

图 8.20　零件形状与节约材料的关系　　**图 8.21　不合理的落料件外形**

(2)冲裁件的内、外转角处应以圆弧连接，尽量避免尖角，尖角处会产生应力集中现象，因而易被冲模冲裂。冲裁件最小圆角半径的选取如表 8.2 所示。

表 8.2　落料件、冲孔件的最小圆角半径

工序	圆弧角	最小圆角半径 R		
		黄铜、紫铜、铝	低碳钢	合金钢
落料	$\alpha\geqslant 90^\circ$	0.18δ	0.25δ	0.35δ
	$\alpha<90^\circ$	0.35δ	0.50δ	0.70δ
冲孔	$\alpha\geqslant 90^\circ$	0.20δ	0.30δ	0.45δ
	$\alpha<90^\circ$	0.408δ	0.60δ	0.90δ

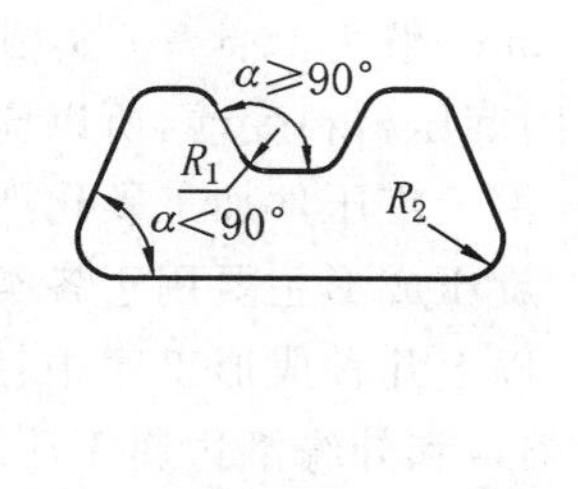

注：δ 为板料厚度(mm)。

(3)为避免冲裁件变形，孔间距、孔边距以及外缘凸出或凹进的尺寸都不能过小，如图8.22 所示。冲孔时，因受凸模强度的限制，孔的尺寸也不应太小。在弯曲件或拉伸件上冲孔时，孔边与直壁之间应保持一定距离。

2)对弯曲件的要求

(1)弯曲件形状应尽量对称，弯曲半径不能小于材料允许的最小弯曲半径，弯曲方向应垂直于板料纤维方向，以免成形过程中弯裂。

(2)弯曲边过短不易成形，故应使弯曲边高度 $H>2\delta$(δ 为板厚)。若 $H<2\delta$，则必须压槽

(图 8.23)或增加弯曲边高度,然后加工去掉增加的部分。

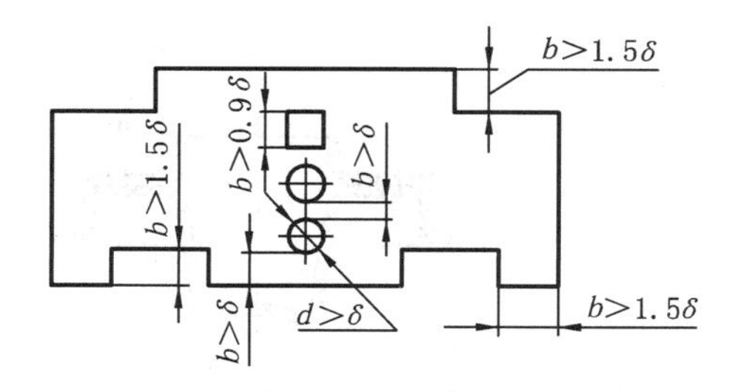

图 8.22　冲孔件尺寸与厚度的关系

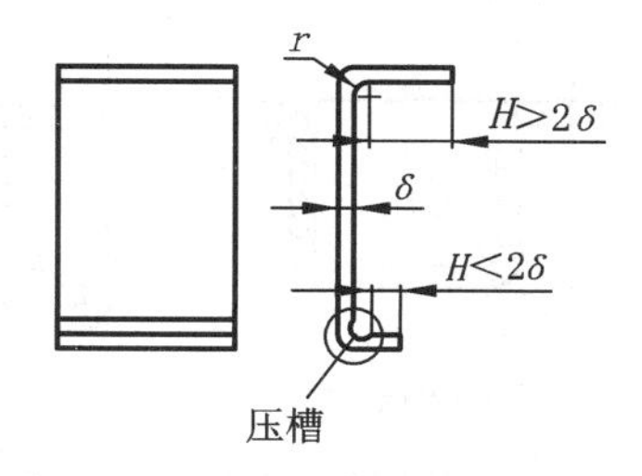

图 8.23　弯曲件直边高度

(3)弯曲带孔件时,为避免孔的变形,孔边至弯曲中心应有一定的距离 L(图 8.24),$L>(1.5\sim2)\delta$。当 L 过小时,可在弯曲线上冲工艺孔(图 8.24b),或开工艺槽(图 8.24c)。如对零件孔的精度要求较高,则应弯曲后再冲孔。

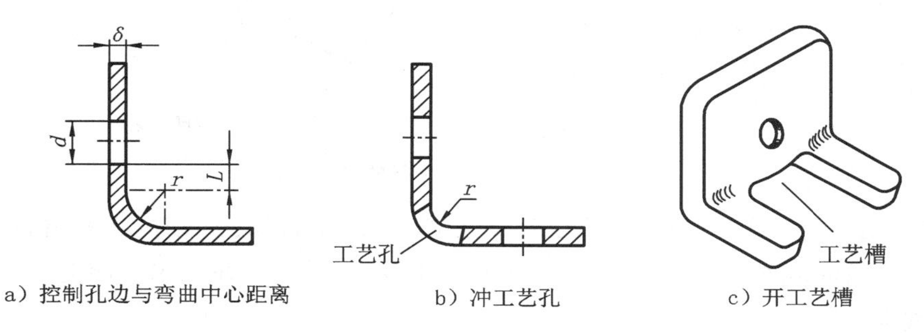

图 8.24　避免弯曲件孔变形的方法

3)对拉深件的要求

(1)外形应简单、对称,且不宜太高,以使拉深次数尽量少,并容易成形。

(2)圆角半径 r_d(图 8.25)应满足条件 $r_d\geqslant\delta$、$R\geqslant2\delta$、$r\geqslant35$ mm,否则应增加整形工序。

(3)壁厚变薄率一般不应超出拉深工艺壁厚变化规律的允许值(最大变薄率为 18%)。

2. 冲压件的精度和表面品质

冲压工艺的一般精度为:落料件尺寸精度不超过 IT10,冲孔件尺寸精度不超过 IT9,弯曲件尺寸精度为 IT9～IT10。拉深件高度尺寸精度为 IT8～IT9,经整形工序后尺寸精度达 IT6～IT7;拉深件直径尺寸精度为 IT9～IT10。

一般冲压件表面品质要求不高于原材料所具有的表面品质。对冲压件的精度要求应恰当,不应超过冲压工艺所能达到的一般精度,并应在满足需要的情况下尽量降低精度要求,以免增加工序,降低生产率,提高成本。

8.3.2　冲压件的结构设计

冲压件的结构设计原则如下:

(1)尽量采用冲焊结构。对于形状复杂的冲压件,可先分别冲制若干个简单件,然后再焊成整体件(图 8.26)。

(2)尽量采用冲口工艺,以减少组合件数量。如图 8.27 所示,原设计用三个件铆接或焊接组合,现采用冲口工艺(冲口、弯曲)制成整体零件,这样可以节省材料,简化工艺过程。

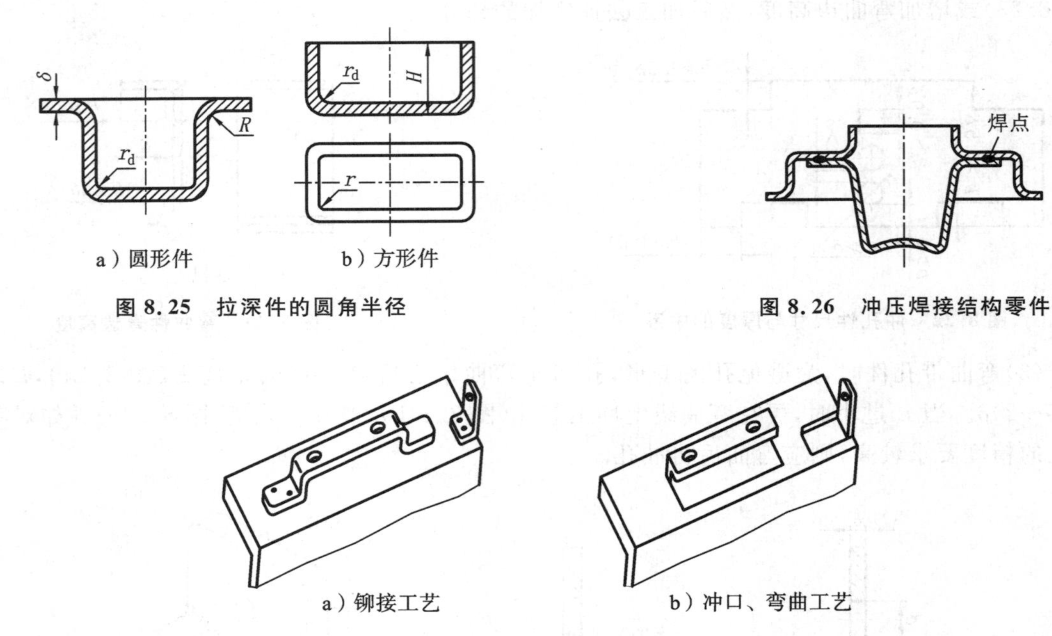

a）圆形件　　b）方形件

图 8.25　拉深件的圆角半径

图 8.26　冲压焊接结构零件

a）铆接工艺　　b）冲口、弯曲工艺

图 8.27　冲口工艺的应用

(3)在使用性能不变的情况下，应尽量简化拉深件结构，以减少工序，节省材料，降低成本。如图 8.28a 所示消声器后盖零件结构，经过改进(图 8.28b)后冲压加工工序由八道减为两道，材料消耗减少 50%。

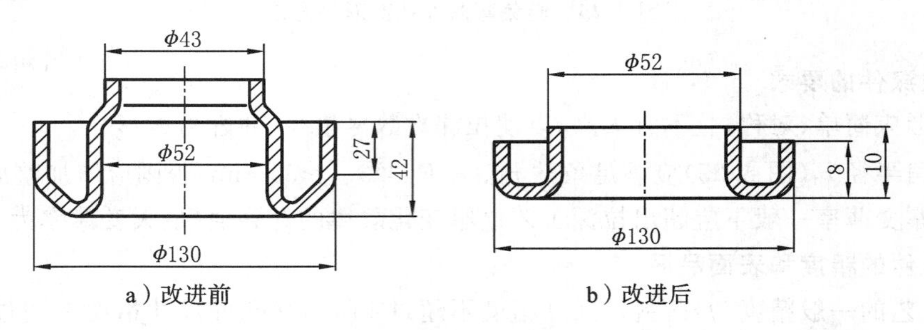

a）改进前　　b）改进后

图 8.28　消声器后盖零件结构

8.4　冲压件工艺规程的制定

冲压件的工艺规程制定就是根据冲压件的特点、生产批量、现有设备和生产能力等制定一种技术上可行、经济上合理的工艺方案，其主要内容如下。

1. 分析冲压件的工艺性

冲压件工艺性分析是指依据前述的冲压件结构工艺性的要求，从技术和经济两个方面对冲压件的形状、尺寸、精度及材料等进行分析，判断其冲压加工的难易程度及可能出现何种质量缺陷。对不合理的结构，要求产品设计部门进行修改优化，以避免由于产品设计不当而造成不必要的经济损失。

2. 拟订冲压工艺方案

冲压件可能采用的不同冲压工艺方案，应从产品质量及批量、生产效率、设备条件、模具制造水平、冲压操作安全性等方面进行综合分析比较，制定适合于具体生产条件、经济合理的最佳冲压工艺方案。在制定冲压工艺方案时，具体要完成以下几项任务。

1)选择冲压基本工序

冲压基本工序主要是根据冲压件的形状、大小、尺寸公差及生产批量确定的。

(1)剪裁和冲裁　剪裁与冲裁都能实现板料的分离。在小批生产中，对于尺寸和尺寸公差大而形状规则的外形板料，可采用剪床剪裁。在大量生产中，对于各种形状的板料和零件通常采用冲裁模冲裁。对于平面度要求较高的零件，应增加校平工序。

(2)弯曲　对于各种弯曲件，在小批生产中常采用手工工具打弯。对于窄长的大型件，可用折弯机压弯。对于批量较大的各种弯曲件，通常采用弯曲模压弯。当弯曲半径太小时，应增加整形工序。

(3)拉深　对于各类空心件，多采用拉深模进行一次或多次拉深成形，最后采用修边工序来达到高度要求。对于批量不大的旋转体空心件，用旋压加工代替拉深更为经济。对于大型空心件的小批生产，当工艺允许时，用铆接或焊接代替拉深更为经济。

2)确定冲压工序顺序

冷冲压的工序顺序主要是根据零件的形状而确定的，确定原则一般如下：

(1)对于有孔或有切口的平板零件，当采用简单冲模冲裁时，一般应先落料，后冲孔(或切口)；当采用连续冲模冲裁时，则应先冲孔(或切口)，后落料。

(2)对于多角弯曲件，当采用简单弯曲模分次弯曲成形时，应先弯外角、后弯内角；当孔位于变形区(或靠近变形区)或孔与基准面有较高的相对位置要求时，必须先弯曲、后冲孔，否则均应先冲孔、后弯曲。这样安排工序可使模具结构简化。

(3)对于旋转体复杂拉深件，一般按由大到小的顺序进行拉深，即先拉深尺寸较大的外形，后拉深尺寸较小的内形；对于非旋转体复杂拉深件，则应先拉深尺寸较小的内形，后拉深尺寸较大的外形。

(4)对于有孔或缺口的拉深件，一般应先拉深、后冲孔(或切口)。对于带底孔的拉深件，有时为了减少拉深次数，当孔径要求不高时，可先冲孔、后拉深。当对底孔要求较高时，一般应先拉深、后冲孔，也可先冲孔、后拉深，再冲切底孔边缘。

(5)校平、整形、切边工序应分别安排在冲裁、弯曲、拉深之后进行。

3)确定工序数目及工序组合

工序数目主要是根据零件的形状与公差要求、工序合并情况、材料极限变形参数(如拉深系数、翻边系数、伸长率、断面缩减率等)来确定的，其中工序合并的必要性主要取决于生产批量。一般在大批量生产中，应尽可能把冲压基本工序组合起来，采用复合模或连续模冲压，以提高生产率，减少劳动量，降低成本；而批量不大时，以采用简单冲模分散冲压为宜。但是，为了满足零件公差的较高要求，保证安全生产，有时批量虽小，也需要把工序适当集中，用复合冲模或连续冲模冲压。工序合并的可能性主要取决于零件尺寸的大小、冲压设备的能力和模具制造的可能性及其使用的可靠性。

在确定冲压工序的同时,还要确定各中间产品的形状和尺寸。

3. 确定模具类型与结构形式

根据确定的冲压工艺方案选用冲模类型,并进一步确定各零件、部件的具体结构形式。同一种模具,其具体结构形式是多种多样的,设计时应根据各类冲模、各种结构形式特点及应用场合,结合冲压件的具体要求和生产实际条件,确定最佳的冲模结构。

4. 选择冲压设备

根据冲压工序的性质选定设备类型,根据冲压工序所需冲压力和模具尺寸的大小来选定冲压设备的技术规格。

5. 编写冲压工艺文件

冲压工艺规程是冲压生产的重要工艺文件,一般以工艺过程卡的形式表示,其内容、格式及填写规则,可参照以下冲压件工艺规程编制的实例。

图 8.29 所示的冲压件为托架,材料为 08 钢板,年产量两万件。

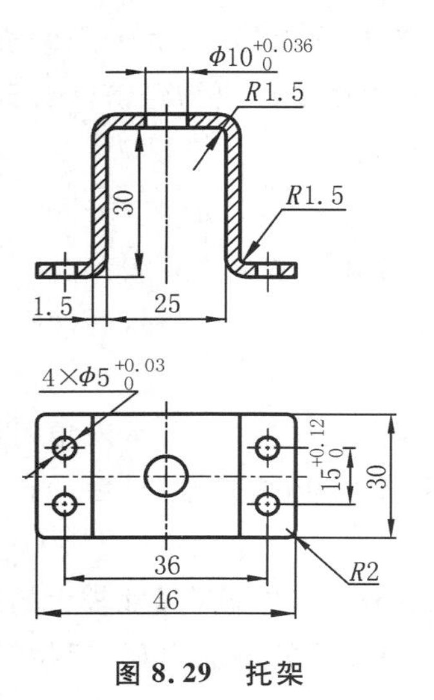

图 8.29　托架

1)工艺分析

托架 $\phi10$ mm 孔内装有芯轴,并通过四个 $\phi5$ mm 孔与机身连接。五个孔的尺寸精度均为 IT9,孔不允许变形,表面不允许有严重划伤。

该冲压件弯曲半径大于最小弯曲半径,各孔也可冲出。因此,可以用冷冲压工艺加工成形。

2)确定工艺方案及模具结构形式

从该冲压件结构形状可知,其所需基本工序为冲孔、落料及弯曲,其中弯曲成形的工艺有如图 8.30 所示的三种方案。

方案一(图 8.30a):先在一副模具上弯外角和 45°顶角,再在另一副模具上将中间顶角弯成 90°。

方案二(图 8.30b):先用一副模具弯外角,再用另一副模具弯中间内角。

方案三(图 8.30c):用一副模具同时弯内、外角。

方案一的优点是:模具结构简单,寿命长,制造周期短,投产快;能实现过弯曲和校正弯曲,因而冲压件的回弹容易控制,尺寸和形状准确,弯曲过程中材料受凸、凹模的阻力小,故冲压件表面品质高;除工序一外,各工序定位基准一致且与设计基准重合;操作方便。缺点是工序分散,需用模具、压力机,操作人员较多,劳动量较大。相应的冲压工序及模具结构如图 8.31 所示。

方案二所用的模具虽然也具有与方案一所用模具相同的优点,但冲压件回弹不易控制,故尺寸和形状不准确,同时该方案也具有与方案一相同的缺点。

方案三的工序比较集中,占用设备和人员少,生产率高,但需要的弯曲力大,模具寿命较短,凸、凹模阻力较大,冲压件表面易刮伤,且其厚度有变薄,回弹不能控制,尺寸和形状不够准确。

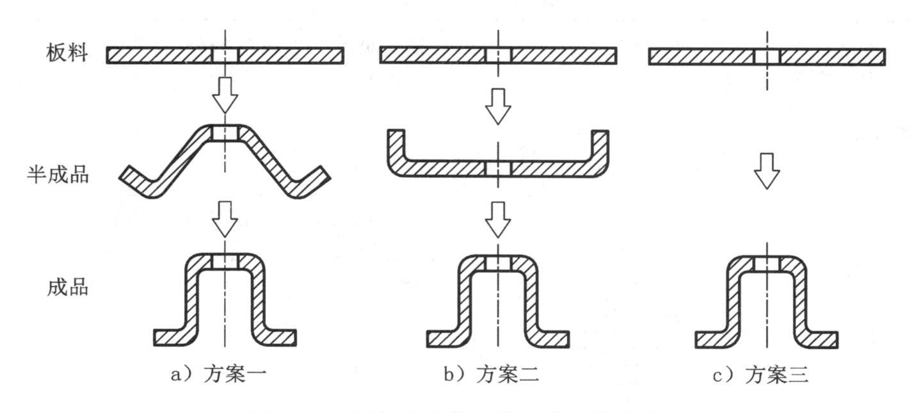

图 8.30　托架弯曲成形的三种工艺方案

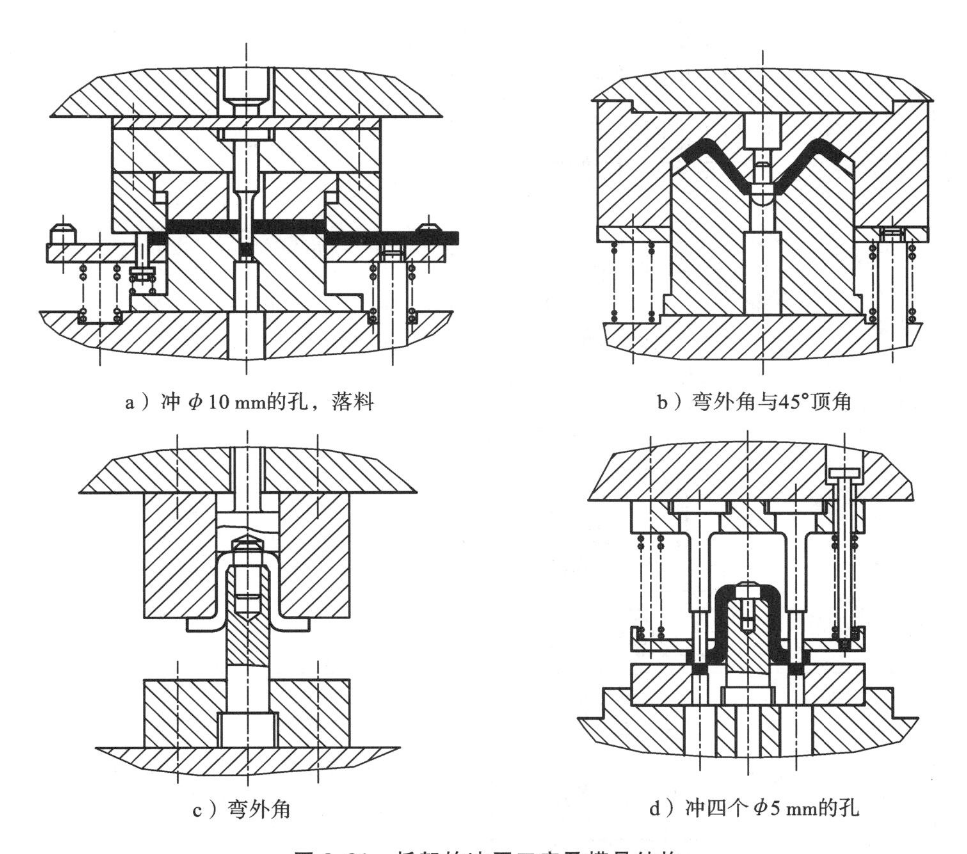

图 8.31　托架的冲压工序及模具结构

综上所述，考虑到冲压件要求较高，批量不大，故在生产中选择了第一种方案。

3)填写冲压工艺卡

将冲压件的产品名称、产品图号、零件图号、材料牌号、工序草图、工装名称、设备及检验要求等技术信息记录到冲压工艺卡(表 8.3)中，作为生产该冲压件的指导性工艺文件。

表 8.3　冲压工艺卡

标　　定		产品名称		冷冲压工艺规程卡	零件名称	托架	年产量	第　页
		产品图号			零件图号		2 万件	共　页
材料牌号及技术条件		08 钢	毛坯形状及尺寸					
工序号	工序名称	工　序　草　图		工装名称及图号	设备吨位/kN	检验要求	备　　注	
1	冲孔落料	产品零件图		冲孔落料连续模	250	按草图检验		
2	首次弯曲			弯曲模	160	按草图检验		
3	二次弯曲			弯曲模	160	按草图检验		
4	冲孔 4×ϕ5			冲孔模	160	按草图检验		

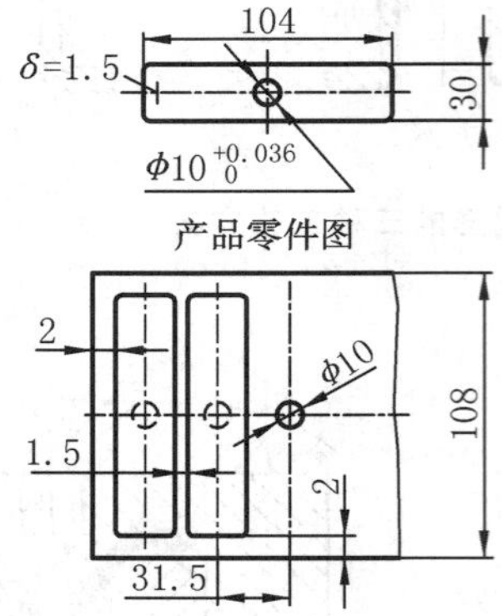

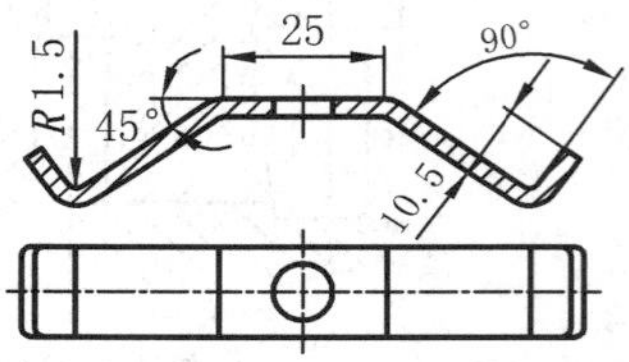

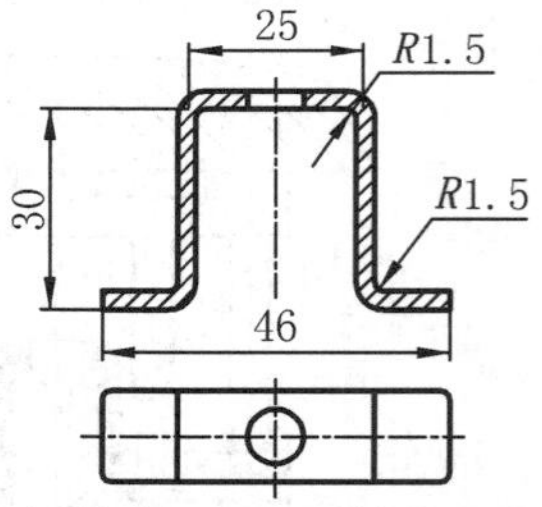

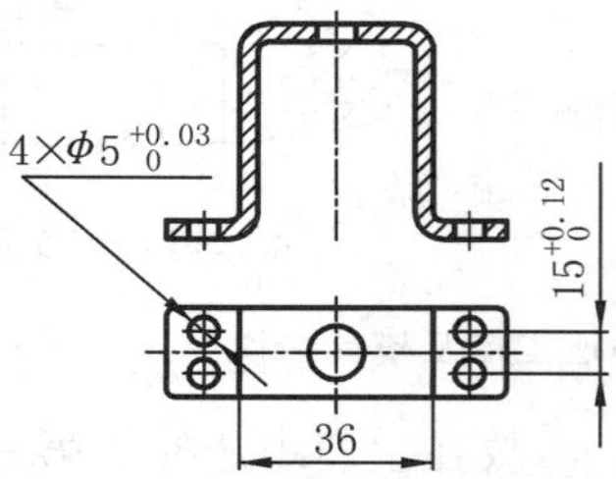

原底图总号		日期	原改标记						编制	校对	核对
			文件号					姓名			
底图总号		签字	签字					签字			
			日期					日期			

复习思考题

(1)板料冲压的特点是什么?

(2)凸、凹模间隙对冲裁件断面品质和尺寸精度有何影响?

(3)用 ϕ50 mm 冲孔模具来生产 ϕ50 mm 落料件能否保证冲压件的尺寸精度? 为什么?

(4)精密冲裁对成形工艺及设备提出了哪些主要的要求? 发展精密冲裁技术有何意义?

(5)拉深圆筒件时易出现什么缺陷? 试从板料受力的角度分析缺陷产生的原因,并提出解决问题的措施。

(6)比较落料和拉深工序的凸、凹模的结构及间隙有什么不同。

(7)试计算拉深系数,确定用 ϕ250 mm×1.5 mm 板料能否一次拉深出 ϕ50 mm 的拉深件。应采取哪些措施才能保证正常生产?

(8)翻边件的法兰高度尺寸较大,一次翻边实现不了时,应采取什么措施?

(9)冲压工艺规程制定的一般步骤有哪些?

(10)试简述下列冲压件的冲压工艺方案:油封内夹圈(图 8.32)、罩壳(图 8.33)和座架(图 8.34)。

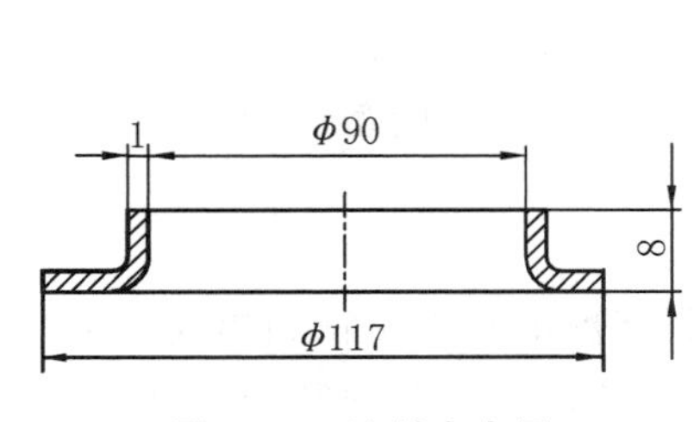

图 8.32　油封内夹圈

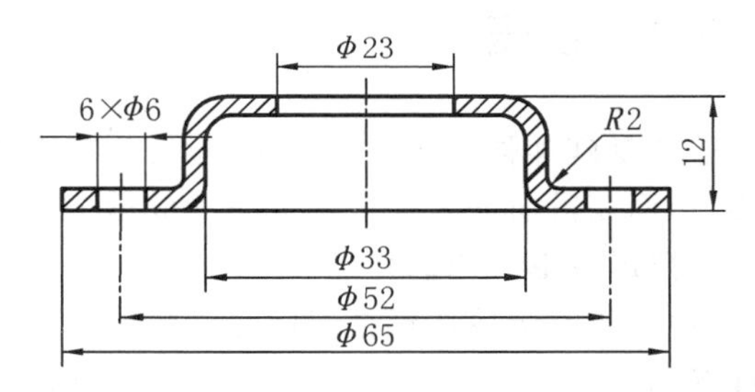

图 8.33　罩壳

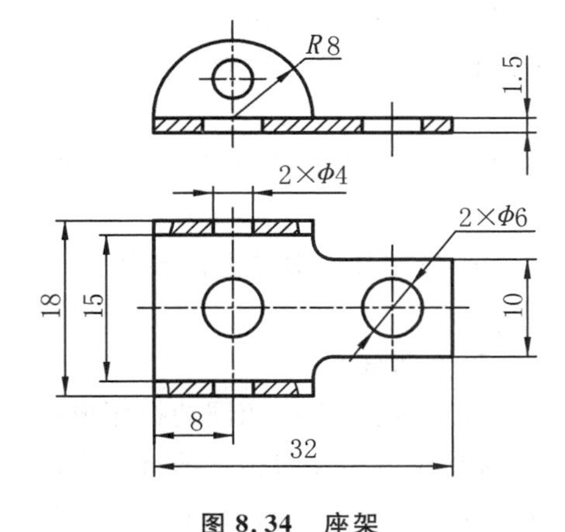

图 8.34　座架

第9章　金属的其他塑性成形工艺

科学技术的不断发展，对压力加工生产提出了越来越高的要求：不仅要生产出各种毛坯，而且还要直接生产出各种形状复杂的零件；不仅要用易变形的材料进行生产，而且还要用难变形的材料进行生产。因此，近年来在压力加工生产中出现了许多新工艺、新技术，如超塑性成形、粉末锻造、挤压、轧制、精密模锻、多向模锻、旋转锻造、电镦成形、液态模锻以及高能高速成形等。这些压力加工新工艺的特点是：

①尽量使锻压件的形状接近零件的形状，达到少无切削加工的目的，从而可以节省原材料和切削加工工作量，同时得到合适的纤维组织，提高零件的力学性能和使用性能；

②具有更高的生产率；

③有利于减小材料变形率，可以在较小的锻压设备上制造出大锻件；

④广泛采用电加热和少氧化、无氧化加热方法，能提高锻压件表面品质，改善劳动条件。

9.1　挤压

挤压是施加强大压力于模具、迫使放在模具内的金属坯料产生定向塑性变形并从模孔中挤出，从而获得所需零件或半成品的成形工艺。

1. 挤压成形工艺的特点

(1)挤压时金属坯料在三向受压状态下变形，因此金属坯料的塑性可得到提高。铝、铜等塑性好的非铁金属可用作挤压件材料，碳钢、合金结构钢、不锈钢及工业纯铁等也可以用挤压工艺成形。在一定的变形条件下，对某些轴承钢甚至高速钢等也可进行挤压。

(2)可以挤压出各种形状复杂，带有深孔、薄壁、异形截面的零件。

(3)零件精度高，表面粗糙度低。一般尺寸精度可达IT6～IT7，表面粗糙度 Ra 可达3.2～0.4 μm。

(4)挤压变形后零件内部的纤维组织是连续的，基本沿零件外形分布而不被切断，从而提高了零件的力学性能。

(5)材料利用率可达70%，生产率比其他锻造方法高几倍。

2. 挤压成形工艺的类型

1)按金属流动方向和凸模运动方向分类

(1)正挤压　金属流动方向与凸模运动方向相同的挤压成形工艺称为正挤压(图9.1)。

(2)反挤压　金属流动方向与凸模运动方向相反的挤压成形工艺称为反挤压(图9.2)。

(3)复合挤压　在挤压过程中，一部分金属的流动方向与凸模运动方向相同，而另一部分流动方向与凸模运动方向相反的挤压成形工艺称为复合挤压(图9.3)。

(4)径向挤压　金属运动方向与凸模运动方向成90°角的挤压成形工艺称为径向挤压(图9.4)。

2)按金属坯料变形温度分类

(1)热挤压　热挤压是指坯料变形温度高于材料的再结晶温度(与锻造温度相同)的挤压

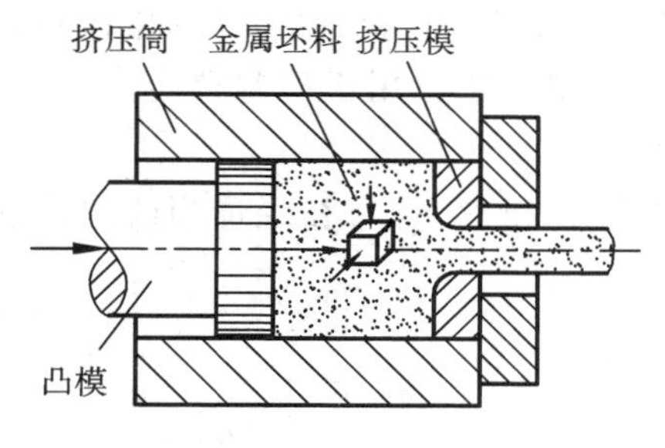

图9.1 正挤压

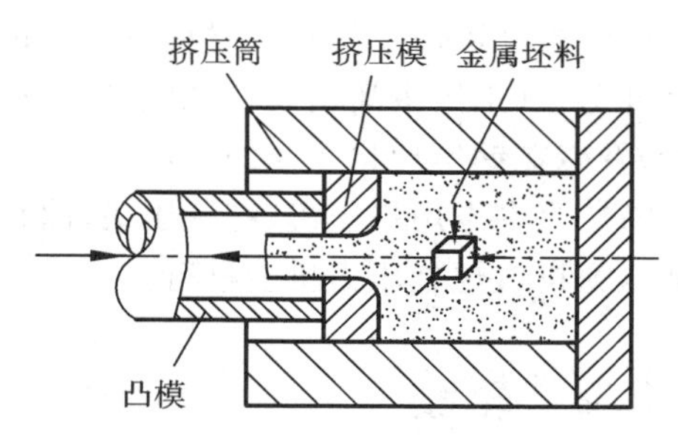

图9.2 反挤压

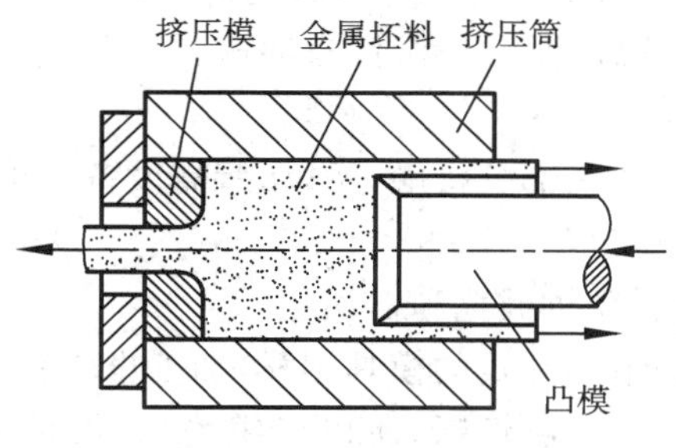

图9.3 复合挤压

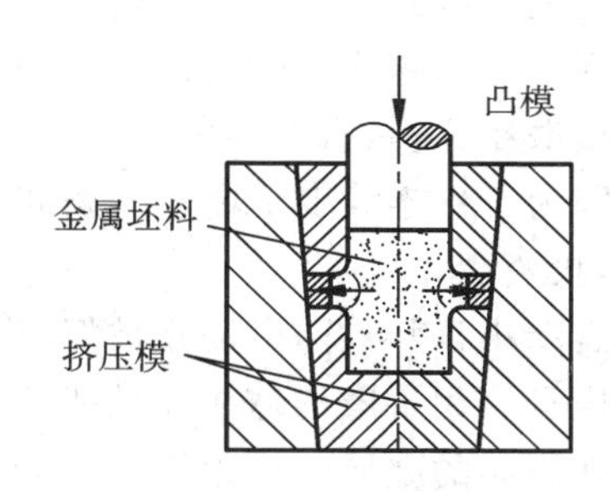

图9.4 径向挤压

成形工艺。热挤压的变形抗力小,允许每次变形程度较大,但产品的表面粗糙。热挤压广泛应用于冶金部门中生产铝、铜、镁及其合金的各种型材,目前,也越来越多地用于机器零件和毛坯的生产。

(2)冷挤压　冷挤压是指坯料变形温度在室温以下的挤压成形工艺。冷挤压的变形抗力比热挤压高得多,但产品的表面光洁,而且产品内部组织为加工硬化组织,从而提高了产品的强度。目前,冷挤压工艺已广泛用于制造机器零件和毛坯。

(3)温挤压　温挤压是指坯料变形温度介于热挤压和冷挤压之间的挤压成形工艺。温挤压是将金属加热到再结晶温度以下的某个合适温度进行挤压。与热挤压相比,坯料氧化脱碳少,表面粗糙度低,产品尺寸精度高。与冷挤压相比,变形抗力小,每个工序中坯料的变形大,模具寿命长,适用的挤压材料品种多。温挤压材料一般无须进行预先软化退火、表面处理和工序间退火。温挤压件精度和力学性能略低于冷挤压件,表面粗糙度 Ra 为 6.3～3.2 μm。温挤压不仅适用于挤压中碳钢零件,而且也适用于挤压合金钢零件。

3)按挤压原理分类

按挤压原理的不同,挤压分为普通挤压和静液挤压。普通挤压即传统挤压方法。静态挤压是利用封闭在挤压筒内的高压液体,使金属坯料产生塑性变形并从挤压模模孔中挤出的金属塑性成形工艺,如图 9.5 所示。

静液挤压时凸模与坯料不直接接触,而是给液体施加压力(压力可达 304 MPa),再经液体传给坯料,使金属通过凹模而成形。静液挤压由于在坯料侧面无通常挤压时存在的摩擦,所以变形较均匀,可提高一次挤压的变形量。挤压力也较其他挤压工艺小 10％～50％。

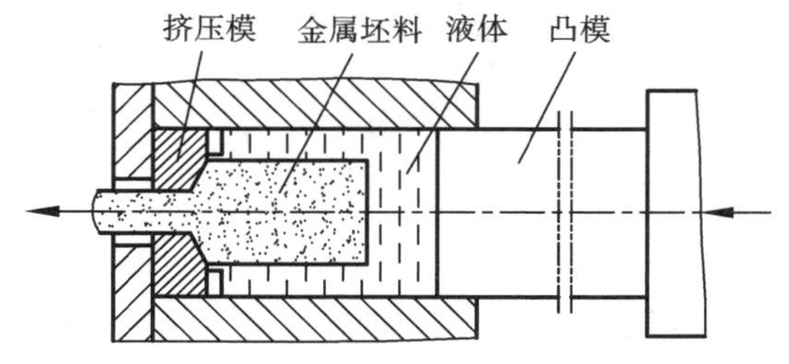

图9.5 静液挤压

静液挤压可用于低塑性材料，如铍、钽、铬、钼、钨等金属及其合金的成形，对常用材料可采用大变形量(不经中间退火)一次挤成线材和型材。静液挤压法已用于挤制螺旋齿轮(圆柱斜齿轮)及麻花钻等形状复杂的零件。

挤压是在专用挤压机(有液压式、曲轴式、肘杆式)上进行的，也可在经适当改进后的通用曲柄压力机或螺旋压力机上进行。

9.2 轧制

用轧制方法除了可生产型材、板材和管材外，还可生产各种零件，因此该方法在机械制造业中得到了越来越广泛的应用。零件的轧制有一个连续静压过程，没有冲击和振动，它与一般锻造和模锻相比，具有突出的特点。

①因为工件连续变形的每一瞬间，模具只与毛坯的一部分接触，所以，所需设备结构简单，吨位小，投资少。

②震动小，噪声低，劳动条件好，生产率高，易于实现机械化和自动化。

③模具可用价廉的球墨铸铁或冷硬铸铁来制造，节约贵重的模具钢材，加工也较容易。

④轧制时的金属纤维组织连续，按锻件外廓分布，未被切断，所以组织均匀，锻件力学性能好。

⑤材料利用率高，可达到 90%以上。

轧制工艺有多种类型，如纵轧、横轧、斜轧、楔横轧等。

1. 纵轧

纵轧是轧辊轴线与坯料轴线互相垂直的轧制方法，如型材轧制、辊锻轧制、辗环轧制等。

1)辊锻轧制

辊锻轧制是把轧制工艺应用到锻造生产中而形成的一种新工艺。辊锻轧制时，使坯料通过装有扇形模块的一对相对旋转的轧辊，坯料受压而变形，从而实现锻件的成形(图 9.6)。辊锻轧制既可作为模锻前的制坯工序，也可直接用于辊锻锻件。目前，辊锻轧制适用于生产以下三种类型的锻件。

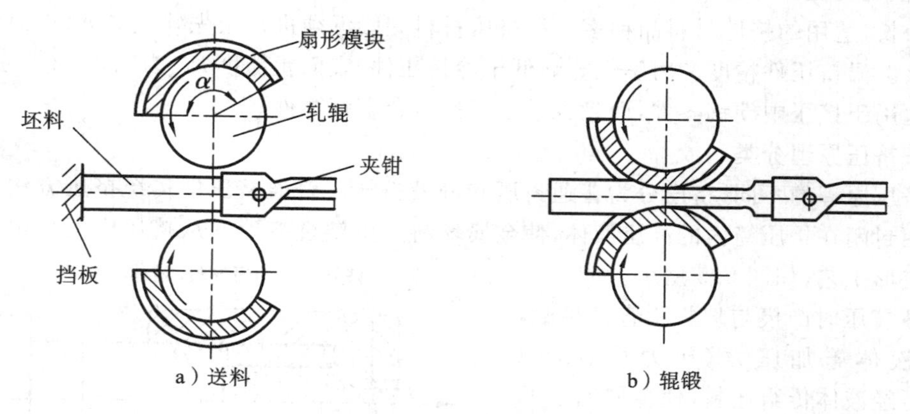

图 9.6 辊锻轧制

(1)扁截面的长杆件，如扳手、活动扳手、链环等。

(2)带有不变形头部而沿长度方向横截面面积递减的锻件，如汽轮机叶片等。叶片辊锻工艺和普通锻造后再进行铣削的工艺相比，材料利用率可提高 4 倍，生产率可提高 2.5 倍，而且叶片品质大大提高。

(3)连杆成形辊锻件。采用辊锻工艺方法成形连杆，生产率高，工艺过程较其他方法简单，但锻件还需用其他锻压设备进行精整。

2)**辗环轧制**

辗环轧制是用来扩大环形坯料的外径和内径，从而获得各种无接缝环状零件的轧制成形工艺(图 9.7a)。图中辗压轮由电动机带动旋转，利用摩擦力使环坯在辗压轮和芯辊之间受压变形。辗压轮还可由油缸推动做上下移动，改变它与芯辊之间的距离，使坯料厚度减小、直径增大。导向辊用以保证坯料的正确运送。信号辊用来控制环坯直径。当环坯直径达到需要值时，信号辊旋转传出信号，使辗压轮停止工作。如在环坯端面安装端面辊，则可进行径向轴向辗环成形(图 9.7b)。

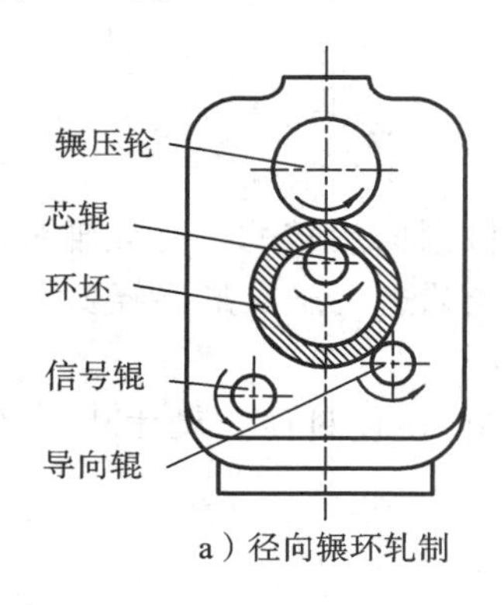

a)径向辗环轧制

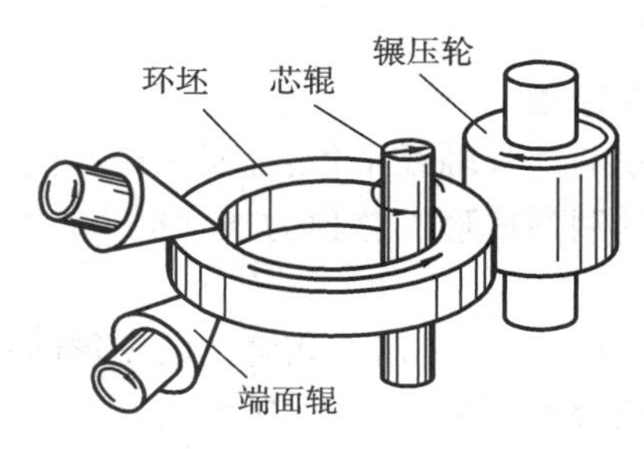

b)径向-轴向辗环轧制

图 9.7　辗环轧制

只需采用不同截面形状的辗压轮、端面辊及芯辊，即可生产各种横截面的环类件，如火车轮箍、轴承座圈、齿轮及法兰，尤其可生产用其他工艺无法成形的工件，如直径为 10 m、高为 6 m的原子能反应堆无接缝加强环等。

2. 横轧

横轧是轧辊轴线与坯料轴线互相平行的轧制成形工艺，如齿轮轧制等。齿轮轧制是一种少无切削加工齿轮的新工艺。直齿轮和斜齿轮均可热轧制造(图 9.8)。在轧制前将毛坯外缘加热，然后使带齿形的轧轮做径向进给，迫使轧轮与毛坯对辗。在对辗过程中，坯料上一部分金属受压形成齿谷，相邻部分的金属被轧轮齿部“反挤”而上升，形成轮齿。

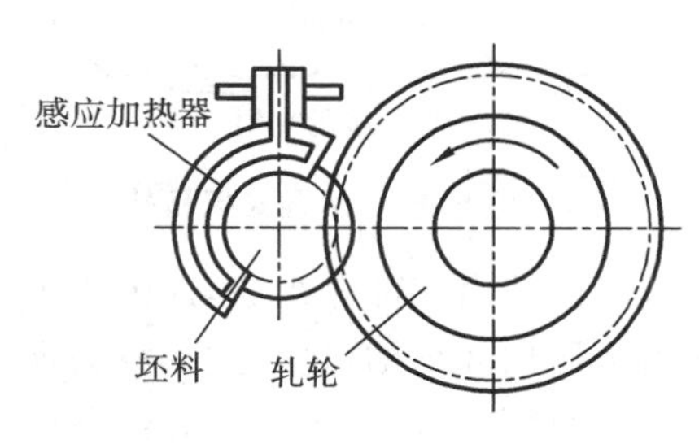

图 9.8　热轧齿轮

3. 斜轧

斜轧亦称螺旋斜轧。它是轧辊轴线与坯料轴线相交成一定角度的轧制成形工艺，如周期轧制(图 9.9a)、钢球轧制(图 9.9b)、丝杠冷轧等。

斜轧采用的轧辊带有螺旋型槽，两轧辊做同方向旋转，坯料在轧辊间既绕自身轴线转动，又向前移动，与此同时受压变形获得所需产品。利用斜轧工艺可以直接热轧出带螺旋线的高速滚刀体、自行车后闸壳，并可冷轧丝杠等。

斜轧钢球是使棒料在轧辊间螺旋型槽里受到轧制并分离成单个球，轧辊每转一周即可轧

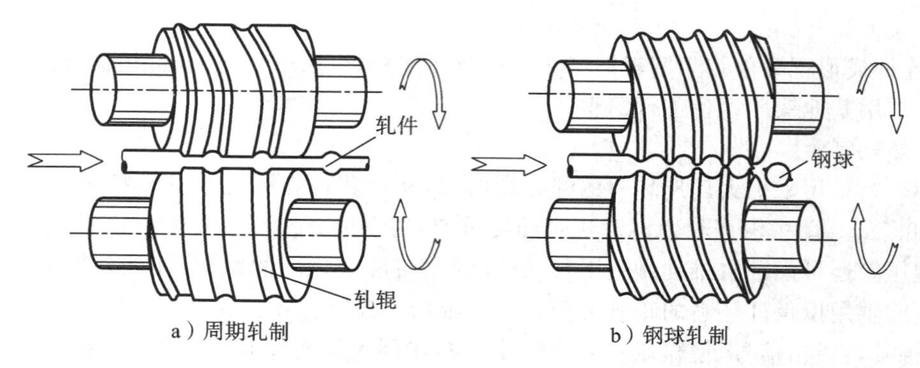

图 9.9　斜轧

制出一个钢球，且轧制过程是连续的。

4. 楔横轧

1)楔横轧原理

利用轴线与轧件轴线平行、辊面上镶有楔形凸棱并做同向旋转的平行轧辊带动圆形坯料旋转而进行轧制的成形工艺称为楔横轧(图 9.10)。该工艺适用于成形高径比不小于 1 的回转体轧件。

在楔横轧中，主要靠两个轧辊上的楔形凸棱压缩坯料，使坯料径向尺寸减小，轴向尺寸增大。楔形凸棱展开图如图 9.11 所示。

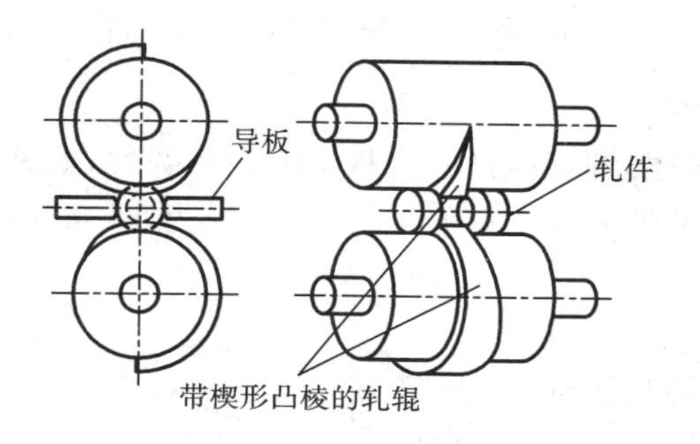

图 9.10　两辊式楔横轧

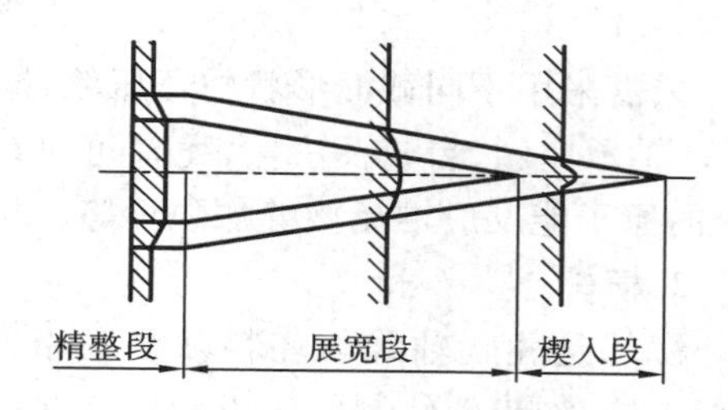

图 9.11　楔形凸棱展开图

楔形凸棱由三部分组成，即楔入段、展宽段和精整段。在轧制中，楔入段首先与坯料接触，在坯料上压出环形槽，这一过程称为楔入过程。然后楔形凸棱上展宽段的侧面使环形槽逐渐扩展，使变形部分的宽度增加，这一过程称为展宽过程。达到所需宽度后，由楔形凸棱上的精整段对轧件进行精整。被轧长的坯料的径向移动由导板限制。

2)楔横轧机的类型

楔横轧机适合轧制各种实心、空心阶梯轴(如汽车、摩托车、电动机上的各种台阶轴)，凸轮轴，以及螺纹标准件等。楔横轧机按照轧辊的形状又分为三种：辊式楔横轧机、单辊弧形板式楔横轧机、板式楔横轧机。

辊式楔横轧机操作方便，轧辊加工容易，但轧制大件时需要有较大的轧辊和导板。大轧辊需要大型设备才能加工，导板易磨损，并在安装不当时易刮伤轧件。辊式楔横轧机分为两辊式和三辊式。

①两辊式楔横轧机　两辊式楔横轧机应用较普遍，发展较快。

②三辊式楔横轧机(图 9.12)　该楔横轧机的特点是：轧件在三轧辊间旋转，不需导板，避

免了导板刮伤轧件；三轧辊互成120°角，可从三个方向压缩轧件。与两辊式楔横轧机相比，其应力状态得到了改善，轧件质量好，轧制过程稳定；三辊轧制加大了极限楔展角，使轧辊直径减小。但三辊轧制工艺调整显然比两辊轧制复杂；轧件的最小直径必须大于轧辊直径的1/6，否则轧辊不能接触轧件。

单辊弧形板式楔横轧机(图9.13)的弧形板相当于半径为负值的轧辊，其调整十分麻烦。由于弧形板加工十分困难，所以该机已被淘汰。

板式楔横轧机(图9.14)可不用导板，模具加工方便。但其精度不如辊式楔横轧机，调整也较复杂。例如，板式楔横轧机用搓丝板生产螺纹标准件时，用机械手将坯料垂直插入两搓板之间，插入的时间必须是在一个搓丝板的牙型顶部和另一个搓丝板牙型的根部相重合的瞬间，否则滚出的螺纹将出现乱扣现象。此外，搓丝板的间隔必须与螺纹中径吻合。若间隔过大，则螺纹牙型顶部充填不足，螺纹中径变大；若间隔过小，则过高的滚轧压力将使搓丝板的寿命缩短，螺纹的圆柱度降低。

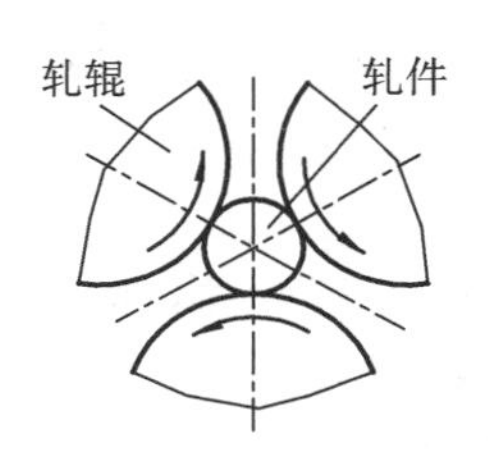

图9.12　三辊式楔横轧机

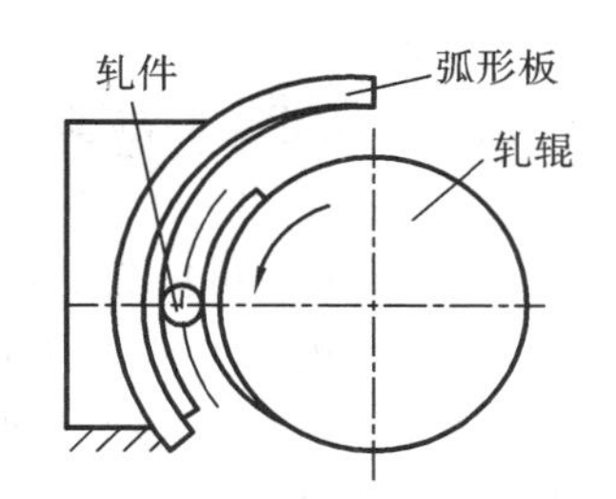

图9.13　单辊弧形板式楔横轧机

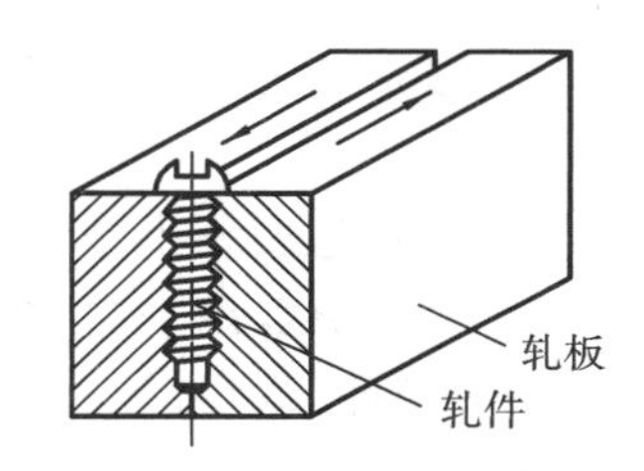

图9.14　板式楔横轧机

9.3　摆动辗压

1. 摆动辗压的原理

摆动辗压简称摆辗，其工作原理可利用图9.15所示的运动轨迹为圆的摆头结构来分析：摆头(锥体模)对坯体的顶面进行辗压，液压柱塞推动下模使坯料不断向上移动，使摆头每一瞬间能辗压坯料顶面的某一部分，从而使坯体产生塑性变形。当液压柱塞到达预定位置时，即可获得所需的摆辗件。

2. 摆动辗压的类型

(1)按成形温度，摆动辗压成形工艺分为冷摆辗（温度低于$T_{再}$）、温摆辗（温度等于$T_{再}$）及热摆辗（温度高于$T_{再}$）。

(2)按摆辗运动形式，摆动辗压成形工艺分为如图9.16所示的三种类型。通过控制内外两层偏心套的偏心距传动摆头(锥体模)，使摆头的运动轨迹可以为圆、直线、螺旋线、菊花线和多叶玫瑰线，以适应复杂零件加工的需要。

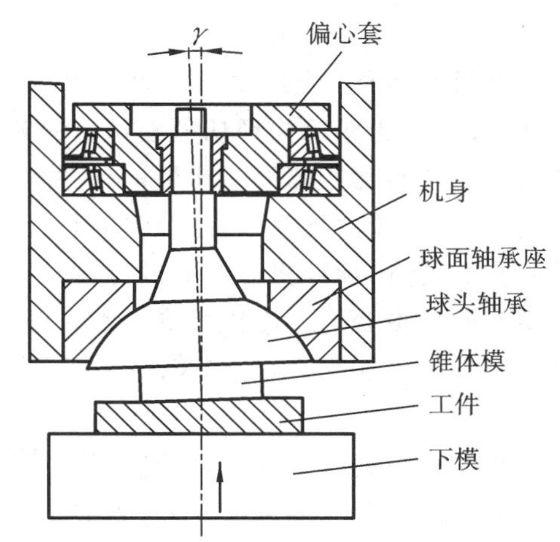

图9.15　运动轨迹为圆的摆头结构

3. 摆动辗压成形工艺的特点及应用

摆动辗压成形工艺的特点如下：

(1)坯料接触面积小，故所需成形压力小，

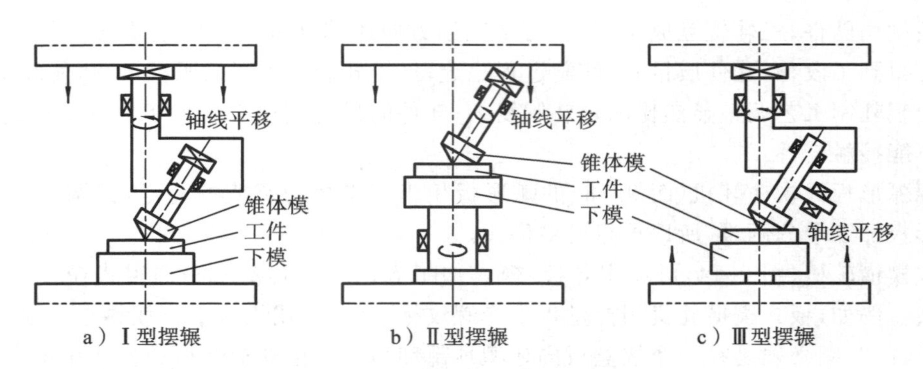

图 9.16　摆动辗压成形工艺的三种类型

设备吨位仅为一般冷锻设备吨位的 5%～10%。

(2)辗压属于冷变形,变形速度慢,且逐步进行,因此摆辗表面光滑(表面粗糙度 Ra=1.6～0.4 μm),尺寸精度高(尺寸误差为 0.025 mm)。

(3)能成形高径比很小、用一般锻造方法不能成形的薄圆盘件,如厚度为 0.2 mm 的薄圆片。

(4)设备占地面积小,周期短,投资少,易于实现机械化、自动化生产。

目前,冷摆辗除用来制造铆钉外,还用来冷镦挤成形各种形状复杂的轴对称件,如汽车和拖拉机的锥齿轮、齿环、推力轴承圈、端面凸轮、十字头、轴套、推力轴承圈、千斤顶、棘轮等。热摆辗多用来成形尺寸较大及精度要求高的零件,如汽车半轴、法兰、摩擦盘、火车轮、锣、钹、碟形弹簧及铣刀片等。

9.4　镦锻

冷镦与电镦均属于镦锻成形工艺,一般是对棒料的端部进行局部镦粗。

1. 冷镦

冷镦是用线材在自动冷镦机上加工冷锻件的成形工艺。它主要用来成形轴对称和近似轴对称、形状比较简单的实心及空心零件,是大量生产销钉、螺钉、螺栓及螺母等标准件的主要成形工艺。

冷镦机有多种类型。以下以单击镦头机的工艺为例,简述冷镦铆钉加工中模具的动作(图 9.17)。线材由送料机构经切断模送进并与挡料器接触(工序一)后,被切断刀切断成定长坯料并被送到与切断模相邻的镦粗模前(工序二),由挡料器送入模具(工序三)。接着,冲头移向模具(坯料的另一端由顶杆顶住),将坯料头部镦粗成所需形状(工序四)。与此同时,切刀及挡料器退回初始位置,顶杆将冷镦好的制件从模具中顶出(工序五)。

冷镦属于冷变形。冷镦成形的锻件强度及硬度高,表面品质好,生产率高。但冷镦时坯料的每次变形量不能太大,变形工步较多,而且只适用于可锻性好的坯料。

2. 电镦

电镦与冷镦的区别在于,它是利用低频率电流通过两电极(夹爪及模具)时产生的电阻热使坯料加热段达到变形温度,进行顶锻聚料而成形工件的(图 9.18)。

电镦属于热变形。电镦成形锻件变形量大,变形工步少,特别适合镦锻如内燃机气门一类的零件(图 9.19)。

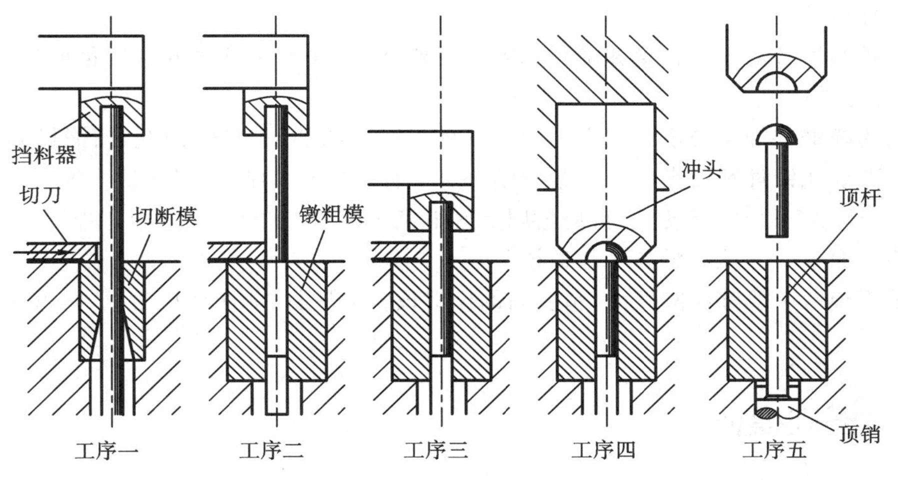

图 9.17　单击镦头机模具动作图

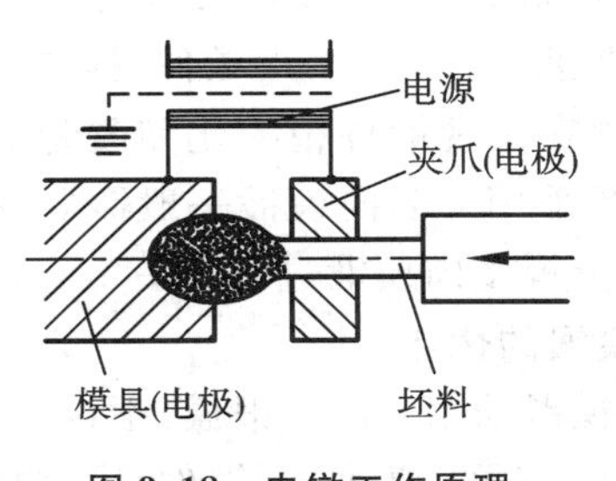

图 9.18　电镦工作原理

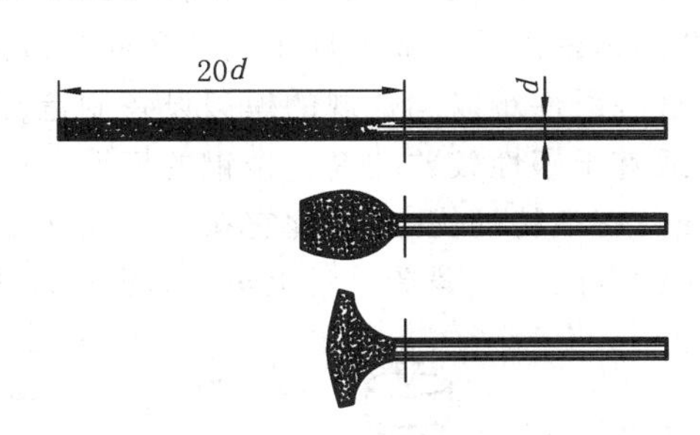

图 9.19　电镦气门

9.5　精密模锻

精密模锻是在模锻设备上锻造出形状复杂、高精度的锻件的成形工艺。如精密模锻锥齿轮，其齿形部分可直接锻出而不必再经切削加工。精密模锻件尺寸精度可达 IT12～IT15，表面粗糙度 Ra 可达 3.2～1.6 μm。

1. 精密模锻工艺过程

精密模锻的工艺过程大致是：先将原始坯料用普通模锻工艺制成中间坯料，接着对中间坯料进行严格清理，除去氧化皮和缺陷，最后在无氧化或少氧化气氛中加热中间坯料，进行精锻(图 9.20)。为了最大限度地减少氧化，提高精密模锻件的品质，精锻时的加热温度应较低一些。对于碳钢件，锻造温度在 450～900 ℃之间，因此精密模锻也称为温模锻。精密模锻时，需在中间坯料上涂敷润滑剂，以减少摩擦，延长锻模使用寿命，降低设备的功率消耗。

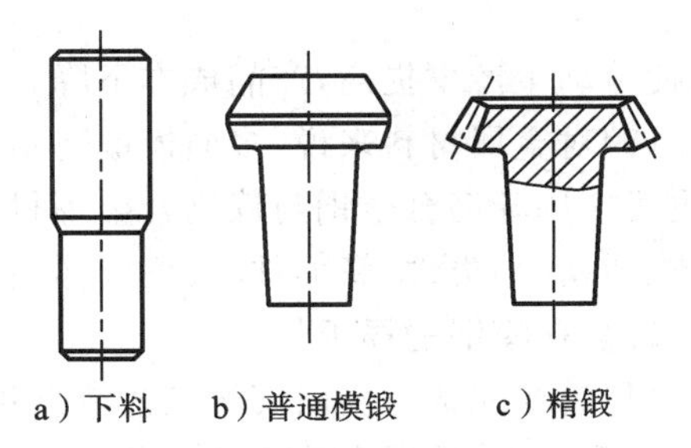

a）下料　b）普通模锻　c）精锻

图 9.20　精密模锻工艺过程

2. 精密模锻的工艺特点

(1)需要精确计算原始坯料尺寸，严格按坯料质量下料，否则会增大锻件尺寸公差，降低其精度。

(2)需要细致清理坯料表面，除净坯料表面的氧化皮、脱碳层等。

(3)为提高锻件的尺寸精度和降低其表面粗糙度,应采用无氧化或少氧化加热法,尽量减少坯料表面形成的氧化皮。

(4)精密模锻件加工精度在很大程度上取决于锻模的加工精度,因此,精锻模膛的精度必须很高,一般要比锻件精度高两级。精锻模一定要有导柱导套结构,以保证合模准确。为排除模膛中的气体,减小金属流动阻力,使金属更好地充满模膛,在凹模上应开有排气小孔。

(5)模锻时要很好地润滑和冷却锻模。

(6)精密模锻一般都在刚度大、精度高的模锻设备上进行,如曲柄压力机、摩擦压力机或高速锤等。

9.6 多向模锻

多向模锻是将坯料放入锻模内,用几个冲头从不同方向同时或依次对坯料加压,以获得形状复杂的精密锻件的成形新工艺。多向模锻能锻出具有凹面、凸肩或多向孔穴等形状复杂的锻件,这些锻件难以用常规的模锻设备制造。多向加压改变了金属的变形条件,提高了金属的塑性,适宜于塑性较差的高合金钢的模锻。由于多向模锻在实现锻件精密化和改善锻件品质等方面具有独特的优点,因此它在工业发达国家已被广泛采用。多向模锻一般需要在具有多向施压特点的专门锻造设备上进行,图 9.21 所示为水平分模多向模锻过程。

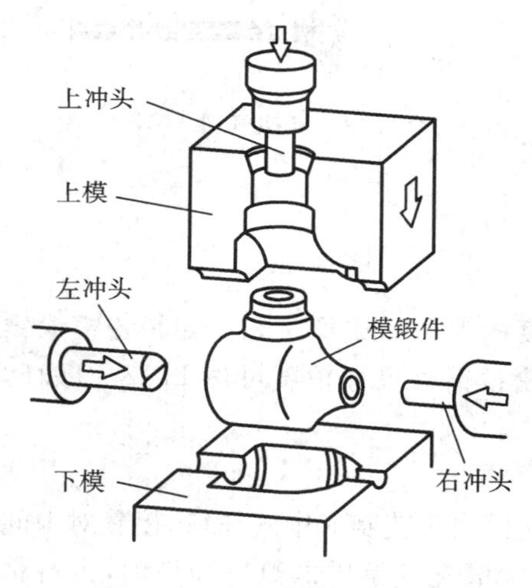

图 9.21　水平分模多向模锻

1. 多向模锻的优点

(1)多向模锻采用封闭式锻模,不设计飞边槽,锻件可设计成空心的,精度高,锻件易于脱模,模锻斜度值小,因而可节约大量金属材料。多向模锻的材料利用率为 40%～90%。

(2)多向模锻尽量采用挤压成形,金属分布合理,金属流线较为理想。多向模锻件强度一般可提高 30%以上,伸长率也有提高,极有利于产品的精密化和小型化。

(3)多向模锻往往在一次加热过程中就完成锻压工艺,可减少锻件的氧化损失,有利于模锻的机械化操作,显著降低了劳动强度。

(4)多向模锻工艺本身可以使锻件精度提高到理想程度,从而减少机械加工余量和机械加工工时,使劳动生产率提高,产品成本下降。

(5)对金属材料来说,多向模锻适用范围广泛,不但可应用于一般钢材与非铁合金材料,而且也可应用于高合金钢与镍铬合金等材料。航空、石油、汽车、拖拉机与原子能工业中的中空架体、活塞、轴类件、筒形件、大型阀体、管接头以及其他受力机械零件都可采用多向模锻件。

2. 多向模锻的局限性

(1)需要配备与多向模锻工艺特点相适应的专用多向模锻压力机,锻件成形压力高于一般模锻成形压力,需要大吨位的设备。

(2)送进模具中的坯料只允许有极薄的一层氧化皮,要使多向模锻取得良好的效果,必须对坯料进行电磁感应加热或气体保护无氧化加热，因此电力消耗较大。

(3)对坯料尺寸要求严格，且要求坯料质量偏差要小，因此下料时要对尺寸进行精密计算或试料。

9.7　径向(旋转)锻造

径向(旋转)锻造（图 9.22)是指采用两个以上环绕坯料的锻模(或称锤头)，以高频率、短冲程向坯料施加径向脉冲打击力，使坯料在三向压应力下变形，径向尺寸减小、轴向尺寸增大，同时，加压方向绕轴线回转，使坯料截面对称，最后得到沿轴向具有不同横截面的实心或空心锻件。它有坯料相对于锻模做轴向送进和无送进两种加工方式。

径向(旋转)锻造每次压缩量小，每分钟锻打次数多，能提升金属的塑性。这种方法既可用于热锻，也可用于冷锻，所用设备有精锻机和轮转锻机两种。

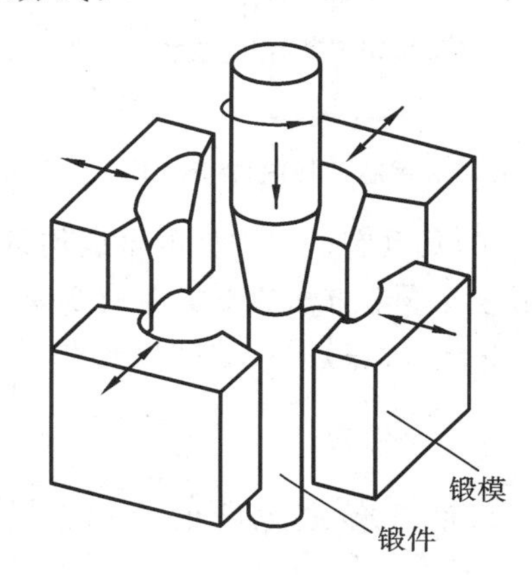

图 9.22　径向(旋转)锻造

1. 径向(旋转)锻造的类型

(1)按锻打用锤头数量分为：二锤头式、三锤头式、四锤头式、六锤头式和八锤头式等多种。

(2)按锤头与坯料的相对运动分为以下三种。

①锤头回转式：坯料不转，锤头每次打击都要绕坯料轴旋转，如图 9.23a 所示。

②坯料回转式：坯料旋转，锤头只做打击，如图 9.23b、c 所示。

③非回转式：锤头和坯料都不旋转，如图 9.23d 所示。

非回转式包括坯料相对于锤头轴向送进式和坯料相对于锤头无轴向送进式。

a）二锤头回转式

b）二锤头坯料回转式

c）三锤头坯料回转式

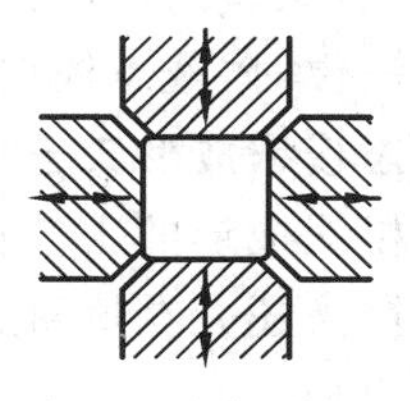

d）四锤头非回转式

图 9.23　径向(旋转)锻造的形式

(3)对于空心锻件的加工，分为插入芯棒式(图 9.24)和不用芯棒式。

2. 径向(旋转)锻造的特点及应用

1)径向(旋转)锻造的特点

(1)锻件尺寸精度高，表面粗糙度低，Ra 可达 0.4～3.2 μm，其尺寸公差为±0.02～0.2 mm，锻件表面比切削加工面更光滑，与配合零件的接触面较大。

(2)径向(旋转)锻造对锻件的横截面压缩量大于拉拔等成形工艺，所得锻件有较好的纤维组织，抗拉及抗弯强度更高。

2)径向(旋转)锻造的应用

径向(旋转)锻造成形工艺可以用于：

(1)对棒、管、线材等坯料进行径向压缩，生产带锥度、阶梯的锻件和内、外表面异形锻件；

(2)对弯曲轴进行矫直；

(3)在坯料局部长度上成形；

(4)加工比一般模锻成形的锻件更长的锻件(如细长的顶杆件等)；

(5)将两个工件嵌合锻成一体并牢固连接(见图 9.25)；

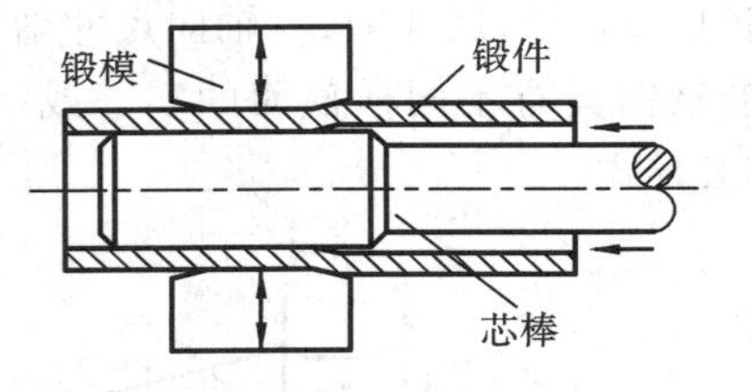

图 9.24　用芯棒径向(旋转)锻造空心锻件

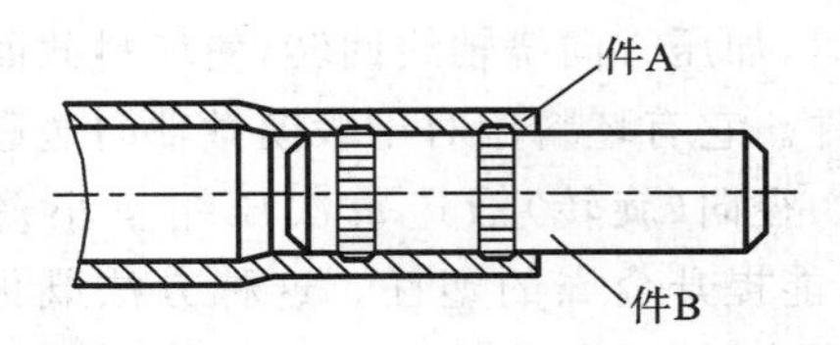

图 9.25　两件嵌合锻造

(6)凡具有一定塑性的金属均可进行径向(旋转)锻造，由钨合金、镍合金制成的半成品也可用这种锻造方法成形。若有必要，可将坯料预热后再进行径向(旋转)锻造。

径向(旋转)锻造的缺点是锻件加工时间长，噪声大，锻造要求专用设备，只适用于大量生产。

9.8　液态模锻

液态模锻的实质是把金属液直接浇入金属模，然后在一定时间内将一定的压力作用于液态(或半液态)金属上使之成形，并在此压力下结晶和产生局部塑性变形。它是类似挤压铸造的一种先进工艺。液态模锻实际上是铸造加锻造的组合工艺，它既有铸造的工艺简单、成本低的优点，又有锻造的产品性能好、品质可靠的优点。因此，在生产形状较复杂而对性能又有一定要求的锻件时，液态模锻更能发挥其优越性。

1. 液态模锻成形工艺过程

液态模锻成形的工艺过程如图 9.26 所示：首先把一定量的金属液浇入下模(凹模)型腔，然后在金属液还处在熔融或半熔融状态(固相加液相)时施加压力，迫使金属液充满型腔的各个部位而成形。

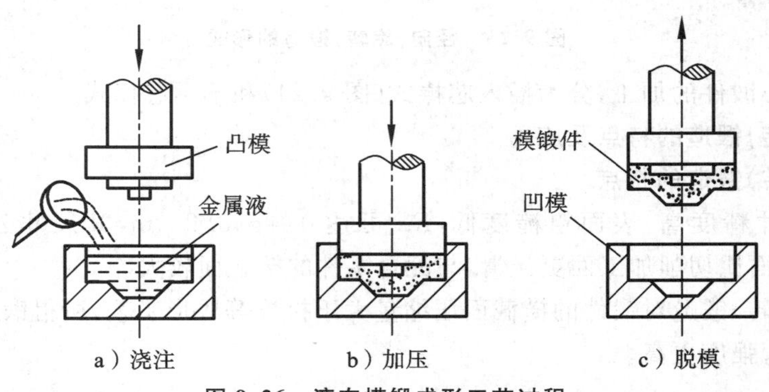

图 9.26　液态模锻成形工艺过程

液态模锻成形工艺流程为:原材料配制→熔炼→浇注→加压成形→脱模→放入灰坑冷却→热处理→检验→入库。液态模锻基本上是在液压机上进行的。摩擦压力机因为压力和速度无法控制,冲击力很大,而且无法保持恒压,故很少使用。液压机的压力和速度可以控制,操作容易,施压平稳,不易产生飞溅现象,故使用较多。

2. 液态模锻工艺的主要特点

(1)在成形过程中,金属液在压力下完成结晶凝固,改善了锻件的组织和性能。

(2)已凝固的金属在压力作用下,产生局部塑性变形,使锻件外侧壁紧贴模膛壁,金属液自始至终处于等静压状态。但是,由于已凝固层产生塑性变形要消耗一部分能量,因此,金属液承受的等静压不是定值,而是会随着凝固层的增厚而下降。

(3)液态模锻适用的材料范围很宽,不仅适用于铸造合金,而且适用于变形合金,以及非金属材料(如塑料等)。铝、铜等有色金属和黑色金属的液态模锻已大量用于实际生产。目前,铝、镁合金的半固态模锻也正在逐渐进入工业应用阶段。

9.9　粉末锻造

1. 粉末锻造的原理

粉末锻造是将粉末冶金成形和锻造相结合而形成的一种金属成形工艺。普通的粉末冶金件的尺寸精度高,但塑性差,冲击韧度低;普通锻件的力学性能好,但精度低。粉末锻件则综合了以上两种制件的优点,而避免了其缺点。粉末锻造成形的工艺过程(图 9.27)是:将粉末预压成形后,在充满保护气体的炉中烧结制坯,将坯料加热至锻造温度后进行模锻。

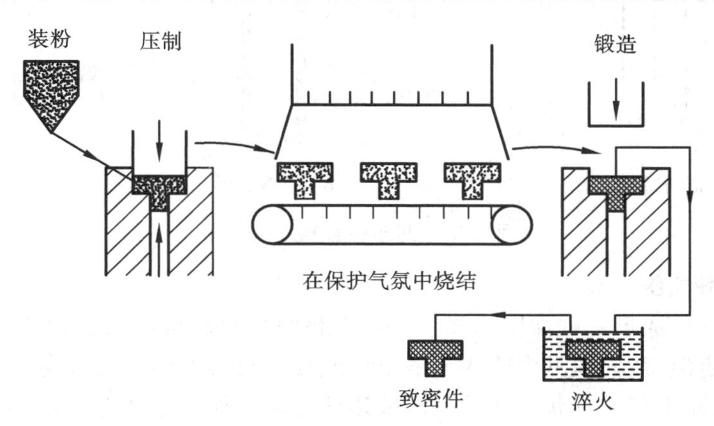

图 9.27　粉末锻造成形工艺过程

2. 粉末锻造的优点

(1)材料利用率高,可达 90%以上(模锻的材料利用率只有 50%左右)。

(2)锻件力学性能好,材质均匀,无各向异性,塑性好,且强度和冲击韧度都较高。

(3)锻件精度高,表面光洁,可实现少无切削加工。

(4)生产率高,每小时产量可达 500～1 000 件。

(5)锻造压力小,如 130 汽车差速器行星齿轮,以钢坯锻造需用 2 500～3 000 kN 的压力机,而以粉末锻造只需 800 kN 的压力机。

(6)可以加工热塑性差的材料,如难以变形的高温铸造合金;可以锻出形状复杂的零件,如差速器齿轮、柴油机连杆、链轮、衬套等。

9.10　超塑性成形

超塑性是指材料在特定条件下呈现出异常好的延展性：在低的应变率($\varepsilon = 10^{-2} \sim 10^{-4}\ s^{-1}$)、一定的变形温度(约为熔点的 1/2)和晶粒稳定而细小(晶粒平均直径为 0.2～5 μm)条件下，其相对伸长率在 100%以上(如钢的相对伸长率大于 500%、纯钛的相对伸长率大于 300%、锌铝合金的相对伸长率大于 1 000%)。

超塑性状态下的金属在拉伸变形过程中不产生缩颈现象，变形应力仅为常态下金属变形应力的几分之一至几十分之一。因此，该种金属极易成形，可采用多种工艺方法制出复杂成形件。

目前常用的超塑性成形材料有锌合金、铝合金、钛合金及某些高温合金。

1. 超塑性成形工艺的应用

1)**超塑性板料拉深成形**

如图 9.28a 所示的零件直径较小，而高度相对较大，选用超塑性材料可以将其一次拉深成形，拉深件品质很好，性能无方向性。图 9.28b 为超塑性板料拉深成形示意图。

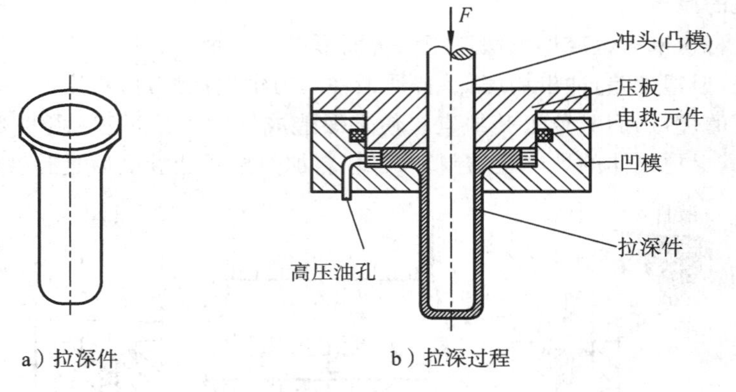

图 9.28　超塑性板料拉深成形

2)**超塑性板料气压成形**

超塑性板料气压成形过程如图 9.29 所示：将超塑性金属板料放在模具中，并将板料与模具一起加热到规定温度，向模具内吹入压缩空气或抽出模具内的空气形成负压，板料将贴在凹模或凸模上，从而获得所需形状的成形件。采用该方法可加工厚度为 0.4～4 mm 的板料。

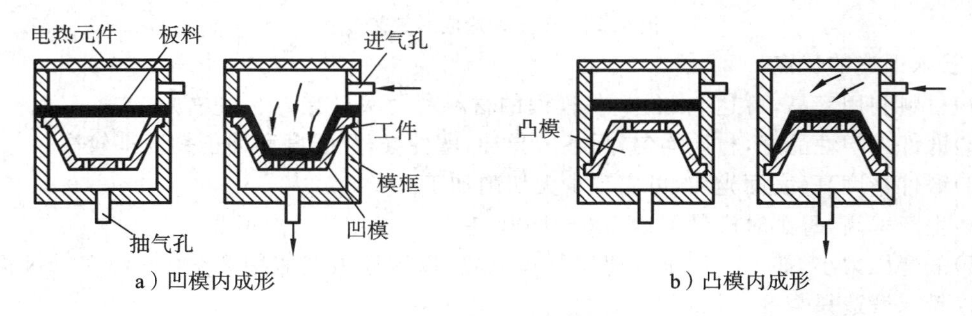

图 9.29　超塑性板料气压成形

3)超塑性模锻成形

高温合金及钛合金在常态下塑性很差,变形抗力大,不均匀变形引起各向异性的敏感性强,用常规工艺难以成形,材料损耗极大。如采用普通热模锻毛坯再进行机械加工,金属损耗将达到80%左右,致使产品成本过高。如果在超塑性状态下进行模锻,就能完全克服上述缺点。

2. 超塑性成形工艺的特点

(1)可锻金属材料的种类多,如可以采用超塑性模锻成形过去只能采用铸造工艺成形的镍基合金。

(2)金属填充模膛的性能好,可锻出尺寸精度高、机械加工余量很小甚至不需要进行机械加工的零件。

(3)能获得均匀、细小的晶粒组织,零件的力学性能均匀一致。

(4)材料的变形抗力小,可充分发挥中小设备的作用。

总之,超塑性成形工艺利用金属及合金的超塑性,为制造少无切削加工的零件开辟了一条新的途径。

9.11　高能高速成形

1. 高能高速成形的特点

高能高速成形是一种能在极短时间内释放高能量而使金属变形的成形方法,它具有以下特点:

(1)高能高速成形仅用凹模就可以实现,因此,可节省模具材料,缩短模具制造周期,降低模具成本。

(2)高能高速成形时,零件以很高的速度贴模,在零件与模具之间会产生很大的冲击力,这不但对改善零件的贴模性有利,而且可有效地减少零件弹复现象。坯料变形不是在刚体凸模的作用下,而是在液体、气体等传力介质的作用下实现的(电磁成形则不需传力介质)。因此,坯料表面不受损伤,而且可改善变形的均匀性,使零件精度高、表面品质好。

(3)高能高速成形可提高材料的塑性变形能力,对塑性差的难成形材料来说是一种较理想的工艺方法。

(4)用常规成形方法需多道工序才能成形的零件,采用高能高速成形方法可在一道工序中成形,因此,可有效地缩短生产周期,降低成本。

2. 高能高速成形工艺类型

1)爆炸成形

爆炸成形是利用爆炸物质在爆炸瞬间释放出的巨大化学能对金属坯料进行加工的高能高速成形工艺,主要用于板材的拉深、胀形、校形,还常用于爆炸焊接、表面强化、管件结构的装配、粉末压制等。

爆炸成形不但不需专用设备,而且模具及工装制造简单,加工周期短,成本低。因此,爆炸成形适用于大型零件的成形,尤其适用于小批生产或特大型冲压件的试制。

爆炸成形时,爆炸物质的化学能在极短时间内转化为周围介质(空气或水)的高压冲击波,并以脉冲波的形式作用于坯料,使它产生塑性变形。冲击波对坯料的作用时间以微秒计,仅占坯料变形时间的一小部分。这种异乎寻常的高速变形条件,使爆炸成形在变形机理及过程方面与常规冲压成形有着根本性的差别。

图 9.30 所示为爆炸拉深成形装置。药包起爆后,爆炸物质以极高的速度传递,在极短的时间内完成爆炸过程。位于爆炸中心周围的介质,在爆炸过程中产生的高温和高压气体的骤然作用下,形成向四周急速扩散的高压力冲击波。当冲击波与坯料接触时,由于冲击波压力大大超过了坯料塑性变形抗力,坯料开始运动并保持很大的加速度。当冲击波压力迅速降低到等于坯料变形抗力时,坯料运动速度达到最大值。这时坯料所获得的动能,使它在冲击波压力低于坯料变形抗力和在冲击波停止作用以后仍能继续变形,并以一定的速度贴模,从而完成成形过程。

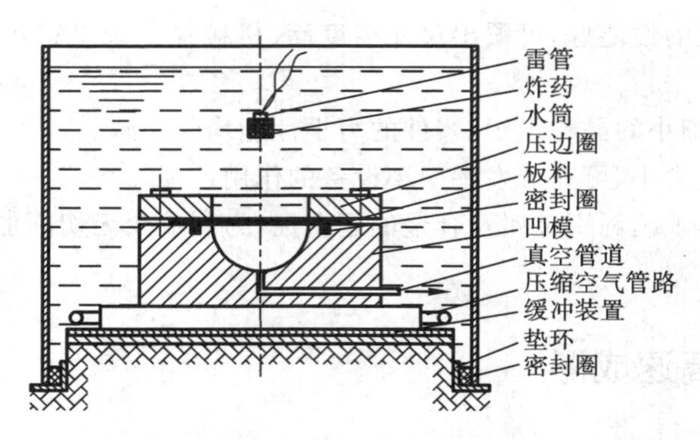

图 9.30　爆炸拉深成形装置

2)电液成形

电液成形是利用液体中强电流脉冲放电所产生的强大冲击波对金属进行加工的一种高能高速成形工艺。与爆炸成形相比,电液成形时能量易于控制,成形过程稳定,操作方便,生产率高,便于组织生产。但由于受到设备容量限制,电液成形仅用于中小型零件的加工,主要用来完成板材的拉深、胀形、翻边、冲裁等。

电液成形装置如图 9.31 所示。来自网路的交流电经变压器及整流器后变为高压直流电并向电容器充电。当充电电压达到所需值时,放电开关(辅助间隙)闭合,高电压瞬时加到两放电电极所形成的主放电间隙上,并使主间隙被击穿,产生高压放电,在放电回路中形成非常强大的冲击电流,使电极周围介质中形成冲击波及冲击液流而实现金属坯料成形。

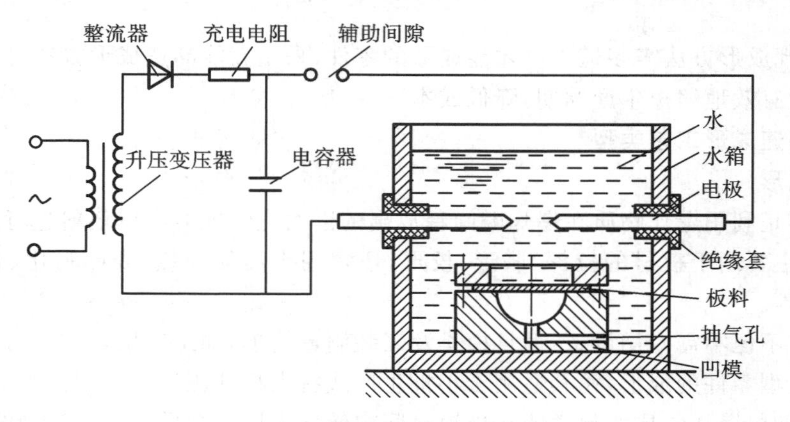

图 9.31　电液成形装置

3)**电磁成形**

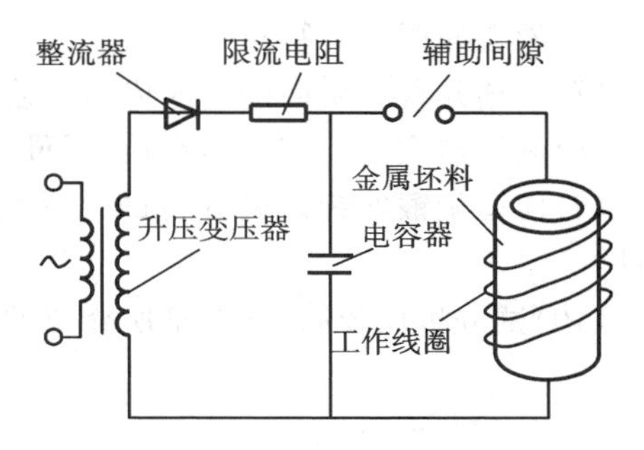

图 9.32　电磁成形装置原理

电磁成形是利用脉冲磁场对金属坯料进行压力加工的高能高速成形工艺。电磁成形除具有前述的高能高速成形的特点外，还具有不需要传压介质、可以在真空或高温条件下成形、能量易于控制、成形过程稳定、再现性强、生产效率高、易于实现机械化自动化等特点。

电磁成形适用于板材，尤其是管材的胀形、缩口、翻边、压印、剪切及装配、连接等。电磁成形装置原理如图 9.32 所示。将电磁成形装置与电液成形装置相比较可知，二者除放电元件不同外，其他部分都是相同的。电液成形装置的放电元件为水介质中的电极，而电磁成形装置的放电元件为空气中的线圈。

磁场压力形成原理如图 9.33 所示。当工作线圈通过强脉冲电流 I 时，线圈空间内就产生一均匀的强脉冲磁场(图 9.33a)。如果将管状金属坯料放在线圈内，则在管坯外表面就会产生感应脉冲电流 I'，该电流将在管坯空间中产生感应脉冲磁场(图 9.33b)。放电瞬间，在管坯内部空间，放电磁场与感应脉冲磁场因方向相反而相互抵消；在管坯与线圈之间，放电磁场与感应脉冲磁场因方向相同而得到加强。其结果是使管坯外表面受到很大的磁场压力 p 的作用(图 9.33c)。如果管坯受力达到屈服强度，就会发生缩径变形。如将线圈放到管坯内部，放电时，管坯内表面的感应电流 I' 与线圈内的放电电流 I 方向相反。这两种电流产生的磁场在线圈内部空间会因方向相反而互相抵消，在线圈与管坯之间则会因方向相同而得到加强。其结果是使管坯内表面受到强大的磁场压力，驱动管坯发生胀形变形。

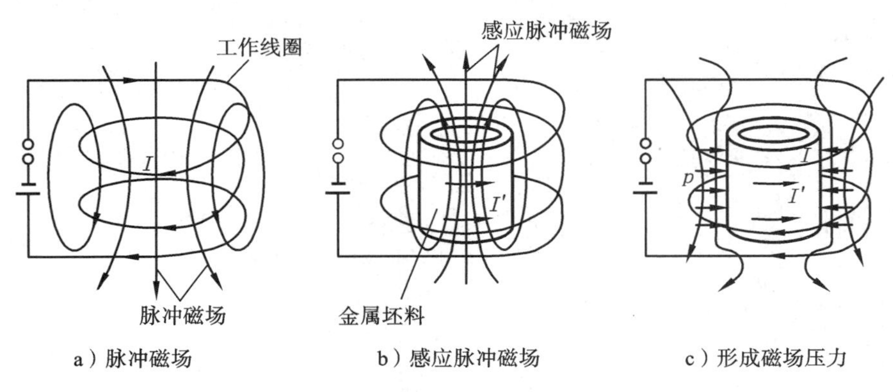

图 9.33　磁场压力形成原理

复习思考题

(1)辊锻与模锻相比有什么优缺点？

(2)挤压成形工艺的特点是什么？

(3)精密模锻需采取哪些措施才能保证产品精度？

(4)轧制零件的方法有几种？各有什么特点？

(5)何谓超塑性？超塑性成形有何特点？

(6)液态模锻有何特点?

(7)试述几种主要高能高速成形工艺的特点。

(8)某厂需大量生产六角螺栓、螺母、木螺钉和铁钉,应分别选择什么成形工艺?

(9)何谓旋锻?旋锻最独特的力学性能是什么?利用此性能,旋锻最适合用于制造什么锻件?

(10)试分析比较第 7～9 章所介绍的成形方法,其中哪些属于冷变形?哪些属于热变形?

第3篇　金属的焊接成形工艺

第10章　熔焊工艺

焊接与其他连接方法的重要区别在于它是通过原子之间的结合而实现连接的。要使两块材料达到原子之间的结合，必须使它们的原子相互接近到晶格距离(一般为 0.3～0.5 nm)。但实际上，即使经过精密加工的材料表面，其在微观上也是凹凸不平的(表面粗糙度 *Ra* 为几微米到几十微米)，同时，金属表面还存在着氧化膜和其他污染物，它们都会阻碍材料表面达到紧密接触。焊接成形实质上就是通过加热或加压(或两者并用)使材料两个分离表面的原子达到晶格距离，借助原子的结合与扩散而获得不可拆接头的工艺方法。焊接成形工艺主要用于金属材料及金属结构的连接，亦可用于塑料及其他非金属材料的连接。根据实现原子结合基本途径的不同，焊接工艺的分类如图 10.1 所示。其中电弧焊包括手弧焊、气体保护焊和埋弧焊。

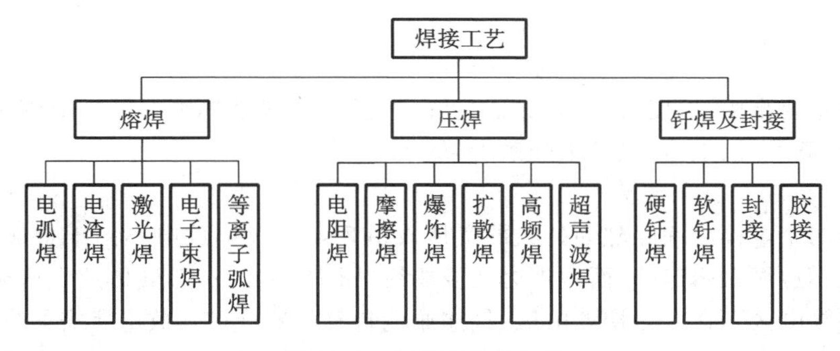

图 10.1　焊接工艺的分类

焊接工艺之所以发展如此迅速，是因为它具有下列特点：

①可将大而复杂的结构分解为小而简单的坯料拼焊。

②可实现不同材料间的连接成形，从而优化设计，节省贵重材料。

③可实现特殊结构件的生产。例如，功率为 1.26×10^6 kW、要求无泄漏的核电站用大型锅炉，只有采用焊接方法才能制造出来。

④与铆接件相比，焊件的质量小。

但焊件不可拆卸，更换零部件不方便，易产生残余应力，引起应力集中，焊缝易产生裂纹、夹渣、气孔等缺陷，从而导致焊件承载能力降低甚至脆断，使用寿命缩短。因此，应特别注意采用合理的焊接工艺及重视焊缝品质的检验。

10.1　熔焊原理及过程

10.1.1　熔焊的本质及特点

熔焊的本质是小熔池熔炼与冷凝，是金属熔化与结晶的过程(图 10.2)。当温度达到材料熔点时，母材和焊丝熔化形成熔池(图 10.2a)，熔池周围母材受到热影响，组织和性能发生变化形成热影响区(图 10.2b),热源移走后熔池结晶成柱状晶(图 10.2c)。

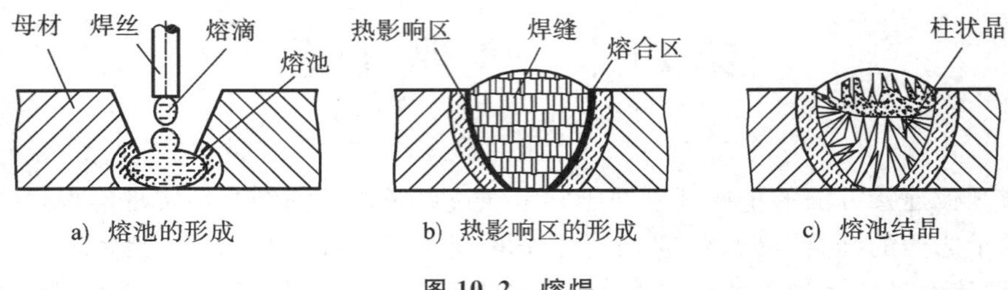

图 10.2　熔焊

熔焊的特点是:

(1)熔池存在时间短,温度高;冶金过程进行不充分,氧化严重;热影响区大。

(2)冷却速度快,结晶后焊缝易生成粗大的柱状晶。

10.1.2　熔焊的三要素

要获得良好焊接接头必须有合适的热源、好的熔池保护方法和焊缝填充金属,此称为熔焊的三要素。

1. 热源

热源的能量要集中,温度要高,以保证金属快速熔化,减小热影响区。能满足熔焊要求的热源有电弧、等离子弧、电渣、电子束和激光束。

1)电弧

电弧是指两个电极之间强烈而持久的气体放电现象。气体放电不同于金属导电,其电压和电流的关系不遵循欧姆定律,而呈现为几段曲线(图 10.3)。一般气体放电区可分为非自持放电区和自持放电区。在非自持放电区,气体放电自身不能维持其放电所需的带电粒子数量,而需外加措施(加热和光照射等)来制造带电粒子,且需要高的外加电压。在自持放电区,当电极间带电粒子达到一定数量时,即使取消外加措施,放电过程也可在极间电场作用下自我保持。自持放电依电流的大小分为暗放电、辉光放电、电弧放电三个阶段,由暗放电、辉光放电到电弧放电电流依次增大。在电弧放电过程中,电极间会呈高温状态而且热量集中,符合焊接的要求,因而电弧成为一种应用最广的焊接热源。

电弧分为三个区(图 10.4):阴极区,即电子发射区;阳极区,即接收电子并产生正离子区;弧柱区,即气体电离区。各区的电离及产热的情况如下。

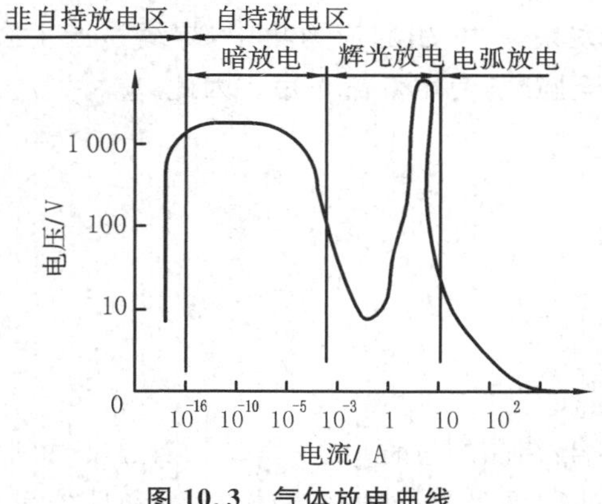

图 10.3　气体放电曲线

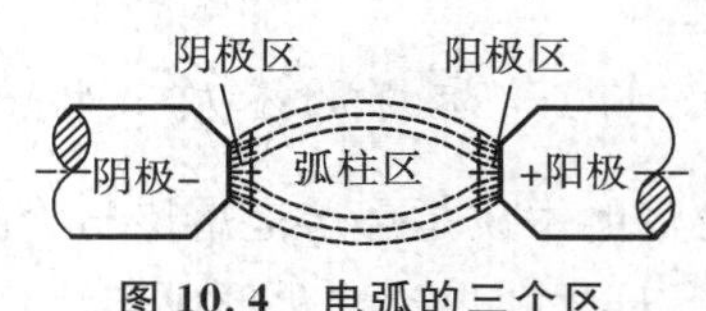

图 10.4　电弧的三个区

(1)阴极区 阴极材料发射电子的难易程度与其电子逸出功有关。电子逸出功是指材料表面发射出电子所需的最小能量,用 W_ω 表示,单位为电子伏特(eV)。

阴极材料的 W_ω 愈小,电子发射愈容易,电弧愈易稳定。几种典型材料的 W_ω 如表 10.1 所示,可见含铈(Ce)和钍(Th)的钨基合金的 W_ω 比纯钨要小,电子发射较容易,所以,非熔化极电弧焊一般都用钨-铈合金做阴极。而 Al_2O_3 的 W_ω 比纯铝要小,所以焊接铝合金时,常用阴极效应来除去 Al_2O_3 膜。

表 10.1 几种材料的电子逸出功 W_ω

材料	W	W-Ce	W-Th	Al	Al_2O_3
W_ω/eV	4.54	1.36	2.63	4.25	3.90

当外部能量超过材料的电子逸出功时,电子就可以脱离材料表面,产生电子发射。电子发射的形式有热发射、电场发射和光发射几种。

①热发射 电子受到热作用时,将产生强烈的热运动,产生热电子发射,并从阴极带走能量,使阴极温度下降。高沸点的钨和碳电极易产生热发射。

②电场发射 阴极前端存在高的电场强度,在电场作用下,电子脱离表面而产生电场发射,低熔点的材料(如钢、铜和铝)易产生电场发射。

③光发射 阴极受到一定波长的光辐照时,产生光发射。钾、钠、钙的临界波长在可见光区,铁、铜、钨的临界波长在紫外线区。电弧的光辐射波(包括可见光和紫外线)可引起电子的光发射。产生光发射时,电极表面接收的光辐射能量与电子逸出功相等,对电极无冷却作用。

(2)阳极区 阳极区接收由弧柱来的电子流和向弧柱提供正离子流。受电子的碰撞,阳极获得较高的能量,从而温度升高。

①电场电离 当电弧导电时,阳极表面前方产生电子的堆积,形成阳极电场,强电场使电子加速碰撞中性粒子而产生电离。

②热电离 当阳极达到蒸发的高温时,中性粒子被热电离,形成一个电子和一个正离子,电子奔向阳极,正离子奔向阴极。

(3)弧柱区 中性的气体原子和分子受到电场的作用将产生激励或电离。电子从阴极奔向阳极,与弧柱中的气体粒子产生强烈的碰撞而将大量的热释放给弧柱区,所以弧柱具有很高的温度。

当用钢芯焊条作电极时,电弧中各区的温度为:弧柱区 6 000~8 000 K,阳极区 2 600 K 左右,阴极区 2 400 K 左右。

2)**等离子弧**

与自由电弧相比,等离子弧是被压缩的电弧,其弧区的能量密度集中,温度高,挺直度好(图 10.5)。

等离子弧的温度达 24 000~50 000 K,能量密度达 10^5~10^6 W/cm^2,可焊接厚钢板,焊缝和热影响区较小。

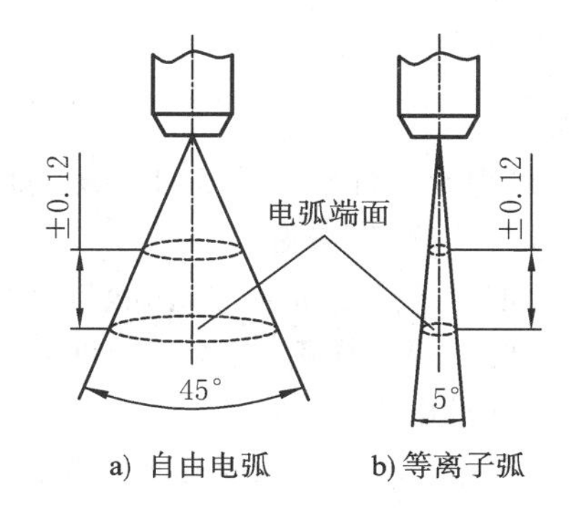

图 10.5 自由电弧与等离子弧的挺直度

3)**电渣**

当特制的电渣由一些金属盐和氧化物组成时,其在熔融过程中会形成大量离子,如果接通电源,正、负离子将产生定向移动而导电并释放热量(图 10.6),

使渣池的温度达到 2 000～2 200 K。这一温度足以使大多数金属熔化。

4)**电子束**

当钨被加热到 2 600 K 时,能产生大量的电子,而在强电场作用下,电子将被加速到 160 000 km/s 。高速电子撞击在金属表面时将产生 10^6～10^8 W/cm^2的能量密度,比电弧产生的能量密度大 1 000 倍,能使金属瞬间熔化或气化。电子束的穿透能力强(图 10.7a),可一次焊接厚度达 200 mm 的钢板。

5)**激光束**

激光具有单一波长和单色性,方向性强,能量密度高达 10^5～10^{13} W/cm^2,可使金属瞬间熔化或气化。但材料的光热效应通常只发生在表层,因此,激光的穿透能力较差,熔池较浅(图 10.7b),只能用来焊接微小件和薄壁件。

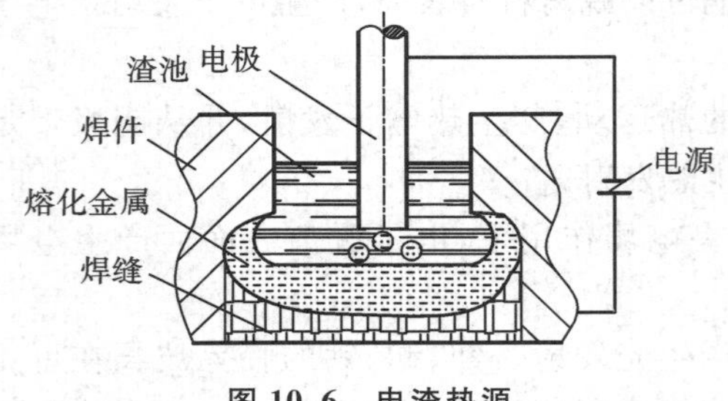

图 10.6　电渣热源

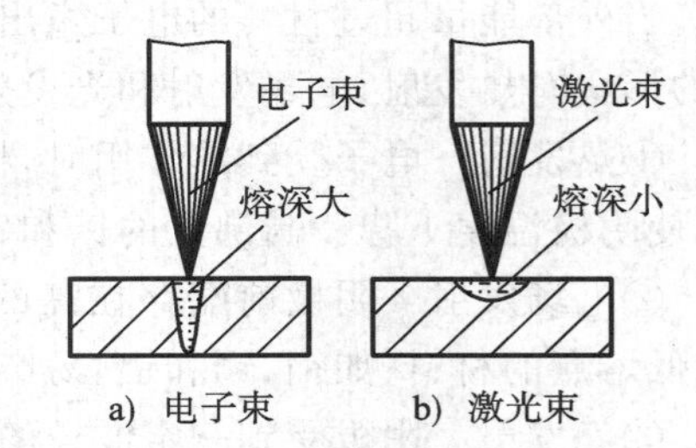

图 10.7　电子束和激光束的热特性

2. 熔池保护

熔池金属在高温下与空气作用会产生诸多不良反应,形成气孔、夹杂等缺陷,影响焊缝品质。用渣保护、气体保护或渣气联合保护法,可隔绝空气,防止熔池氧化,并可脱氧、脱硫、脱磷,向熔池过渡合金元素,以改善其性能。

1)**渣保护**

为了使熔池与空气隔离,可在熔池上覆盖一层熔渣。溶渣的作用是防止金属氧化、吸气和向熔池过渡合金元素,改善焊缝性能;同时,还可以稳定电弧,减少散热,提高生产率(图10.8)。渣保护的材料有焊剂和电渣两类。

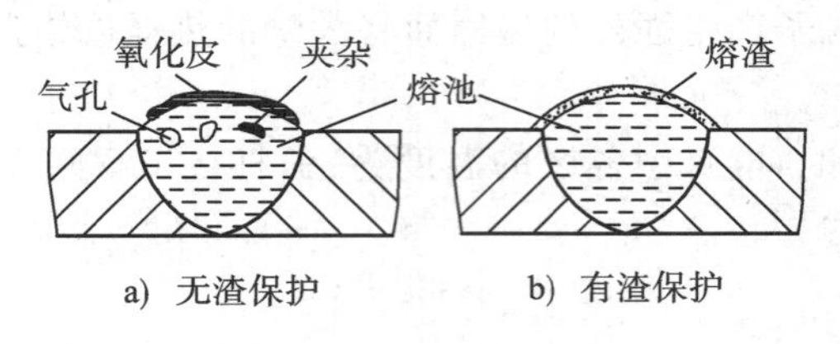

图 10.8　渣保护

(1)焊剂　焊剂应能保证热源的稳定性,并且硫、磷含量低,熔点和黏度合适,脱渣性好,不析出有害气体,不吸湿。

焊剂有熔炼焊剂和非熔炼焊剂两类,其中非熔炼焊剂又分为烧结焊剂和黏结焊剂。熔炼焊剂主要起保护作用,非熔炼焊剂除了起保护作用外还可以起渗合金、脱氧、去硫等冶金作用。

焊剂是由 SiO_2、MnO、MgO 及 CaF 等组成的硅酸盐,根据其中硅、锰、氟的含量不同,焊剂可分为如表 10.2 所示的几种类型。在焊剂牌号中,"焊剂"二字也可用其汉语拼音首写字母"HJ"来表示。

表10.2 焊剂的牌号名称及其用途

焊剂牌号	名　称	用　途	电源种类
焊剂130(HJ130)	无锰高硅低氟	用于低碳钢的焊接	交流或直流反接
焊剂150(HJ150)	无锰中硅中氟	用于合金钢的焊接	交流或直流反接
焊剂172(HJ172)	无锰低硅高氟	用于合金钢的焊接	直流反接
焊剂230(HJ230)	低锰高硅低氟	用于低合金钢的焊接	交流或直流反接
焊剂260(HJ260)	低锰高硅中氟	用于低合金高强度钢的焊接	直流反接
焊剂251(HJ251)	低锰中硅中氟	用于低合金高强度钢的焊接	直流反接
焊剂350(HJ350)	中锰中硅中氟	用于低合金高强度钢的焊接	直流反接
焊剂430或431(HJ431)	高锰高硅低氟	用于低合金结构钢的焊接	交流或直流反接

(2)电渣　除应有焊剂的基本性能外，电渣还应有合适的电导率、高的蒸发温度。一般，SiO_2含量愈高，电导率愈低，黏度愈高；钙和其他元素的氟化物和钛的氧化物可使电渣的电导率增大，黏度减小。电渣分为高电导率、中等电导率和低电导率的三类。

2)气体保护

用于保护熔池和熔滴的气体应是在高温下不分解的惰性气体(如氩气)或低氧化性的、不溶于金属液的气体(如CO_2)，也可用混合气体。保护气体还应能稳定热源，密度应比空气大，以便排开空气，在熔池上方形成气罩。喷嘴结构应尽可能使气体以层流状态流出，如图10.9所示。

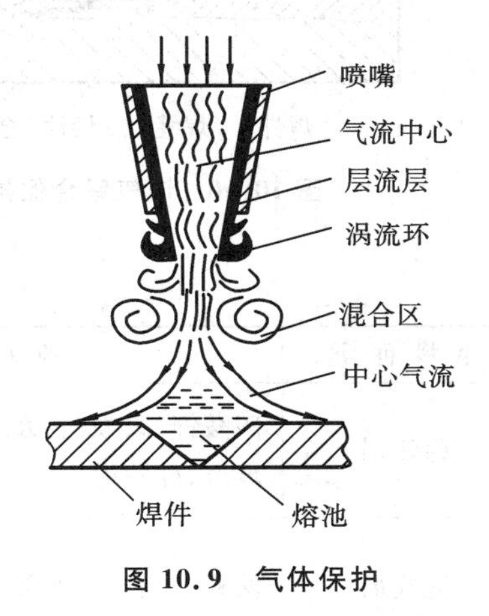

图10.9 气体保护

(1)氩气保护　氩气的密度是空气的1.25倍，不易飘散，在高温下不溶于金属液，也不与金属发生化学反应，是一种理想的保护气体。另外，氩气的热导率小，且为单原子气体，在高温下无分解过程，因此，用氩气保护的电弧温度高。但氩气电离势高，引弧比较困难，需要较高的空载电压。

由于氩弧温度高，因此一旦引燃电弧，电弧就很稳定。氩弧焊一般要求氩气纯度达99.9%。但是，氩气不像还原性气体或氧化性气体那样有脱氧或去氢作用，所以，氩弧焊对焊前的除油、去锈、去水等准备工作要求严格，以免焊缝品质受到影响。

(2)CO_2气体保护　CO_2气体无色、无味，密度是空气的1.5倍，在常温下很稳定，但在高温下易分解。

使用液态CO_2很经济、方便。容积为40 L的标准钢瓶可以灌入25 kg的液态CO_2，约占钢瓶容积的80%，其余20%左右的空间则充满气化了的CO_2。钢瓶压力表上所指示的压力值，就是这部分气体的饱和压力。只有当钢瓶内液态CO_2已全部挥发成气体时，压力才会随着CO_2气体的消耗而逐渐下降。CO_2气体纯度对焊缝金属的致密性有较大的影响。CO_2气体中的有害杂质主要为水分和氮气，其中水分的危害最大，易导致气孔和焊缝脆性。因此，要求焊接用的CO_2纯度不低于99.5%。我国目前还无专用于焊接的CO_2气体，市售的CO_2气体主要是酿造厂、化工厂的副产品，含水较多而且不稳定。在使用前可先将钢瓶倒置1～2 h，然后打开阀门,把沉积在下部的水排出。根据瓶中水含量的不同,可放水 2～3 次,每隔 30 min 左右放一次。放水结束后,仍将钢瓶放正,再放气 2～3 min,放掉钢瓶上部的气体,因为这部分气体通常含有较多的空气和水分。在气路系统中设置干燥器,可进一步减少 CO_2 气体中的水分。一般用硅胶或脱水硫酸铜做干燥剂。

CO_2 气体密度大,受热后体积会膨胀,所以在隔离空气、保护焊接熔池和电弧方面效果良好。

3)**渣气联合保护**

利用渣气联合保护(图 10.10)方法可获得良好的熔池保护效果,其中具体起保护作用的有焊条的药皮和二氧化碳加药芯。

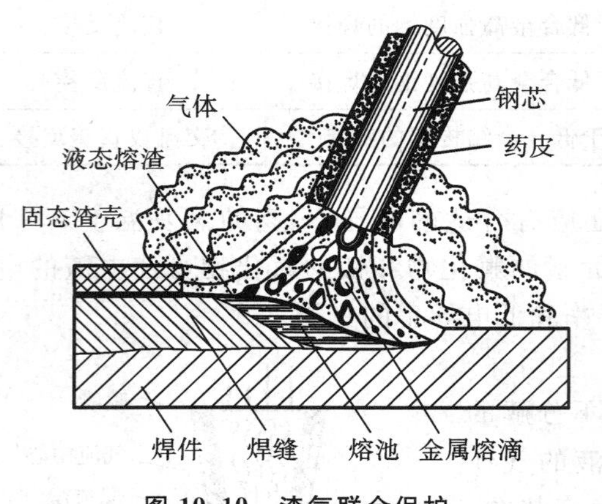

图 10.10 渣气联合保护

(1)药皮 药皮含有造气剂和造渣剂,涂敷在焊条外。此外,为了使电弧稳定燃烧和过渡合金元素,药皮中还含有稳弧剂、合金剂、脱氧剂、脱硫剂和去氢剂等。

为了保证药皮有一定的强度和压涂性,在药皮中还配有黏结剂、增塑剂等。药皮的原料有矿石、铁合金、有机物和化工产品等四类。各种原料粉末按一定比例配成涂料,加黏结剂压涂在焊芯上即可配制出不同性质的药皮。

常用焊条药皮成分及作用如表 10.3 所示。药皮配方举例如表 10.4 所示。

表 10.3 焊条药皮成分及作用

原料种类	原料名称	作用
稳弧剂	碳酸钾、碳酸钠、大理石、长石、钛白粉、水玻璃、硅酸钾	改善引弧性,增强电弧燃烧稳定性
造气剂	淀粉、木屑、纤维素、大理石	高温分解出大量气体,隔绝空气,保护焊接熔滴与熔池
造渣剂	大理石、氟石、菱苦土、长石、锰矿、钛铁矿、黄土、白粉、金红石	形成渣层,覆盖在熔池表面,隔绝空气,使渣具有合适的熔点、黏度和酸碱度,以利于脱渣、脱硫和脱磷等
脱氧剂	锰铁、硅铁、钛铁、铝铁、石墨	降低电弧气氛和熔渣的氧化性,去除熔滴和熔池金属中的氧;锰还起脱硫作用
合金剂	锰铁、硅铁、钛铁、钼铁、钒铁、钨铁	使焊缝金属获得必要的合金成分
黏结剂	硅酸钾、水玻璃	将药皮牢固地粘在钢芯上

表 10.4 药皮配方举例

药皮类型	药皮配方/%(质量分数)													
大理石	大理石	菱苦土	金红石	钛白粉	氟石	中碳锰铁	钛铁	硅铁	白泥	长石	云母	石英	碳酸钠	特点
钛钙型	14	7	26	10	—	12.5	—	—	12	8	10	—	—	酸性药皮
低氢型	44	—	—	5	20	5	12	5.5	—	—	6	6	1	碱性药皮

药皮类型不同,其特性也有很大差别,如酸性药皮与碱性药皮的性质就大不一样。

①酸性药皮工艺性好,碱性药皮工艺性差。酸性药皮中无反电离物氟石(CaF_2),因而电弧易引燃,引燃后燃烧稳定,脱渣性好,焊缝成形美观,碱性药皮则正好相反。

②碱性药皮中有益元素多,有害元素(硫、磷、氢、氧、氮)少,所以能给焊缝增加有益合金元素,从而使焊接接头的力学性能得到改善。

③碱性药皮中不含有机物而含有氟石,能够与氢化物化合生成不溶于熔池的 HF,有去氢作用,可以降低焊缝中氢含量,提高焊缝金属的抗裂性,所以碱性药皮也称低氢型药皮。

④碱性药皮氧化性强,对锈、油、水的敏感性强,易产生飞溅和 CO 气孔。

⑤碱性药皮在高温下易生成较多的有毒物质(如 HF 等),因此操作时应注意通风。

(2)二氧化碳加药芯 单一 CO_2 气体保护因焊接时易产生飞溅、气孔和合金元素的氧化烧损,其应用受到一定限制。为了改善 CO_2 气体保护的效果,采用二氧化碳加药芯的方法,药芯的空心金属筒中心包裹有与药皮成分相同的粉剂,因而可实现渣气联合保护。其优点是:

①由于药芯成分改变了纯 CO_2 电弧气氛的物理、化学性质,因而焊接时飞溅少,且飞溅颗粒细,容易清除。又因熔池表面覆盖有熔渣,所以焊缝成形类似手弧焊,较用单一 CO_2 气体保护时的形状更美观。

②与单一药皮保护相比,CO_2 气体加药芯保护下电弧的热效率高,焊缝熔深大,因而生产率高,填充金属用量少。

③调整药芯成分可焊接不同的钢材,抗气孔能力比单一 CO_2 气体保护强。

3. 焊缝填充金属

焊缝填充金属指的是焊芯与焊丝。当焊缝较宽时,靠母材的熔化不能将焊缝填满,这时,必须外加焊丝进行补充。另外,对于低合金钢焊件,为了提高焊缝性能,使焊缝与母材强度相等,仅靠焊剂、药皮过渡合金元素是不够的,必须用合金焊丝和焊芯(填充金属)过渡合金元素。

常用的焊条钢芯及焊丝材料可为碳素钢、合金钢或不锈钢,其牌号、材料及焊接结构材料分别如表 10.5、表 10.6 所示。其碳、硅含量较低,磷和硫的含量小于 0.03%,以保证焊缝有较高的强度和韧度。其牌号中,H 代表焊接用钢丝,其后的两位数字代表碳的质量分数的万分之几;A 为高级优质钢;E 代表特级优质钢。

表 10.5 焊条钢芯的牌号、材料及焊接结构材料

钢芯牌号	钢芯材料	焊接结构材料
H08	普通低碳钢	普通碳素结构钢
H08A	高级优质低碳钢	普通碳素结构钢
H08E	特级优质低碳钢	优质结构钢

续表

钢芯牌号	钢芯材料	焊接结构材料
H08Mn2	普通低合金钢	低合金结构钢
H08CrMoA	高级优质合金钢	低合金结构钢
H08Cr20Ni10Ti	不锈钢	不锈钢
H08Cr21Ni10	不锈钢	重要不锈钢

表 10.6　焊丝的牌号、材料及焊接结构材料

焊丝牌号	焊丝材料	焊接结构材料
H08MnA	优质结构钢	低碳钢、普通低碳钢
H10MnSi	低合金结构钢	低合金钢
H30CrMnSi	优质合金结构钢	高强度钢
H10Mn2MoVA	优质合金钢	重要高强度钢
H0Cr14	铁素体不锈钢	高铬铁素体钢
H0Cr18Ni9	奥氏体不锈钢	不锈钢
H08Cr22Ni15	双相不锈钢	重要不锈钢

10.2　焊接接头的组织与性能

10.2.1　焊接热循环

在焊接加热和冷却过程中，焊缝及其附近的母材上某点的温度随时间变化的过程称为焊接热循环。图 10.11 所示的是低碳钢焊接热循环特征，图中：温度在 1 100 ℃以上的区域为过热区，$t_{过1}$ 为点 1 的过热时间；500～800 ℃之间的区域为相变温度区，$t_{8/5}$ 为母材上点 1 处从 800 ℃冷却到 500 ℃所需的时间。由此可见，焊缝及其附近的母材上各点在不同时间经受的加热和冷却作用是不同的，在同一时间各点处所发生的温度变化也不同，因此冷却后的组织和性能也不同。焊接热循环的特点是加热和冷却速度很快，对于易淬火钢，易导致马氏体相变，对于其他材料，也会造成相变和再结晶，使焊件易产生焊接变形、应力及裂纹。受焊接热循环的影响、焊缝附近的母材因焊接热循环作用而发生组织或性能变化的区域称为焊接热影响区。因此，焊接接头由焊缝区和热影响区组成。

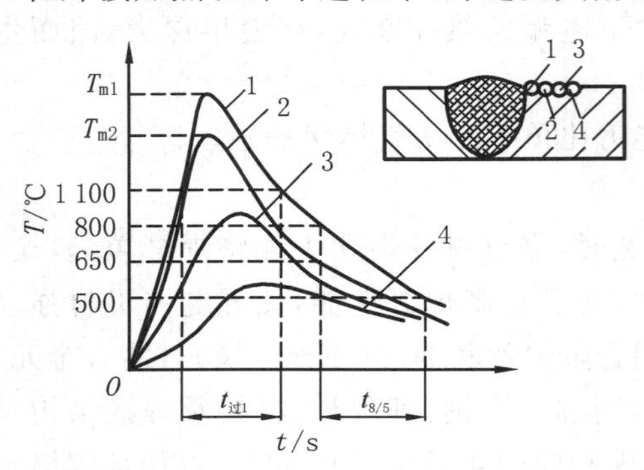

图 10.11　焊接热循环特征

10.2.2　焊缝的组织和性能

热源移走后，熔池焊缝中的液态金属立刻开始冷却结晶。晶粒以垂直于熔合线的方向向

熔池中心生长为柱状晶(图10.12)。这样,低熔点物质将被推向焊缝最后结晶部位,形成成分偏析区。宏观偏析的分布与焊缝成形系数 B/H 有关,当 B/H 很小时,形成中心线偏析,易产生热裂纹。

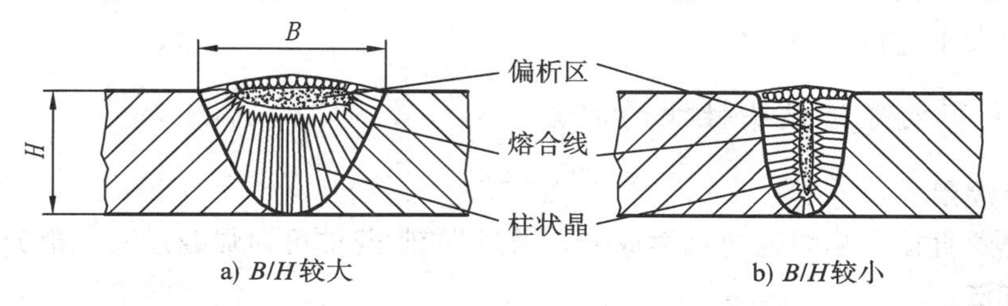

图10.12 焊缝的结晶

焊缝金属冷却快,其宏观组织形态是细晶粒柱状晶,成分偏析严重,会影响焊缝性能。但是,由于化学成分控制严格,碳、磷、硫等含量低。通过渗合金调整焊缝的化学成分,使其有一定的合金元素,一般都能使焊缝金属的强度与母材相当,达到"等强度"的要求。

10.2.3 热影响区的组织和性能

热影响区是加热和冷却中固态发生相变的区域。热影响区中不同点的最高加热温度不同,其组织变化也不同。低碳钢焊接接头最高加热温度曲线及室温下的组织如图10.13a所示。图10.13b为简化了的铁碳相图。低碳钢焊接热影响区可分为以下几个区。

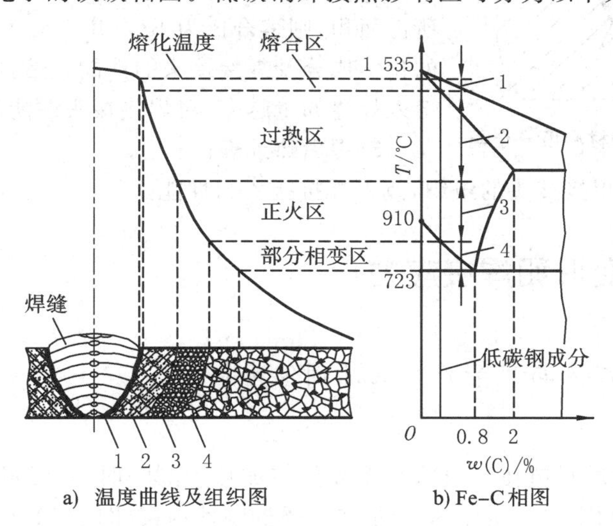

图10.13 低碳钢焊接热影响区的组织变化

(1)熔合区 熔合区含有填充金属与母材金属的多种成分,故成分不均,组织为粗大的过热组织或淬硬组织,是焊接接头中性能很差的部位。严格地说熔合区不属于热影响区,它是焊接接头中的一个特殊区域。

(2)过热区 过热区晶粒粗大,塑性差,易产生过热组织,是热影响区中性能最差的部位。

(3)正火区 正火区因冷却时奥氏体发生重结晶而转变为珠光体和铁素体,所以晶粒细小,性能好。

(4)部分相变区 部分相变区存在铁素体和奥氏体两相,其中铁素体在高温下长大,冷却时不变,最终晶粒较粗大。而奥氏体发生重结晶转变为珠光体和铁素体,使晶粒细化。所以此区晶粒大小不均,性能较差。

焊接热影响区是影响焊接接头性能的关键部位。焊接接头的断裂往往不是出现在焊缝区,而是出现在接头的热影响区,尤其多发生在熔合区及热影响区中的过热区,因此必须对焊接热影响区的大小进行控制。

10.2.4　影响焊接接头性能的因素

1. 焊剂与焊丝

焊剂与焊丝直接影响焊缝的化学成分。通过焊剂、药皮可向焊缝过渡一部分合金元素。

2. 焊接方法

热源、温度和热量集中程度不同,则热影响区的大小和组织不同,杂质含量不同,因而焊缝性能就不同。一般,采用热量集中的焊接方法(如电子束焊、等离子弧焊)时热影响区小,而采用加热时间长、热量分散的方法(如电渣焊、气焊)时热影响区大。

3. 焊接工艺参数

电流、电压、焊接速度和线能量(单位长度焊缝上输入的能量)会直接影响焊接接头组织及热影响区的大小。

4. 熔合比

熔合比是指母材在焊缝中所占面积与焊缝总面积之比。如图 10.14 所示,S_m为母材所占面积,S_t为填充金属所占面积,则熔合比为 $S_m/(S_t+S_m)$。熔合比将影响焊缝的化学成分及焊接接头的性能。熔合比越大,则表示母材熔入焊缝的量越多,对焊接接头性能的影响也越大。

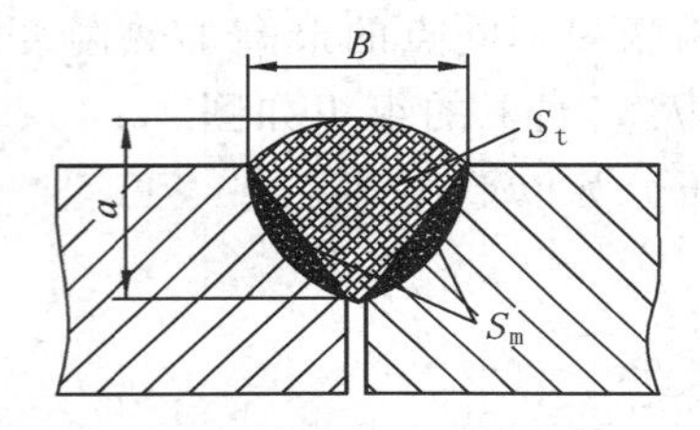

图 10.14　焊缝中的母材和填充金属

5. 焊后热处理

正火处理可细化焊接接头的组织,改善焊接接头的性能。

10.3　焊接变形和焊接应力

10.3.1　焊接应力与变形产生的原因及危害

1. 产生的原因

当长度为 L_0的金属材料在自由状态下被整体加热(冷却)时,它可进行自由膨胀(收缩),不会产生应力和变形(图 10.15a)。但如加热时受到刚性约束(图 10.15b),其长度不能膨胀到自由变形时的 $L_0+2\Delta L$,仍然为 L_0,从而产生塑性压缩变形量 $2\Delta L$;冷却时也不能产生 $2\Delta L'$的自由收缩量而仍维持长度 L_0,金属内产生拉应力并残留下来。这时只有残余应力,而无残余变形。在非刚性约束下加热时,金属可以产生部分的膨胀(图 10.15c),但不能自由伸长 $2\Delta L$,只能产生 $2\Delta L_1$的膨胀量,金属受到压应力,产生一定量的压缩变形;冷却时不能产生 $2\Delta L$ 的收缩量,而只能产生 $2\Delta L_1$的收缩量,使金属受拉应力并残余下来。最后产生大小为 $2\Delta L_1-2\Delta L'_1$的残余变形,也称为焊接变形。

焊接过程中焊缝区金属经历加热和冷却循环,其膨胀和收缩均受到周围冷金属的约束,不能自由进行。当约束力很大(如大平板对接焊)时,会产生很大的残余应力,而残余变形较小;当约束力较小(如小平板对接焊)时,则既产生残余应力,又产生残余变形。

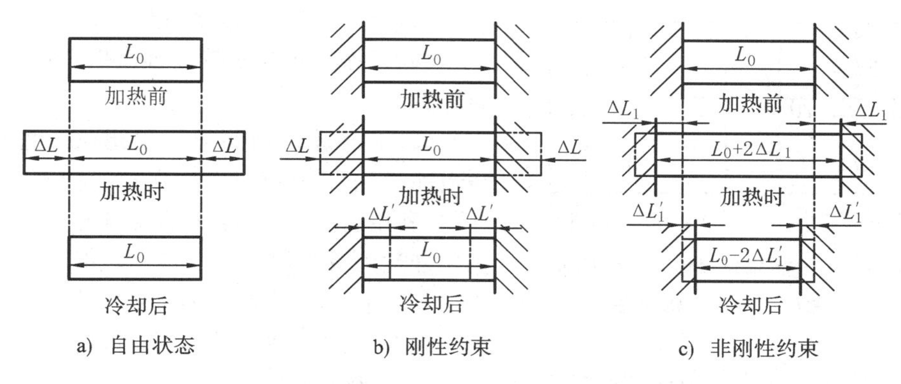

a) 自由状态　b) 刚性约束　c) 非刚性约束

图 10.15　加热和冷却时的应力与变形

2. 危害

焊件产生的变形和残余应力对结构的制造和使用会产生不利影响。焊接变形可能使焊接结构尺寸不合要求，组装困难，间隙大小不一致等，同时使结构件形状发生变化，产生附加应力，承载能力降低。焊接残余应力会使焊件工作时的内应力增加，承载能力降低，还会诱发应力腐蚀裂纹，甚至造成焊件脆断。另外，残余应力处于不稳定状态，在一定条件下应力会逐步衰减而使焊件变形逐步增大，使构件尺寸不稳定。所以，减少残余应力，防止和消除焊接变形是十分必要的。

10.3.2　残余应力与焊接变形的防治

1. 焊接残余应力的防止及消除

焊接残余应力是由于局部加热或冷却金属时，金属伸长与缩短不均匀且其伸长与缩短受到阻碍而产生的。焊接残余应力分布与焊缝接头形式有关。当采用对接焊时，残余应力的分布如图 10.16 所示。由图可见，焊缝受热后冷却收缩时，因周围冷金属的约束而承受拉应力，而母材及边缘则因焊缝的收缩而承受压应力，其应力值有时会超过金属的屈服强度。焊接残余应力是十分有害的，故焊接时常采用如下工艺措施来减小焊接残余应力。

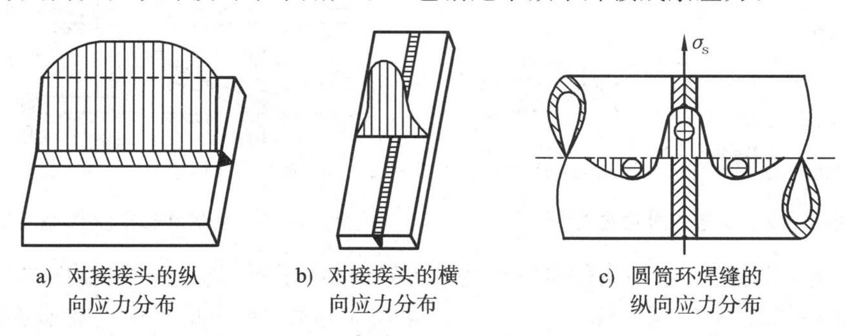

a) 对接接头的纵向应力分布　b) 对接接头的横向应力分布　c) 圆筒环焊缝的纵向应力分布

图 10.16　焊接残余应力的分布

(1)避免焊缝密集交叉，并使焊缝长度尽可能短，以减小局部加热压，减小焊接残余应力。

(2)采取合理的焊接顺序，尽可能使焊缝自由地收缩，以减小应力。如图 10.17a 所示的焊接顺序正确，因而焊接应力小；而图 10.17b 所示的焊件因先焊焊缝 1 而导致对焊缝 2 的约束力增大，从而增大了残余应力。

(3)采用小的线能量，多层焊，以减小焊接残余应力。

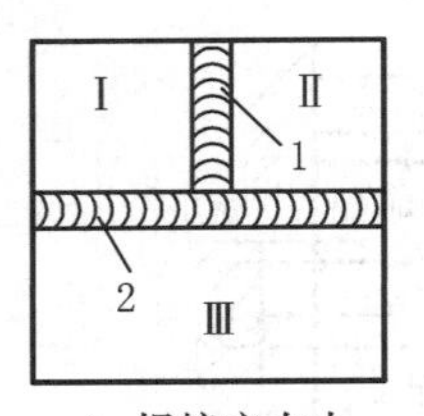

a) 焊接应力小

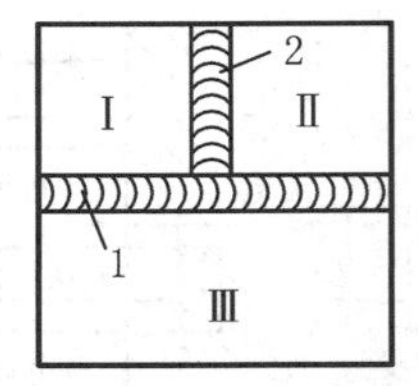

b) 焊接应力大

图 10.17　焊接顺序对焊接应力的影响
(图中数字表示焊接顺序)

(4)焊前预热,以减小焊件温差。

(5)当焊缝还处在较高温度时,锤击焊缝使金属伸长。

(6)焊后进行消除应力的退火。把焊件整体缓慢加热到 550～650 ℃,保温一定时间,再随炉冷却,利用材料在高温下屈服强度的下降和蠕变现象来达到减小焊接残余应力的目的。利用这种方法可以消除 80%左右的残余应力。

此外,也可以采用加压和振动等机械方法,利用外力使焊接接头残余应力区产生塑性变形,来达到减小残余应力的目的。

2. 焊接变形的防止和消除

焊接变形的形式主要有尺寸收缩、角变形、弯曲变形、扭曲变形、波浪变形等,如图 10.18 所示。凡能消除残余应力的方法均有助于消除焊接变形。此外,还可采用如下措施来消除焊接变形。

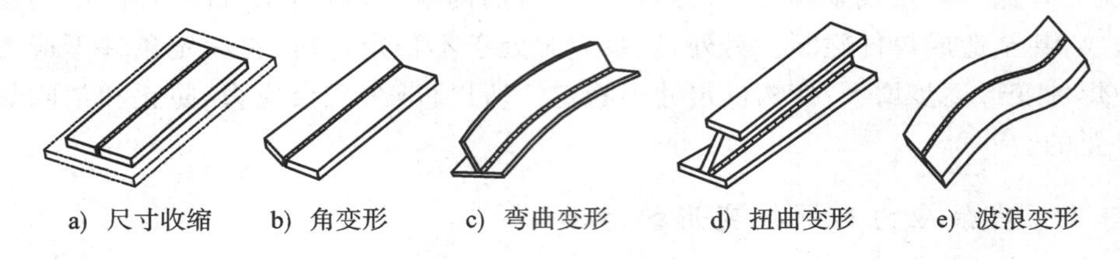
a) 尺寸收缩　b) 角变形　c) 弯曲变形　d) 扭曲变形　e) 波浪变形

图 10.18　焊接变形的常见形式

(1)尽量将焊缝对称布置,让变形相互抵消。如采用图 10.19a 所示的对称焊缝,图10.19b 所示的对称双面 V 形坡口形式,均有利于消除焊接变形。

(2)采用反变形方法,如图 10.20 所示,在组装时,使焊件按角变形方向的反方向放置,以抵消焊接变形。

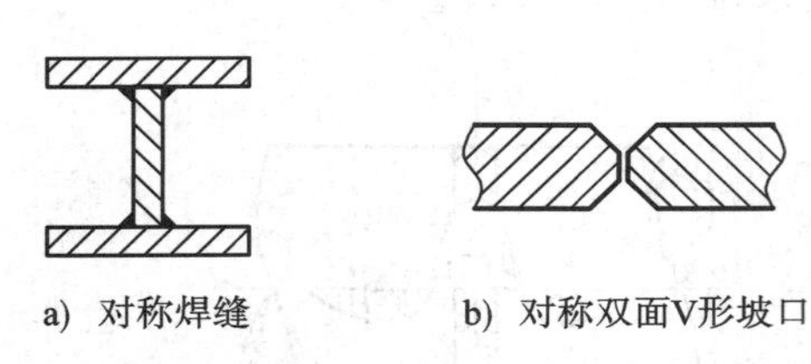
a) 对称焊缝　b) 对称双面V形坡口

图 10.19　焊缝的对称布置

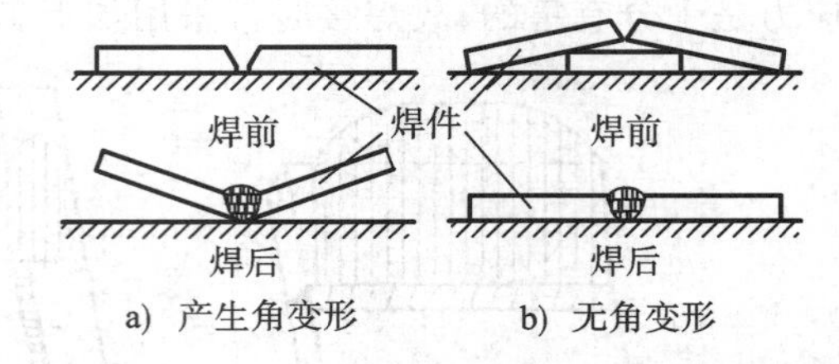

a) 产生角变形　b) 无角变形

图 10.20　V 形坡口对接焊的反变形法

(3)在焊接工艺方面,采用高能量密度的热源(如等离子弧、电子束等)和小的线能量,采用对称焊接(图 10.21)、分段倒退焊(图 10.22)或多层多道焊,都能减小焊接变形。图 10.23 所示的为厚大件双面 V 形坡口的多层焊接工艺。操作中应注意,只有当前一层焊缝金属冷却到 60 ℃左右时才能焊后一层。

(4)采用焊前刚性固定组装焊接方法,限制焊接变形。但这样会产生较大的焊接应力。也可采用定位焊组装的方法。

(5)焊前预热,焊接过程中采用散热措施,如图 10.24 所示。也可采用锤击还处在高温的焊缝等方法。

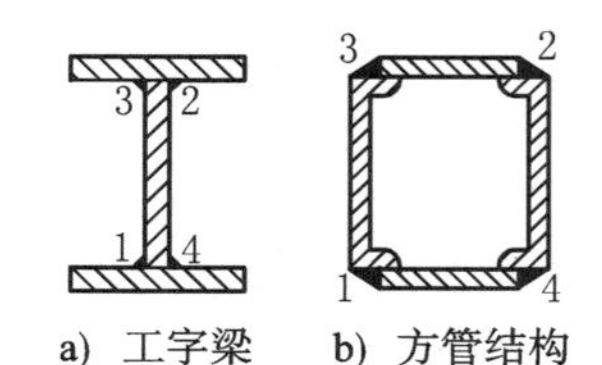

图 10.21 对称焊接方法(图中数字表示焊接顺序)

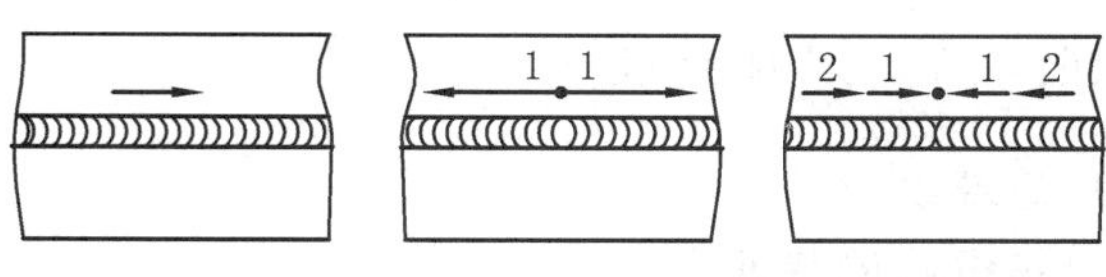

图 10.22 分段倒退焊方法在长焊缝中的应用(图中数字表示焊接顺序)

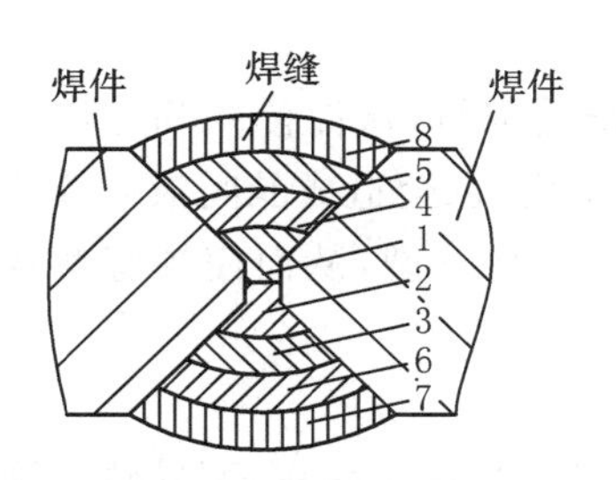

图 10.23 厚大件双面 V 形坡口的多层焊接工艺(图中数字表示焊接顺序)

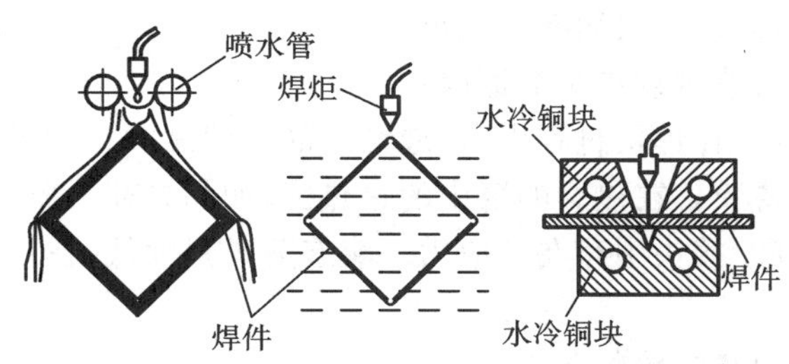

图 10.24 用散热法减小焊接变形的过程

3. 焊接变形的矫正

对严重的焊接变形应予以消除,常采用的方法有以下两种。

(1)机械矫正法,如图 10.25 所示。这种方法以产生反向塑性变形来矫正焊接变形,但同时会产生加工硬化而使材料塑性下降,通常只适于塑性好的低碳钢和普通低合金钢。

(2)火焰矫正法,如图 10.26 所示。这种方法利用火焰加热,以产生新的反向收缩变形来矫正原来的变形。如焊后已经产生上拱变形的丁字梁,可用火焰将腹板上的三角形区加热到 600～800 ℃,然后冷却,腹板收缩产生反变形,从而将焊件变形矫正过来。此法一般仅适用于塑性好且无淬硬倾向的材料。

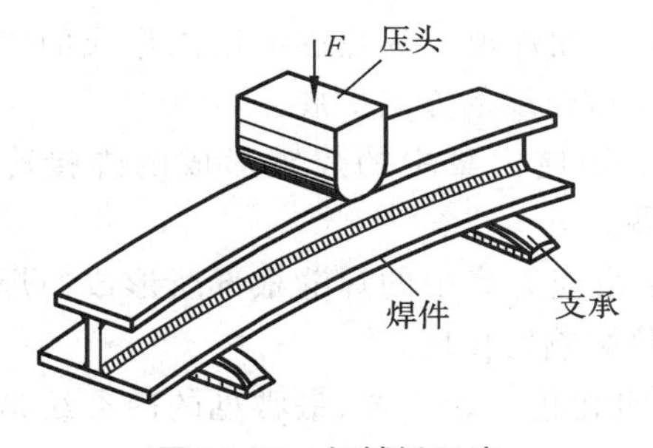

图 10.25 机械矫正法

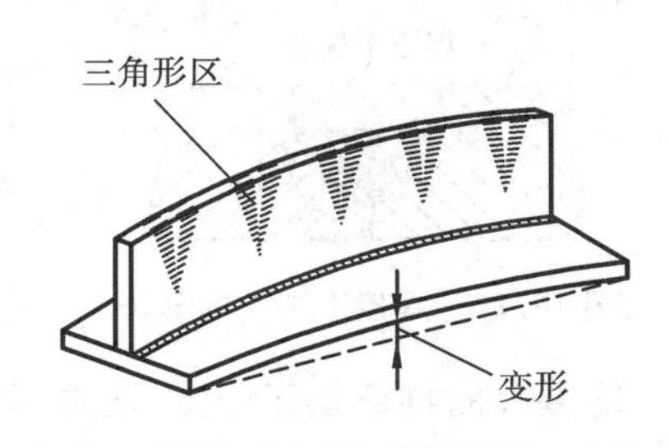

图 10.26 火焰矫正法

10.4 焊接缺陷

焊接缺陷主要有焊接裂纹、未焊透、夹渣、气孔缺陷和焊缝外观缺陷等。这些缺陷会减少焊缝截面,产生集中应力,使构件承载能力和疲劳强度降低,易破裂甚至脆断,其中危害最大的是焊接裂纹和气孔。

10.4.1　焊接裂纹

1. 热裂纹

1)热裂纹的特征

发生在焊缝上并在焊缝结晶过程中形成的热裂纹称为结晶裂纹;发生在热影响区,在母材被加热到过热温度时因晶间低熔点杂质发生熔化以及受焊接应力作用而产生的热裂纹称为液化裂纹。热裂纹的微观特征是沿晶界开裂,所以又称为晶间裂纹。因热裂纹是在高温下形成的,所以裂纹表面有氧化色。

2)热裂纹产生的原因

(1)在焊接过程中,焊缝结晶的柱状晶形态会导致低熔点杂质偏析,从而使晶间形成一层液态薄膜。在热影响区中的过热区,如晶界存在较多的低熔点杂质,也会造成晶间液态薄膜。

(2)接头中存在拉应力。液态薄膜强度低,在拉力的作用下很易开裂,从而使焊缝产生热裂纹。

3)热裂纹的防止

(1)限制钢材和焊条、焊剂的低熔点杂质。硫、磷与铁易形成低熔点共晶物,而导致热裂纹产生。

(2)适当提高焊缝成形系数,防止中心偏析。一般认为,焊缝成形系数为1.3～2.0较合适。

(3)调整焊缝化学成分,避免低熔点共晶物形成,缩小结晶温度范围,改善焊缝组织,细化焊缝晶粒,提高焊缝塑性,减少偏析。一般认为,将碳含量控制在0.10%以下,材料的热裂纹敏感性就会大大降低。

(4)采取减小焊接应力的工艺措施,如采用小的线能量、焊前预热、合理布置焊缝等。

(5)施焊时填满弧坑。

2. 冷裂纹

1)冷裂纹的形态和特征

焊缝和热影响区都可能产生冷裂纹,常见的冷裂纹形态有三种,如图10.27所示。

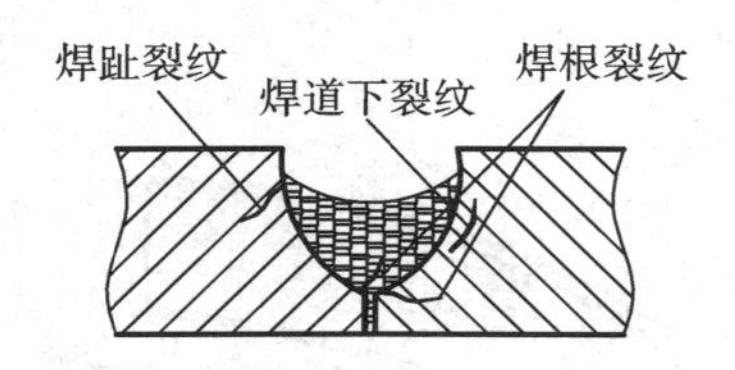

图10.27　焊接冷裂纹的形态

(1)焊道下裂纹:在焊道下的热影响区内形成的焊接冷裂纹,常沿平行于熔合线的方向扩展。

(2)焊趾裂纹:沿应力集中的焊趾形成的焊接冷裂纹,在热影响区扩展。

(3)焊根裂纹:沿应力集中的焊缝根部所形成的焊接冷裂纹,向焊缝或热影响区扩展。

冷裂纹的特征是无分支,通常为穿晶型,其表面无氧化色。最主要、最常见的冷裂纹是延迟裂纹,即在焊后隔一段时间才发生的裂纹。

2)延迟裂纹的产生原因

(1)焊接接头(焊缝和热影响区及熔合区)的淬火倾向严重,产生淬火组织,导致接头性能脆化;

(2)焊接接头氢含量较高,接头冷凝时,大量氢分子析出并聚集在焊接缺陷处,造成非常大的局部压力,使接头脆化;

(3)存在较大的拉应力。因氢的扩散需要时间,所以冷裂纹在焊后隔一段时间才出现。由于是氢所诱发的，延迟裂纹也称氢致裂纹。

3)防止延迟裂纹的措施

(1)选用碱性焊条或焊剂，减少焊缝金属中的氢含量，提高焊缝金属塑性；

(2)仔细进行焊前清理，焊条、焊剂烘干后再使用，焊缝坡口及附近母材去除油、水、锈，减少氢的来源；

(3)焊件焊前预热、焊后缓冷，以降低焊后冷却速度，避免产生淬硬组织，并减少焊接残余应力；

(4)采用减小焊接应力的工艺措施，如采用对称、小线能量的多层多道焊接方法等；

(5)焊后进行清除应力的退火处理或立即进行去氢(后热)处理(加热到 250 ℃，保温 2～6 h，使焊缝金属中的氢扩散并从金属液表面逸出)。

10.4.2　气孔

1. 气孔产生的原因

高温下溶解在焊缝处金属液中的大量气体，随着温度的下降，会因溶解度降低而析出。若气体来不及逸出，就会导致气孔的产生。若熔池保护不好，溶入熔池的气体就多，产生气孔的倾向就大。氢、氮在铁液中的溶解度较大，所以气孔多为氢气孔、氮气孔。另外，熔池氧化严重时存在较多的 FeO，FeO 与 C 将发生如下反应：

$$FeO + C \xlongequal{} Fe + CO\uparrow$$

因此，焊缝中也经常出现 CO 气孔。熔池氧化越严重，碳含量越高，就越容易产生 CO 气孔。

2. 防止气孔的方法

为防止焊缝中出现气孔，焊接时焊条、焊剂要烘干，焊丝和焊缝坡口及其两侧的母材要去除锈、油和水。此外，焊接时采用短弧焊，采用碱性焊条，CO_2气体保护焊时采用药芯焊丝或低碳材料，都可减少和防止气孔的产生。

10.5　焊接检验

10.5.1　焊接检验过程

焊件品质检验是焊接结构生产过程的重要组成部分。只有对焊件进行品质检验和缺陷的分析，才能鉴定焊件品质的优劣，才能在整个生产过程中有目的地采取措施来防止缺陷，保证产品的安全使用。焊件品质检验包括焊前检验、焊接生产中的检验和焊后成品的检验。

(1)焊前检验主要是指焊接原材料的检验、设计图样与技术文件的论证和焊接工人的培训考核等，其中，焊前原材料检验特别重要，必须对原材料进行化学分析、力学性能试验和必要的焊接性试验，注意原材料的保管与发放，不许错用或混用材料。

(2)焊接生产中的检验是指生产工序中的检验，通常由每个工序的焊工在焊后自己进行检验(主要是外观检验)，检验合格后打上焊工代号钢印。这样可及时发现问题，予以补救。

(3)成品检验是指焊接产品最后的品质评定检验。例如，按设计要求的品质标准，经 X 射线检验、水压试验等有关检验合格以后，产品才能出厂，以保证以后的安全使用。至于哪种产品应该按哪一级品质标准要求，或采取哪种焊接检验方法，应由产品设计部门依据有关产品技术标准与规程来决定。

10.5.2　外观检验和力学性能检验

1. 外观检验

外观检验就是用肉眼或低倍数(小于 20 倍)放大镜检查焊缝区有无表面气孔、咬边未焊透、裂缝等缺陷,并检查焊缝外形及尺寸是否合乎要求。外观检验合格以后,才能进行其他检验。

2. 力学性能检验

焊接接头或焊缝金属的力学性能检验主要用于研究试制工作,如新钢种的焊接、焊条试制、焊接工艺试验评定和焊工技术考核等,常做的试验是拉伸试验、冲击试验、弯曲及压扁试验、硬度试验和疲劳试验等。试件的形状、尺寸、截取方法及试验方法应按国家标准进行。

10.5.3　无损检验

1. 磁粉检验

磁粉检验原理是在焊件上外加一磁场,在焊缝表面撒上铁粉,当磁力线通过完好的焊件时,磁力线是均匀的直线;当焊件有缺陷存在时,磁力线就会发生弯曲,磁扰乱部位的铁粉将吸附在裂缝缺陷之上,其他部位的铁粉则不吸附,如图 10.28 所示。所以,可通过焊缝上铁粉吸附情况,判断焊缝中缺陷的所在位置和大小。

2. 着色检验

将焊件表面打磨到 $Ra \geqslant 12.5\ \mu m$,用清洗剂除去杂质污垢。先涂一层渗透剂,渗透剂呈红色,具有很强的渗透性能,可通过焊件表面渗入缺陷内部。十分钟以后,将表面的渗透剂擦掉,再一次清洗,而后涂一层白色的显示剂。借助毛细作用,缺陷处的红色渗透剂即显示出来,可用 4～10 倍放大镜直观地查看裂纹等表面缺陷的位置与形状。

3. 超声波检验

超声波的频率在 20 000 Hz 以上,具有能透至金属材料深处的特性,而且由一种介质进入另一种介质界面时,在界面将产生反射波。因此检验焊件时,在荧光屏上可看到无缺陷处有规律的始波和底波(图 10.29)。若焊接接头内部存在缺陷,在始波与底波之间将另外产生脉冲反射波。根据脉冲反射波的相对位置及形状,即可判断缺陷的位置、种类和大小。

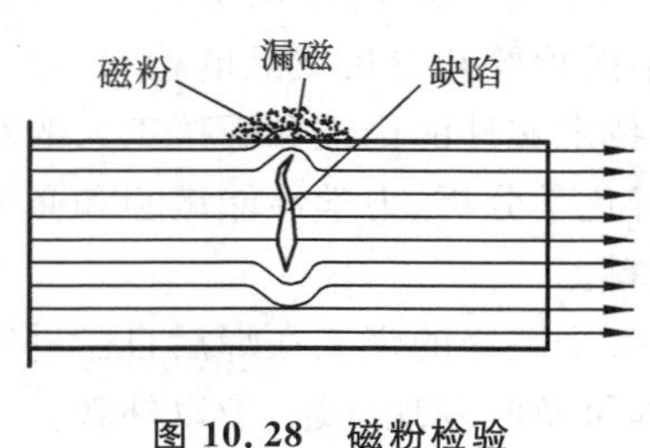

图 10.28　磁粉检验

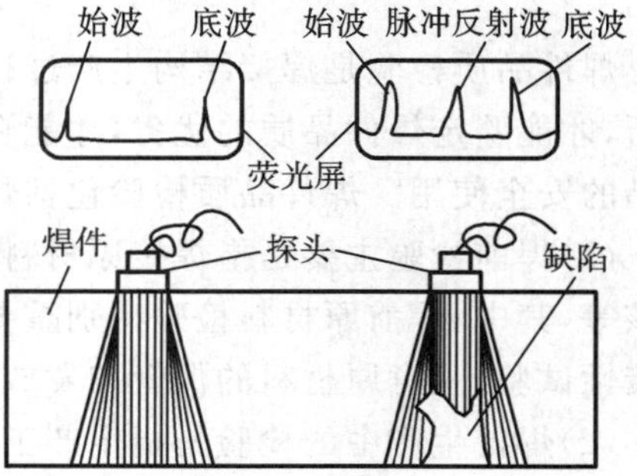

图 10.29　超声波检验

4. X 射线和 γ 射线检验

X 射线和 γ 射线都是电磁波,都能不同程度地透过金属,当经过不同物质时,射线会发生不同程度的衰减，从而使得金属另一面的照相底片得到不同程度感光。图10.30为X射线透视示意图。当X射线通过焊缝中有未焊透、裂缝、气孔与夹渣等缺陷的部位时，衰减程度变小。因此，相应部位的底片感光较强，底片冲出后，在缺陷部位上就会显示出明显可见的黑色条纹和斑点，如图10.31所示。

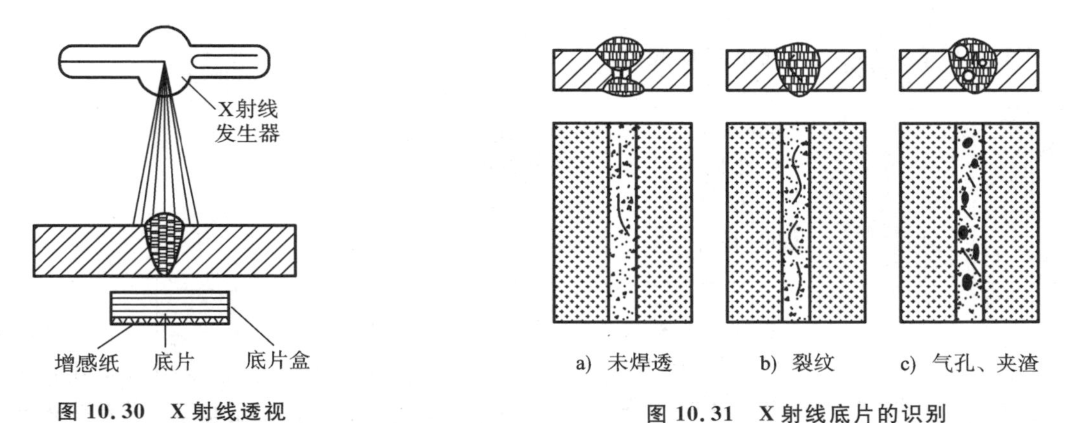

图10.30　X射线透视

图10.31　X射线底片的识别

射线探伤品质检验按相关国家标准和行业标准来评定。焊缝共分四级，一级焊缝缺陷最少，品质最好，二、三级焊缝的内部缺陷依次增多，品质逐级下降，缺陷数量超过三级者为四级焊缝。

几种焊缝内部检验方法的比较如表10.7所示。

表10.7　几种焊缝内部检验方法的比较

检验方法	能探出的缺陷	可检验的厚度	灵敏度	其他特点	品质判断
磁粉检验	表面及近表面缺陷（微细裂缝、未焊透、气孔等）	表面与近表面，深度不超过6 mm	与磁场强度大小及磁粉品质有关	被检验表面最好与磁场正交、限于磁性材料	根据磁粉分布情况判定缺陷位置，但深度不能确定
着色检验	表面及近表面有开口的缺陷（微细裂纹、气孔、夹渣、夹层等）	表面	与渗透剂性能有关，可检验出0.005～0.01 mm的微裂缝，灵敏度高	表面应打磨到$Ra=12.5\ \mu m$，环境温度在15 ℃以上，可用于非磁性材料，适于各种位置的单面检验	可根据显示剂上的红色条纹，直观地看出缺陷位置、大小
超声波检验	内部缺陷（裂缝、未焊透、气孔及夹渣）	焊件厚度的上限几乎不受限制，下限一般应大于8 mm	能检验出直径大于1 mm的气孔夹渣，探裂缝较灵敏，探表面及近表面的缺陷不灵敏	检验部位的表面应加工到$Ra=6.3\sim1.6\ \mu m$，可以单面探测	根据显示器上的信号，可当场判断有无缺陷、缺陷的位置及其大致大小，但判断缺陷种类较难

续表

检验方法	能探出的缺陷	可检验的厚度	灵　敏　度	其 他 特 点	品 质 判 断
X射线检验		150 kV的X射线机可检验厚度不大于25 mm,250 kV的X光机可检验厚度不大于60 mm	能检验出尺寸大于焊缝厚度1%～2%的各种缺陷		
γ射线检验	内部缺陷(裂缝、未焊透、气孔及夹渣等)	镭射线可检验厚度为60～150 mm,钴60射线可检验厚度为60～150 mm,铱192射线可检验厚度为1.0～65 mm	一般可检验出尺寸约为焊缝厚度的3%的缺陷	焊接接头表面无须加工,但正、反两面都必须是可接近的	由底片能直观地判断缺陷种类和分布,对平行于射线方向的平面形缺陷不如超声波灵敏
高能射线检验		9 mV电子直线加速器可检验厚度为60～300 mm,24 mV电子感应加速器可检验厚度为60～300 mm	一般可检出尺寸不大于焊缝厚度的3%的缺陷		

10.5.4　力学性能试验

焊接接头或焊缝金属的力学性能试验主要用于研究试制工作,如新钢种的焊接、焊条试制、焊接工艺试验评定和焊工技术考核。常做的试验是拉伸试验、冲击试验、弯曲及压扁试验、硬度试验和疲劳试验等。试验件的形状、尺寸、截取方法及试验方法应该按有关国家标准进行。

10.5.5　密封性检验

1. 静气压试验

往封闭的容器或管道等试验件内通入一定压力的压缩空气后,小件可放在水槽中,看其是否冒气泡,大件可在焊缝外侧涂刷肥皂水,看是否冒气泡,如此以检查焊缝的密封性。

2. 煤油检验

在被检验焊缝及热影响区的一侧涂刷石灰水，在另一侧涂刷煤油。当有微细裂缝或穿透性缺陷时，煤油穿透力较强，会渗过缺陷，使石灰白粉呈现黑色斑纹。

3. 水压试验

水压试验用于检验压力容器、锅炉、压力管道和储罐等的焊接接头致密性和强度，同时能起到降低结构焊接应力的作用。

水压试验应在焊缝内部检验及其他所有检查项目全部通过后进行。试验时，容器或管道内装满水，堵塞所有孔眼。按有关产品技术条件要求，用水泵把容器内的水压提高到焊件工作压力的 1.25～1.5 倍，停泵保压 5 min，看压力表指示的压力是否下降。再将水压降到焊件工作压力，全面检查试件焊缝和金属外壁是否有渗漏现象。水压试验后，焊接构件应没有可见的残余变形。水压试验是检验锅炉、容器、管道的重要手段，应严格按有关技术标准执行。通过水压试验的产品一般即可认为是合格产品。

10.6　熔焊方法及工艺

10.6.1　手弧焊

1. 手弧焊的原理

手弧焊的原理为：以有药皮的焊芯为一个电极，以焊件为另一个电极，手工通过短路引燃电弧，在电弧的高温作用下，药皮产生大量的气体和熔渣，以实现渣气联合保护。电弧熔化焊芯和焊缝处的母材金属，手工沿焊缝均匀移动电弧形成焊缝。药皮用以保证焊缝的化学成分和力学性能。

2. 手弧焊的分类

手弧焊工艺分为直流手弧焊和交流手弧焊两种。

1) **直流手弧焊**

直流手弧焊的焊接电源与焊件连接时有直流正接和直流反接两种方式(图 10.32)。

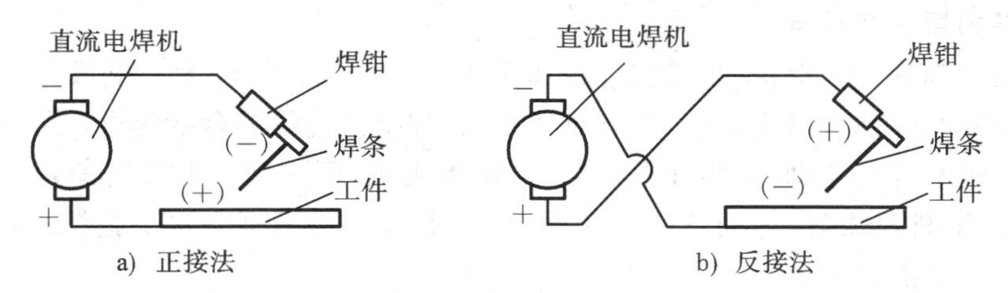

图 10.32　直流正接和反接接法

直流正接是焊件接电源的正极，焊条接负极，正极温度高于负极。这种接法可获得较大的熔深，适于厚板的焊接。

直流反接与正接相反，焊条接正极，焊条熔化速度快。这种接法可实现薄板的快速焊接及采用碱性焊条的焊接。

2) **交流手弧焊**

交流手弧焊的电源为交流电源，常用 50 Hz 的工频交流电。焊件和焊条正负极每秒交换 100 次，两极不存在温度差。交流手弧焊主要使用酸性焊条。

3. 焊条

1)焊条的型号和牌号

焊条型号用国际通用标准表示。在型号 E××××中:E 为“Electrode”(电焊条)的首字母,×代表数字。第一、第二位数字表示熔敷金属的最小抗拉强度值(×10 MPa)。第三位数字表示焊接位置(0 和 1 表示全位置焊,2 表示平焊,4 表示向下立焊)。第三、第四位数字表示焊接电流种类和药皮类型(如 03 为钛钙型药皮,交流或直流正、反接;15 为低氢钠型药皮,直流反接;16 为低氢钾型药皮,交流或直流反接)。

焊条牌号用我国行业标准表示,有 J×××、A×××、Z×××三种。其中:J 代表结构钢,A 代表奥氏体钢,Z 代表铸铁;前两位数字表示所形成焊缝的最小抗拉强度值(×10 MPa),如 J422 中的 42 表示抗拉强度为 420 MPa 级,相应还有 50、55、60、70、75、85 等级别;最后一位数字表示药皮类型和适用的电流种类,如 1～5 为酸性药皮,6 和 7 为碱性药皮。酸性药皮可用交、直流电源焊接,而碱性药皮只能用直流电源焊接。

焊条牌号有对应的焊条型号,如 J422 与 E4303 对应,J507 与 E5015 对应。

2)焊条的分类

焊条可分为酸性焊条与碱性焊条两种。

酸性焊条药皮不含 CaF,生成的气体主要为 H_2 和 CO,脱硫、脱磷能力差,焊缝氢含量高、韧性差。碱性焊条药皮含有大量的 $CaCO_3$ 和 CaF,生成的气体主要为 CO 和 CO_2,脱硫、脱磷能力强,焊缝氢含量低,韧性好。

碱性焊条工艺性差,因含有较多的 HF 和 OH－等负离子,电弧燃烧不稳定,只能用直流电源焊接。

4. 手弧焊的特点和应用

手弧焊操作简便、灵活,可全位置焊接,但其接头过热区宽,热影响区也宽,所以只适于焊接性好的低碳钢、低合金钢的焊接;操作中需更换焊条,生产率低,金属浪费大,生产条件差,故只用于单件、小批短焊缝的焊接。

10.6.2　埋弧焊

1. 埋弧焊的原理及特点

埋弧焊用焊剂进行渣保护,其工艺过程如图 10.33 所示。焊丝为一电极并在焊剂层下引燃电弧。因电弧在焊剂包围下燃烧,所以热效率高;焊丝为连续的盘状焊丝,可连续馈电,用小车代替手工自动沿焊缝移动,可实现自动化;焊接无飞溅,可实现大电流高速焊接,生产率高;金属利用率高,焊件品质好,劳动条件好;因焊剂为颗粒状,故只适合水平施焊。埋弧焊适于平直长焊缝和环焊缝的焊接。

2. 埋弧焊的工艺

1)焊前准备

板厚小于 14 mm 时,可不开坡口;板厚为 14～22 mm 时,应开 V 形坡口;板厚为 22～50 mm 时,可开双面 V 形或 U 形坡口。焊缝间隙应均匀,焊直缝时,应安装引弧板和引出板(见图 10.34),以防止起弧和熄弧时在工件焊缝中产生的气孔、夹杂、缩孔、缩松等缺陷。

2)平板对接焊

平板对接焊一般采用双面焊,可不留间隙直接进行双面焊接,也可采用打底焊、焊剂垫或垫板。为提高生产率,也可采用水冷铜成形底板进行单面焊双面成形(图 10.35)。

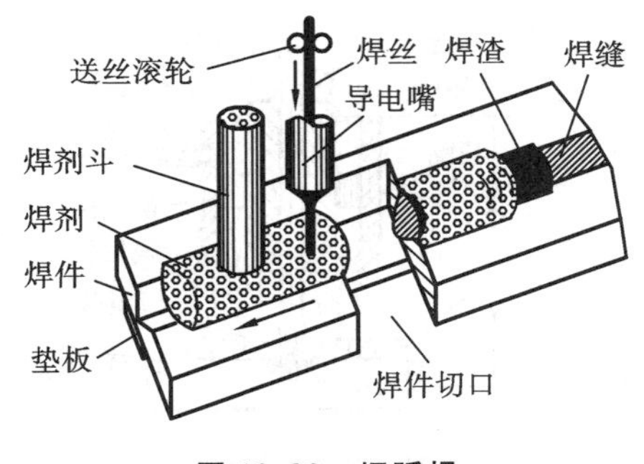

图 10.33　埋弧焊

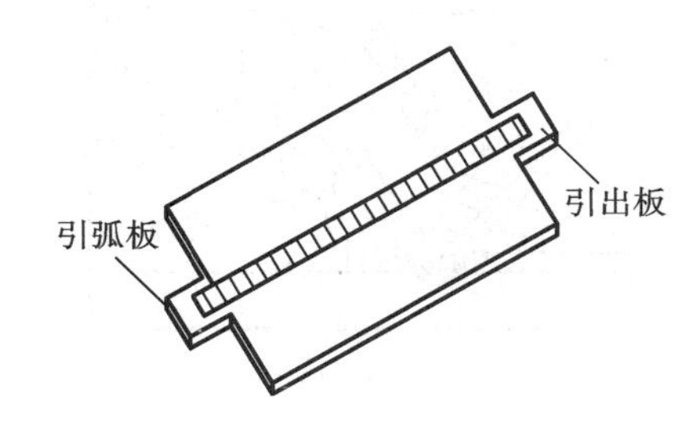

图 10.34　引弧板和引出板

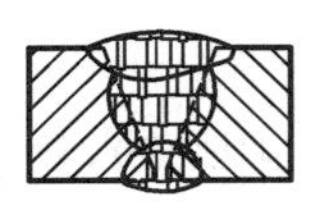

a）双面焊

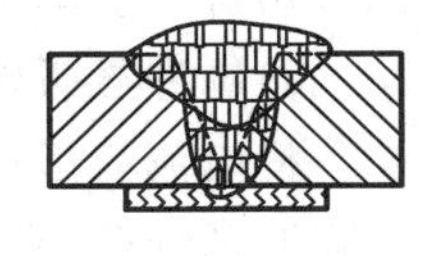

b）打底焊

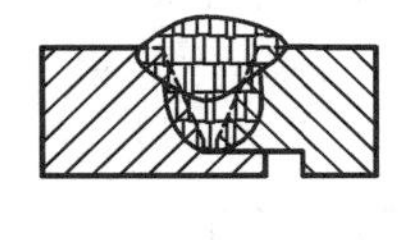

c）采用垫板

d）采用锁底坡口

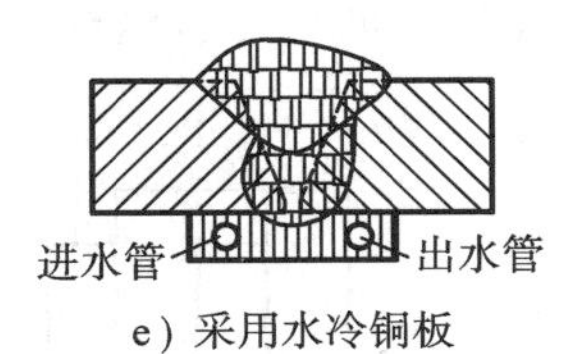

e）采用水冷铜板

图 10.35　平板对接焊

3)**环焊缝**

焊接环焊缝时，焊丝起弧点应与环的中心线偏离一距离 e(图 10.36a)，以防止熔池金属的流淌。一般取 $e=20\sim40$ mm，直径小于 250 mm 的环焊缝一般不采用埋弧自动焊。

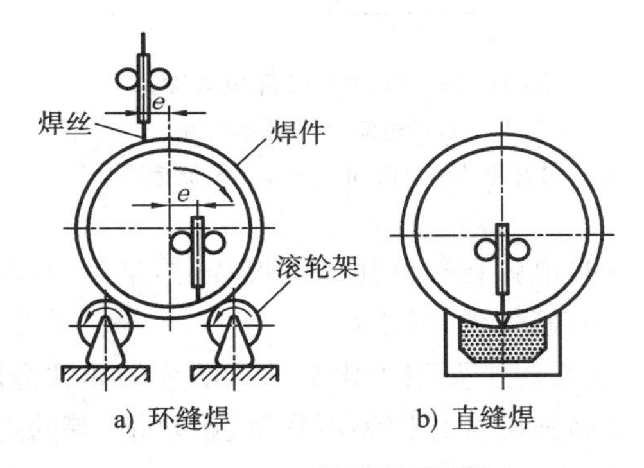

图 10.36　圆形件埋弧焊

3. 埋弧焊的应用

埋弧焊主要用于压力容器的环缝焊(见图 10.36a)和直缝焊(见图 10.36b)、锅炉冷却壁的长直焊缝焊接，船舶和潜艇壳体的焊接、起重机械(如行车)和冶金机械(如高炉炉身)的焊接等。

10.6.3　气体保护焊

1. 氩弧焊

氩弧焊是利用氩气保护电弧区及熔池进行焊接的一种熔焊工艺。

1)**钨极氩弧焊**

钨极氩弧焊以钨钍合金和钨铈合金为阴极，利用钨合金熔点高、发射电子能力强、阴极产热少、钨极寿命长的特点，形成不熔化极氩弧焊，如图 10.37 所示。钨极氩弧焊一般只采用直流正接(焊件接正极)，否则易烧损钨极。焊接铝时，可采用交流氩弧焊。利用负半周的电流时大质量氩离子将击碎熔池表面的氧化膜，称为阴极破碎。钨极氩弧焊通常用来焊接薄板。

2)**熔化极氩弧焊**

以焊丝为一电极(正极)，焊件为另一电极(负极)，焊丝熔滴通常呈很细颗粒“喷射过渡”进入熔池(图 10.38)，所用电流比较大，生产率高。因此，熔化极氩弧焊通常用来焊接较厚的焊件，比如板厚在 8 mm 以上的铝容器。为使电弧稳定，熔化极氩弧焊通常采用直流反接(焊

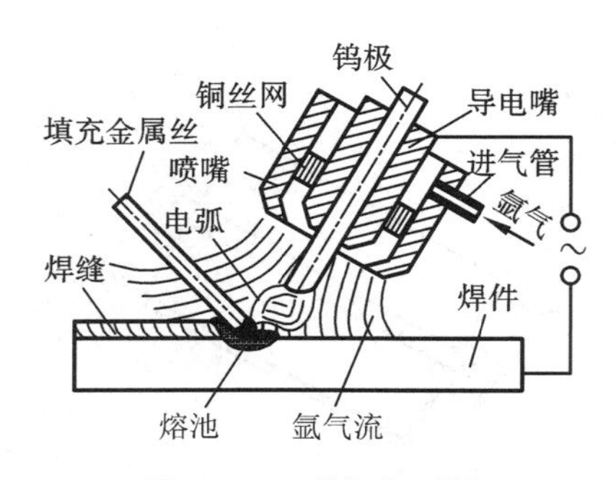

图 10.37　钨极氩弧焊

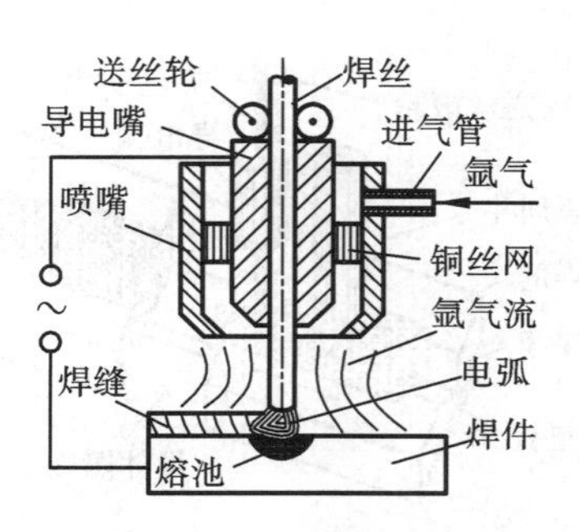

图 10.38　熔化极氩弧焊

件接负极)方式,这样对于铝焊件正好可产生"阴极破碎"的作用,从而清除氧化皮。

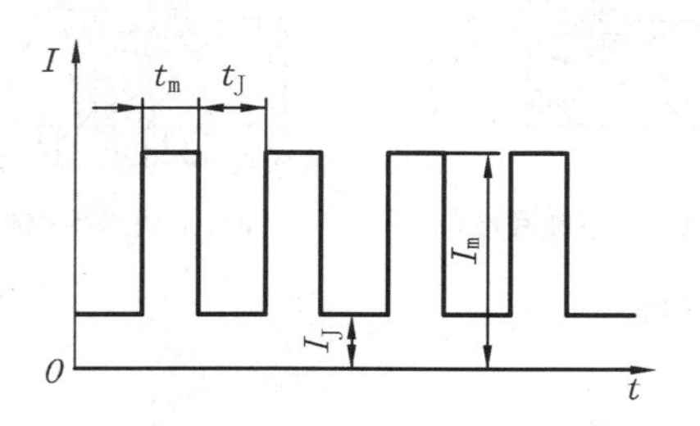

图 10.39　脉冲氩弧焊电流波形

I_m—脉冲电流;I_J—基本电流;

t_m—脉冲电流持续时间;t_J—基本电流持续时间

3)脉冲氩弧焊

将电流波形调制成脉冲形式(图 10.39),用高脉冲来焊接,低脉冲用来维弧和使焊缝凝固,从而可控制焊缝的尺寸与焊件品质。

4)氩弧焊的特点及应用

氩弧焊有如下特点:

(1)机械保护效果很好,焊缝金属纯净、致密,表面无熔渣,焊件品质优良,焊缝成形美观;

(2)电弧稳定,可实现单面焊双面成形;

(3)明弧可见,易操作,可全位置自动焊接;

(4)电弧在气流压缩下燃烧,热量集中,焊接时热影响区较小,焊接变形小;

(5)氩气贵,成本高。

氩弧焊主要用于化学性质活泼的非铁金属(如铝、镁)、稀有金属(如钛、锆、钼、钽)和合金钢(如高强度合金钢和不锈钢、耐热钢)等的焊接。

2. CO_2 气体保护焊

CO_2 气体保护焊是以 CO_2 为保护气体的电弧焊,它用焊丝为电极引燃电弧,可实现半自动焊或自动焊。其焊接原理如图 10.40 所示。

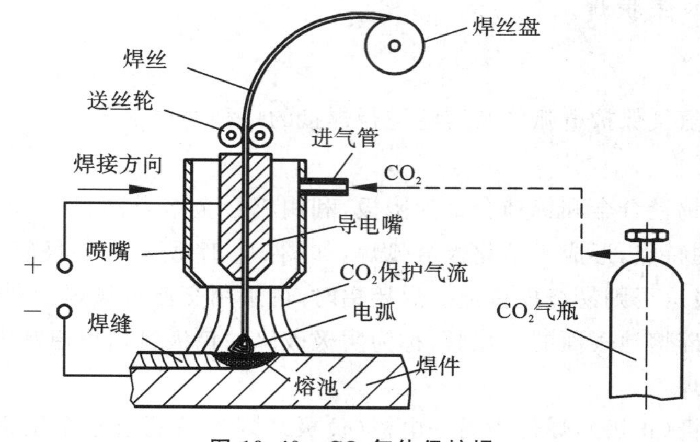

图 10.40　CO_2 气体保护焊

CO_2 气体密度大,高温体积膨胀大,保护效果好。但 CO_2 属氧化性气体,在高温下易分解为 CO 和 O_2，从而导致合金元素氧化、熔池金属飞溅和产生 CO 气孔。

1)防止飞溅和气孔的措施

CO_2气体保护焊常用 H08Mn2SiA 焊丝加强脱氧和合金化；采用短路过渡和细颗粒过渡；为使电弧稳定，飞溅少，采用直流反接方式；采用含硅、锰、钛、铝的焊丝，以防止铁的氧化；采用药芯焊丝，实现渣气联合保护。

2)CO_2气体保护焊的特点及应用

CO_2气体保护焊的特点如下：

(1)成本仅为手弧焊和埋弧焊的40%左右，生产率比手弧焊高1～4倍；

(2)焊缝品质较好，氢含量低，裂纹倾向小；

(3)电弧热量集中，热影响区小，焊件变形小；

(4)明弧可见，操作方便，易于全位置自动化操作；

(5)焊接时烟尘、飞溅较大，焊缝成形不够光滑。

CO_2气体保护焊目前已广泛应用于船舶、机车、汽车、农机制造等工业领域，主要用于板厚在25 mm以下的低碳钢及强度等级不高的低合金钢结构的焊接，也可用于磨损件的堆焊和铸铁件的焊补。

10.6.4　电渣焊

电渣焊是利用电流通过熔渣时产生的电阻热加热并熔化焊丝和母材来进行焊接的一种熔焊工艺，依电极形状不同，它可分为丝极电渣焊、板极电渣焊、熔嘴电渣焊和熔管电渣焊。

一般以垂直立焊位置进行电渣焊，焊接过程如图10.41所示。焊接电源的一个极接在焊丝的导电嘴上，另一个极接在工件上。焊丝由送丝滚轮驱动，在其自身电阻热和渣池电阻热的作用下熔化，形成熔滴后穿过渣池进入渣池下面的金属熔池，使渣池的最高温度达到2 200 K左右(焊钢时)。同时，渣池的最低温度约为2 000 K，位于渣池内的渣产生剧烈的涡流，使整个渣池的温度比较均匀，并迅速地把渣池中心处的热量不断带到渣池四周，从而使焊件边缘熔化。随着焊丝金属向熔池的过渡，金属熔池液面及渣池表面不断升高。若机头上的送丝导电嘴与金属熔池液面之间的相对高度保持不变，机头上升速度应该与金属熔池的上升速度相等。机头的上升速度也就是焊接热源的移动速度，金属熔池底部的金属液随后冷却结晶，形成焊缝。

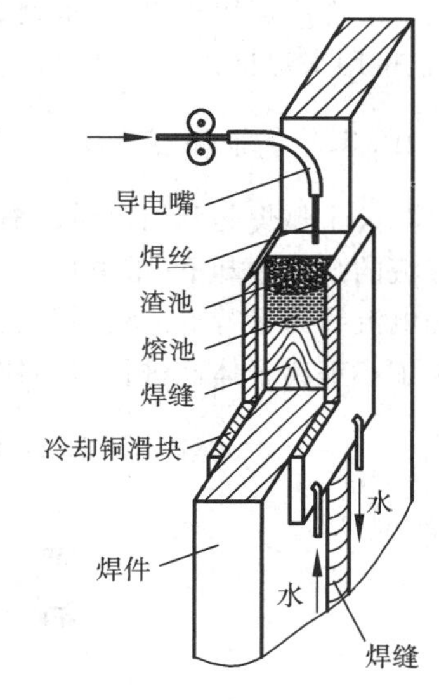

图10.41　电渣焊

保持合适的渣池深度是获得良好焊缝的重要条件之一。因此，电渣焊要在垂直位置或接近垂直的位置进行，并且在焊缝的两侧设置冷却铜滑块或固定垫板以防止电渣流失等。冷却铜滑块是随同机头一起上移的。

1. 电渣焊的结晶特点

电渣焊的线能量大，加热和冷却速度低，高温停留时间长，所以，电渣焊焊缝的一次结晶晶粒为粗大的树枝晶，热影响区也严重过热。在焊接低碳钢时焊缝和近焊缝区容易产生粗大的魏氏组织。为了改善焊接接头的力学性能，焊后要进行正火处理。

2. 电渣焊工艺特点

焊件焊前要装配好。首先定出设计间隙，装配的实际间隙应比设计值稍大，以补偿焊接时的变形。在多数情况下，间隙要略呈上宽下窄的楔形(图 10.42)，这是为防止焊件收缩变形而设计的。β 值一般取 1°～2°。焊件错边不应超过 2 mm，以防止渣和熔池金属流失。

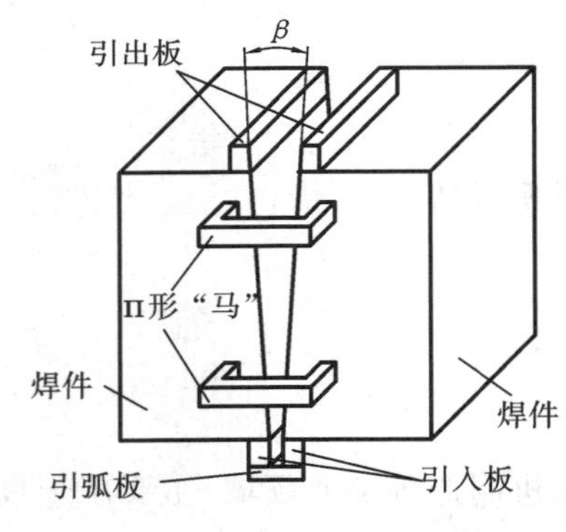

图 10.42　电渣焊焊件装配

焊件起焊和结尾处应装有引入和引出板。引入板用来建立有一定高度的渣池。渣池建立初期，冶金反应不完全，形成的杂质、气孔留在引入板中，焊后再除去。引出板是为了防止缩孔和裂缝的产生而设置的，焊后应及时切除，以免在该处产生的裂纹扩展到焊缝上。

与一般电弧焊相比，电渣焊有如下优点：

(1)可一次焊接很厚的焊件，只需留有一定的间隙而不用开坡口，故焊接生产率高。焊接过程中焊剂、焊丝和电能的消耗量均比埋弧焊低，而且焊件越厚效果越明显。

(2)金属熔池的凝固速率低，熔池中的气体和杂质较易浮出，故焊缝产生气孔、夹渣缺陷的倾向性较低。

(3)渣池的热容量大，对电流波动的敏感性小，电流密度可在较大的范围内变化。

(4)一般不需预热，焊接易淬火钢时，产生淬火裂纹的倾向小。

电渣焊广泛用于锅炉、重型机械和石油化工等行业。电渣焊除焊接碳钢、合金钢以及铸铁外，也可用来焊接铝、镁、钛及铜合金。

10.6.5　等离子弧焊

等离子弧焊是利用机械压缩效应(电弧通过喷嘴细小孔道时的被迫收缩)、热压缩效应(在冷气流的强迫冷却下，带电粒子(离子和电子)向弧柱中心汇集)和电磁收缩效应(弧柱带电粒子的电流线为平行电流线，其相互间的磁场作用使电流线产生相互吸引而收缩)将电弧压缩为一束细小等离子体而进行焊接的一种焊接工艺。等离子弧发生器原理图如图 10.43 所示。

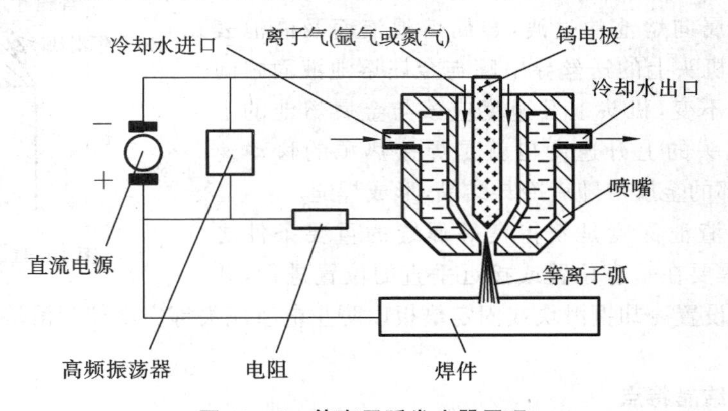

图 10.43　等离子弧发生器原理

等离子弧温度高达 24 000 K 以上，能量密度可达 10^5～10^6 W/cm²，可一次性熔化较厚的材料。等离子弧焊可用于焊接和切割。

1. 等离子弧焊工艺

1)穿孔型等离子弧焊

穿孔效应及工艺如图10.44所示。在大的电流(100～300 A)和离子气流量适当的条件下,可实现熔化穿孔型焊接。这时等离子弧把焊件完全熔透并在等离子流的作用下形成一个穿透焊件的小孔,熔化的金属被排挤在小孔周围。随着等离子弧沿焊接方向移动,熔化金属沿电弧周围熔池壁向熔池后方移动,于是小孔也跟着等离子弧向前移动。利用穿孔焊接可在不用衬垫的情况下实现单面焊双面成形,因而该方法受到了特别重视。

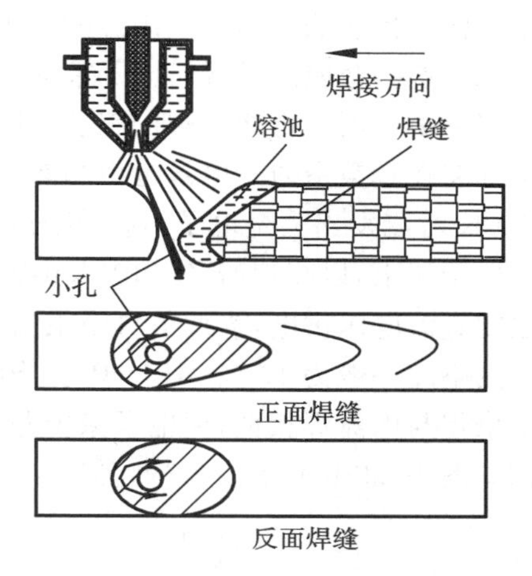

图10.44 穿孔效应及工艺

穿孔型等离子弧焊最适合焊接厚度为3～8 mm的不锈钢、厚度在12 mm以下的钛合金、厚度为2～6 mm的低碳钢、低合金钢、铜及铜合金、镍及镍合金的对接焊缝,可实现不开坡口、不加填充金属、不用衬垫的单面焊双面成形。厚度大于上述范围时可采用V形坡口多层焊。

2)熔入型等离子弧焊

当等离子弧的离子气流量较小时,穿孔效应消失,等离子弧焊同钨极氩弧焊相似(但熔深和焊接效率高于氩弧焊),这种焊接工艺称为熔入型等离子弧焊。熔入型等离子弧焊适用于薄板、多层焊缝的盖面及角焊缝的焊接,操作中可填加也可不填加焊丝,其优点是焊速较快。由于喷嘴的约束作用和维弧电流的存在,小电流的等离子弧可以十分稳定,目前已普遍用来焊接金属箔。电流在15～30 A以下的熔入型等离子弧焊通常称为微束等离子弧焊。此外还有脉冲等离子弧焊、熔化极等离子弧焊和变极性等离子弧焊。

2. 等离子弧切割

等离子弧切割通常采用氮气和压缩空气作离子气将切口金属熔化并吹除。等离子弧的热焓值高,切割速度高,切口品质好,近年来受到国内外的特别重视。等离子弧切割低碳钢的厚度为0.6～80 mm,尤适合用氧-乙炔焰气割不能切割的金属,如不锈钢及合金钢等。

3. 等离子弧焊的特点及应用

等离子弧焊的特点是:

(1)等离子弧能量密度大,弧柱温度高,穿透能力强,10～12 mm厚的钢材可不开坡口一次焊透双面成形,焊接速度快,生产率高,应力变形小。

(2)电流小到0.1 A时,电弧仍能稳定燃烧,与普通电弧相比,它能保持良好的挺直度与方向性,所以,等离子弧焊可用于焊接箔材。

等离子弧焊在生产中已得到广泛应用,特别是在国防工业及尖端技术领域所用的铜合金,合金钢,钨、钼、钴、钛等金属的焊接方面。钛合金导弹壳体、波纹管及膜盒、微型继电器、电容器的外壳以及飞机上一些薄壁容器,均可用等离子弧焊接。但是,等离子弧焊设备比较复杂,气体耗量大,只适用于室内焊接。

10.6.6 电子束焊

1. 电子束焊原理

现代原子能和航空航天工业中大量应用了锆、钛、钼、铌和铍等稀有、难熔或活性金属,它们用一般焊接方法难以得到满意的结果。20 世纪 50 年代研制出的真空电子束焊接方法成功地实现了这些金属的焊接。电子束焊是利用高速运动的电子撞击工件时，将动能转化为热能并将焊缝熔化而进行熔化焊的工艺。图 10.45a 所示为真空电子束焊设备。电子枪、焊件及夹具全部装在真空室内。电子枪由加热灯丝、阴极、阳极及聚焦装置等组成。阴极被灯丝加热到 2 600 K 时能发出大量电子，这些电子在阴极与阳极(焊件)间的高电压作用下，经电磁透镜聚焦成电子流束，以高速(1.6×10^5 km/s)射向焊件表面，将动能转变为热能。聚焦电磁透镜由单独的直流电源供电，为调节电子束的相对位置，还另设有偏转装置。真空电子束焊要求真空室的真空度一般为 $10^{-3}\sim10^{-2}$ Pa。当电子束能量密度较小时，加热区集中在焊件表面，这时，电子束焊与电弧焊相似；而电子束能量高时，将产生穿孔效应，熔深可达 200 mm。穿透焊缝结构如图 10.45b 所示。

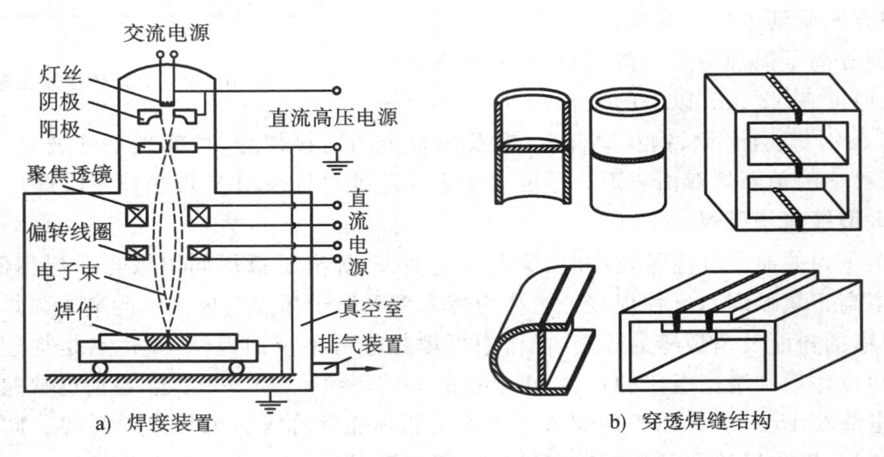

图 10.45　真空电子束焊设备及穿透焊缝结构

由于真空电子束焊对真空度的要求很高，为扩大电子束焊的应用范围，人们先后研制出了低真空和非真空电子束焊。为防止电子枪的污染，采用氦气隔离电子枪与工作室，使电子束能在大气中进行焊接。

电子束焊一般不加填充金属，如要求焊缝有突出表面的堆高可在接缝处预加垫片。对接焊缝间隙为板厚的 10%，一般不能超过 0.2 mm。

2. 电子束焊的特点及应用

电子束焊的特点如下：

(1)保护效果好，焊缝品质好，适用范围广；

(2)能量密度大，穿透能力强，可焊接厚大截面工件和难熔金属；

(3)加热范围小，热影响区小，焊接变形小；

(4)焊件的尺寸大小受真空室容积的限制；

电子束焊设备复杂、成本高，主要用于微电子器件焊装、导弹外壳的焊接、核电站锅炉汽包和精度要求高的齿轮等的焊接。

10.6.7　激光焊

1. 激光焊原理

激光焊是利用光学系统将激光聚焦成微小光斑，使其能量密度达 10^{13} W/cm^2，从而使材料熔化、实现焊接的工艺。激光焊分为脉冲激光焊和连续激光焊。脉冲激光焊主要用于微电子工业中的薄膜、丝、集成电路内引线和异材的焊接。连续激光焊可用于焊接中等厚度的板材，焊缝很小。图10.46所示为用于焊接和切割(大功率激光器)的激光焊接与切割机。工件安装在工作台上，激光器发出的连续激光束，经反射镜及聚焦系统聚焦后射向焊缝，完成焊接。

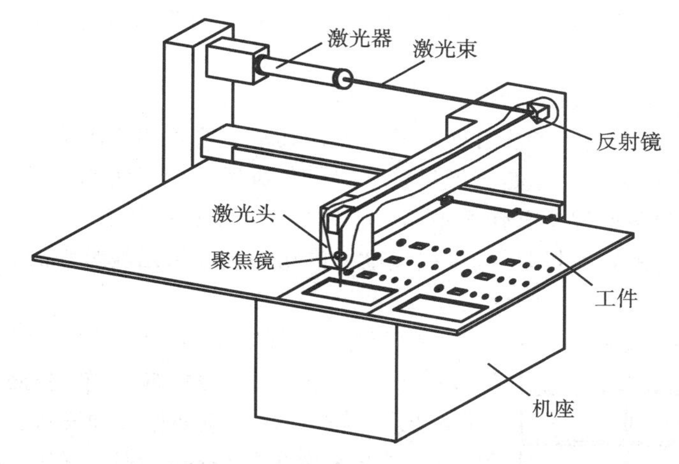

图10.46　激光焊接与切割机

2. 激光焊的特点和应用

激光焊的特点如下：

(1)高能高速，焊接热影响区小，无焊接变形；

(2)灵活性大，光束可偏转、反射到其他焊接能量源不能到达的焊接位置；

(3)生产率高，材料不易氧化；

(4)设备复杂。

激光焊目前主要用于薄板和微型件的焊接。

3. 实例：激光焊接电动剃须刀刀片

某电动剃须刀盒如图10.47所示，两个狭窄部分的每一个高强度刀片有13个微小的焊缝(点)，其中11个可以在图中每个刀片上看见(直径约0.5 mm的暗色点)。用放大镜或显微镜可检查在实际刀片上的焊缝。

焊缝是用Nd(钕)：YAG激光器通过光纤传递进行焊接的，这个装置能满足焊接位置的可达性要求，并能沿刀片不同部位准确定位，一条生产线的生产率是每小时3百万个焊缝(点)，可保证焊接精确度好且焊接质量恒定。

图10.47　电动剃须刀盒

复习思考题

(1)电弧的三个区是哪三个区？每个区的电现象怎样的？由此导致的温度分布有何特点？

(2)CO_2气体保护效果怎样？为什么利用CO_2气体保护可除氢，而且易产生飞溅？

(3)渣气联合保护中造气剂和造渣剂可分别选用什么化合物？

(4)焊丝和焊条钢芯的作用是什么？其化学成分特点是怎样的？

(5)焊接接头由哪几部分组成？各部分的组织和性能特点是怎样的？

(6)指出低碳钢和合金钢(退火态)在焊接时热影响区的组织有何异同。怎样防止合金钢的焊接裂纹？

(7)试述热裂纹及冷裂纹的特征、形成原因及防止措施。

(8)常用无损检测焊缝的方法有哪几种？分述其基本原理和适用范围。

(9)什么是直流正接？什么是直流反接？它们各应用于什么场合？

(10)酸性焊条和碱性焊条有什么不同？它们各应用于什么场合？

(11)采用直流钨极氩弧焊时，钨极应接电源的哪一极？采用氩弧焊时，为什么对焊前清理要求特别严格？

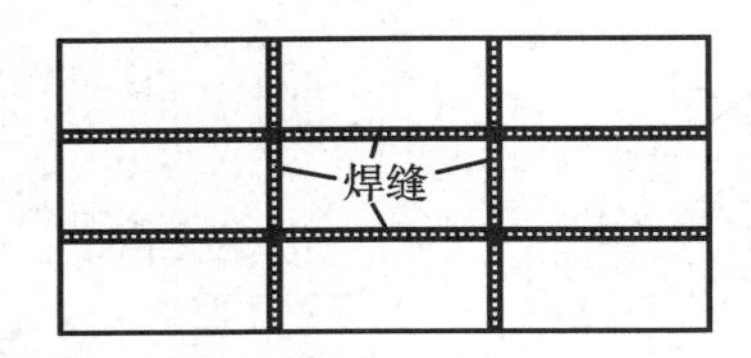

图 10.48　焊缝设计及焊接次序

(12)用图 10.48 所示的方式拼接大块钢板是否合理？为什么？如不合理，应怎样改善？为减小焊接应力与变形，其焊接次序应如何合理安排？

(13)厚件多层焊时，为什么有时要用圆头小锤敲击处于红热状态的焊缝？

(14)试述穿孔型等离子弧焊与熔入型等离子弧焊的异同点和其各自的应用场合。

(15)采用电渣焊时，引入板和引出板有何作用？

(16)电渣焊的焊缝组织有何特点？焊后需热处理吗？应怎样处理？

(17)简述电子束焊和激光焊的特点和适用范围。

第 11 章　压焊工艺

压焊是通过加热及加压使金属达到塑性状态，产生塑性变形、再结晶和原子扩散，最后使两个分离表面的原子接近到晶格距离（0.3～0.5 nm），形成金属键，从而获得不可拆卸接头的焊接工艺。

压焊的热源形式为电阻热、高频热和摩擦热等，其加压、作用的形式可为静压力、冲击力（锻压力）和爆炸力等。根据压力和温度的不同，压焊可分为冷压焊、扩散焊和热压焊。

11.1　电阻焊

11.1.1　电阻焊的原理

电阻焊是以电阻热为热源，在压力下通过塑性变形和再结晶来实现焊接的工艺。

1. 热源

当电流从电极流入焊件时，焊件因具有较大的接触电阻而集中产生电阻热：

$$Q=I^2Rt$$

焊接区的总电阻（图 11.1）为：

$$R=R_C+2R_{CW}+2R_W$$

式中：R_C 为焊件接触电阻；R_{CW} 为电极与焊件间的接触电阻；R_W 为焊件电阻。

由电阻公式 $R=\rho L/S$ 可知，因氧化物等不良导体膜的存在（图 11.2），焊件接触处电阻率 ρ 增加。而微观凸凹不平（粗糙度），使电流线弯曲拉长（L 增大），同时实际导电面积 S 减小，所以接触处电阻增大。

焊件表面愈粗糙、氧化愈严重，接触电阻就愈大；电极压力愈高，接触电阻就愈小。如再将压力降低，接触电阻将不能回到加压前的数值（接触电阻对压力而言是不可逆的）。焊前预热将会使接触电阻大大下降。

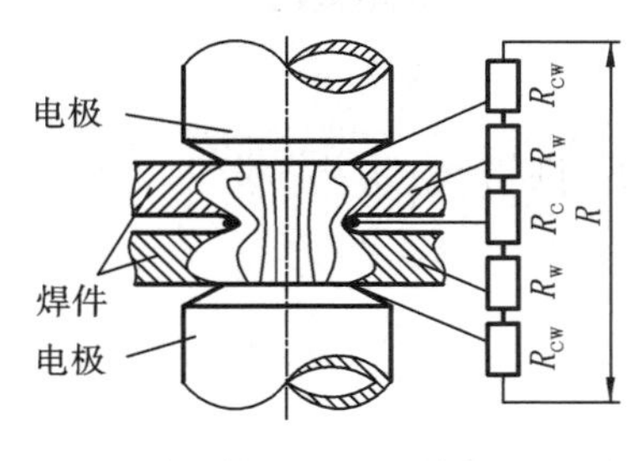

图 11.1　电阻焊电阻

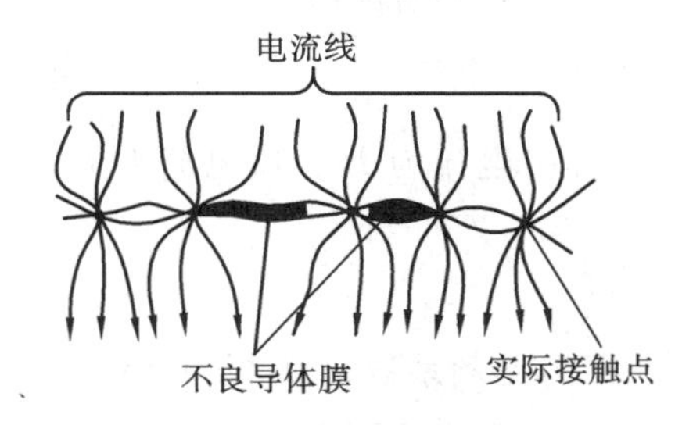

图 11.2　接触电阻

因焊件较薄，表面存在集肤效应，因此，焊件实际电阻将变大。

2. 压力

静压力的作用是调整电阻大小，改善加热条件，使金属产生塑性变形或在压力下结晶。冲击力（锻压力）的作用是细化晶粒、焊合缺陷等。

3. 电阻焊过程

电阻焊过程包括预压、通电加热、熔核在压力下冷却结晶(或焊缝发生塑性变形并再结晶)。为使焊缝生成在两板的贴合面附近,接触面上必须有一定的接触电阻。

通电后,因两焊件间接触电阻的存在,贴合面处温度迅速上升到熔点以上。断电后,熔核立即开始冷却结晶,由于有维持压力或顶锻压力的作用,缩孔和缩松等缺陷消除,焊缝发生塑性变形并再结晶,晶粒被细化,获得组织致密的焊点。图 11.3 所示为点焊熔核形成过程。

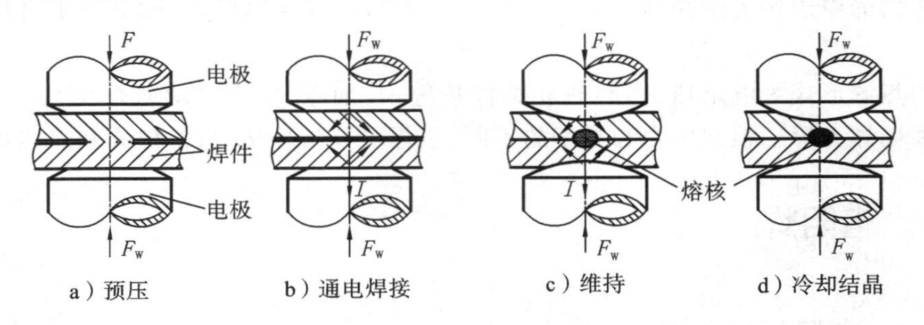

图 11.3　点焊熔核形成过程

11.1.2　电阻点焊

电阻点焊是用圆柱电极压紧焊件,通电、保压获得焊点的电阻焊工艺。

1. 点焊时的分流现象

因已焊点形成导电通道,在焊下一点时,焊接电流一部分将从已焊点流过,使待焊点电流减小,这种现象称为分流。点焊时的分流率如图 11.4 所示。分流减小了焊接电流,使焊点品质下降。

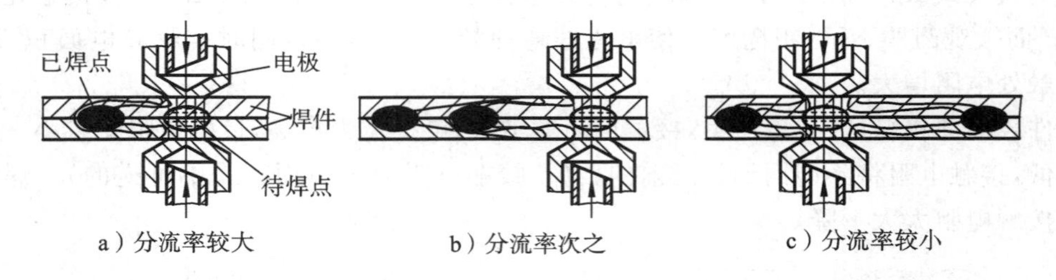

图 11.4　点焊时的分流率

设焊接电流为 I,分流电流为 I_1,流过待焊点的电流为 I_2,则

$$I=I_1+I_2$$

$$I_1=K\delta/L_d$$

式中:K 为比例系数;δ 为板厚(mm);L_d为点距(mm)。

从以上两式中可见,焊件愈厚,导电性愈好,点距愈小,则分流愈严重。因此,为防止分流,应使不同材质和板厚的材料满足不同的最小点距的要求。常用材料点焊时的最小点距如表 11.1 所示。

表 11.1　常用材料点焊时的最小点距　(mm)

材　　料	板　　厚	最 小 点 距
低碳钢、低合金钢	0.5	10
	1.0	12
	2.0	18
	4.0	32
铝合金	0.5	11
	1.0	14
	2.0	25

2. 点焊时的熔核偏移

在焊接不同厚度或不同材质的材料时，因薄板或导热性好的材料吸热少、散热快，熔核偏向厚板或导热性差的材料的现象称为熔核偏移(图 11.5)。

熔核偏移易使焊点减小，接头性能变差。可采用特殊电极和工艺垫片来防止熔核偏移，如图 11.6 所示。图 11.6a 所示为在薄板处用加黄铜套的电极来减少薄板散热，图 11.6b 所示为在薄件上加一工艺垫片来加厚薄件。

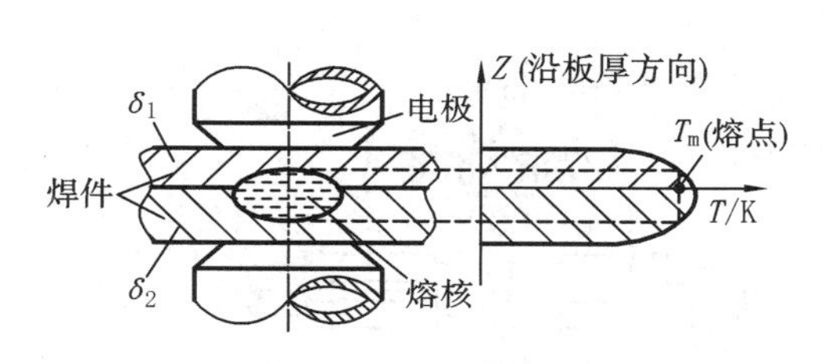

图 11.5　点焊时的熔核偏移

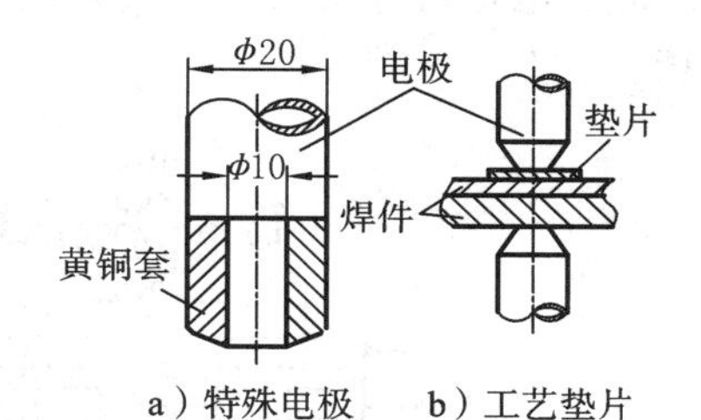

图 11.6　防止熔核偏移的措施

3. 点焊工艺参数

点焊的工艺参数为电流、电极压力和时间。采用大电流、时间短时称为强规范焊接。强规范焊接主要用于薄板和导热性好的金属的焊接，也可用于不同厚度或不同材质板件及多层薄板的点焊。采用小电流、时间长时称为弱规范焊接，主要用于稍厚板和易淬火钢的点焊。

电极压力分为平压力、阶梯形压力和马鞍形压力等三种，其中以马鞍形压力为最好。马鞍形压力又分为预压力、焊接压力和顶锻压力。采用马鞍形压力可改善通电情况、调整接触电阻的大小、防止缩松和缩孔的产生和细化晶粒。点焊主要用于汽车、飞机等薄板结构的大批量生产，点焊接头形式如图 11.7 所示。

11.1.3　电阻缝焊

电阻缝焊是断续的点焊过程，它用连续转动的盘状电极代替柱状电极(故又称为滚焊)进行间隔时间很短的点焊，焊后获得焊点首尾相互重叠的连续焊缝(图 11.8)。电阻缝焊分流严重，通常采用强规范焊接，焊接电流比点焊大 1.5～2 倍。电阻缝焊主要用于低压容器，如汽车、摩托车的油箱，气体净化器等密封件的焊接。

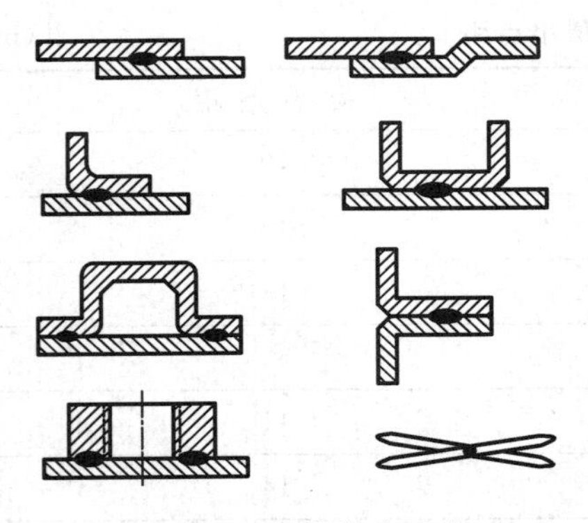

图 11.7　点焊接头形式

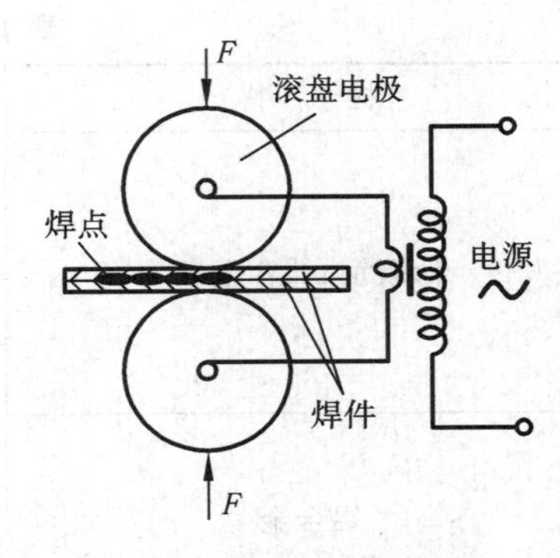

图 11.8　电阻缝焊示意图

11.1.4　对焊

对焊是利用电阻热将杆状焊件端面对接焊接的一种电阻焊工艺。

1. 电阻对焊

电阻对焊的工艺过程是：先将焊件夹紧并加压，然后通电使接触面温度达到金属的塑性变形温度(950～1 000 ℃)，接触面金属在压力下产生塑性变形和再结晶，形成固态焊接接头(图 11.9a)。电阻对焊要求在对接处进行严格的焊前清理，所焊的截面积较小，一般用于钢筋的对接。

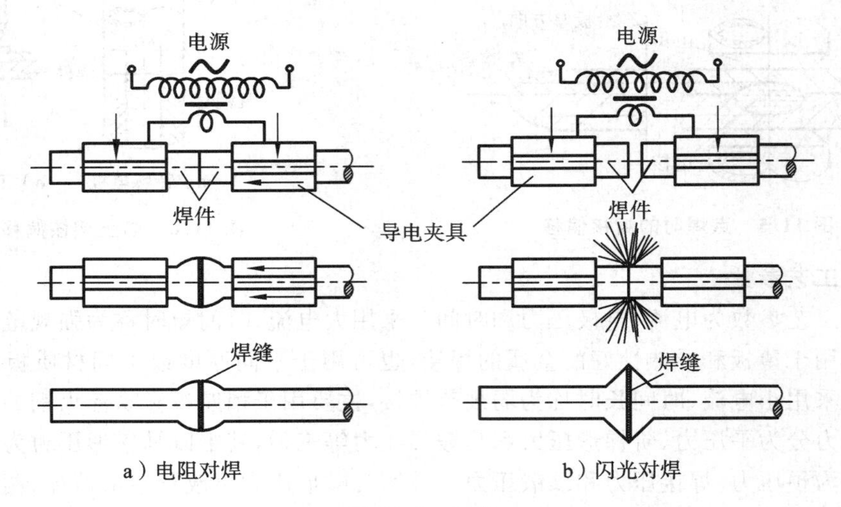

图 11.9　对焊

2. 闪光对焊

闪光对焊的关键是先通电，后接触。开始时因个别点接触、个别点通电而形成的电流密度很高，接触面金属瞬间熔化或气化，形成液态过梁。过梁上存在电磁收缩力和电磁引力及斥力，使过梁爆破飞出，形成闪光(图 11.9b)。闪光一方面可排除氧化物和杂质，另一方面可使对接处的温度迅速升高。当温度分布达到合适的状态时，立刻施加顶锻力，将对接处所有的液态物质全部挤出，使纯净的高温金属相互接触，在压力下产生塑性变形和再结晶，形成固态连接接头。

闪光对焊主要用于钢轨、锚链、管子等的焊接，也可用于异种金属的焊接。因接头中无过热区和铸态组织,所以,其焊接的焊件性能好。

3. 实例:电阻焊与激光焊在罐头制造业应用的比较

用于食品和家用产品的圆柱形罐用电阻缝焊生产已有许多年(罐的侧面有搭接接头),用激光焊生产接头具有与电阻焊相同的生产率,但有以下优点:

(1)与电阻焊的搭接接头相反,激光焊采用对接接头,因此节省金属,按每年十亿的罐体数量计,可以节省大量材料。

(2)由于激光焊热影响区窄(图11.10),所以可大大减少表面的打磨区。

(3)电阻焊的搭接接头容易被罐内盛装物腐蚀(如番茄酱),这样可能会造成罐内盛装物味道改变,并会引起潜在的责任风险。激光焊对接可消除这个问题。

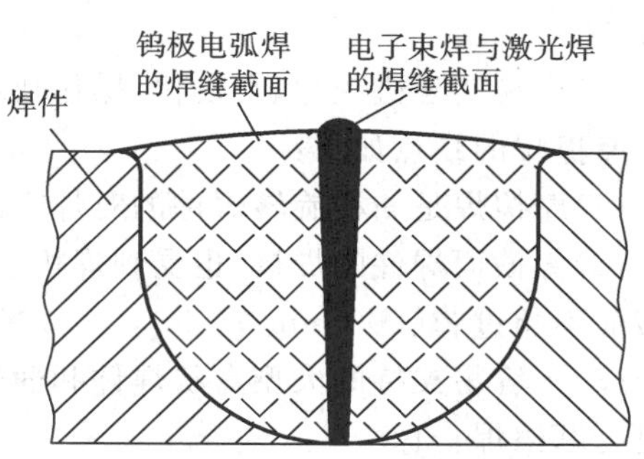

图11.10 钨极电弧焊、电子束与激光焊的焊缝尺寸比较

11.2 摩擦焊

摩擦焊是利用焊件接触面相对旋转运动时相互摩擦所产生的热使端部达到塑性状态,然后迅速顶锻、完成焊接的一种压焊工艺。

1. 摩擦焊的工艺过程原理

摩擦焊工艺过程如图11.11所示。左、右两焊件都具有圆形截面。焊接前,左焊件被夹持在可旋转的夹头上,右焊件被夹持在能够沿轴向移动加压的夹头上。首先,左焊件高速旋转(步骤Ⅰ),右焊件向左焊件靠近,与左焊件接触并施加足够大的压力(步骤Ⅱ);这时,焊件开始摩擦,摩擦表面消耗的机械能直接转换成热能,温度迅速上升(步骤Ⅲ);当温度达到焊接温度时,左焊件立即停止转动,右焊件快速向左焊件施加较大的顶锻压力,使接头产生一定的顶锻变形量(步骤Ⅳ);保持压力一段时间后,待两焊件已经焊接成一体时可松开夹头,取出焊件。全部焊接过程只需2~3 s的时间。

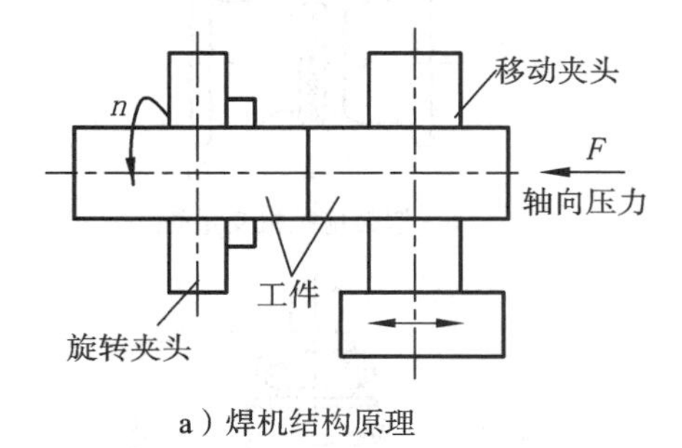

a)焊机结构原理 b)工艺过程

图11.11 摩擦焊

2. 摩擦焊的特点

摩擦焊的优点如下:

(1)焊件接头的品质好而稳定,废品率仅为闪光对焊的1%左右;

(2)生产率高,是闪光焊的4~5倍;

(3)三相负载均衡，节能，与闪光对焊比较，可节省电能 80%～90%；

(4)适于焊接异种金属，如碳素结构钢-高速钢、铜-不锈钢、铝-铜、铝-钢的焊接等；

(5)金属焊接变形小，接头焊前不需特殊清理，不需要填充材料和保护气体，加工成本较低；

(6)容易实现机械化、自动化，操作技术简单，容易掌握。

摩擦焊的缺点如下：

(1)摩擦焊是一种旋转焊件的对焊方法，因此，很难用于非圆形截面焊件的焊接；

(2)大截面焊件的焊接，也受到焊机主轴电动机功率和焊机压力的限制，故目前摩擦焊焊件截面不超过 20 000 mm^2；

(3)不容易夹持的大型盘状焊件和薄壁管件，一些摩擦系数特别小的和易碎的材料，也很难进行摩擦焊。

摩擦焊所需的一次性投资较大，因此更适于大量生产，主要应用在汽车、拖拉机工业中，以大批量生产杆状零件以及圆柄刀具等(图 11.12)。

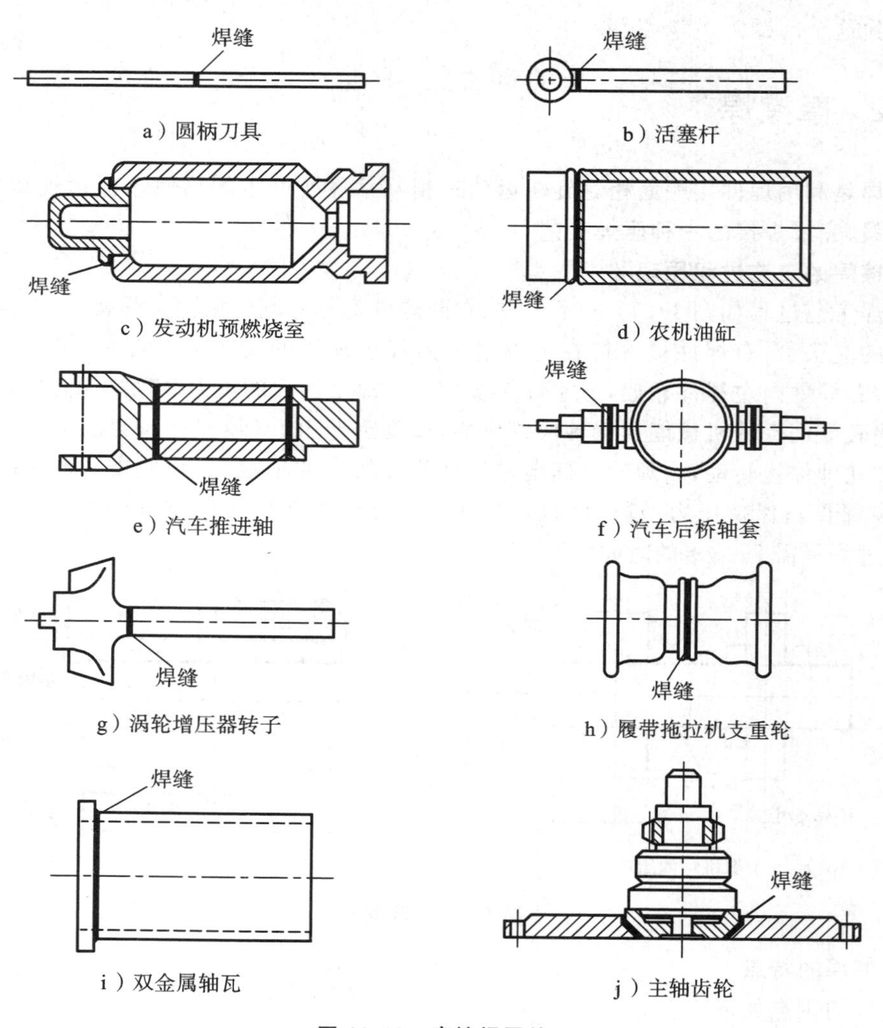

图 11.12　摩擦焊零件

2. 摩擦搅拌焊

对于低熔点非铁金属，如铝合金和镁合金等，可以通过摩擦搅拌焊实现对接焊，如图11.13所示。工艺过程为：先将被焊铝合金对接夹紧，搅拌头用硬质合金制造，将其安装在可以高速旋转的主轴上，通过搅拌头与焊件的高速旋转摩擦，将焊缝加热到塑性流动状态，搅拌头前移，后部的高温焊缝金属发生扩散和冷却相变，形成固态接头。

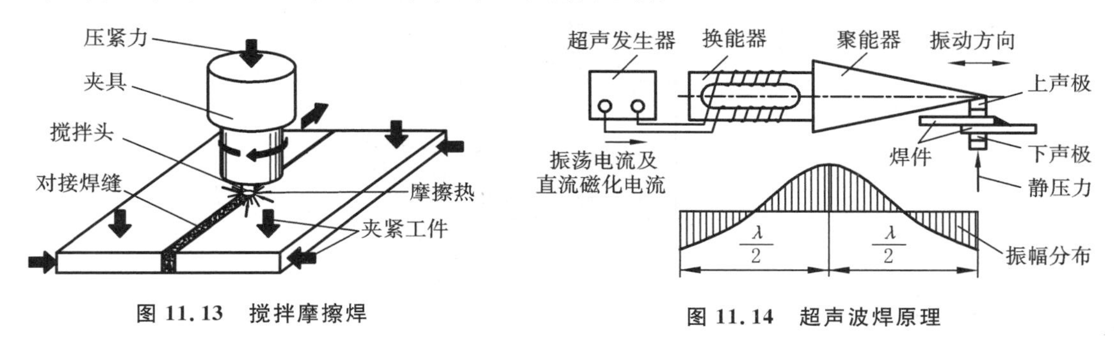

图 11.13 搅拌摩擦焊

图 11.14 超声波焊原理

11.3 超声波焊

1. 超声波焊的原理

超声波焊的原理是：利用超声波的高频振荡能，通过磁致伸缩元件将超声频转化为高频振动，在上下振动极的作用下，两焊件局部接触处产生强烈的摩擦、升温和变形，从而使氧化皮等污物得以破坏或分散，并使纯净金属的原子充分靠近，形成冶金结合（图 11.14）。超声波焊接过程是摩擦、扩散、塑性变形综合作用的过程，在这一过程中没有电流流经焊件，也没有火焰或弧光等热源的作用。与电阻焊相似，依电极形状不同，超声波焊亦可分为超声波点焊和超声波缝焊。

2. 超声波焊的特点

超声波焊的特点如下：

（1）接头中无铸态组织或脆性金属间化合物，也无金属的喷溅，接头的力学性能比电阻焊好，且稳定性高；

（2）可焊的材料范围广，特别适合高熔点、高导热性和难熔金属的焊接及异种材料的焊接，可用于厚薄悬殊及多层箔片的焊接等；

（3）焊件表面清理简单，电能消耗少，仅为电阻焊的 5%。

超声波焊目前主要用于微小薄件（如厚度为 2 μm 的金箔）、微电子器件中的集成电路引线的焊接，焊件变形小。在美国、日本等国家的微型电机制造中，超声波焊几乎取代了电阻焊和钎焊（焊接铝线圈、铜线圈与铝导线）。超声波焊也可用来焊接塑料，如聚氯乙烯（PVC）、聚乙烯（PE）、聚酰胺和有机玻璃。

11.4 扩散焊

1. 扩散焊的原理

扩散焊的原理是：将两焊件压紧并放置在真空或保护气氛中加热，使接触面微观凸凹不平处产生塑性变形而紧密接触，经过较长时间的保温和原子扩散后形成固态冶金连接。扩散焊装置如图 11.15 所示。扩散焊分固态扩散焊和瞬时液相扩散焊两类。

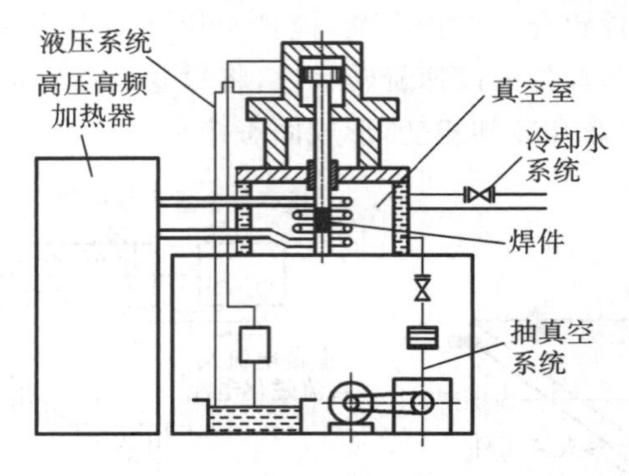

图 11.15　扩散焊装置

2. 扩散焊过程

1)固态扩散焊过程

(1)变形-接触阶段　在压力和温度的共作用下，焊件表面的凸起部分产生塑性变形，接触面积从 1%增大到 75%，为原子间的扩散做好准备(图 11.16a、b)。

(2)扩散-界面推移阶段　因界面产生较大的晶格畸变、位错和空位，界面处原子处于高度激活状态，而很快扩散形成金属键，并经过回复和再结晶产生晶界的推移，形成固态冶金结合(图 11.16c)。

(3)界面和孔洞消失阶段　经过长时间保温扩散后，孔洞消除，界面晶粒长大，原始界面消失(图 11.16d)。

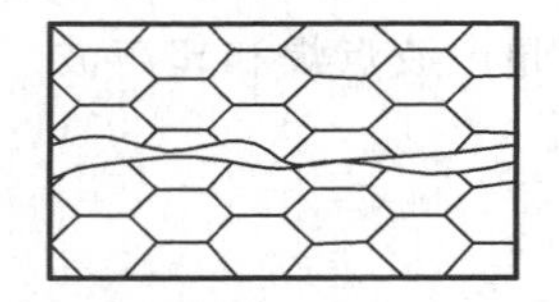
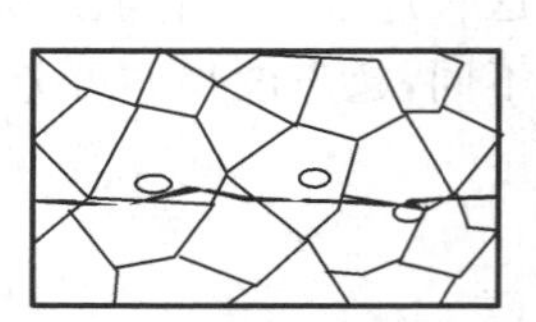
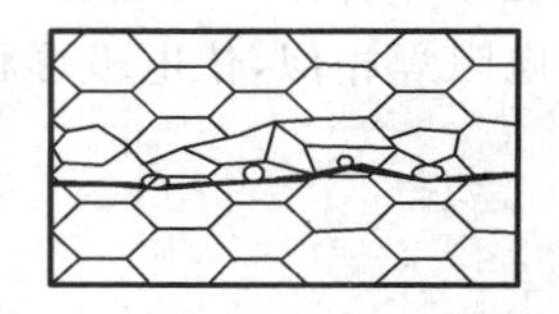
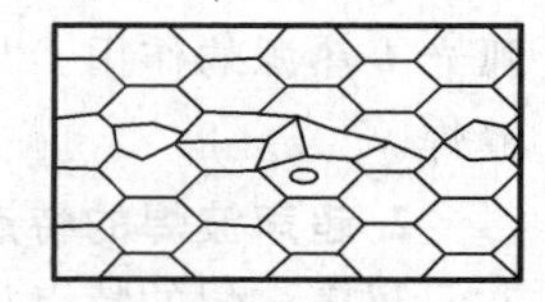

a）室温装配状态　b）变形-接触阶段　c）扩散-界面推移阶段　d）界面和孔洞消失阶段

图 11.16　固态扩散焊

2)瞬时液相扩散焊过程

(1)液相生成　在一定温度下，中间夹层材料与两焊件接触处形成低熔点共晶液相，填充接头间隙(图 11.17a、b)。

(2)等温凝固　液相中使熔点降低的元素大量扩散至焊件母材中，而焊件母材中某些元素向液相中溶解，使液相的熔点逐渐升高而凝固形成接头(图 11.17c)。

(3)均匀化　保温扩散使接头成分均匀化(图 11.17d)。

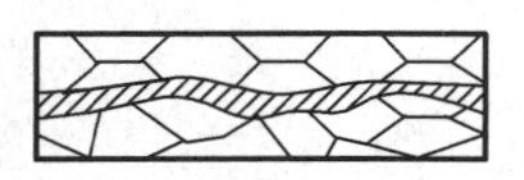
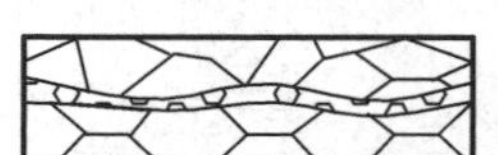
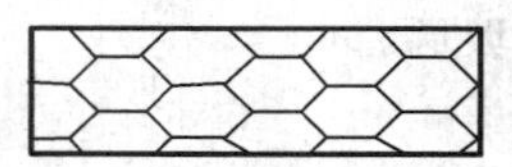
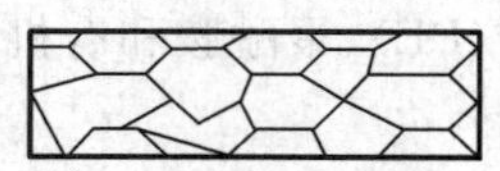
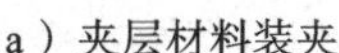

a）夹层材料装夹　b）液相生成　c）等温凝固　d）均匀化

图 11.17　瞬时液相扩散焊

3. 扩散焊的特点

扩散焊的特点如下：

(1)焊接温度低(为焊件熔点的40%～80%)，可焊接熔化焊难以焊接的材料，如高温合金及复合材料；

(2)可焊接结构复杂、要求焊件表面十分平整和光洁，以及精度要求高的焊件；

(3)可焊接各种不同材料；

(4)焊缝可与母材成分和性能相同，无热影响区。

扩散焊可用于高温合金涡轮叶片、超声速飞机中钛合金构件、钛-陶瓷静电加速管的焊接，异种钢、铝及铝合金、复合材料的焊接，以及金属与陶瓷等的焊接。

11.5 爆炸焊

1. 爆炸焊的原理

爆炸焊(图11.18)是利用炸药爆炸时产生的高压(700 MPa)、高温(3 000 ℃)及高速(500～1 000 m/s)冲击波(作用在覆板上)，使覆板与基板猛烈撞击，在接触处产生射流，从而清除两板表面的氧化物等杂质，并在高压下形成固态接头。应该注意，接触界面撞击点前方产生的金属射流以及爆炸发生时覆板的变形与加速运动，是沿整个焊接接头逐步地连续完成的，这是获得爆炸焊牢固接头的基本条件。如果所有炸药同时爆炸，覆板与基板进行全面撞击，那么，即使压力再高，焊接接头也不能产生良好的结合。爆炸焊按覆板装配方式可分为平行法和角度法两种(图11.19a、b)。

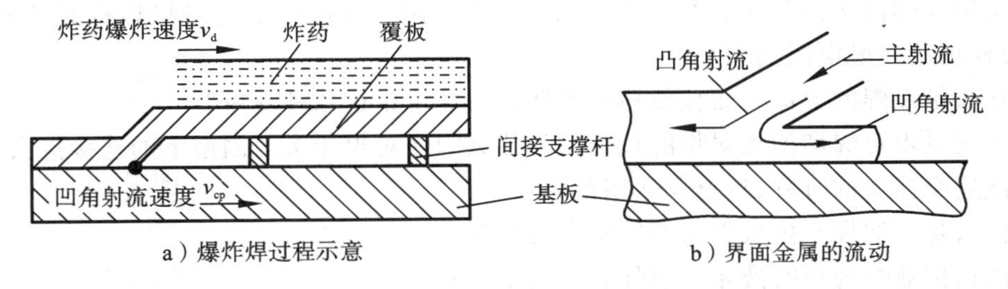

图 11.18 爆炸焊

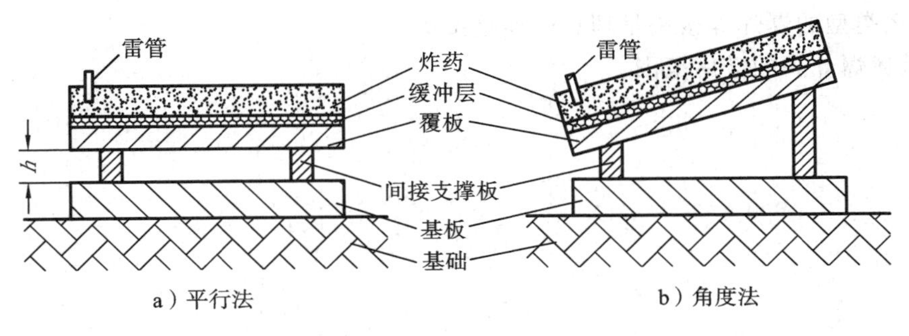

图 11.19 爆炸焊的分类

2. 爆炸焊接头结合的特点

(1)在结合面为平坦界面情况下，撞击速度较低，结合面无熔化发生，因此接头性能较差。这种结合形式在实际生产中并不多用。

(2)在结合面为波浪形界面情况下，撞击速度较高，结合面有熔化发生，因此接头性能较好。应尽可能得到这种结合形式(图 11.20)。

(3)在结合面为连续的熔化层情况下，撞击速度过高，结合面产生连续的熔化层，接头性能也较差。应尽量避免得到这种结合形式(图 11.21)。

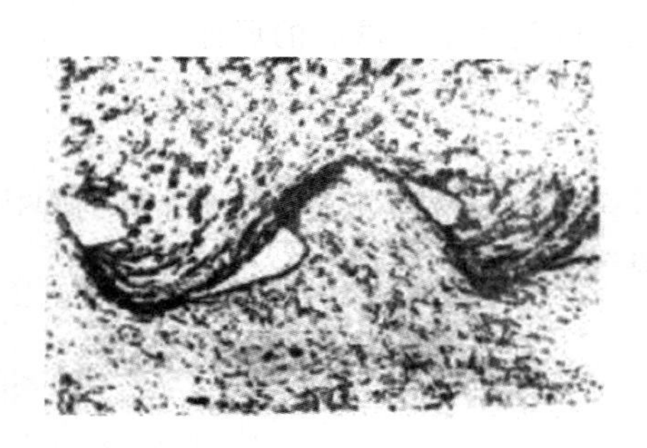

图 11.20　波浪形界面(不锈钢-低碳钢)

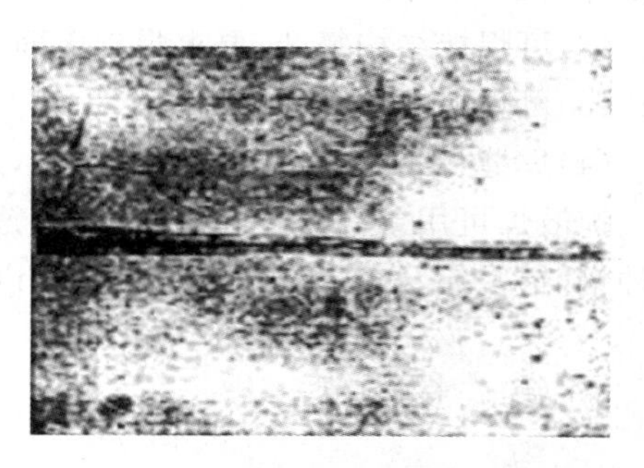

图 11.21　连续熔化界面(镍基合金-碳钢)

3. 爆炸焊的应用

爆炸焊主要用于铝-钢-铜、钛-钢和锆-铌等用其他焊接方法不宜焊接材料的大型复合板和复合管的焊接。

复习思考题

(1)压焊的两要素是什么？压焊有哪些要求和形式？

(2)接触点焊的热源是什么？为什么会有接触电阻？接触电阻对点焊熔核的形成有什么影响？怎样控制接触电阻的大小？

(3)什么是点焊的分流和熔核偏移？怎样减少和防止这两种现象？

(4)试述电阻对焊和闪光对焊的过程。为什么闪光对焊接头为固态下的连接接头？

(5)试述摩擦焊的过程、特点及适用范围。

(6)什么是扩散焊？扩散焊的应用场合有哪些？

(7)固相扩散焊与瞬时液相扩散焊有什么不同？

(8)什么是超声波焊？超声波焊有何特点？适用于什么场合？

(9)什么类型的爆炸焊接头是理想的连接接头？

(10)试述爆炸焊的应用范围。

第12章 钎焊、封接与胶接工艺

钎焊、封接与胶接工艺是一种在低于构件熔点的温度下，采用液态填缝材料充填接头缝隙，通过毛细作用及表面化学反应，待填缝材料结晶或固化后，将两个分离的表面连接成不可拆接头的物理和化学连接工艺。

12.1 钎焊

钎焊的过程是：将表面清洗好的焊件以搭接形式装配在一起，把钎料（熔点比焊件低）放在接头间隙附近或接头间隙中，当焊件与钎料被加热到温度稍高于钎料的熔点时，钎料熔化（此时焊件未熔化），同时借助毛细作用进入并充满固态焊件的间隙，液态钎料与焊件金属相互扩散溶解，冷凝后即形成钎焊接头。

1. 硬钎焊

硬钎焊钎料的熔点在450 ℃以上，接头强度较高，在200 MPa以上。属于这类的钎料有铜基、银基和镍基钎料等。银基钎料钎焊的接头除强度较高外，导电性和耐蚀性也较好，而且熔点较低、工艺性好。但银基钎料较贵，仅用于要求高的焊件。镍铬合金基钎料可用来钎焊耐热的高强度合金钢与不锈钢，工作温度为900 ℃，但钎焊的温度要求高于1 000 ℃，工艺要求很严格。硬钎焊主要用于受力较大的钢铁和铜合金构件的焊接以及工具、刀具的焊接。

2. 软钎焊

软钎焊钎料的熔点在450 ℃以下，接头强度较低，一般不超过70 MPa，所以只用于钎焊受力不大、工作温度较低的焊件。常用的钎料是锡铅合金，所以通称锡焊。这类钎料熔点低（一般低于230 ℃），渗入接头间隙的能力较强，所以具有较好的焊接工艺性能和导电性。因此，软钎焊广泛用来焊接受力不大、在常温下工作的仪表、导电元件，以及用钢铁、铜合金等制造的构件。

在钎焊过程中一般都需要使用钎剂。钎剂的作用是：清除被焊金属表面的氧化膜及其他杂质，改善钎料渗入间隙的性能（即润湿性），保护钎料及焊件，使其不被氧化。因此，钎剂对钎焊件的品质影响很大。软钎焊常用的钎剂为松香或氯化锌溶液。硬钎焊钎剂种类较多，主要有硼砂、硼酸、氟化物、氯化物等，应根据钎料种类选择应用。

钎焊的加热方法可分为烙铁加热、火焰加热、电阻加热、感应加热、炉内加热、盐浴加热等，可根据钎料种类、焊件形状与尺寸、接头数量、品质要求与生产批量等，经综合考虑后进行选择。烙铁加热温度较低，一般只适于软钎焊。

3. 钎焊的特点和应用

钎焊的特点如下：

(1)钎焊过程中，焊件加热温度较低，因此，其组织和力学性能变化很小，变形也小。接头光滑平整，焊件尺寸精确；

(2)可以焊接性能差异很大的异种金属，对焊件厚度差也没有严格限制；

(3)对焊件整体加热钎焊时，可同时钎焊由多条（甚至上千条）接头组成的、形状复杂的构

件,生产率很高;

(4)钎焊设备简单,生产投资费用少;

(5)钎焊的接头强度较低,尤其是动载强度低,允许的工作温度不高,焊前清理要求严格,而且钎料价格较高。因此,钎焊不适于一般钢结构和重载、动载机件的焊接。钎焊主要用来焊接精密仪表、电气零部件、异种金属构件以及某些复杂薄板结构,如夹层构件和汽车水箱散热器等,也常用来焊接各类导线与硬质合金刀具。

12.2 封接

玻璃封接的过程是:用粉末状封接玻璃作为填缝材料,在加热熔融过程中,粉末逐渐液化,并排出气体等夹杂物,然后熔融玻璃通过均匀扩散而形成无定形体,实现对玻璃和陶瓷的连接,以及它们与金属的连接。玻璃封接主要用于电真空器件的封盖、半导体和集成电路器件的封装,陶瓷与金属的连接等。

12.2.1 封接玻璃

封接玻璃有低熔玻璃和电真空玻璃等品种,低熔玻璃又分为结晶型和非结晶型两类,在封接工艺中应用最广的是非结晶型低熔玻璃。低熔玻璃指软化温度不高于500 ℃的一类粉状玻璃材料,它易与金属、陶瓷等材料粘接且本身不透气,封接的密封腔体可获得较高的气密性,同时又具有不燃性和良好的耐热性,电性能也比较优越。因此,它作为一种无机焊料被广泛地应用在真空和电子产品中,在集成电路封装领域,它也是很好的低温密封材料和粘接材料。

1. 低熔玻璃的特点

低熔玻璃按其结构划分可分为两大类:一类是结晶型玻璃,其结构为晶态和无定形态的混合体,外观视晶化程度呈白色不透明或半透明状态;另一类是非结晶型玻璃,其结构为无定形态,外观呈透明状。结晶型低熔玻璃具有封接温度高,加热时间长,效率低,含湿量大,难以用于电路芯片的封接等缺点,因而逐渐被封接性能好的非结晶型低熔玻璃所取代。根据低温封接的特定要求,低熔玻璃必须具备以下几个特点:

(1)软化温度低,能在足够低的温度条件下实现封接,以免封接温度过高而导致芯片上金属连线球化或引线框架变形。同时,在封接温度下,低熔玻璃的黏度应在1~100 Pa·s范围之间,使玻璃既充分而又不过分地在封接面上流动。

(2)其线膨胀系数能和被焊的陶瓷、金属相匹配,否则封接后玻璃中残存的应力会使封接强度大大降低,并无法保证封接体的气密性。

(3)封接金属时,对金属有良好的浸润性,同时,能够扩散到金属表面的氧化层中去,从而可获得牢固的封接强度。

(4)在与水、空气或其他介质接触时,仍具有良好的化学稳定性和绝缘性。

(5)在封接过程中不产生有害物质,因为有害物质挥发或溅落在电路芯片或其他部位上,会导致集成电路性能变坏或完全失效。

2. 低熔玻璃的化学组成

低熔玻璃主要是硼硅铅玻璃,它由玻璃、填料和着色剂三者所组成。我国NS系列的低熔玻璃化学组成大致为:$w(PbO)=51\%\sim71\%$,$w(B_2O_3)=5\%\sim10\%$,$w(SiO_2)=10\%\sim13\%$,$w(Bi_2O_3)<4\%$,$w(BaO)<2\%$,$w(ZnO)<2\%$,$w(Al_2O_3)<1\%$,$w(F)<1\%$。

为了调整玻璃的线膨胀系数，还要加入一些填料。这些填料难以与玻璃发生反应，其线膨胀系数很小或者是负值，如钛酸铅($PbTiO_3$)和锂霞石($Li_2O \cdot Al_2O_3 \cdot 2SiO_2$)等。当需要增添颜色时，再加入一定量的着色剂。因此低熔玻璃的性能主要取决于玻璃组成中各主要成分的特性，也取决于整个玻璃的微观结构。

3. 低熔玻璃的加工方法

1)制备低熔玻璃粉

低熔玻璃的制备是先按低熔玻璃的组成配方进行配料，并将原料充分混合，然后装入高铝坩埚，在 1 050 ℃温度下熔炼。为了防止氧化铅等材料的大量挥发，要求熔炼时间尽量短。待混合料变成均匀的玻璃熔体时，应立即将其取出进行水淬处理，使玻璃熔体受水的激冷而炸裂成无数的小碎块，再球磨(最好用玛瑙球进行球磨)粉碎、过 200 目(约 0.075 mm)筛，在玻璃粉达到规定的粒度后，即可储存备用。

2)加入调整膨胀系数的材料

当需要在低熔玻璃中加入锂霞石时，应先单独将其进行 1 360 ℃、恒温 4 h 的高温焙烧，然后通过球磨粉碎至一定粒度，再与主玻璃粉料混合。

3)添加黏结剂

在制造陶瓷熔封外壳时，应先在低熔玻璃粉料中加入一定量的有机黏结剂，制成玻璃浆料，以保证在丝网印刷时使玻璃粉料能够均匀地印刷到陶瓷底片或盖板上去。所用的黏结剂可以是聚甲基丙烯酸丁酯、萜品醇、乙基纤维素或松醇等材料的溶液，其黏度可根据气候、温度以及玻璃印刷厚度加以调整。

4)反复轧碾玻璃浆料

低熔玻璃浆料应充分混合。为保证混合效果，除应在专门的设备上进行搅拌外，还应用三辊轧碾机将玻璃浆料反复轧碾三次。在混合过程中，应防止浆料吸湿，并防止杂质和灰尘混入浆料，同时在使用时仍需及时搅拌浆料，以避免玻璃粉料沉淀。

5)印刷玻璃浆料涂层

丝网印刷是在专门的印刷机上进行的，利用特定的掩模板，根据陶瓷基体面积大小，一次印刷的陶瓷基板可多达 200 个。为了达到所规定的厚度，必须进行 4～5 次印刷。

6)排胶烘干

每次印刷后都必须进行加热排胶处理，使黏结剂能够排除干净，否则，低熔玻璃在正式封接时将产生大量气泡，甚至会出现结构松散的蜂窝现象。为此，烘干排胶加热只能在充分氧化气氛下缓慢进行。

7)玻璃预烧

最后再进行一次温度不超过 400 ℃的玻璃预烧，使玻璃涂层在不充分玻璃化而又具有一定强度的条件下，保持完好的印刷图形。

8)安装引线框架

引线框架的安装一般是将已涂敷低熔玻璃涂层的陶瓷基座放置在专门的框架定位机上，在 585±10 ℃条件下使玻璃熔融，然后立即按规定要求对经三氯乙烯溶液清洗干净的引线框架进行定位，并嵌入熔融玻璃，保证引线框架和玻璃同在一个水平面上，待安装就绪后立即将陶瓷基座从加热台上取出，并使之冷却。此时引线框架仅仅是依靠低熔玻璃的表面黏结力而临时固定在陶瓷片基座上，因而强度甚低，容易使玻璃崩裂而导致引线框架脱落，所以在操作时一定要多加注意。

12.2.2　金属氧化处理

要想得到坚固的封接层,最理想的情况是玻璃“浸润”到金属的表层中,即玻璃扩散到金属表面的内层中,实现化学粘接。实践证明,由于金属材料与玻璃的化学键性质相差较远,玻璃实际上不能熔入金属,而只能扩散到金属表面的氧化物中。因此,欲得到良好的封接效果,就必须事先对金属表面进行氧化处理,只有所产生的过渡性的氧化物与玻璃有相似的化学键力,才能实行化学粘接。

与空气接触时,金属表面晶粒的界面首先与氧反应,生成氧化物。随着金属离子置换的氧不断扩散,氧化反应将不停地向金属内部发展,并使金属表面生成粗糙的氧化层。氧化层厚度随氧化温度和所生成氧化物的不同而不同。为了达到较高封接强度和良好的气密性,氧化层厚度以在封接温度下熔融玻璃能够透过金属氧化层为限,氧化层过厚或过薄都会影响封接层的品质。氧化层厚度一般以金属材料氧化后的增量计算,最理想的增量为 0.000 3～0.000 7 g/cm^2。

保证封接层气密性的另一指标是金属与其表面氧化层的结合力。它不仅取决于金属氧化处理的工艺,而且与金属材料的表面状态和清洁程度有关。如果金属与其表面氧化层结合不牢,尽管表面氧化层与玻璃有很好的浸润能力,也难以保证其气密性。

可伐合金(Fe-29Ni-17Co)是常用的集成电路芯片引脚材料,用可伐合金冲制而成的金属零件,在加工过程中其表面容易黏附油脂、汗渍等杂质,同时,在机械加工中不可避免地会产生应力。因此,在进行表面氧化处理前,应先对其进行清洗和热处理,消除应力和充分脱碳、脱气,同时改善可伐合金的结晶结构,得到较大的晶粒,使之更加容易氧化。其热处理的温度应高于封接温度 50 ℃,最好采用湿氢气作为保护气体。

12.2.3　封接结构示例

陶瓷熔封集成电路结构如图 12.1 所示。陶瓷熔封外壳由黑色高纯氧化铝陶瓷的基座、上盖和表面覆有铝层的铁镍合金引线框架组成。用丝网印刷将具有一定厚度和熔封温度的低熔点玻璃分别印刷到陶瓷基座和上盖上,达到合适的厚度,并且预先借助低熔玻璃将引线框预烧

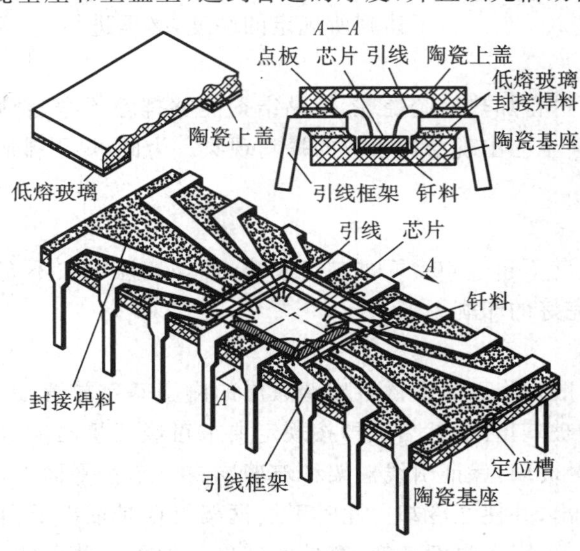

图 12.1　陶瓷熔封集成电路结构

固定在陶瓷基座上。芯片固定在托板上。引线框架上的覆铝层(点板)，可以进行硅铝丝的键合。组装完毕后，将陶瓷上盖与底座重叠在一起，在规定的熔封温度下，按照一定的温度分布曲线通过低熔玻璃将其熔封成为一个整体，从而形成气密性等性能良好的封装结构。

12.3　胶接

12.3.1　胶接的特点

胶接是利用胶黏剂把两种性质相同或不同的物质牢固地粘接在一起的连接工艺。胶黏剂之所以能够把两种物质牢固地粘接在一起，主要是因为胶黏剂能通过本身对被粘接材料的结合面的机械、物理和化学作用而产生黏附力。

1. 胶接的优点

(1)胶接对材料的适应性强，既可用于金属与金属、非金属与非金属之间的连接，也可用于金属与非金属，特别是较薄的金属片与非金属材料之间的连接；

(2)采用胶接方法可省去很多螺钉、螺栓等连接件，因此，胶接结构的质量比铆接、焊接结构小25%～30%；

(3)胶接接头的应力分布均匀，应力集中较小，因此它的耐疲劳性能好；

(4)胶接接头的密封性能好，并具有耐磨蚀和绝缘等性能；

(5)胶接工艺简单，操作容易，效率高，成本低。

2. 胶接的缺点

(1)胶接强度比较低，一般仅能达到金属母材强度的10%～50%，胶接接头的承载能力主要依赖于较大的粘接面积；

(2)使用温度低，胶接件一般长期工作温度低于150 ℃，仅有少数可在200～300 ℃范围内使用；

(3)胶接接头长期与空气、热和光接触，易老化变质；

(4)胶接接头因受多种因素影响，品质不够稳定，而且难以检验。

胶接技术的应用已有几千年的历史，无论是在埃及的金字塔、中国的万里长城，还是在各地出土的文物中，考古学家都发现了胶黏剂的痕迹。20世纪30年代出现的合成树脂、合成橡胶等高分子材料，为胶接技术开辟了广阔的前景。虽然现代胶接技术还属发展中的新工艺，但它使用方便、无污染。随着材料领域的不断革命，高性能胶黏剂的不断涌现，合成材料代替天然材料、非金属材料代替金属材料将成为必然趋势，胶接技术的应用也将越来越广泛。

12.3.2　胶黏剂

1. 分类

胶黏剂的分类方法很多，目前常按胶黏剂基本组分的类型分类，如图12.2所示。

另外，还可按主要用途分为结构胶、修补胶、密封胶、软质材料用胶、特种胶(如高温胶、导电胶、点焊胶等)。

2. 组成

胶黏剂不是单一的组分，一般由以下几种材料组成。

(1)基料，胶黏剂的基本组分，通常由一种或几种高聚物混合而成。

(2)固化剂，能使线型结构的树脂转变成网状或体型结构的树脂，从而使胶黏剂固化。

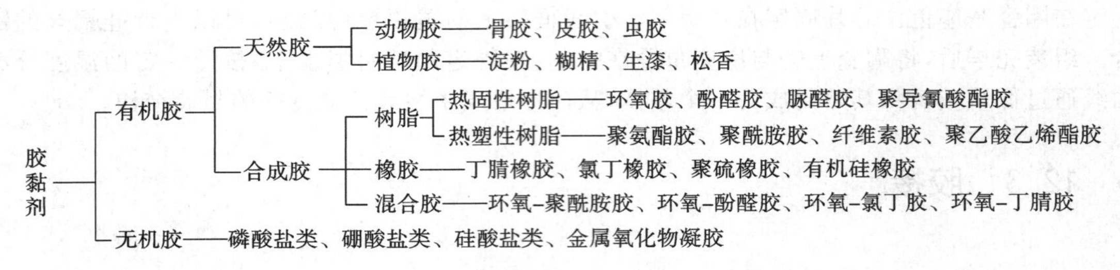

图 12.2　胶黏剂的分类

(3)增塑剂,能改善胶黏剂的塑性和韧性,降低其脆性,提高接头的抗剥离及抗冲击能力。

(4)稀释剂,能降低胶黏剂的黏度,便于涂敷。

(5)填充剂,能够增加胶黏剂的强度,改善耐老化性能,降低成本。

配方不同,胶黏剂的性能也不同。

3. 常用胶黏剂

一些常用胶黏剂的特点、性能和用途如表 12.1 所示。

表 12.1　常用胶黏剂的特点、性能和用途

分类	类　型	牌　号	特　　点	用　　途
结构胶	环氧-丁腈	自力-2	弹性及耐候性良好,耐疲劳,使用温度为 −60～100 ℃,固化条件为160 ℃/2 h	可粘接金属、复合材料及陶瓷材料
	酚醛-丁腈	J-03	弹性及耐候性良好,耐疲劳,使用温度为 −60～150 ℃,固化条件为160 ℃/3 h	可粘接金属、陶瓷及复合材料
	环氧-丁腈	HS-1	强度高,韧性好,使用温度为−40～150 ℃,固化条件为 130 ℃/3 h	可粘接金属和非金属
	酚醛-缩醛-有机硅	有机硅 204	耐湿热溶剂,使用温度为−20～200 ℃,固化条件为 180 ℃/2 h	可粘接金属、非金属及复合材料
修补胶	环氧-改性胺	JW-1	耐湿热,固化温度低,使用温度为−60～60 ℃,固化条件为 20 ℃/24 h	可修补陶瓷、复合材料及工程塑料
	环氧-丁腈-酸酐	J-48	耐湿热,化学稳定性好,使用温度为−60～170 ℃,固化条件为 25 ℃、24 h	铝合金,可先点焊后注胶,也可先注胶后点焊
	环氧-改性胺	425	流动性好,化学稳定性好,使用温度为 −60～60 ℃,固化条件为130 ℃/3 h	适于铝合金,先点焊后注胶
	环氧-丁腈	KH-120	耐疲劳性好,化学稳定性好,使用温度为 −55～120 ℃,固化条件为150 ℃/4 h	适于各种材质螺纹件的紧固与密封防漏
	双甲基丙烯酸多缩乙二醇酯	Y-150 GY-230	较高锁固强度、慢固化厌氧胶,使用温度为−55～150 ℃,固化条件为 25 ℃/24 h	适于 M12 以下规格螺纹件紧固与密封防漏,以及零件装配后注胶填充固定

续表

分类	类　型	牌　号	特　　点	用　　途
高温胶	氧化铜-磷酸	无机胶	耐高温,化学稳定性好,性脆,使用温度为 −60～700 ℃,固化条件为室温/24 h,或 60～80 ℃/1 h,或 100 ℃/0.5 h	适于套接压、拉剪接头
	有机硅填料	KH-505	糊状耐高温,使用温度为 −60～400 ℃,固化条件为 270 ℃/3 h	适于钢、陶瓷等非承力结构的胶接,如螺栓、小轴、螺钉的紧固
	双马来酰亚胺改性环氧	J-27H	耐热,化学稳定性好,使用温度为 −60～250 ℃,固化条件为 200 ℃/1 h	适于石墨、石棉、陶瓷及金属材料的胶接
导电胶	环氧-固化剂-银粉	SY-11	双组分导电胶,性脆,使用温度为 −55～60 ℃,固化条件为 120 ℃/3 h 或 80 ℃/6 h	适于各种金属、压电陶瓷、压电晶体等导体的胶接

12.3.3　胶接工艺过程

1. 表面准备

与软钎焊相似,胶接表面准备的第一步是去除材料表面的灰尘、氧化膜和液态物质。任何液态物质被母材表面所吸附,都将妨碍胶黏剂的渗透。如果材料胶接强度要求不高,则表面准备工作非常简单。粘接铝时,用丁酮(MEK)或三氯乙烯擦拭,就能去掉松散的氧化膜。材料表面必须打磨光,使所有松散的氧化膜都能被去除。在组成接头的表面上,只允许有与金属表面牢固结合的氧化层。只有在用来清理的布上或清洁的擦拭织物上看不到氧化物时,才认为接头表面已经没有松散的氧化物了。

如果通过喷砂、用金属丝刷或用砂纸打磨等方法来进行表面处理,则可使胶黏剂的有效粘接表面积增大,但这种作用不是主要的。只有改变表面层化学性质,使之高度强化,才能真正有助于良好胶接层的形成。

对于某些金属,特别是铝,用化学清理法能获得的强度最高。化学清理法包括以下步骤:用三氯乙烯蒸气除油,用水冲洗;在含铬的硫酸溶液中清洗,用水冲洗;吹干。如果这种类型的清理方法对现场条件不合适,则可用碳化钨砂轮打磨表面,然后用粒度为 80 目(约 0.19 mm)的氧化铝颗粒进行喷砂处理,接着用清洁的三氯乙烯冲洗除油,喷清水冲洗,之后马上将零件放到 60 ℃的烘箱内烘干。

因为烘干的零件有被污染和形成氧化膜的可能,所以最好在处理后的几小时之内就进行胶接。如果必须存放,则应将其保存在一个气密性很好的容器里。必须特别注意,已酸洗或清理过的表面不能用手触摸,搬运时必须戴清洁的棉线手套。

2. 胶黏剂的涂敷和固化

胶黏剂可以用各种方法涂敷。例如,可把环氧树脂配制至适当状态,以便喷涂、涂刷、浸渍、滚涂、挤压和抹。热熔型胶黏剂常常用胶黏剂枪来喷涂。带状胶黏剂现在十分普遍,因为它们不需再进行混合,应用起来总能保持已知的均匀厚度。向零件表面涂敷胶黏剂,可以只向其中一个零件表面涂敷一层较厚的胶黏剂，也可以向相配合的两个零件的表面分别涂敷一层较薄的胶黏剂。一般来说，后者应用较多，效果较好。对粗糙的表面必须涂敷足够量的胶黏剂，以填充那些小的凹陷处，得到所需要的粘接层厚度。两个表面之间的间隙不应超过千分之几毫米。

3. 固化时间

通过溶剂的挥发或加压可使胶黏剂交联固化。某些胶黏剂(如环氧树脂)含加热活化的催化剂，仅由接触压力就能形成交联，不需要排出挥发性溶剂。酚醛树脂含有挥发性溶剂，在固化期间需要施以压力，以保证溶剂排出。那些依靠交联而固化的胶黏剂，常常需要加热，固化温度可达 149～204 ℃，以加速反应。太高的温度能造成“过固化”，使接头变脆。固化时间太短或固化温度太低，会导致交联不足，形成柔软的、粘接强度较低的胶接接头。

12.3.4　胶接技术的应用举例

1. 蜂窝夹层结构

蜂窝夹层结构是由蜂窝夹芯和上下蒙皮胶接在一起组成的三层结构。这种夹层结构的单位结构质量的强度和刚度要比其他结构形式高得多。此外，它还具有表面平整、密封性好、隔热和易实现机械化生产等优点。因而，它在现代技术中，尤其是在航空和航天工业中得到了广泛的应用，如一架大型喷气式客机要用到一两千平方米的金属蜂窝夹层结构材料。

制造蜂窝夹芯时，将涂有平行胶条的金属箔按胶条相互交错排列叠合起来，胶条固化后将多层金属箔粘接在一起，再在专用设备上拉伸出蜂窝格子。蜂窝夹层结构主要用酚醛-缩醛型、酚醛-丁腈型、环氧-丁腈型胶黏剂，也可用再活化组装工艺制造。

2. 船舶尾轴与螺旋桨的安装

传统的安装船舶尾轴与螺旋桨的方法是采用键进行紧配合连接，对尾轴和轴孔加工精度和表面粗糙度要求高，尾轴与轴孔的接触面要求达到 75%以上。采用胶接方法装配后，对尾轴和轴孔的加工精度要求低，从而提高了生产率，其连接部位具有良好的耐蚀性。胶接装配采用常温固化的环氧型胶黏剂。

3. 金属切削刀具的胶接

硬质合金刀具大多采用焊接方法将刀片固定在刀杆上，由于焊接高温的影响，刀片容易产生裂纹，因而其使用寿命会缩短。若采用胶接方法，则可避免上述影响。胶接刀具所用的胶黏剂大多为无机胶黏剂。

4. 铸件的修补

在生产中，铸件经常会产生气孔或砂眼，对这些缺陷用胶黏剂进行修补，能使可能报废的铸件得到利用。这对一些较大型的铸件是十分有意义的。

铸件的修补应根据气孔、砂眼的大小、位置，采取不同的措施进行。对于微小的气孔，应采用低黏度的胶液和抽真空的方法，使胶液能更多地进入气孔。对于较大的气孔或砂眼，可采用含填料的胶黏剂。当气孔或砂眼很大时，可先扩孔，再用胶接的方法镶入一个金属塞。

5. 零件的修复

对于有相对运动的轴、孔或平面，可根据其具体的磨损情况，采用胶黏剂加减摩材料刷涂或喷涂来恢复尺寸。这种方法要比其他工艺简单，修复后加工容易。

机床导轨在工作中经常磨损，其精度受到影响。对于这样的磨损，可采用室温固化环氧树脂胶加入适量铸铁粉与二硫化钼粉来直接填补修复，待固化后用刮刀修平即可使用。

复习思考题

(1)钎焊和熔焊最本质的区别是什么？钎焊应如何分类？

(2)试述钎焊的特点及应用范围。钎料有哪几种？

(3)试述封接的特点及应用范围。对封接玻璃有什么要求？

(4)陶瓷与金属能否直接用玻璃封接？封接前应怎样处理金属？

(5)封接玻璃中为什么要加入锂霞石、锆石等材料？它们对封接玻璃的品质有何影响？

(6)试述胶接的原理、特点及应用范围。

(7)试述常用胶黏剂的特点及应用范围。

(8)举例说明胶接结构的应用。

(9)铣刀上的硬质合金刀片可用哪些方法固定到刀头上？分别分析这些方法的优缺点。

第13章　金属材料的焊接性

13.1　金属材料焊接性的概念及评估方法

13.1.1　焊接性的概念

金属材料的焊接性，是指被焊金属在采用一定的焊接方法、焊接材料、工艺参数及结构形式等条件下，获得优质焊接接头的难易程度，即金属材料在一定的焊接工艺条件下，表现出的"好焊"和"不好焊"的程度。

金属材料的焊接性不是一成不变的，同一种金属材料，采用不同的焊接方法、焊接材料与焊接工艺（包括预热和热处理等），其焊接性可能有很大差别。例如化学活泼性极强的钛的焊接是比较困难的，人们曾一度认为钛的焊接性很不好，但在氩弧焊应用比较成熟以后，钛及其合金的焊接结构在航空等工业部门得到了广泛应用。由于等离子弧焊、真空电子束焊、激光焊等新的焊接方法相继出现，钨、钼、钽、铌、锆等高熔点金属及其合金的焊接都已成为可能。

焊接性包括两个方面：一是工艺焊接性，主要是指焊接接头产生工艺缺陷的倾向，尤其是出现各种裂缝的可能性；二是使用焊接性，主要是指焊接接头在使用中的可靠性，包括焊接接头的力学性能及其他特殊性能（如耐热性、耐蚀性等）。金属材料这两方面的焊接性可通过估算和试验方法来确定。

根据目前焊接技术的水平，工业上应用的绝大多数金属材料都是可焊的，只是实现焊接的难易程度不同而已。当采用新材料（指本单位以前未应用过的材料）制造焊接结构时，应了解及评价新材料的焊接性。材料的焊接性是产品设计、施工准备及正确制定焊接工艺的重要依据。

13.1.2　判断钢材焊接性的方法

1. 碳当量估算法

实际焊接结构所用的金属材料绝大多数是钢材，影响钢材焊接性的主要因素是化学成分。不同的化学元素对焊缝组织性能、夹杂物的分布，以及焊接热影响区的淬硬程度等的影响不同，造成裂缝及接头破坏的倾向也不同。在各种元素中，碳的影响最明显，其他元素的影响可折合成碳的影响，因此可用碳当量估算法来判断被焊钢材的焊接性。硫、磷对钢材焊接性的影响也很大，在各种合格钢材中，硫、磷的含量都要受到严格限制。

计算碳钢及低合金结构钢碳当量（$C_{当量}$）的经验公式为

$$w(C_{当量})=w(C)+w(Mn)/6+[w(Cr)+w(Mo)+w(V)]/5+[w(Ni)+w(Cu)]/15$$

$w(C_{当量})<0.4\%$时，钢材塑性良好，淬硬倾向不明显，焊接性良好。在一般的焊接工艺条件下，焊件不会产生裂缝，但对于厚大焊件或在低温下焊接时应考虑采用预热处理。

$w(C_{当量})=0.4\%\sim0.6\%$时，钢材塑性下降，淬硬倾向明显，焊接性较差。焊接之前需要对焊件进行适当预热，焊后应注意缓冷。要采取一定的焊接工艺措施才能防止裂缝的产生。

$w(C_{当量})>0.6\%$时，钢材塑性较低，淬硬倾向很强，焊接性不好。焊接之前必须将焊件预热到较高温度，焊接时要采取减小焊接应力和防止开裂的工艺措施，焊后要进行适当的热处理，这样才能保证焊接接头的品质。

利用碳当量估算法获得的钢材焊接性结果是粗略的，因为钢材焊接性还受结构刚度、焊后应力条件、环境温度等的影响。例如，当钢板厚度增大时，结构刚度增大，焊后残余应力也较大，焊缝中心部位将出现三向拉应力，这时实际允许的碳当量值将降低。因此，在实际工作中确定材料焊接性时，除初步估算外，还应根据情况进行抗裂试验及焊接接头使用焊接性试验，为制定合理工艺规程与规范提供依据。

2. 小型抗裂试验法

小型抗裂试验法的特点是试样尺寸较小，应用简便，能定性评定不同约束形式的接头产生裂缝的倾向。常用的小型抗裂试验法有刚性固定对接试验法、V 形坡口试验法(小铁研法)、十字接头试验法等。图 13.1 所示的是刚性固定对接试验简图。切割一个厚度 $\delta\geqslant 40$ mm 的方形刚性底板，手工焊时取边长 $L=300$ mm，自动焊时取 $L\geqslant 400$ mm；再将待试钢材按原厚度切割成两块长方形试板，按规定开坡口后，将其焊在刚性底板之上。$\delta\leqslant 12$ mm 时，取焊脚 $k=\delta$；$\delta>12$ mm 时，取 $k=12$ mm，待周围固定焊缝冷却到常温以后，按实际产品焊接工艺进行单层焊或多层焊。焊完后在室温下放置 24 h，先检查焊缝间隙表面及热影响区表面有无裂缝，再沿垂直焊缝方向取 $\delta=15$ mm 的金相磨片两块，进行低倍放大，检查裂缝。

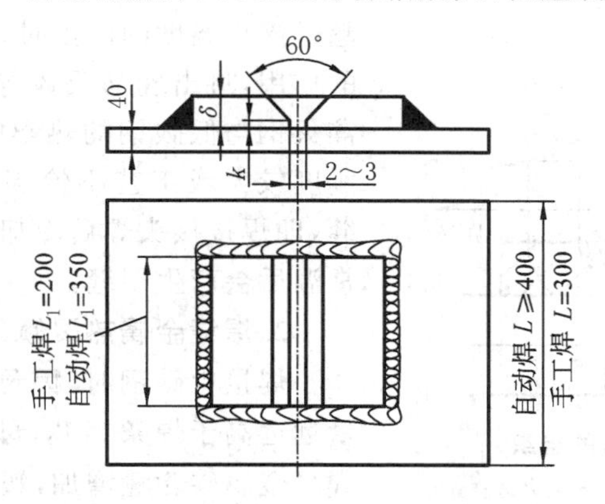

图 13.1　刚性固定对接试验简图

根据一般焊接工艺焊后试板有无裂缝或裂缝多少的情况，可初步评定材料焊接性的好坏。若有裂纹，应调整工艺(如预热、缓冷等)后再焊接试板，直至不产生裂纹为止。抗裂试验的结果可作为制定焊接工艺规程与规范的参考。

13.2　碳钢的焊接

13.2.1　低碳钢的焊接

低碳钢的碳含量不大于 0.25%，塑性好，一般没有淬硬倾向，对焊接热过程不敏感，焊接性良好。焊这类钢时，不需要采取特殊的工艺措施，焊后通常也不需要进行热处理(电渣焊除外)。

厚度大于 50 mm 的低碳钢结构，当进行大电流多层焊时，焊后应进行消除应力退火。在低温环境下焊接较大刚度的结构时,由于焊件各部分温差较大,变形又受到限制,在焊接过程中容易产生大的内应力而开裂,因此焊前应对焊件进行预热。

低碳钢可以用各种焊接方法进行焊接,用得最广泛的是手弧焊、埋弧焊、电渣焊、气体保护焊和电阻焊。

采用熔焊法焊接低碳钢结构时,焊接材料及工艺的选择原则主要是保证焊接接头与母材的结合强度。用手弧焊焊接一般低碳钢结构时,可根据情况选用 E4303(J422)焊条。当焊接承受动载的结构、复杂结构或厚板结构时,应选用 E4316(J426)、E4315(J427)或 E5015(J507)焊条。采用埋弧焊时,一般选用 H08A 或 H08MnA 焊丝,配 HJ431 焊剂进行焊接。

低碳钢结构也不允许用强力进行组装,装配点固焊应使用选定的焊条,点固后应仔细检查焊道是否有裂缝与气孔。焊接时,应注意焊接规范、焊接次序,多层焊的熄弧和引弧处应相互错开。

13.2.2 中、高碳钢的焊接

中碳钢的碳含量在 0.25%～0.6%之间,随碳含量的增加,淬硬倾向增大,焊接性逐渐变差。实际生产中的焊件主要是中碳钢铸件与锻件。中碳钢的焊接特点如下。

1. 热影响区易产生淬硬组织和冷裂缝

中碳钢属于易淬火钢,当其热影响区被加热到超过淬火温度的区段时,受焊件低温部分迅速冷却的作用,将出现马氏体等淬硬组织。图 13.2 为易淬火钢与低碳钢的热影响区组织示意图。如焊件刚度较大或工艺不恰当,就会在淬火区产生冷裂缝,即焊接接头焊后冷却到相变温度以下或冷却到常温后会产生裂缝。

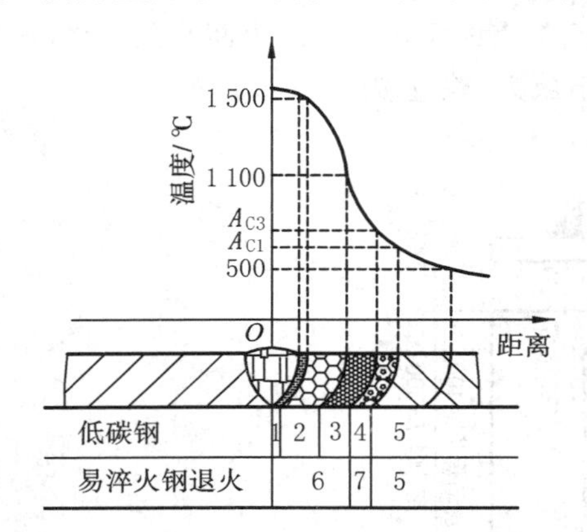

图 13.2 热影响区的组织

1—熔合区;2—过热区;3—正火区;4—部分相变区;5—未受热影响区;6—淬火区;7—部分淬火区

2. 焊缝金属热裂倾向较大

焊接中碳钢时,因母材碳含量与硫、磷杂质含量远远高于焊条钢芯,母材熔化后进入熔池,将使焊缝金属碳含量增加,塑性下降;加上硫、磷低熔点杂质的存在,焊缝及熔合区在相变前就可能因内应力而产生裂缝。因此,焊接中碳钢构件时,焊前必须进行预热,使焊件各部分的温差减小,以减小焊接应力,同时减慢热影响区的冷却速度,避免产生淬硬组织。一般情况下,35 钢和 45 钢的预热温度可选为 150～250 ℃,结构刚度较大或钢材碳含量更高时,可再提高预热温度。

焊接中碳钢时,应选用抗裂能力较强的低氢型焊条。要求焊缝与母材等强度时,可根据钢材强度选用 E5016(J506)、E5015(J507)或 E6016(J606)、E6015(J607)焊条;如不要求等强度,可选择强度较低的 E4315 型焊条,以提高焊缝的塑性。同时,焊接电流要小,要开坡口,进行多层焊,以防止母材过多地溶入焊缝,同时减小焊接热影响区的宽度。

焊接中碳钢一般都采用手弧焊,但对于厚件可考虑应用电渣焊。电渣焊可减轻焊接接头的淬硬倾向,提高生产效率,但焊后要进行相应的热处理。

高碳钢的焊接特点与中碳钢基本相似。由于碳含量更高,焊接性变得更差,所以应采用更高的预热温度、更严格的工艺措施(包括焊接材料的选配)。实际上,高碳钢的焊接只限于修补工作。

13.3　合金结构钢的焊接

13.3.1　常用焊接合金结构钢的类型

合金结构钢分为机械制造用合金结构钢和普通低合金结构钢两大类。用于机械制造用的合金结构钢(包括调质钢、渗碳钢)零件,一般都采用轧制或锻制的坯件,采用焊接结构的较少。如果需要焊接,因其焊接性与中碳钢相似,所以用于保证焊件品质的工艺措施与焊接中碳钢基本相同。

焊接结构中,用得最多的是普通低合金结构钢(简称低合金钢)。低合金钢一般按屈服强度分级,几种常用的低合金钢钢号及其平均碳当量如表 13.1 所示。我国低合金钢碳含量都较低,但因其他合金元素种类与含量不同,所以在性能上的差异很大,焊接性的差别比较明显。强度级别较低的低合金钢,含合金元素较少,碳当量低,具有良好的焊接性;强度级别高的低合金钢,碳当量较高,焊接性较差,焊接时应采取严格的工艺措施。表 13.1 还列出了几种常用低合金钢的焊接材料与预热温度,如焊件厚度较大,环境温度较低,则预热温度还应适当提高。对于强度等级相同的其他合金结构钢也可参照此表选用焊接材料。

表 13.1　常用普通低合金结构钢的焊接材料、预热温度

强度等级/MPa	钢　号	$w(C_{当量})$/%	手弧焊焊条	埋弧焊		预热温度
				焊丝	焊剂	
300	09Mn2	0.35	E4303(J422)	H08	HJ431	—
	09Mn2Si	0.36	E4316(J426)	H08MnA		
350	16Mn	0.39	E5003(J502)	H08A	HJ431	—
			E5016(J506)	H08MnA、H10Mn2		
400	15MnV 15MnTi	0.40 0.38	E5015(J507) E5515G(J557)	H08MnA、H10MnSi、H10Mn2	HJ431	≥100 ℃(对于厚板)
450	5MnVN1	0.43	E5515G(J557) E6015D1(J607)	H08MnMoA、H10Mn2	HJ431、HJ350	≥150 ℃
500	18MnMoNb 14MnMoV	0.55 0.50	E6015D1(J607) E7015D2(J707)	H08Mn2MoA H08Mn2MoVA	HJ250、HJ350	≥200 ℃
550	14MnMoNb	0.47	E6015D1(J607) E7015D2(J707)	H08Mn2MoVA	HJ250、HJ350	≥200 ℃

13.3.2　低合金钢的焊接特点

1. 热影响区的淬硬倾向

焊接低合金钢时,热影响区可能产生淬硬组织,淬硬程度与钢材的化学成分和强度级别有关。碳及合金元素的含量越高,钢材强度级别就越高,焊后热影响区的淬硬倾向也越大。如

300 MPa级的09Mn2、09Mn2Si等钢材淬硬倾向很小,焊接性与一般低碳钢基本一样。350 MPa级的16Mn钢淬硬倾向也不大,但当碳含量接近允许上限或采用的焊接规范不当时,16Mn钢过热区也可能出现马氏体等淬硬组织。强度级别大于450 MPa级的低合金钢,淬硬倾向增加,热影响区容易产生马氏体组织,形成淬火区(图13.2),硬度明显增加,塑性、韧性则下降。

2. 焊接接头的裂纹倾向

随着钢材强度级别的提高,焊件产生冷裂纹的倾向也增加。冷裂纹的影响因素一般认为有三种:一是焊缝及热影响区的氢含量,二是热影响区的淬硬程度,三是焊接接头的应力大小。冷裂纹是在这三种因素的综合作用下产生的,而焊缝及热影响区的氢含量常常是其中最重要的一种影响因素。由于液态合金钢容易吸收氢,凝固后,氢在金属中扩散、集聚和诱发裂纹需要一定时间,因此,冷裂纹常具有延迟现象。我国生产的低合金钢碳含量较低,且大部分含有一定量的锰,对脱硫有利,因此产生热裂纹的倾向不大。

3. 低合金钢的焊接措施

根据低合金钢的焊接特点,在生产中可分别采取以下措施:对于16Mn钢等强度级别较低的钢材,在常温下焊接时与低碳钢一样,在低温或在大刚度、大厚度构件上进行小焊脚、短焊缝焊接时,应防止出现淬硬组织;适当增大焊接电流、减慢焊接速度、选用抗裂性强的低氢型焊条;根据焊件厚度及环境温度综合考虑预热措施,中厚板只有环境温度在零度以下才预热,厚板则均应预热,预热温度为100~150 ℃;对于锅炉、受压容器等重要件,当厚度大于20 mm时,焊后必须进行退火处理以消除应力。

对于强度级别高的低合金钢,焊接前一般均需进行预热。焊接时,应调整焊接规范以控制热影响区的冷却速度,焊后还应及时进行热处理以消除内应力。如在生产中不能立即进行焊后热处理,可先进行消氢处理,即将焊件加热到200~350 ℃,保温2~6 h,以加速氢的逸出,防止产生冷裂纹。焊接这类钢材时,应根据钢材强度等级选用相应的焊条、焊剂,对焊件进行认真清理。

13.4 铸铁件的焊补

铸铁碳含量高,组织不均匀,塑性很低,属于焊接性很差的金属材料,因此铸铁不应用于焊接构件。但对于铸铁件在生产中出现的铸造缺陷,铸铁件在使用过程中发生的局部损坏或断裂,如能焊补,其经济效益是很大的。

1. 铸铁件焊补的特点

(1)熔合区易产生白口组织。由于焊接是局部加热,焊后铸铁件焊补区冷却速度比铸造时快得多,因此很容易产生白口组织和淬火组织,硬度很高,焊后很难进行机械加工。

(2)易产生裂纹。铸铁强度低、塑性差,当焊接应力较大时,铸铁在焊缝及热影响区就会产生裂纹,甚至沿焊缝整个断裂。此外,当采用非铸铁组织的焊条或焊丝冷焊铸铁时,因铸铁的碳、硫及磷杂质含量高,如母材过多熔入焊缝,则容易导致热裂纹。

(3)易产生气孔。铸铁焊接时易生成CO与CO_2气体。铸铁凝固时由液态变为固态的时间较短,熔池中的气体往往来不及逸出而形成气孔。

(4)铸铁流动性好,立焊时熔池金属容易流失,所以一般只适于平焊。

2. 铸铁件的焊补方法

根据铸铁的特点，一般都采用气焊、手弧焊（个别大件可采用电渣焊）来焊补铸铁件。

铸铁件的焊补方法按焊前是否预热可分为热焊法与冷焊法两大类。

1）热焊法

热焊法是焊前将焊件整体或局部预热到600～700 ℃、焊后缓慢冷却的焊补工艺。热焊法可防止焊件产生白口组织和裂纹，焊件品质较好，焊后可以进行机械加工。但热焊法成本较高，生产率低，劳动条件差，一般用来焊补形状复杂、焊后需要加工的重要铸件，如床头箱、气缸体等。

用气焊进行铸铁件的热焊比较方便，气焊火焰可以用于焊件预热和焊后缓冷，填充金属应使用专制的铸铁焊芯，并配以硼砂或硼砂和碳酸钠组成的焊剂；也可用涂有药皮的铸铁焊条进行手弧焊焊补。药皮成分主要是石墨、硅铁、碳酸钙等，它们可以补充焊接处碳和硅的烧损，并造渣以清除杂质。

2）冷焊法

焊补之前不预热焊件或进行400 ℃以下低温预热的焊补方法称为冷焊法。冷焊法主要依靠焊条来调整焊缝化学成分，防止或减少白口组织和避免裂纹。冷焊法方便灵活，生产率高，成本低，劳动条件好，但焊接处机械加工性能较差，生产中多用来焊补性能要求不高的铸件以及高温预热易引起变形的铸件。焊接时，应尽量采用小电流、短弧、窄焊缝、短焊道（每段不大于50 mm），并在焊后及时轻轻锤击焊缝以消除应力，防止焊后开裂。

冷焊法一般是用手工电弧焊进行焊补，应根据铸铁材料性能、焊后对机械加工的要求及铸件的重要性来选择焊条。常用的焊条有如下几种。

（1）钢芯铸铁焊条　钢芯铸铁焊条的焊丝为低碳钢。其中一种焊条药皮有强氧化性成分，能使熔池中的硅、碳大量烧损，以获得塑性较好的低碳钢焊缝，但熔合处为低碳低硅的白口组织，焊后不能进行机械加工。该焊条只适用于一般非加工件焊补。还有一种焊条通称为高钒铸铁焊条，其药皮中加入了大量钒铁，能使焊缝金属成为高钒钢而具有较好的抗裂性及加工性。该焊条可用于高强度铸铁及球墨铸铁件的焊补。

（2）镍基铸铁焊条　镍基铸铁焊条的焊丝是纯镍或镍铜合金，焊补后，焊缝为塑性好的镍基合金。镍和铜是促进铸铁石墨化的元素，所以，熔合处不会产生白口组织，具有良好的抗裂性与加工性。但此种焊条的价格高，应控制使用，一般只用于重要铸件加工面的焊补。

（3）铜基铸铁焊条　铜基铸铁焊条用铜丝做焊芯或用铜芯铁皮焊芯，外涂低氢型涂料。焊补后，焊缝金属为铜铁合金，铜在焊缝中占80%左右。铜基铸铁焊条可用于一般灰铸铁件的焊补，能使焊件保持韧性，应力小，抗裂性好，焊后可以加工。

对铸件加工后出现的小气孔、缺肉或小裂纹，如铸件受力不大，也可采用黄铜钎焊修复。

13.5　非铁金属的焊接

13.5.1　铜及铜合金的焊接

1. 焊接特点

铜及铜合金的焊接比低碳钢困难得多，其原因是：

（1）铜的导热性很好（紫铜的热导率约为低碳钢的8倍），焊接时热量极易散失。因此，焊前焊件要预热,焊接时要选用较大电流或火焰,否则容易造成焊不透缺陷。

(2)铜在液态时易氧化,生成的氧化亚铜与铜组成低熔点共晶物,分布在晶界形成薄弱环节;又因铜的膨胀系数大,凝固时收缩率也大,容易产生较大的焊接应力。因此,铜及铜合金在焊接过程中极易开裂。

(3)铜在液态时吸气性强,特别容易吸氢,生成气孔。

(4)铜的电阻极小,不适于电阻焊接。

(5)铜合金中的合金元素有的比铜更易氧化,使铜合金焊接的困难较铜还大。例如黄铜中的锌沸点很低,极易烧蚀蒸发,生成氧化锌烟雾。锌的烧损会使接头化学成分改变、接头性能降低,同时烧损过程中形成的氧化锌烟雾还有毒。铝青铜中的铝焊接时易生成难熔的氧化铝,可使熔渣度增大,并会造成气孔和夹渣缺陷。

2. 焊接方法

铜及铜合金可用氩弧焊、气焊、钎焊等方法进行焊接。

采用氩弧焊是保证紫铜和青铜焊接件品质的有效方法。焊丝应选用特制的紫铜焊丝和磷青铜焊丝,此外还必须使用焊剂来溶解氧化铜与氧化亚铜,以保证焊件品质。焊接紫铜和锡青铜所用焊剂的主要成分是硼砂和硼酸,焊接铝青铜时应采用由氯化盐和氟化盐组成的焊剂。

气焊紫铜及青铜时,应采用严格的中性焰。如果氧气过多,铜将猛烈氧化;如果乙炔过多,会使熔池中吸收过多的氢。气焊用的焊丝及焊剂与氩弧焊相同。

目前焊接黄铜最常用的方法仍是气焊,因为气焊火焰温度较低,焊接过程中锌的蒸发较少。气焊黄铜一般用轻微氧化焰,采用含硅的焊丝,使焊接时在熔池表面形成一层致密的氧化硅薄膜,以阻碍锌的蒸发和防止氢的溶入,避免气孔的产生。焊接黄铜用的焊剂也是由硼砂和硼酸配制而成的。

13.5.2　铝及铝合金的焊接

1. 焊接特点

工业上用于焊接的铝基材料主要是纯铝(熔点 658 ℃)、铝锰合金、铝镁合金。铝及铝合金的焊接比较困难,其特点是:

(1)铝与氧的亲和力很大,极易氧化生成氧化铝。氧化铝组织致密,熔点高达 2 050 ℃,它覆盖在金属表面,能阻碍金属熔合。此外,氧化铝密度大,易使焊缝夹渣。

(2)铝的热导率较大,要求使用大功率或能量集中的热源,焊件厚度较大时应考虑预热。铝的膨胀系数也较大,易产生焊接应力与变形,并可能导致裂纹的产生。

(3)液态铝能吸收大量的氢,铝在固态时又几乎不溶解氢,因此易产生气孔。

(4)铝在高温时强度及塑性很低,焊接时常因不能支持熔池金属而引起焊缝塌陷,因此常需采用垫板。

2. 焊接方法

焊接铝及铝合金的常用方法有氩弧焊、气焊、点焊、缝焊和钎焊。

氩弧焊是焊接铝及铝合金较好的方法,由于氩气的保护作用和氩离子对氧化膜的阴极破碎作用,焊接时可不用焊剂,但氩气纯度要求大于 99.9 %。

要求不高的焊件也可采用气焊,但必须用焊剂去除氧化膜和杂质,常用的焊剂是氯化物与氟化物组成的专用铝焊剂。

不论采用哪种焊接方法焊接铝及铝合金,焊前都必须彻底清理工件焊接部位和焊丝表面的氧化膜与油污，清理面品质的好坏将直接影响焊缝性能。此外，由于铝焊剂对铝有强烈的腐蚀作用，使用焊剂的焊件，焊后应进行仔细冲洗，以防止溶剂继续腐蚀焊件。

13.6 异种金属的焊接性分析

异种金属的焊接通常要比同种金属的焊接困难，因为除了金属本身的物理化学性能对焊接有影响外，两种金属材料性能的差异还会在更大程度上影响它们之间的焊接性能。

13.6.1 异种金属性能的差异

1. 结晶化学性的差异

结晶化学性的差异，也就是通常指的"冶金学上的不相容性"，包括晶格类型、晶格参数、原子半径，原子的外层电子结构等差异。两种被焊金属在冶金上是否相容，取决于它们在液态和固态时的互溶性以及在焊接过程中是否会产生金属间化合物(脆性相)。

两种金属，如铅与铜、铁与镁、铁与铅等，在液态下不能互溶时，若采用熔焊方法进行焊接，被熔金属在从熔化到凝固的过程中将极容易产生分层脱离而使焊接失败。因此，搭配材料首先要满足互溶性要求。

2. 物理性能的差异

金属的物理性能主要是熔化温度、膨胀系数、热导率和电阻率等。它们的差异将影响焊接的热循环过程和结晶条件，增加焊接应力，降低接头品质，使焊接困难。例如，异种金属熔点相差愈大，焊接就愈困难。焊接熔点相差很大的异种金属时，会出现熔点低的金属已熔化，而熔点高的金属仍呈固态的情况。已熔化的金属容易渗透过热区的晶界，使过热区的组织性能变差。当熔点高的金属熔化时，势必造成熔点低的金属流失、合金元素的烧损和蒸发，使焊接困难。

为了获得优质的异种金属焊接接头，除合理地选用焊接方法和填充材料、正确地制定焊接工艺外，还可采取如下一些工艺措施：

①尽量缩短被焊金属在液态下相互接触的时间，防止或减少生成金属间化合物；

②熔焊时很好地保护被焊金属，防止金属与周围空气相互作用，产生使接头熔合不好的氧化物；

③采用与两种被焊金属的焊接性都很好的中间层或堆焊中间过渡层，防止生成金属间化合物；

④在焊缝中加入某些合金元素，阻止金属间化合物相的产生和增长。

13.6.2 异种金属的焊接方法

异种金属的焊接方法与同种金属的焊接方法一样，按其热源的性质可分为压焊、熔焊、钎焊等。

1. 压焊

大多数压焊方法都是只将被焊金属加热至塑性状态或者不加热，然后施加一定压力进行焊接的。当焊接异种金属时，与熔焊相比，压焊具有一定的优越性。只要接头形式允许，采用压焊往往是比较合理的选择。在大多数情况(例如闪光焊和摩擦焊)下，异种金属交界表面可以不熔化，只有少数情况(例如点焊)下压焊后会熔化。压焊由于不加热或加热温度很低，可以减轻或避免热循环对金属性能的不利影响,防止产生脆性的金属间化合物,某些形式的压焊(例如闪光焊、摩擦焊)甚至能将已产生的金属间化合物从接头中挤压去除。此外,压焊不存在因母材熔入而引起的焊缝金属性能变化的问题。

2. 熔焊

熔焊的最大特点是控制熔合比和金属间化合物的产生。为了降低熔合比或控制不同金属母材的熔化量,常选用热源能量密度较高的电子束焊、激光焊、等离子弧焊等方法。

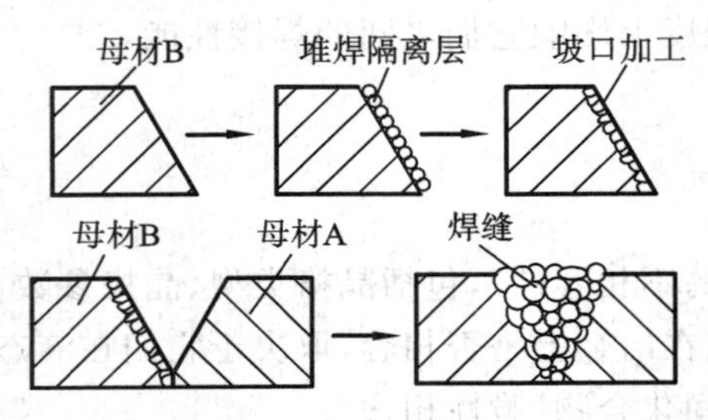

图 13.3 隔离层的应用

可用堆焊隔离层的方法来有效地控制母材的熔合比,如图 13.3 所示。对一些熔合不理想的金属,可增加过渡层金属,使其能更好地熔合在一起。

3. 钎焊

钎焊本身就是钎料与母材之间的异种金属连接方法。钎焊还有一些较特殊的方法,如熔焊-钎焊法(钎料与其中一种母材相同)、共晶钎焊法(或共晶扩散焊法,使两种母材在结合面处形成低熔点共晶体)和液相过渡焊法(在接缝之间加入可熔化的中间夹层)等。

复习思考题

(1)什么是焊接性? 怎样评定或判断材料的焊接性?

(2)应采取哪些综合措施来防止高强度低合金结构钢焊后产生冷裂纹?

(3)有直径为 500 mm 的铸铁带轮和齿轮各一件,铸造后出现了图 13.4 所示的断裂现象。先后用 J422 焊条和钢芯铸铁焊条对其进行电弧焊焊补,但焊后再次断裂。试分析其原因。用什么方法能保证其焊后不断裂,并可进行机械加工?

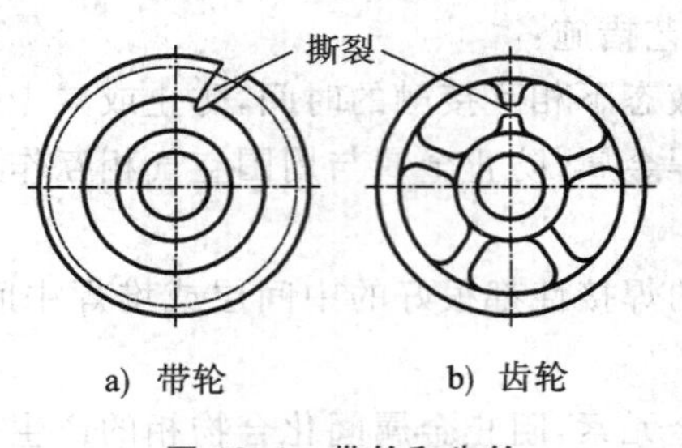

a) 带轮　　b) 齿轮

图 13.4 带轮和齿轮

(4)用下列板材制作圆筒形低压容器,试分析其焊接性,并选择焊接方法与焊接材料。

①Q235 钢板,厚 20 mm,批量生产;

②20 钢板,厚 2 mm,批量生产;

③45 钢板,厚 6 mm,单件生产;

④紫铜板,厚 4 mm,单件生产;

⑤铝合金板,厚 20 mm,单件生产;

⑥镍铬不锈钢板,厚 10 mm,小批生产;

⑦铝与镍铬不锈钢板,厚 5 mm,小批生产。

第14章　焊接结构的设计

14.1　焊件材料及焊接方法的选择

14.1.1　焊件材料的选择

焊件材料选择一般遵循以下原则：

(1)尽量选用焊接性好的材料，如尽量选用$w(C)<0.25\%$的低碳钢或$w(C_{当量})<0.4\%$的低合金钢，因为这类钢淬硬倾向小，塑性好，焊接工艺简单；尽量选用镇静钢，因为镇静钢气体含量低，特别是氢、氧含量低，可防止气孔和裂纹等缺陷。

(2)焊接异种金属时，焊缝的强度应与低强度金属的强度相等，而焊接工艺应按高强度金属设计。

(3)尽量采用工字钢、槽钢、角钢和钢管等型材，以简化焊接工艺过程。

14.1.2　焊接方法的选择

1. 生产单件钢结构件

(1)若板厚为3～10 mm，强度较低且焊缝较短，应选用手弧焊。

(2)若板厚在10 mm以上，焊缝为长直焊缝或环焊缝，应选用埋弧焊。

(3)若板厚小于3 mm，焊缝较短，应选用CO_2气体保护焊。

2. 生产大批量钢结构件

(1)若板厚小于3 mm，无密封要求，应选用电阻点焊；若有密封要求，则应选用缝焊。

(2)若板厚为3～10 mm，焊缝为长直焊缝或环焊缝，应选用CO_2气体保护焊。

(3)若板厚大于10 mm，焊缝为长直焊缝和环焊缝，应选用埋弧焊或电渣焊。

3. 生产不锈钢、铝合金和铜合金结构件

(1)若板厚小于3 mm，应选用脉冲钨极氩弧焊或钨极氩弧焊。

(2)若板厚为3～10 mm，焊缝为长直焊缝或环焊缝，应选用熔化极氩弧焊或等离子弧自动焊。

14.2　焊接接头的工艺设计

14.2.1　焊缝的布置

(1)焊缝应尽可能分散(图14.1)，以减小焊接热影响区，防止粗大组织的出现。

(2)焊缝的位置应尽可能对称分布(图14.2)，以抵消焊接变形。

(3)焊缝应尽可能避开最大应力和应力集中的位置(图14.3)，以防止焊接应力与外加应力相互叠加，造成过大的应力和开裂。

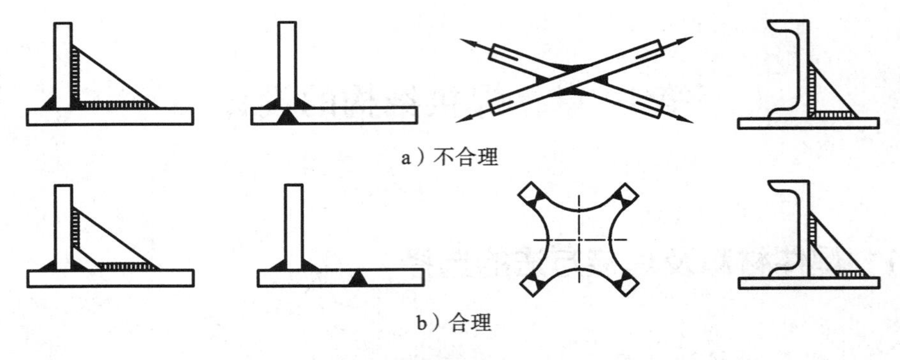

a) 不合理

b) 合理

图 14.1　焊缝分散布置的设计

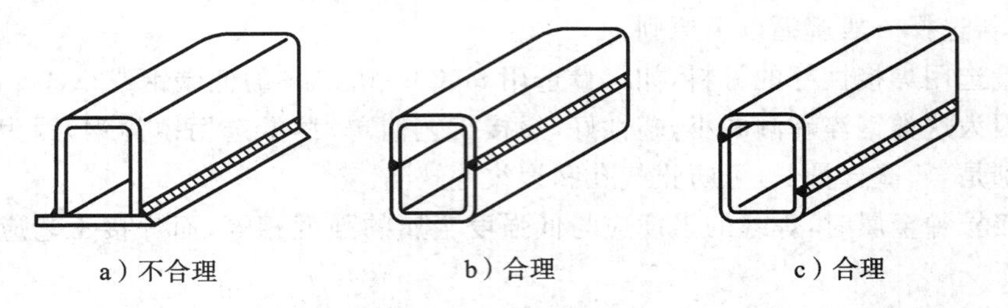

a) 不合理　　b) 合理　　c) 合理

图 14.2　焊缝对称布置的设计

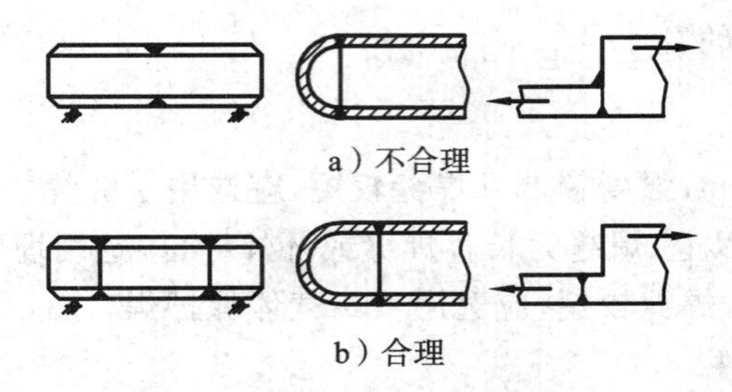

a) 不合理

b) 合理

图 14.3　焊缝避开最大应力集中位置的设计

(4)焊缝应尽量远离或避开机械加工表面(图 14.4),以防止破坏已加工面。

(5)焊缝应便于焊接操作(图 14.5、图 14.6、图 14.7),焊缝位置应使焊条易到位,焊剂易保持,电极易安放。

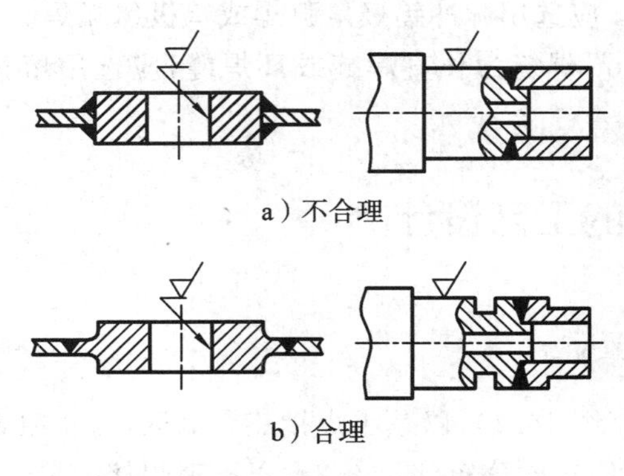

a) 不合理

b) 合理

图 14.4　焊缝远离机械加工表面的设计

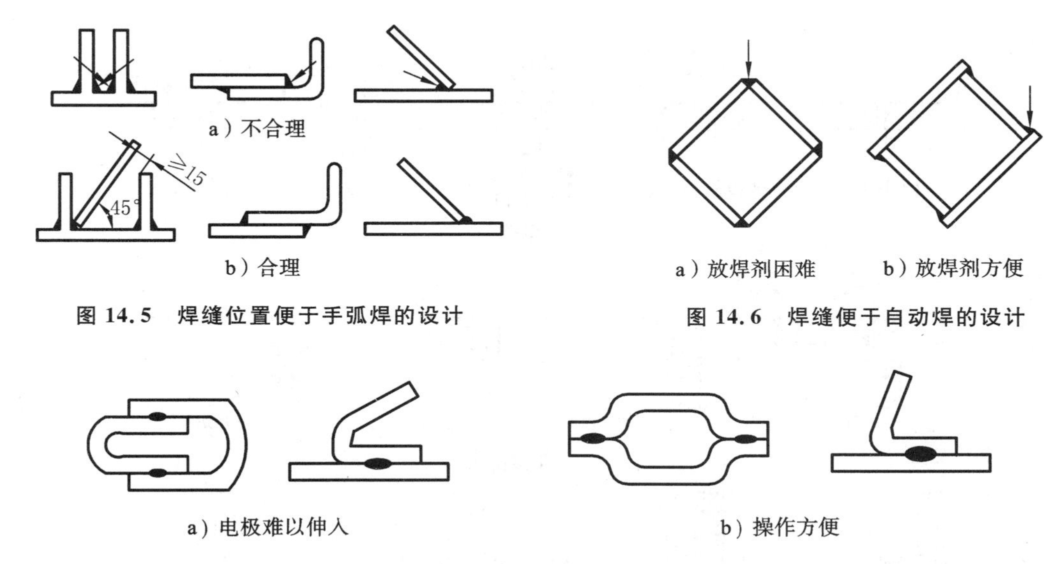

图 14.5　焊缝位置便于手弧焊的设计

图 14.6　焊缝便于自动焊的设计

图 14.7　便于点焊及缝焊的设计

14.2.2　接头形式的选择与设计

接头形式应根据结构形状、强度要求、工件厚度、焊后变形大小、焊条消耗量、坡口加工难易程度等各个方面因素综合考虑决定。

1. 熔焊接头设计

焊接碳钢和低合金钢的接头形式可分为对接接头、角接接头、丁字接头及搭接接头四种。根据国家标准《气焊、焊条电弧焊、气体保护焊和高能束焊的推荐坡口》，常用接头形式基本尺寸如图 14.8 所示。

对接接头受力比较均匀，是用得最多的接头形式，重要受力焊缝应尽量选用这种接头。搭接接头因两焊件不在同一平面，受力时将产生附加弯矩，而且金属消耗量也大，一般应避免采用。但搭接接头无须开坡口，对下料尺寸要求不高，对某些受力不大的平面连接与空间架构，采用搭接接头可节省工时。要求高的搭接接头可采用塞焊（图 14.8e）。角接接头与丁字接头受力情况都较对接接头复杂些，但接头成直角或一定角度连接时，还必须采用这种接头形式。

对厚度在 6 mm 以下、采用对接接头形式的钢板进行手弧焊时，一般可不开坡口直接焊成。板厚较大时，为了保证焊透，接头处应根据焊件厚度预制各种坡口，坡口角度和装配尺寸可按标准选用。厚度相同的焊件常有几种坡口形式可供选择，V 形和 U 形坡口只需一面焊，可焊到性较好，但焊后角变形较大。双 V 形和双 U 形坡口受热均匀，变形较小，但必须两面都可焊到，所以有时受到结构形状限制。

U 形和双 U 形坡口形状复杂，需通过机械加工准备坡口，成本较高，一般只在重要的受动载的厚板结构中采用。

设计焊接结构最好采用相等厚度的金属材料，以便获得优质的焊接接头。如果采用两块厚度相差较大的金属材料进行焊接，则接头处会造成应力集中，而且接头两边受热不匀易产生焊不透等缺陷。根据生产经验，不同厚度金属材料对接时，应将较厚板料的接头处加工成单面或双面斜边的过渡形式，如图 14.9 所示。

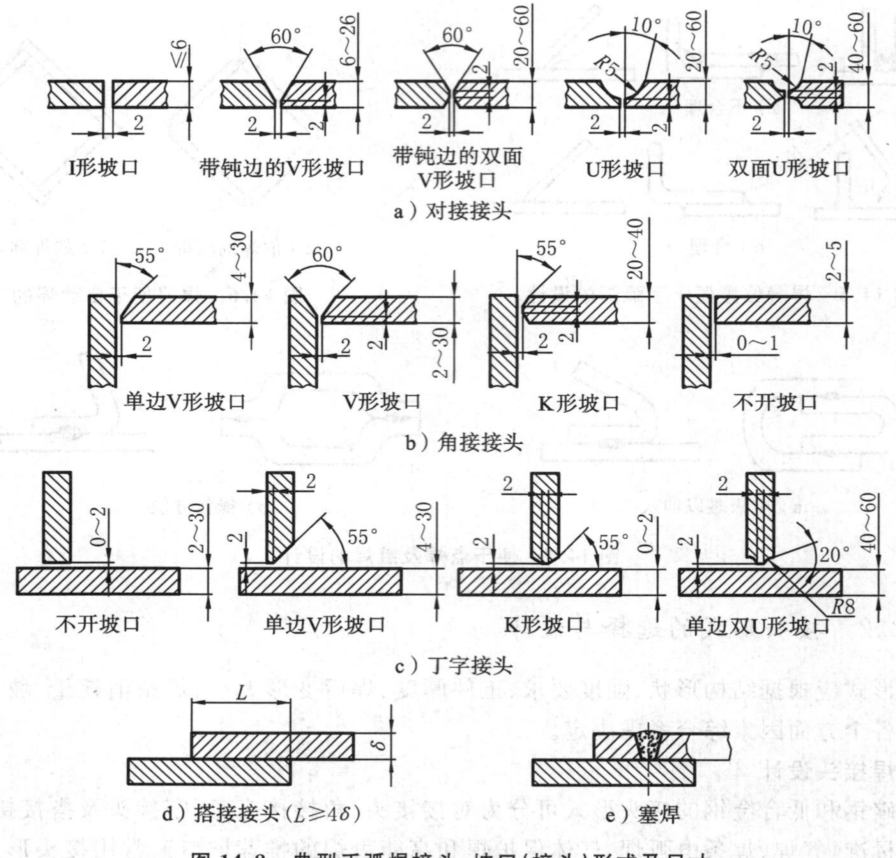

图 14.8　典型手弧焊接头、坡口(接头)形式及尺寸

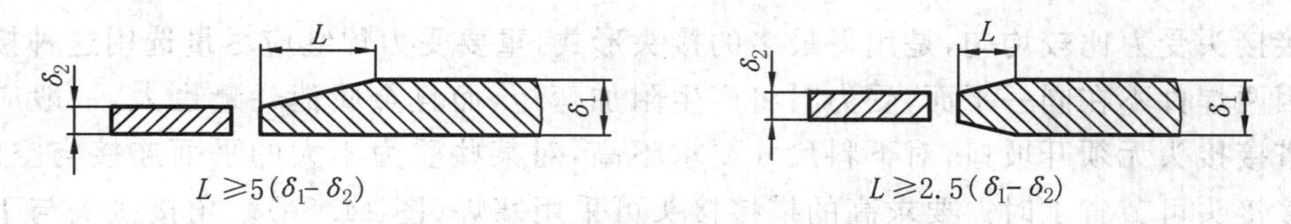

图 14.9　不同厚度金属材料对接的过渡形式

2. 压焊接头设计

1)点焊接头设计

点焊接头设计包括焊点直径 d、焊点数 n 等的设计，如表 14.1 所示。

2)摩擦焊的接头形式

摩擦焊的接头形式不仅要根据产品的设计要求，而且要根据摩擦焊接工艺的特点来确定。

表 14.1　点焊接头设计

名　称	接　头　形　式	基本符号	标注
点　焊		○	d ○ $n\times(e)$

续表

序号	经验公式	图　号	备　注
1 2 3 4 5	$d=2\delta+3$ $A=30\%\sim70\%$ $c\leqslant0.2\delta$ $e>8\delta$ $s>8\delta$		d——熔核直径(mm)； A——焊透率； c——压痕深度(mm)； e——点距(mm)； s——边距(mm)； δ——焊件厚度(mm)； n——焊点数

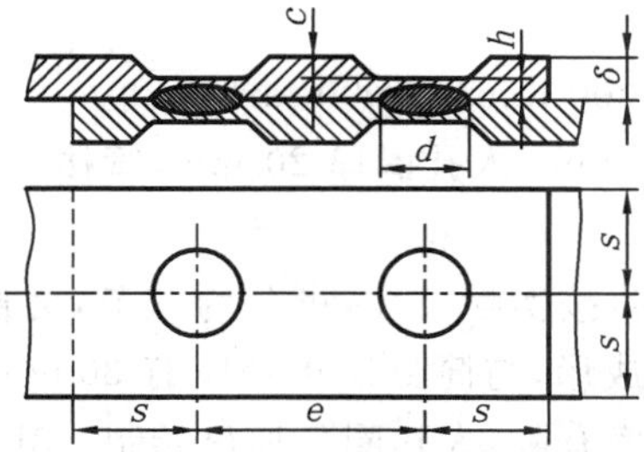

摩擦焊接头形式的设计原则如下：

①在旋转式摩擦焊的两个焊件中，至少要有一个焊件具有回转截面；

②工件应有较大的刚度，能方便、牢固地夹紧，并要尽量避免采用薄管和薄板接头；

③尽量使接头的两个焊接截面尺寸相等，防止变形和应力，保证焊件品质；

④为了增大焊缝面积，可以把焊缝设计成搭接成形的锥形接头。

摩擦焊接头的设计原则和具体形式随着产品结构的要求和焊接工艺的改善而不断发展。图 14.10 所示为目前生产中旋转式摩擦焊所常用的几种接头形式。

(a)棒-棒　(b)管-管　(c)棒-管　(d)棒-板　(e)管-板　(f)管-管　(g)棒-管

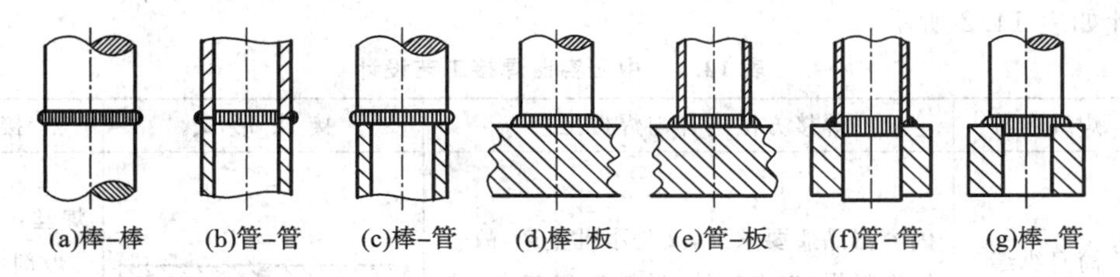

图 14.10　摩擦焊接头形式

3. 钎焊接头设计

钎焊件的接头都采用板料搭接或套件镶接形式，图 14.11 表示了几种常见的形式。这些接头都有较大的焊接面，可弥补钎料强度方面的不足，保证接头有一定的承载能力。接头之间要有良好的配合和适当的间隙：间隙太小，会影响钎料的渗入与润湿，不可能全部焊合；间隙太大，不但浪费钎料，而且会降低钎焊接头强度。因此，一般钎焊接头间隙要求为 0.05～0.2 mm。

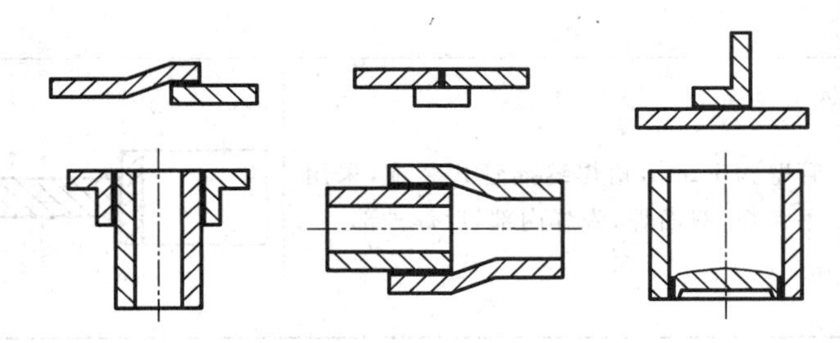

图 14.11　钎焊接头形式

14.3 典型焊件的工艺设计举例

焊件名称:中压容器(图 14.12)。

材料:16MnR(原材料尺寸为 1 200 mm×5 000 mm)。

件厚:筒身厚 12 mm,封头厚 14 mm,人孔圈厚 20 mm,管接头厚 7 mm。

生产批量:小批生产。

工艺设计要点:筒身用钢板冷卷,按实际尺寸,可分为三节,为避免焊缝密集,筒身纵焊缝可相互错开 180°。封头应采用热压成形,与筒身连接处应有 30～50 mm 的直段,使焊缝能避开转角应力集中位置。如卷板机功率有限,人孔圈可加热卷制。其焊接工艺如图 14.13 所示。

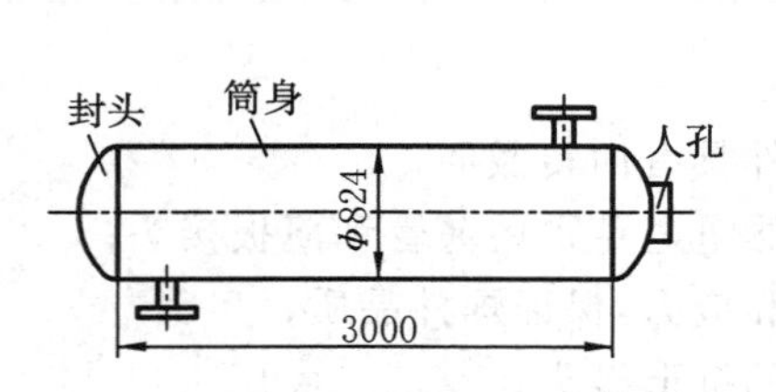

图 14.12　中压容器外形图

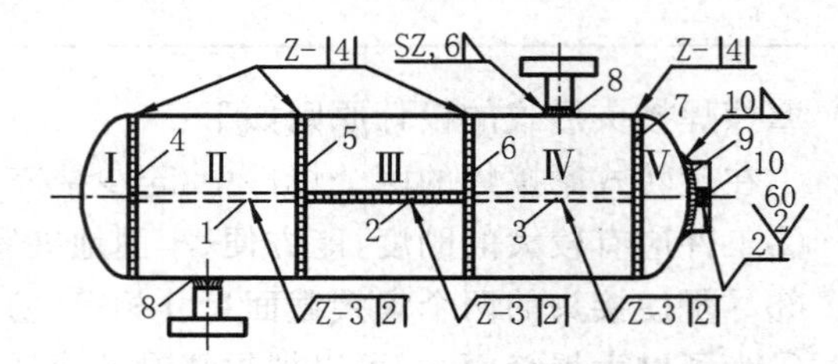

图 14.13　中压容器工艺图

根据各条焊缝的不同情况,可选用不同的焊接方法、接头形式、焊接材料与工艺。其焊接工艺设计如表 14.2 所示。

表 14.2　中压容器焊接工艺设计

序号	焊缝名称	焊接方法选择与焊接工艺	接头形式	焊接材料
1	筒身纵缝 1、2、3	因容器品质要求高,又是小批生产,故采用埋弧焊,先内后外,材料为 16MnR,应在室内焊接		焊丝:H08MnA 焊剂:HJ431 焊条:E5015 (J507)
2	筒身环缝 4、5、6、7	采用埋弧焊,顺序焊接焊缝 4、5、6,先内后外,装配后再焊接焊缝 7,先在内部用手弧焊封底,再用自动焊焊环缝。在室内焊接		焊丝:H08MnA 焊剂:HJ431 焊条:E5015 (J507)
3	管接头焊接焊缝 8	管壁为 7 mm,角焊缝插管式装配,采用手弧焊,双面焊,先焊内部,后焊外部		焊条:E5015 (J507)

续表

序号	焊缝名称	焊接方法选择与焊接工艺	接头形式	焊接材料
4	人孔圈纵缝焊缝 9	板厚 20 mm，焊缝短（100 mm），采用手弧焊，平焊位置，带钝边的 V 形坡口		焊条：E5015（J507）
5	人孔圈焊接焊缝 10	处于立焊位置的圆角焊缝，角焊缝插管式装配，采用手弧焊，单面坡口双面焊，焊透		焊条：E5015（J507）

复习思考题

（1）如图 14.14 所示三种焊件的焊缝布置是否合理？若不合理，请予以改正。

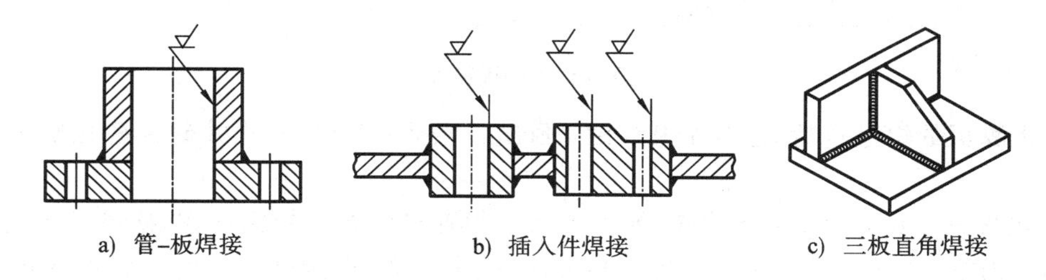

a）管-板焊接　　b）插入件焊接　　c）三板直角焊接

图 14.14　焊件的焊缝布置

（2）如图 14.15 所示的两种低碳钢支架，如成批生产，请设计最合理的生产工艺。如用焊接工艺，试选择焊接方法、接头形式与焊接材料，提出工艺要求。

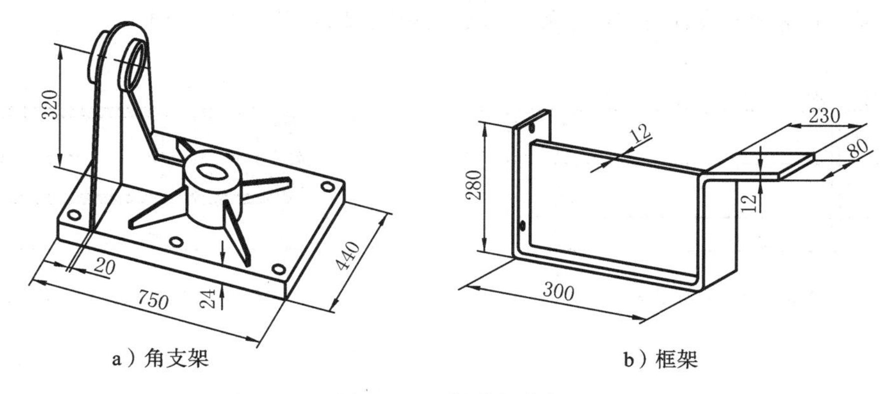

a）角支架　　b）框架

图 14.15　低碳钢支架

（3）如图 14.16 所示的两种铸造支架，材料为 HT150，单件生产。拟改为焊接结构，请设计结构图，选择原材料、焊接方法，画简图表示焊缝及接头形式。试拟定图 14.16b 所示焊件的焊接生产工艺过程，并给出防止变形的措施。

（4）如图 14.17 所示的焊接梁，材料为 15 钢，现有钢板最大长度为 2 500 mm。试决定腹

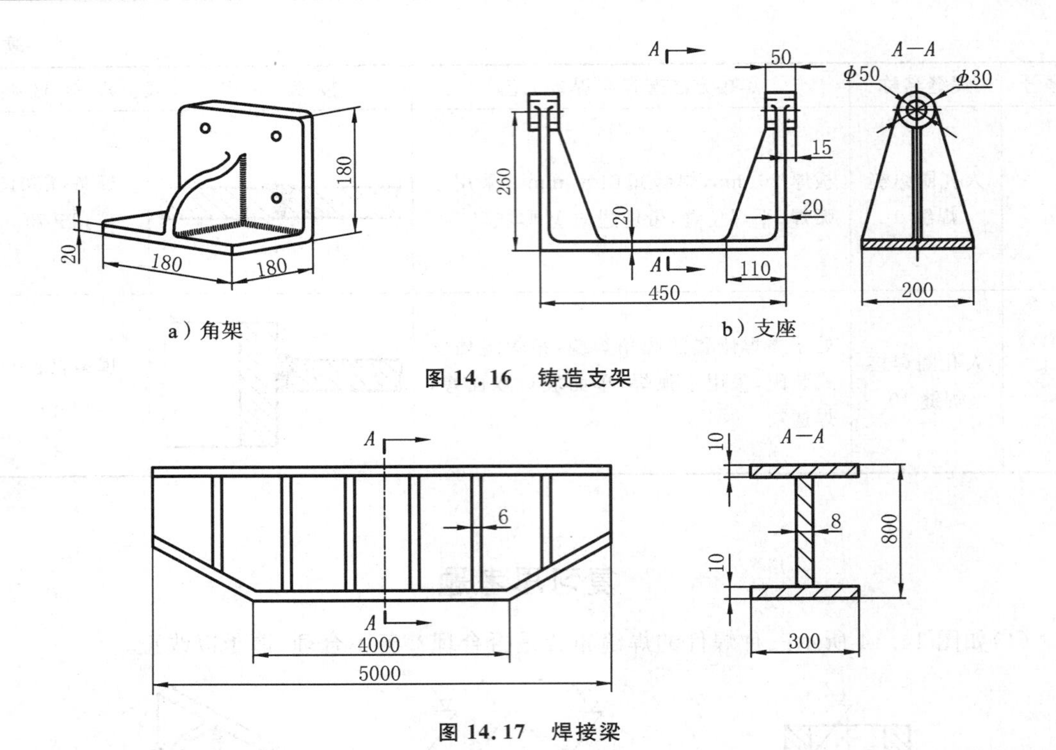

a）角架　　b）支座

图 14.16　铸造支架

图 14.17　焊接梁

板与上、下翼板的焊缝位置，选择焊接方法，画出各条焊缝接头形式并确定各条焊缝的焊接次序。

(5)如图 14.18 所示的锅炉汽包，原材料已定为牌号为 22g 的锅炉钢，筒身及封头壁厚均为 50 mm，试拟定生产工艺过程，选择焊接方法、接头形式、焊接材料并提出工艺要求(原材料尺寸：2.5 m×4 m)。

(6)如图 14.19 所示的汽车刹车用压缩空气储存罐，用低碳钢板制造，筒壁厚 2 mm，端盖厚 3 mm，4 个管接头为 M10 标准件，工作压力为 0.6 MPa。试根据工件结构形状确定制造方法及焊缝位置，并选择焊接方法、接头形式与焊接材料，确定装配焊接次序。

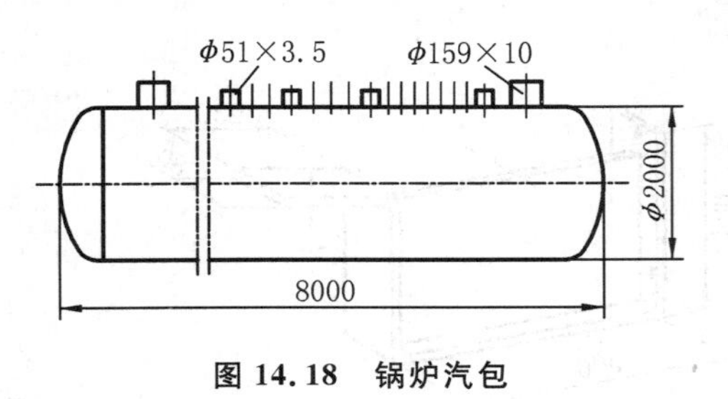

图 14.18　锅炉汽包

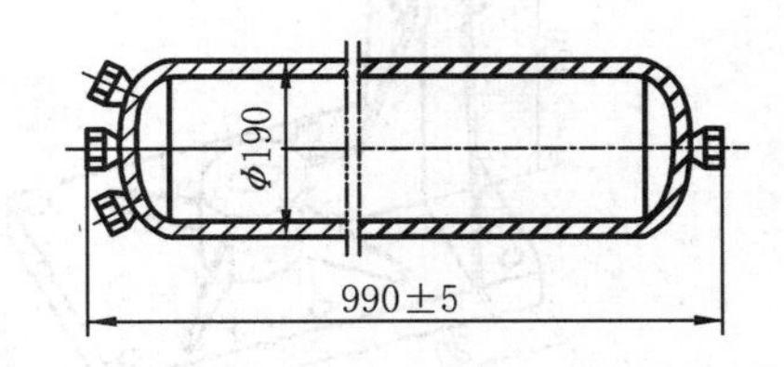

图 14.19　压缩空气储气罐

第 4 篇　其他的材料成形工艺

第 15 章　塑料的成形工艺

15.1　塑料的性能及选用

塑料是以合成树脂或天然树脂为原料，在一定温度和压力条件下可塑制成形的高分子材料，一般含有添加剂，如填充剂、稳定剂、增塑剂、着色剂和催化剂等。塑料可分为热塑性塑料和热固性塑料两大类。热塑性塑料受热时呈熔融状态，可反复成形加工。常用的热塑性塑料有聚乙烯、聚氯乙烯、聚苯乙烯、聚丙烯、有机玻璃、聚酰胺、ABS(丙烯腈-丁二烯-苯乙烯共聚物)、聚碳酸酯、聚酯、聚甲醛、聚苯醚、聚氨酯、聚砜、聚四氟乙烯等。热固性塑料是由加热硬化的合成树脂制得的塑料，热固性塑料成形后为不熔不溶的材料。常用的热固性塑料有酚醛塑料、氨基塑料、环氧树脂、脲醛塑料、三聚氰胺甲醛和不饱和聚酯等。

塑料以其密度小(为钢的 1/8～1/4)、比强度大、比刚度(或称比弹性模量)大、耐蚀、耐磨、绝缘、减摩、自润滑性好、易成形、易复合等优良的性能在机械制造、轻工、包装、电子、建筑、汽车、航空航天等领域得到广泛应用。

15.1.1　塑料的成分

塑料一般是由树脂和添加剂(也称助剂)组成的。树脂在塑料中起决定性的作用，但也不能忽视添加剂的重要影响。例如，酚醛压塑粉中若无添加剂，聚氯乙烯中若无稳定剂，硝化纤维素中若无增塑剂，这些材料就没有什么实用价值，也无法进行成形加工。塑料的主要成分如下。

1. 树脂

在简单成分的塑料中，树脂含量为 90%～100%；在复杂成分的塑料中，树脂含量为 40%～60%。目前生产中主要使用合成树脂，很少使用天然树脂(如松香、虫胶等)。树脂决定了塑料的类型和基本性能，如力学性能、物理性能和电性能等，并使塑料具有塑性或流动性，从而具有成形性。

2. 填充剂

填充剂(又称填料)并非每种塑料所必需的成分。填充剂的作用不一。

①起增量作用，树脂中掺入廉价的填充剂(如碳酸钙)，可减少塑料中树脂的相对用量，降低成本。

②既起增量作用又起改性作用，如：在聚乙烯、聚氯乙烯树脂中加入钙质填充剂后，这两种树脂都会成为廉价的、具有足够刚度和耐热性的钙塑料；用玻璃纤维做填充剂，能大幅度改善塑料的力学性能；用石棉做填充剂，可改善塑料的耐热性；有的填充剂还可以使塑料具有树脂所没有的性能，如导电性、导磁性、导热性等。

填充剂一般分为有机填充剂和无机填充剂两类。从形状上分，又可分为粉状填充剂(如木粉、大理石粉、滑石粉、云母粉、石棉粉、石墨粉等)、纤维状填充剂(棉花、亚麻、石棉纤维、玻璃纤维、碳纤维、硼纤维、金属须等)、层(片)状填充剂(如纸张、棉布、玻璃布等)。

填充剂应能与其他成分机械混合而不发生化学反应,并应具有与树脂牢固胶结的能力。

3. 增塑剂

增塑剂是能与树脂相容的高沸点液态或低熔点固态有机化合物,其作用是改善塑料的塑性、流动性和柔韧性,降低塑料的刚度和脆性,改善塑料的成形性。对于柔韧性差的树脂,如硝酸纤维、乙酸纤维、聚氯乙烯等,有必要加入增塑剂。但必须指出,增塑剂虽能改善塑料的工艺和使用性能,但也会降低塑料的力学性能,如硬度、抗拉强度等。

增塑剂应具有不易挥发、化学稳定性好、耐热、无色、无毒、无臭、价廉等特点。常用的增塑剂有邻苯二甲酸二丁酯、邻苯二甲酸二辛酯、癸二酸二丁酯、癸二酸二辛酯等。

4. 润滑剂

润滑剂能防止塑料在成形过程中黏模,改善塑料的流动性,降低塑件的粗糙度。常用的润滑剂有硬脂酸、石蜡、金属皂类(硬脂酸钙、硬脂酸锌等)。常用的热塑性塑料,如聚乙烯、聚丙烯、聚氯乙烯、聚苯乙烯、聚酰胺、ABS塑料等,往往都要加入润滑剂。

5. 稳定剂

稳定剂的作用是抑制塑料在加工和使用过程中的降解。所谓降解,就是聚合物在热、力、氧气、水、光、射线等作用下发生大分子链断裂或化学结构发生有害变化的现象。稳定剂根据其作用可分为以下三种。

1)热稳定剂

热稳定剂的作用是防止塑料受热降解,如聚氯乙烯在温度为100 ℃以上时会降解,放出氯化氢气体,颜色变成黄色、棕色或黑色,脆性增强,导致产品丧失使用价值。加入稳定剂可防止上述现象发生。目前,使用稳定剂的塑料主要是聚氯乙烯,它常用的热稳定剂有很多,其中三盐基性硫酸铅是使用最为普遍的一种。硬脂酸钡是聚氯乙烯的稳定剂兼润滑剂。

2)光稳定剂

光稳定剂的作用是防止树脂因受光的作用而降解、变色和力学性能下降。聚乙烯、聚丙烯、聚苯乙烯、聚碳酸酯等塑料中常常加入光稳定剂。常用的光稳定剂有紫外线吸收剂、光屏蔽剂等。2-羟基-4-甲氧基二苯甲酮是普遍应用的紫外线吸收剂。

3)抗氧化剂

抗氧化剂的作用是抑制塑料氧化。聚乙烯、聚丙烯、ABS塑料等都是易氧化的塑料。2,6-二叔丁基对甲苯酚在高分子材料中是有效的抗氧化剂。

6. 着色剂

着色剂主要起装饰、美化塑料的作用,同时还能改善塑料的光稳定性、热稳定性、耐候性。着色剂分为颜料和染料。颜料分为无机颜料和有机颜料。无机颜料是不溶性的固态有色物质,如钛白粉、铬黄、镉红、群青等。它们在塑料中分散成微粒,起表面遮盖作用而使塑料着色。与染料相比,其着色能力、透明性和鲜艳性较差,但耐光性、耐热性和化学稳定性较好。有机颜料(如联苯胺黄、钛青蓝等)的特性介于染料和无机颜料之间。染料(如分散红、士林黄、士林蓝等)可溶于水、油和树脂,有强烈的着色能力,色泽鲜艳,但耐光性、耐热性和化学稳定性较差。要使塑料具有特殊的光学性能,可在塑料中加入珠光色料、荧光色料等。

塑料的添加剂除以上几种外,还有阻燃剂、发泡剂、抗静电剂等。

15.1.2　塑料的工艺性能

1. 热固性塑料的工艺性能

1)**收缩性**

与金属的铸造过程相似，热固性塑料受热后可在熔融状态下充满型腔而成形，当冷却至室温后，塑料件的尺寸会发生收缩。影响收缩的因素是：

(1)化学结构变化　树脂分子化学结构从线型结构(密度小)变为体型结构(密度大)。

(2)热收缩　塑料的膨胀系数比钢大，故塑件冷却后的收缩率也比钢质模具大，即塑件的尺寸比模具型腔的尺寸要小。

(3)弹性恢复　脱模时，塑件因压力降低而产生弹性膨胀，使总收缩率减小。

(4)塑性变形　开模时，塑件所受的压力虽然降低，但模壁仍紧压着塑件，可能使塑件局部变形，造成局部收缩。

必须注意，塑件的收缩往往具有方向性，这是因为在成形过程中，高分子的排列按其运动方向取向。所以，在与高分子流动方向平行和垂直的方向上，塑件的性能和收缩不相同。同时，因添加剂的分布不均匀，塑件各部位的密度也不均匀，所以，其收缩也不均匀，由此可引起塑件的翘曲、变形甚至开裂。

此外，塑件在成形过程中会受到成形压力和剪切力作用，同时因其性能的各向异性及添加剂分布、密度、模温、固化程度等不均匀的影响，成形后塑件内部存在残余应力。塑件脱模后由于残余应力趋于平衡而发生的再收缩称为后收缩。有时，根据性能和工艺要求，塑件在成形后需进行热处理。热处理引起的塑件收缩称为后处理收缩。为了得到合格的塑件，进行模具设计时必须考虑塑料的收缩及其复杂性。

2)**流动性**

塑料在一定的温度和压力下充满型腔的能力称为流动性。流动性的大小是通过将一定质量的塑料预压成圆锭，再把圆锭放在标准压模中，在一定温度和压力下，测定塑料自压模孔中流出的长度来衡量的。影响流动性的因素是：

(1)塑料性质　如树脂的相对分子质量，填料的性质、颗粒形状和大小，水含量，增塑剂与润滑剂的含量等。一般，树脂相对分子质量小，填料颗粒细且呈球状，水含量高，增塑剂、润滑剂含量高，则塑料的流动性好。

(2)模具结构　应根据模具的结构、尺寸及模塑方法选择流动性适当的塑料。若模具形状复杂、表面积大、镶嵌件多、型芯及镶嵌件细弱、有狭窄深槽及薄壁等，应选择流动性好的塑料。若模具型腔表面粗糙度低，则有利于塑料的流动。

(3)预热及成形工艺条件　预热模具和适当提高塑料成形温度及压力，有利于改善塑料流动性。流动性对塑件的品质、模具设计及成形工艺影响很大。流动性过大，易造成溢料，塑料填充型腔不致密；使塑料件内部易产生疏松，并易导致树脂与填料分离；塑料易黏模而造成脱模困难。流动性过小，则易造成型腔填充不足，成形困难。

3)**比容和压缩率**

比容是单位质量塑料所占的体积。压缩率是塑料的体积和塑件体积之比，其值恒大于1。比容和压缩率都表示塑料的松散程度，都可作为确定加料腔大小的依据。比容和压缩率大的塑料不仅要求加料腔大，而且因塑料内部充气多，成形时排气困难，成形周期长，生产率低。

4)水分和挥发物的含量

塑料中的水分和挥发物均是在塑料生产过程中遗留下来的,或是在运输、保管过程中吸收的,或是在成形过程中伴随化学反应而产生的。其含量过大,塑料的流动性将增强,由此易产生溢料现象,使塑料产生气泡、组织疏松、翘曲变形、波纹等缺陷。而且,有的挥发物气体对模具有腐蚀作用,对人体有刺激作用。因此,在成形前应将塑料预热干燥,或采取在模具上开排气槽等工艺措施。

5)固化特性

热固化树脂在成形过程中发生交联反应,分子结构由线型变为体型,塑料由可熔可溶状态变为不熔不溶状态,这一过程称为固化或熟化。固化是在一定温度、压力等成形条件下,高分子链中自带的反应基团(如羟甲基等)或反应活点(如不饱和键等)与交联剂(固化剂)作用而发生的。实践证明,固化反应很难达到完全反应的程度。因此,如何根据热固性树脂的交联特性,通过控制成形工艺条件,达到所需要的交联程度,是热固性塑料成形中的重要问题。

2. 热塑性塑料的工艺性能

1)收缩性

热塑性塑料的影响因素与热固性塑料基本相同。值得注意的是:塑料的相对分子质量一般呈正态分布,其收缩率不是一个确定的值,而是在最大收缩率和最小收缩率之间波动。

2)塑料状态与加工性

随着加工温度的变化,热塑性塑料在恒定压力下存在三种状态,即玻璃态、高弹态和黏流态。热塑性塑料的聚集状态与加工温度的关系如图 15.1 所示。

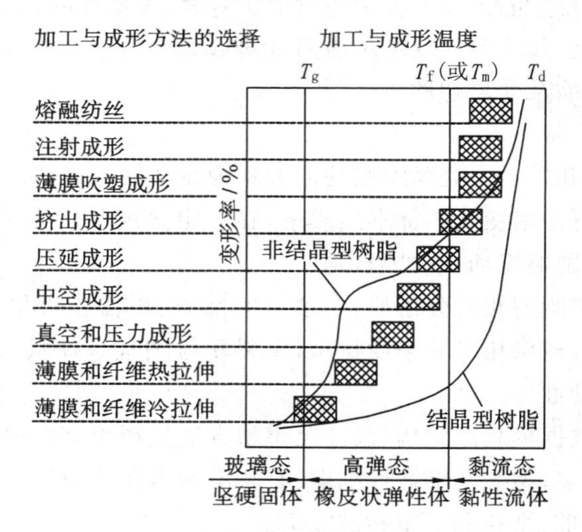

图 15.1 热塑性塑料的聚集状态与加工温度的关系

处于玻璃态(对于结晶型树脂为结晶态)的树脂是坚硬的固体,在外力作用下有一定的变形,且其变形是可逆的;不宜进行大变形量的加工,但可进行车、铣、钻、刨等切削加工。高弹态的树脂是类似橡胶状态的弹性体,其变形能较玻璃态的树脂有显著增加,但变形仍具有可逆性。在这种状态下可进行真空成形、压延成形、吹塑成形等。在成形时,必须充分考虑到塑料的可逆性,为了得到所需形状和尺寸的塑件,须将成形后的塑件迅速冷却到玻璃化温度 T_g 以下。T_g 是大多数聚合物成形加工的最低温度,也是选择和合理应用材料的重要参数。当成形温度高于 T_f(非结晶塑料的黏流温度)或 T_m(结晶塑料的熔点)时,塑料变为黏流态的熔体,具有成形加工的不可逆性，即一经成形和冷却后，其形状便保持下来。在这种状态下可进行注射、吹塑、挤出等成形加工。过高的温度将使熔体黏度大大降低，当温度达到塑料的热分解温度 T_d 附近时，聚合物会分解。因此 T_f（或 T_m）、T_d 是进行塑料成形加工的重要参数。

必须指出，完全结晶的高聚物无高弹性，即在高弹性状态不会有明显的弹性变形，只有在温度高于 T_m 时，才很快熔化，呈黏流态，产生突然增大的塑性变形。

3）黏度与流动性

黏度是塑料熔体内部抵抗流动的阻力。黏度越大，则流动性越差。影响塑料成形中黏度的因素与塑料本身的化学性质（如分子结构、相对分子质量分布和组成等）及工艺条件（如成形温度、压力、剪切应力和剪切速率等）有直接关系。按其流动性的不同，常用塑料大致可分为以下三类：

①流动性好的，有聚酰胺、聚乙烯、聚苯乙烯、聚丙烯、乙酸纤维素等；

②流动性中等的，有改性聚苯乙烯、ABS 塑料、聚甲基丙烯酸甲酯、聚甲醛、氯化聚醚等；

③流动性差的，有硬碳酸酯、硬聚氯乙烯、聚苯醚、氟塑料等。

此外，模具的浇注系统、冷却系统、排气系统，以及型腔的形状和表面粗糙度都会直接影响熔体的实际流动情况。凡使熔体温度降低或流动阻力增加的因素都会降低塑料熔体的流动性。增加成形压力可提高熔体的充型能力，但在某些情况下，成形压力的增加会使熔体黏度增大很多，反而导致成形困难，而且会造成功率消耗过多和设备磨损增加。因此，对于塑料的流动性问题，必须根据实际情况慎重考虑。

4）吸水性

根据吸水性的不同，塑料大致可分为两类：一类是有吸附或黏附水分倾向的塑料，如聚甲基丙烯酸甲酯、聚酰胺、聚碳酸酯、ABS 塑料等；另一类是不易吸附也不易黏附水分的塑料，如聚乙烯、聚丙烯等。

在塑料成形过程中，水分在高温料筒中变为气体，将促使塑料水解、产生气泡并使塑料熔体流动性下降，导致成形困难，塑件表面品质和力学性能降低。因此，成形前应对塑料进行干燥处理，将水分控制在 0.2%～0.4%范围内。

5）结晶性

结晶型塑料（如聚乙烯、聚丙烯、聚四氟乙烯、聚酰胺、氯化聚醚等）冷凝后具有结晶特性，呈不透明或半透明态。非结晶型塑料是透明的。但也有例外，如结晶型塑料 4-甲基戊烯-1 有高透明性，ABS 塑料属于非结晶型塑料但不透明。

一般结晶型塑料的使用性能好，但成形工艺性能较差，易发生未熔塑料进入模具或堵塞浇口的现象，因此，应注意成形设备的选用和冷却装置的设计。同时，结晶型塑料的收缩大，各向异性显著，内应力大，容易使成形塑件产生缩孔、气孔、翘曲变形等缺陷。

必须指出，结晶型塑料不大可能形成完全的结晶体，一般只能有一定程度的结晶，其结晶度随成形条件而异。如果熔体温度和模具温度高、熔体冷却速度慢，塑件的结晶度就大；反之，其结晶度就小。结晶度大的塑料密度大，强度、硬度、刚度高，耐磨性、化学稳定性和电性能好；结晶度小的塑料柔韧性和透明性较好，伸长率和抗冲击强度较大。因此，应通过控制成形条件来控制塑件的结晶度，以满足使用要求。

6）熔体破裂

一定熔体指数（热塑性塑料熔体在规定的温度压力下，从规定长度和直径的小孔中挤出的速率）的塑料熔体在恒温下通过喷嘴时，其流速若超过一定值，挤出的熔体表面会发生明显的横向凸凹不平或外形畸变，甚至会发生熔体支离或断裂的现象，这种现象称为熔体破裂。熔体破裂会影响塑件的外观和性能，故对熔体指数高的塑料，应增大注塑机的喷嘴和浇口、加宽流道，以减小压力和注射速度。

此外，热敏性(塑料在高温和长时间受热的条件下发生降解、变色的特性)、开裂性等也属于热塑性塑料的工艺性能范畴。为了改善这些性能，得到合格的塑件，除应在塑料中加入热稳定剂、增塑剂等外，还必须选择合适的成形设备，设计合理的成形工艺，如正确控制成形温度和成形周期，对塑料进行预热干燥，合理设计浇注系统和顶料装置，提高塑件的结构工艺性，并对塑件进行后处理等。

15.1.3　常用塑料

1. 聚苯乙烯及 ABS 塑料

聚苯乙烯是一种无色透明的塑料，其来源广泛，加工性能好，但强度低，有脆性，耐热性低，因而后来出现了一些改性聚苯乙烯，如高抗冲聚苯乙烯(HIPS)及 ABS 塑料等。HIPS 与 ABS 塑料性能相近，在使用温度范围内具有良好的抗冲击强度、表面硬度、表面光泽度、尺寸稳定性、耐化学药品性和电绝缘性，且耐磨性较好。它的不足在于热变形温度比较低，低温抗冲击性能不够好，耐候性较差。ABS 塑料的使用温度范围为－40～100 ℃。

HPIS 及 ABS 塑料主要采用注射成形，也可采用挤塑成形、吹塑成形及真空成形等方法加工成管、棒、板、片、型材及容器等，加工前应进行干燥，以去除塑料中的水分。

HPIS 及 ABS 塑料应用范围广泛：在机械工业中常用来制造齿轮、泵叶轮、轴承等；在电子工业中常用来制造电话机、电视机、收音机、洗衣机、电冰箱、吸尘器、电子计算机的外壳等；在汽车工业中常用来制造挡泥板、扶手、空调导管等；另外，还用来制造纺织器材、仪表零件等。透明聚苯乙烯主要用于透明塑件。

2. 聚酰胺

聚酰胺通常称为尼龙(PA)。聚酰胺品种繁多，主要品种有尼龙 6、尼龙 66、尼龙 610、尼龙 1010 以及用于浇注成形的 MC 尼龙等。聚酰胺具有较高的强度和冲击韧度，具有自润滑、耐磨耗、耐疲劳、耐油等特征。在聚酰胺材料中：尼龙 66 的强度最高；尼龙 6 的冲击韧度最高；尼龙 1010 是我国首创的产品，总体性能非常优越，耐磨性能最佳。聚酰胺能在无油润滑条件下使用，是优良的自润滑材料。聚酰胺在高湿度条件下也具有较好的绝缘性能。聚酰胺耐碱和大多数盐溶液的能力很强，但不能耐强酸和氧化剂的侵蚀，有一定耐候性和阻燃性。

聚酰胺的不足是吸水率大，这会影响产品的尺寸稳定性，加工前应进行干燥。聚酰胺的耐热温度不高，长期、连续使用的温度一般在 80°C 左右。聚酰胺熔融时黏度低、流动性好，可用不同的方法成形，如：用注射成形方法可生产各种注塑件，用挤塑成形方法可生产管、板、棒、型材等，用吹塑成形方法可生产容器，用浇注成形方法可生产各种浇注件。此外，聚酰胺还可用于烧结、涂敷、模压及反应注射成形。

3. 聚碳酸酯

聚碳酸酯(PC)是产量仅次于聚酰胺的塑料。它呈微黄色透明态，具有特别高的强度和良好的尺寸稳定性、耐蠕变性、耐热性及电绝缘性。其缺点是内应力大，容易开裂，耐溶剂性差，高温易水解，摩擦系数大，无自润滑性。聚碳酸酯的使用温度范围为－100～130 ℃。

聚碳酸酯有良好的成形加工性能，它主要使用注射成形方法，也可用挤塑成形方法加工成管、片、棒、型材等。聚碳酸酯在室温下具有延展性，因此可对聚碳酸酯片材进行冲压及拉深。

聚碳酸酯含有水分，在加工过程中会引起水解，在加工前应进行干燥，将水含量控制在0.02%以下。在100 ℃以上温度下对聚碳酸酯塑件进行退火处理，可有效消除其内应力。

4. 聚四氟乙烯

聚四氟乙烯(PTFE)具有优良的化学稳定性、电绝缘性、自润滑性、耐大气老化性能，还具有较好的阻燃性和强度，是重要的工程塑料。聚四氟乙烯耐化学腐蚀性极强，能耐强酸、强碱和有机溶剂，被称为“塑料王”。它的使用温度范围广，在−200 ℃下仍能保持韧性，在260 ℃下能长期连续使用。它的静摩擦系数在塑料中是最小的，自润滑性能特别优良。它的不足之处在于其强度较其他工程塑料低，成形性能较差。聚四氟乙烯主要采用模压后烧结的方法成形，还可对其已烧结成形的塑件聚四氟乙烯进行切削加工。

聚四氟乙烯主要应用在需要耐化学腐蚀、耐磨、密封和电绝缘等场合。考虑到其耐化学腐蚀性能，它可用来制造耐腐蚀泵、阀门、软管、隔膜等；考虑到其耐磨、密封性能，它可用来制造密封圈、垫圈、缓冲环等，加入填料后可用来制造活塞环；作为电绝缘材料，它可用在环境温度变化激烈的场合(如喷气式飞机、雷达上)和要求高频绝缘的场合。

5. 聚丙烯

聚丙烯(PP)属于通用塑料，价格便宜，使用广泛。由于其价格低廉，又具有较好的性能，在工程中得到许多应用。聚丙烯密度仅为0.89～0.91 g/cm^3，耐热温度高于100 ℃，耐化学腐蚀性和介电性能优异。聚丙烯的缺点是耐低温冲击韧度低，易老化，成形收缩大。

聚丙烯可通过注射成形、挤出成形、吹塑成形等工艺制成各种零部件，如法兰、接头、蓄电池匣、化工过滤板框、家用电器零件、汽车零件及管材、片材等。

6. 聚乙烯

聚乙烯(PE)主要有低密度和高密度聚乙烯两类，也是使用最广泛的塑料之一。低密度聚乙烯柔而韧；相比较而言，高密度聚乙烯的耐热性、机械强度较高，而抗冲击性能较差。

聚乙烯几乎可使用所有的塑料成形方法加工，且加工性能良好。低密度聚乙烯主要用于制造各种塑料薄膜、注塑件及中空塑件；高密度聚乙烯则可用挤出成形工艺加工成管、片及丝材和打包带等，还可用注射成形、吹塑成形工艺加工成日用品和工业用品，如周转箱、托盘、容器等。

7. 聚氯乙烯

聚氯乙烯(PVC)是一种多组分塑料，其中加入不同的添加剂可呈现不同的物理性能，从而具有不同的用途。例如，随增塑剂添加比例的提高可制成由硬质到软质的制品。聚氯乙烯在成形过程中热稳定性差，受热易降解，故成形前应先将聚氯乙烯树脂与各种添加剂按一定比例混合均匀，将混合料塑化后再进行成形加工。

硬质聚氯乙烯主要采用挤出成形工艺成形，产品有塑料门窗、型材及管材等。软质聚氯乙烯制品主要采用挤出成形工艺成形，产品有地板、电线、电缆、绝缘层等；也可采用注射成形工艺成形，产品有玩具、运动器材等。

8. 环氧树脂

环氧树脂(EP)是一种热固性树脂，其种类很多，其中最主要的是双酚A环氧树脂，产量占环氧树脂的90%以上。它具有优良的黏结性、电绝缘性、耐热性(耐热温度达200 ℃以上)和化学稳定性，收缩率和吸水率小，强度高，而且它还耐辐射。

环氧树脂一般为黏性的透明液体，加入固化剂后，在加热或室温条件下可以固化。为改善其性能，还可以加入增韧剂、稀释剂、填充剂等。环氧树脂主要用来生产塑件、环氧玻璃钢及密封材料,配制涂料和胶黏剂也是其主要用途。

生产环氧玻璃钢,首先要将环氧树脂配制成胶液,再将玻璃纤维或玻璃纤维织物浸透树脂,压制成形。固化剂可使用乙二胺、二乙烯三胺、三乙醇胺、间苯二胺及593、120等商品化固化剂。聚酰胺树脂的相对分子质量较小,既是固化剂,又是增韧剂,可有效地改善环氧树脂的脆性及开裂性等。环氧玻璃钢可用来制造轻型飞机结构件,如机翼、升降舵等。它在汽车工业中可用来制造车门、车壳,在电子工业中可用来制造电气开关、仪表盘、印刷电路板,在化工工业中可用来制造防腐蚀管道等。作为浇注材料,它可用来封装电子零件如电缆封头、线圈、控制电路板等。

9. 聚氨酯

聚氨酯(PUR)可以制取软质的热塑性树脂和硬质的热固性树脂,广泛用于制造硬质、半硬质、软质泡沫塑料,合成皮革,涂料,胶黏剂等,其中以泡沫塑料方面的应用为最多。

聚氨酯一般由多异氰酸酯(如甲苯二异氰酸脂(TDI)、多苯基多亚甲基多异氰酸酯(PAPI)、二苯基甲烷二异氰酸酯(MDI)等)和多羟基化合物(聚酯多元醇、聚醚多元醇等)及催化剂、发泡剂、阻燃剂等添加剂合成。可采用浇注成形、反应注射成形、喷涂成形等工艺成形。硬质聚氨酯可用来制作设备、管道的绝热保温材料,如火车车厢、冷藏汽车保温层材料,航天航空器机翼填充材料,机房隔音材料等;半硬质聚氨酯可用作汽车冲击吸收材料,仪表面板材料,设备的隔音、绝热、防震、电绝缘材料等;软质聚氨酯可用作汽车、火车坐垫材料,精密仪器抗震包装材料,过滤材料,隔音材料等。

15.2 塑件的成形工艺

如图15.2所示,完整的塑件生产过程为:预处理→成形→机械加工→修饰→装配。塑件的成形工艺种类很多,有模塑成形、层压及压延成形等,其中以塑料模塑成形种类较多,如挤出成形、压塑成形、传递模塑、注射成形等。它们共同的特点是利用了塑料成形模具(简称塑料模)来成形具有一定形状和尺寸的塑件。

15.2.1 注射成形

注射成形又称为注塑成形、注射模塑,是热塑性塑件生产的一种重要方法。除少数热塑性塑料(如加布基填料的塑料等)外,几乎所有的热塑性塑料都可以用注射成形工艺来成形。注射成形还成功地应用于热固性塑料的成形。

1. 注射机

注射成形是通过注射机来实现的。注射机的主要作用是:加热熔融塑料,使其达到黏流状态;对黏流状态的塑料施加高压,将其注入模具型腔。注射机有多种,目前最常用的是螺杆式注射机,其注射成形基本动作程序如图15.3所示。其工作过程大致如下。

1)合模和锁模

模具首先以低压快速闭合,当动模与定模接近时,转换为低压低速合模,然后切换至高压将模具锁紧。

2)注射

合模动作完成以后,在移动油缸的作用下,注射装置前移,使料筒前端的喷嘴与模具贴合,再由注射油缸推动螺杆向前直线移动(此时螺杆不转动),在高压下高速将螺杆前端的塑料熔

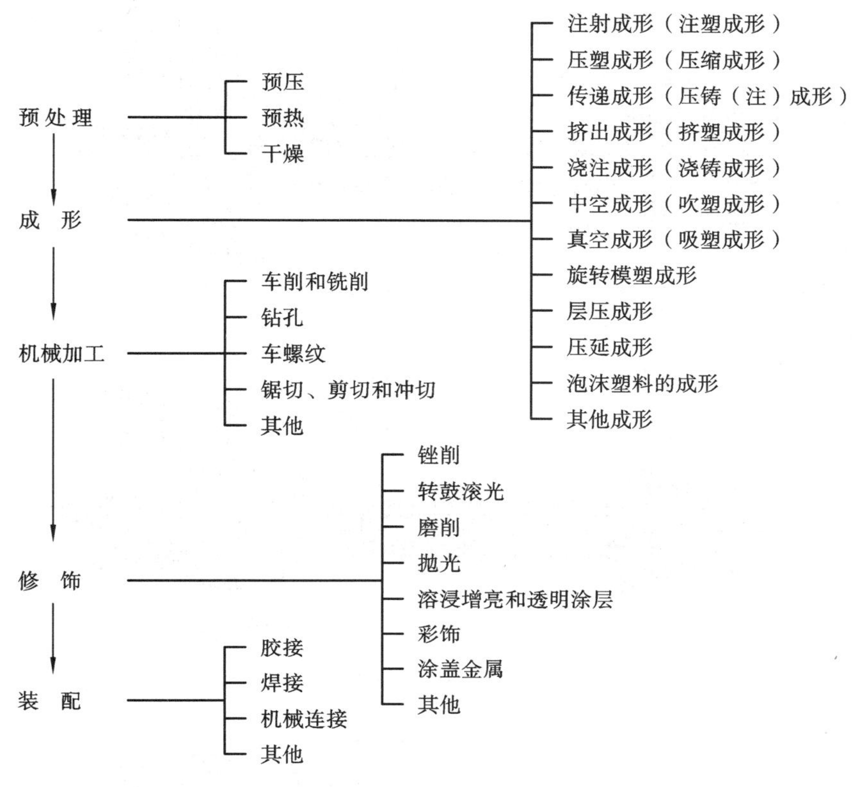

图 15.2　塑件的生产过程

体注入模具型腔，如图 15.3a 所示。

3)**保压**

注入模具型腔的塑料熔体在模具的冷却作用下会产生收缩，未冷却的塑料熔体也会从浇口处倒流，因此在这一阶段，注射油缸仍须保持一定压力以进行补缩，这样才能制造出饱满、致密的塑件，如图 15.3b 所示。

4)**冷却和预塑化**

当模具浇口处的塑料熔体冷凝封闭后，保压阶段结束，塑件进入冷却阶段。此时，螺杆在液压马达（或电动机）的驱动下转动，将来自料斗的塑料颗粒向前输送，同时，塑料受加热器加热和螺杆转动产生的剪切摩擦热的作用，温度逐渐升高，直至熔融，呈黏流态。当螺杆将塑料颗粒向前输送时，螺杆前端压力升高，迫使螺杆克服注射油缸的背压后退，螺杆的后退量反映了螺杆前端塑料熔体的体积（即注射量）。螺杆退回到设定注射量位置时停止转动，准备下一次注射，如图 15.3c 所示。

5)**脱模**

冷却和预塑化完成后，为了不使注射机喷嘴长时间顶压模具，喷嘴处不出现冷料，可以使注射装置后退，或卸去注射油缸前移压力。合模装置开启模具，顶出装置动作，顶出模具内的塑件（图 15.3c）。注射机的工作循环周期如图 15.4 所示。

2. 注射模具

塑料模具是注射成形的重要工艺装备，典型的注射模具如图 15.5 所示。注塑模具一般包

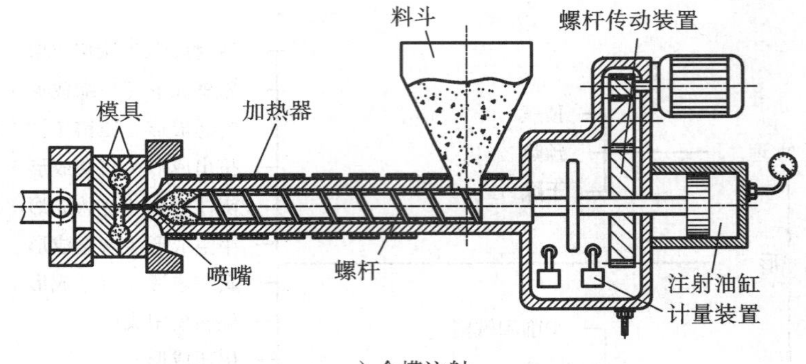

a）合模注射

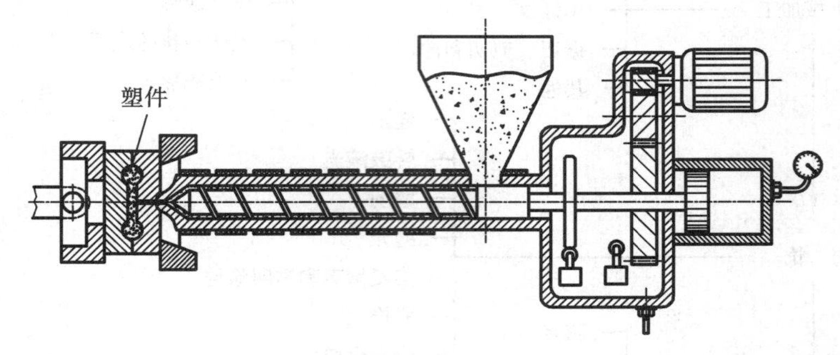

b）注射保压及塑件冷却

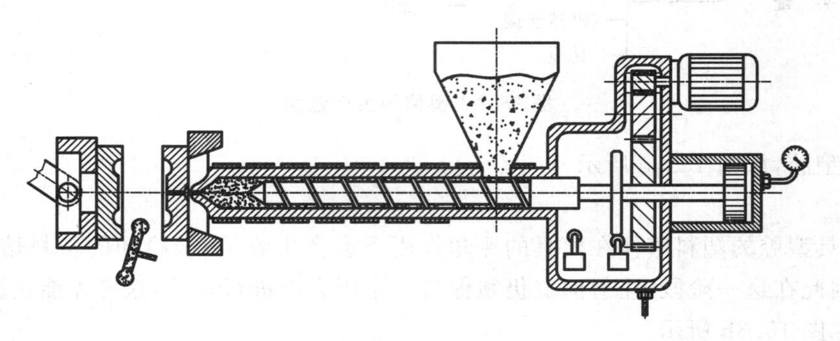

c）螺杆预塑与顶出塑件

图 15.3　螺杆式注射成形基本动作程序

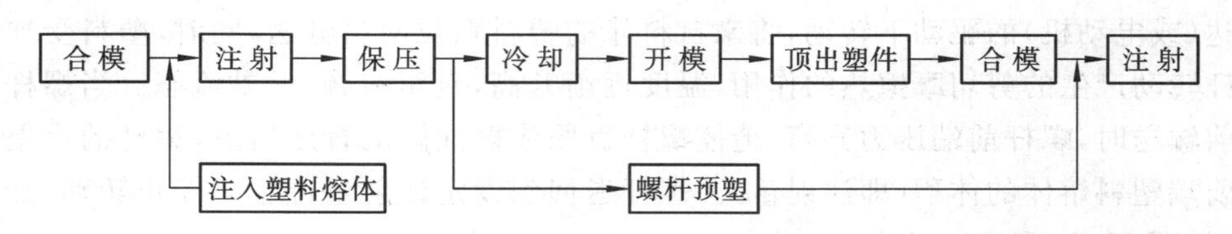

图 15.4　螺杆式注射模塑工作循环

括型腔、浇注系统、合模导向装置、侧向分型抽芯机构、脱模机构、排气机构、加热冷却装置等部分。更换模具，就可在注射成形机上生产出不同的塑件。

3. 注射成形的工艺参数

1)注射温度

注射成形时塑料熔体的温度高低对塑件性能的影响很大，一般说来，随着注射温度的提

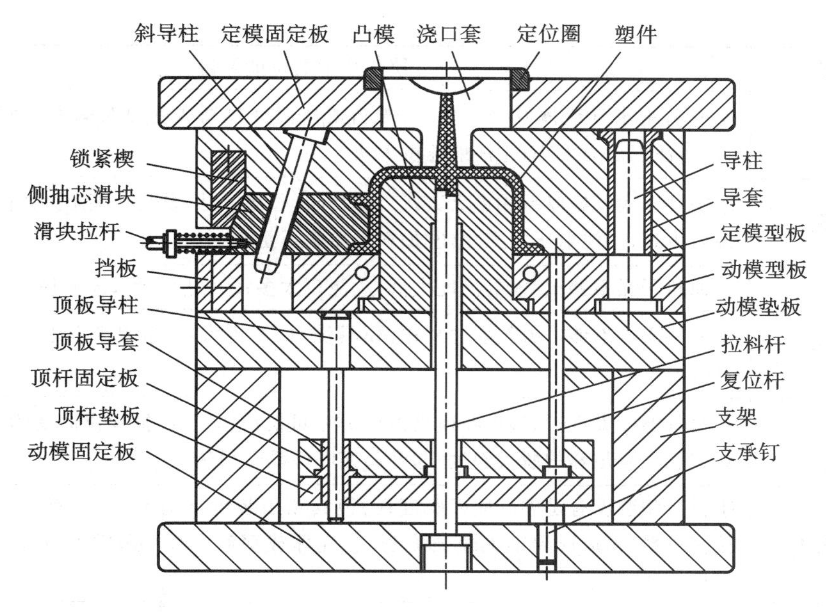

图 15.5　侧向抽芯的塑料注射模具

高，塑料熔体的黏度呈下降趋势，这对充填是有利的，也较容易得到表面光洁的塑件。熔体温度过高会使塑料降解，力学性能急剧下降。

2）**模具温度**

模具温度比塑料熔体温度对塑件的性能影响要小得多，但模具温度对充填过程、注射成形周期、塑件的内应力有较大的影响。模具温度过低时，塑料熔体遇到冷的模腔壁，黏度提高，很难充满整个型腔；模具温度过高时，塑料熔体在模具内冷却定形的时间就长，将使成形周期延长。对结晶型塑料如聚丙烯、聚甲醛等来说，较高的模具温度能使其分子链松弛，塑件的内应力减小。

3）**注射压力**

注射压力主要影响塑料熔体的充填能力，注射压力高时塑料熔体较易充满型腔。

4）**保压时间**

保压时间要依据浇口尺寸的大小确定，浇口尺寸大保压时间就长，浇口尺寸小保压时间就短。如果保压时间短于浇口封冻时间，可能得不到饱满、致密的塑件，同时还会因塑料熔体从浇口倒流而引起分子链取向，使塑件的内应力增大。

利用注射成形工艺可制造质量大到数千克、小到数克的各种形状复杂且精度较高的塑件。注射成形生产效率高，是塑料的主要成形方法。注射成形中容易产生的缺陷及其产生的可能原因如表 15.1 所示。

表 15.1　注射成形容易产生的缺陷及其产生的可能原因

缺　陷	缺陷产生的可能原因
充填不足	①料筒及喷嘴温度太低；②模具温度太低；③加料量不够；④塑件质量超过注射机最大注射量；⑤注射压力太低；⑥型腔排气不良；⑦模具浇口太小；⑧注射时间太短，注射螺杆退回太早；⑨注塑机喷嘴被堵塞
塑件溢边	①注射压力太大；②模具闭合不严；③塑料熔体温度过高；④锁模压力不够

续表

缺　陷	缺陷产生的可能原因
气泡	①原料中水分或挥发物过多;②塑料熔体温度过高或受热时间太长而引起塑料降解;③注射压力太小;④注射速度太快
凹陷、缩孔	①塑件壁太厚或厚薄相差太大;②浇口开设位置不当;③注射保压时间太短;④料筒温度太高;⑤注射压力太小;⑥加料量略嫌不足
熔接痕	①原料干燥不够;②模具温度太低;③浇口太多;④注射太慢;⑤模具型腔不良
银丝、斑纹	①原料干燥不够，水含量过高;②模具浇口、流道太小;③塑料熔体温度太高，开始分解
裂纹	①模具温度太低;②塑件在模具内冷却时间太长;③塑件被顶出时受力不均匀;④模具型腔没有足够的脱模斜度;⑤金属镶嵌件没有预热
塑件脱模困难	①模具型腔没有足够的脱模斜度;②模具顶出装置结构不良;③模具型腔有接缝且接缝进料;④成形周期太短或太长;⑤壳体或深腔塑件的模具型芯无进气孔，造成负压
塑件尺寸不稳定	①成形周期不一致;②加料量不均;③温度、压力、时间等工艺参数变化太快;④模具温度失控;⑤多型腔模具流道尺寸不一致

15.2.2　压塑成形

压塑成形也称压缩成形、压制成形或模压成形，主要用于热固性塑料如酚醛树脂、密胺树脂件的成形。压塑成形的设备为液压机，并配有专用的成形模具。热固性塑料一般由合成树脂、固化剂、固化促进剂、填充剂、润滑剂、着色剂等按一定配比混合制成。

1. 压塑成形原理

压塑成形如图 15.6 所示。成形时，将按塑件质量称量好的粉状、粒状、碎屑状或纤维状的塑料原料，直接加入成形温度下的压塑模具型腔和加料室(图 15.6a)，然后将模具闭合加压(图 15.6b)。塑料原料在热和压力的作用下熔融流动，充满整个型腔。这时，树脂与固化剂发生化学交联反应，在型腔中固化、定形，最后打开模具，取出塑件(图 15.6c)。

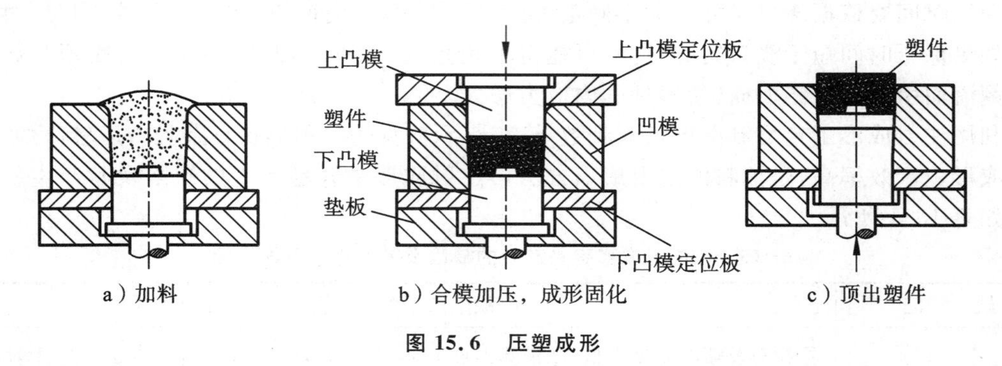

图 15.6　压塑成形

2. 压塑成形的工艺参数

1)成形压力

一般说来，压缩率高的塑料比压缩率低的塑料需要更大的成形压力，因此可将松散的塑料原料预压成块状，这样既便于加料，又可降低成形所需压力。经过预热的塑料所需成形压力比不预热的塑料小，因前者的流动性较好。

2)**模压温度**

在一定范围内提高模压温度有利于成形压力的降低，但应防止模温过高，使靠近模壁的材料提前固化而失去降低成形压力的可能性。模压温度是指成形时的模具温度，提高模压温度可缩短成形周期，但塑料是热的不良导体，模压温度太高会使模具内部的塑料得不到充分固化。不同塑料所需的成形压力和模压温度不同，表 15.2 列出了部分热固性塑料成形时所需的成形压力和模压温度。

表 15.2　部分热固性塑料成形压力及模压温度

塑 料 名 称	模压温度 /℃	成形压力 /MPa
苯酚甲醛树脂	145～180	7～42
三聚氰胺甲醛树脂	140～180	14～56
环氧树脂	145～200	0.7～14

3. 热塑性塑料的压塑成形

热塑性塑料亦可用压塑成形工艺成形。它成形时同样要经历由固态变为黏流态而充满型腔的阶段（此时模具被加热），但不产生交联反应，因此在热塑性塑料熔体充满型腔后，需将模具冷却使其凝固，而后才能脱模而获得塑件。在热塑性塑料压缩成形时，模具需要交替加热和冷却，生产周期长，效率低。为解决这一问题，对热塑性塑料常使用热挤冷压法，即将由挤出成形机挤出的熔融塑料放入压塑成形模具型腔定形，制得塑件。由此不难看出，热塑性塑料的成形采用注射成形工艺比采用压塑成形工艺更经济。一般，只有具有较大平面的热塑性塑件才采用压塑成形。

4. 压塑成形的特点及应用

压塑成形的优点是：没有浇注系统，耗材少；设备为通用压力机，模具结构较简单，可以压制具有较大平面的塑件，或利用多型腔模一次压制多个塑件。由于塑料在型腔内直接受压成形，所以该工艺适合于压制流动性较差的，以布基、纤维为填料的塑料，而且塑件的收缩率较小，变形小，各向性能比较均匀。

压塑成形的缺点是：生产周期长，效率低，不易压制形状复杂、壁厚相差大、尺寸精度高的塑件，而且不能压制带有精细的、易断裂的镶嵌件的塑件。

用于压塑成形的塑料有酚醛塑料、氨基塑料、不饱和聚酯塑料、聚酰亚胺塑料等，其中酚醛塑料和氨基塑料使用最多。

15.2.3　传递模塑成形

传递模塑成形又称为压铸成形、压注成形。它是在改进压塑成形的缺点，并吸收注射成形的优点的基础上发展起来的一种模塑方法。

1. 传递模塑成形原理

传递模塑成形如图 15.7 所示。先将塑料（最好是预压成锭料和经预热的塑料）加入模具的加料腔（图 15.7a），使其受热，呈黏流态，在柱塞的压力作用下，黏流态的塑料经浇注系统充满闭合的型腔，塑料在型腔内继续受热、受压，经过一定时间固化后（图 15.7b），打开模具取出塑件（图 15.7c）。

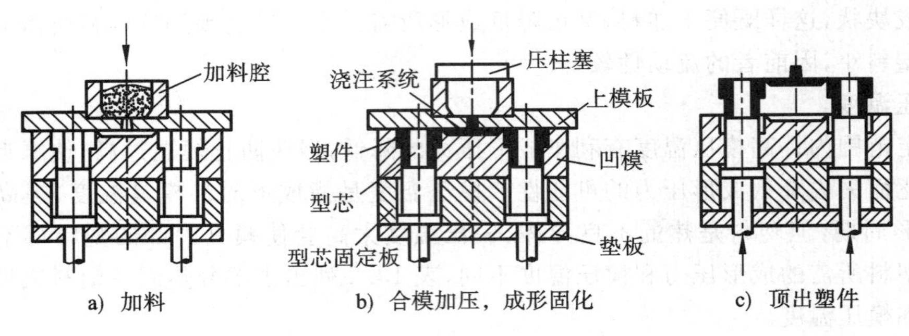

图 15.7　传递模塑成形

2. 传递模塑成形的特点及应用

热固性塑料传递模塑成形与压塑成形的区别是：前者在加料前模具已完全闭合，塑料的受热、熔融是在加料腔内进行的；而在传递模塑成形开始时，压力机只施压于加料腔内的塑料，使之通过浇注系统而快速注入型腔；塑料充满型腔后，型腔与加料腔中的压力趋于平衡。传递模塑成形使用的模具称为压铸模、传递模或挤塑模。

传递模塑成形工艺可以用来成形带有深孔及其他复杂形状的塑件，也可用来成形带有精细的、易碎的镶嵌件的塑件；塑件的飞边较小，尺寸准确，性能均匀，品质较高；模具的磨损较小。

传递模塑成形工艺的缺点是：与压塑成形相比，模具的制造成本较高，成形压力大，操作较复杂，耗料多，塑件的收缩率大(对于一般酚醛塑料，压塑成形时线收缩率为 0.8%，传递模塑成形时线收缩率则为 0.9%～1%)，而且塑件收缩的方向性也较明显(例如传递模塑成形带有以纤维为填料的塑料时，在塑件中会产生纤维的定向分布，从而导致塑件性能的各向异性)。

传递模塑成形用于热固性塑料的成形。它对塑料的要求是：在未达到硬化温度之前，即在加料腔熔融至充满模具型腔期间，应有较大的流动性；而在达到硬化温度后，即充满型腔后，必须具有较快的固化速率。符合这种要求的热固性塑料有酚醛、三聚氰胺甲醛和环氧树脂等。不饱和聚酯和脲醛塑料因在较低温度下就已具有较大的固化速率，所以不能用这种方法模塑成形较大的塑件。

15.2.4　挤出成形

挤出成形又称为挤塑成形，是一种用途广泛的成形工艺。挤出成形主要用来生产连续的塑料型材，如管、棒、丝板、薄膜、电线电缆的涂覆和涂层制品等，还可用于中空制品型坯、粒料等的成形，也可用于酚醛、脲醛等不含矿物质，以石棉、碎布等为填料的热固性塑料的成形，但能用于挤出成形的热固性塑料的品种和挤出塑件的种类有限。图 15.8 为管材挤出成形示意图。

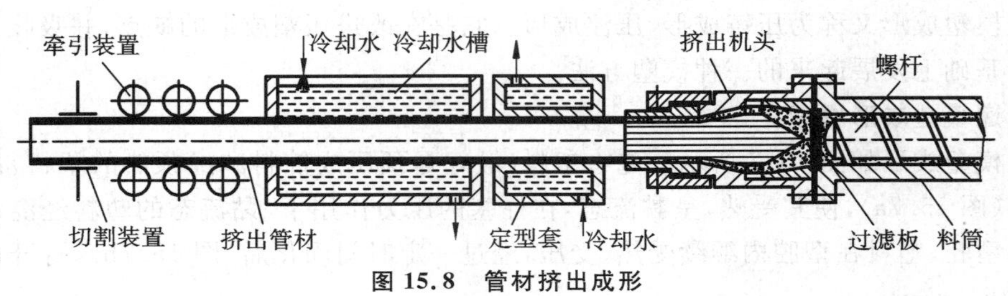

图 15.8　管材挤出成形

1. 挤出成形过程及原理

挤出成形过程一般可分为三个阶段。

(1)固态塑料的塑化阶段:挤出机的加热器产生热量,同时,塑料在混合过程中受到螺杆、料筒的剪切作用而产生摩擦热,固态塑料在热作用下变成均匀黏流态塑料。

(2)成形阶段:黏流态塑料在螺杆的推动下,以一定的压力和速度连续地通过挤出机头,从而得到一定截面、形状的连续形体。

(3)定形阶段:用冷却方法使塑料的形状固定下来,得到所需要的塑件。

2. 挤出机

挤出成形的常用设备为螺杆式挤出机,有单螺杆和多螺杆挤出机之分。螺杆式挤出机的塑料挤出量、熔体温度、熔体均匀性、功率消耗等,主要取决于螺杆的结构、直径 D、长度 L。螺杆各段长度的比例及螺槽深度等几何参数对螺杆的工作特性及塑料的塑化过程均有很大影响,其中螺杆直径是基本参数,挤出机的规格常以螺杆直径表示。螺杆长径比(L/D)亦是重要参数,长径比大,则塑化均匀。在目前常用的挤出机中,螺杆的长径比多为 25 左右。

螺杆工作部分可分为三段,即加热段、压缩段、均化段,如图 15.9 所示。塑料经过这三段后,由玻璃态转化为挤出成形所需要的黏流态。

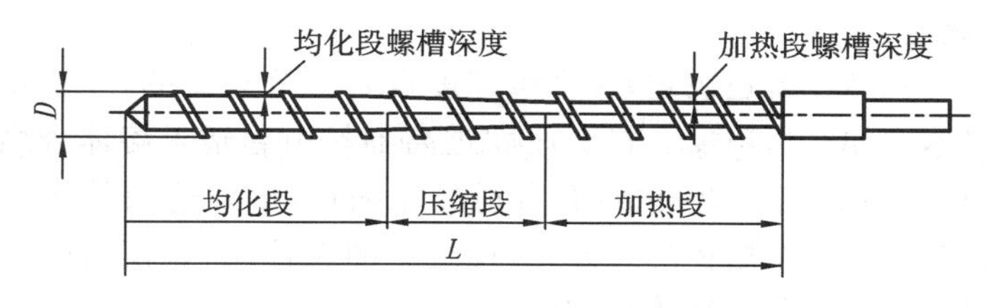

图 15.9　挤出机螺杆

(1)加热段　加热段的作用是将加入料斗的固体塑料加热并送至压缩段。加热段螺槽应是等距离、等深度的,以保持截面大小不变。这段距离中塑料是固体状态。为了使塑料有向前输送的最好条件,保证足够的挤出量,塑料与料筒的摩擦力必须大于塑料与螺杆的摩擦力。为此,可在料筒内表面开沟槽,在螺杆表面镀铬或将螺杆表面抛光。

(2)压缩段　压缩段又称为熔化段。在压缩段螺杆的螺槽应是逐渐缩小的,缩小的程度取决于塑料的压缩比。在压缩段中,塑料被料筒外加热器加热并受渐变螺槽的搅拌、剪切、压缩所产生的摩擦热作用,温度逐步上升,从固态逐渐熔融为黏流态的熔体,并被螺杆输送到均化段。

(3)均化段　均化段的作用是将压缩段送来的塑料熔体进一步均匀化,并使其定量、定压、定温地由机头挤出,故均化段又称为计量段。均化段螺槽截面和螺槽深度可以是恒定的,但比前两段小。

3. 挤出机头

图 15.10 为挤出机头示意图。从挤出机料筒中输送到机头的熔体首先要经过过滤板,以防止未熔化的塑料或其他杂物进入机头。挤出机头将挤出机输送来的塑料熔体的运动由螺旋运动变为直线运动,并产生必要的成形压力,保证塑件致密。随后,塑料熔体沿分流器向前流动,并被加热器加热,使塑料进一步塑化。最后,塑料熔体通过口模成形,得到所需要截面形状的塑件。设计时应做到:内腔为流线型,表面光洁,避免塑料滞留模内而引起塑料分解;模内流道逐步收缩,建立必要的压缩比。塑料熔体具有黏弹性,离开口模时会产生离模膨胀,所以应

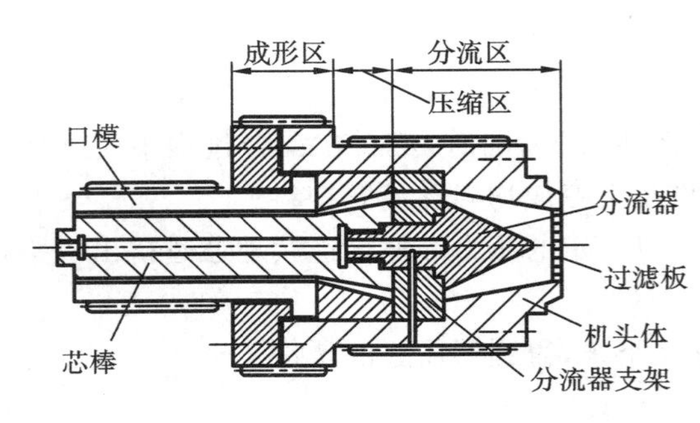

图 15.10　挤出机头

依其变化规律将口模修整成合适的形状。塑料熔体从口模挤出时还处于熔融状态，为了避免变形，获得所需要的形状和尺寸，挤出的塑料熔体必须立即由冷却定形装置冷却并定形。成形的产品经牵引装置引出，再由切割装置切割或由卷曲装置卷曲，得到塑件。

4. 挤出成形的工艺参数

1)挤出机料筒温度

料筒中的加热温度一般按螺杆工作部分分段来设置，均化段温度最高，压缩段次之，加热段温度最低。若加热段温度过高，塑料在这段螺杆和料筒之间熔融，就不能有效地将塑料输送到螺杆前端。各种塑料都有其适宜的挤出温度，调试前应查阅有关资料。

2)挤出模具温度

挤出模具的温度一般比均化段的温度略高。口模温度较高、塑料离模膨胀较小，容易得到表面光洁的塑件；而过高的温度会引起塑料降解甚至烧焦。

3)挤出和牵引速度

挤出速度(由挤出机螺杆转速决定)和牵引速度也是十分重要的，一般希望有较高的生产效率，即较高的挤出速度和牵引速度。挤出速度过高容易引起塑料熔体表面破碎。提高挤出速度的关键是挤出模具内腔应为流线型，有合适的压缩比，以及适当的温度控制范围。生产中，牵引速度的提高会引起塑料熔体的拉伸，采用适合的拉伸比(口模与芯棒所形成的空间的截面积与塑件截面积之比)可缓解熔体的破裂。

15.2.5　吹塑成形

1. 吹塑成形原理

吹塑成形又称为中空成形，它源于古老的玻璃瓶吹制工艺。吹塑成形常用来成形轿车油箱、轿车暖风通道、化学品包装容器、便携式工具箱等。依塑料管状形坯制取的方法不同，吹塑成形可分为挤出吹塑成形和注射吹塑成形两大类，常用的是挤出吹塑成形。

挤出吹塑成形设备包括挤出机、管状型坯挤出机头、合模机构、液压系统、压缩空气系统、电气控制系统等部分。成形时，挤出机挤出一段熔融状态的塑料管坯，挤出装置插入管坯中间，合模装置在液压系统的驱动下将模具闭合，这时吹气装置将压缩空气导入，塑料管坯被吹胀并贴合于模具的内表面，冷却定形后开启模具，取出成形的中空塑件，如图 15.11 所示。

2. 吹塑成形的工艺参数

1)挤出温度

挤出温度过高，则塑料熔体黏度下降，型坯容易因自重而下垂，呈现上薄下厚的形态，得不到壁厚均匀的塑件；挤出温度过低，则熔体因弹性太大，会发生离模膨胀，挤出的型坯将较短而其壁较厚。

2)挤出速度

挤出速度应与成形周期相适应，太快则型坯长，边料多，会造成浪费。

3)吹塑压力

塑料管被吹胀时的空气压力一般为 0.4～1 MPa。

3. 吹塑成形的特点

吹塑成形的优点是设备和模具结构简单，缺点是塑件壁厚不均匀。

4. 挤出吹塑(薄膜)成形示例

聚合物薄膜及普通塑料袋是用挤出机生产的管状坯料(料泡)吹塑制造的。如果对挤出的料泡不进行冷却而直接移入吹塑模具，然后通过挤出模的中心垂直向上吹空气，可使料泡膨胀成气球形状，达到所要求的薄膜厚度(图 15.12)。

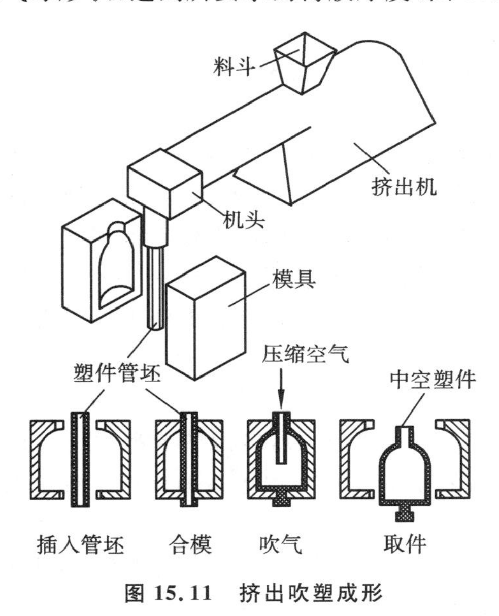

图 15.11　挤出吹塑成形

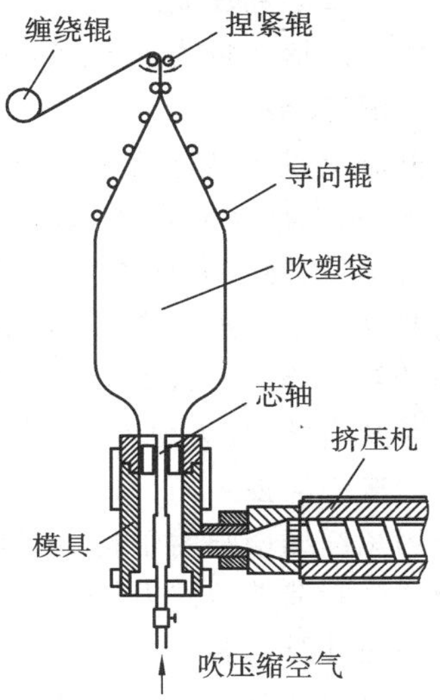

图 15.12　挤出吹塑薄膜成形

15.2.6　真空成形

真空成形也称为吸塑，其工艺过程如图 15.13 所示。成形时，将热塑性塑料板(片)材夹持起来，固定在模具上，用辐射加热器加热。加热到软化温度时，用真空泵抽去板(片)材和模具之间的空气，在大气压力作用下，板(片)材拉伸变形，贴合到模具表面，冷却后定形成为塑件。真空成形可用于成形包装塑件，如药品包装、纽扣电池等电子产品包装塑件，以及一次性餐盒等，采用较厚的板材还可成形壳罩类塑件如冰箱内胆、浴室镜盒等。真空成形常用的材料为聚乙烯、聚丙烯、聚氯乙烯、ABS 塑料、聚碳酸酯等。

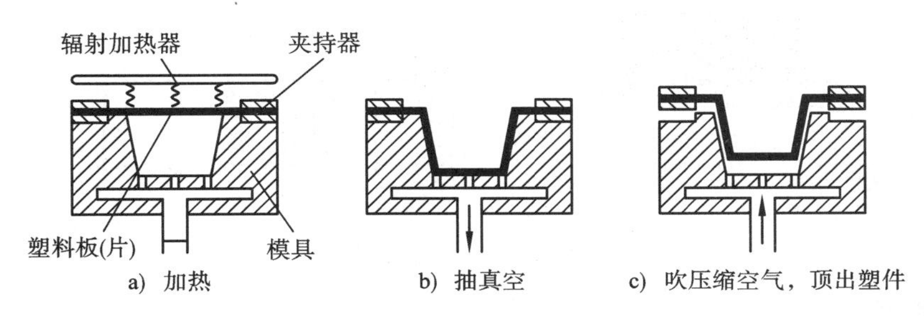

图 15.13　真空成形

真空成形方法有凹模真空成形，凸模真空成形，凹、凸模先后抽真空成形，吹泡真空成形等，应用最早也最简单的是凹模真空成形。

真空成形可使用金属和非金属材料模具，其中铝合金模具应用较多。非金属模具材料可为木材、石膏、塑料等,其中以石膏应用最多。石膏模强度较差,可在石膏中混入10%～30%的水泥,并加入铁丝、鬃毛等,以增加模具强度。

真空成形中应注意板(片)材的加热均匀性,只有加热均匀才能生产出壁厚较为均匀的制件。另外,抽真空速率、成形温度、模具温度、排料间距的大小等,都会影响塑件壁厚的分布。

15.2.7 浇注成形

1.主要的浇注成形工艺

浇注成形又称为浇铸成形或铸塑成形(图15.14)。它主要有以下几种形式。

1)静态浇注

静态浇注法是将尚未聚合的原料单体如某些热塑性塑料(例如尼龙、聚丙烯树脂)及热固性塑料(例如环氧树脂、酚醛塑料、聚氨酯、聚酯,一般呈液状或浆状)与固化剂、填充剂等按比例混合均匀,注入模具的型腔(图15.14a),使其在常压下完成聚合反应,固化后得到与型腔相应的塑件。采用静态浇注(铸)法成形的典型的零件有齿轮、轴承、轮子、棒、厚板及要求耐摩擦磨损的零件等。形状复杂的塑件可采用柔性膜(如硅胶模)成形,然后剥离得到零件。为了保证产品的完整性,必须考虑模腔的排气。

2)离心浇注

用短纤维增强的塑料、热固性塑料均可采用离心浇注法成形。所制造的典型塑件与用静态浇注法制造的塑件类似。

3)灌注及封装

在电力和电子工业中,灌注及封装(又称嵌铸)是重要的成形工艺。在模具中灌注塑料(图15.14b)可生产整体零件;在电器元件周围浇注一层塑料,使它嵌入塑料,这种工艺称为封装(图15.14c)。吊钩、柱螺栓的结构可进行局部封装。

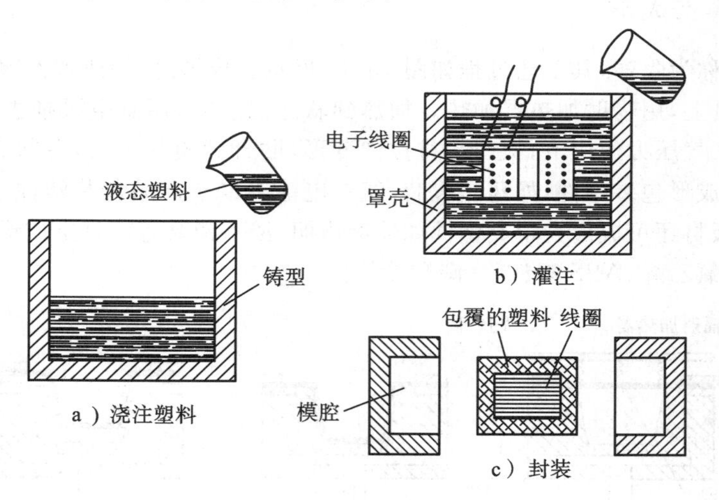

图15.14 浇注成形

4)流延铸塑

配制一定黏度的塑料溶液,使其以一定的速度流布在连续回转的基材(一般为不锈钢)上,经加热脱除溶剂和固化,得到厚度很小的薄膜的成形方法,称为流延铸塑。此法多用来制造光学性能要求很高的塑料薄膜(如电影胶片)等。

5)**搪塑**

搪塑又称涂凝模塑或涂凝成形，其成形过程是：将糊状塑料倾倒到预先加热至一定温度的模具型腔中，此时，接触或接近模具的塑料因受热而凝胶；然后将剩余的没有凝固的塑料倒出，并对凝结在模具上的塑料进行热处理(烘熔)，再经冷却即可以从模具中取出中空塑件(如塑料玩具等)。

6)**滚塑**

滚塑又称为旋转成形(图 15.15)，其成形过程是：将定量的液状或糊状塑料加入模具型腔，使模具加热并旋转，此时，塑料熔融塑化，并借自身的重力作用均匀地布满模具型腔的整个表面，待冷却后脱模即可获得中空塑件。滚塑区别于离心铸塑的特征是：转速不高，设备简单，既可生产大型中空塑件，亦可生产玩具、皮球等小型塑件。

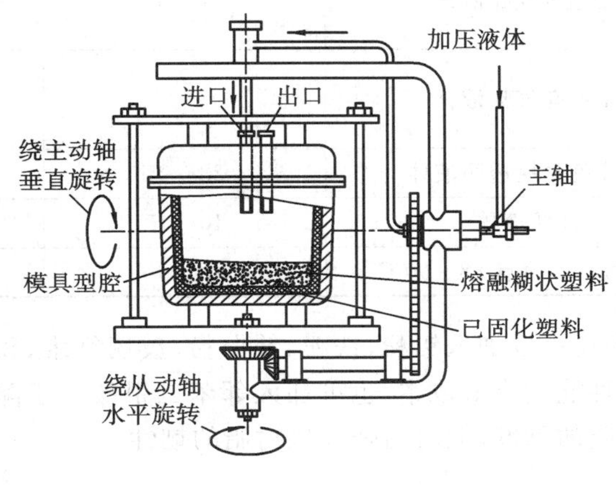

图 15.15　滚塑

2. 静态浇注成形工艺的应用

静态浇注成形工艺使用的塑料主要有 MC 尼龙、环氧树脂、甲基丙烯酸甲酯(有机玻璃)等，其工艺过程包括模具的准备、原料的配制、浇注、固化和脱模几个步骤。静态浇注(铸)法因不施加或很少施加压力，所以对模具和设备的要求比较低，适合于大型塑件的生产，也适合于用机械切削加工的单个塑件的生产。模具可用钢、铝合金、玻璃以及水泥、石膏等材料制造。对外形简单且还需进行后续切削加工的塑件，可用上部敞开的凹模。对直接成形的塑件，可用与金属铸造模具类似的模具，将上下模具闭合后密封，留出浇口和排气口。对流动性差的塑料，还可在排气口抽真空以排除气泡。成形前应将模具清洁、干燥，对难以脱模的塑料(如环氧树脂等)要在模具型腔内涂敷脱模剂。常用的脱模剂有凡士林、机油、有机硅油等。特性不同的原料，可采用不同的方法配制。下面以 MC 尼龙和环氧树脂为例分别加以介绍。

1)**MC 尼龙的浇注成形**

MC 尼龙的聚合原料是己内酰胺，常用的催化剂为氢氧化钠，助催化剂可选用乙酰基己内酰胺、甲苯二异氰酸酯(TDI)等。MC 尼龙的典型配方为：m(己内酰胺)∶m(氢氧化钠)∶m(TDI)＝1∶0.106∶0.462。

将配制好的原料浇注到涂好脱模剂并已预热的模具中，在 160 ℃温度下保温 0.5 h，即可逐步冷却，最后取出塑件。所得塑件应在 150～160 ℃机油中保温 2 h 后冷至室温，再在水中煮沸 24 h，以稳定尺寸，消除内应力。

MC 尼龙内应力小、质地均匀，一般先浇注成棒材、管材等，再经切削加工成为阀门、法兰等塑件,也可直接浇注成齿轮、蜗轮、机床导轨等。

2)**环氧树脂的浇注成形**

环氧树脂随树脂和固化剂使用的不同可分别在室温或加热条件下固化。对于环氧树脂原料的配制,应从塑件性能和工艺性能两方面来考虑。不同的树脂和固化剂有不同的物理、力学性能。例如,制作大型塑件,可选择室温固化,这样可不用大型的加热设备;制作印刷电路板的封装件,高温可能影响电子元件的品质,亦应选择室温固化,但室温固化速度慢。常用的环氧树脂固化剂及其用量和固化条件如表 15.3 所示。

表 15.3 常用的环氧树脂固化剂及其用量和固化条件

固化剂	状态	用量/%(质量分数)	固化条件
乙二胺	无色有气味液体	7～8	25°C、2～4 d 80°C、3～5 h
二乙基三胺	无色有气味液体	8～11	25°C、4～7 d 150°C、2～4 h
593 固化剂	淡黄色黏性透明液体	23～25	25°C、1～2 h
三乙醇胺	油状液体	10～15	120～140°C、4～6 h
咪唑	白色固体 ,熔点 88～90°C	3～5	60～80°C、4～6 h

环氧树脂浇注原料中还可以加入铝粉、铁粉、钛白粉、玻璃纤维、碳酸钙、滑石粉等作为填充剂,以改进环氧树脂的性能或降低成本,也可加入邻苯二甲酸二丁酯、环氧丙烷丙烯醚等作为稀释剂,以降低环氧树脂的黏度,同时增强环氧树脂的韧性。

15.2.8 泡沫塑料的压塑成形和低发泡塑料注射成形

泡沫塑料是一种带有许多均匀分散气孔的塑料。泡沫塑料按其气孔结构不同可分为开孔(孔与孔之间大多相通)塑料和闭孔(大多数孔不相通)塑料;按塑料软硬程度可分为软质塑料、半硬质塑料和硬质塑料;按其密度又可分为低发泡塑料、中发泡塑料和高发泡塑料。低发泡塑料的密度在 0.4 g/cm^3 以上,中发泡塑料的密度为0.1～0.4 g/cm^3,高发泡塑料的密度在 0.1 g/cm^3 以下。泡沫塑料的模塑方法有压塑成形和注射成形(仅适用于低发泡塑料)。

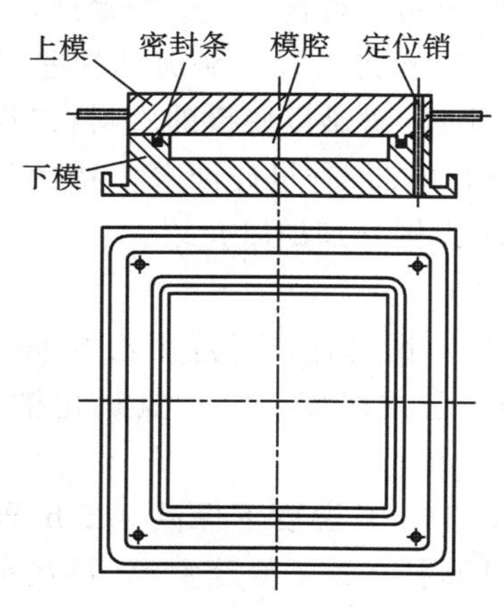

图 15.16 泡沫塑料的压塑模

1. 泡沫塑料的压塑成形

泡沫塑料的压塑成形过程是:先将发泡剂、颗粒状塑料、增塑剂、溶剂和稳定剂等混合研磨成糊状,或经混合辊压成片状,硬质塑料也可经球磨成为粉状混合物;然后将其加入压塑模(图 15.16)内,再闭模、锁紧、加热和加压,使发泡剂分解、树脂凝胶和塑化;接着通入冷却水进行冷却,待冷透后开模脱出中间产品;再将中间产品放在 100 ℃的热空气循环烘箱或蒸汽室内,使中间产品内的微孔充分膨胀而获得泡沫塑件。这种模塑方法通常仅限于用化学法生产的闭孔泡沫塑料,如聚氯乙烯软(硬)泡沫塑料、聚苯乙烯泡沫塑料和聚烯烃泡沫塑料等。

2. 低发泡塑料注射成形

低发泡塑料又称为硬质发泡体、结构泡沫塑料或合成木材。低发泡塑料注射成形是采用特殊的注射机、模具和成形工艺来成形泡沫塑件，以制造家具、汽车和电器零件、建材、仪表外壳、工艺品框架、包装箱等。

目前，几乎所有热固性塑料和热塑性塑料都能制成泡沫塑料，而最常用的是聚苯乙烯、聚氨基甲酸酯、聚氯乙烯、脲醛等。

15.2.9　反应注射成形

反应注射成形是注射成形的一种，是成形中伴有化学反应的热固性塑料和弹性体的成形新方法。它适于聚氨酯、环氧树脂、聚酯等热固性塑料及硅橡胶的成形，目前，主要用于聚氨酯泡沫结构的塑件（如轿车仪表盘、飞机及轿车坐垫）以及聚酯的塑件（如仿大理石的浴缸等）。

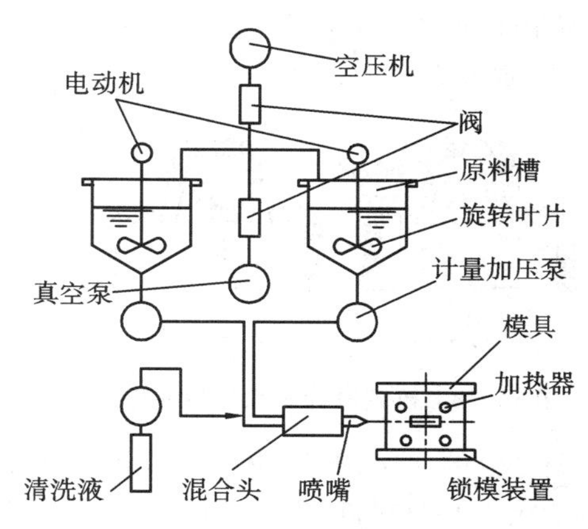

图 15.17　反应注射成形

聚氨酯反应注射成形的原理如图 15.17 所示。其工作过程是：利用精密计量泵把液状的多元醇和二异氰酸酯从容器送至液体混合头内，然后在一定的温度和压力下，借助混合头内的螺旋翼的旋转而混合及相互作用，趁两种原材料尚在反应时，以一定的压力将其注射入模具并在模具内发泡，最后得到表皮密度较大而内层密度较小的泡沫塑件。

反应注射成形的模具多用低熔点合金（如锌基合金）铸造而成。模具分型面的选择在很大程度上取决于塑件的形状，注入位置一般在分型面处或在塑件的最低处。在模具的最高处应开设排气槽，在注入的物料膨胀时，气体可以通过排气槽排出型腔。

15.3　塑件结构的工艺性

塑件结构设计应当满足使用性能和成形工艺两方面的要求。满足使用性能就是要考虑塑件的物理、力学性能，如强度、刚度、弹性、绝缘性能等。满足成形工艺的要求，则塑件应易于成形，同时模具的结构应简化。工程中使用最多的是注射成形塑件，其设计原则也适用于压塑成形件的设计。

1. 尺寸精度

塑件的尺寸精度主要受三个因素的影响：

①塑料成形收缩率的波动；

②模具型腔机械加工的精度；

③成形加工中型腔的磨损。

对于大型模具，塑料收缩率波动对塑件尺寸精度的影响较大；对于小型模具，模具型腔机械加工精度对塑件尺寸精度影响较小。塑件尺寸公差等级、数值可参考 GB/T 14486—2008。

2. 表面粗糙度

塑件的表面粗糙度主要通过模具型腔表面粗糙度控制，一般型腔表面粗糙度比塑件低 1～2 级。对于不透明塑件，对其外观表面有一定要求，而其内表面只要不影响使用，粗糙度可比外表面粗糙度大 1～2 级；透明塑件内、外表面的粗糙度应相同，Ra 一般为 0.8～0.05 μm(镜面)。

3. 形状

塑件的内、外表面应设计得易于模塑，尽可能不采用复杂的瓣合分模与侧抽芯方式。这样就可以简化模具的结构，降低制造成本，提高生产效率。图 15.18a 所示为一喷雾器喷头，塑件需要侧型芯，结构改进(图 15.18b)后不必从侧面抽芯，模具结构大为简化。图 15.19a 所示的塑件需内侧型芯，改进后(图 15.19b)可直接脱模。旋钮的防滑网纹滚花改为直纹滚花(图 15.20)，使脱模变得容易。

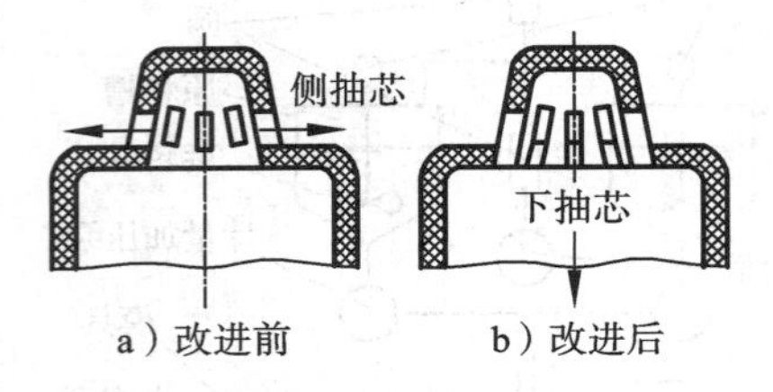

图 15.18　改变设计避免外侧抽芯

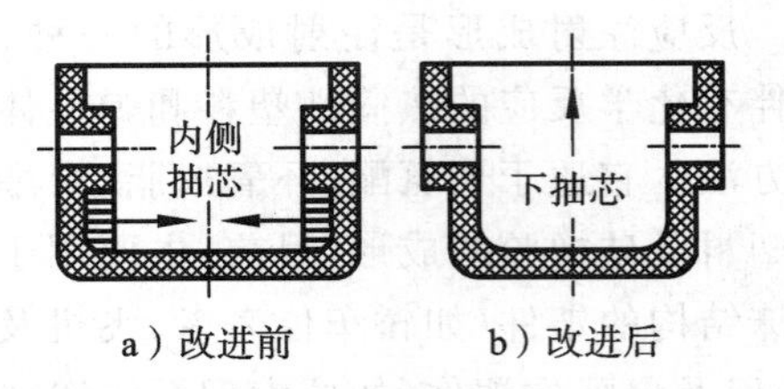

图 15.19　改变设计避免内侧抽芯

塑件上的文字、符号和花纹尽可能采用凸形，以使模具为凹形，从而便于制造。如果塑件表面不允许有凸起，可将凸起的文字或符号设在凹坑内(图 15.21)，这样既便于制造模具，又能避免碰坏凸起的文字或符号。

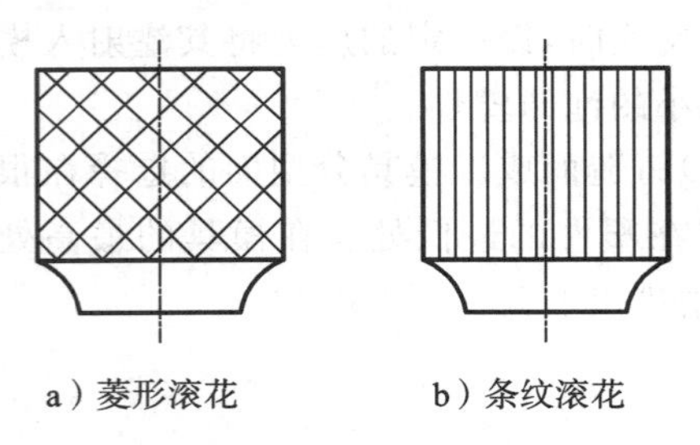

图 15.20　条纹滚花应考虑脱模难易程度

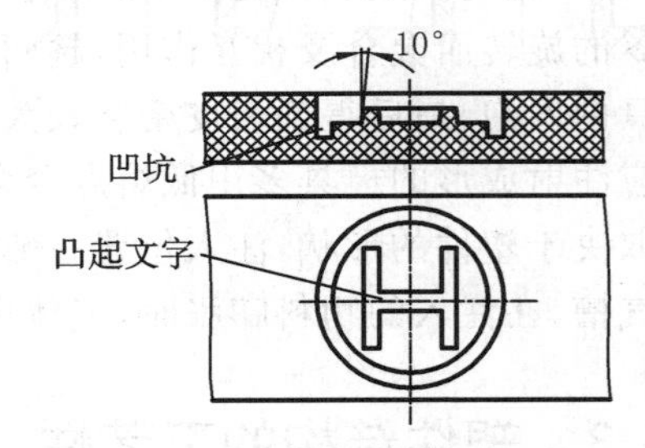

图 15.21　塑件上凸起的文字或符号设在凹坑内

4. 壁厚

塑件的壁厚首先取决于塑件的使用要求，即强度、结构、质量、电性能、尺寸稳定性及装配要求等。从工艺性能方面考虑，应尽可能使塑件的壁厚均匀，因为壁厚不均匀，塑件在冷却过程中容易产生不均匀收缩，从而产生翘曲变形等缺陷。若壁厚太大，塑件会因外部先冷却、内部后冷却而产生缩孔、凹陷等缺陷；若壁厚太小，塑料熔体在流动时的阻力则会较大，可能导致充填困难。一般情况下，塑件的壁厚为 1～6 mm 比较合适。常用塑件的最小壁厚及常用壁厚推荐值见表 15.4。

表 15.4　常用塑件的最小壁厚及常用壁厚推荐值　(mm)

材　料	最小壁厚	小型塑件壁厚	中型塑件壁厚	大型塑件壁厚
聚酰胺	0.45	0.76	1.50	2.40～3.20
聚丙烯	0.85	1.45	1.75	2.40～3.20
聚碳酸酯	0.95	1.80	2.30	3.00～4.50

5. 脱模斜度

在塑件的外表面沿脱模方向设置一定的脱模斜度，是为了便于将塑件从型腔中取出或将型芯从塑件中取出。脱模斜度的设置还可避免塑件与型腔壁之间的摩擦，保持塑件表面光洁。脱模斜度值一般取 1°～1.5°，当塑件精度要求高时可取得小一些，对于形状复杂、不易脱模的塑件可适当增大到 4°～5°。

6. 加强肋

加强肋的主要作用是增加塑件强度，避免塑件翘曲变形。为了确保塑件的强度和刚度，又不使塑件的壁厚过大，可以在塑件的适当部位设置加强肋。图 15.22、图 15.23 所示分别为用加强肋防止缩孔和防止翘曲的例子。沿塑料熔体流动方向的加强肋还能起到降低塑料充模阻力的作用。图 15.24 所示为容器底部或盖上加强肋的布置，其中图 15.24a 所示结构因塑料局部集中易产生缩孔，所以不合理，而图 15.24b 所示的结构形式较好。还须注意：加强肋不应设计得过厚，否则在其对应的壁上会产生凹陷；加强肋应有足够的斜度，肋的根部应呈圆弧过渡；应注意避免塑件壁厚不均匀和局部集中，防止凹陷、缩孔的产生；为保证塑件基面平整，加强肋高度应低于塑件端面(图 15.25)。

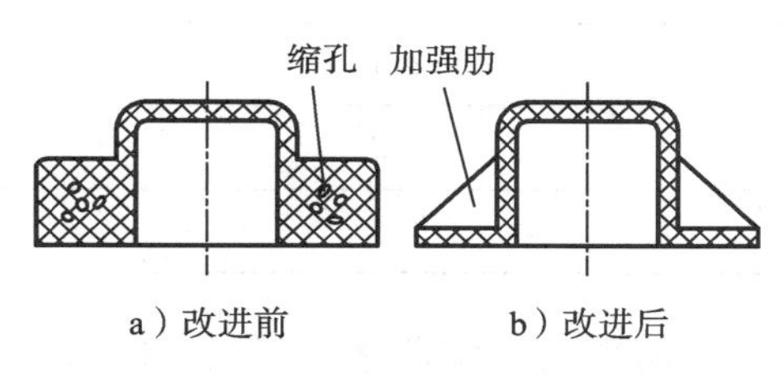

图 15.22　采用加强肋防止缩孔

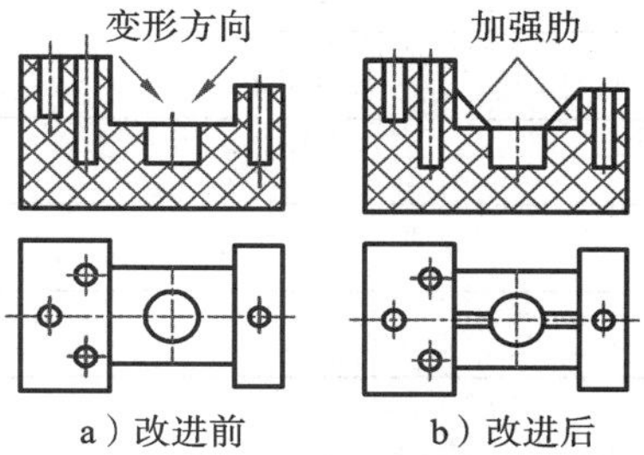

变形方向　加强肋

a）改进前　b）改进后

图 15.23　采用加强肋防止翘曲

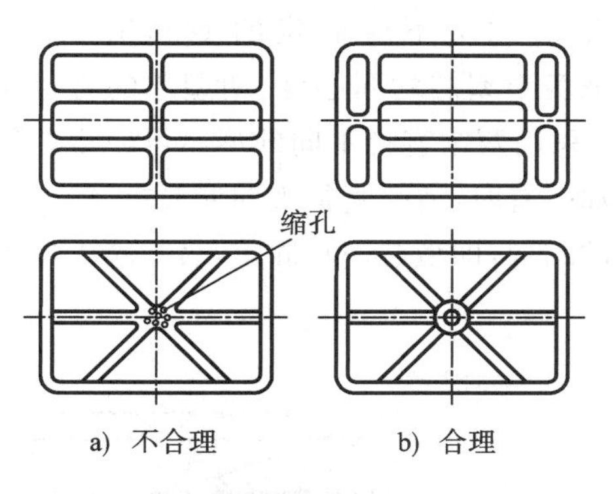

图 15.24　容器底部或盖上加强肋的布置

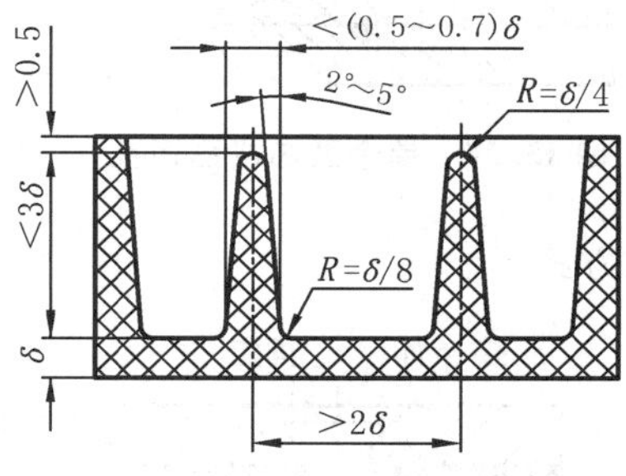

图 15.25　塑件底部加强肋的设计

7. 圆角

在塑件的内、外表面转角处应采用圆角过渡，这样可以有效地避免塑件的应力集中，同时也避免模具上的应力集中。塑件中若有集中应力，在受力或冲击振动时，甚至在脱模过程中受到顶出力时就会发生开裂。但是，只要采用 $R=0.5$ mm 的圆角过渡，塑件强度就能大大增加。采用圆角过渡的另一个好处是有利于塑料熔体的流动。圆角处的流动压力损失比直角要小得多。在

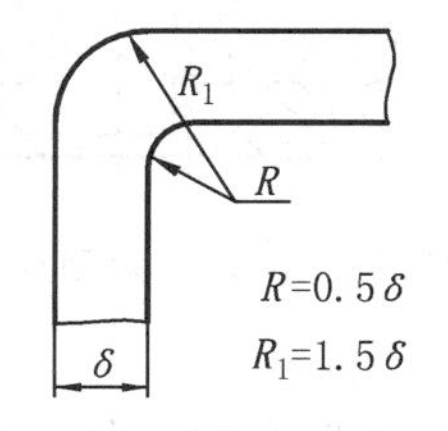

图 15.26　塑件圆角的设计

设计塑件圆角时应注意保持壁厚一致(图 15.26),内、外圆角半径分别为壁厚的 0.5 倍和 1.5 倍时,能保证壁厚的一致性。

8. 孔

在设计塑件上孔的位置时,应注意不影响塑件的强度,并尽量不增加模具制造的复杂性。要在塑件上形成孔,模具上就必然要有型芯。塑料熔体遇到型芯时被分成两股料流,绕过型芯后重新会合,这就形成了熔接痕,熔接痕处的强度较低。

在塑件孔的设计中应注意以下几点。

(1)为了保证塑件强度,孔与边壁之间、孔与孔之间应留有足够的距离。孔径、最小孔边距的常用值如表 15.5 所示。由于塑料熔体是在高温高压下充填的,细长的型芯容易被挤弯,所以盲孔的型芯应保持一定的长径比。

(2)不同成形工艺对塑件孔的设计要求:注射成形时,$H_{孔深}<4d_{孔}$;压塑成形时,材料流动性差,孔深应更浅一些,平行于压制方向 $H_{孔深}\leqslant 2.5d_{孔}$,垂直于压制方向 $H_{孔深}=2.0d_{孔}$。

表 15.5　孔的边壁最小厚度　　(mm)

孔　　径	最小孔边距
2	1.6
3.2	2.4
5.6	3.2
12.7	4.8

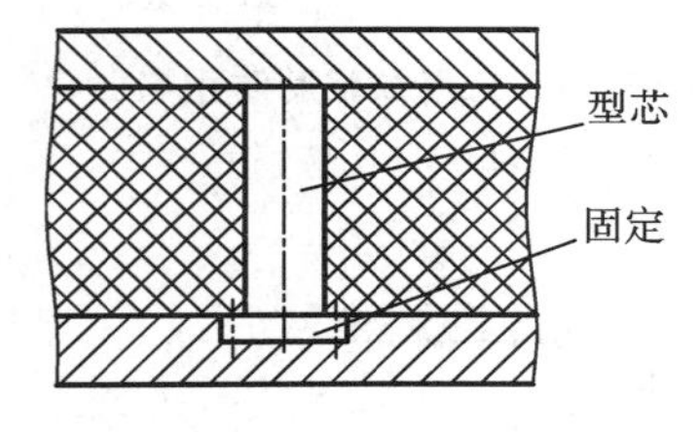

图 15.27　单个型芯成形通孔

(3)通孔可用一端固定的型芯来成形(图 15.27),但孔的另一端容易出现飞边。孔较深时型芯容易弯曲,这时可采用两个分别通过上下端固定的型芯来成形(图 15.28),为了保证两个型芯的同心度,两型芯的直径应相差 0.5～1 mm。采用两个直径不同的型芯可使型芯长度缩短,稳定性增加。有时,通孔直径不同但要求同心,可采用图15.29所示的结构,即型芯一端固定,另一端采用导向支撑方式。

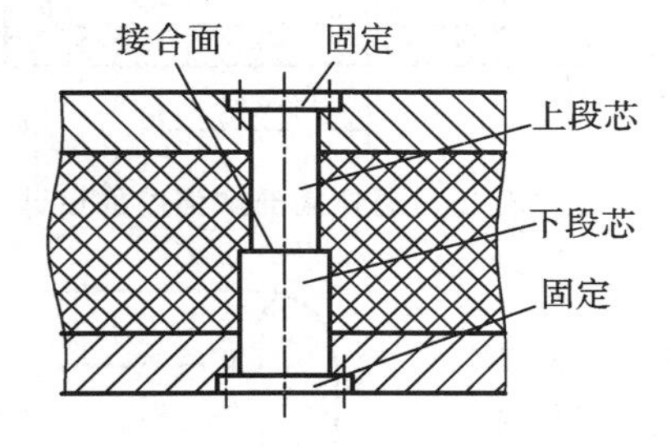

图 15.28　两端分别固定的对接型芯成形通孔

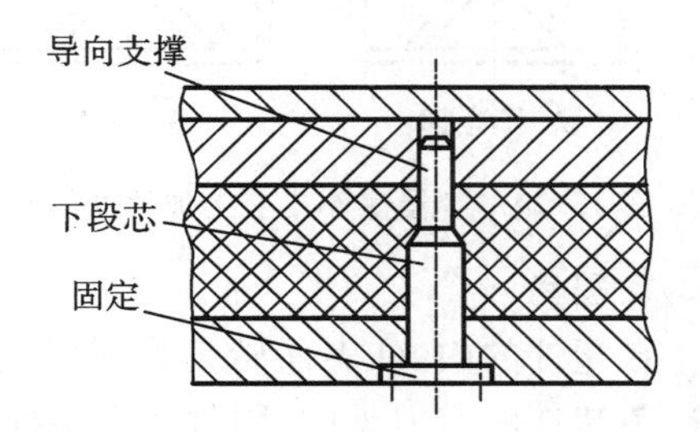

图 15.29　一端固定,另一端导向支撑的型芯成形通孔

带异形空腔塑件的成形可参考图 15.30。

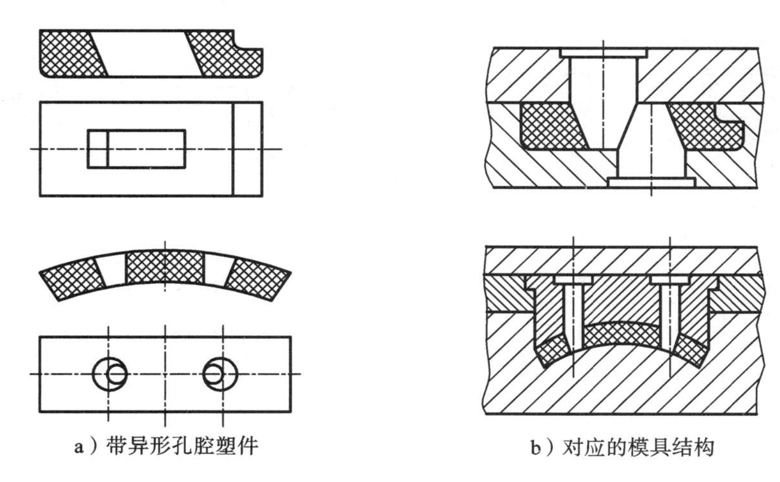

图 15.30　带异形孔腔塑件及其模具结构

9. 螺纹

塑件上的螺纹可在模塑时成形，也可用机械加工成形。

在塑件螺纹设计中应注意以下几点：

(1)模塑成形螺纹的直径 $d_{螺纹}$ 不宜太小，一般 $d_{外螺纹} \geqslant 4$ mm，$d_{内螺纹} \geqslant 2$ mm。

(2)螺牙规格一般按公制标准选用，M6 以上才可选用 1 级细牙螺纹，M10 以上可选用 2 级细牙螺纹，M30 以上可选用 4 级细牙螺纹。螺牙过细将会影响使用强度。

(3)因塑件成形时的收缩，螺纹配合长度不能太长，一般不超过 7 牙，当螺纹配合长度 $L_{配合} < 2d_{螺纹}$ 可不考虑塑件的收缩。

(4)为防止螺孔最外圈的螺纹崩裂或变形，也为了方便螺纹的拧入，螺孔始端应留有 0.2～0.8 mm 高的凹台(图 15.31)。同样，外螺纹上也应采用相应的设计。

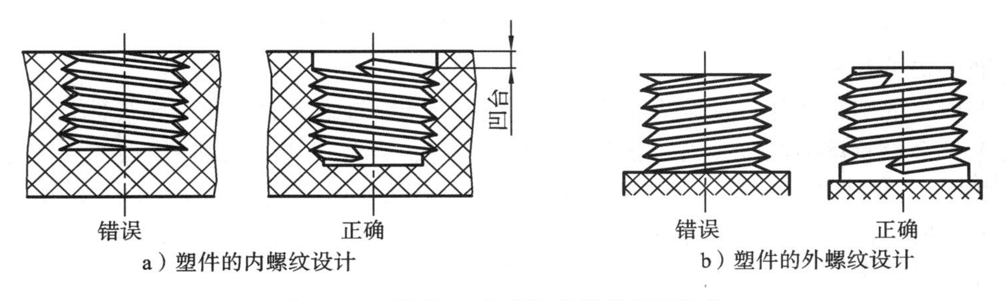

图 15.31　塑件内、外螺纹设计的正误比较

10. 镶嵌件

为了满足使用要求，有些塑件中需要镶嵌金属或非金属零件，例如紧固用的螺母、仪表壳透视面板等。设计时要注意，镶嵌件与塑件材料的膨胀系数应尽可能接近，镶嵌件周围的塑料层厚度不宜太薄，否则其会因收缩而破裂。图 15.32 所示为常见的金属镶嵌件的形式及尺寸，其中图 d 所示镶嵌件的推荐尺寸为：$H=D$，$h=0.3H$，$h_1=0.3H$，$d=0.7D$。在特殊情况下 H 最大不能超过 $2D$。

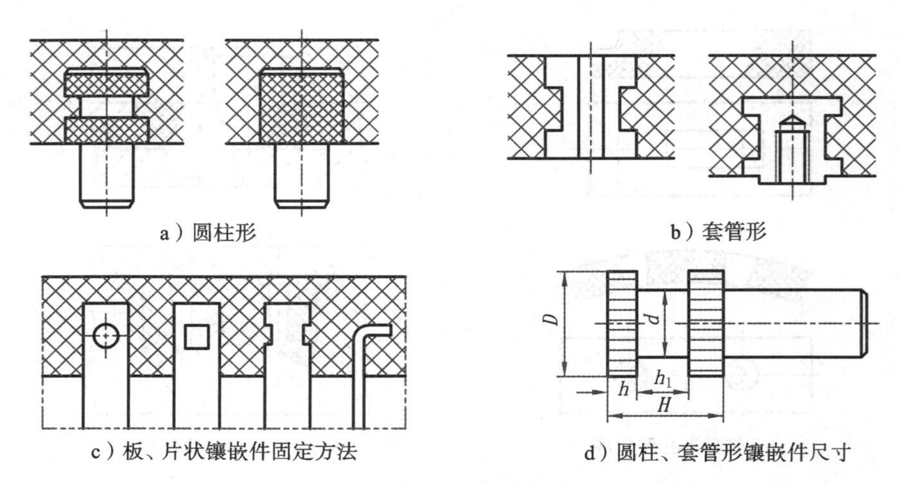

图 15.32　常见的金属镶嵌件的形式及尺寸

15.4　塑件浇注系统

浇注系统是塑料熔体进入模具型腔的通道，可分为普通浇注系统和无流道浇注系统两大类型，其中前者使用得较多。浇注系统的设计对塑件的性能、外观、成形的难易程度有很大的影响。

15.4.1　塑件浇注系统的设计

1. 塑件浇注系统的影响因素

好的浇注系统应能将注射压力传递到型腔的各个部位，使塑料熔体平稳地进入型腔，同时在冷却过程中又能适时凝固以控制补料时间，以得到外观清晰、尺寸稳定、内应力小、无气泡、无缩孔、无凹陷的塑件。设计浇注系统时应综合考虑以下因素。

1)**塑料的流动性**

黏度较小的塑料熔体流动阻力小，充型性较好。但塑料熔体属于非牛顿流体，温度、压力、剪切速率都会影响熔体黏度。对多数热塑性塑料而言，当剪切速率增加时，熔体黏度会降低。聚苯乙烯、聚乙烯等塑料对剪切速率敏感，而聚碳酸酯等塑料则对剪切速率不甚敏感。提高温度可降低塑料熔体的黏度，但不同的塑料黏度变化的程度是有差异的。另外，压力提高也会使塑料熔体的黏度上升。

2)**塑件的大小、形状及外观**

塑件的大小和形状决定了浇注系统的形状及其截面的大小。一般较大的塑件浇注系统的截面也应较大，以满足充型的需要。塑件的形状不同还会影响浇口的位置，例如对于厚壁塑件，浇口要避开型腔的宽大部位，以避免熔体产生喷射和破裂现象。设置浇注系统时还应考虑到去除、修整浇口冷凝料的方便，同时也不影响塑件的外观。

3)**成形设备和模具**

塑料注射机的形式与浇注系统形式有关，卧式注射机和角式注射机的浇注系统形式各有不同。一型多腔时其浇注系统形式也会有所不同。

4)**成形效率**

塑件充型流动阻力要小，冷却时间要短，浇口冷凝料要尽量少，以减少浇注系统损耗的原料。在保证塑件品质的前提下减小浇口尺寸可以缩短成形周期,提高生产效率。

5)**冷料**

在注射间隔时间,注射机喷嘴前端的熔体被冷却。当浇口较小时,塑料熔体前锋的冷料会影响熔体的流动充型,而且冷料进入型腔会影响塑件的品质。所以,在浇注系统中要采取储存冷料的措施。

2. 塑件浇注系统的组成

1)**主流道**

卧式注射机的浇注系统如图 15.33 所示。主流道是从注射机喷嘴起到分流道为止的一段流道,它与注射机喷嘴在同一轴线上。为减小流动阻力,便于将浇口冷料从主流道中脱出,常将主流道设计成圆锥形,锥角 $\alpha=2°\sim4°$。对于流动性差的塑料,α 还可取大些。主流道的长度 L 应尽可能短,一般不超过 60 mm,以减少压力损耗。主流道小端直径 d 为注射机喷嘴直径加 0.5～1 mm,以保证浇口冷料能顺利脱出。大端直径 D 可取近似于分流道宽度的值。

2)**分流道**

在多型腔的模具中才会出现分流道。分流道将主流道中的塑料熔体分别引入各个型腔,塑料通过分流道时,温度降低量和阻力应尽可能小;考虑到要减少浇口凝料的回料量,避免成形时冷却过快,分流道也不宜过粗。

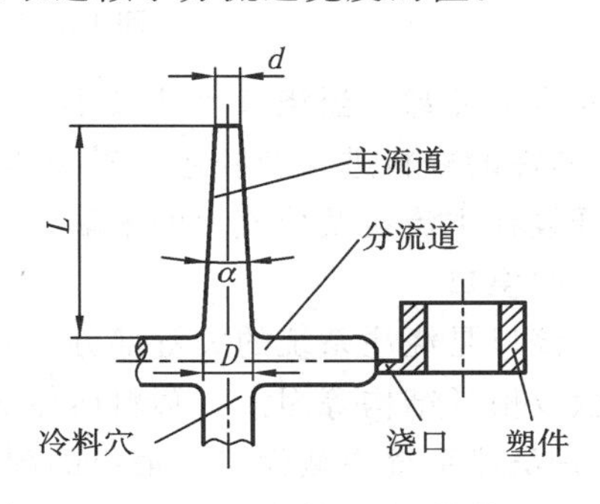

图 15.33　卧式注射机的浇注系统

分流道的截面常设计成梯形或 U 形,使其比表面积较小,热量散失和阻力也较小。圆形截面流道的比表面积最小,但圆形截面的流道要分开设在两个半模上,不易精确吻合,故不常用。如图 15.34 所示,梯形截面流道的尺寸比例为 $h=2W/3, x=3W/4$。U 形截面流道深 $h=5R/4$。

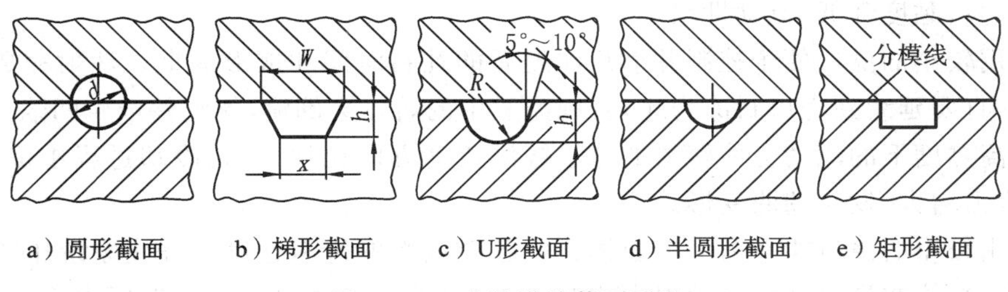

a) 圆形截面　b) 梯形截面　c) U形截面　d) 半圆形截面　e) 矩形截面

图 15.34　分流道的截面形状

分流道的布置有平衡式和非平衡式两类(图 15.35)。

平衡式分流道布置的特点是,从主流道到各个型腔分流道的长度、形状、截面尺寸都是对应相等的,各个型腔能均匀进料。

非平衡式流道的特点是各分流道长度不相同且长度较短。但熔体充型流程不同,压力降各异,不能同时充满各个型腔。为了使熔体同时充满各个型腔,不同的浇口应具有不同的截面尺寸,同时,它们在冷却时的封冻时间也是不一致的。当塑件精密程度高时,应采用平衡式分流道,保证各个塑件的尺寸和性能一致。对普通塑件则可采用非平衡式分流道,以缩短流道。

3)**冷料穴**

在注射的间隔时间内,注射机喷嘴端部的材料会冷却,而且塑料熔体进入浇注系统时,其

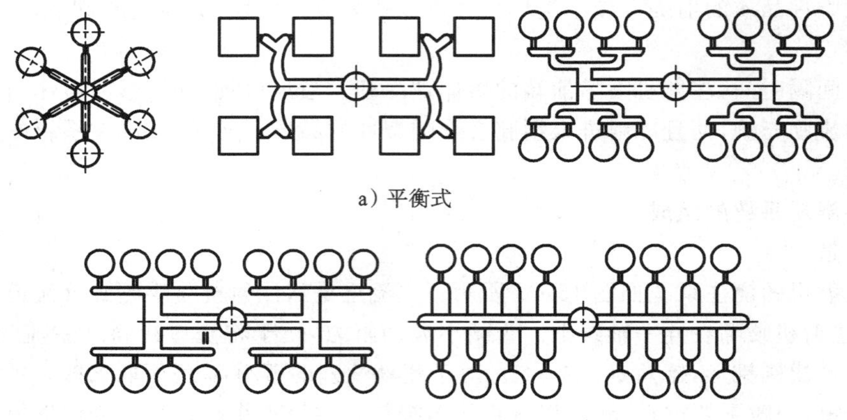

a) 平衡式

b) 非平衡式

图 15.35　分流道的平衡式与非平衡式布置

前锋也会冷却。当浇口尺寸较小时,前锋的冷料可能堵塞浇口,从而使塑料熔体不能顺利充型;前锋的冷料进入型腔还会影响塑件的品质,因此要开设冷料穴,容纳前锋冷料。冷料穴一般开设在主流道及分流道的末端(图 15.33)。

4)浇口

浇口是浇注系统的关键部分。对于浇口形式的设计,应综合考虑塑料熔体流动行为、塑件形状及模具结构等因素。塑料熔体的黏度受到温度、剪切速率、压力的影响。浇口大多尺寸较小,是浇注系统中截面尺寸最小的部位。其原因是:

(1)采用较小的浇口可增大塑料熔体通过时的流速,使熔体的剪切速率增大,黏度降低,充型比较容易。

(2)较小的浇口对熔体的摩擦阻力较大,熔体通过浇口时,一部分动能转变成热能,熔体的温度明显升高,黏度降低,流动性增加。

(3)采用较小的浇口便于控制并缩短注射后的补料时间和成形周期。注射完成后保压补料的时间一直要延续到浇口封冻为止,否则型腔中的熔体会倒流,使塑件产生凹陷。最大的问题还在于,高黏度下的流动会使塑料的分子链沿流动方向拉伸,并在冷却过程中冻结下来,使塑件的内应力增大,发生翘曲变形。

(4)采用较小的浇口能平衡多型腔模具中各个型腔的进料速度。浇注系统中流道的尺寸比浇口的大,熔体在浇口处的流动阻力比较大,流道被充满并建立起足够压力后,熔体才在大致相同的时刻开始充型,这样就可避免进料不平衡引起的塑件缺陷和塑件的不均匀性。

(5)浇口大有利于塑料熔体的流动,但大浇口外的凝料往往需要车削或锯割才能去除,而较小的浇口外的凝料可用手工迅速去除,或在脱模时自动切断,去除后留下的痕迹也小。

但较小的浇口并不适合高黏度的塑料熔体,也不适合其黏度对剪切速率不敏感的塑料熔体。由此可见,在设计中应根据具体的情况来确定浇口的大小。

5)塑件的浇口形式

塑件的浇口形式有以下几种。

(1)针点浇口　针点浇口的特征是浇口截面尺寸很小,适用于其黏度对剪切速率敏感的塑料(如聚乙烯、聚苯乙烯等)熔体。针点浇口容易在开模时自动切除,可用于单型腔模具,也可用于多型腔模具。典型的针点浇口如图 15.36 所示。其直径一般为 0.5～1.8 mm,长度一般为 0.5～2 mm。为防止拉断浇口时损伤塑件，浇口与塑件连接处采用圆弧连接或倒角，大型塑件的浇口尺寸可适当加大。

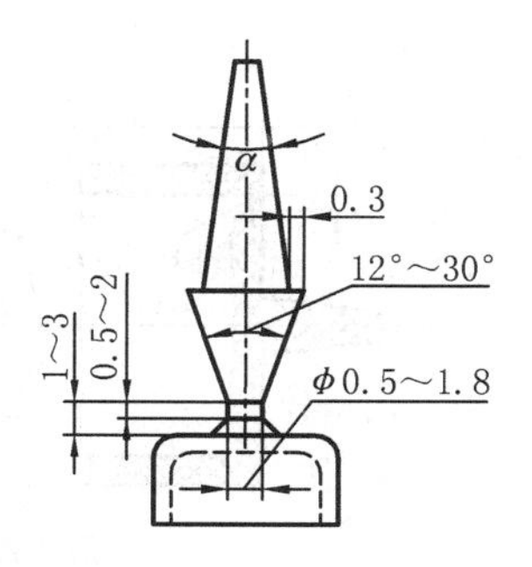

图 15.36　针点浇口

(2)潜伏式浇口　潜伏式浇口(图 15.37)又称为隧道式浇口或剪切式浇口，它是由针点式浇口演变而来的，其进料部分常选在塑件侧面较隐蔽的地方，浇口沿斜向潜入塑件侧面进入型腔。顶出塑件时，浇口被自动切断。潜伏式浇口不适合过于强韧的塑料。

(3)侧浇口　侧浇口又称为边缘浇口，适合于各种形状的塑件，是最常用的浇口之一。浇口开在分型面上，截面设计成矩形(图 15.38)，以便修改浇口的厚度，调整充型时的剪切速率和浇口封冻时间。对于中小型塑件，其典型尺寸为：深 0.5～2 mm(通常取塑件壁厚的 1/3～2/3)，宽 1.5～5 mm，长 1～2.5 mm。侧浇口有许多演变形式，如扇形浇口(图 15.39)、平缝式浇口(图 15.40)等，其共同特征是可依塑件宽度扩大浇口的宽度。塑料熔体通过这类浇口进入型腔时铺展开来，从而有利于定向充型和排除气体，防止塑件翘曲变形，但去除浇口后的加工量大。这类浇口适用于薄壁、扁平状的塑件。

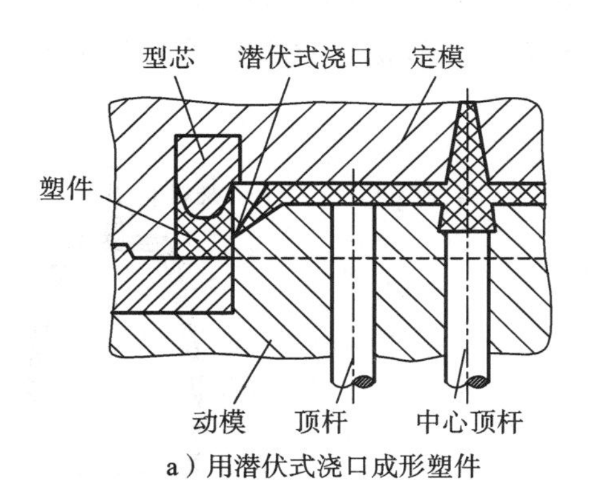

a) 用潜伏式浇口成形塑件

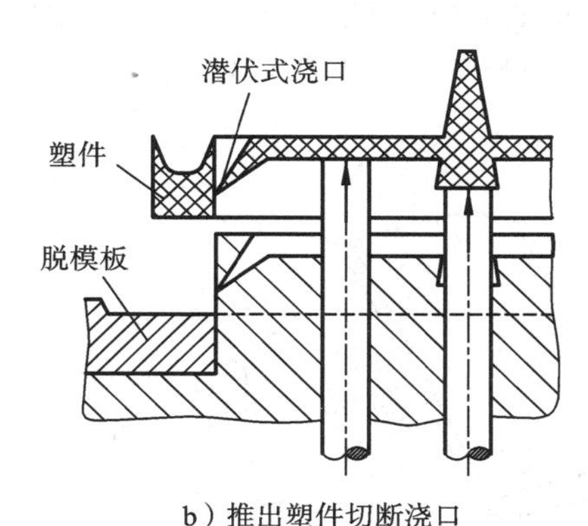

b) 推出塑件切断浇口

图 15.37　潜伏式浇口

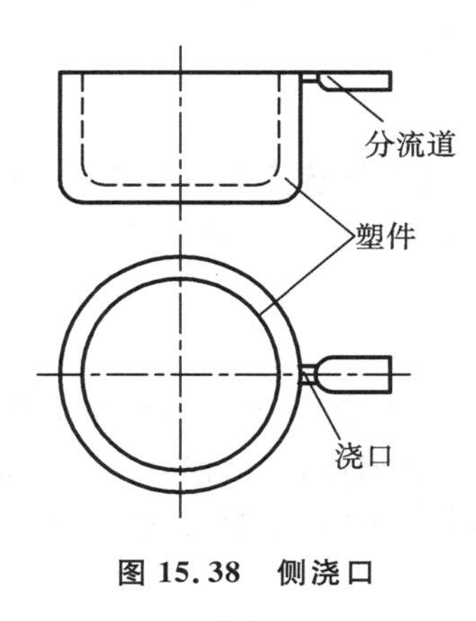

图 15.38　侧浇口

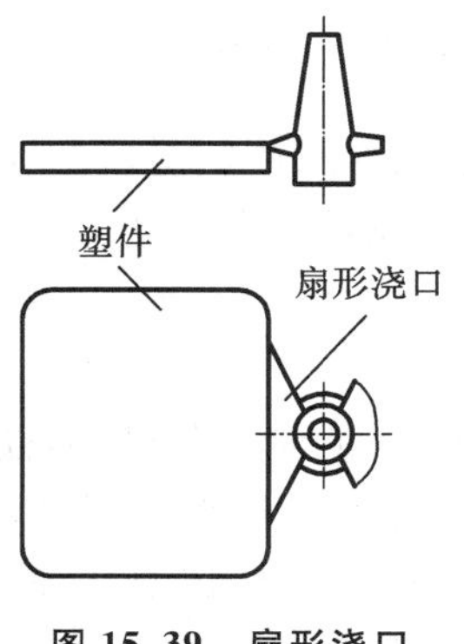

图 15.39　扇形浇口

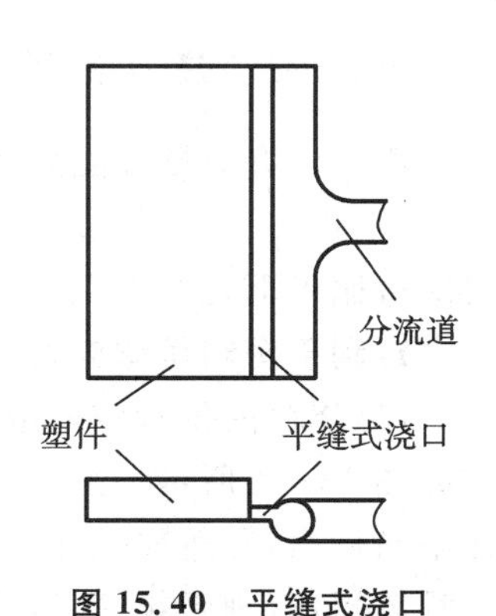

图 15.40　平缝式浇口

(4)圆环形浇口　圆环形浇口适用于成形圆筒形塑件及中间带有孔的塑件(图 15.41)。它的特点是在塑件的整个圆周上均匀进料，以利于型腔内气体的排出。

(5)护耳式浇口　护耳式浇口的形式如图 15.42 所示。塑料熔体从浇口进入、冲击在护耳

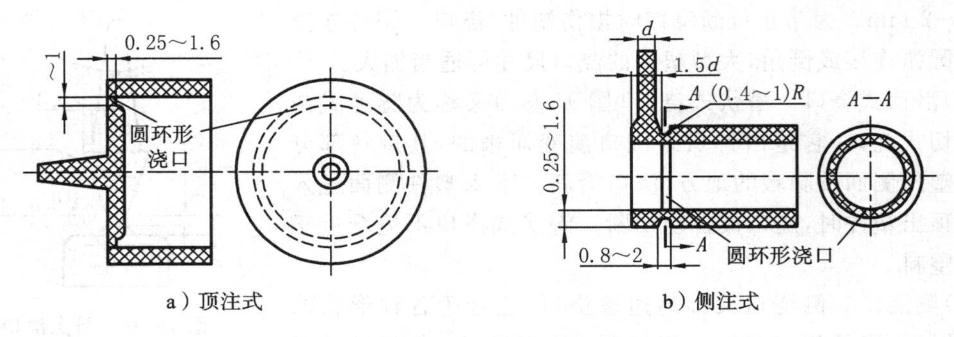

图 15.41　圆环形浇口

壁上后，速度降低，流向改变，能按顺序平稳地充满型腔。护耳式浇口能较好地解决在型腔较大、塑料熔体黏度较小时，塑料熔体内容易产生喷射气体夹杂，造成塑件缺陷的问题。

(6)主流道式浇口　主流道式浇口(图 15.43)又称为直接浇口，其特点是浇口截面尺寸大，流动阻力小，注射压力直接作用在塑件上，便于充型和保压补缩。主流道式浇口经常用于聚碳酸酯等熔体黏度较高的塑料的成形，也用于大型、长流程的塑件的成形。这类浇口的缺点是固化时间长，影响模塑周期；浇口处残留应力大，塑件易翘曲变形；浇口去除较难。设计时还应注意：浇口根部直径不能太大，否则容易产生缩孔。一般浇口根部直径最大为塑件壁厚的两倍。

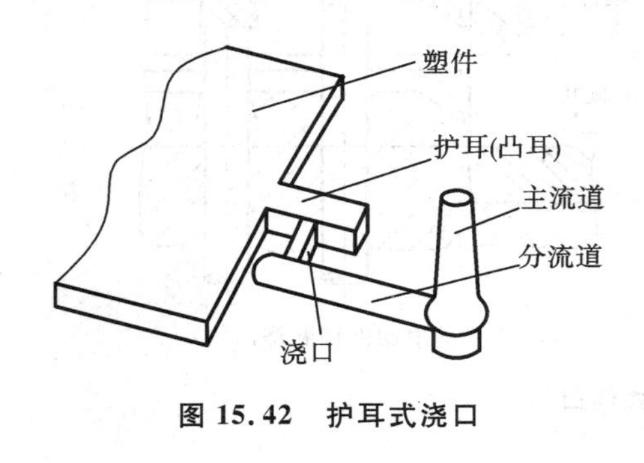

图 15.42　护耳式浇口

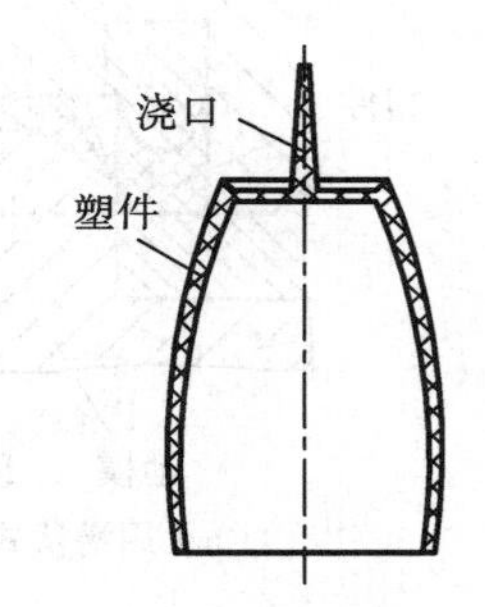

图 15.43　主流道式浇口

15.4.2　浇口位置对塑件品质的影响

浇口位置对塑件品质的影响也很大，不同的浇口位置会影响到塑料熔体充型时的流程、充型顺序、排气、补料等过程。浇口位置设计是保证塑件品质的一个重要环节。在确定浇口位置时应遵循以下几个原则。

1. 利于塑料熔体充型及补料

(1)浇口的位置应使熔体流程最短，流向变化最小，能量损失最小。浇口位置对充型的影响如图 15.44 所示。图 15.44a 所示的为侧浇口，采用侧浇口时熔体流程最长，流向变化多，气体不易排出，易造成顶部缺料或产生气泡。图 15.44b、c 所示浇口开在中心位置，这样使熔体流程较短，有利于排气，避免产生熔接痕。

(2)当塑件壁厚不同时，应将浇口设计在壁厚较大处，以利于熔体充型和补料。浇口位置对收缩的影响如图 15.45 所示。图 15.45a 中浇口开在薄壁处，塑件收缩时得不到补料而产生凹痕或缩孔等缺陷；图 15.45b 中浇口开在厚壁处，浇口处冷却较慢，塑件内部容易得到补料，

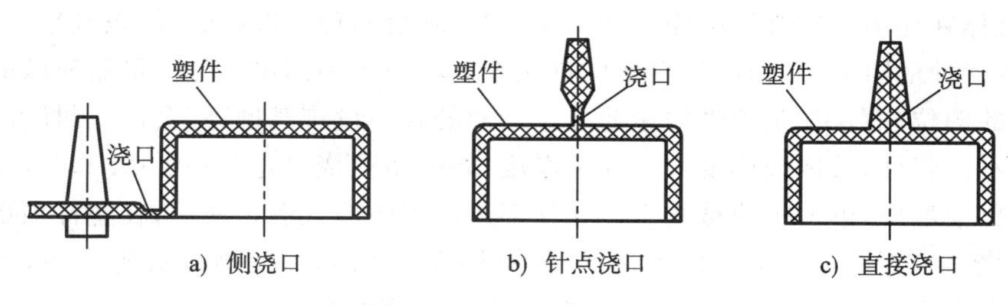

图 15.44　浇口位置对充型的影响

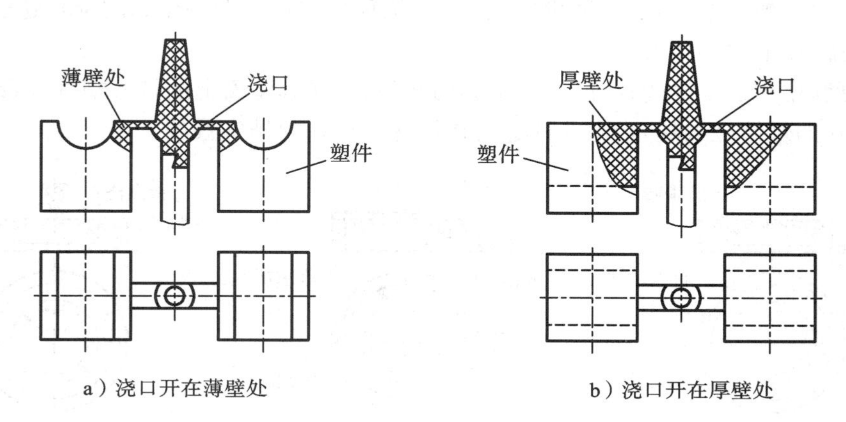

图 15.45　浇口位置对塑件收缩的影响

故不易出现凹痕等缺陷。

2. 防止塑件翘曲变形

图 15.46 所示的薄壁塑件，单点进料流程长，熔料难以充满型腔，即使充满，后面塑件也容易翘曲变形。改为多点进料后，塑件变形情况可得到很大改善。

(1)对于浇口位置的设计，还应注意防止料流挤压型芯或镶嵌件使之变形，特别是对于具有细长型芯的筒形塑件，应避免偏心进料，以防止型芯弯曲。图 15.47a 中采用的是单侧进料方式，熔体单边冲击型芯，型芯容易偏斜而导致塑件壁厚不均匀。图 15.47b 中采用的是双侧进料方式，可防止型芯偏斜。

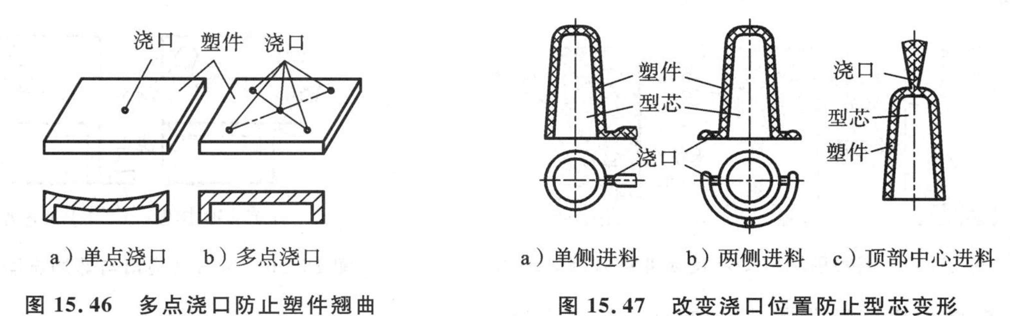

图 15.46　多点浇口防止塑件翘曲　　图 15.47　改变浇口位置防止型芯变形

(2)不论单侧进料还是双侧进料，都不利于型腔气体的排出。若采用图 15.47c 所示的点浇口顶部进料方式，则既可以防止型芯偏斜，又利于排气。

3. 利于型腔内气体的排出

(1)若进入型腔的塑料熔体过早地封闭排气系统，塑件就会产生气孔、疏松、填充不满、熔接不牢等缺陷。

(2)若气体在注射时因被压缩而产生高温,塑件就会出现局部碳化、烧焦现象。

(3)型腔各处的阻力不一致,塑料熔体首先充满阻力最小部位,因此,最后充满的不一定是离浇口最远的部位,而往往是塑件的最薄处。最薄处若不设排气槽,则会产生封闭的气囊。如图 15.48 所示的塑件,其侧壁厚度大于顶部厚度,如采用侧浇口进料(图 15.48a),熔体在侧壁的流速显然比顶部快,侧壁很快被充满而在顶部形成封闭的气囊。最后,在塑件顶部留下明显的熔接痕或烧焦的痕迹。增加塑件顶部的壁厚(图 15.48b),可使顶部最先充满,浇口对边的分型面处最后充满,这样有利于排气,以及减少或消除熔接痕。

(4)如不改变塑件壁厚,也可采用针点浇口,从顶部中心进料(图 15.48c),这也有利于气体从分型面排出,消除熔接痕。

(5)还可利用注射模具的顶杆、活动型芯的间隙、开在分型面上的排气槽排气,或在产生气囊处镶嵌多孔的烧结金属块,借微孔的透气作用达到良好的排气效果。

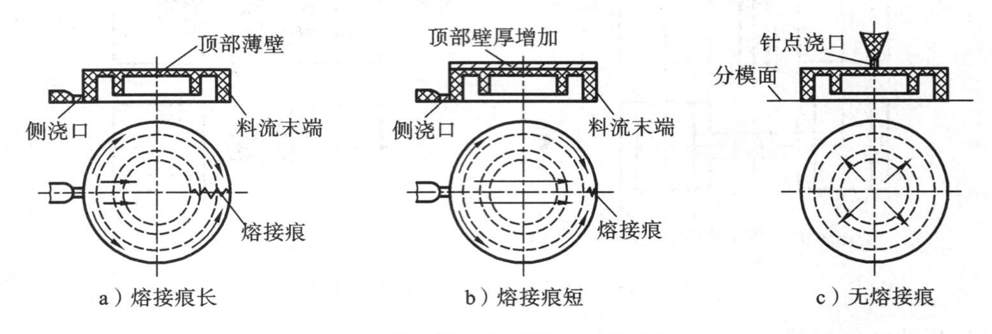

图 15.48　浇口位置对排气的影响

4. 避免由喷射造成的塑件缺陷

对于黏度较低的塑料(如聚酰胺),当浇口尺寸较小,而型腔宽度和厚度较大时,容易产生因喷射和蠕动(蛇形流)所造成的熔体破裂现象(图 15.49)。因此类塑料熔体不能定向充型,会在模腔内夹杂气体,形成气泡和焦痕。先进入的熔体冷却,与后进入的熔体不能很好熔合,在塑件表面就会留下缺陷或瑕疵。这时应选择适当的浇口位置,采用冲击型浇口(图 15.50b),使熔体冲击在型腔壁或型芯上而改变流向,降低流速,平稳地充满型腔,从而消除熔体破裂现象。也可采用护耳式浇口,以避免塑件出现缺陷。

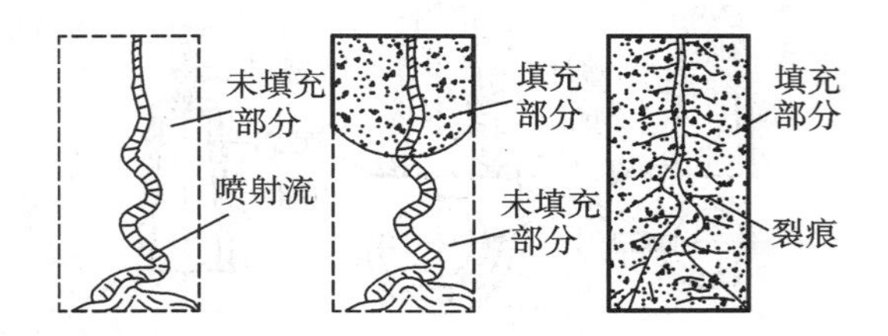

图 15.49　因喷射和蠕动所造成的熔体破裂现象

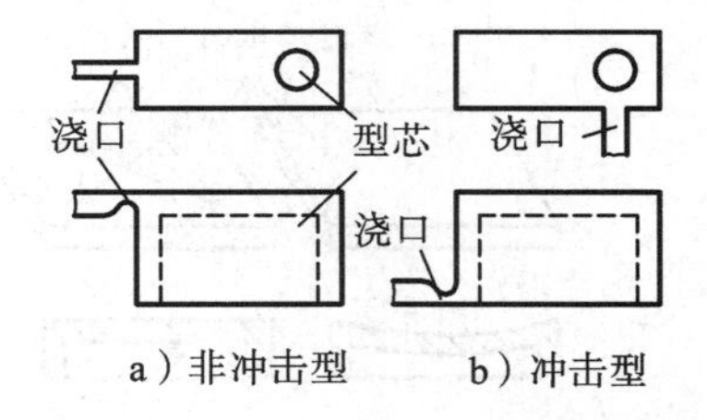

图 15.50　冲击型浇口与非冲击型浇口

5. 减少熔接痕数量、增加塑件的熔接强度

(1)塑料熔体遇到型芯时,会分流绕过型芯,若重新会合的情况不好,易形成如图 15.51 所示的熔接痕。塑件上熔接痕的数量与型芯数目有关,也与浇口数目有关。浇口数目多,熔接痕也多。当熔体在模具型腔内的流程不太长时,最好只开设一个浇口,以减少熔接痕数量。

(2)浇口位置不当也易产生熔接痕。如图 15.52 所示的齿轮塑件,一般不允许其有熔接痕，特别是在齿形部分。采用侧浇口（图 15.52a）时，在轮齿上易产生熔接痕，且去除浇口时易损伤轮齿。若采用图 15.52b 所示的中心浇口，则能大大减少熔接痕。

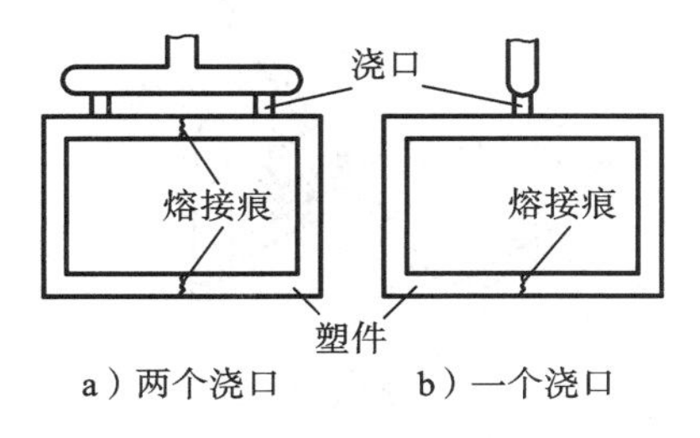

图 15.51　浇口数量对熔接痕数量的影响

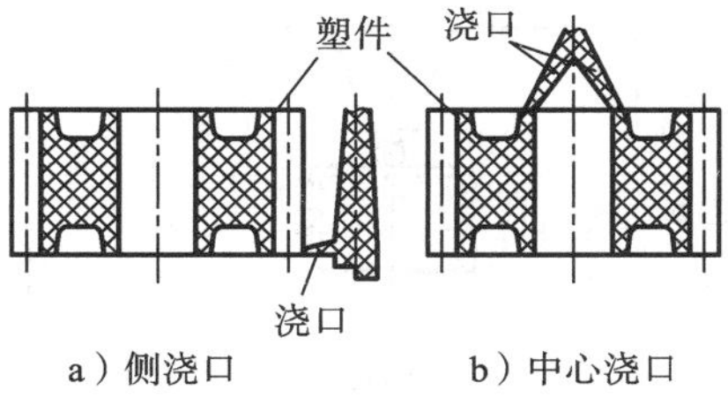

塑件　浇口

浇口

a）侧浇口　b）中心浇口

图 15.52　齿轮类塑件的浇口位置

（3）进行模具结构设计时，在熔体熔接处的外侧开设溢流槽，以便料流前锋的冷料先进入溢流槽（图 15.53）。这也是避免塑件产生熔接痕的有效措施之一。

在确定浇口位置时，还应考虑熔接痕的方位。如图 5.54a 所示的浇口位置，使塑件的熔接痕在相同方向的一条直线上，会使塑件强度大大降低；而采用图 15.54b 所示的浇口位置，则塑件的熔接痕将分散开，这样利于保持塑件的强度。

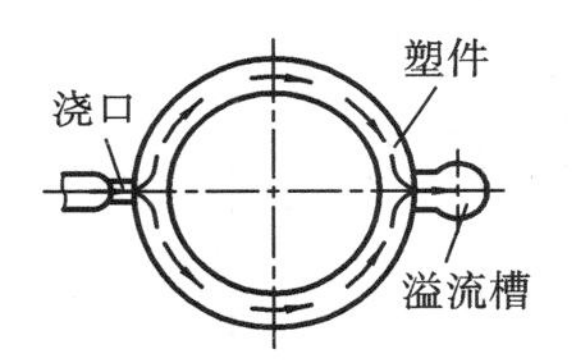

图 15.53　开设冷料槽以增加熔接强度

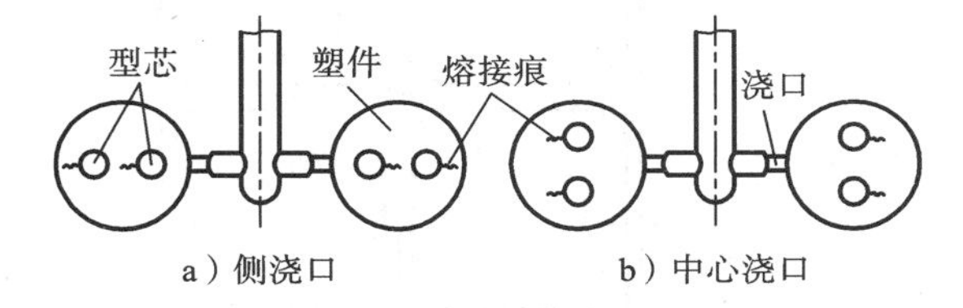

图 15.54　浇口位置与熔接痕的方位

在不同的情况下，对上述浇口位置确定的原则可能有所侧重，应根据具体情况具体分析，灵活掌握和应用这些原则。

复习思考题

（1）何谓塑料？塑料中主要含有什么成分？塑料分为几类？其性质有何区别？常用塑料聚苯乙烯、ABS、聚酰胺、酚醛树脂及环氧树脂分别属于哪一类塑料？

（2）注射成形一般有哪几个工艺步骤？各个工艺步骤分别起什么作用？

（3）塑料注射模具一般包括哪几个部分？

（4）哪些因素对注射成形塑件的品质有重要影响？试说明模具温度对塑件品质的影响。

（5）聚四氟乙烯是热塑性塑料还是热固性塑料？其塑件应选用什么成形工艺来生产？

（6）热塑性塑料可否采用压塑成形工艺成形？采用该工艺成形有何弊病？

（7）为什么挤出模具的内腔流道应为流线型？

（8）吹塑成形工艺适用于成形哪一类塑件？

（9）试述塑件浇注系统的组成。较小的浇口有什么优点？针点浇口适合用于成形什么塑料？

（10）浇口位置对塑件的品质影响很大，在选择浇口开设位置时，应该考虑哪些方面的问题？

（11）指出图 15.55 中各浇口的名称，并说明它们各适用于什么样的塑件。

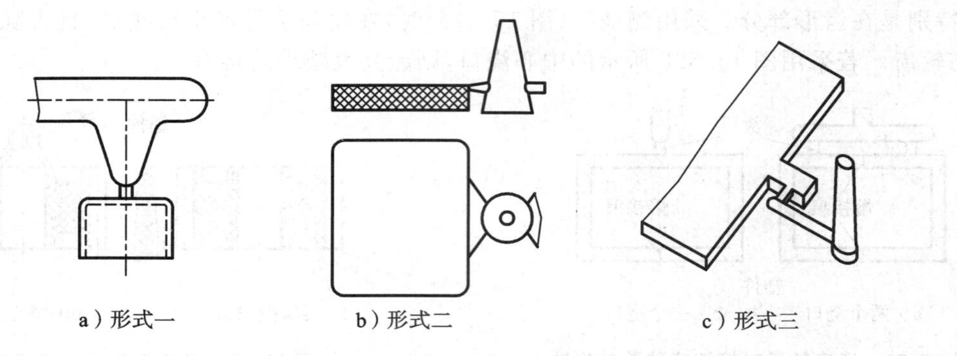

图 15.55　浇口的几种形式

(12)指出图 15.56 所示塑件中哪些部位的结构不符合成形工艺的要求,应如何改进。

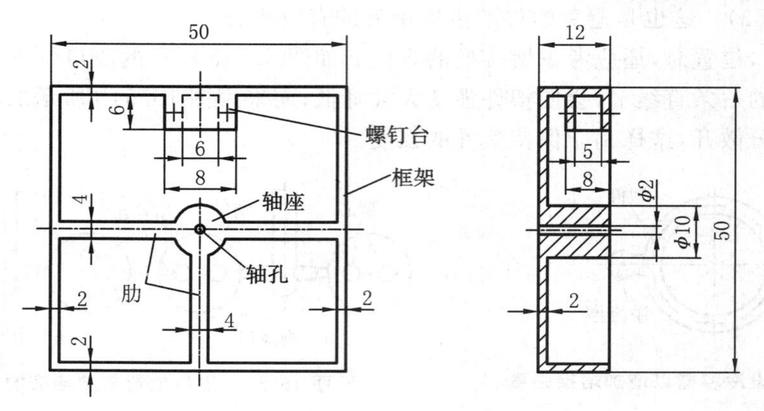

图 15.56　壳体塑件

第 16 章　橡胶及其模塑成形工艺

橡胶是另一类重要的高分子材料，常用的橡胶材料包括天然橡胶和人工合成橡胶。在橡胶行业中常将橡胶制品分为轮胎、胶带、胶管、胶鞋及橡胶工业制品等五大类。工业中常用的油封、胶辊、空气弹簧、离合器、胶布、胶板等均属橡胶工业制品。橡胶工业制品是各种重要设备和现代化精密仪器不可缺少的配件。从生产过程来看，橡胶制品可分为模塑制品和非模塑制品两大类。除由胶布、胶片加工而成的橡皮船、氧气袋等产品之外，大多数橡胶制品均为模塑制品。

16.1　常用橡胶材料的添加剂

橡胶材料在通常情况下都是多组分的，其主要成分是生胶，即天然橡胶或合成橡胶。除生胶以外的其他组分统称为添加剂(或称配合剂、助剂等)。橡胶材料的添加剂种类较多，加工工艺也相当复杂。这些添加剂的加入，起到了改变或改善生胶的物理性能、力学性能、加工工艺性能或降低成本的作用。橡胶材料的添加剂的品种繁多，作用复杂，下面分类进行介绍。

16.1.1　硫化剂

未经硫化的橡胶称为生胶。生胶是线型高分子聚合物，随着温度的升高，其永久变形量显著增大，并且强度低，耐磨性和抗撕裂性差，对溶剂的作用不够稳定，弹性不足。经硫化后，生胶的线型分子发生交联，成为比较稀疏的三维网状结构。这种结构变化会导致橡胶性能显著改变，其抗拉强度、定伸强度(伸长值为定值时的抗拉强度)会提高，弹性、抗永久变形性、对溶剂的稳定性等一系列性能也会大大改善。在一定条件下能使橡胶发生交联反应的添加剂统称为硫化剂。常用的硫化剂如下。

1. 硫黄及含硫化合物

硫黄是工业中用量最大的硫化剂，但硫黄只用于天然橡胶、丁苯橡胶、丁腈橡胶等的硫化。橡胶工业中使用的硫黄有硫黄粉、不溶性硫黄、胶体硫黄、沉淀硫黄等。

硫黄粉因价廉而使用最为广泛。硫黄粉是通过将硫铁矿锻烧、熔融、冷却、结晶，制成硫黄块后再进行粉碎、过筛而得到的。为防止未硫化的胶料喷硫，硫黄粉应在低温下加入。所谓喷硫是指当硫黄量超过了在橡胶中的溶解度时，硫黄开始结晶并向橡胶表面迁移而析出的现象。喷硫的胶料黏合与融接困难，采用不溶性硫黄能避免胶料喷硫，这样胶料也不易产生早期硫化，能保持较好的黏性。胶体硫黄是在存在分散剂的条件下，将粉末硫黄或沉降硫黄用球磨机或胶体磨研磨，制成黏稠状物，再经干燥、粉碎而制成的，适用于乳胶制品的生产。沉淀硫黄的粒度细，在胶料中分散性好，适用于高级橡胶制品的制造。

在用作硫化剂的含硫化合物中，具有代表性的有二硫化四甲基秋兰姆、四硫化双五亚甲基秋兰姆及二硫化二吗啉等，它们可用作天然橡胶、合成橡胶的硫化剂和促进剂，具有不喷硫、不变色、不污染、易分散的特点。

2. 非硫类硫化剂

非硫类硫化剂品种很多,使用较多的主要有金属氧化物、有机过氧化物及树脂类硫化剂等。金属氧化物主要用于氯丁橡胶的硫化,有机过氧化物主要用于硅橡胶、乙丙橡胶的硫化,树脂类硫化剂则常用于丁基橡胶的硫化。

金属氧化物一般是指氧化锌和氧化镁,它们可用来硫化氯丁橡胶,也可用来硫化羧基丁苯橡胶和羧基丁腈橡胶。

有机过氧化物主要是指过氧化二异丙苯和过氧化苯甲酰。过氧化二异丙苯的商品名为硫化剂 DCP,它常用于白色、透明,要求压缩变形小、耐热的制品。但它不能硫化丁基橡胶,其硫化后的分解产物不易挥发,从而使胶料带有强烈的气味。过氧化苯甲酰能硫化硅橡胶,同时还具有硫化过程中不受酸性物质影响,硫化时所需温度较低的优点;其缺点是不能配用炭黑,否则硫化会受到干扰。过氧化物可硫化除丁基橡胶和氯磺化橡胶以外的大部分橡胶,透明制品和要求低压缩永久变形的制品采用过氧化物硫化颇具优越性。但是,过氧化物在受热、受冲击或摩擦作用时会爆炸,加之其价格较高,使用并不普遍。

树脂类硫化剂主要是指一些热固性的烷基酚醛树脂和环氧树脂等。例如,用叔丁基苯酚甲醛树脂硫化天然橡胶和丁基橡胶,可显著提高硫化胶的耐热性能;环氧树脂对羧基橡胶和氯丁橡胶均有较好的硫化效果,其硫化胶的耐屈挠性好,对黄铜的黏附力大。

16.1.2　硫化促进剂

硫化促进剂是指那些能加快硫化反应速度、缩短硫化时间、降低硫化反应温度、减少硫化剂用量并能改善橡胶物理性能和力学性能的添加剂。硫化促进剂有两类:

(1)无机硫化促进剂　无机硫化促进剂效果不好,已成为辅助促进剂。

(2)有机硫化促进剂　其性能好,在绝大多数场合已取代了无机促进剂。常用硫化促进剂及其应用特点如表 16.1 所示。

表 16.1　常用硫化促进剂及其应用特点

商 品 名	应 用 特 点
促进剂 M (硫醇基苯并噻唑)	通用促进剂。硫化临界温度为 125 ℃,混炼时有烧焦的可能;不适用于食品用橡胶制品;用作第一促进剂时的用量为 1%～2%,用作第二促进剂时用量为 0.2%～0.5%;可用作天然生胶等的塑解剂
促进剂 DM (二硫化二丙苯噻唑)	特性与促进剂 M 相似,硫化临界温度为 130 ℃,在 140 ℃以上时硫化活性增大;常与其他促进剂并用以提高活性;可用作天然生胶等的塑解剂
促进剂 TMTD(二硫化四甲基秋兰姆)	超速促进剂。既用作无硫黄硫化的硫化剂,也用作促进剂,一般用作第二促进剂;可配合噻唑类、次磺酰胺类促进剂使用以提高硫化速度;与次磺酰胺类促进剂并用时能延迟硫化反应开始的时间,硫化开始后硫化速度快,硫化程度高,是重要的低硫硫化体系;用作促进剂时用量为 0.2%～0.3%
促进剂 CZ(N-环己基-2-苯并噻唑次磺酰胺)	迟效性促进剂。呈酸性;抗烧焦性优良,硫化速度快;硫化胶耐老化性能优良,不喷霜;临界硫化温度为 138 ℃;一般用量为 0.5%～2%
促进剂 NS(N-叔丁基-2-苯并噻唑次磺酰胺)	性能和用途与促进剂 CZ 类似,但在天然橡胶中的迟效性更大,变色与污染轻微

续表

商　品　名	应 用 特 点
促进剂 D(二苯胍)	碱性、中速硫化剂。烧焦时间短;无毒,但与皮肤接触时有刺激性;硫化临界温度 141 ℃;用作第一促进剂时用量为 1%～2%,与噻唑类促进剂并用,用作第二促进剂时用量为 0.1%～0.5%
促进剂 PZ(二甲基二硫代氨基甲酸锌)	超速促进剂。白色粉末,无味,无毒,但接触皮肤时会引起炎症;硫化临界温度约 100 ℃;硫化速度快,烧焦时间短,容易产生早期硫化、欠硫、过硫现象;掌握适当则硫化胶物理、力学性能优越;主要用于乳胶制品、浅色及彩色制品、食用橡胶制品;在乳胶中的用量一般为 0.3%～1.5%
促进剂 H(六次甲基四胺)	醛胺类促进剂。呈碱性;所得硫化胶耐老化性能优良;硫化临界温度为 140 ℃,硫化温度低时不太活泼,烧焦危险性小;多用作第二促进剂,主要用于透明及厚壁制品
促进剂 ZBX(正丁基黄原酸锌)	黄原酸盐类,超速促进剂。硫化速度比促进剂 PZ 还快;一般用于胶乳及低温硫化胶浆;有特殊气味,无毒,不污染;须低温(10 ℃以下)储藏
促进剂 NA-22(乙撑硫脲)	硫脲类。抗烧焦性能差,促进效果小;系氯丁橡胶专用配合剂;在胶料中易分散,不污染,不变色;在一般制品中用量为 0.25%～1.5%

16.1.3　填充剂

为了提高品质和降低成本,常在橡胶制品中加入填充剂(又称填料)。能改善制品性能(如耐磨性、抗撕裂强度、抗拉强度、抗挠曲疲劳性能等)的填充剂称为补强剂或增强填料,无补强作用或补强作用甚小的则视为一般填充剂。

1. 炭黑

炭黑是应用广泛的增强填料。在橡胶工业中,炭黑的用量仅次于橡胶。炭黑不仅能改善橡胶的使用性能,而且能改善橡胶的加工工艺性能。炭黑的品种繁多,目前常用的有四十多种,按生产方法不同,炭黑可分为四大类。

(1)槽法炭黑　它是用一长排天然气小火焰接触槽钢面而形成的炭黑,其 pH 值通常较低,纯度也较差,目前已较少使用。

(2)炉法炭黑　它是以天然气或石油加工产品为原料,将其气化后配以定量空气喷入炉中燃烧,收集激冷尾气而得到的产品,其 pH 值为 7 左右,其中以石油为原料的炭黑比较适用于增强橡胶。

(3)热裂炭黑　热裂炭黑的生产与炉法炭黑略有不同,是在缺氧的环境下用热裂烃类气体制得的。热裂炭黑的价格便宜,补强性能差,只用作一般填充剂。

(4)乙炔炭黑　乙炔炭黑采用乙炔作为原料,与热裂炭黑生产方法相同。乙炔炭黑的特点是具有较高的导电性能。

炭黑对橡胶的补强作用与橡胶分子对炭黑表面的吸附性能有关。现代放射性同位素研究表明,炭黑通过吸附橡胶分子和化学键进入硫化网点结构,使橡胶得以增强。在有些合成橡胶(如硅橡胶)中,炭黑并无明显的补强作用,另外,对于许多浅色的橡胶制品,炭黑显然不适用。

2. 白炭黑

白炭黑是优良的白色补强剂,其补强效果仅次于炭黑。白炭黑的组成为水合二氧化硅。它广泛用于各种橡胶制品,特别是硅橡胶制品及浅色和白色橡胶制品。

另外,橡胶工业中还常使用碳酸钙、膨润土、碳酸镁等作为填充剂,但补强效果较差。有些填充剂经过表面活性处理后,补强效果可得到提高。

16.1.4　防老剂

生胶和硫化胶在储存和使用过程中,由于受到热、氧、臭氧、变价金属离子、应力、光、高能辐射及化学物质和霉菌等的作用,其主要的物理、力学性能和使用性能会逐渐变差,出现脆、软、黏、龟裂等现象,这种现象称为老化。因此,常在橡胶及其制品中加入某些化学物质,延缓或抑制老化现象,这类物质称为防老剂。防老剂的品种较多,常用的防老剂有以下几类。

1. 胺类防老剂

胺类防老剂有防老剂 D、A、4010NA、KD 及 AW 等多种。防老剂 D 是天然橡胶、合成橡胶及乳胶的通用防老剂,对热老化、氧化、屈挠龟裂及一般老化均有突出的防护作用,效果较防老剂 A 稍好;对有害金属离子亦有抑制作用,但较防老剂 A 稍差,若与防老剂 4010NA 并用,抗老化性能则有显著增加;其用量超过 2%时会喷霜,但与防老剂 A 并用则不会。防老剂 D 有污染性,不适用于浅色制品,用量一般为 0.52%。

2. 酚类防老剂

酚类防老剂主要用于抗氧化老化,其防护能力不如胺类防老剂的好,但具有突出的不变色、不污染性能。防老剂 SP 是酚类防老剂中较优良的品种之一,其效能接近于防老剂 A、防老剂 D,可应用于浅色或彩色制品,其用量一般为 0.5%～1.5%。

3. 有机硫化物防老剂

有机硫化物防老剂主要起抑制氧化的辅助作用,常与其他防老剂并用,常用品种(如防老剂 MB)用量为 1%～2%。另外还有防老剂 MBZ、NBC 等。

防老剂的品种远非上述几种,使用时可查阅有关手册。

16.1.5　软化剂

软化剂的作用在于改善橡胶的加工性能,使橡胶在加工时具有一定的塑性,降低加工时橡胶的黏度,同时还可改善橡胶制品的耐寒性能。软化剂的加入会降低硫化胶的强度和硬度。软化剂根据其来源可分为:

(1)石油系软化剂　它是石油加工产品,主要有操作油、机械油、重油、柴油、凡士林、石蜡、沥青等。

(2)煤焦油类软化剂　它是煤加工产品,主要有煤焦油、古马龙树脂及煤沥青等。

(3)植物油类软化剂　它来自林业化工产品,主要有植物油、脂肪酸、松焦油、松节油、松香及硫化油膏等。

(4)合成软化剂　也称增塑剂,它主要是邻苯二甲酸酯类、磷酸酯类以及一些液体状低分子聚合物等。

16.1.6　其他添加剂

在橡胶加工中,为了改善橡胶的加工工艺性能及制品的物理、力学性能,还常常加入一些其他添加剂，如硫化活性剂、防焦剂等。

硫化活性剂又称助促进剂，其作用是提高促进剂的活性，提高硫化反应速度，缩短硫化周期，同时也提高橡胶的交联程度，改善硫化胶的物理、力学性能。在实践中常将氧化锌与硬脂酸并用。

防焦剂又称硫化迟缓剂，其作用是防止胶料在加工过程中过早硫化，提高加工操作过程中的安全性。常用的防焦剂有水杨酸、邻苯二甲酸酐、N-亚硝基二苯胺等。防焦剂的加入会影响硫化胶的物理、力学性能，应尽可能避免使用。

此外，添加剂还有着色剂、发泡剂、隔离剂、脱模剂、塑解剂及乳胶专用助剂，使用时可查阅有关手册。

16.2　橡胶材料的主要品种

16.2.1　天然橡胶

天然橡胶是从三叶橡胶树等植物中采集的高弹性物质。用于橡胶工业的生胶品种很多，传统的品种有烟片胶和绉片胶两大类。烟片胶为棕黄色胶片，绉片胶又分为白绉片和褐绉片。白绉片与烟片胶品质相近，但颜色洁白，可制造浅色透明制品。褐绉片的品质相差很大，一般较白绉片品质要差。

天然橡胶在常温下具有高弹性，加热时会慢慢软化，在130～140 ℃时呈流动状态，在160 ℃以上则可变成黏性很大的黏流体，温度达200 ℃时开始分解，270 ℃时急剧分解。天然橡胶在0 ℃时弹性大大降低，在－72 ℃以下时变为像玻璃一样既硬又脆的固体。天然橡胶的物理、力学性能较好，具有优异的弹性、耐寒性及加工工艺性能，常用来制造轮胎、减震零件、密封件等。

16.2.2　合成橡胶

1. 丁苯橡胶

丁苯橡胶是早期应用较多的合成橡胶，是由丁二烯、苯乙烯在乳液中聚合而得的共聚物，为浅黄色弹性体，有苯乙烯气味。

丁苯橡胶具有较好的耐热、耐老化性能；弹性、耐寒性、耐屈挠龟裂性、耐撕裂性和黏结性以及加工工艺性能等均不如天然橡胶，其加工工艺性能的不足可通过调整配方和工艺条件得到改善。

丁苯橡胶可部分或全部替代天然橡胶来制造胶管、胶带、电缆、胶鞋、绝缘件及模塑件等。但丁苯橡胶不耐油，故不适合制造与矿物油接触的零件，目前应用已逐渐减少。

2. 丁腈橡胶

丁腈橡胶是由丁二烯、丙烯腈共聚而成的，为浅黄色略带香味的弹性体。丙烯腈含量不同，丁腈橡胶的性能也有所变化。

(1)丁腈橡胶具有良好的耐油和耐非极性溶剂的性能，其耐油性仅次于聚硫橡胶、氟橡胶、聚丙烯酸酯橡胶，耐热性比天然橡胶、丁苯橡胶好，此外还具有良好的耐磨性、耐老化性、气密性。

(2)耐臭氧老化、电绝缘及耐寒性能较差。

(3)丁腈橡胶适合用来制作各种耐油制品,如油封、垫圈、印刷胶辊、输油胶管、油箱等。

3. 氯丁橡胶

氯丁橡胶为浅黄色或暗褐色弹性体。

氯丁橡胶的特点是综合性能较好,其物理、力学性能接近天然橡胶,耐燃烧、耐热、耐腐蚀、耐油等性能都较好,其中耐燃烧性在通用橡胶中是最好的,耐油性仅次于丁腈橡胶。其常用来制造汽车和拖拉机配件、运输带、电线、电缆、密封胶条、耐油及耐腐蚀胶管等。

4. 氟橡胶

氟橡胶是含氟单体聚合物,属特种橡胶,其品种较多。

氟橡胶耐无机酸、脂肪族溶剂,并且有良好的耐燃油、大多数润滑油和液压油的性能,但低分子酮类、酯类、磷酸酯类液压油能使其溶胀。它耐热性好,能在250 ℃条件下长期工作,还有极好的耐臭氧老化及耐天候老化性。

氟橡胶的缺点是耐低温性能、介电性能及气密性较差。

氟橡胶可用于制造各种耐高温、耐油、耐特种介质的制品和密封件、密封剂,以及耐高真空制品和防护制品,因而它在航天航空、导弹等领域里得到应用。

5. 硅橡胶

硅橡胶具有极好的耐热性、耐寒性、耐臭氧老化性、耐天候老化性及介电性能。其抗拉强度、抗撕裂性能较差,除腈硅橡胶、氟硅橡胶外,一般的硅橡胶耐油、耐溶剂性能欠佳。

硅橡胶不宜用于普通场合,但却非常适合用在许多特定的场合,如用作航天航空工业中的密封、减震、绝缘材料以及医疗器械、人工器官材料及3D打印模具等。

6. 乙丙橡胶

乙丙橡胶是以乙烯与丙烯为主要单体共聚制得的聚合物,未引入第三单体的称为二元乙丙橡胶,引入第三单体的称三元乙丙橡胶。

乙丙橡胶耐老化性能优异,电绝缘性能良好,耐化学腐蚀性能、冲击弹性较好;硫化速度慢,加工性能较差,黏结困难,自黏性及互黏性都很差,加工性能不好。

乙丙橡胶大多用来制造耐热运输带、蒸汽胶管、耐化学腐蚀的密封件以及电线、电缆、汽车零件如垫片、玻璃密封条、散热器胶管及轮胎侧胎等。

7. 聚氨基甲酸酯橡胶

聚氨基甲酸酯橡胶即聚氨酯橡胶,其有卓越的耐磨性,良好的强度、耐油性和耐臭氧性,耐辐射性能、低温性能也很好;但其耐热老化性能较差,在热、湿条件下容易发生水解反应。

聚氨酯橡胶常用来制造耐磨的橡胶轮胎、强度和弹性较好的胀形软胶模及在低温下工作的橡胶零件。

16.3 橡胶模塑制品的成形

橡胶模塑制品的成形加工都要经过生胶的塑炼、胶体的混炼,然后模压成形或注射成形。

16.3.1 生胶的塑炼

生胶的高弹性使其具有极高的使用价值,但高弹性给生产带来了极大的困难:大部分的机械能被消耗在弹性变形上,而且很难获得所需的制品形状。

为了顺利实现橡胶制品的生产,必须使橡胶具有一定的可塑性。在一定条件下对生胶进行机械加工，使其由强韧的弹性状态转变为柔软的、可塑的状态。这种使生胶由弹性状态转变至可塑状态的加工工艺称为塑炼。

塑炼的方法主要是机械塑炼法，即通过开放式炼胶机、密炼机、螺杆塑炼机（也称压出机）的机械破坏作用，使橡胶分子链断裂，弹性、黏度降低，可塑性、黏结性提高，并且获得适当的流动性，满足混炼、压延、压出、模压成形等工艺的要求。有时还辅以化学塑炼，即在机械塑炼时加入塑解剂促使橡胶大分子降解，增强塑炼效果。

生胶在常温下黏度很高，难以切割和进一步加工，在冬季，生胶还会硬化和结晶。因此，在切胶和塑炼之前，需在烘胶房中烘烤生胶。烘胶温度一般为 50～70 ℃，烘胶时间随季节温度变化和生胶种类不同而定，夏季的烘胶时间为 24～36 h，冬季为 36～72 h。

将经过烘胶的生胶从烘房取出后用切胶机切成 1 kg 左右的小块。切胶前应清除表面的杂质。

切好的生胶要用破胶机进行破胶。破胶时辊距一般为 2～3 mm，温度在 45 ℃以下，破胶后将生胶卷成 25 kg 左右的胶卷，以方便塑炼。

下面介绍生胶塑炼方法。

1. 用开放式炼胶机塑炼

开放式炼胶机简称开炼机，其结构如图 16.1 所示。它主要由挡料板、辊筒、机架、底座、调距装置、紧急刹车装置、传动装置和加热冷却装置（图中未绘出）组成。调距装置可调整辊筒间的距离，电动机通过减速器和速比齿轮及大齿轮带动两个辊筒以不同速度旋转。冷却水或蒸汽通过旋转接头进入辊筒内腔，将辊筒冷却或加热，以调节混炼时的辊筒温度。用刹车装置可进行紧急刹车。

1）开炼机塑炼原理

在开炼机上塑炼时，胶料在其与辊筒表面之间摩擦力的作用下被带入两辊的间隙，因为两个辊筒的转速不同而产生的速度梯度作用，胶料受到强烈的摩擦剪切作用，橡胶的分子链断裂，在周围氧气或塑解剂的作用下生成相对分子质量较小的稳定分子，橡胶的可塑性从而得到提高。

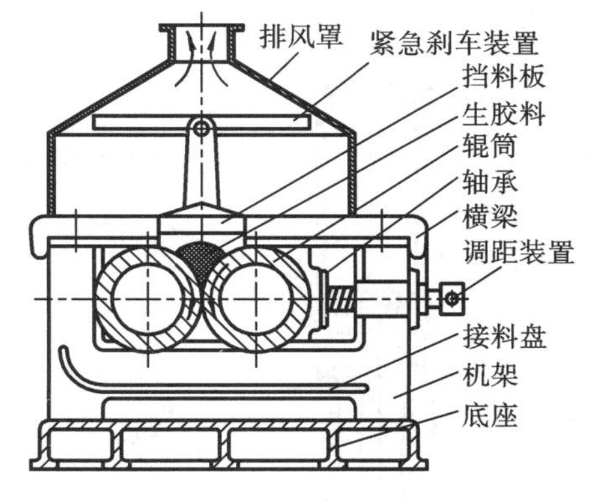

图 16.1　开炼机

2）开炼机上塑炼的方法

（1）薄通塑炼　薄通塑炼方法的特点是辊距很小，通常为 0.5～1 mm。胶料通过两辊间隙后不包辊而直接落在料盘上，这样反复多次，直至可塑性达到要求为止。薄通塑炼效果好，是经常使用的塑炼方法。

（2）一次塑炼　一次塑炼是将胶料加到开炼机上，使胶料包辊后连续塑炼，直至达到可塑性要求为止。这种方法塑炼时间长，塑炼效果较差，所得到的胶料可塑性较差，塑炼中常加入化学塑解剂。加入塑解剂时，辊温应适当提高，以充分发挥塑解剂的化学增塑作用，强化塑炼效果。

（3）分段塑炼　分段塑炼是将生胶塑炼一段时间（约 15 min）后冷却 4～8 h，然后再进行塑炼，反复 2～3 次，直至达到可塑性要求为止。

3）开炼机塑炼的工艺因素

（1）塑炼温度（辊温）　开炼机塑炼温度一般在 55 ℃以下，温度越低，塑炼效果越好。采用薄通塑炼和分段塑炼的目的之一就是降低温度。

(2)塑炼时间　在塑炼开始后的10～15 min内,胶料的可塑性迅速提高,随后趋于平稳。这是随着塑炼时间的延长,胶料温度升高,剪切摩擦作用降低,塑炼效果下降所致。

(3)辊筒的速比和距离　当辊筒速比一定时,两个辊筒之间的距离愈小,胶料在辊筒之间受到的摩擦剪切作用就愈大。同时,由于从两辊间流出的胶片较薄,易于冷却,塑炼效果进一步加强。辊筒之间的速比越大,胶料通过辊缝时所受到的剪切作用也越大。用于塑炼加工的开炼机两个辊筒之间的速比一般为1∶(1.25～1.27)。速比不能过大,速比过大时胶料的剪切热会使温度升高,反而降低塑炼效果。

(4)化学塑解剂　使用化学塑解剂能加强塑炼效果,缩短塑炼时间,提高生产效率,减少弹性复原现象,但应适当提高塑炼温度。

(5)装胶量　装胶量应视设备大小而定。过大的装胶量会使辊筒上面的积胶过多,难以进入辊隙,胶料的热量也难以散发,从而降低塑炼效果,同时也增加了劳动强度。

2. 用密闭式炼胶机塑炼

密闭式炼胶机简称密炼机,是生胶塑炼和混炼的主要设备之一。

1)密炼机的特点

(1)与开炼机塑炼比较,密炼机塑炼具有许多优点:工作密封性好、胶料品质好,混炼周期短,生产效率高,安全性好,粉尘污染小,劳动强度低,能量消耗少,适用于耗胶量大、胶种变化少的生产部门。

(2)密炼机是在密闭条件下工作的,散热条件差,工作温度比开炼机高出许多,即使在冷却条件下,工作温度一般也可达到120～140 ℃,甚至高达160 ℃。生胶在密炼机中受到高温和强烈的剪切作用,产生剧烈氧化,短时间内即可获得所需要的可塑性。

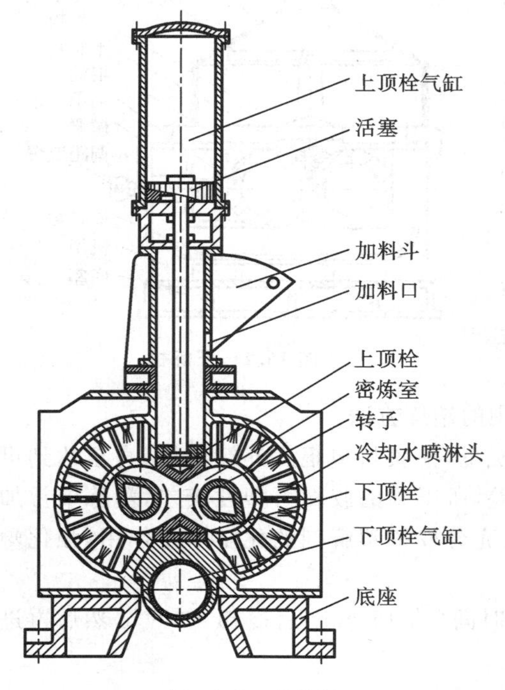

图16.2　密炼机

2)密炼机的结构原理

密炼机的结构如图16.2所示。密炼机的主要部件是一对转子和一个密炼室。转子的横截面呈梨形,并以螺旋的方式沿着轴向排列,两个转子的转动方向相反,转速也略有差别。转子转动时,生胶不仅绕着转子而且沿着轴向移动。两个转子的顶尖之间和顶尖与密炼室内壁之间的距离都很小,转子在这些地方扫过时都会对物料施加强大的剪切力。密炼室的顶部设有由压缩空气或液压油操纵的气缸及活塞,以压紧物料,使其更有利于塑炼。密炼室的外部和转子的内部都有加热和冷却介质的循环通道,对密炼室和转子进行加热和冷却。将生胶加入密炼机的密炼室,在一定的温度和压力下塑炼一定时间,直至胶料达到所要求的可塑性为止。

3)塑炼过程中主要的控制因素

(1)塑炼温度和时间　在密炼机中塑炼时,生胶由于受到强烈的剪切作用,所产生的热量不能及时散失，因此塑炼温度迅速上升，并保持在较高的温度范围内。而随着温度的升高，胶料的可塑性成比例地提高。必须严格控制塑炼温度的升高，否则生胶会因过度氧化而裂解，导致物理、力学性能降低。

(2)化学塑解剂　在密炼机塑炼中使用化学塑解剂，其增塑效果比在开炼机中使用时要好，塑炼温度也可适当降低。

(3)转子转速　转子转速对塑炼效果的影响很大。在同样的温度条件下，转子转速越快，所需要的塑炼时间越短。

(4)装胶量　必须按设备规定的填装系数合理装料。装胶量太小，物料在密炼室中得不到充分的剪切作用，塑炼效果会减弱；装胶量太大，会使塑炼不均匀，设备还有因超负荷运转而损坏的危险。

(5)上顶栓压力　在塑炼过程中，上顶栓必须对物料施加压力以保证获得良好的塑炼效果。在一定范围内，塑炼效果随上顶栓压力增大而加强。

3. 用螺杆塑炼机塑炼

螺杆塑炼机塑炼的特点是可在高温下连续塑炼。螺杆塑炼机因载荷较大而需要较大的驱动功率，其工作原理与塑料挤出机类似。螺距由大到小，以保证吃料、送料、初步加热和塑炼的需要。螺杆塑炼机适合于机械化、自动化生产，但由于生胶塑炼后品质较差、可塑性不够稳定等问题，其应用受到一定的限制，远不如开炼机、密炼机应用广泛。

有的合成橡胶如氯丁橡胶、丁腈橡胶等的塑炼比天然橡胶困难；有的合成橡胶如软丁苯橡胶、丁基橡胶等却可不经塑炼而直接混炼。合成橡胶塑炼后停放一段时间，弹性复原现象比天然橡胶严重，塑炼后应即行混炼。

塑炼胶料的可塑性可用威廉姆斯(Williams)塑性计法、华莱士(Wallace)快速可塑度测定法、德弗(Defo)硬度法和门尼(Mooney)黏度法测定，详细资料可查阅有关标准。

16.3.2 胶体的混炼

胶体的混炼就是将各种添加剂混入生胶，制成成分分散、均匀的混炼胶的过程。混炼的基本要求：

①胶料中的添加剂应达到保证制品物理、力学性能的最低分散程度；

②要使胶料具有良好的加工工艺性能，并具有后续加工所需的最低可塑性。

混炼前应做好添加剂混炼前的加工：

①对块状或粗粒状的添加剂应进行粉碎，以保证其在胶料中均匀分散；

②对水含量过大的添加剂应进行干燥，防止其结团，同时也避免水分在制品中产生气泡；

③对熔点较低的添加剂如软化剂等，应熔化、过滤、脱水；

④对粉状材料还应过筛，以去除块状物及机械杂质；

⑤有些粉状物可同液体添加剂搅拌后，用三辊研磨机研磨成膏状物，以降低污染；

⑥还可将添加剂加入橡胶，经塑炼、混炼、切粒后制成母胶料备用。

混炼加工仍然可使用开炼机、密炼机，也可使用压出机(橡胶挤出机)，其中使用最多的还是密炼机。而开炼机则仍在小型橡胶工厂中占有一定比例。

1. 在开炼机上混炼

在开炼机上的混炼加工与塑炼加工类似，可采用一段混炼和两段混炼的方法。通常的加料顺序为：生胶→固体软化剂→促进剂、活性剂、防老剂→补强填充剂→液体软化剂→硫黄及超促进剂。加料顺序不当,会影响添加剂分散的均匀性,有时甚至会造成胶料烧焦、脱辊、过炼等现象,使操作难以进行,胶料性能下降。例如天然胶中液体软化剂应等粉状添加剂基本混合均匀后加入,以免粉剂结团和胶料柔软打滑;硫黄应最后加入,以免发生早期硫化(烧焦)现象。

在混炼时应注意以下几点:

(1)混炼时辊筒的间距一般为 4～8 mm。辊距不能过小,辊距太小时胶料不能及时通过辊隙,从而使混炼效率降低。

(2)混炼时辊温一般为 50～60 ℃,对于合成橡胶辊温适当要低些,一般在 40 ℃以下。

(3)混炼时间一般为 20～30 min,合成橡胶混炼时间较长。用于混炼的开炼机辊筒速比一般为 1∶(1.1～1.2)。

2. 在密炼机上混炼

1)一段混炼法

一段混炼法适用于天然橡胶或掺用合成橡胶质量分数不超过 50%的胶料。一段混炼操作中常采用分批逐步加料的方法。通常的加料顺序为:生胶→固体软化剂→防老剂、促进剂、活性剂→补强剂、填充剂→液体软化剂→硫黄和超促进剂(从密炼机中排出胶料到压片机上后再加)。

2)分段混炼法

分段混炼,即使胶料的混炼分为几次进行。对于分段混炼,应注意以下几点:

(1)在两次混炼之间,胶料必须经过压片冷却和停放。通常经过两次混炼即可制得合格的胶料。

(2)第一次混炼像一段混炼一样,只是不加硫黄和活性大的促进剂,制得第一段混炼胶后,将胶料由密炼机排出到压片机上,出片、冷却、停放 8 h 以上,再进行第二段混炼加工。

(3)混炼均匀后排料到压片机上,加入硫化剂,翻炼均匀后下片。分段混炼时每次混炼时间短,混炼温度较低,添加剂分散较均匀,胶料品质较高。密炼机混炼温度一般为 120～130 ℃。

(4)无论是开炼机混炼还是密炼机混炼,均应立即对经出片或造粒的胶料进行强制冷却,以防止出现焦烧或冷后喷霜。通常的冷却方法是将胶片浸入液体隔离剂(如膨润土悬浮液)中,也可将隔离剂喷洒在胶片或粒料上然后用冷风吹干。液体隔离剂既起冷却作用,又能防止胶料互相黏结。

(5)混炼好的胶料冷却后还需停放 8 h 以上,让添加剂继续扩散均匀,使橡胶与炭黑进一步结合,提高炭黑的补强效果;同时也能松弛胶料,消除混炼时产生的应力。

16.3.3 橡胶的模压成形

所谓模压成形,就是将准备好的橡胶半成品放置在模具中,在加热、加压的条件下,使胶料发生塑性流动而充满型腔,经一定时间的持续加热后完成硫化,再经脱模和修边使制品成形的工艺。这种工艺主要使用的设备是成本较低的平板硫化机。该工艺适宜用于制作各种橡胶制品、橡胶与金属或与织物的复合制品,所得制品的致密性好。

1. 模压成形前的准备工作

用模压法生产橡胶制品的工艺流程如图 16.3 所示。

生胶经过塑炼、混炼后再经过 2～4 h 的停放,然后被送去制备胶料半成品。胶料半成品的制备常使用压延机、开炼机、压出机等。

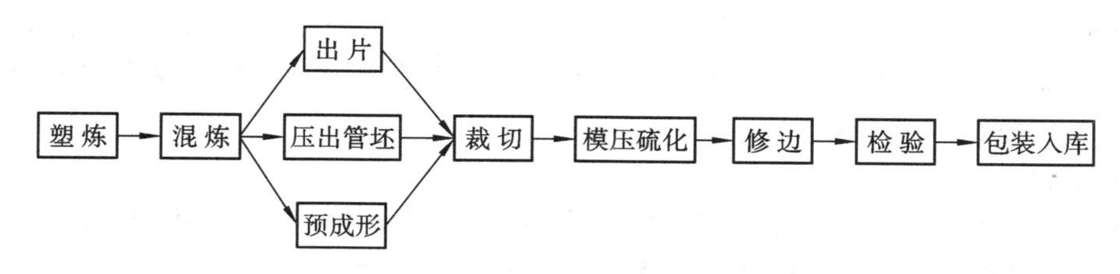

图16.3　橡胶模压成形工艺流程

可用压延机或开炼机将胶料压制成所要求尺寸的胶片，然后用圆盘刀或冲床裁切成半成品；也可用螺杆压出机将胶料压制成一定规格的胶管，再横切成一定质量的胶圈，以生产较小规格的密封圈、垫片、油封等制品。

胶料半成品的大小和形状应根据模具型腔而定。半成品的量应超出成品量的5%～10%。半成品一定程度的过量不仅可以保证胶料充满型腔，而且可以在成形中排除型腔内的气体和保持足够的压力。

2. 橡胶制品的模压成形

橡胶制品的模压成形过程包括加料、闭模、硫化、脱模及模具清理等步骤，其中最重要的是硫化。硫化过程的实质是橡胶线型分子链之间的化学交联。随着交联度的增大，橡胶的定伸强度、硬度也会增大。抗拉强度先是随着交联度的上升而逐渐升高，达到一定值后又会急剧降低。伸长率随交联度的提高而降低，并逐渐趋于很小的值。在一定交联范围内，硫化胶的弹性增大，当交联度过大时，橡胶分子的活动受到影响，弹性反而降低。这就说明，要想获得具有最佳综合性能的橡胶制品，必须控制交联程度（即硫化程度）。这样的硫化过程称为正硫化。硫化过程的主要控制因素如下。

1)**硫化温度**

模压成形所需的热量是由硫化机的热板传给模具，再由模具传给硫化制品的。温度控制的精确程度以及升温速度对硫化过程将产生较大的影响。因此热板各部位的温差以不大于2 ℃为宜，热板的加压面应是平面，以便于传热。

模压成形必须在适当的温度下进行。硫化温度是橡胶硫化交联的基本条件，没有适当的温度，胶料不能产生塑性流动，不易充满型腔。当温度升高时，硫化速度加快，硫化时间缩短，从而生产效率提高。但硫化温度的提高也会受到各种因素的限制。模具温度过高时，由于胶料的导热性能差，制品内外层硫化程度将不均匀。橡胶的硫化温度主要取决于其热稳定性，橡胶的热稳定性愈好，则允许的硫化温度也愈高。表16.2为常见胶料最适宜的硫化温度。

表16.2　常见胶料最适宜的硫化温度

胶料类型	最适宜的硫化温度/℃	胶料类型	最适宜的硫化温度/℃
天然橡胶胶料	143	丁基橡胶胶料	170
丁苯橡胶胶料	150	三元乙丙橡胶胶料	160～180
异戊橡胶胶料	151	丁腈橡胶胶料	180
顺丁橡胶胶料	151	硅橡胶胶料	160
氯丁橡胶胶料	151	氟橡胶胶料	160

2)**硫化时间**

硫化过程需要一定的时间才能完成。硫化时间与硫化温度紧密相关，在一定温度范围内，一定的硫化温度对应着一定的硫化时间。当配方和硫化温度一定时,控制硫化时间可控制硫化程度。硫化时间与硫化温度是相互制约的,硫化温度高时硫化时间短。实践表明:硫化温度每升高 10 ℃,硫化时间约缩短 1/2。

3)硫化压力

模压成形时施加一定的压力,迫使胶料排除空气、充满型腔,使制品致密。成形所需的压力与胶料的可塑性、制品形状、模具结构及硫化温度有关,一般为 5～8 MPa。

经过硫化的橡胶制品脱模后还须修整模压过程中溢出的飞边,并经检验合格,才能成为最终的制品。

模压成形时橡胶对金属的黏附性较大,往往不能自动脱模,模具的开启常需人工操作,存在着劳动量大、生产效率低的缺点。

硫化压力应根据胶料的配方、可塑性及制品结构等确定,一般原则是:

①制品的塑性好,其硫化压力小;

②制品厚,层数多,结构复杂,所需硫化压力大;

③制品薄,所需硫化压力小。

3. 橡胶制品(轮胎)的模压成形实例

汽车橡胶轮胎结构(图 16.4)复杂:其胎面及侧壁用橡胶模压成形;其内部依次由斜纹纤维胶层、内衬、填充物及胎圈组成,各层间均用钢丝加强;其口部用钢丝卷加固收口。轮胎的成形如图 16.5 所示。首先将轮胎、胎圈固定在可扩充膨胀胶囊的开合式模具上,然后通气胀形,硫化压制成形轮胎。

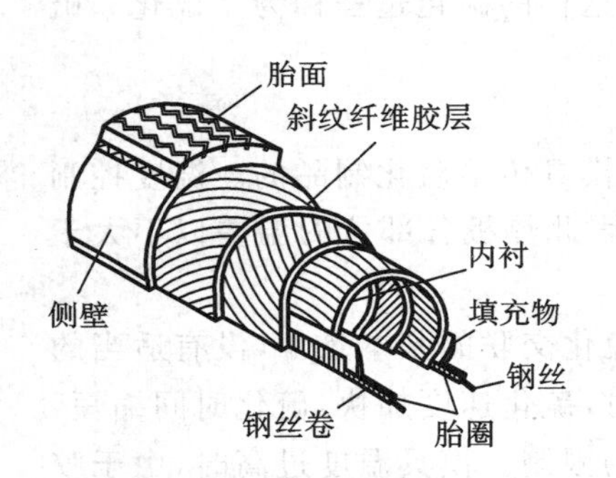

图 16.4 橡胶轮胎的结构

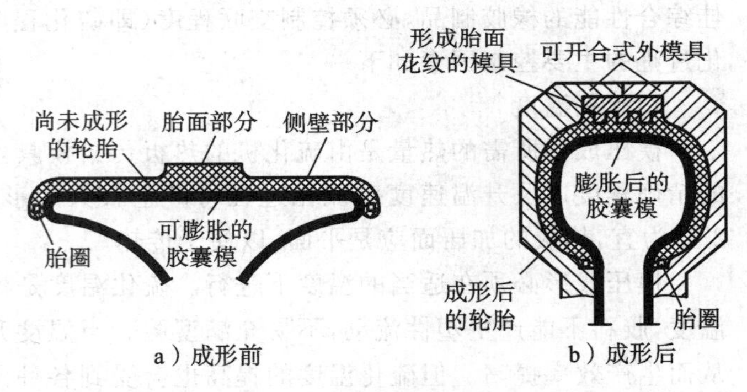

图 16.5 橡胶轮胎的组装成形

16.3.4 橡胶的注射成形

橡胶注射成形与塑料注射成形类似,是一种将胶料直接从机筒注入模具硫化的生产工艺。图 16.6 所示为多模胶鞋注射机的结构。

1. 橡胶注射成形的主要步骤

1)喂料塑化

先将预先混炼好的胶料(通常加工成带状或粒状)从料斗喂入机筒,在螺杆的旋转作用下,胶料沿螺槽被推向机筒前端,在螺杆前端建立压力,迫使螺杆后退,而胶料在沿螺槽前进时,受到激烈的搅拌,加上机筒外部的加热,温度很快升高,可塑性增加。由于螺杆受到来自注射油缸背压的作用,且螺杆本身具有一定的压缩比,胶料受到强大的挤压作用而排出残留的空气,变得十分致密。

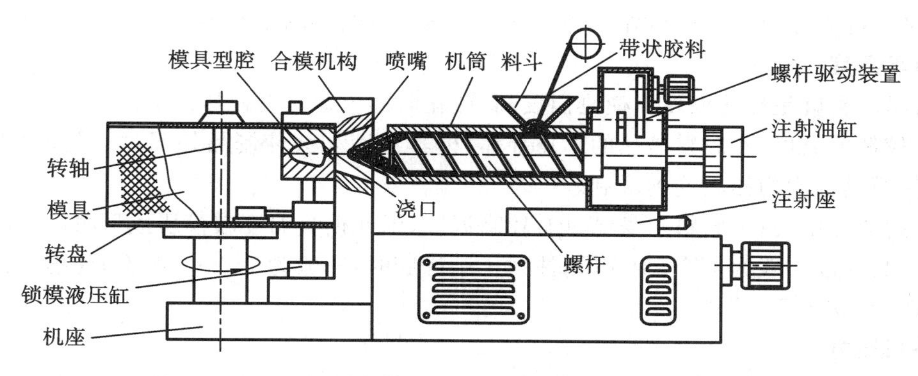

图 16.6　多模胶鞋注射机

2)**注射保压**

当螺杆后退到一定的位置、螺杆前端储存了注射量足够的胶料时,注射座带动注射机构前移,机筒前端的喷嘴与模具浇口接触。在注射油缸的推动下,螺杆前移进行注射。胶料经喷嘴进入模具型腔。模具型腔充满胶料后继续保压一段时间,以保证胶料密实、均匀。

3)**硫化、脱模**

在保压过程中,胶料在高温下渐渐转入硫化阶段。这时注射座后移,螺杆又开始旋转进料,开始新一轮塑化。此时转盘转动一个工位,将已注满胶料的模具移出夹紧机构继续硫化,直至脱模。同时,另一副模具转入夹紧机构,准备进行另一次注射。如此循环生产。

同塑料注射机一样,橡胶注射机也具有注射装置、合模装置、液压和电气控制系统。橡胶注射模具的结构也与塑料注射模具十分相似。但橡胶注射与塑料注射也有很大的不同,橡胶注射时首先考虑的不是加温流动,而是防止胶料因温度过高而烧焦。

2. 橡胶注射成形的重要工艺参数

1)**料筒温度**

料筒温度的控制在橡胶注射成形中十分重要。胶料在料筒内受热、塑化而具有流动性。

胶料的黏度下降,流动性增强时,注射过程才易进行。因此,在一定温度范围内提高料筒温度,可以使注射温度提高,注射时间和硫化时间缩短,硫化胶的硬度和定伸强度提高。但过高的温度会使胶料硫化速度加快并烧焦。一旦出现烧焦现象,胶料黏度会大大增加并堵塞注射喷嘴,迫使注射过程中断。所以,应该在不致使胶料烧焦的前提下,尽可能提高料筒温度。一般柱塞式注射机料筒温度为 70～80 ℃,往复螺杆式注射机料筒温度为 80～100 ℃,有的可达 115 ℃。

料筒温度的控制还与下列因素有关:

①橡胶种类　橡胶不同,其流动性有差异。

②塑炼效果　同一配方,因塑炼效果不同,流动性也不同。

③软化剂　加入软化剂能大大改善胶料的流动性能。

④填充剂　填充剂的加入会使胶料流动性变差。

2)**注射温度**

注射温度是指胶料通过注射机喷嘴后的温度。这时使胶料温度升高的热源主要有两个:

①料筒加热传递的热量。

②胶料通过窄小喷嘴时的剪切摩擦热。所以,提高螺杆转速、背压、注射压力以及缩小喷

嘴直径,都可提高注射温度。另外,不同的橡胶,通过喷嘴后的温升不同。

3)模具温度

模具温度也就是硫化温度。模具温度高,硫化时间就短。在模压成形时,由于胶料加入模具时处于较低的温度,且胶料是热的不良导体,模具温度高会使制品外部过硫化,而内部欠硫化,这就使模具温度的提高受到限制。

在注射成形中,由于胶料本身已具有较高温度,因此模具温度较模压成形时高。注射天然橡胶时,模具温度一般为 170～190 ℃;注射丁腈橡胶时,一般为 180～205 ℃;注射三元乙丙橡胶时,一般为 190～220 ℃。

4)注射压力

注射压力是指注射时螺杆或柱塞施于胶料单位面积上的力。注射压力大,有利于胶料克服流动阻力,充满模具型腔,同时还可使胶料通过喷嘴时的速度提高,从而使胶料因剪切摩擦所产生的热量加大,这对充填和加快硫化都有好处。采用螺杆式注射机,注射压力一般取 80～110 MPa。

另外,螺杆的转速和背压对胶料的塑化及料筒前端压力的建立有一定影响。随着螺杆转速的提高,胶料受到的剪切、摩擦作用增强,产生的热量增大,塑化效果亦提高。当螺杆转速超过一定范围时,由于螺杆的推进,胶料在料筒内受热塑化时间变短,塑化效果反而下降。所以,螺杆转速一般不超过 100 r/min。

塑化时,螺杆将胶料向料筒前端推进,料筒前端产生压力,使螺杆后退。此时,可通过注射油缸溢流阀调节回油压力,阻碍螺杆后退,使胶料中的气体、挥发分得以排除,使胶料致密度增大。背压越大,螺杆旋转时消耗的功率大,剪切摩擦热越大。背压一般设定在 22 MPa 以内。

在成形过程中,除上述工艺控制因素之外,还应合理确定硫化时间,以得到高品质的硫化橡胶制品。完成硫化以后,开启模具,取出的制品要经过修边工序,以修整注射时产生的飞边,最后经质检合格后,方可包装、入库。

16.3.5　橡胶的浸渍成形

以一次性乳胶医用手套的成形为例。由于手的曲线形状复杂,且乳胶手套膜的厚度很薄,一次性乳胶医用手套不适合用模具压塑或注射成形。目前其最适宜的成形方法是浸渍成形。首先按手的形状制成手形模具(图 16.7)。和其他乳胶产品模具一样,手形模具常由陶瓷、铝合金等材料制成。然后将手形模具浸入胶乳配合液,待乳胶膜的厚度达到要求时,即提起模型,对成形的凝胶体进行洗涤、干燥并硫化。最后,将经过硫化的乳胶膜从模具上剥离,经整理而获得手套制件。

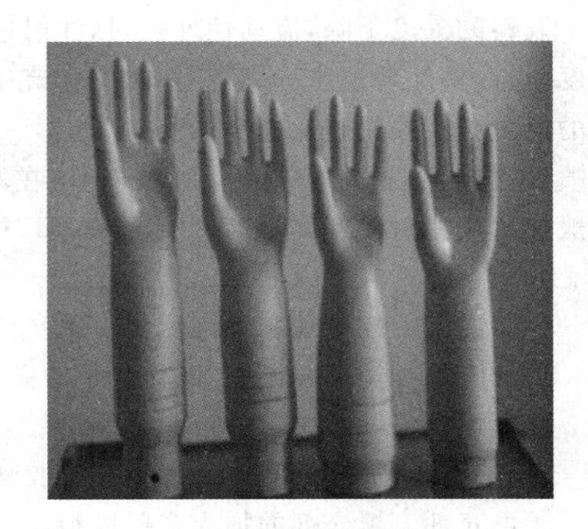

图 16.7　乳胶手套模具

图 16.8 所示为乳胶手套浸渍成形过程示意图。将模具安放在链式输送设备上,经三次浸胶以保证制品厚度并转入烘箱 A 中凝固,通过卷边装置后,再送入烘箱 B 凝固定形,转出烘箱后顺序送入氨水槽、防黏剂槽。然后送入脱模工位,将成形的乳胶手套脱模后送入硫化机进一步硫化,得到成品。而手套模具则沿生产线先

后被送入酸槽、洗模工位进行清洗，然后被送入热水槽（以保持一定的模温）并进入下一工作循环。此种输送链设计简便、易操作、能耗低，可控性好，易于机械化，生产率高可达 660 双/h。悬挂在输送链上的模具不仅移动速度可以控制，还可以摆动及绕自身转动。流畅的操作步骤使模具没有非生产性停顿，可保证所有产品的质量均得到可靠控制。

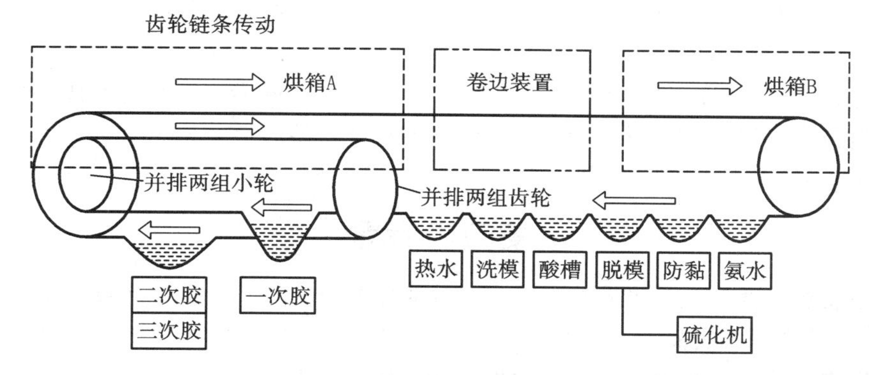

图 16.8　乳胶手套的浸渍成形过程

生产中应控制模具移动速度，以确保移动速度与最佳停留时间相配合。同时，还需正确选择凝固剂和胶乳混合液（胶乳配合液和胶黏剂混合液）的组分（见表 16.3），保证凝固剂浴液对模具润湿充分，并使胶乳容易凝结成无裂缝的薄膜。胶乳配合液的选择应保证在凝固剂润湿条件下，胶乳可均匀沉积，容易凝胶而无裂缝或过分皱缩；还必须确保硫化可在较宽的温度和时间范围内进行。此外，胶黏剂应对胶乳层和细绒有良好的黏结性能。

表 16.3　胶乳混合液、凝固剂的组分

底层胶乳混合液的组分		凝固剂浴液的组分	
组分名称	干物计量（质量比）	组分名称	干物计量（质量比）
天然胶乳（如 LATZ）	100.0	水合硝酸钾	30～40
LW 硫化稳定剂	0.06	乙酸	60～70
辛酸钾	0.4	蒸馏水	5
氢氧化钾	0.35	表面活性剂③	0.1
胶体硫	1.25		
EPC 促进剂①	1.62		
LDA 硫化促进剂②	0.31		
氧化锌（Ⅱ级）	1		
蒸馏水	加到黏度为 15～17 s④		

注：①乙基苯基二硫代氨基甲酸锌（Zarov 化工厂）；

②二乙基二硫代氨基甲酸锌（拜耳公司）；

③非离子表面活性剂，是环氧乙烷与醇的缩合物，如 Vulkastab LW（Vlnax，UK）；

④根据 PN-81/C81508 黏度（黏度杯流孔直径最小为 ϕ4 mm）。

16.3.6　弹性体的成形

天然橡胶是优良的弹性材料，可发生很大的弹性变形，又是极佳的电绝缘体。其缺点是无法在高温下或长期在阳光下使用,因此人造弹性体被开发出来,用以弥补天然橡胶的缺陷。人造弹性体可分为两类:合成弹性体材料及共混改性弹性体材料。SBS(苯乙烯-丁二烯-苯乙烯嵌段共聚物)及聚氨酯弹性体是前者的代表,由合成方法得到;而美国孟山都公司的Santoprene材料则是由聚烯烃塑料与橡胶共混改性得到的,常被称为TPE(热塑性弹性体)、TPO(热塑性硫化橡胶)、TPV(热塑性聚烯烃弹性体)等,其典型的产品有油管、O形圈、油封、电绝缘体、管子、鞋子、内胎等。

对于绝大多数弹性体材料,都可利用一些热塑性塑料的成形加工方法来制造产品,例如挤出成形、注射成形、模压成形,或用于热固性塑料的传递模塑成形。

复习思考题

(1)橡胶材料分为几类?橡胶行业中常将橡胶制品分为几类?从生产过程来看,橡胶制品可分为几类?其中哪类制品占多数?

(2)常用橡胶添加剂有哪些?它们分别起什么作用?

(3)何谓生胶的塑炼?为什么橡胶在成形前要进行塑炼?

(4)何谓胶体的混炼?混炼的基本要求是什么?

(5)硫化过程的实质是什么?为什么先要塑炼而后又要硫化?

(6)试为下列零件选择橡胶材料:

①复制人造关节用的橡胶模;

②生产三通管接头用的软胶胀形模;

③散热器上的胶管;

④自动化铸造车间铸件落砂后运送热砂的传送胶带;

⑤医用橡胶手套;

⑥电镀车间工人穿的劳保胶鞋;

⑦油压机上的管道密封胶圈;

⑧真空泵中耐油自润滑密封圈。

第17章　粉末冶金成形工艺

粉末冶金成形是以粉末材料为原料，通过成形、烧结和必要的后续处理，制取成形制品的工艺。粉末冶金成形工艺在形式上与陶瓷成形工艺类似，故又称为金属陶瓷成形工艺。

粉末冶金成形已成为相对铸造、锻压和机械加工等工艺而言有竞争力的工艺，用它能够生产许多用其他工艺难以生产的材料和制品。例如，许多难熔材料制品，至今还是用粉末冶金方法来生产的；由互不溶解的金属或金属与非金属组成的伪合金（铜-钨、银-钨、铜-石墨），具有高的导电性能和抗电蚀稳定性，是制造电器触头不可缺少的材料，这种特殊性能的材料就是由粉末冶金工艺制造的；粉末冶金多孔材料能够通过控制其孔隙度、孔径大小获得优良的使用特性；等等。现代技术已可获得各种成分的粉末，而且通过粉末冶金成形工艺可生产净近形零件，经济性好，这使得粉末冶金在许多应用领域都具有吸引力。

粉末冶金成形工艺加工制品包括圆珠笔上细小的圆珠、齿轮、凸轮、衬套、切削刀具，以及多孔制品（如过滤器和含油轴承）、汽车零件（如活塞环、滑块、连杆和液压活塞）等各种制品。

现代粉末冶金成形工艺的发展已经远远超出传统范畴而日趋多样化。例如：在成形方面出现了同时实现粉末压制和烧结的热压及热等静压法、放电等离子烧结及粉末轧制法、粉末锻造法等；在后处理方面出现了多孔烧结制品的浸渍处理、熔渗处理、精整（或少量切削加工处理）、热处理等。

17.1　粉末冶金成形工艺过程

粉末冶金成形工艺过程包括粉料制备、成形、烧结以及烧结后的处理等工序。其工艺流程如图17.1所示。

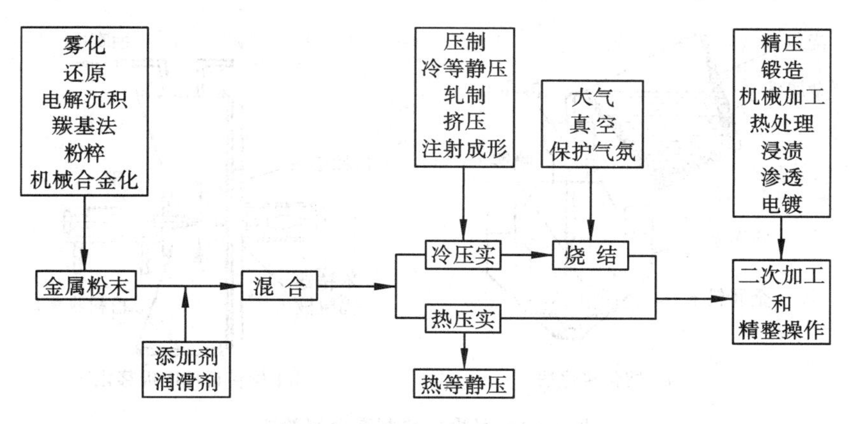

图17.1　粉末冶金工艺流程

17.1.1　粉末材料的制取

粉末是粉末冶金成形工艺最基本的原料，它的性能及制造过程与粉末冶金制品的性能密切相关。用于粉末冶金成形的粉末材料可以是纯金属、非金属或化合物。

1. 粉末材料的制取

制取粉末的方法可以分成机械法(如雾化法、漩涡研磨法、机械粉碎法、机械合金化方法等)和物理化学法(如还原法、电解法、气相沉积法、液相沉积法等)两大类。机械法制取粉末是将原材料机械地粉碎,材料化学成分基本上不发生变化;物理化学法制取粉末则是借助化学或物理作用来改变原材料的化学成分或聚集状态。

具体选择哪种方法,主要取决于材料的特殊性能和该方法的成本。但是,机械法和物理化学法是相互补充的。例如,可应用机械粉碎法去研磨由还原法所制得的成块海绵状金属,应用还原法对旋涡研磨或雾化所得粉末进行消除应力、脱碳以及减少氧化物的处理。

从生产规模来说,应用最广泛的是还原法、雾化法和电解法,而气相沉积法和液相沉淀法在特殊情况下的用途亦很重要。

1)还原法

还原法是用多种方法还原金属化合物的一种应用十分广泛的方法。一般是将金属氧化物或氧化物矿石在高温下与还原剂反应以制造金属粉末。铁、镍、钴、铜、钨、钼等的粉末都可用这种方法制造,其中生产量最大的是铁粉。

例如使用氢和一氧化碳气体作为还原剂还原金属氧化物。制得的粉末颗粒为多面体,感像海绵一样柔软,多孔而有弹性,品质均匀,成形性和烧结性好。粉末的粒度可根据原料的粒度和还原条件任意调整。但是,当缺少必要的精制处理工艺时,粉末中往往含有未被还原的氧化物。

2)雾化法

雾化法分为多种,下面介绍其中的两种:熔化雾化法(图 17.2a)和旋转自耗电极雾化法(图 17.2b)。

熔化雾化法是利用特别设计的喷嘴喷出的气流(惰性气体或空气)或水流的能量粉碎经坩埚漏嘴流出的金属液流,使其雾化成细小粉末颗粒的方法。采用熔化雾化法时,成形颗粒的尺寸取决于金属的温度、流动的速度、喷嘴的大小及喷射特性。

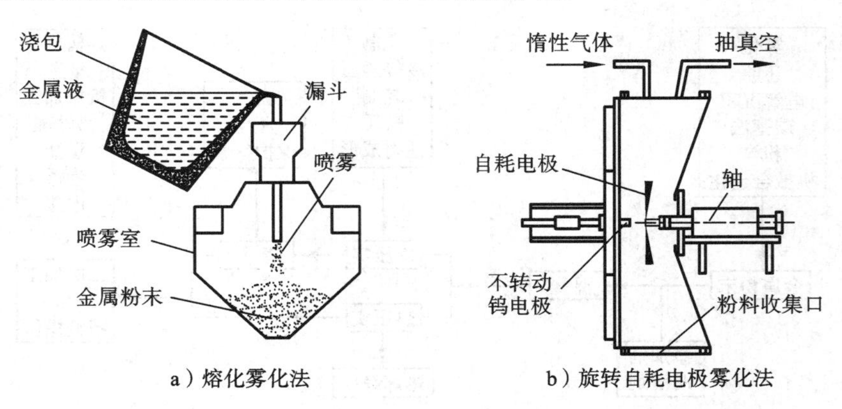

图 17.2　用雾化法制造金属粉末

旋转自耗电极雾化法是将自耗电极在充满氦气的室中迅速地旋转,靠离心力破碎自耗电极熔化的尖顶,并使其雾化为金属颗粒的方法。

用雾化法生产粉末效率较高,成本较低,并易于制得高纯度粉末。该法很早就被用来制造铅、锡、锌、铝、青铜、黄铜等低熔点金属与合金的粉末。随着雾化技术的进展,像 18-8 不锈钢、低合金钢、镍合金等这样的粉末，目前也已采用雾化法制造。雾化粉末的颗粒形状因雾化条件而异。金属液的温度越高，颗粒球化的倾向越显著，加入微量的磷、硫、氧等元素来改变金属液滴的表面张力，也可以制成球形粉末颗粒。

雾化法的缺点是合金粉末易产生成分偏析，难以制得小于 300 目(约 0.044 mm)的细粉。

3)**电解法**

铁、镍、铬、铜、锌等的粉末都可用电解法制造。粉末冶金成形用的粉末主要是铁粉和铜粉。电解粉末纯度高，颗粒呈树枝状或针状，其压制性和烧结性都很好，但生产率低，成本高。电解铁粉价格高，仅用于纯度要求高的场合，或用来制造高密度零件。

4)**机械粉碎法**

机械粉碎既可作为一种独立的制粉方法，又可作为某些制粉方法不可缺少的补充工序，例如，可通过机械粉碎法研磨由电解方法制得的硬而脆的阴极沉积物，研磨用还原法制得的海绵状金属块。因此，机械粉碎法在粉末生产中占有重要的地位。

机械粉碎是靠压碎、击碎和磨削等作用，将块状金属或合金机械地粉碎成粉末的，如图 17.3 所示细粉料的机械粉碎方法。根据粉碎的作用机理，机械粉碎方法包括：以压碎作用为主的碾碎、辊轧以及颚式破碎等，以击碎作用为主的锤磨等，采用击碎和磨削等多方面作用的球磨、棒磨等。

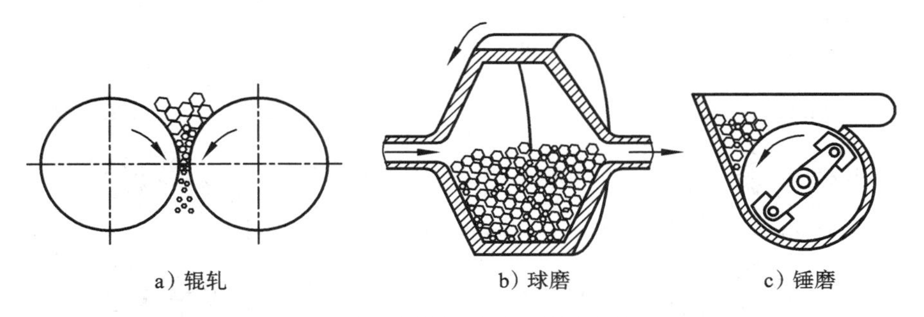

a) 辊轧　　b) 球磨　　c) 锤磨

图 17.3　细粉料的机械粉碎方法

虽然所有的金属和合金都可以被机械地粉碎，但实践证明，机械研磨比较适合脆性材料。但也有用于研磨塑性金属和合金以制取粉末的机械粉碎方法，如涡旋研磨、冷气流粉碎等。

5)**机械合金化**

机械合金化方法是 20 世纪 60 年代末在氧化物弥散强化镍基高温合金研制过程中发展而出的一种制备合金粉末的新方法。它是一种高能球磨技术：将两种或多种纯金属放入高能球磨机球磨罐中球磨，通过磨球、粉和球磨罐之间的强烈相互作用使粉末颗粒不断发生变形、断裂和冷焊，并被不断细化；同时，未反应的表面不断地暴露出来，这样明显增加了反应的接触面积，缩短了原子的扩散距离，促使不同成分之间发生扩散和固态反应，混合粉末在原子量级水平上实现合金化。

2. 粉末的性能

对粉末冶金成形工艺来说，粉末性能主要包括颗粒形状、粒度、粒度分布、比表面、压制性、成形性、流动性及化学成分等。粉末性能强烈影响粉末的行为，并最终影响粉末冶金制品的性能。例如，与不规则粉末相比，球形粉末难以压制成高强度的压坯。如果所有粉末颗粒的尺寸相同，则压坯总是存在多孔性(孔的体积理论上至少占压坯体积的 24%)。想象用网球填满一个盒子，在球之间总是存在敞开的空间，在较大的球之间导入更小尺寸的球填满这些空间，则可以产生更高的紧实密度。与用粗粉压制的压坯相比,用细粉压制的压坯在相同的烧结条件下烧结时更容易收缩。

1)**颗粒形状**

颗粒形状是指粉末颗粒的外观几何形状。使用颗粒的维数和颗粒的表面轮廓可以定性地描述和区分颗粒形状。表 17.1 给出了几种基本类型的颗粒的常见形状及相应的生产方法。常采用显微镜(光学显微镜、电子显微镜)观察粉末的颗粒形状。

表 17.1　粉末颗粒形状及相应的生产方法

颗粒类型	形　状	颗粒示例	生产方法	颗粒类型	形　状	颗粒示例	生产方法
一维颗粒	针状		化学分解	三维颗粒	球状		雾化、羰基法(Fe)、液相析出
					卵石状		雾化、化学分解
	不规则棒状		化学分解		不规则状		雾化、化学分解
二维颗粒	树枝状		电解		多孔状		氧化物还原
	片状		机械粉碎		多角状		机械粉碎、羰基法(Ni)

2)**粉末粒度与粒度分布**

粒度是指用适当的方法测得的单个粉末颗粒的线性尺寸。由于组成粉末的无数颗粒大小不一,因此用不同大小的颗粒占全部粉末颗粒的百分比表征粉末颗粒大小的分布状况,称为粒度分布或粒度组成。粒度,特别是粒度分布,取决于测量方法,例如显微镜观察、筛分、沉降分析等等,因此,在分析材料粉末的粒度和粒度分布数据时要记住这一点。

测量粒度及粒度分布最常用的方法是筛分法,这种方法已经标准化。筛分所用标准设备为一套筛子。通常以目数表示筛网的孔径和粉末的粒度。所谓目数是指每英寸长度上的网孔数量。对于金属粉末,选用的套筛系列如表 17.2 所示。

表 17.2　筛分金属粉末用的套筛系列

筛孔目数	60	80	100	140	200	230	325
网孔尺寸/μm	250	180	150	106	75	63	45

除筛分法以外,测量粒度分布的方法还有显微镜观察法、沉降法、光散射法等。

3)**粉末的比表面**

粉末的比表面积是指单位质量粉末的表面积,单位为 m^2/g;有时也表示为单位体积粉末的表面积，它等于单位质量粉末的表面积乘以材料的密度。由于与铸锭冶金生产的金属块料相比，金属粉末具有较大的表面积，所以与气体、液体和固体反应的倾向性很大。同样，细粉的比表面大，使细粉具有高的表面能，而表面能是解释烧结机理的基本概念。

3. 粉末的预处理与混合

即使是在同一条件下制造的同一种粉末，其纯度和粒度分布也是有差别的，因此，在使用之前必须将其混合均匀。另外，原料粉末在运输和储存中会凝结成块或生成大量锈块，一般要用筛子将这些块状物筛出。当对粒度分布有要求时，需将粉末过筛后按所要求的粒度分布进行混合。

为了去除粉末表面的氧化物和吸附的气体，消除粉末颗粒的加工硬化，必须进行还原退火处理。例如，将铜粉在氢气保护下以 300 ℃左右的温度还原退火，将铁粉在氢气保护下以 600～900 ℃的温度还原退火，这时粉末颗粒表面因还原而呈现活化状态，细颗粒变粗，从而改善粉末的压制性。在氢气保护下处理粉末时，其还会发生脱氧、脱碳、脱磷、脱硫等反应，因而粉末纯度能得到提高。

将相同化学组成的粉末混在一起称为合批。将两种以上的化学组元混在一起称为混合。混合的目的是将性能不同的组元组成均匀的混合物，以保证压制和烧结后制品状态均匀一致。

混合时，除基本原料粉末外，所添加组元还有以下三类：

①合金组元，如在铁基中加入的碳、铜、钼、锰、硅等粉末；

②游离组元，如在摩擦材料中加入的 SiO_2、Al_2O_3 及石棉粉等粉末；

③工艺性组元，如作为润滑剂的硬脂酸锌、石蜡、机油等，作为黏结剂的汽油橡胶溶液、石蜡及树脂等，造孔用的氯化铵等。

混合好的粉末通常需要过筛，以除去较大的夹杂物和润滑剂的块状凝聚物。粉料应尽可能及时使用，否则应密封储存起来。运输时应减少震动，防止混合料发生偏析。

17.1.2　粉末成形

处理过的粉末经过成形工序，生成的具有既定形状与强度的粉体，称为压坯。粉末成形可以采用普通模压成形法或特殊成形法。普通模压成形是将金属粉末或混合粉末装在压模内（图 17.4），通过压力机使其成形。特殊成形法是指各种非模压成形法。应用最广泛的是普通模压成形。

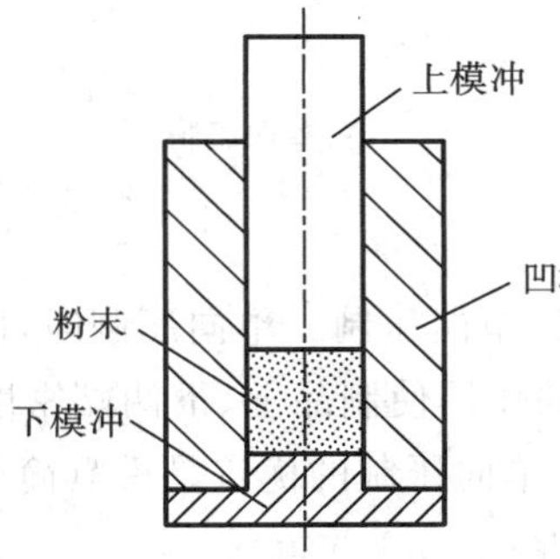

图 17.4　普通模压模具

1. 普通模压成形

模压成形是指在常温下，用封闭的钢模（指刚性模），按规定的压力（一般为 150～600 MPa），在普通机械式压力机或自动液压机（吨位为 500～5 000 kN）上将粉料制成压坯的方法。图 17.5 是金属粉末模压成形步骤及模压齿轮的模具示意图，这种成形过程通常由下列工步组成：定量装粉、压制、脱模。

1）定量装粉

定量装粉的方法分为质量法和容积法两种。用称取一个压坯所需粉料质量来定量的方法称为质量法；用量取一个压坯所需粉料体积来定量的方法称为容积法。采用非自动压模和小批量生产时，多用质量法；大量生产和自动化压制成形时，一般采用容积法，且是用压模型腔来定量。但是，在生产贵金属制品时，称量的精度很重要，往往大量生产时也采用质量法。

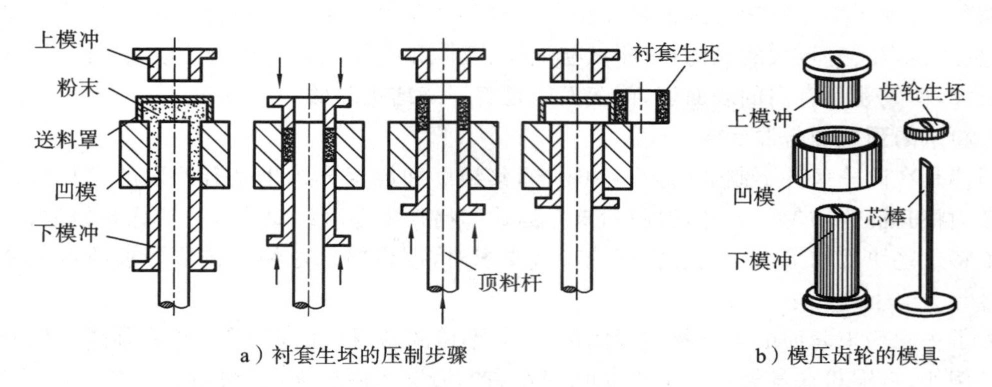

a) 衬套生坯的压制步骤　　b) 模压齿轮的模具

图 17.5　金属粉末模压成形步骤及模压齿轮的模具示意图

2)压制

压制是按一定的压力,将装在型腔中的粉料,集聚成达到一定密度、形状和尺寸要求的压坯的工序。在封闭钢模中冷压成形时,最基本的压制方式有三种,如图 17.6 所示。其他压制方式或是基本方式的组合,或是用不同结构来实现。

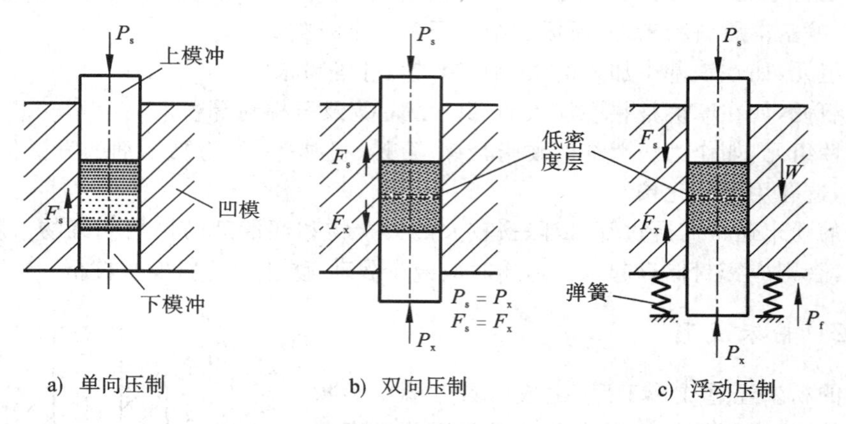

a) 单向压制　　b) 双向压制　　c) 浮动压制

图 17.6　三种基本压制方式

(1)单向压制　单向压制时,凹模和下模冲不动,由上模冲单向加压。在这种情况下,摩擦力 F_S的作用使制品上、下两端密度不均匀,压坯高度 H 越大或直径 D 越小,压坯的密度差就越大。单向压制的优点是模具简单,操作方便,生产效率高,但该方式只适用于 $H/D \leqslant 1$、H/δ(压坯厚度)$\leqslant 3$ 的情况。

(2)双向压制　当 $H/D>1$、$H/\delta>3$ 时,采用双向压制方式。双向压制时,凹模固定不动,上、下模冲以大小相等、方向相反的压力同时加压。当上、下模冲的压力 P_s、P_x相等时,其分别产生的摩擦力 F_s、F_x亦相等。这种压坯中间密度低,两端密度高而且相等。双向压制的压坯允许高度比单向压坯高一倍,故该方式适用于压制高度较大的制品。

双向压制的另一种方式是:在单向压制结束后,在密度低的一端再进行一次单向压制,以改善压坯密度的均匀性。这种方式又称为后压。

(3)浮动压制　浮动压制时,下模冲固定不动,凹模用弹簧、气缸、油缸等支撑,受力后可以浮动。当上模冲加压时,由于侧压力的作用,粉末与凹模壁之间产生摩擦力 F_s,当凹模所受摩擦力大于浮动压力 P_f时,弹簧压缩,凹模与下冲模产生相对运动,相当于下冲模反向压制。此时，上模冲与凹模没有相对运动。当凹模下降、压坯下部进一步压缩时，在压坯外径处产生阻止凹模下降的摩擦力 F_x。当 $F_x = F_s$时，凹模浮动停止。上模冲又单向加压，与凹模产生相对运动。如此循环，直到上模冲不再加压为止。此时，低密度层在压坯的中部，压坯密度分布与双向压制时相同。浮动压制是最常用的一种压制方式。

采用不同的压制方式，压坯密度不均匀程度有差别。但无论采用哪一种方式，压坯密度都是不均匀的。不仅沿高度分布不均匀，而且沿压坯截面的分布也是不均匀的。造成压坯密度分布不均匀的原因是粉末颗粒与模腔壁在压制过程中产生了摩擦。

压坯密度的均匀性是衡量其品质的重要指标，烧结后制品的强度、硬度及各部分性能的同一性，皆取决于压坯密度分布的均匀程度。压坯密度分布不均匀，在烧结时，制品内将产生很大的应力，从而导致制品收缩不均匀、翘曲，甚至产生裂纹。因此，压制成形时，应力求使压坯密度分布均匀。影响压坯密度分布均匀程度的因素较多，其中，压坯的侧、正面积比，压制方式和摩擦系数起到了决定性作用。图 17.7 所示为在不同模具中压实金属粉末时压坯的密度变化。这种变化可通过合理的模具设计和摩擦力的控制来减小。例如，为了保证整个零件的密度更均匀，应用单独运动的多个模冲是必须的。注意：与图 17.7c 所示压力机不同，图 17.7d 所示压力机带有可分别单独运动的两个模冲，其所得压坯的密度最均匀。

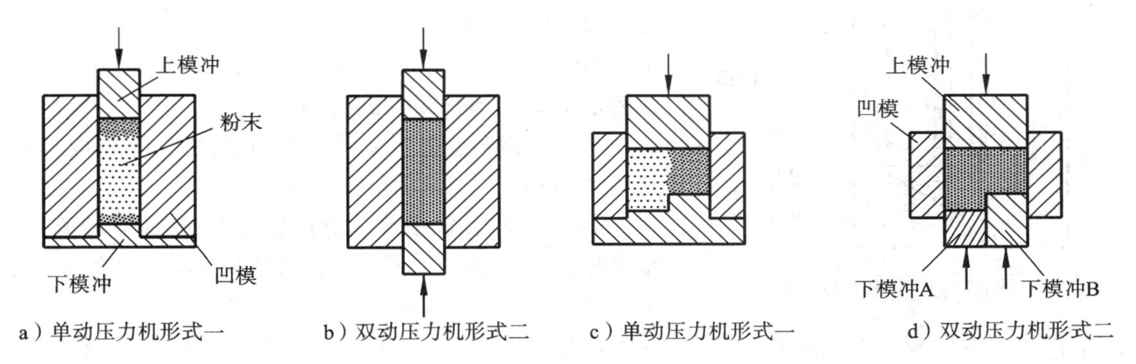

图 17.7　在不同模具中压实金属粉末时压坯的密度变化

3)压制过程

粉末装在型腔中，会形成许多大小不一的拱洞。加压时，粉末颗粒产生移动，拱洞被破坏，孔隙减少，随之粉粒从弹性变形转为塑性变形，颗粒间从点接触转为面接触。随着颗粒间的机械啮合和接触面增加，原子间的引力使粉末形成具有一定强度的压坯。粉末压制过程大体上可分为四个阶段。

第一阶段：粉末颗粒移动，拱洞破坏，颗粒相互挤紧。这时压制压力大部分耗费于颗粒间的摩擦。

第二阶段：粉末挤紧，小颗粒填入大颗粒间隙，颗粒开始有变形，粉粒移动速度减慢。这时压制压力主要耗费于颗粒与模壁之间的摩擦。

第三阶段：粉末颗粒表面的凹凸部分被压紧且啮合成牢固接触状态。这时，压制压力主要耗费于粉末颗粒的变形，其中大部分耗费于粉粒的塑性变形。

第四阶段：粉末颗粒加工硬化达到极限状态，进一步增大压力时，粉末颗粒被破坏，结晶细化。这时，压制压力主要耗费于颗粒的变形与破坏（包括模具的变形）。

实际上，这四个阶段并无严格的界限，而且依据粉末的性能、压制方式及其他条件的不同而有差异。

压制压力达到规定值后若予以保压,可以提高压坯的密度,但较长时间的保压将使生产效率大大降低。一般对于小型压坯不予保压;对于大型致密压坯可适当考虑保压,例如保压时间在 30 s 以内。

4)脱模

压坯脱模是压制工序中重要的一步。压坯从模具型腔中脱出后,会产生弹性恢复而胀大,这种胀大现象称为回弹或弹性后效。压坯胀大的程度可用回弹率来表示,即线性相对伸长的百分率。回弹率的大小与模具尺寸计算有直接的关系。

2. 特殊成形法

随着科学技术的发展,人们对粉末冶金材料的性能以及制品的形状和尺寸都提出了更高的要求。所以,近年来,人们广泛研究了各种非钢模成形法。这些成形方法与陶瓷成形工艺大致相似,可分为等静压成形、金属注射成形、放电等离子体烧结、金属粉末轧制成形及喷雾沉积成形等,统称为特殊成形法。

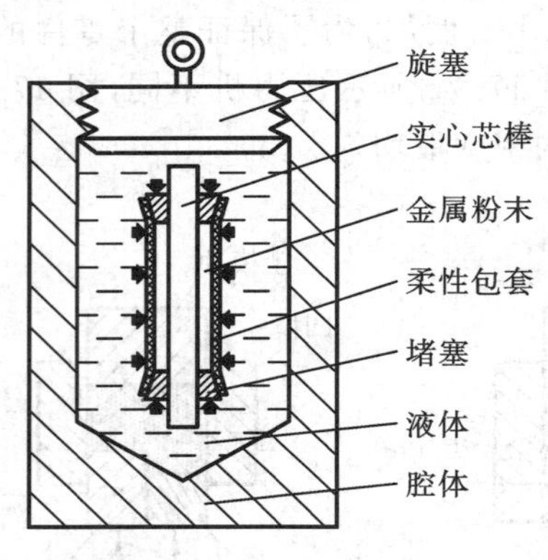

图 17.8　冷等静压成形

1)等静压成形

等静压成形方法的原理是:借助于高压泵的作用把流体介质(气体或液体)压入耐高压的钢质密封容器,高压流体的静压力直接作用在弹性模套内的粉体上,粉体在同一时间内、在各个方向上均衡地受压而形成密度分布均匀和强度较高的压坯。

通常,等静压成形按其特性分为冷等静压成形和热等静压(HIP)成形两类,其原理分别如图 17.8 及图 17.9 所示。前者常用水或油作压力介质,故有液静压、水静压或油水静压之称;后者常用气体(如氩气)作压力介质,故有气体热等静压之称。等静压成形过程中,由于粉体与弹性模具的相对移动很小,摩擦损耗很小,所以压坯在任意截面上的密度大体上是相同的。

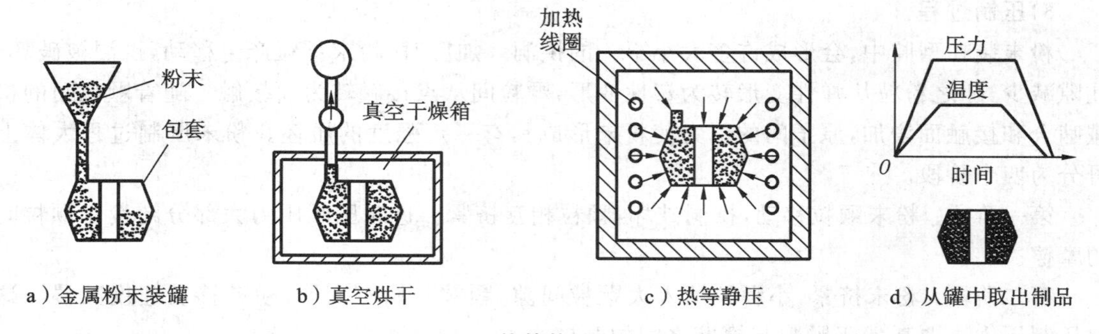

图 17.9　热等静压(HIP)成形

2)金属注射成形

不能用其他粉末冶金方法生产的、几何形状很复杂的零件可以用金属注射成形方法制造。金属粉末注射成形是从塑料注射成形演变来的,其生产工艺流程如图 17.10 所示。将金属粉末与黏结剂的混合料于一定温度下加热至黏度与流动性能达到要求后,在压力下注射到冷模具中。成形的零件生坯从模具中脱出后,可保持其形状。模具型腔内部的形状与零件形状相似，但所设计成形生坯的尺寸需略大于成品零件，因生坯在烧结时还要收缩。黏结剂一般为聚合物与蜡的混合物。在黏结剂脱除工序中将黏结剂脱除后，再对零件生坯进行烧结，以获得所需要力学性能的零件。

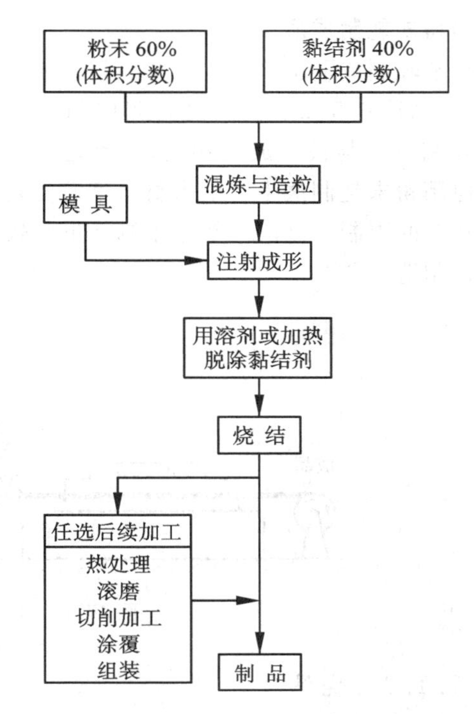

图 17.10　金属粉末注射成形生产工艺流程

3)放电等离子体烧结

放电等离子体烧结（SPS）是在粉末颗粒间直接通入脉冲电流进行加热烧结，也称为等离子体活化烧结或等离子体辅助烧结。它是制备材料的一种全新技术，具有升温速度快、烧结时间短、组织结构可控、节能、环保等鲜明特点，可用来制备金属、陶瓷、复合材料粉末，也可用来制备纳米块体材料、梯度材料等。

放电等离子体烧结装置的原理结构如图 17.11 所示。放电等离子体烧结是利用通-断式直流脉冲电流直接烧结粉末的一种加压烧结法。通-断式直流脉冲电流的主要作用是产生放电等离子体、放电冲击压力、焦耳热和电场扩散作用。如图 17.12 所示，烧结时脉冲电流通过粉末颗粒时瞬间产生的放电等离子体使烧结体内部各个颗粒自身均匀地产生焦耳热，并使颗粒表面活化。这种放电直接加热法热效率极高，因放电点的弥散分布能够实现均匀加热，因而容易制备出均质、致密、高质量的烧结体。放电等离子烧结工艺的优点十分明显：加热均匀，升温速度快，烧结温度低，烧结时间短，生产效率高，产品组织细小均匀，能保持原材料的自然状态，可以得到高致密度的材料，可以烧结梯度材料以及复杂形状工件等。与热压和热等静压相比，放电等离子烧结装置操作简单，不需要掌握专门的技术。据文献报道，生产一块直径为 100 mm、厚 17 mm 的 ZrO_2（3Y）不锈钢梯度材料用的总时间是 58 min，其中升温时间为 28 min，保温时间为 5 min，降温时间为 25 min。与热等静压相比，放电等离子体烧结工艺的烧结温度要低 100～200 ℃。

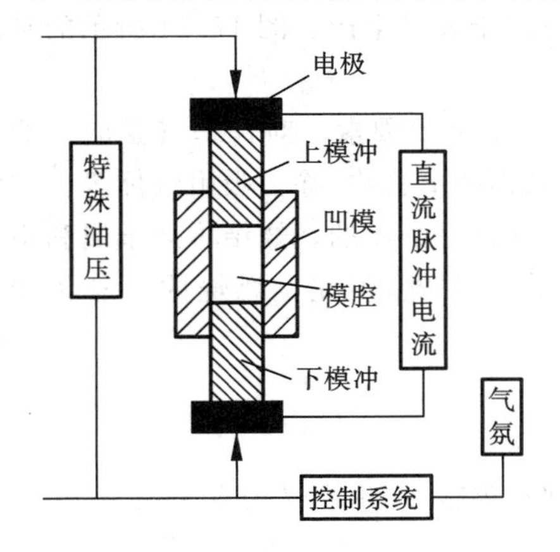

图 17.11　放电等离子体烧结装置原理结构

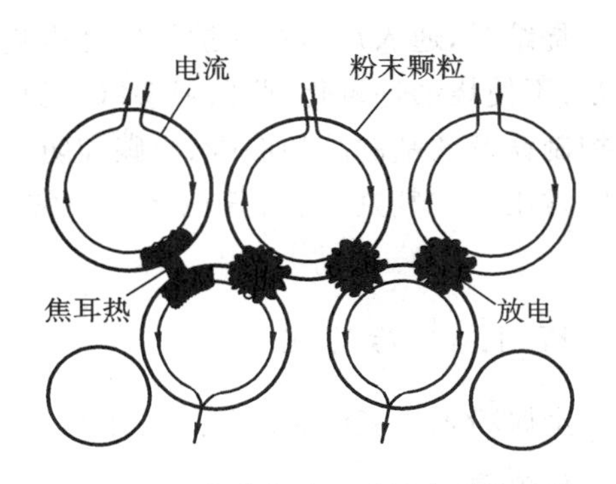

图 17.12　脉冲电流通过粉末颗粒放电

4)粉末轧制成形

粉末轧制成形也称轧制压实。将粉末送到两个高速回转轧机的轧辊口间隙中压实成连续带,并以高达 0.5 m/s 的速度将其向前送进(图 17.13)。轧制工艺可在室温或高温下进行。粉末轧制成形与模压成形相比,优点是制件的长度原则上不受限制,轧制制品的密度比较均匀。但用粉末轧制法生产的带材厚度需受轧辊直径的限制(一般不超过 10 mm),其宽度也受轧辊宽度的限制。该法一般用于制造形状较简单的板材或带材,电力、电子构件及线圈也可用此工艺制造。

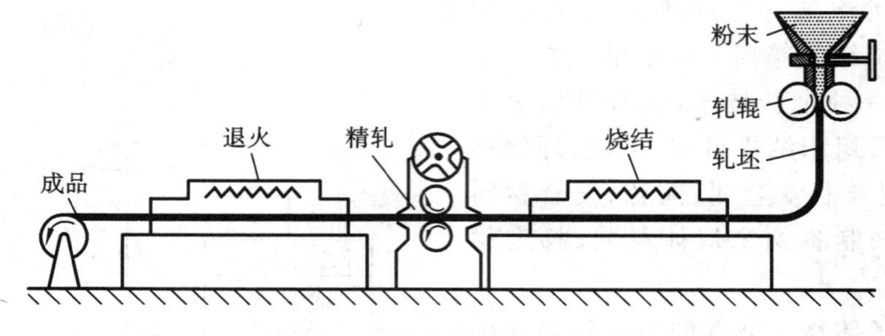

图 17.13　粉末轧制成形示意图

17.1.3　烧结

在低于基体金属熔点的温度下对金属粉末压坯进行加热,使粉末颗粒之间产生原子扩散、固溶、化合和熔接,从而使压坯收缩并强化的过程称为烧结。制粉、成形、烧结是粉末冶金最基本的、同样重要的三道工序,缺一则不成其为粉末冶金。

影响烧结的因素有加热速度、烧结温度、烧结时间、冷却速度和烧结气氛。对烧结工序的要求主要是:制品的强度要高,物理、化学性能要好;制品尺寸、形状及材质的偏差要小;适合于大量生产;烧结炉易于管理和维修等。

为了使制品达到所要求的性能和尺寸精度,需要烧结炉能调节并控制升温速度、烧结温度与时间、冷却速度,以及炉内保护气氛的成分。烧结炉种类较多,按照加热方式,可分为燃料加热炉和电加热炉。根据作业的连续性,可分为间歇式和连续式两类。

间歇式烧结炉包括坩埚炉、箱式炉、高频或中频感应炉等。连续式烧结炉一般是由压坯的预热带、烧结带和冷却带三部分组成的横长形管状炉,适用于大量生产。图 17.14 所示的是高频真空烧结炉,图 17.15 所示的是网带传送式烧结炉。

烧结时,通入炉内的保护气体是影响烧结件品质的一个重要因素。对保护气氛的一般要求是:不使烧结件氧化、脱碳或渗碳,能够还原粉末颗粒表面的氧化物,除去吸附气体等。如为了控制铁及铁基制品的渗碳、脱碳和防止粉末氧化,无氧气氛是必需的。烧结难熔金属和不锈钢时常用真空气氛,烧结其他金属最常用的气体是氢气、分解氨,不完全燃烧的一氧化碳和氮气。

17.1.4　后处理

金属粉末压坯经烧结后的处理称为后处理。后处理种类很多,由产品要求来定。

1. 浸渍

利用烧结件孔隙的毛细现象,将烧结件浸入各种液体的过程称为浸渍。例如,对于一个烧

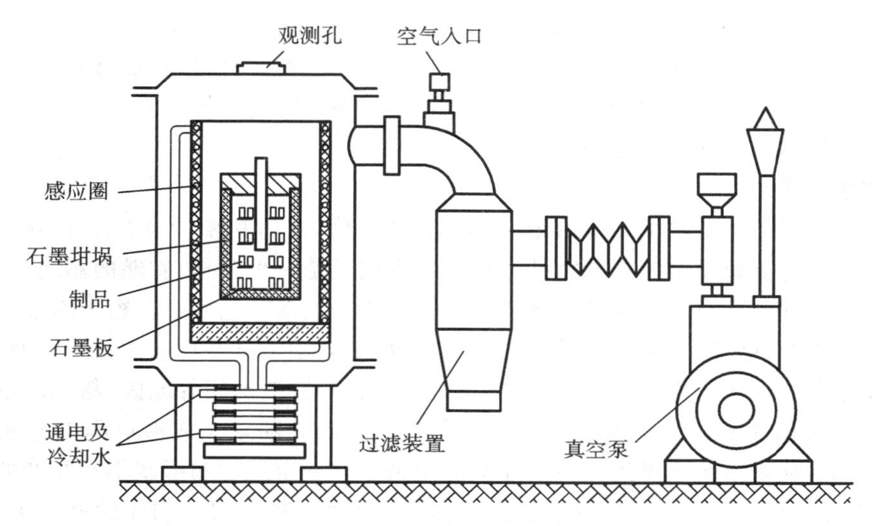

图 17.14　高频真空烧结炉

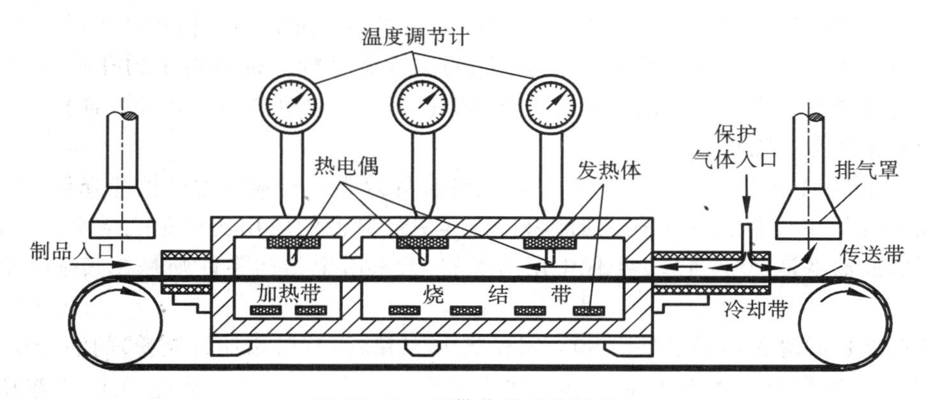

图 17.15　网带传送式烧结炉

结件，为了提高它的润滑性能，可将其浸入润滑油、聚四氟乙烯溶液、铅溶液；为了提高它的强度和耐蚀性，可将其浸入铜溶液；为了提高它的表面保护能力，可将其浸入树脂或清漆等。

2. 表面冷挤压

表面冷挤压处理的方法很多，例如：为了提高零件的尺寸精度和表面状况，可采用整形方法；为了提高零件的密度，可采用复压方法；为了改变零件的形状或表面状况，可采用精压方法。

3. 切削加工及热处理

对于零件上的横槽、横孔以及轴向尺寸精度较高的面，需进行切削加工后处理；为提高铁基制品的强度和硬度，可进行热处理等。

17.2　粉末冶金成形工艺的应用

17.2.1　粉末冶金成形工艺的应用场合

近年来，粉末冶金材料的应用很广，粉末冶金材料在普通机器制造业中常用作减摩材料、结构材料、摩擦材料等，在其他工业部门(例如航空航天工业部门)中，常用来制造难熔金属材料(如高温合金、钨丝等)、特殊电磁性能材料(如电器触头、硬磁材料、软磁材料等)和过滤材料(用于过滤空气、净化水、液体燃料和润滑油，还可用于细菌的过滤等)。

粉末冶金技术常用在以下方面。

1. 制作结构零件

粉末冶金铁基结构零件的开发始于 20 世纪 30 年代，之后粉末冶金技术的应用很快就扩大到由其他金属与合金粉末制作的零件。粉末冶金成形是一种节材、省能的制造工艺，诸如凸轮、齿轮、链轮及杆件之类的零件都可经济地用粉末冶金成形工艺生产。粉末冶金结构零件现已广泛应用于汽车、摩托车、家用电器、农机、办公设备、电动工具等行业。另一方面，粉末冶金制品压制成形所需的压力高，由于压力机吨位不够和模具制造麻烦等原因，粉末冶金制品的质量一般小于 10 kg，大部分结构零件质量皆不大于 2.3 kg。粉末在成形过程中的流动性远不如金属液，因此，粉末冶金成形工艺目前还只能用来生产一定尺寸和形状不很复杂的制品。

压制-烧结零件的材料一般具有多孔性，因此，其密度比铸锭冶金制作的材料密度低，因而材料的力学性能也较差。因此，在将铸造的常规零件转换成粉末冶金零件时，必须考虑到粉末冶金结构零件材料性能的适应性。即使用复压、再烧结或熔渗提高结构零件的材料密度，其韧度及疲劳强度等通常仍比常规零件低。为消除粉末冶金结构零件材料中的孔隙，可对由金属粉末制作的预成形坯进行热压或热锻。粉末热锻已用于大量生产汽车发动机连杆。

2. 烧结金属含油轴承

用常规压制-烧结工艺生产的零件，其多孔性会导致零件材料的力学性能降低。但同时我们也可以对烧结零件材料的多孔性加以利用，其中最典型的应用实例是烧结金属含油轴承。烧结青铜含油轴承是 20 世纪 20 年代中期出现的，粉末冶金结构零件则是在其基础上发展起来的。

烧结青铜自润滑含油轴承是由 90%铜粉与 10%锡粉(有时添加石墨粉)的混合粉，经常规压制-烧结工艺生产的。烧结时，铜与锡形成青铜合金。之后，将轴承清洗干净，浸渗所需润滑油。一般将烧结金属含油轴承的孔隙度控制在 15%～30%(体积分数)，此时孔隙都较小，孔隙相互间以及与轴承表面均连通。因此，浸油时，孔隙可储存润滑油。将含油轴承组装在轴承座中，当轴开始运转时，因摩擦产生热量，轴承温度升高，使润滑油从材料孔隙中溢出，并在轴承与轴之间形成润滑油膜。当轴停止运转时，润滑油又被重新吸收到轴承材料中的孔隙内。烧结金属含油轴承的用量非常大，特别是在家用电器与微小型电动机中，用量数以亿件计。储存于轴承中的润滑油，足够维持轴承整个寿命周期内的使用。

3. 制作粉末冶金摩擦材料

摩擦材料广泛应用于制动器(图 17.16)与离合器(图 17.17)。它们都是利用材料相互间的摩擦力来传递能量的。制动器在制动时要吸收大量的动能，使摩擦表面温度急剧上升(可达 1 000 ℃左右)，故摩擦材料极易磨损。因此，对摩擦材料的性能要求是：具有较大的摩擦系数、较好的耐磨性、足够的强度，以及良好的磨合性、抗咬合性。

过去，干式(在无油条件下工作)摩擦材料大多采用石棉橡胶制品，其许用载荷与速度较小，并容易磨损。将中小型金属切削机床采用的弹簧钢或渗碳钢淬硬后作为摩擦材料，并浸入油中工作(湿式)，可使摩擦材料许用压力提高，摩擦系数降低。由于现代机器的制动速度及工作压力越来越高，近年来使用了粉末冶金摩擦材料以适应这一要求。

粉末冶金摩擦材料通常由强度高、导热性好、熔点高的金属组元(如铁、铜)作为基体，再加

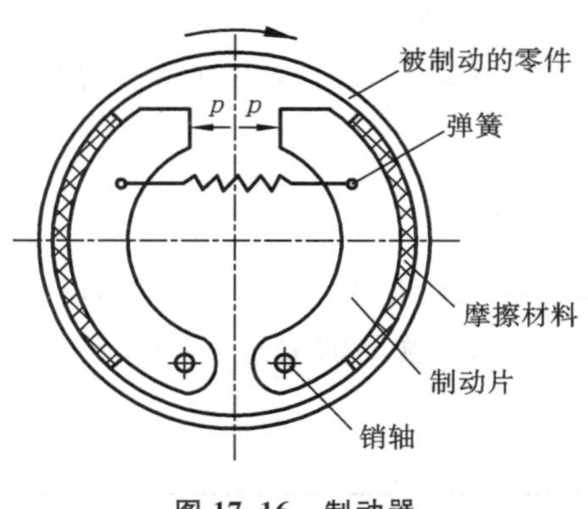

图 17.16　制动器

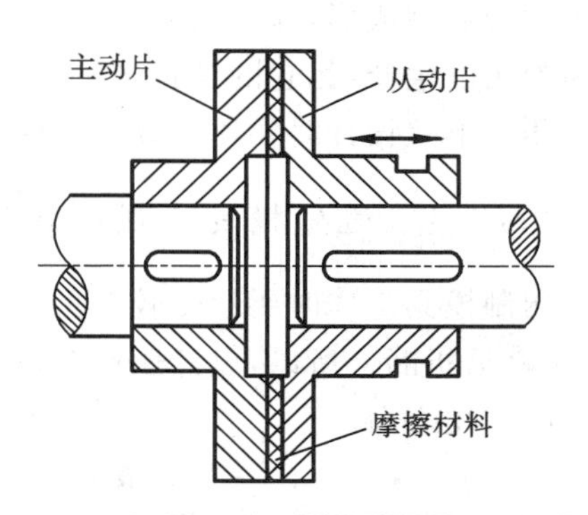

图 17.17　摩擦离合器

入能提高摩擦系数的摩擦组元(如 Al_2O_3、SiO_2及石棉)以及能抗咬合、提高减摩性的润滑组元(如铅、锡、石墨、MoS_2),因此,它能较好地满足摩擦材料性能的要求。其中,铜基粉末冶金摩擦材料常用于汽车、拖拉机、锻压机床的离合器与制动器,而铁基的多用于各种高速重载机器的制动器。与粉末冶金摩擦材料相互摩擦的对偶件,一般采用淬火钢或铸铁制作。

4. 制作硬质合金

硬质合金是 20 世纪 20 年代被开发出来的一类重要粉末冶金产品。硬质合金是由金属碳化物与质量分数为 3%～20%的金属黏结剂组成的。WC(碳化钨)与 Co 都是最初采用的、现在应用仍然最为广泛的硬质合金组分。由于含有碳化物相,硬质合金具有高的硬度与良好的耐磨性,同时硬质合金也具有足够高的韧度,能够承受足够大的冲击载荷。硬质合金最初是作为拉拔钨丝的模具材料开发的,现在,其最重要的应用是制造切削刀具。最常用的硬质合金的制法是用球磨机或碾磨机(搅动球磨机)将碳化钨粉与钴粉充分混合,然后压制成形,并在氢气中于 1 400 ℃左右进行烧结。后来,人们又开发了含碳化钛与碳化钽的新的硬质合金。硬质合金除用于制作金属切削与采矿的切削刀具外,还可用于制作许多需要优异耐磨性的器具,诸如冲压模、粉末冶金压制模具以及轧辊等。

5. 制作磁性材料

用粉末冶金成形工艺生产的软磁材料与永磁材料,大量地用直流电器。利用粉末冶金成形工艺生产的磁体大多具有最终成品形状,只留有极小的后续切削加工量与磨削加工量,并可达到所要求的磁性能。

17.2.2　粉末冶金成形工艺的局限性

粉末冶金成形工艺在应用上也存在局限性:普通粉末制品的强度比同样成分的锻件或铸件的强度低 20%～30%;粉末冶金制品压制成形所需的压力高,由于压力机吨位不够和模具制造麻烦等因素的限制,制品的质量一般小于 10 kg;粉末在成形过程中的流动性远不如金属液,因此,粉末冶金成形工艺目前还只能用来生产尺寸有限和形状不很复杂的制品;用于粉末冶金成形的模具费用高,因此,该技术只适用于成批、大量生产的制品。

17.3　粉末冶金制品的结构工艺性

用粉末冶金成形工艺制造机器零件时,除必须满足机械设计的要求外,还应考虑压坯形状是否适合压制成形,即制品的结构必须符合粉末冶金生产的工艺要求。例如,轴套可以用封闭钢模冷压法生产,但它的油槽需通过切削加工完成,所以,压坯应设计成没有油槽的套筒形。进行压坯形状设计时要注意以下一些方面。

17.3.1　避免模具出现脆弱的尖角

压制模具工作时要承受较高的压力,它的各个零件都具有很高的硬度,若压坯形状不合理,则极易折断。所以,设计压坯时,应避免在压模结构上出现脆弱的尖角(表 17.3),以延长模具的使用寿命。

表 17.3　避免模具出现脆弱尖角的设计

修改事项	原设计形状	推荐形状	修改原因
倒角处加一平台,宽度为 0.1～0.2 mm	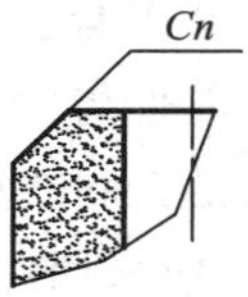 Cn	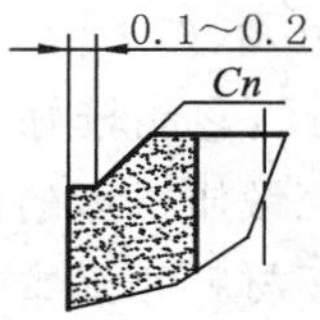 0.1～0.2 Cn	避免上、下冲模出现脆弱的尖角
圆角处加一平台,宽度为 0.1～0.2 mm	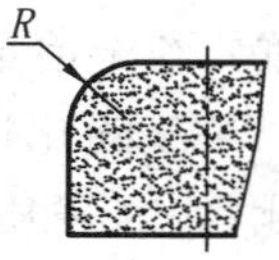 R	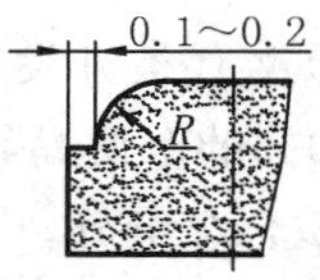 0.1～0.2 R	避免上、下冲模出现脆弱的尖角
尖角改为圆角,$R\geqslant 0.5$ mm	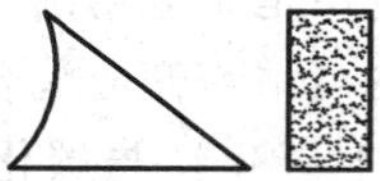	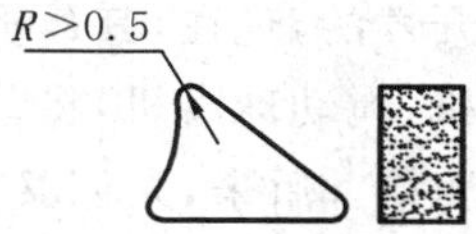 $R>0.5$	避免压坯出现薄弱的尖边,并提高凹模和冲模强度;减轻模具的应力集中现象,并利于粉末移动,减少裂纹
		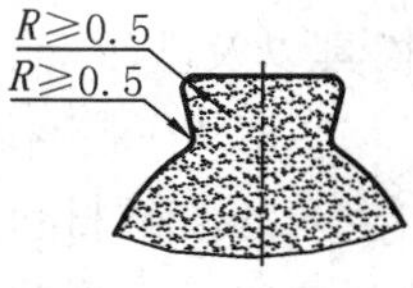 $R\geqslant 0.5$ $R\geqslant 0.5$	
	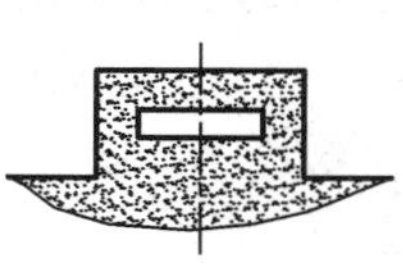	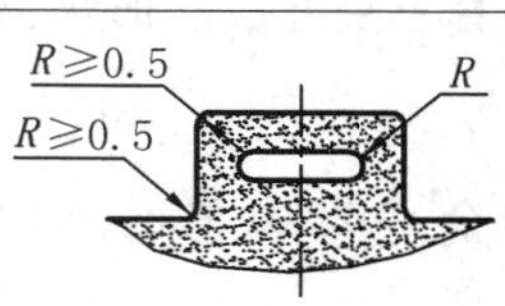 $R\geqslant 0.5$ $R\geqslant 0.5$ R	
在球面上做出带平台(宽 0.3 mm)的凸带	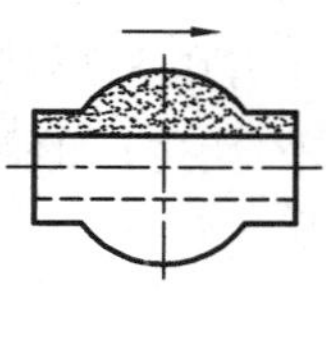	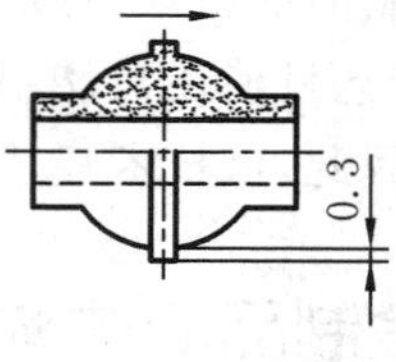 0.3	冲模末端带有尖角锐边,压制规则球形侧面时,上、下冲模易碰坏,在球面上做出凸带,可消除冲模末端的尖角锐边,同时可以凸带外圆作为成品规则球形表面的基面

续表

修改事项	原设计形状	推荐形状	修改原因
避免圆弧相切	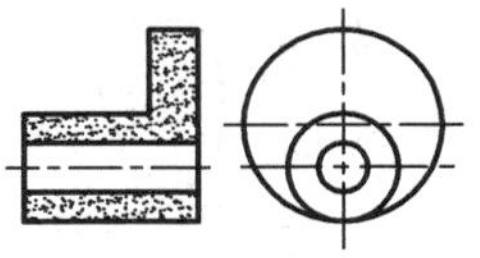	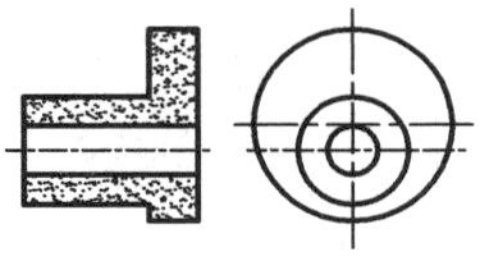	利于冲模加工和提高强度

注：表中箭头表示压制方向。

17.3.2　避免模具和压坯局部出现薄壁

压制时，粉末在受压的情况下，实际上几乎不发生横向流动。为了保证压坯密度均匀，必须使粉末能均匀充填型腔的各个部位，对于薄壁和截面有变化的压坯尤其如此。由于粉末难以均匀充填薄壁（壁厚小于 1.5 mm）部位，压坯易产生密度不均匀、掉角、变形和开裂等现象。所以，进行压坯设计时，应避免模具和压坯局部出现薄壁（见表 17.4）。

表 17.4　避免模具和压坯出现局部薄壁的设计

修改事项	原设计形状	推荐形状	修改原因
增大最小壁厚	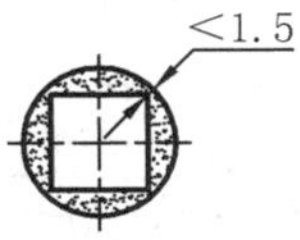 <1.5	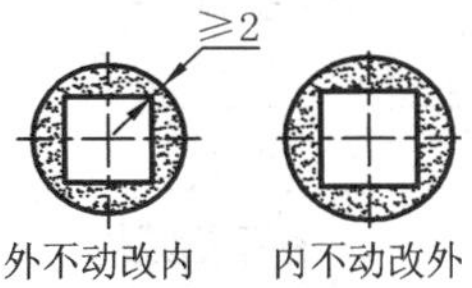 ≥2 外不动改内　内不动改外	保证装粉均匀、压坯密度均匀，并利于增大冲模及压坯强度
避免局部薄壁	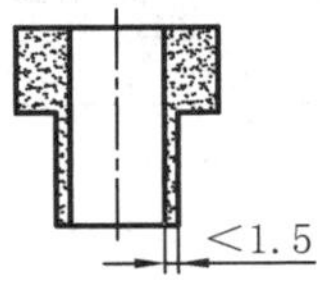 <1.5	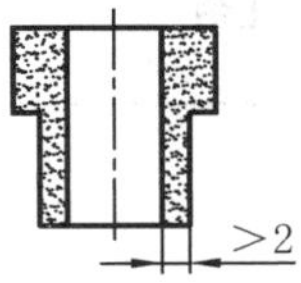 >2	保证装粉均匀，并利于增大压坯强度和使烧结收缩均匀
增大薄板厚度	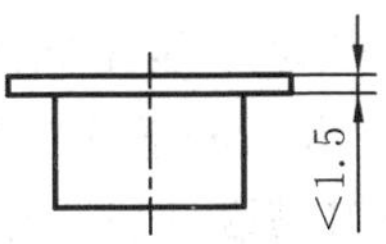 <1.5	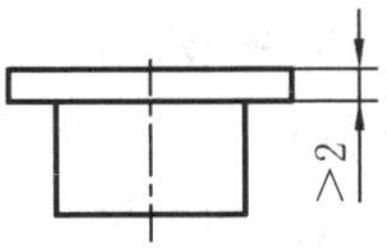 >2	保证压坯密度均匀，并利于减小烧结变形
键槽改为凸键	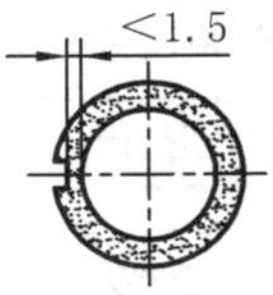 <1.5	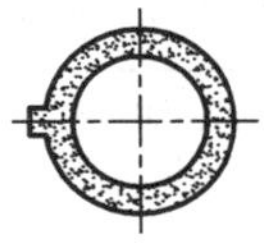	保证装粉均匀，并利于增大压坯及冲模强度

17.3.3　锥面和斜面需有一小段平直带

表 17.5 所示压坯的原设计形状不太合理，压制时模具易损坏。为避免损坏模具，同时，为避免冲模和凹模或芯杆之间陷入粉末，改进后的压坯形状在锥面或斜面上增加了一小段平直带，多了一个平台。

表 17.5　锥面和斜面的一小段平直带设计

修改事项	原设计形状	推荐形状	修改原因
在斜面的一端加 0.5 mm 的平直带		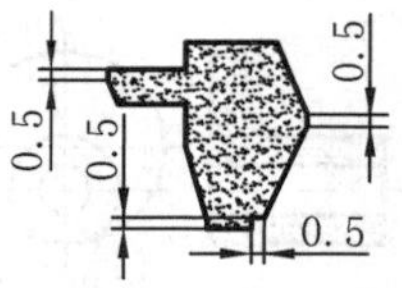 0.5　0.5　0.5　0.5	避免模具损坏

17.3.4　需要有脱模斜度或圆角

为简化模具结构，利于脱模，与压制方向一致的内孔、外凸台等要有一定斜度或圆角，如表 17.6 所示。

表 17.6　脱模斜度或圆角设计

修改事项	原设计形状	推荐形状	修改原因
外圆柱改为圆台，斜角大于 5°，或改为圆角，$R=H$	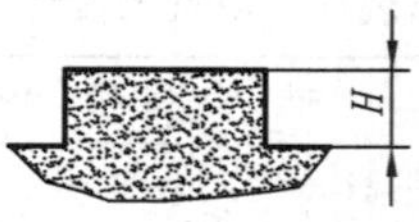 H	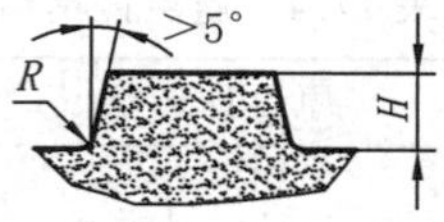 $>5°$　R　H	简化冲模结构，利于脱模
把与压制方向平行的内孔做成带一定斜度的孔	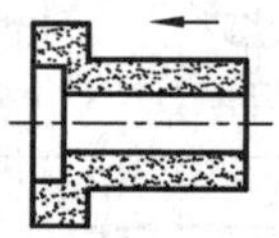	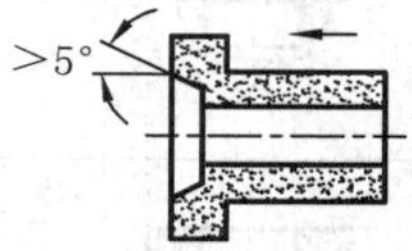 $>5°$	简化冲模结构，利于脱模

注：表中箭头表示压制方向。

17.3.5　压坯形状要与压制方向相适应

制品中的径向孔、径向槽、螺纹和倒圆锥等，一般是不能压制的，需要在烧结后切削加工。所以，应对压坯的形状设计做相应的修改，以与压制方向相适应(表 17.7)。例如，设计人员因习惯于切削加工，常将压坯法兰和主体结合处的退刀槽设计成与压制方向垂直的，这样的径向槽不能压制成形，应改为轴向槽或留待后续切削加工成形。

表 17.7　压坯形状与压制方向相适应的设计

原设计形状	修改事项	推荐形状	修改原因
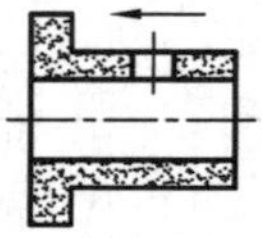	径向孔一般是不可压制成形的，也不便于脱模	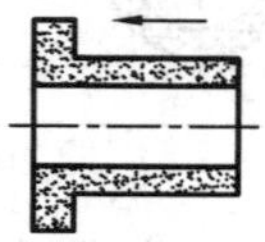	把径向孔填补起来，烧结后用机加工方法形成径向孔
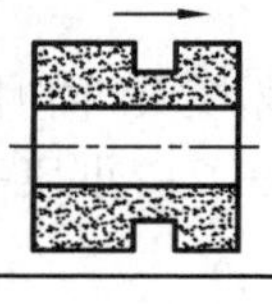	径向槽一般是不可压制成形的，也不便于脱模	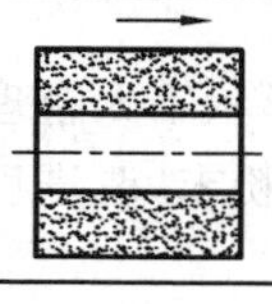	把径向槽填补起来，烧结后用机加工方法形成径向槽

续表

原设计形状	修改事项	推荐形状	修改原因
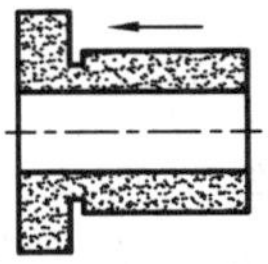	径向退刀槽是不可压制成形的，也不便于脱模	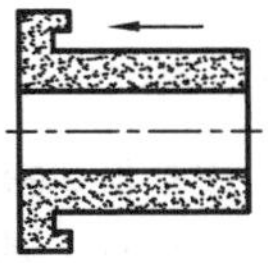	如果需要退刀槽，可形成与压制方向一致的凹槽，或留待切削加工
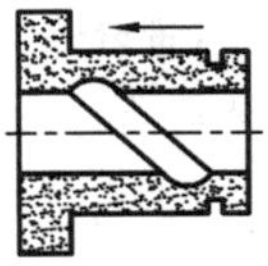	与压制方向不一致的油槽不可压制成形，也不便于脱模	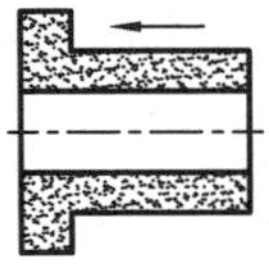	如果需要，烧结后可用机加工方法形成油槽
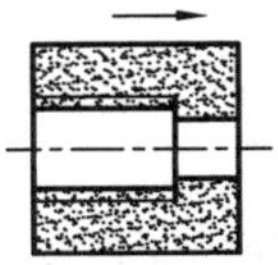	内螺纹是不可压制成形的，也不便于脱模	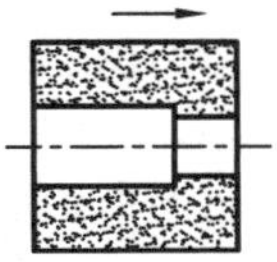	使孔的内径等于螺纹内径，烧结后用机加工方法形成内螺纹

注：表中箭头表示压制方向。

17.4　粉末冶金制品的常见缺陷分析

粉末冶金制品常见缺陷的形式、产生原因及改进措施如表 17.8 所示。

表 17.8　粉末冶金制品常见缺陷的形式、产生原因及改进措施

缺陷形式		简　图	产生原因	改进措施
局部密度超差	中间密度过低	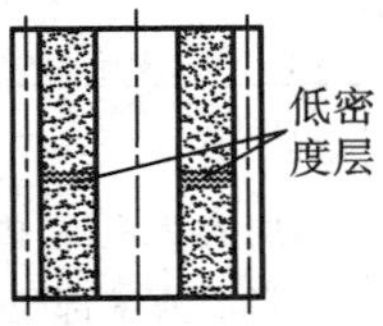 低密度层	①侧面积过大，双向压制方式不适用； ②模壁表面粗糙度高； ③模壁润滑性差； ④粉料压制性差	①对于大孔薄壁件，改用双向摩擦压制方式； ②降低模壁表面粗糙度； ③在模壁或粉料中加润滑剂； ④粉料还原退火
	一端密度过低	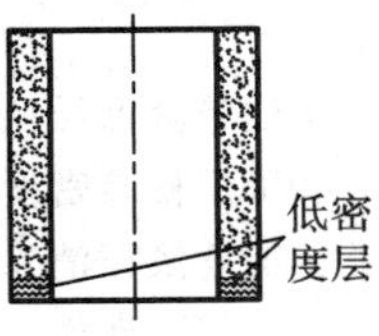 低密度层	①长径比或长厚比过大，单向压制方式不适用； ②模壁表面粗糙度高； ③模壁润滑性差； ④粉料压制性差	①改用双向压制、双向摩擦压制及后压制等方式； ②降低模壁表面粗糙度； ③在模壁或粉料中加润滑剂； ④粉料还原退火
	薄壁处密度过小	 密度小	局部长厚比过大，单向压制方式不适用	①采用双向压制方式，或薄壁处局部双向摩擦压制； ②降低模壁表面粗糙度； ③模壁局部加强润滑

续表

缺陷形式		简　图	产 生 原 因	改 进 措 施
裂纹	拐角处裂纹	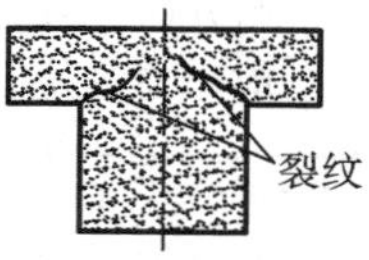 裂纹	①补偿装粉不当,密度差过大; ②粉料压制性能差; ③脱模方式不对	①调整补偿装粉方式; ②改善粉料压制性; ③采用正确脱模方式,如带内台产品先脱薄壁部分,带外台产品带压套,用压套先脱法兰
	侧面龟裂	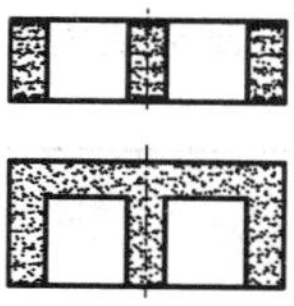	①凹模内孔沿脱模方向尺寸变小,如加工中的倒锥,成形部位已严重磨损,出口处有毛刺; ②粉料中石墨粉偏析分层; ③压力机上下台面不平,或模具垂直度和平行度超差; ④粉末压制性差	①凹模沿脱模方向加工出脱模斜度; ②粉料中加些润滑油,避免石墨偏析; ③改善压机和模具的平直度; ④改善粉料压制性能
	对角裂纹	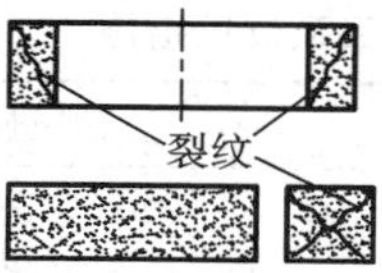 裂纹	①模具刚度低; ②压制压力过大; ③粉料压制性能差	①增大凹模壁厚,改用圆形模套; ②改善粉料压制性能,降低压制压力
皱纹(即轻度重皮)	内拐角皱纹台	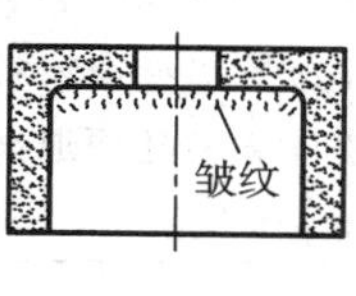 皱纹	大孔芯棒过早压下,端台先已成形,薄壁套继续压制时,已成形部位被粉末流冲破后又重新成形,多次反复则出现皱纹	①加大大孔芯棒最终压下量,适当降低薄壁部位的密度; ②适当减小拐角处的圆角
	外球面皱纹	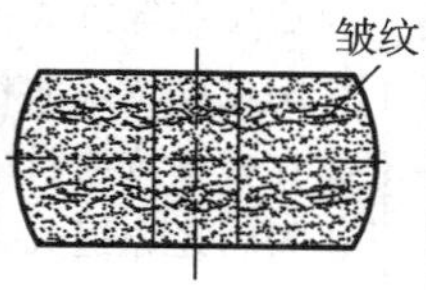 皱纹	压制过程中,已成形的球面不断地被粉末流冲破,又不断重新成形	①适当降低压坯密度; ②采用松装密度较大的粉末; ③最终滚压消除; ④改用弹性模压制
	过压皱纹	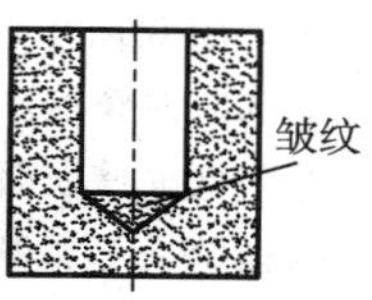 皱纹	局部压力过大,已成形处表面被压碎,失去塑性,进一步压制时不能重新成形	①合理补偿装粉,避免局部过压; ②改善粉末压制性能

续表

缺陷形式		简　图	产生原因	改进措施
缺角掉边	掉棱角		①密度不均,局部密度过低; ②脱模不当,如脱模时不平直,模具结构不合理,或脱模时有弹跳; ③在存放、搬运过程中碰伤	①改进压制方式,避免局部密度过低; ②改善脱模条件; ③操作时更仔细
	侧面局部剥落		①镶拼凹模接缝处离缝; ②镶拼凹模接缝处有倒台阶,压坯脱模时必然局部剥落	①拼模时应无缝; ②拼缝处只允许有不影响脱模的台阶
表面划伤			①模腔表面粗糙度高,或硬度在使用中变低; ②模壁产生模瘤; ③模腔表面局部被啃或划伤	①提高模壁硬度和降低模壁表面粗糙度; ②加强润滑,消除模瘤
尺寸超差		—	①模具磨损过大; ②工艺参数选择不合适	①采用硬质合金模; ②调整工艺参数
同轴度超差		—	①模具安装时对中不精确; ②装粉不均匀; ③模具间隙过大; ④冲模导向段偏短	①调模时对中要好; ②采用振动或吸入式装粉方式; ③合理选择间隙; ④加长冲模导向部分

复习思考题

(1)简要地叙述粉末冶金零件生产所包括的步骤。

(2)试述粉末的工艺性能。

(3)解释在粉末冶金过程中使用细粉和粗粉所造成的不同影响。

(4)冷压成形时,为什么沿压坯高度其密度分布不均匀?

(5)为什么松散粉末经压制成形后具有一定的强度?

(6)压坯成形前需做哪些准备工作?其作用如何?

(7)为改善压坯的密度分布,需要采取哪些措施?

(8)为什么烧结时需要保护性气氛?如果不用此气氛,对粉末冶金制品零件的性能有什么影响?

(9)造成制品氧化和脱碳的原因是什么?怎样防止制品氧化和脱碳?

(10)生坯应该快速还是缓慢地抵达烧结温度？说明你的理由。

(11)试述铜基粉末冶金含油轴承的工作原理。

(12)粉末冶金摩擦材料主要应用在哪些地方？它有哪些优点？

(13)粉末冶金摩擦材料的基本成分是什么？这些成分主要起什么作用？

(14)利用互联网搜索，建立一个用粉末冶金技术制造汽车零件的表格。

第18章　陶瓷及玻璃材料的成形工艺

陶瓷(ceramic)和玻璃均属于无机非金属材料,其组成和金属材料有很大的不同。陶瓷是由金属和非金属元素所组成的,原子间以离子键及共价键为主要结合键,其显微结构一般由晶体相、玻璃相及气孔组成。各相的组成、数量、形状及分布的不同,使得陶瓷在性能上的差别极大。玻璃的组成元素和陶瓷类似,但不具结晶组织,属于非晶体。

陶瓷可分为传统陶瓷和工程陶瓷。传统陶瓷的应用历史很悠久,典型的产品有陶器、瓷器、砖头、地砖、下水道水管、砂轮等。工程陶瓷则常被用于制造汽车和飞机的涡轮发动机、热交换器、半导体、密封环、喷嘴、切削刀具等。陶瓷比金属的高温强度和高温硬度高、弹性系数大、脆性强、韧度低、密度和热膨胀系数小、导热性和导电性差。而且陶瓷材料的组成成分及晶粒大小的变化范围极为广泛,故其性质的变化范围也相当大,例如陶瓷的导电性可从近乎绝缘到非常优良,故可利用此特性制成半导体。

根据陶瓷的化学组成、显微结构及性能的不同,可将陶瓷分为普通陶瓷和工程陶瓷两大类。前者以黏土、长石和硅石等为天然原料,经粉碎、成形及烧结而成,主要用来制造日用品、建筑和卫生用品,以及电器,耐酸、过滤器皿等。后者是以人工化合物为原料(如氧化物、氮化物、碳化物、硼化物及氟化物等)制成的陶瓷,具有特殊的性能,如较高的强度、硬度,较好的耐蚀性、导电性、绝缘性、磁性、透光性以及压电性、铁电性、光电性、电光性、声光性、磁光性、超导性、生物相容性等,主要用于机械、电子、航空航天、医学工程等行业,常用在某些高温环境中。本章主要介绍常用工程陶瓷材料的成形原理及技术。

玻璃(glass)是无确定熔点或凝固点的材料,因具有多变的光学特性、耐化学腐蚀性、相对高强度等,被广泛应用于窗户、眼镜、烧杯、烹饪器具和光纤等产品。玻璃陶瓷(glass ceramic)是由许多高度结晶成分所组成的玻璃,是先以玻璃状态加工成形,后经热处理产生再结晶作用而得,其大都呈白色或灰色而不再是透明的。它具有比一般玻璃更好的性质,如良好的热冲击抵抗能力、极小的热膨胀系数和优良的强度特性,可应用于烹饪器具、涡轮引擎、电器和电子零件等制品。

18.1　工程陶瓷粉体的性能及制备

陶瓷零件的制造一般主要包括下列步骤:

①将原材料碾碎或研磨成很细的颗粒;

②用添加剂将它们混合成具有某些希望特性的材料;

③修整、干燥和烘焙、烧结材料。

图18.1所示为陶瓷零件的制造工艺过程。

18.1.1　工程陶瓷粉体的基本物理性能

所谓粉体,是大量固体粒子的集合系,其性质不同于气体、液体,同时也不完全同于固体。它与固体最直观的区别在于:用手轻轻触及它时,它会表现出固体所不具备的流动性和变形

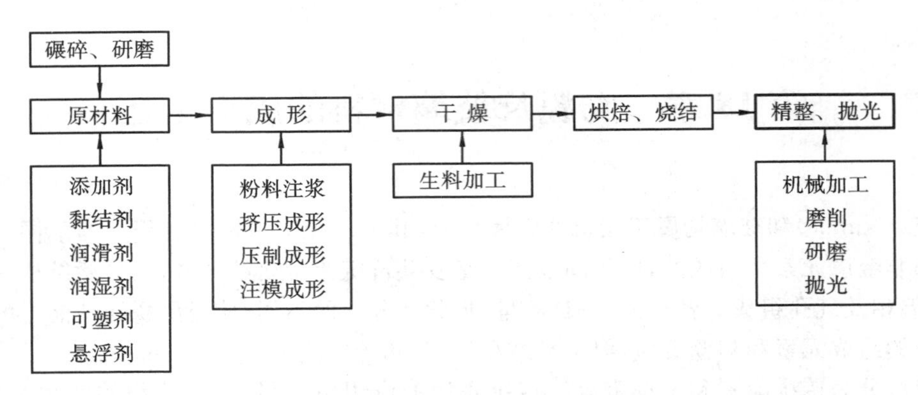

图 18.1　陶瓷零件的制造工艺过程

性。工程陶瓷粉体的基本物理性能包括粒度与粒度分布、颗粒的形态、表面特性(表面能、吸附与凝聚性能)及充填特性等。组成粉体的粉末粒度大小对粉体系统的各种性质有很大的影响，其中对粉末颗粒直径大小最为敏感的有粉体的比表面积、可压缩性和流动性。同时，粉末粒度的大小也决定了粉体的应用范围。如应用于土木、水利等行业的粉体，其粉末粒度一般大于 1 μm；冶金、火药、食品等部门则多采用粒度为 1～40 μm 的粉末颗粒。最新开发出来的纳米相材料，其组成粉末的粒度在几纳米至几十纳米之间。

还必须注意，实际应用中的粉体原料往往都是在一定程度上聚集成团的颗粒，即所谓二次颗粒。工程陶瓷粉料一般较细，表面活性较大，因受范德瓦尔斯力、颗粒间的静电引力、吸附水分的毛细管力、颗粒间的磁引力及颗粒间表面不平滑而引起的机械纠缠力等的影响，其更易发生一次颗粒间的聚集，这必将影响粉体的成形特性，如填充特性等。

粉体的填充特性及其集合组织是工程陶瓷粉体成形的基础。当粉体颗粒在介质中以充分分散的状态存在时，颗粒的种种性质对粉体性能有决定性影响。然而，粉体的堆积、压缩、聚集等特性同样具有重要的实际意义。比如，对工程陶瓷而言，它不仅影响生坯结构，而且在很大程度上决定了烧结体的显微结构，而陶瓷的显微结构，尤其是在烧结过程中形成的显微结构，对陶瓷的性能有很大的影响。一般认为，粉体的结构取决于颗粒的大小、形状、表面性质等，这些性质决定了粉体的凝聚性、流动性及填充性等，而填充特性又是诸特性的集中表现。

18.1.2　工程陶瓷粉体的制备方法

利用机械作用或化学作用制备粉体所消耗的机械能或化学能，部分将作为表面能储存在粉体中，在粉体的制备过程中，这部分能量会引起粉粒表面及其内部的各种晶格缺陷，使晶格活化。由于这些原因，粉体具有较高的表面自由能。粉体的这种表面自由能是其烧结的内在动力。因此，粉体的颗粒越细，活化程度越高，粉体就越容易烧结，烧结温度越低，因而粉体制备成为陶瓷低温烧结技术中一个重要的基础环节。

1. 粉碎法

粉碎法是将团块或粗颗粒陶瓷原料用机械法或气流法粉碎而获得陶瓷细粉的方法。

1)机械法

机械法是指将物料置于轧辊、球磨机或锤击磨等粉碎机械中，使物料在相互撞击中被粉碎。用这种方法粉碎的粉体，颗粒形态一般不规则，且不易获得粒度小于 1 μm 的微粉，同时，在粉碎过程中难免会混入杂质。

2)喷射气流法

喷射气流法主要包括导向式气流磨和单轨道气流磨。

(1)导向式气流磨 导向式气流磨(图18.2)的工作原理是:原料从进料斗投入,经文丘里喷嘴加速后达到超声速,被导入粉碎机内部,再在研磨喷嘴喷出的介质所形成的粉碎带内互相碰撞、互相摩擦而被粉碎;粉碎的微粉经导向器进入分级部位,从而获得超微粉;粗粉经下导向器再与投入原料会合,再开始下一轮的粉碎。

(2)单轨道气流磨 单轨道气流磨(图18.3)的工作原理是:原料经文丘里喷嘴加速后达到超声速,被导入粉碎机内部,再在研磨喷嘴喷出的流体粉碎带内互相碰撞、互相摩擦而被粉碎。粉碎所得的超微粉离心力小,被导入粉碎机的中心;粗粉离心力大,在粉带中继续循环粉碎。

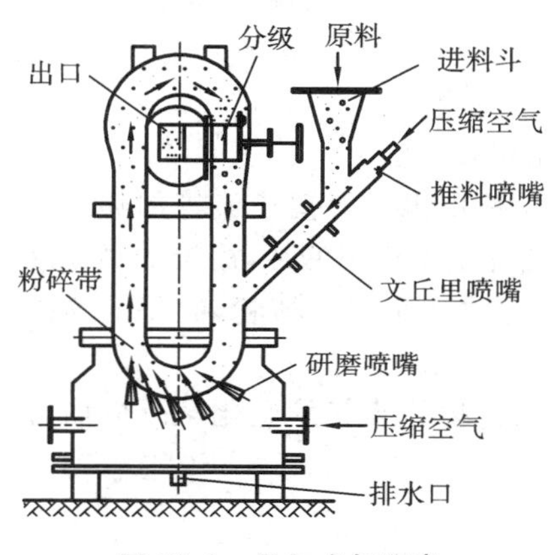

图18.2 导向式气流磨

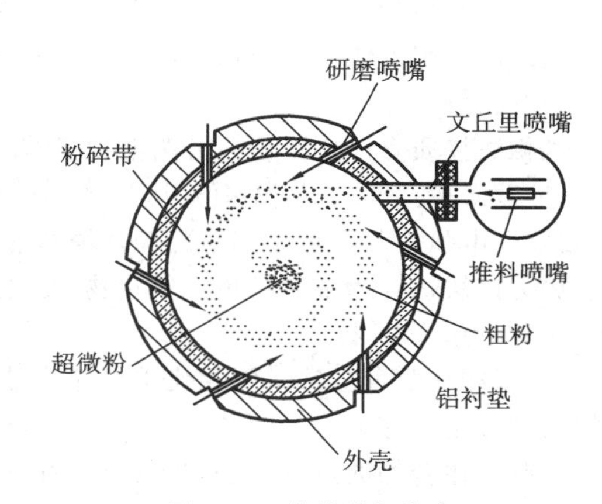

图18.3 单轨道气流磨

喷射气流法的主要特点是:能制得用其他粉碎机所不能制得的超微粉(粉碎到亚微米级,即0.1~0.5 μm),而且微粉粒度分布均匀;微粉可在瞬间取得;粉碎主要由粉料之间的互相碰撞来实现,几乎不会发生主体的磨损和异物的混入;维护和清扫容易;粉料可以在N_2、CO_2及惰性气体中粉碎。

2. 合成法

由离子、原子、分子通过反应、成核和成长、收集、后处理而获得微细颗粒的方法称为合成法。该法的特点是微粉纯度、粒度可控,均匀性好,颗粒微细,并且可实现颗粒在分子级水平上的复合、均化。合成法通常包括以下几种。

1)固相法

(1)化合反应法 化学反应法是指将两种或两种以上的固态粉末混合,使其在一定热力学条件和气氛下反应而得到复合粉末。在反应过程中有时也会有气体逸出。例如,等摩尔比的钡盐$BaCO_3$和TiO_2混合物粉末在空气中加热条件下,将发生如下反应:

$$BaCO_3 + TiO_2 = BaTiO_3 + CO_2 \uparrow$$

只需将温度控制在1 100~1 150 ℃之间就可得到性能良好的钛酸钡($BaTiO_3$)复合粉末。

(2)热分解法 用高纯度硫酸铝铵[$Al_2(NH_4)_2(SO_4)_4 \cdot 24H_2O$]在空气中进行热分解,就可获得粒度小于1.0 μm、性能良好的Al_2O_3粉末。

(3)氧化物还原法 工程陶瓷SiC、Si_3N_4的原料粉,在工业上多用氧化物还原方法(还原碳化或者还原氮化)制备。例如,制备SiC粉末就是将SiO_2与碳粉混合,在温度为1 460~

1 600 ℃的加热条件下,使 SiO_2逐步还原为 Si 并碳化而实现的。其大致过程为:当温度达到 1 460 ℃时SiO_2颗粒表面开始蒸发和分解;SiO_2及 SiO_2蒸气穿过颗粒间气孔扩散至碳粒表面,形成 SiC 和 CO;进一步还原后,产生硅蒸气,硅蒸气与碳反应生成 SiC。这时制得的 SiC 是无定形的,需经 1 900 ℃左右的高温处理才能获得结晶态 SiC。

2)液相法

液相法是由水溶液制备氧化物微粉的方法。该方法最早被用于制备二氧化硅和氧化铝,目前已得到广泛的应用。采用液相法制备氧化物粉末的基本过程为:

$$\text{金属盐溶液}\xrightarrow[\text{溶剂蒸发}]{\text{添加沉淀剂}}\text{盐或氢氧化物}\xrightarrow{\text{热分解}}\text{氧化物粉末}$$

粉末的特性取决于沉淀和热分解两个过程。热分解的温度和气氛均会明显影响粉末的品质。液相法制粉分为沉淀法和溶剂蒸发法两类,其特点是:易控制组成;能合成复合氧化物粉;添加微量成分很方便;可获得良好的混合均匀性;等等。

3)气相法

气相法按质点产生方式可分为蒸发-凝聚法和气相化学反应法。

(1)蒸发-凝聚法　蒸发-凝聚法是将原料加热至高温(用电弧或等离子流等加热),使之气化,接着在电弧焰和等离子焰与冷却环境造成的较大温度梯度条件下激冷,凝聚成微粒状物料的方法。该法适合用来制备单一氧化物、复合氧化物、碳化物或金属的微粉,制得的粉末粒度在 5～100 nm 范围内。

(2)气相化学反应法　气相化学反应法是使挥发性化合物的蒸气发生化学反应而合成所需物质的方法。它又分为两种:

①单一化合物的热分解法,其反应过程是

$$A(g)\rightarrow B(s)+C(g)$$

如 $CH_3SiCl_3\rightarrow SiC+3HCl$。使用该法的前提是必须具备含有全部所需元素的适当的化合物。

②两种以上化学物质之间的反应法,其反应过程是

$$A(g)+B(g)\rightarrow C(s)+D(g)$$

与单一化合物的热分解法相比,两种以上化学物质之间的反应法的优越性在于,可以由很多种化学物质组合来得到所需的化合物,更易于实现。

气相化学反应法的特点是:金属化合物原料有挥发性,容易精制(提纯),且生成的微粉不需要进行粉碎,纯度高,分散性良好;只要控制反应条件,就能很容易得到粒度均匀的微细粉末;容易控制气氛。

气相法除适用于氧化物的制备外,还适用于用液相法难以直接合成的氮化物、碳化物、硼化物等非氧化物的制备。制备容易、蒸气压高、反应性较强的金属氯化物常用作气相化学反应原料。目前,炭黑、ZnO、TiO_2、SiO_2、Sb_2O_3、Al_2O_3等微粉的气相法制备已达到工业生产水平。高熔点的氮化物和碳化物微粉的合成也即将达到工业生产水平。

18.1.3　配料及制备中应注意的技术问题

根据所需陶瓷的组成进行配料计算后,应进行制粉。若对微粉要求不高,制粉可在球磨机中进行,要求高的微粉则需用 18.1.2 节所述方法制备。此外,还应考虑以下问题。

1. 混合

1)加料的次序

常在工程陶瓷中加入微量的添加物,以达到改性的目的。加料时,应先加入一种含量较多

的原料，然后加含量较少的原料，最后再把另一种含量较多的原料加在上面。这样，含量较少的原料就夹在两种含量较多的原料中间，而不会黏附在球磨筒的壁上或研磨体上，造成坯料不均匀而影响微粉的性能。

2)**加料的方法**

当含量少的原料不是简单化合物而是多元化合物时，应将多元化合物事先合成后，再加进混合坯料中，而不应不经预先合成就一种一种地加入，这样可防止因混合不匀和称量误差而导致化学成分产生偏差。

3)**湿法混合时的分层**

采用湿法混合配料时，所得配料的分散性、均匀性都较好，但当密度差别大、浆料又较稀时，易产生分层现象。对于这种情况，应在烘干后仔细地进行混合，然后过筛。

4)**球磨筒的使用**

球磨筒(或混合容器)最好能够专用，或者至少同一类型的坯料用同一个球磨筒。否则，前后不同配方的原料将黏附到球磨筒或研磨体上，引进杂质，影响配方的准确性。

2. 塑化

普通陶瓷中含有可塑性黏土成分，只需加入一定量水分，它就具有良好的成形性。而工程陶瓷中，除少数品种含有少量黏土外，坯料用的原料几乎都是没有可塑性的化工原料。因此，成形之前应对坯料进行塑化。所谓塑化，就是利用塑化剂使原来无塑性的坯料具有可塑性的过程。

塑化剂有无机塑化剂和有机塑化剂两类。在普通陶瓷中，无机塑化剂主要指黏土类物质。工程陶瓷一般采用有机塑化剂。

塑化剂通常由三种物质组成：

①黏结剂，它能黏结粉料，通常有聚乙烯醇、聚乙酸乙烯酯、羧甲基纤维素等；

②增塑剂，它溶于黏结剂中，使其易于流动，通常有甘油等；

③溶剂，它能溶解黏结剂、增加塑性并能和坯料组成胶状物质，如水、无水酒精、丙酮、苯等。

有机塑化剂一般是水溶性的，且有极性。它们在水溶液中能生成水化膜，对坯料表面有活性作用，能被坯料粒子表面所吸附。因而，在瘠性粒子的表面上，既有一层水化膜，又有一层黏性很强的有机高分子。这种高分子是卷曲线型分子，能把松散的瘠性粒子黏结在一起，同时因为水化膜的存在，瘠性粒子具有流动性，从而使坯料具有可塑性。

塑化剂是根据成形方法、坯料的性质、制品性能的要求，以及塑化剂的性质、价格及其对制品性能(如电性能、力学性能)的影响等来确定的。同时，还应考虑塑化剂在烧结时是否能完全排除掉，并应考虑其挥发时温度范围的宽窄。一般，在保证坯料致密、不会分层的情况下，塑化剂的用量越少越好。

3. 造粒

对于工程陶瓷，一般希望粉料越细越好，粉料细有利于高温烧结，降低烧成温度。但在成形时却不然，尤其对干压成形工艺来说，粉料粒度小，流动性反而不好，不能充满型腔，粉体中易产生孔洞，所得陶瓷致密度不高。因此在成形之前要进行造粒。所谓造粒，就是在很细的粉料中加入一定的塑化剂，制成粒度较大、具有一定假粒度级配、流动性好的粒子。这种粒子又称团粒，粒度为20～80目(0.85～0.19 mm)。造粒方法有以下几种。

1)一般造粒法

在坯料中加入塑化剂,经混合、过筛,得到一定大小的团粒,这种方法称为一般造粒法。该法工艺简单,但团粒品质较差,团粒大小不一,体积密度小。

2)加压造粒法

将加入塑化剂后的坯料压制成块,然后破碎、过筛而得到团粒,这种方法称为加压造粒法。用该法形成的团粒体积密度较大。

3)喷雾造粒法

将坯料与塑化剂(一般用水)充分混合,形成浆料,再用喷雾器喷入造粒塔进行雾化、干燥,得到流动性较好的球状团粒,这种方法称为喷雾造粒法。该法产量大,可以连续生产。

4)冻结干燥法

将金属盐水溶液喷到低温有机液体中,液体立即冻结,冻结物在低温减压条件下升华、脱水后热分解,形成所需要的成形粉料,这种方法称为冻结干燥法。这种粉料为球状颗粒聚集体,组成均匀,反应性与烧结性良好。该法不需大型喷雾塔,主要用于实验室。

成形坯体品质与团粒品质的关系密切。团粒品质用团粒的体积密度、堆集密度和形状来衡量。团粒体积密度大,成形后坯体品质好。球状团粒易流动,且堆集密度大。在上述造粒方法中,喷雾造粒法所得团粒的品质最好。

4. 瘠性物料的悬浮

工程陶瓷一般为瘠性物料,不易悬浮。当需用注浆成形法制坯时,为了使浆料悬浮,必须采取一定的措施。

(1)对于与酸不起作用的瘠料,可用酸来进行处理。如 Al_2O_3(不溶于酸)用盐酸处理后,在 Al_2O_3粒子表面生成 $AlCl_3$,并且 $AlCl_3$会立即水解形成 $AlCl(OH)_2$大分子胶团悬浮在悬浮液中。当悬浮液的 pH 值在 3.5 左右时,胶团悬浮性最好。

(2)对于与酸起反应的瘠料,需要通过有机表面活性物质(一般用烷基苯磺酸钠)的吸附使其悬浮。烷基苯磺酸钠加入量为 0.3%～0.6%。

18.2　工程陶瓷的成形工艺

18.2.1　注浆成形

注浆成形(也称浇注成形)适用于制造大型、形状复杂、薄壁的陶瓷制品,如厨卫用品、艺术品及整套餐具等。其特点是制品尺寸控制难度大、生产率低,但模具及设备费较低。

1. 对浆料性能的要求

(1)流动性好,黏度小,能充满型腔的各个角落;

(2)稳定性好,能长期保持稳定,不易沉淀和分层;

(3)触变性小,即浆料注入一段时间后,黏度变化不大,脱模后的坯体不会因受轻微外力的影响而变软,可保持初始形状;

(4)在保证流动性的情况下,水含量尽可能小,以缩短成形时间,降低干燥收缩量,减少坯体的变形和开裂现象;

(5)渗透性好,浆料中的水分容易通过形成的坯层不断被型壁吸收,使泥层不断加厚;

(6)脱型性好,形成的坯体容易从型壁上脱离,且不与型壁发生反应;

(7)尽可能不含气泡,必要时可进行真空处理。

2. 注浆工艺

最普通的注浆工艺是粉浆浇铸，也称空心注浆（图 18.4）或单面注浆。在此工艺中，粉浆被倒入用巴黎石膏制造的多孔渗水铸型里。粉浆必须有足够的流动性和足够低的黏度，以便其顺利流入铸型。在铸型已吸收一些来至悬浮液外层的水分后，将其倒转，倒出剩余的悬浮液，然后修切零件的顶部，打开铸型，取出陶瓷件。

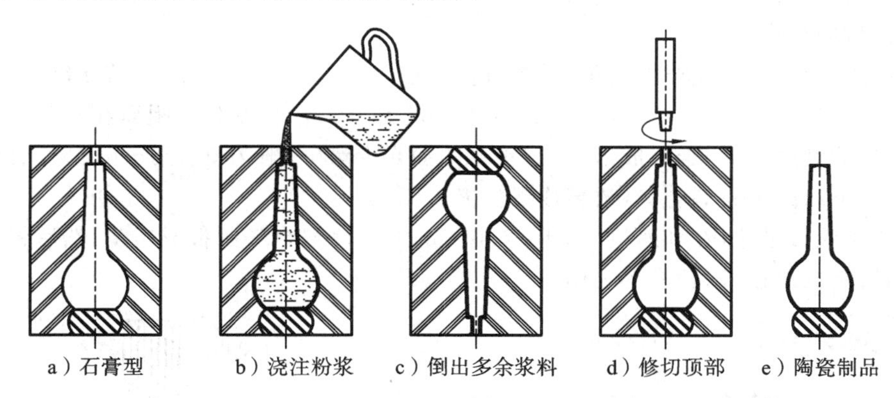

图 18.4　粉浆浇铸陶瓷零件的操作顺序

注浆成形适用于制造大型的、形状复杂的、薄壁的陶瓷产品，例如厨房、浴室用品，艺术物品及整套的餐具。在某些应用中，会将一些构件（如茶杯和大水罐的手把）分开制造，然后用粉浆作为黏结剂黏合。铸型也可以用多个构件组合。铁和其他磁性材料也可用线性磁选机（磁力分离器）分离出来。

对于实心陶瓷件，粉浆要连续地供给到铸型中以补充吸收的水分，悬浮液不能从铸型中流干。在此阶段陶瓷件是软实心或半刚性的（半硬式的）。粉浆实体的浓度越高，排出的水分就越少。

注浆完成后对所得到的陶瓷件生坯进行烘焙。

当陶瓷件是湿态的时，应小心地加工。因为生坯较脆弱，常常用手工或简单的工具加工，例如粉浆浇铸中的防水板要轻轻地（逐渐地）取出，用细丝刷，或钻孔。详细的加工，如攻螺纹一般不能在生坯上进行，因为烘焙会引起热变形（翘曲、扭曲），使这些机加工不可行。滞留空气（内部气泡）是粉浆浇铸中最重要的问题。

为了提高注浆速度和坯体品质，可采用压力注浆、离心注浆（图 18.5）和真空注浆（图 18.6）等新工艺。

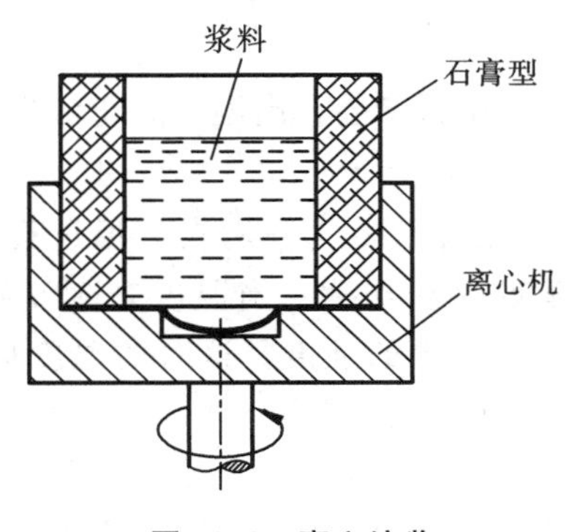

图 18.5　离心注浆

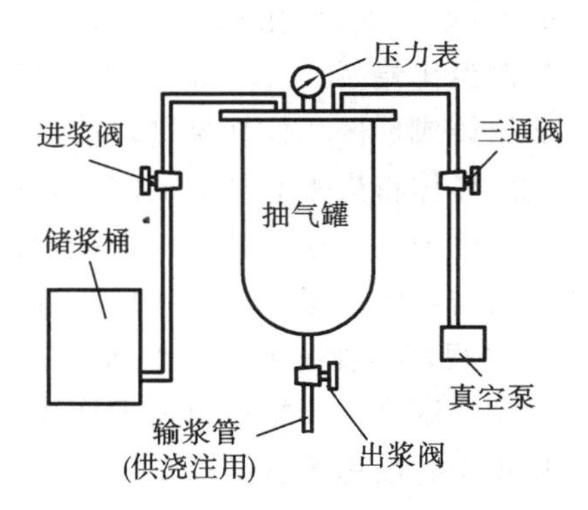

图 18.6　真空注浆

18.2.2 热压铸成形

热压铸成形也可视为注浆成形工艺的一种，它与普通注浆成形工艺的不同之处在于，它是利用坯料中混入的石蜡的热流特性，使用金属模具使坯料在压力下成形、冷凝而获得坯体的方法。该法在工程陶瓷成形中被普遍采用。

1. 蜡浆料的制备

在制备蜡浆料时，首先要将定量(质量分数一般为12.5%～13.5%)的石蜡加热熔化成蜡液，然后将陶瓷粉料烘干至水含量为0.2%(水含量大于1%时，水分会阻碍粉料与石蜡液完全润湿，使石蜡液黏度增大，难以成形)。在粉料中加入少量(一般为0.4%～0.8%)表面活性剂(如蜂蜡等)，可以减少石蜡含量，改善成形性能。

将粉料倒入石蜡液，在和蜡机(图18.7、图18.8)中将混合料制备成蜡浆，然后将蜡浆倒入容器，凝固后制成蜡板，以备成形之用。

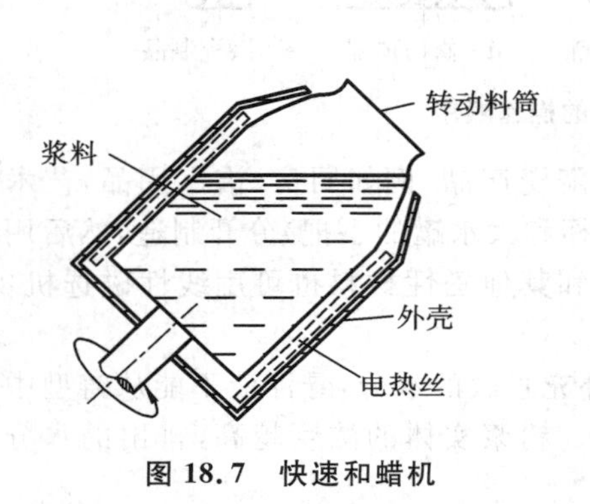

图18.7 快速和蜡机

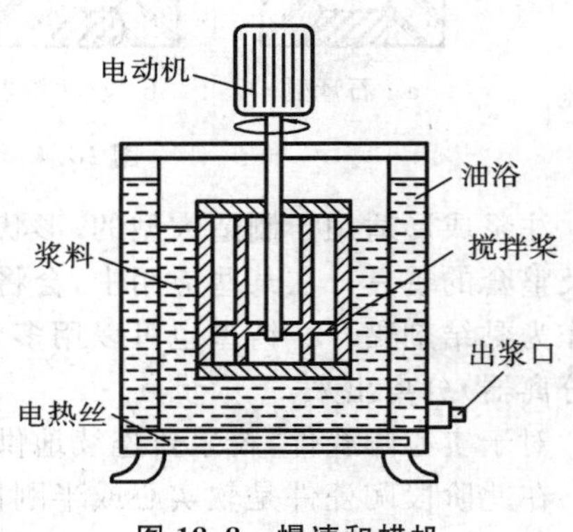

图18.8 慢速和蜡机

具体混料方式有两种：一种是先将石蜡加热熔化，然后将粉料倒入，一边加料，一边搅拌；另一种是先将粉料加热，再倒入石蜡液，亦需边加料边搅拌。

2. 热压铸成形原理

热压铸机结构如图18.9所示。热压铸成形原理是：将配好的浆料蜡板置于热压铸机筒内加热，使之熔化成浆料；用压缩空气将筒内浆料通过吸注口压入型腔，并保压一定时间(视产品的形状和大小而定)；去掉压力，浆料在型腔内冷却成形；脱模，取出坯体。有的坯体还可进行加工处理，如车削、打孔等。

3. 高温排蜡

热压铸成形的坯体在烧结之前，要先经排蜡处理，否则，由于石蜡会在高温下熔化流失、挥发、燃烧，坯体将失去黏结力而解体，不能保持其形状。

将坯体埋入疏松的惰性粉料(也称吸附剂，一般用煅烧的工业Al_2O_3粉)，在升温过程中，坯体不易与吸附剂黏结，其中的石蜡则熔化、扩散，坯体靠吸附剂支撑。当温度升到900～1 100 ℃(视坯体情况而定)时，石蜡完全挥发、燃烧，坯体产生一定的强度。这时的温度称为最适宜排蜡温度。排蜡后要清理坯体表面的吸附剂，然后再进行烧结。

4. 热压铸成形的优缺点

热压铸成形工艺适合形状复杂、精度要求高的中小型产品的生产，它具有设备简单、操作方便，劳动强度不大，生产率较高，模具磨损小、寿命长等优点，因此在工程陶瓷生产中经常采

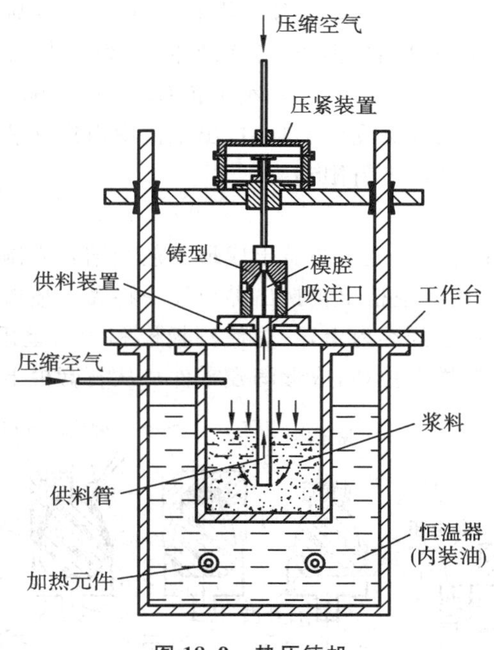

图 18.9　热压铸机

用(如压制飞机喷气涡轮叶片的陶瓷型芯等)。但热压铸成形的工序比较复杂,能耗大(需多次烧成);对于壁薄、尺寸大而长的制件,浆料不易充满型腔。

18.2.3　塑性成形

塑性成形也称湿态成形或液压塑性成形,可采用如挤出、喷射、模塑和拉坯等多种工艺进行。塑性成形倾向于使黏土层状结构沿着材料流动方向取向,使材料在后续加工中表现出各向异性,最终使陶瓷产品具有各向异性。

1. 挤出成形

将真空炼制的泥料放入挤出机内挤压成形。挤出机一端装有活塞,可以对泥料施加压力;另一端装有挤嘴(即成形模具),通过更换挤嘴,能挤出各种形状的坯体。挤出的坯体晾干后可以切割成所需长度的制品。

挤出机有立式和卧式两类,可依产品大小等加以选择。图 18.10 为立式挤出机示意图。也可将挤嘴直接安装在真空炼泥机上,使之成为真空炼泥挤出机。

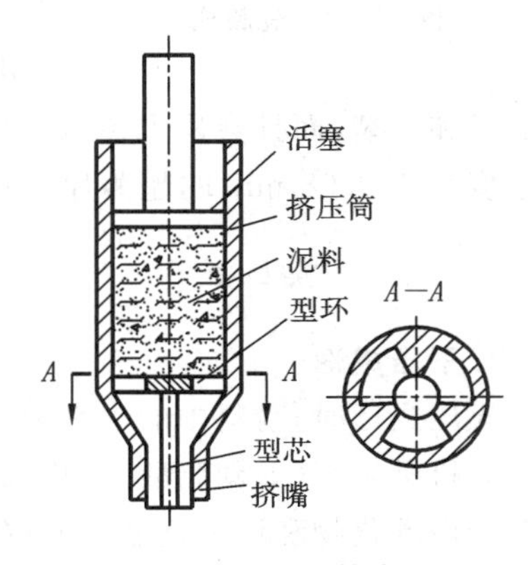

图 18.10　立式挤出机

挤出成形常用来挤制直径为 1～30 mm 的管、棒等,制品壁厚可小至 0.2 mm 左右。随着粉料品质和泥料可塑性的提高,挤出成形也可用来挤出长 100～200 mm、厚 0.2～3 mm 的片状坯膜,半干后再冲制成不同形状的片状制品;或用来挤制每平方厘米内有 100～200 个孔的蜂窝状或筛格式穿孔瓷制品。

挤出成形对坯料的要求较高,例如:粉料颗粒要细,粒形要圆,以用小型球磨机长时间球磨的粉料为好;溶剂、增塑剂、黏结剂等的用量要适当,同时必须使泥料高度均匀,否则挤出的坯体品质不好。

挤出成形污染小,易于实现自动化操作,可连续生产,模具费用低,生产率高;挤嘴结构复杂,加工精度要求高;由于溶剂和黏结剂较多(黏土含有 20%~30%的水分),因此坯体在干燥和烧结时收缩较大,制品性能因此会受到影响;挤出工艺中由螺杆装置挤出的产品的横截面是恒定的,并且对空心挤出产品的厚度有限制。

2. 挤出和拉坯联合成形

挤出和拉坯联合成形是将拉坯成形与挤出成形工艺相结合来制造陶瓷零件的联合成形工艺,其过程如图 18.11 所示:由真空挤出机挤出黏土坯→将黏土坯放置在石膏模上→用凹模压制初坯→旋转石膏模,一边喷水到坯料上,一边使刮板模和滚筒绕垂直轴回转,用刮板模往复摆动刮制,进行拉坯→在石膏模上拉坯,成形陶瓷零件→从石膏模上取下成形的陶瓷件生坯。

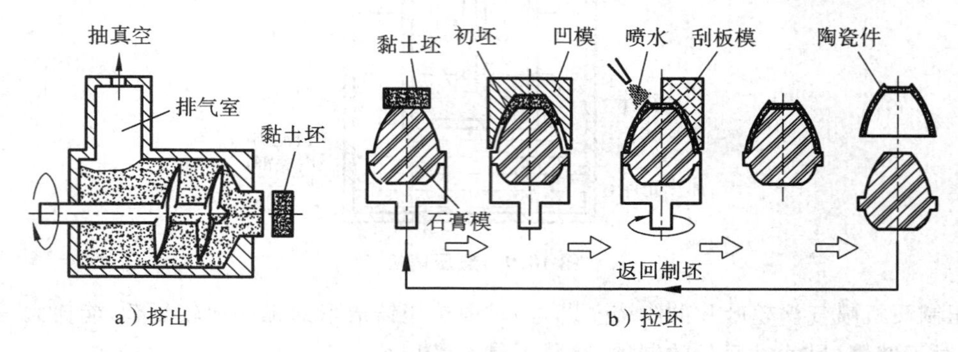

图 18.11　挤出和拉坯联合成形工艺过程

挤出和拉坯联合成形可实现自动化生产,生产率高,且模具费用低。但该工艺只限于制造轴对称的回转体类陶瓷零件,并且陶瓷零件的尺寸精度有限。

3. 轧膜成形

将准备好的坯料拌以一定量的有机黏结剂(一般为聚乙烯醇),置于轧膜机的两辊轴之间进行多次辊轧,通过调整轧辊间距,使坯片达到所要求的厚度。轧膜成形如图 18.12 所示。轧好的坯片需经冲切工序,制成所需的坯件。

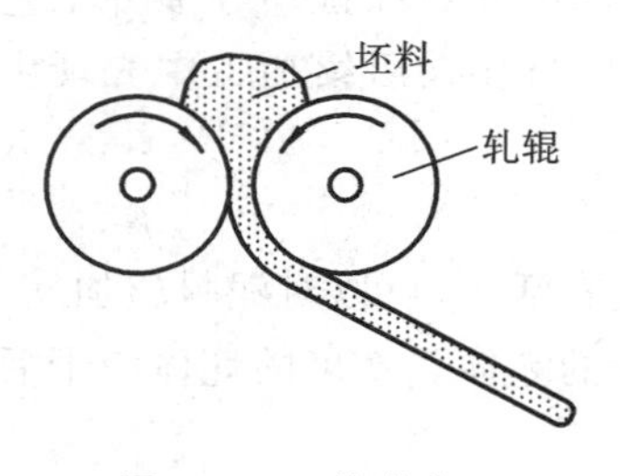

图 18.12　轧膜成形

轧膜成形时,坯料只在厚度和前进方向上受到辗压,在宽度方向上受力较小,因此,坯料和黏结剂中不可避免地会出现定向排列现象。干燥和烧结时,坯体横向收缩大,易出现变形和开裂,而且会呈现各向异性。轧膜成形适用于生产厚度在 1 mm 以下的薄片状制品。但厚度小于 0.08 mm 的超薄片,用轧膜成形方法就难以轧制,制件品质也不易控制。

18.2.4　模压成形

1. 干压成形

模压成形时,粉料中的含水量一般小于 4%(但也可高达 12%),并需加入 7%~8%的有机和无机黏结剂(如硬脂酸、石蜡、淀粉和聚乙烯醇等),它们同时也可作为润滑剂。然后将粉料置于用碳化物和淬火钢制造的钢模中,在压力机上以 35 ~ 200 MPa 的压力将粉料压制成一定形状的坯体。

干压成形的加压方式、加压速度与保压时间对坯体的密度有不同的影响(图 18.13)。单面加压时坯体上下密度差别大，而双面加压时坯体上下密度均匀(但中心部位的密度较低)。模具施加润滑剂后，坯体密度的均匀性会显著增加。

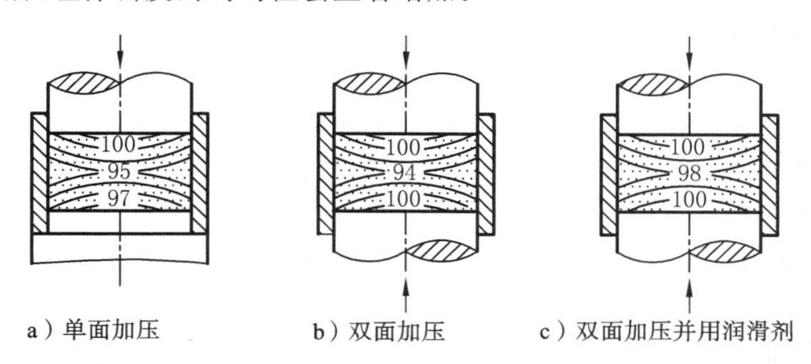

a）单面加压　b）双面加压　c）双面加压并用润滑剂

图 18.13　加压方式对坯体密度的影响

实践证明，加压速度与保压时间对坯体性能有很大的影响。也就是说，压力的传递和气体的排除有很大关系。如果加压速度过快，保压时间过短，则气体不易排出；同样，当压力还未传递到应有的深度时，外力就已卸掉，显然也难以得到理想的坯体。如果加压速度过慢，保压时间过长，又会使生产率降低。因此应根据坯体大小、厚度和形状来调整加压速度和保压时间。一般对于大型、壁厚、高度大、形状较为复杂的产品，加压过程开始宜慢，中期宜快，后期宜慢，并要有一定的保压时间，这样利于排气和压力传递。如果压力足够大，保压时间可短些。不然，加压速度不当，气体不易排出，坯体会出现鼓泡、夹层和裂纹等缺陷。对于小型薄片坯体，加压速度可适当加快，以提高生产率。

干压成形是工程陶瓷生产中常用的工艺，其优点是：黏结剂含量低，质量分数只有百分之几；坯体可不经干燥而直接焙烧；坯体收缩率小，密度大，尺寸精确，强度高，电性能好；工艺简单，操作方便，周期短，效率高，便于自动化生产。

但干压成形有以下缺点：

①因为颗粒间及颗粒与型壁的摩擦，陶瓷密度变化可能很大，生产大型坯体时模具磨损大，加工复杂，成本高。

②只能上、下加压，压力分布、致密度、收缩率不均匀。

③烘焙中，密度变化会引起的翘曲变形，坯体出现开裂、分层等现象。翘曲变形对于长径比大的零件特别严重，推荐的最大长径比为 2∶1。

这些缺点可使用多种方法克服，如改进模具设计，采用振动压制、冲击成形和等静压成形等多种新工艺。

2. 湿压成形

湿压成形件也是在压力机的高压力下，在型腔中成形的。湿压法与干压法的不同之处是粉料的水含量一般为 10%～15%。湿压法一般用于制造复杂形状零件，生产率高，但对零件尺寸有限制。同时，由于湿压件干燥时的收缩率较大，制件尺寸精度控制困难，且模具费用较高。

3. 热压成形

热压成形也称压力烧结，是同时应用压力与热来成形的方法。该法由于降低了孔隙率，所得陶瓷零件强度、致密度更高。热压成形常常采用保护性气氛，其凸、凹模常用的材料是石墨。

18.2.5　等静压成形

1. 等静压成形原理

等静压成形又称为静水压成形。它是利用液体介质的不可压缩和均匀传递压力的特性来成形的一种方法。所谓等静压,即处于高压容器中的试样受到的压力与处于同一深度的静水中时所受到的压力相同。

2. 等静压成形的类型

如前文所述,等静压成形有冷等静压成形和热等静压成形两种类型。冷等静压又分为湿式等静压和干式等静压。

1)湿式等静压成形

湿式等静压成形(图 18.14)是将预压好的坯料包封在弹性的橡胶模或塑料模具内,然后置于高压容器中施以高压液体(如水、甘油或刹车油等,压力通常在 100 MPa 以上)来成形坯体。因为坯体处在高压液体中,所以它在各个方向上都受到相等的静压力。湿式等静压主要用来成形多品种、形状较复杂、产量小和大型的制品。

2)干式等静压成形

干式等静压成形(图 18.15)的模具是半固定式的,坯料的添加和坯件的取出都是在干燥状态下操作的,故称干式等静压成形。干式等静压成形工艺更适合用于生产形状简单的长形、薄壁、管状制品,如稍做改进,就可用于连续自动化生产。

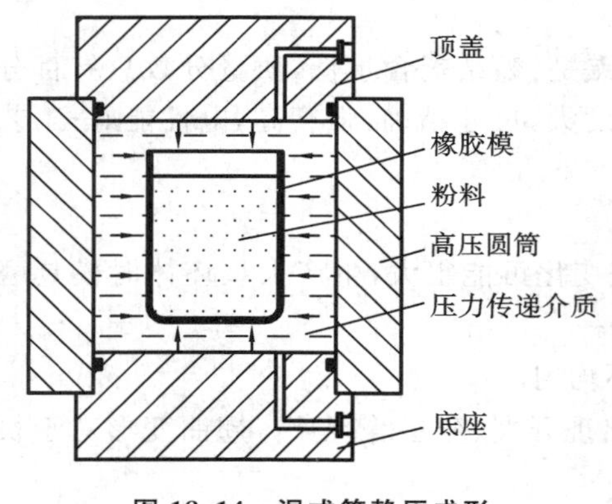

图 18.14　湿式等静压成形

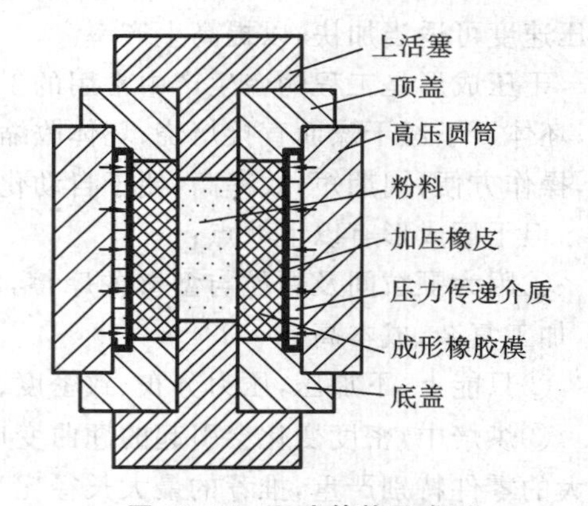

图 18.15　干式等静压成形

3)热等静压成形

热等静压成形(见图 17.9)一般是以气体作压力传递介质,在 1 100 ℃、100 MPa 的高温和高压力下对粉料各向进行均匀压制。热等静压成形的主要优点是它可生产具有 100%致密度,且具有良好黏结颗粒及良好力学性能的制件,很适合用于生产形状复杂制品。由于组织结构均匀,热等静压成形材料性能比冷压烧结成形的材料性能高 30%～50%,比一般热压烧结成形的材料性能高 10%～15%。因此,热等静压成形目前常用来制造一些高附加值氧化铝陶瓷制品和国防军需品的特殊零件,例如汽车火花塞绝缘体(绝热器)、陶瓷轴承、反射镜、核燃料及枪管等制品。特别是对于要求高成形精度的陶瓷制品(如高温应用的碳化硅、氮化硅陶瓷叶片)等,应用热等静压烧结成形较多。

3. 等静压成形方法的特点

(1)可以成形一般方法不能成形的、形状复杂的大件及细长制品,而且制品的品质较好。

(2)可以不增加操作难度而比较方便地提高成形压力，而且效果比模压成形的普通干压法好。

(3)由于坯体各个方向受压力均匀，其材料密度大而且均匀，烧结收缩小，因而不易变形。

(4)模具制作方便，寿命长，成本较低。

(5)可以少用或不用黏结剂。

18.2.6　注射成形

注射成形工艺大量用于塑料的注射成形(见 15.2.1 小节)和粉末冶金成形(见 17.2 节)，目前也广泛地用于高技术用途的精密陶瓷成形。陶瓷粉料与热塑性聚合物黏结剂(如聚丙烯、低密度聚乙烯)或石蜡混合，然后将陶瓷零件置于焙烧炉，首先在低温阶段进行脱脂(黏结剂被分解脱除)，随后在高温下进行烧结。

注射成形用于大多数工程陶瓷，例如铝、锆、氮化硅、碳化硅及(耐火的)硅铝氧氮聚合材料，可生产厚度小于 10～15 mm 的制件。对于厚截面制件，要求仔细控制所用的材料和工艺参数，以避免内部孔洞和裂纹，特别是收缩引起的缺陷。

18.2.7　流延成形

对于要求表面光洁、厚度小于 1 mm 超薄型的陶瓷制品，用模压成形或轧膜成形工艺不能成形，因而出现了带式成形法。带式成形法分为流延法(坯料为浆状)和薄片挤压法(坯料为泥团状)两种，一般采用流延法。

1. 流延成形工艺过程

流延法又称为带式浇注法、刮刀法，流延成形工艺过程如图 18.16 所示。在制备好的粉料内加入黏结剂、增塑剂、分散剂、溶剂，然后将它们均匀混合成浆料；再把浆料放入流延机的料斗，浆料从料斗下部流至流延机的薄膜载体(传送带)上，用刮刀控制其厚度；然后经过红外线加热等方法烘干薄膜载体上的浆料，得到膜坯，将其连同载体一起卷在轴上待用；最后按所需要的形状切割或开孔。

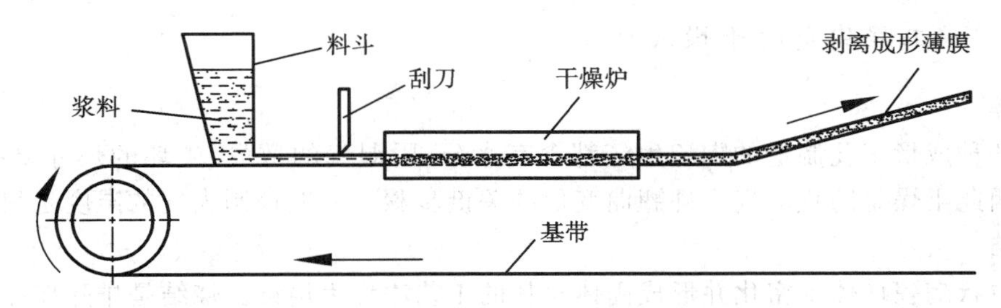

图 18.16　流延成形

2. 浆料要求

流延法对坯料细度、粒形的要求比较高。粉料的颗粒愈细，粒形越圆，浆料的流动性就越好，沿厚度方向堆集的颗粒数就越多，薄坯的品质就越高。例如，沿 40 μm 厚的薄坯厚度方向堆积的颗粒数一般要求在 20 个以上，那么，粉料中粒度在 2 μm 以下的颗粒要占 90%以上，这样才能保证薄坯的品质。因此流延法通常采用微米级的颗粒。此外，为保证在相同厚度方向上的堆积密度，粉料的颗粒级配也是很重要的。

同时亦应重视制备浆料的添加剂及其用量，尤其对超薄坯而言，浆料的品质好坏、浆料有无气泡,对制品的品质都有较大影响。有的浆料在浇注前要经过真空脱气处理。

3. 流延成形的特点

流延成形设备并不复杂,工艺稳定,可连续操作,便于实现生产自动化,生产效率高,适于制造厚度小于 0.2 mm、表面光洁的超薄型制品。但采用流延成形工艺时浆料的黏结剂含量高,因而制件收缩率高达 20%~21%。对流延法的这一缺点应予以注意。

18.3 工程陶瓷的烧结及修整

18.3.1 烧结的一般概念

多晶陶瓷材料的性能不仅与它的化学组成有关,还与它的显微结构有密切关系。在配料、混合、成形等工序完成后,烧结就成为使材料获得预期显微结构、赋予材料各种性能的关键工序。陶瓷生坯在高温下的致密化过程称为烧结。烧结过程如图 18.17 所示。烧结过程中主要发生晶粒和孔隙尺寸及其形状的变化。陶瓷生坯中一般含有百分之几十的孔隙,颗粒之间只有点接触。随表面能的减小,物质向颗粒间的颈部和孔隙部位填充,颈部渐渐长大,孔隙逐步减小,两颗粒间的晶界与相邻晶界相遇,形成晶界网络。随着温度的上升和时间的延长,固体颗粒相互键联,晶粒长大,孔隙和晶界渐趋减少。通过物质的传递,其总体积收缩,密度增加,颗粒之间的结合力增大,制品强度提高,最后成为坚硬的、具有某种显微结构的多晶烧结体。

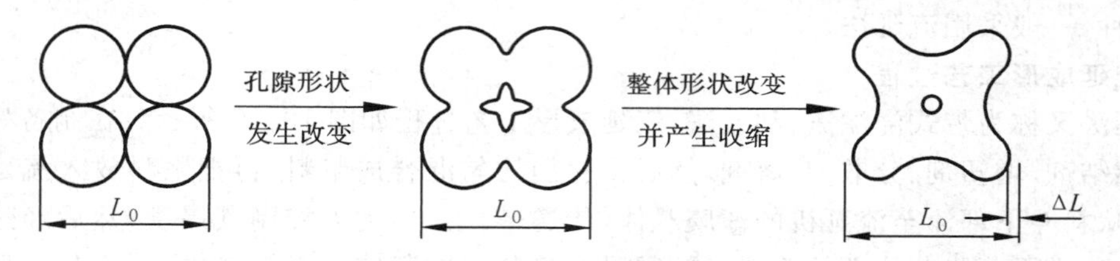

图 18.17 烧结过程

18.3.2 工程陶瓷的干燥及烧结

1. 干燥

通过各种成形工艺制造的陶瓷生坯都含有水分,因湿气的散失,生坯的尺寸要缩小 15%~20%。因此干燥是防止陶瓷零件翘曲变形的关键步骤。一般控制大气的湿度是很重要的。

2. 烧结

将颗粒状陶瓷坯体致密化并形成固体材料的工艺法称为烧结。烧结是排除坯体内颗粒间的孔洞、少量的气体、杂质及有机物,使颗粒生长并相互结合,形成新的物质的工艺。

烧结使用最多的加热装置是电炉。正确选择烧结方法是获得具有理想结构和性能的陶瓷的关键。常用的方法是在大气条件(无特殊气氛、常压)下烧结。但为了获得高品质的、不同种类的工程陶瓷,也经常采用下列方法。

1)低温烧结

低温烧结的目的是降低能耗,使产品价格便宜。常用的方法有引入添加剂、在压力下烧结、采用易于烧结的粉料等。

2)热压烧结

热压烧结是在加热粉体的同时进行加压,使烧结质量主要取决于塑性流动而不是扩散。对同一材料而言,热压烧结可大大降低烧结温度,并且可使烧结体的孔隙率较低。因烧结温度低,抑制了晶粒成长,所以所得的烧结体致密,晶粒小,强度高。

热压烧结的缺点是必须采用由特种材料制成的模具,成本高,且生产率低,只能生产形状不太复杂的制品,如强度很高的陶瓷车刀等(其抗弯强度为 700 MPa 左右)。

连续热压烧结虽然可提高产量,但设备和模具费用太高,此外制品长度受到限制。要求高的陶瓷制品则采用热等静压烧结的方法。

3)气氛烧结

对于在空气中很难烧结的制品(如 Si_3N、SiC 等透光体或非氧化物),为防止其氧化,需往炉膛内通入一定气体,在所要求的气氛下进行烧结。

此外,微波烧结法、电弧等离子烧结法、自蔓延烧结技术亦正处在开发研究中。

18.3.3　工程陶瓷的修整及加工

1. 陶瓷的修整加工工艺

因为干燥及烧结会引起坯体尺寸变化,所以可以采用附加工序来对陶瓷零件进行修整,改善其表面粗糙度和公差,除去表面裂纹。陶瓷修整加工可以采用以下所述的一种或几种工艺:

①用金刚石砂轮磨削;

②研磨和珩磨;

③超声波加工;

④用金刚石涂层钻头钻削;

⑤电火花加工;

⑥激光束加工处理,以改善陶瓷零件表面性能和摩擦、磨损特性;

⑦研磨水流喷射切割;

⑧翻滚,去掉锋利的边缘和研磨标记。

选择工艺是重要的,因为大多数陶瓷是脆性材料,同时这些加工要带来附加成本,另外也必须考虑修整操作对产品性能的影响。

2. 陶瓷产品的釉料涂覆

为了提高陶瓷产品的美观度和强度,增强其不渗透性,常常用釉料涂覆陶瓷产品,釉料在烘烤后形成玻璃涂层。

18.3.4　工程陶瓷的新进展

1. 高温结构陶瓷

工作在恶劣环境中的零部件,如航天器的喷嘴、燃烧室的内衬、喷气发动机的叶片等,都需要既能耐高温,又能经受高速气流的冲刷和腐蚀,在这一需求的推动下,高温结构陶瓷迅速发展。高温结构陶瓷具有金属等材料所不具备的优点,即耐高温、耐磨损、耐磨蚀、硬度高、膨胀系数小、热导率高、密度小等。高温结构陶瓷主要包括氧化物陶瓷(如氧化铝、氧化镁、氧化铍、氧化锆陶瓷等)、非氧化物陶瓷(如碳化物、氮化物陶瓷等)、复合材料(如陶瓷纤维、金属陶瓷等)。

2. 功能陶瓷

此外，还有一类功能陶瓷，它们通常具有一种或多种功能，如压电、压磁、热电、电光、声光、磁光等功能。这类陶瓷包括电介质陶瓷、铁电陶瓷、敏感陶瓷、导电陶瓷、超导陶瓷、磁性陶瓷等，它们已在能源开发、空间、电子、传感、激光、光电子、红外、生物、环境科学等领域得到广泛应用。

3. 细晶复相陶瓷

正在开发的细晶复相陶瓷，如 ZrO_2-Al_2O_3、莫来石、Si_3N_4 和 Si_3N_4-SiC 复合材料等，这类材料具有不同程度的超塑性特性。

4. 陶瓷成形工艺的新进展

(1)其超塑性变形方式由简单的拉伸发展到拉深、压缩、锻造、挤压、胀形等工艺；

(2)零件的形状由简单的棒状或圆片发展到较复杂的形状。例如国内某重点实验室以高纯度三氧化二铝(Al_2O_3)和氧化锆(3Y-ZrO_2)纳米粉末为原料，在 1 450 ℃下通过真空热压烧结，制备 3Y-ZrO_2增韧 Al_2O_3细晶复相陶瓷致密坯料(图 18.18)，随后在 1 500～1 650 ℃温度范围内用高强石墨模具(图 18.19)对陶瓷涡轮盘模拟件成功进行了超塑性挤压，使它们能够像制造超塑性金属零件那样被挤压成形为形状复杂(具有十几个叶片)的高性能陶瓷涡轮盘模拟件(图 18.20)，并且所得陶瓷件的断裂韧度有所提高。陶瓷制品性能不断提高，必将促使陶瓷成形新技术不断发展。

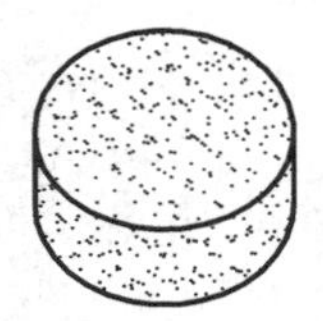

图 18.18　烧结的陶瓷坯料

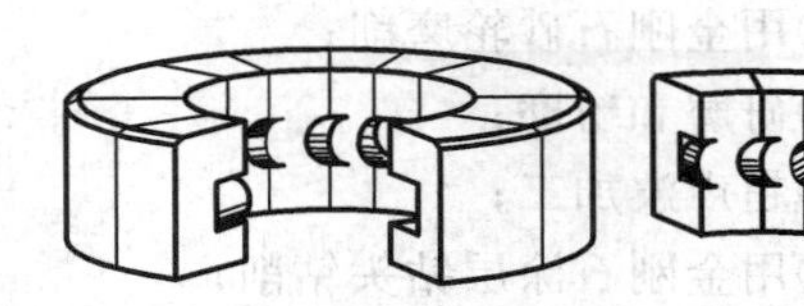

图 18.19　涡轮盘模拟件挤压模具

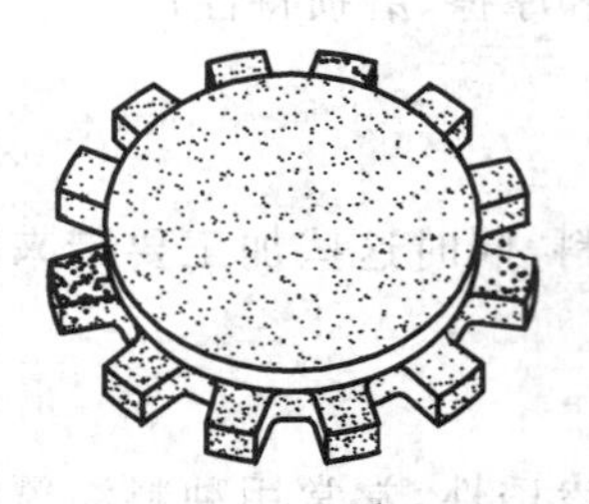

a）12个叶片的涡轮盘模拟件

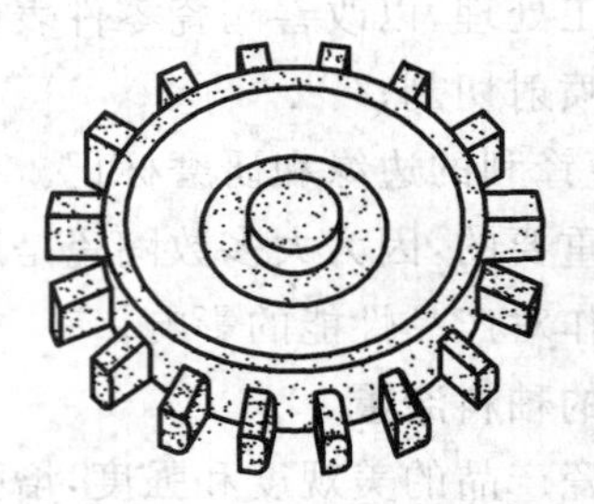

b）18个叶片的涡轮盘模拟件

图 18.20　超塑性挤压成形并经烧结的陶瓷涡轮盘模拟件

18.4　玻璃的成形工艺

制造玻璃的主要原料有硅石、石灰石、长石、纯碱、硼酸等，辅助原料有澄清剂、助溶剂、着色剂等。玻璃成形过程是：将原料破碎成 0.25～0.5 mm 的颗粒，按比例混合均匀后，置于 1 300～1 600 ℃的池窑或坩埚窑进行高温熔化，然后得到成分均匀、黏度符合成形要求且无气泡的玻璃液，最后将玻璃液转变成具有一定形状的固态制品。不同形状的玻璃制品需采用不同的成形工艺，另外，还需采用热处理和化学处理消除或减少玻璃制品的热应力，提高玻璃的强度。

18.4.1　拉引成形

拉引成形是玻璃制造技术中应用最多的工艺，用以制造窗口片、平板玻璃以及玻璃管、棒、纤维等。

1. 平板玻璃的成形

平板玻璃一般厚度为 0.8～10 mm，如常见的门窗玻璃、幕墙玻璃等。平板玻璃的成形工艺有平拉成形、压延成形、浮法成形。

1)平拉成形

图 18.21 所示为平板玻璃的平拉成形原理。玻璃液经过水冷挡板后，冷却到适合平拉成形的温度；熔融态的玻璃通过机器上的成形辊后经过轧制和挤压，成形为薄板或平板玻璃；成形的玻璃经导向辊后，由一组较小的辊子输送出去。

2)压延成形

压延机上有成对的压延辊。如图 18.22 所示，熔化状态玻璃冷却到适合压延成形的温度后，经溢流口进入压延辊之间，被压制成平板玻璃。压延辊表面上若刻有花纹、图案，则可制成压花玻璃板；若在压延辊间夹入金属丝，则可制成夹丝玻璃。

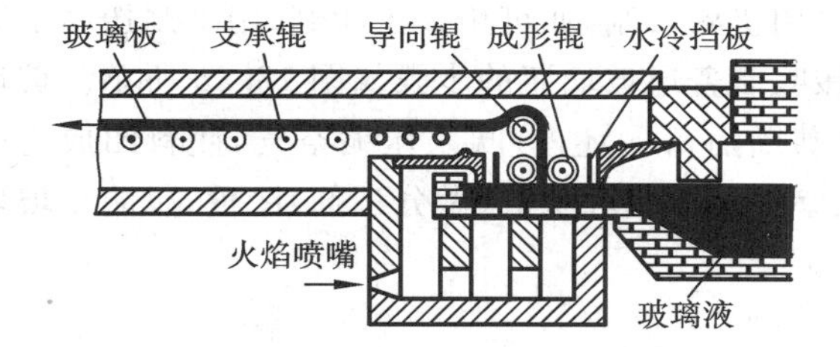

图 18.21　平板玻璃的平拉成形

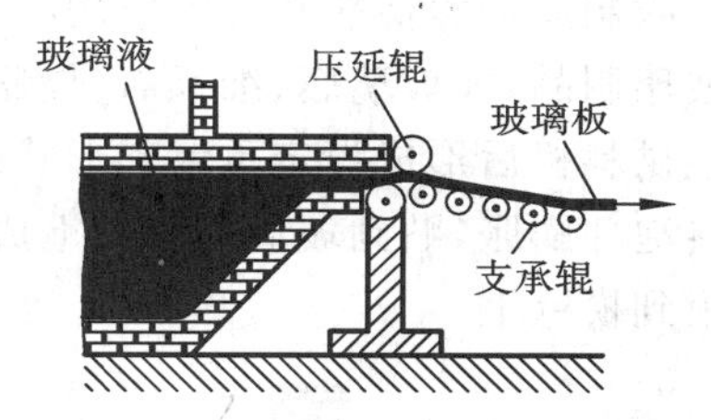

图 18.22　平板玻璃的压延成形

平拉成形和压延成形的平板玻璃表面比较粗糙，还需进行研磨抛光。

3)浮法成形

图 18.23 所示为玻璃板的浮法成形原理。熔融玻璃液从熔炉经流道被注入充满氮、氢保护气体并可控制气氛的锡槽中，漂浮在熔融的锡液表面上，完成摊平、辗薄、抛光、冷却后，由支承辊托引至韧化炉中，完成凝固、退火工序。

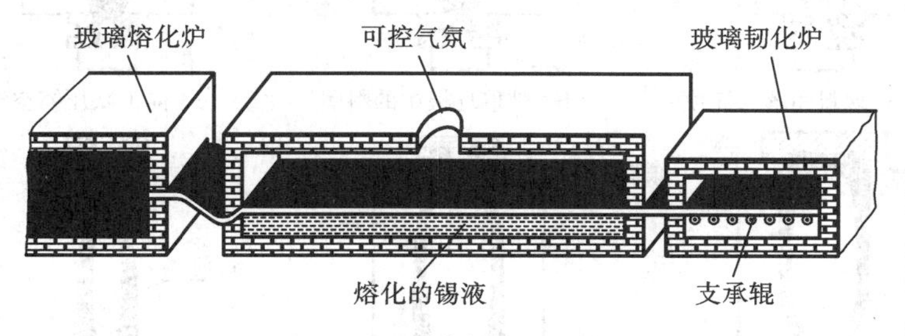

图 18.23　玻璃板的浮法成形

浮法成形玻璃有光滑(炉火抛光)的表面，不需另行研磨抛光。

2. 玻璃管、棒的拉引成形

玻璃管和玻璃棒，如化学实验用的试管、试棒、霓虹灯管等，是用图 18.24 所示的拉引成形

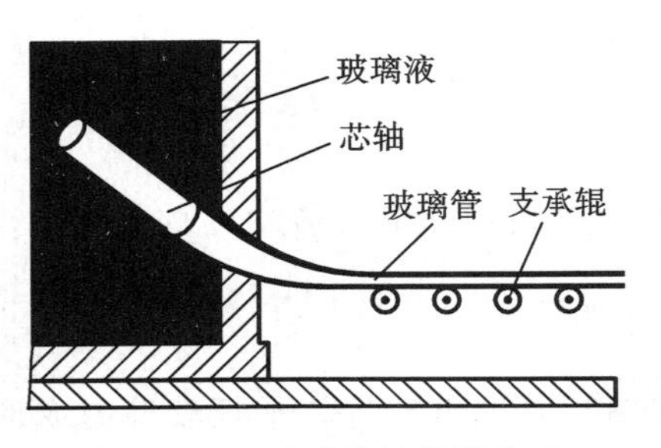

图 18.24 玻璃管的拉引成形

工艺制造的。熔融的玻璃液包裹(卷或缠绕)在用耐热合金或耐火材料制成的回转空心圆筒或锥形芯轴上，通过向空心芯轴中吹入空气形成管根，再经一系列牵引辊连续拉引成管。玻璃棒为实心的，同样采用拉引成形，但不需要向空心芯轴中吹入空气。玻璃管与玻璃棒的拉引成形也可以分为水平拉引成形和垂直拉引成形。

3. 玻璃纤维的拉引成形

连续的玻璃纤维也可拉引成形。在拉丝坩埚中控制玻璃液的温度，高速旋转的拉丝机构以 500 m/s 的速度从坩埚底部的白金(铂)板上的漏孔口(200～400 个)中拉出连续不断的纤维，缠绕在筒上。用此方法可以生产直径小到 2 μm 的纤维。为了保护纤维表面，随后应在纤维表面涂覆一层化学物质。

用来制作隔热或隔音材料的短玻璃纤维(玻璃绒、玻璃丝)是用离心式喷雾工艺制造的，在这种工艺中熔融玻璃将被喂入旋转式喷灌器(喷头)。

18.4.2 吹制成形

吹制成形类似热塑性塑料的吹塑成形。可用机械吹制，亦可用人工吹制，用来制造中空薄壁玻璃制品，如玻璃瓶、细颈瓶(烧瓶)等。机械吹制普通玻璃瓶的步骤如图 18.25 所示。玻璃液经供料机后形成设定重量和形状的料团，被剪断后落入坯模；吹入压缩空气，使料团成为中空料泡并膨胀，贴到玻璃模腔壁上成形。模腔壁常用油或乳状液(做分型剂)涂覆，以防止玻璃黏附到模壁上。

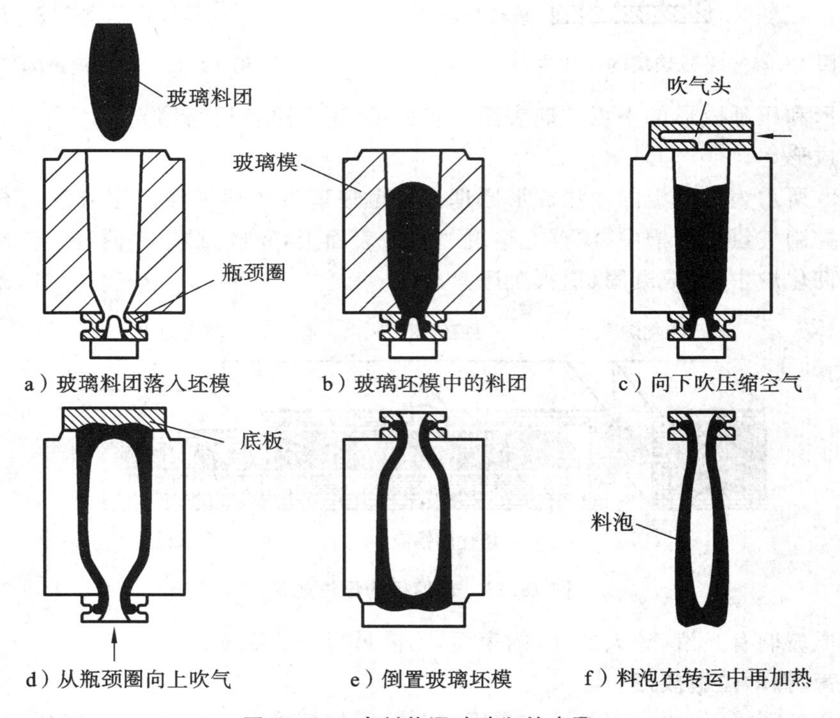

a) 玻璃料团落入坯模　b) 玻璃坯模中的料团　c) 向下吹压缩空气
d) 从瓶颈圈向上吹气　e) 倒置玻璃坯模　f) 料泡在转运中再加热

图 18.25 吹制普通玻璃瓶的步骤

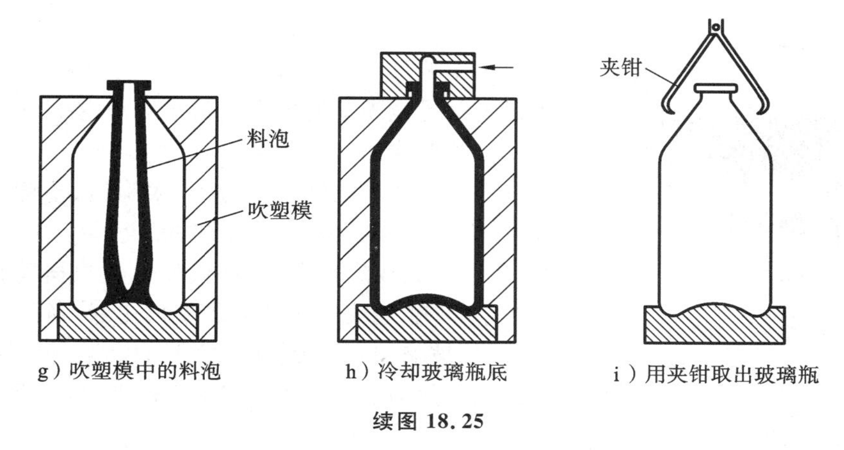

g）吹塑模中的料泡　h）冷却玻璃瓶底　i）用夹钳取出玻璃瓶

续图 18.25

吹制成形生产率高（例如生产率为 1 000 个/min 白炽灯泡的自动化生产线已很常见），所生产的玻璃制品表面光洁，但制品的壁厚控制较困难。

18.4.3　压制成形、槽沉成形和离心浇注成形

1. 压制成形

压制成形工艺用来制造敞口的或实心的玻璃制品，如碗、盘、缸、镜片等。将玻璃熔滴置于玻璃模腔，并用活塞（柱塞、冲头）将其压制成形。玻璃模可制成水平分开的（图 18.26 中下模为整体玻璃模），也可制成垂直分开的（图 18.27）。用模具压制的玻璃产品的尺寸精度比用吹制工艺获得的更高。然而压制成形工艺不能用于生产薄壁产品，也不能用于生产妨碍冲头缩回的产品（如缩口玻璃瓶）。

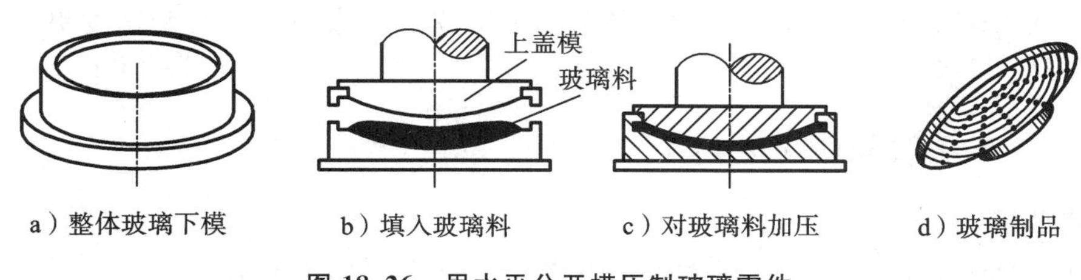

a）整体玻璃下模　b）填入玻璃料　c）对玻璃料加压　d）玻璃制品

图 18.26　用水平分开模压制玻璃零件

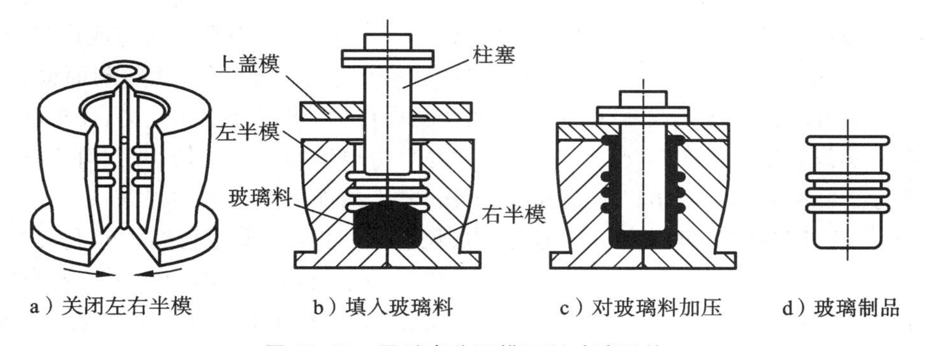

a）关闭左右半模　b）填入玻璃料　c）对玻璃料加压　d）玻璃制品

图 18.27　用垂直分开模压制玻璃零件

2. 离心浇注成形

玻璃的离心浇注成形（图 18.28）与用于金属的离心铸造类似，在玻璃行业中称为旋压。用于离心浇注的玻璃液黏度较小。在加工中，玻璃液被注入高速旋转的模腔，离心力使玻璃液

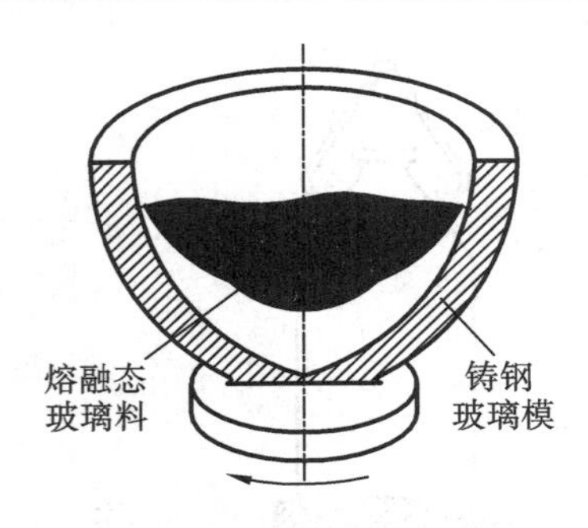

图 18.28 离心浇注漏斗状电视机显像管

紧贴到模腔壁上,直到玻璃液凝固。

该工艺可用来制造大直径玻璃管、大的反应锅等,典型的产品是电视机的显像管和导弹、火箭的鼻锥体。

3. 槽沉成形

浅碟形的玻璃制品如碟子、太阳镜(墨镜)、望远镜的镜片、照明控制板等,可采用槽沉成形(又称下垂沉陷成形)工艺。其成形过程是:将玻璃薄板根据模具切割成一定形状,平稳地放置在模具的支撑边缘,送进加热炉中均匀加热,玻璃熔融后因自重而下垂沉陷,同时充满模腔。此工艺与热塑性塑料的热成形类似,它是在无压力或真空状态下完成加工的。

18.4.4 玻璃制品的退火及修整

玻璃在成形过程中发生了剧烈的温度和形状变化,这种变化会使玻璃中产生热应力,从而使玻璃制品的强度和热稳定性降低。如果在成形后直接冷却,玻璃很可能在冷却过程中或以后的存放、运输和使用过程中自行破裂(称为玻璃冷爆)。为了消除玻璃制品的残余应力,在玻璃制品成形后必须对其进行类似金属消除应力的退火的处理。

退火就是在某一温度范围内对成形的玻璃制品进行保温或缓慢降温一段时间,以消除或减小玻璃中的热应力的工艺。根据玻璃的尺寸、厚度和类型不同,退火时间范围可从几分钟到长达数个月(如 ϕ600 mm 的望远镜的镜片需时长为 10 个月的退火处理)。

有时玻璃产品还要经受进一步的加工,如切割、钻孔、研磨和抛光等。尖锐边缘和拐角可用磨削磨光或火焰抛光(使玻璃局部化变软和使表面受拉),最后才能得到精度更高和表面性能更好的制品。

18.4.5 玻璃制品的深加工

1. 钢化玻璃

玻璃的钢化也称为强化,钢化玻璃是使用最普遍的玻璃深加工制品。

1)物理钢化

将磨好边的普通玻璃(非钢化玻璃)加热至软化温度附近后,用空气均匀地快速冷却(类似金属淬火),使玻璃表面形成均匀的压应力。在此过程中玻璃外部因迅速冷却而固化,内部冷却较慢,当玻璃内部材质冷却收缩时,玻璃表面产生压应力,内部产生拉应力,使玻璃的性能大大改善:强度是普通玻璃的 3~5 倍,抗冲击强度是普通玻璃的 5~10 倍,并具有良好的热稳定性,耐热能力是普通玻璃的 4 倍以上,表面抗擦伤、划伤的能力有明显的提高。

物理钢化玻璃破碎时,碎片会呈均匀的小颗粒状,并且没有普通玻璃的锋利刃边和尖角,不会对人造成大的伤害,因而被称为安全玻璃,广泛用于对机械强度和安全性要求较高的场所,如汽车、火车等交通工具的挡风玻璃、窗户玻璃,高级宾馆的玻璃大门及隔断,玻璃桌面及玻璃幕墙。显示器、手机保护屏等采用的均是物理钢化玻璃。对钢化后的玻璃不能再进行切材加工,否则玻璃会炸得粉碎。

2)化学钢化

化学钢化是通过离子交换形成玻璃的表面压应力,从而实现玻璃强化的工艺。离子交换的原理是：在熔融的KNO_3、K_2SO_4或$NaNO_3$（根据玻璃形式不同选择）盐浴池中加热玻璃，使玻璃表面发生离子交换，即玻璃中较小的离子（如锂离子）被置换为碱盐溶液中较大的离子（如钠离子），利用两种离子体积上的差别使玻璃表面上产生压应力。化学钢化对玻璃的增强效果不太明显，但特别适合2～4 mm厚的薄片玻璃的增强。

化学钢化玻璃的优点是：未经转变温度以上的高温过程，所以不会像物理钢化玻璃那样产生翘曲，表面平整度与原片玻璃一样；在强度和耐温度变化的性能方面有一定提高，并可适当做切裁处理。化学钢化玻璃的缺点是：随时间的延长易产生应力松弛现象，但目前已有保护性工艺措施，在应用上化学钢化玻璃具有其他品种钢化玻璃不可替代的优点。

2. 夹层玻璃

夹层玻璃是另外一种安全玻璃。其结构像“三明治”，两层玻璃间有透明的有机材料，将玻璃牢固地黏在一起。这种透明的中间材料具有较高的强度和韧度，能起到很好的安全保护作用，使得夹层玻璃被打破时不会有碎片飞溅伤人。例如，发生剧烈撞车事故时，汽车夹层挡风玻璃可阻止司机和乘客被抛出，柔软的有机材料还可以减轻人头部所受到的撞击。此外，增加玻璃的厚度和层数可使夹层玻璃具有防弹、防爆及防盗等性能，成为特殊场合用的特种玻璃。夹层玻璃还具有良好的隔音效果，能有效地降低噪声（一般可降低噪声35～40 dB），因此被广泛用于机场办公室、候机楼大厅等需要隔音的场合。

3. 镀膜玻璃

镀膜玻璃是在玻璃的一个或两个表面上，用物理或化学的方法镀上金属、金属氧化物等的薄膜而制成的玻璃深加工制品。不同的膜层颜色和对光线的反射率不同，使得用镀膜玻璃装饰的建筑物光华璀璨。热反射镀膜玻璃可以控制阳光的入射，减少空调能耗，而低辐射镀膜玻璃可限制室内热量向外辐射散失，在寒冷地区有明显的节能效果。

4. 中空玻璃

在两片玻璃中间垫上铝制的隔音柜，再用黏结材料把它们黏在一起，两片玻璃间形成6～12 mm厚的空隙，这就是中空玻璃。中空玻璃的隔热性很好，12 mm厚的中空玻璃的保温性可与100 mm厚的混凝土墙相比拟。所以建筑物的玻璃幕墙、较大的玻璃窗都应使用中空玻璃，以减少取暖能耗。中空玻璃还具有良好的隔音效果。除用平板玻璃为原片制作中空玻璃外，还可用钢化玻璃、夹层玻璃、热反射镀膜玻璃、吸热玻璃等为原片制成具有多种功能的高级中空玻璃，用于超高层建筑物的重要部位。此外，列车的空调车厢和地铁车窗玻璃都可采用钢化中空玻璃，以提高隔热、隔音效果。

除上述几种玻璃深加工制品外，电热玻璃、电磁屏蔽玻璃、防火夹层玻璃、磨花彩绘玻璃、冰花玻璃等，都是适应不同需要而开发的深加工玻璃。随着社会的发展，玻璃品种会越来越多，适用的范围会越来越广。

复习思考题

（1）陶瓷是一种以什么键结合的材料？其显微结构由哪几部分组成？

（2）何谓陶瓷的粉体？它与固体最直观的区别是什么？粉体对陶瓷成形有何影响？

（3）工程陶瓷粉体制备方法有哪几种？各有何特点？

（4）何谓塑化？为什么工程陶瓷在成形之前要进行塑化？采用什么塑化剂？

（5）试分析陶瓷粉料的粒度对烧结及成形的影响。

(6)何谓造粒？有哪几种造粒方法？哪种造粒方法最好？

(7)工程陶瓷有哪几种成形方法？各适用于什么样的陶瓷制品？

(8)什么是烧结？它对陶瓷的品质有什么影响？工程陶瓷常用的烧结方法有哪些？它们分别有什么特点？

(9)试简述玻璃的成形工艺和应用。

(10)什么是玻璃的退火？退火的目的是什么？

第19章　复合材料的成形工艺

19.1　复合材料的分类

一般而言，复合材料是指由两种或两种以上不同化学性质的组分组合而成的材料。人类最早的复合材料是采取在黏土中掺入麦秸、稻草（用以增强土坯的耐用性）的方法制成的，钢筋混凝土、金属陶瓷、三合板等，也都可以看成复合材料。采用不同的非金属材料、不同的金属材料，以及同时采用非金属材料和金属材料均可以制成复合材料。在现代材料学界中，复合材料专指由两种或两种以上不同相态的组分所组成的材料。其定义为：用经过选择的、含一定数量比的两种或两种以上的组分（或称组元），通过人工复合形成的多相、三维结合且各相之间有明显界面的、具有特殊性能的材料。

复合材料具有质地轻，比强度、比模量高，延展性好，以及耐腐蚀、导热、隔热、隔音、减振、耐高（低）温性能好等特点，并具有独特的耐烧蚀性、透电磁波性、吸波性、隐蔽性，以及性能可设计性、制备灵活性和易加工性，被大量地应用在航空航天等军事领域中，是制造飞机、火箭、航天飞行器等军事武器的理想材料。

复合材料种类繁多（目前尚无统一的分类方法），一般可按下列方法分类。

1）按性能高低分类

按性能高低，复合材料可分为常用复合材料和先进复合材料。

2）按用途分类

按用途，复合材料可分为结构复合材料和功能复合材料。

3）按基体相的性质分类

按基体相的性质，复合材料主要可分为以下几种：

（1）聚合物基复合材料，其又可分为热固性树脂基、热塑性树脂基和橡胶基复合材料；

（2）金属基复合材料，其又可分为轻金属基、高熔点金属基和金属间化合物基复合材料；

（3）陶瓷基复合材料，其又可分为高温陶瓷基、玻璃基和玻璃陶瓷基复合材料。

此外，还有水泥基复合材料和碳基复合材料等。

4）按增强体的形态分类

按增强体的形态，复合材料可分为以下几种：

（1）叠层式复合材料；

（2）片材增强复合材料（人工晶片和天然片状物）；

（3）颗粒增强复合材料，又分为微米颗粒和纳米颗粒复合材料；

（4）纤维增强复合材料，又分为不连续纤维复合材料（包括晶须增强复合材料、短切纤维增强复合材料）、连续纤维增强复合材料（包括单向纤维增强复合材料、二维织物增强复合材料和三维织物增强复合材料）。

按基体相分类更方便材料加工及成形。

19.1.1　树脂基复合材料

树脂基复合材料(resin matrix composite)也称为纤维增强塑料，其基体主要为热塑性树脂和热固性树脂，包括不饱和聚酯、环氧树脂、乙烯基树脂(环氧丙烯酸酯)、聚酯树脂、硅酮树脂、聚酰亚胺树脂以及纳米改性树脂等。

树脂基复合材料具有以下特点：

(1)质地轻、力学性能好。力学性能是材料最重要的性能。树脂基复合材料具有比强度高、比模量大、耐疲劳性能及减震性能好等优点。树脂基复合材料的相对密度通常为 1.7 左右，而其力学强度却可以达到甚至超过普通碳素钢。如高模量碳纤维/环氧树脂的比强度是钢的 5 倍，是铝合金的 4 倍，其比模量是铝、铜的 4 倍。

(2)可设计性优良。树脂基复合材料成形工艺灵活，其结构和性能具有很强的可设计性。通常纤维(如玻璃纤维)的强度和弹性模量比树脂的强度和弹性模量大几十倍，可以通过改变纤维的含量和分布方向，使增强材料更有效地发挥作用，使构件可在不同方向承受不同的作用力，并兼有刚性、韧性和塑性。另外，在树脂分子中引入卤素或无卤素聚合物可使复合材料具有良好的阻燃性，掺入适当的抗静电剂且可起到防爆作用。

(3)耐化学腐蚀性和耐候性优良。树脂基复合材料制品表面电阻率为 $1\times10^{16}\sim1\times10^{22}$，在电解质溶液里不会有离子溶出，因而对大气、水和一般浓度的酸、碱、盐等介质有着良好的化学稳定性。它对非氧化性强酸有着良好适应性，并且它能良好适应的介质的 pH 值范围相当广。另外，在树脂中加入相关的辅料可有效改善其耐老化性、耐候性等物理化学性能。

(4)电性能优良。树脂基复合材料具有良好的绝缘性能，不反射电磁波，通过设计可使其在很宽的频段内都具有良好的透微波性能。

(5)热性能良好。树脂基复合材料的热导率为 0.03～0.05 W/(m·K)，比普通材料小得多，在一定温度范围内，树脂基复合材料具有较好的热稳定性。但耐热性较差是其致命弱点。

19.1.2　陶瓷基复合材料

陶瓷基复合材料(ceramic matrix composite，CMC)是在陶瓷基体中引入第二相材料，使其增强、增韧的多相材料，又称为多相复合陶瓷(multiphase composite ceramic)或复相陶瓷(diphase ceramic)。陶瓷基复合材料是 20 世纪 80 年代逐渐发展起来的新型陶瓷材料，包括纤维(或晶须)增强(或增韧)陶瓷基复合材料、异相颗粒弥散强化复相陶瓷材料、原位生长陶瓷基复合材料、梯度功能复合陶瓷材料及纳米陶瓷复合材料。它具有耐高温、耐磨、抗高温蠕变、耐化学腐蚀、热导率低、热膨胀系数小、强度高、硬度大等特点，并具有介电、透波性能，其因能广泛应用在聚合物基和金属基复合材料不能满足性能要求的场合，成为理想的高温结构材料，越来越受到人们的重视。

但由于陶瓷材料本身具有脆性，作为结构材料使用时缺乏足够的可靠性，因此改善陶瓷材料的脆性已成为陶瓷材料领域亟待解决的问题之一。据文献报道，陶瓷基复合材料在 21 世纪将成为可替代金属及其合金的发动机热端结构的首选材料。鉴于此，许多国家都在积极开展陶瓷基复合材料的研究，大大拓宽了其应用领域，并相继研究出各种陶瓷基复合材料制备新技术。

19.1.3　金属基复合材料

金属基复合材料相对传统的金属材料来说，具有较高的比强度与比刚度。与聚合物基复合材料相比，它具有优良的导电性与耐热性。而与陶瓷基材料相比，它又具有高韧度和高冲击性能。金属基复合材料的这些优良的性能决定了它从诞生之日起就成为新材料家族中的重要一员。目前此类材料已经在一些领域里得到应用并且其应用领域正在逐步扩大。

金属基复合材料是以金属为基体、以高强度的第二相为增强体而制得的复合材料。因此，对这种材料可按用途、基体或增强体来进行分类。

1)按用途分类

金属基复合材料按用途可分为结构复合材料和功能复合材料。

2)按基体分类

金属基复合材料按基体可分为铝基复合材料、镍基复合材料和钛基复合材料。

(1)铝基复合材料　这是金属基复合材料中应用最广泛的一种。由于铝的晶体结构为面心立方结构，因此铝基复合材料具有良好的塑性和韧性，此外它还具有易加工性、工程可靠性及价格低廉等优点，这些优势为实现其在工程上的应用创造了有利的条件。在制造铝基复合材料时，使用的通常并不是纯铝而是用各种铝合金。这主要是由于与纯铝相比，铝合金具有更好的综合性能。至于选择何种铝合金做基体，则根据实际中对复合材料的性能要求来决定。

(2)镍基复合材料　这种复合材料是以镍及镍合金为基体制造的。由于镍的高温性能优良，因此这种复合材料主要用于制造在高温下工作的零部件。人们研制镍基复合材料的一个重要目的，是希望用它来制造燃汽轮机的叶片，从而进一步提高燃汽轮机的工作温度。但目前由于制造工艺及可靠性等问题尚未解决，所以在这方面还未能取得令人满意的成果。

(3)钛基复合材料　钛具有比任何其他的结构材料都更高的比强度。此外，钛在中温时比铝合金能更好地保持强度。因此，对于飞机结构，当飞机飞行速度从亚声速提高到超声速时，钛比铝合金显示出了更强的优越性。随着速度的进一步加快，还需要改变飞机的结构设计，采用更细长的机翼和其他翼型，为此需要高刚度的材料，而纤维增强钛恰可满足这种对材料刚度的要求。钛基复合材料中最常用的增强体是硼纤维，这是由于钛与硼的热膨胀系数比较接近。

3)按增强体分类

(1)纤维增强复合材料　金属基复合材料中的纤维根据其长度的不同可分为长纤维、短纤维和晶须，它们均属于一维增强体。因此，纤维增强复合材料表现出明显的各向异性特征。当韧性金属基体用高强度脆性纤维增强时，复合材料性能的主要特征表现为基体的屈服和塑性流动，但纤维对复合材料弹性模量的增强具有相当大的作用。

(2)颗粒增强复合材料　颗粒增强复合材料是指弥散的硬质增强相的体积超过 20%的复合材料，不包括那种弥散质点体积比很低的弥散强化金属。颗粒增强复合材料分为外加颗粒增强复合材料和内生颗粒增强复合材料两种。

(3)层状复合材料　这种复合材料是指在韧性和成形性较好的金属基体材料中含有重复排列的高强度、高模量片层状增强物的复合材料。层状复合材料的强度和大尺寸增强物的性能比较接近，而与晶须或纤维类小尺寸增强物的性能差别较大。因为增强薄片在二维方向上的尺寸相当于结构件的大小，因此增强物中的缺陷可以成为长度和构件相同的裂纹的核心。由于薄片增强相的强度不如纤维增强相高，因此层状复合材料的强度受到了限制。然而，在增强平面的各个方向上，薄片增强物对强度和模量都有增强效果，从这一点来说层状复合材料要比纤维增强的复合材料更具优越性。

19.2　纤维增强树脂基复合材料的成形

树脂基复合材料成形工艺按大类分，主要有接触低压成形、模压成形、层压及卷管成形、缠绕成形、拉挤成形、连续成形、热塑性复合材料成形、玻璃钢夹层结构制造(玻璃纤维增强塑料的成形)和其他成形工艺等(表19.1)。其中接触低压成形工艺包括手糊成形、喷射成形、真空袋成形、袋压成形、高压釜成形、液体模塑成形等。其中，玻璃纤维增强塑料的成形，往往是利用玻璃纤维增强材料和液态树脂以手糊或喷射方式进行加压成形，而先进复合材料的成形往往使用预浸纱(预浸纱即浸上环氧树脂的纤维增强材料)。大多数由先进复合材料制造的飞机零件都使用特种纤维和环氧树脂的预浸纱，并用真空袋成形、高压釜成形或缠绕成形工艺成形。

本节主要介绍手糊成形、真空袋成形、袋压成形、高压釜成形、缠绕成形、拉挤成形和液体模塑成形等。

表19.1　树脂基复合材料的成形工艺

成形工艺	工艺过程	备注
接触低压成形	用手工铺叠方式，将增强材料和树脂(含预浸材料)按设计方向顺序逐层铺放到模具上，达到规定厚度后，经加压、加热、固化、脱模、修整而获得制品	属于此类成形工艺的有手糊成形、喷射成形、袋压成形、液体模塑成形等
模压成形	将一定量的预混料或预浸料加入金属对模内，经加热、加压固化成形的方法	生产效率高，便于实现专业化和自动化生产；产品尺寸精度高，重复性好；表面光洁；能一次成形结构复杂的制品
层压及卷管成形	层压成形包括预浸胶布制备、胶布裁剪叠合、热压、冷却、脱模、加工、后处理等工序；卷管成形是用预浸胶布在卷管机上热卷成形的一种复合材料制品成形方法	层压成形主要用于生产电绝缘板和印刷电路板；卷管成形可分为手工上布法和连续机械法两种
缠绕成形	将浸过树脂胶液的连续纤维(或布带、预浸纱)按照一定规律缠绕到芯模上，然后经固化、脱模，获得制品。	能按产品的受力状况设计缠绕规律，能充分发挥纤维的强度性能；产品比强度高、可靠性高；易实现机械化和自动化生产，生产效率高，成本低；同一产品可配选数种材料，使其再复合，从而达到最佳的效果
拉挤成形	将浸过树脂胶液的连续纤维束或带在牵引结构拉力作用下，通过成形模成形，并在模中或固化炉中固化，连续生产出长度不受限制的复合型材	生产过程完全实现自动化，生产效率高；制品纤维含量可高达80%，浸胶在张力下进行，能充分发挥增强材料的作用，产品强度高；制品纵、横向强度可任意调整，可以满足不同力学性能制品的使用要求；生产过程中无边角皮料，产品不需后加工，故较其他工艺省工，省原料，省能耗；制品质量稳定，重复性好，长度可任意切断

续表

成形工艺	工艺过程	备注
连续成形	从投入原材料开始，经过浸胶、成形、固化、脱模、切断等工序，直到最后获得成品的整个工艺过程，都是连续不断地进行的。可分为连续拉挤成形、连续缠绕成形和连续制板	生产过程完全实现机械化和自动化，效率高；制品长度不限；产品不需后加工；生产过程中产生的边角废料少，节省原料和能源；产品质量稳定，成品率高；操作方便，省人力，劳动条件好
热塑性复合材料成形	分为短纤维增强和连续纤维增强热塑性复合材料两大类：①短纤维增强包括注射成形、挤出成形和离心成形；②连续纤维增强及长纤维增强包括预浸料模压成形、片状模塑料冲压成形、片状模塑料真空成形、预浸纱缠绕成形和拉挤成形	与普通热塑性塑料相比：密度小、强度高；耐热温度可提高 100 ℃以上；耐化学腐蚀；电性能提高；废料和边角余料能回收利用，不会造成环境污染
玻璃钢夹层结构制造	采用玻璃钢薄板做蒙皮（面板），泡沫塑料做夹芯层。分为泡沫夹层、蜂窝夹层、梯形板夹层、矩形夹层和圆形夹层等。泡沫塑料夹层结构的制造方法有预制粘接法、现场浇注成形法和连续机械成形法三种；蜂窝夹层的制造有粘接加压法和胶接固化法等	玻璃钢夹层结构的强度高，重量轻，刚度大，耐腐蚀，具有电绝缘及透微波等性能，目前已广泛用于飞机、导弹、飞船及样板、屋面板，能大幅度地减轻建筑物的重量和改善结构的使用功能
其他成形工艺	离心成形、浇注成形、弹性体贮存树脂成形（ERM）、增强反应注射成形（RRIM）等	

19.2.1　手糊成形

手糊成形（图 19.1）使所生产制品的结构形状、尺寸等有很大的自由度，至今仍然是玻璃纤维增强树脂的基本成形方法。玻璃纤维增强树脂制品模具的成形大多采用这种方法，但制品的壁厚精度不够，若在树脂里加入的填料过多，甚至会难以成形，因此在片状模塑料和块状模塑料制品中大量使用填料是比较困难的。

提高手糊成形效率的手段之一是喷射成形。喷射成形是一边把玻璃纤维纱切断，一边把加入引发剂和促进剂的聚酯树脂和被切断的纤维同时喷涂到模具的成形面上的成形技术。

19.2.2　真空袋成形、袋压成形与高压釜成形

真空袋成形（图 19.2）、袋压成形（图 19.3）和高压釜成形（图 19.4）是指在树脂的固化过程中，从制品两面加压的成形技术，所得到的制品壁厚精度高、性能好、增强材料含量高。在袋压成形和高压釜成形中，通常可以通过加热使树脂的固化时间缩短，这些方法已用于高性能玻璃纤维增强塑料以及先进复合材料的成形。

19.2.3　缠绕成形

缠绕成形的过程（图 19.5）是：将连续的长纤维束（或织物）在液态聚合物或树脂中浸泡（液态树脂储槽可左右移动）后，有规律地缠绕在形状与制品相同的芯模上，缠绕到所需厚度

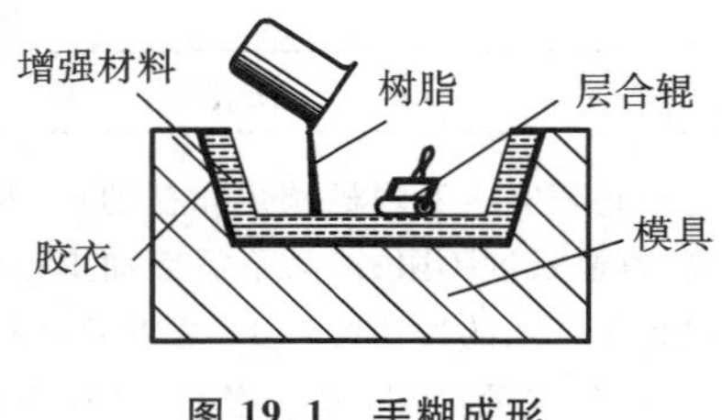

图 19.1 手糊成形

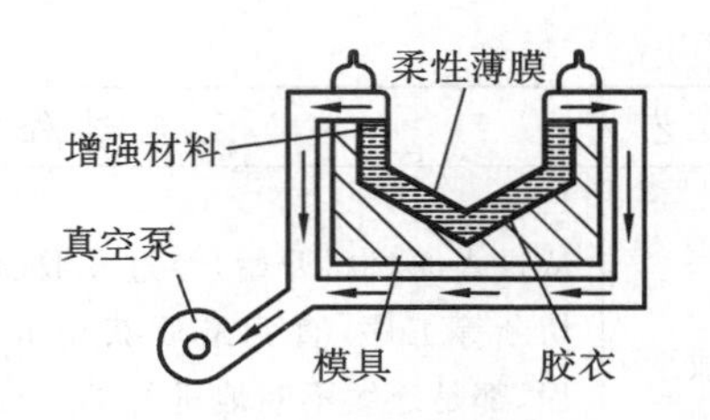

图 19.2 真空袋成形

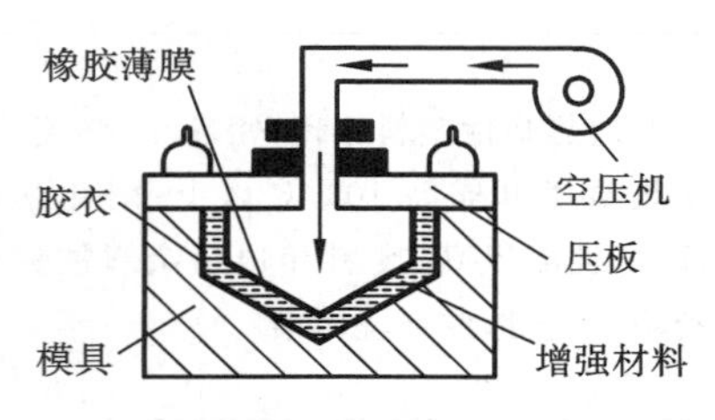

图 19.3 袋压成形

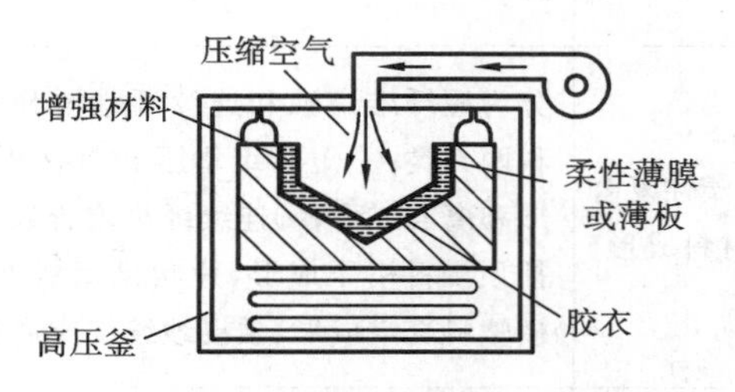

图 19.4 高压釜成形

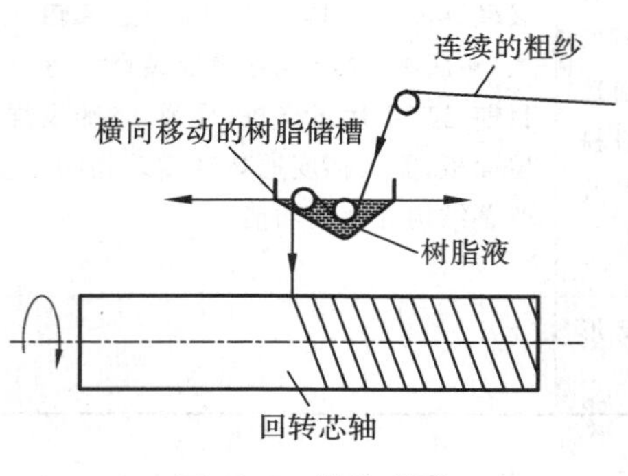

图 19.5 缠绕成形

后,再加热使聚合物固化,形成固化塑料,最后脱除芯模获得制品。缠绕成形是一种机械化生产玻璃钢制品的成形技术,所用树脂大多为不饱和聚酯树脂、环氧树脂等,纤维多采用玻璃纤维。这种成形工艺适合用来制造轴对称零件,如大型储罐、耐腐蚀化工管道、耐压容器等,甚至可用来在回转芯轴上生产轴对称件,也可以用来制造飞机上用的整流罩和各种箱体、火箭壳体等。如芯模是铝或钛合金的,则不必移除芯模,因为固化的塑料形成了它的保护层。

缠绕成形的产品有增强结构,故其强度、硬度均很高,可直接用于固体燃料火箭推进器的制造。现已经发明由七轴计算机控制的制造对称零件的机器,它能自动地分配若干单向性的预浸料坯。典型的缠绕成形轴对称零件有飞机发动机的排泄管、机身、螺旋推进器、叶片、压杆等。

1. 缠绕成形设备

1)缠绕机

缠绕机是进行纤维缠绕的设备,一般主要由芯模和绕丝头两部分组成,主要有卧式和立式两种形式。图 19.6 所示的是卧式缠绕机,圆筒形或管形制品的缠绕常使用这种缠绕机。工作时电动机通过减速器使芯模及链轮做回转运动,并分别通过丝杠、链条带动螺母、小车做平行于缠绕制品的往复直线运动,绕丝头设在小车上,实现螺旋缠绕。图 19.7 所示的是立式缠绕机。它主要由芯模、绕臂和丝杠三部分组成,适合于短粗筒形、球形、椭圆形制品及大尺寸制品的成形。缠绕时芯模垂直放置,并缓慢连续转动。绕臂每旋转一周,缠绕件转动一个纱片的宽度。绕臂可沿纵向及环向缠绕,用于纵向缠绕时,绕臂的旋转平面与主轴轴线间的夹角(即缠绕角)一般不大,当夹角调到 90°时,即可进行环向缠绕。丝杠用来带动芯模做往复运动,以配合绕臂的旋转,实现环向缠绕。这种缠绕机只适合干法缠绕,有一定的局限性。

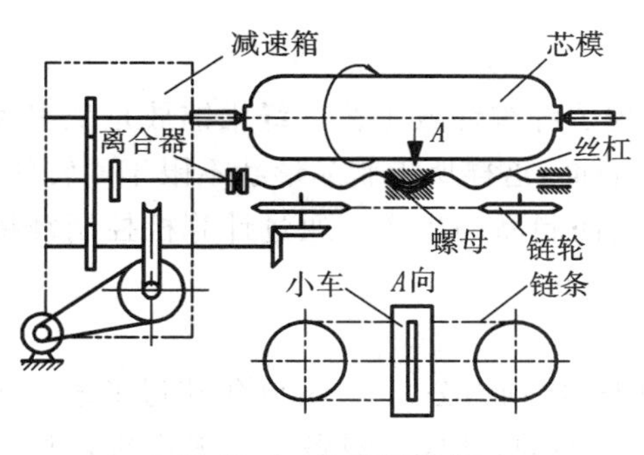

图 19.6 卧式缠绕机

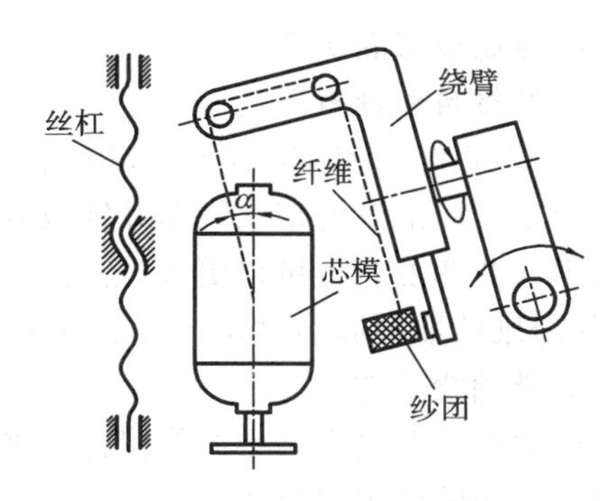

图 19.7 立式缠绕机

2)芯模

玻璃钢(玻璃纤维增强塑料)是非气密性材料,作压力容器使用时会出现渗漏现象。因此,必须使用气密性好的材料(如铝、橡胶或其他塑料等)做内衬。有些无内衬的制品,要选用芯模才能进行缠绕。用刚度较高的材料做内衬时,内衬即可兼做芯模。

芯模材料可以是金属、石膏、橡胶袋等,使用金属芯模时,须将芯模做成由多块零件拼合而成的形式,内部用肋板支撑,肋板与芯模零件之间用螺钉连接起来。待缠绕完成、制品固化后,卸去肋板,将芯模零件从制品顶端的极孔中抽出。芯模大多用石膏、石蜡、膨润土等材料制成,制品成形后将芯模敲碎,从顶端的极孔中倒出。对于直径不大的制品,还可用橡胶袋充压缩空气做芯模,制品成形后放出压缩空气,从壳体极孔中抽出橡胶袋。

2. 缠绕成形材料

1)缠绕用树脂

对缠绕用树脂有以下要求:

①对纤维有良好的润湿性和黏结力;

②固化后有较高的强度和与纤维相适应的伸长率;

③起始黏度低;

④固化收缩率小,毒性低,来源广泛且价格低廉。

2)缠绕用玻璃纤维

玻璃纤维是玻璃钢的主要承力材料,制品的强度主要取决于它的强度。对玻璃纤维的要求是:

①具有高的强度和弹性模量;

②易被树脂浸润,一般应选用经表面活性处理的纤维;

③具有良好的加工性能,在缠绕过程中不起毛,不断头。

3. 缠绕成形工艺分类

(1)干法成形 干法成形是将纤维浸润树脂后进行干燥,树脂发生固化反应,到部分不溶不熔但依然具有可塑性的阶段时,再用这样的纤维进行缠绕成形。用这种工艺成形,树脂含量容易控制,缠绕时不易打滑,但工艺控制严格,预浸料不能长期储存,生产成本高。

(2)湿法成形 湿法成形是将浸润树脂的纤维直接缠绕在芯模上的成形工艺。该工艺的特点是操作简单、方便,适用范围广,易实现自动化,但树脂含量不易控制,陡坡处易打滑,且由于未经干燥,树脂中含有的溶剂在固化时容易形成气泡,影响制品品质。

4. 缠绕成形新工艺

1)纤维自动铺放工艺

20 世纪 90 年代,随着自动控制工艺的发展,出现了纤维铺放工艺。纤维铺放是把多团预浸纱束集合成准直的带状纱布并铺放到芯模或模具表面,这样所得制品形状不限于回转体,制品的形状曲率变化也可以更大,还可以进行有凹型表面制品的生产。通过计算机控制纤维铺放,使纤维的取向和力学设计有了更多的自由度。

2)带缠绕工艺

带缠绕工艺是由纤维缠绕工艺发展而来的,美国通用动力公司于 1990 年获得了该工艺的专利权。带缠绕工艺所用原料与传统的纤维缠绕工艺相同,其成形设备与一般高级数控卧式纤维缠绕机相似。只是它在缠绕丝嘴的位置安放了一个关键的设备——铺放头。它实际上是一个三维机械手的腕关节运动机构,能在任何位置及时地保证压实辊垂直压在纤维带上。在带缠绕工况下,输带系统是关键,因为它要将不能侧向弯曲的单向带平整地铺设在芯轴上面。它对输送的无纬带要施加均匀的张力,同时用同步旋转盘回收防粘纸衬带,或者干脆将剥下的纸带切碎,用真空回吸法去除。带缠绕是一种先进而颇为复杂的缠绕方法,对薄壁高压容器来说,相对于通常的纤维缠绕成形,用带缠绕成形其力学性能的某些指标要高 20%以上。

19.2.4 拉挤成形

复合材料的拉挤成形(pultrusion)是将浸过树脂胶液的连续纤维束或带在牵引结构拉力作用下,通过成形模成形,并在模中或固化炉中固化,连续生产出长度不受限制的复合型材(图 19.8)。由于在成形过程中材料需经过成形模的挤压和外牵引拉拔,而且生产过程和制品长度是连续的,故这种工艺又称为拉挤连续成形工艺。该工艺具有生产效率高、易于控制、产品质量稳定等优点,而且因纤维按纵向排列,制品具有高的抗拉强度和抗弯强度。拉挤成形工艺的缺点是制品横向强度差,设备复杂,生产不能轻易中断等。

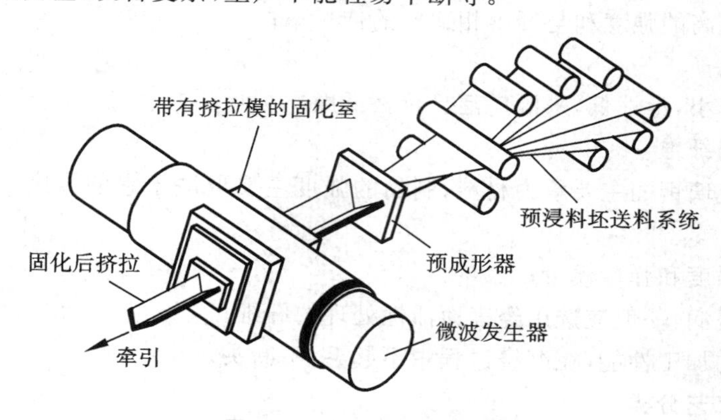

图 19.8 拉挤成形示意图

拉挤成形工艺要求所用的树脂黏度低,主要使用不饱和聚酯树脂、环氧树脂或改性环氧树脂;增强材料多为玻璃纤维及其制品,如无捻粗纱、布带和各种毡布,也可用芳纶、碳纤维、金属丝网夹层等。这些纤维及其制品必须经过适当的表面处理,并需选用与树脂相匹配的偶联剂。

拉挤成形技术经过数十年的发展,已取得了很大进步。拉挤制品截面从开始的等截面发展到了截面厚度可变、宽度不变,进而发展到了截面形状可变、面积不变。原材料也实现了多样化,使制品性能具有了可设计性。

19.2.5　传递模塑成形

传递模塑成形工艺是指将液态聚合物注入铺有纤维预成形体的闭合模腔中，或加热熔化预先放入模腔内的树脂膜，使液态聚合物在流动充型的同时对纤维进行润湿，经固化成形后得到制品的一类制备技术。树脂传递模塑、真空辅助树脂传递模塑(VARTM)、树脂浸渍模塑成形、树脂膜熔渗成形(resin film infusion，RFI)和结构反应注射模塑成形是最常见的先进传递模塑成形工艺。这类工艺的共同特点是先将纤维预成形体放入模腔内，再在压力作用下将一种或多种液态树脂(通常为热固性树脂)注入闭合模腔，液态树脂润湿纤维树脂，经固化脱模后得到产品。成形过程中的压力可通过使模腔内形成真空(真空润湿)来获得，也可利用重力来形成压力作用，或者由压力泵/压力容器提供压力。

与其他制造工艺相比，传递模塑成形工艺具有诸多优势：可生产的构件范围广；可一步浸渗成形夹芯、加肋或预埋件的大型构件；可按结构要求定向铺放纤维，且具有高性能、低成本制造优势。传递模塑成形模具质量小、成本低、投资小。另外传递模塑成形为闭模成形工艺，能控制苯乙烯的挥发。传递模塑成形工艺是先进复合材料低成本制备工艺的重要发展方向。

1)**树脂传递模塑**(RTM)

树脂传递模塑(resin transfer molding，RTM)是一种复合液态成形工艺，其成形过程是：在一定温度、压力下，将由低黏度树脂、固化剂及催化剂构成的树脂体系通过注射设备注入已放置好增强纤维预制体的闭合模具中，通过树脂的流动使纤维增强材料完全浸透，然后固化脱模，得到树脂基复合材料，如图 19.9 所示。为了得到光滑表面，便于脱模，且不破坏成品结构，通常还需加入内脱模剂或外脱模剂。一般 RTM 工艺均使用内脱模剂，即在熔融液态树脂加固化剂的体系中按一定百分比添加脱模剂，但当树脂基体是环氧树脂时，要用外脱模剂，即在将预制体放入模腔之前，将脱模剂原液按一定比例稀释后喷覆在模具型腔内。模具中空气的存在会使成品有很大缺陷。为了能够从模具内部输出空气，RTM 模具必须至少具有一个或多个用于注入树脂的入口和出口。根据固化剂和树脂在注射前混合还是在注射后混合，此成形工艺分为单组分注射和双组分注射，其中双组分注射时要在注入模腔前，在混合器中按特定的比例混合固化剂和树脂。

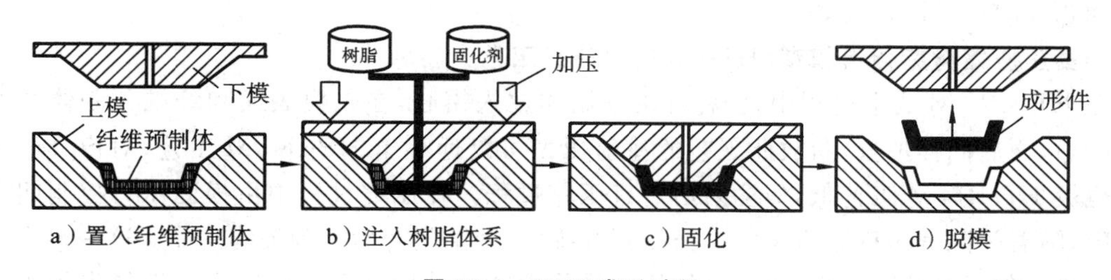

图 19.9　RTM 成形过程

RTM 成形工艺的缺点是：

①树脂对增强纤维的浸渍率不高，存在气孔、干斑、富树脂的缺陷，严重影响制品的使用性能和质量品质；

②增强纤维在模具型腔中要经过带压树脂的流动和充模过程，带压树脂会带动甚至冲散纤维，造成复合材料成形制品中纤维屈曲，纤维分布不均甚至含量较少，从而使制品力学性能大幅度降低；

③制作大型制品时模腔面积较大，模塑过程中可能出现树脂流动不均匀的现象，在一定程

度上较难预测并控制树脂实际流动与浸润纤维的程度。

为避免以上 RTM 工艺的弊端,后期经改进又发展出了高压树脂传递模塑(HP-RTM)成形工艺、VARTM 工艺,Seeman 树脂浸渍模塑成形(SCRIMP)工艺、轻质树脂传递模塑(LRTM)成形工艺等。

HP-RTM 成形工艺主要分为高压注射树脂传递模塑(HP-IRTM)成形工艺和高压压缩树脂传递模塑(HP-CRTM)成形工艺。这类工艺总体都是借助高压制造出低孔隙率和高纤维体积含量的制品。此类工艺对模具硬度等要求较高,否则模具在压制过程中容易变形,从而引起干纤维、纤维析出等问题。

2)高压注射树脂传递模塑(HP-IRTM)成形工艺

在 HP-IRTM 成形过程中,首先将纤维预制体置入模腔,形成一个完全封闭的模腔,之后再抽真空,这些步骤和传统 RTM 工艺相同。不同的是,注射时要先把树脂和固化剂混合,然后再高压注射到模腔中,这样可以极大地缩短填充时间,提供生产效率,同时可保持制品良好的表面质量和形貌,得到纤维体积含量较大的制品。图 19.10 所示为 HP-IRTM 工艺流程。

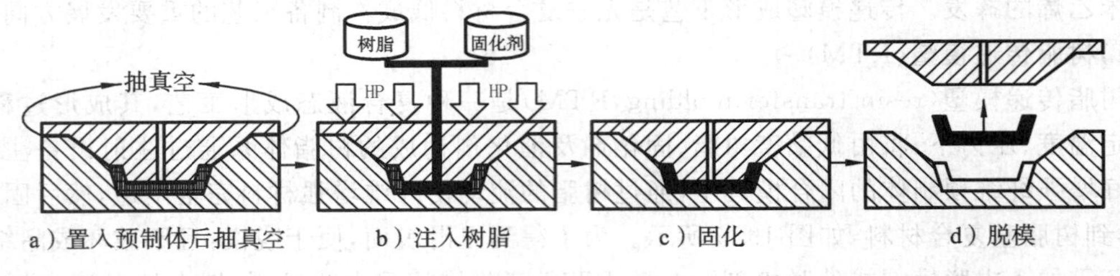

图 19.10　HP-IRTM 工艺流程

虽然 HP-IRTM 工艺可以通过高压注射使树脂更快地流动,制造出低孔隙率(小于 2%)和高纤维体积含量(60%)的复合层压板,但是由于压力过大(高达 12 MPa),模具极易变形,且压力对层压材料厚度梯度影响较大,可能引起干斑,同时制品可能会移位或被冲洗,造成纤维冲刷等问题,使制品质量下降。有研究表明,注射压力和填充后施压的时间是影响层压板厚度梯度、纤维体积含量和孔隙率的两个主要参数,对不同材料选择适合的注射方法,可防止纤维冲刷问题并减小厚度梯度。

3)高压压缩树脂传递模塑(HP-CRTM)成形工艺

在 HP-CRTM 成形过程中,先将纤维预制体放入模腔,在上模表面和纤维预制体之间留一个间隙,之后同样抽真空,故此工艺的注射压力可以远小于 HP-IRTM 工艺,对模具硬度的要求也较 HP-IRTM 工艺低,但注射后需有压缩过程。在压缩过程中由模腔压力控制闭合模具间隙,随着间隙减小树脂将被完全挤压到纤维中,间隙闭合后得到最终制品。这一步会显著影响到制品的纤维体积含量,而纤维体积含量是表征纤维增强复合材料力学性能和加工性能之间平衡关系的关键因素。图 19.11 为 HP-CRTM 成形流程。

在 HP-CRTM 成形工艺研究中,研究人员又从提高树脂渗透率、缩短浸渍时间、避免固化不均匀等方面对该工艺进行了优化。在不增加注塑压力和填充时间的前提下,通过增大锁模力来提高树脂的渗透率,而 HP-CRTM 成形过程需要的锁模力是通常情况下的 2 倍以上,这为 HP-CRTM 成形工艺的优化提供了方向。在 HP-CRTM 成形工艺的基础上用湿压法将树脂和预成形件在模具外部结合在一起,无须预热,之后放入已预热的模具,研究结果表明当浸渍时间一定时,湿压将浸渍时间缩短了两倍以上。该方法适用于不太复杂的结构部件。

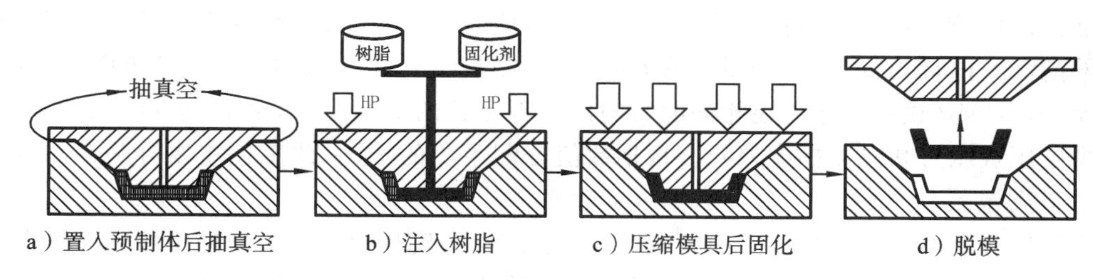

图 19.11　HP-CRTM 流程图

4)**真空辅助树脂传递模塑**(VARTM)**成形工艺**

VARTM 是一种新型单面成形的经济高效的工艺,适用于生产大型制件。预制体放入模具后,顶部用真空袋密封,在真空的状态下,注入树脂(注入压力通常小于 0.689 5 MPa)或利用真空负压直接吸入树脂(有效避免树脂浸渍纤维预制体产生气泡等缺陷,并且此时树脂有更好的流动性,能够充分浸渍纤维预制体),最后在常温下固化、脱模,得到复合材料制品。图 19.12所示为 VARTM 成形原理。

VARTM 成形工艺的优点是:工艺条件不复杂,在室温下就可进行操作,不需额外加热,同时也只需一个真空压力,不需额外的压力;以真空袋薄膜作为模具的上模,简化了模具制造工序,又因不需要高压来注射树脂,所以可以使用更轻质的模具;有效改善了树脂流动性、浸润性,能更好地排出气泡,减少孔隙,材料孔隙率可以低于 2%;可制作高纤维体积含量的复合材料制品(如高纤维面板),纤维体积含量可超过 65%;降低了挥发性有机物(VOC)的排放与生产过程中所附加的人工成本。这项工艺非常适用于构造简单的大型复合材料零件的小批量生产。

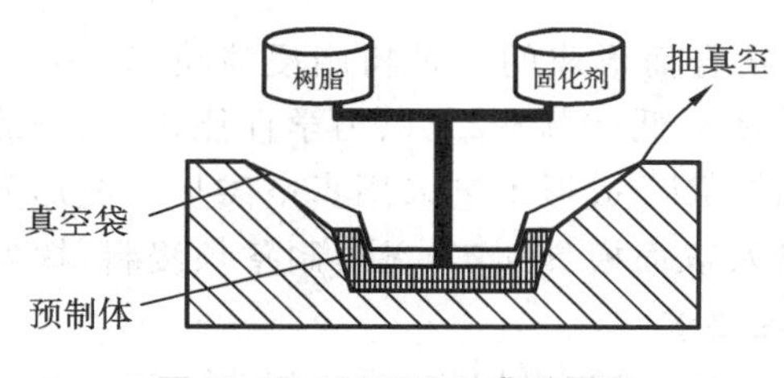

图 19.12　VARTM 成形原理

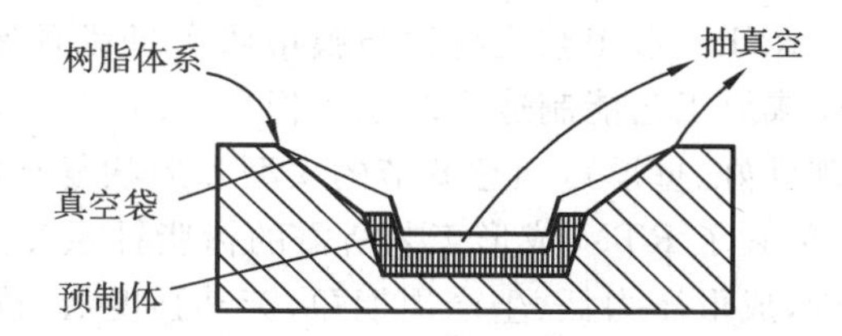

图 19.13　轻质树脂传递模塑(LRTM)成形原理

5)**轻质树脂传递模塑**(LRTM)**成形工艺**

LRTM 技术最早在德国提出,后期不断地改进发展,现已成为较为成熟、经济高效的成形工艺。它结合了传统的 RTM 成形工艺和 VARTM 成形工艺,并利用真空辅助,降低树脂黏度,提高树脂流动性,使树脂对纤维增强材料的浸润性大幅提高。

LRTM 模具由一个刚性半模组成,并具有轻巧的透明半柔性上模。此工艺采用了两级真空,第一级真空用于控制模具的闭合和密封,第二级真空用于促进树脂在纤维预制体上的流动和浸润。混合了固化剂的树脂从模具边缘注入,中心抽真空辅助流动,最后固化成形。该工艺中树脂的注入方向与传统的 RTM 工艺正好相反,但可以有效改善传统 RTM 成形工艺制作出的层压板“中间高两边薄”的情况,提高了制品的性能。图 19.13 所示为 LRTM 成形原理。

6)Seeman **树脂浸渍模塑**(SCRIMP)**成形工艺**

SCRIMP 也是 VARTM 的一项衍生工艺,其成形原理是:在增强纤维上铺放高渗透介质纤维或沟槽以提高渗透性,将模具型腔边缘密封严实,抽真空后,树脂在设计好的树脂分配系统下被注入模腔。此工艺的特点是加入了高渗透性介质或引流沟槽,沟槽通常在夹层结构中使用的泡沫芯内,而高渗透性介质通常在增强纤维的上方、下方或内部。与 VARTM 成形工艺相比,SCRIMP 成形工艺可在相同的时间内实现更长的输注距离,从而减少注入时间,并且可减少层压板压力和厚度梯度差异。根据数值分配系统的不同,此工艺主要分为高渗介质型和沟槽引流型。

高渗透介质型 SCRIMP 成形工艺的成形过程为:在模具中铺好干燥的纤维增强预制体并用高渗透性介质覆盖,二者之间夹有使制品固化后易于脱模的剥离层。将真空袋与模具边缘密封严实,抽真空以排出残留的空气。打开树脂注入口,大气与真空压力差为树脂注入预制体提供驱动力(在真空压力作用下纤维增强材料也会被压实,使纤维不易错位移动),直至预成形坯完全浸渍且树脂固化。由于该工艺仅使用单面模具(另外一面是真空袋)、室温树脂和真空,因此 SCRIMP 具有成形大型复合材料零件的巨大潜力。高渗透性介质纤维的存在,有利于树脂的流动,从而使纤维浸渍饱和、孔隙得到填充并促使纤维与基体紧密接触,也使树脂注入时间缩短。通常 SCRIMP 成形工艺要比 VARTM 成形工艺多用 20%的树脂,且高渗透纤维和剥离层等辅助材料不能回收再利用,这在一定程度上增加了成本,但是与手糊成形相比,SCRIMP 成形工艺的成本要低一半,树脂浪费量低于 5%,而所得材料的物理力学性能如强度和刚度高 30%～50%。沟槽引流型 SCRIMP 成形工艺不需要剥离层,充模速度较快,没有多余固体废弃物,只需在泡沫芯材上刻槽加速树脂流动,进一步降低了成本。

由于是闭模加工,受纤维预制件品种、树脂种类、模具结构等因素的制约,采用该工艺制造大型构件(如大型机翼)比较困难。另外,装模缺陷、树脂润湿状态无法实地观测与控制,固化产生的可挥发物可能排除不净,等等,这些因素均会影响制品的质量和性能。

7)树脂膜溶渗(RFI)成形工艺

RFI 成形工艺是将树脂膜熔渗和纤维预制体相结合而形成的一种树脂浸渍技术。采用 RFI 成形工艺能制造出纤维体积含量高(70%)、孔隙率极低(0%～2%)、力学性能优异、制品重现性好、壁厚可随意调节的大型和形状复杂的构件。RFI 成形工艺采用真空袋加压成形方法,免去了 RTM 成形工艺所需的树脂计量注射设备及双面模具加工,无须制备预浸料,挥发物少,成形压力低,生产周期短,劳动强度低,符合环保要求。

目前在 RFI 成形工艺中作为基体的树脂主要是不饱和聚酯树脂和环氧树脂。不饱和聚酯树脂耐热性差,环氧树脂耐湿热性能也不甚理想,因此寻找一种高性能的树脂基体是 RFI 成形工艺领域的研究重点。

19.3　陶瓷基复合材料的制备及成形

19.3.1　陶瓷基复合材料的增韧工艺

1. 纤维增韧

纤维的引入不仅提高了陶瓷材料的韧度,更重要的是使陶瓷材料的断裂行为发生了根本性变化,由原来的脆性断裂变成了非脆性断裂。目前能用于增强陶瓷基复合材料的纤维种类较多,包括氧化铝(莫来石)系列、碳化硅系列、氮化硅系列、碳纤维等。除此之外,现在正在研发的还有 BN、TiC、B_4C 等复相纤维。有研究人员利用浆料法结合真空浸渗工艺,制备了二维石英纤维增强多孔 Si_3N_4-SiO_2 基复合材料,其断裂模式为脆性断裂,断口形貌非纤维成束拔出而是多级拔出。也有研究人员利用减压化学气相渗透(LPCVI)技术制备了三维连续纤维增韧碳化硅基复合材料。

2. 晶须增韧

陶瓷晶须是具有一定长径比且缺陷很少的陶瓷小单晶,它有很高的强度,是一种非常理想的陶瓷基复合材料的增韧增强体。目前常用的陶瓷晶须有 SiC 晶须、Si_3N_4 晶须和 Al_2O_3 晶须。常用的基体材料有 ZrO_2、Si_3N_4、SiO_2、Al_2O_3 和莫来石等。采用 30%(体积分数)B-SiC 晶须增强莫来石,在 SPS(放电等离子)烧结条件下材料抗拉强度为 570 MPa,比采用热压成形工艺时高 10%左右,断裂韧性为 415 $MPa \cdot m^{1/2}$,比纯莫来石高 100%以上。在 2%(摩尔分数)Y_2O_3 超细料中加入 30%(体积分数)的 SiC 晶须,可以细化 2Y-ZrO_2 材料的晶粒,并使材料的断裂方式由以沿晶断裂为主转变为以穿晶断裂为主,从而显著提高了复合材料的刚度和韧度。

晶须增韧陶瓷复合材料的方法主要有两种。

(1)外加晶须法　即通过晶须分散、晶须与基体混合、成形,再经煅烧制得增韧陶瓷。可将晶须加入氧化物、碳化物、氮化物等基体中得到增韧陶瓷复合材料,目前此方法应用较为普遍。

(2)原位生长晶须法　将陶瓷基体粉末和晶须生长助剂等直接混合成形,在一定的条件下原位合成晶须,同时制备出含有该晶须的陶瓷复合材料,这种方法尚未成熟,有待进一步探索。

晶须增韧陶瓷复合材料的效果与很多因素有关。首先,晶须与基体应选择得当,两者的物理、化学相容性要匹配,这样才能使陶瓷复合材料的韧度得到提高;其次,晶须的含量存在临界含量和最佳含量之分,复合材料的断裂韧性随晶须体积含量的增加而增大。但是,随着晶须含量的增加,因晶须的桥联作用,复合材料的烧结致密化变得困难。

3. 相变增韧

相变增韧 ZrO_2 陶瓷是一种极有发展前途的新型结构陶瓷,是主要利用 ZrO_2 相变特性来提高断裂韧性和抗弯强度的陶瓷材料,具有优良的力学性能、低的热导率和良好的抗热震性。ZrO_2 还可以用来显著提高脆性材料的韧度和强度,是复合材料和复合陶瓷中重要的增韧剂。近年来,具有各种性能的 ZrO_2 陶瓷和以 ZrO_2 为相变增韧物质的复合陶瓷迅速发展,在工业和科学技术的许多领域中得到了日益广泛的应用。

4. 颗粒增韧

利用颗粒作为增韧剂,制备颗粒增韧陶瓷基复合材料,其原料的均匀分散及烧结致密化都比短纤维及晶须复合材料简便易行。尽管颗粒的增韧效果不如晶须与纤维好,但如颗粒种类、粒度、含量及基体材料选择得当,仍有一定的韧化效果,同时会改善高温强度、高温蠕变性能。目前使用较多的是氮化物和碳化物等颗粒。

延性颗粒增韧是颗粒增韧工艺中的一种,是指在脆性陶瓷基体中加入第二相延性颗粒(一般加入金属粒子)来提高陶瓷的韧度。

5. 纳米复合陶瓷增韧

纳米复合陶瓷由于晶粒的细化,晶界数量会极大增加(纳米陶瓷的气孔和缺陷尺寸减小到一定尺寸就不会影响材料的宏观强度),可使材料的强度、韧度显著增加。在纳米复合陶瓷的研究中,以 Al_2O_3/SiC 纳米复合材料的研究成果最为成熟。据报道,在微米级 Al_2O_3 基体中加入体积分数为 5%的 SiC 纳米颗粒可得到较高强度的复合材料。

纳米相在复合陶瓷中以两种形式存在:一种是分布在微米级陶瓷晶粒之间,称为晶间纳米相;另一种则是"嵌入"基质晶粒内部,称为晶内纳米相。两种纳米相共同作用产生了两个显著的效应——穿晶断裂和多重界面,从而对材料的力学性能起到重要的影响。

6. 自增韧

在陶瓷原料中加入可以生成第二相的原料,然后控制生成条件和反应过程,直接通过高温化学反应或者相变过程,使得主晶相基体中生长出均匀分布的晶须、高长径比的晶粒或晶片的增强体,从而形成陶瓷复合材料,这种增韧工艺称为自增韧。这样可以避免两相不相容、分布不均匀的问题,所得材料强度和韧度都比通过外来第二相增韧的同种材料高。

19.3.2　陶瓷基复合材料的制备及成形工艺

1. 传统的陶瓷浆料浸渍成形

浆料浸渍成形如图 19.14 所示。这种方法目前在长纤维增强玻璃和玻璃/陶瓷及低熔点陶瓷基复合材料制造中应用较多,且效果良好。在热压烧结时,温度应接近或略高于玻璃的软化点,这样有助于黏性流动的发生,以促进致密化过程的进行。

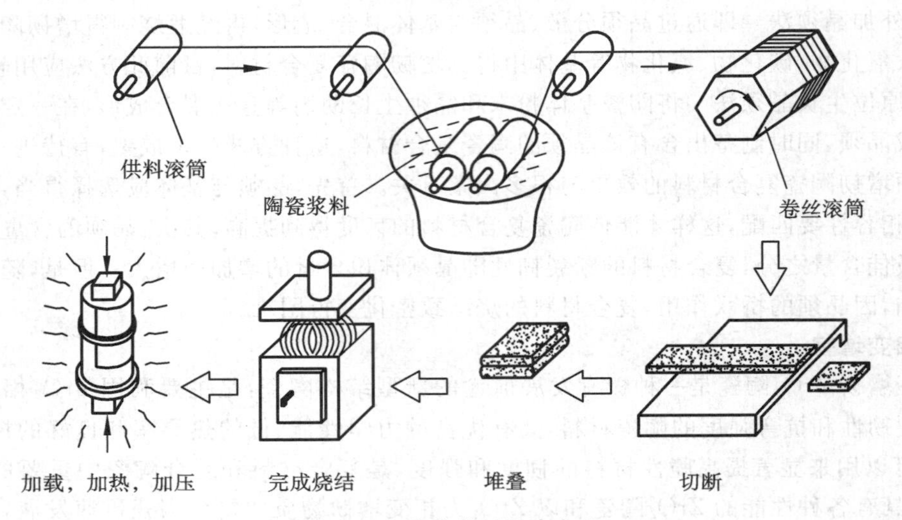

图 19.14　陶瓷浆料浸渍成形

但此方法对一些非氧化物陶瓷却并不十分有效,因为这类陶瓷材料在烧结过程中很少出现液相,难以产生黏性流动。为了获得致密的烧结体,势必要提高烧结温度,但烧结温度的提高又会导致纤维性能的下降,并会使纤维与基体的界面上发生化学反应。此外,采用这种方法只能制作一维或二维纤维增强的复合材料,再加上热压烧结等工艺的限制,只能制作一些形状简单的结构件。

2. 纤维定向排列成形

为了弥补陶瓷浆料浸渍成形的不足,人们又开发出了短纤维增强陶瓷基复合材料的成形技术(图 19.15)。对无定向排列的纤维,一般利用机械混合的方法使纤维分散在基体粉料中。但因纤维在混合过程中易聚积成束,因此,要实现很均匀的分散又十分困难,而且这样会影响烧结体性能的提高。利用定向排列的碳化硅晶须增强的 Si_3N_4 陶瓷基结构件的断裂韧性很高,与定向凝固材料相似。

3. 熔体浸渗成形

熔体浸渗成形如图 19.16 所示,它与短纤维增强的金属基复合材料制品的成形技术有些相似。其成形过程是:将陶瓷粉末熔融成陶瓷熔体浸渗物,并将其置于加压容器,用活塞加压使熔体浸渗入纤维预制件,形成陶瓷基复合材料。

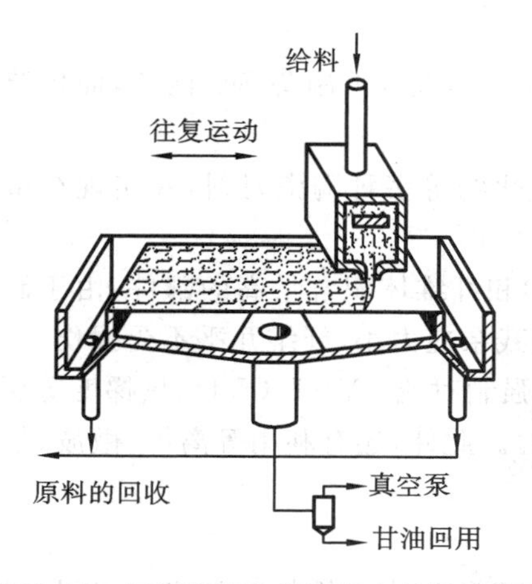

图 19.15　短纤维定向排列复合材料的成形

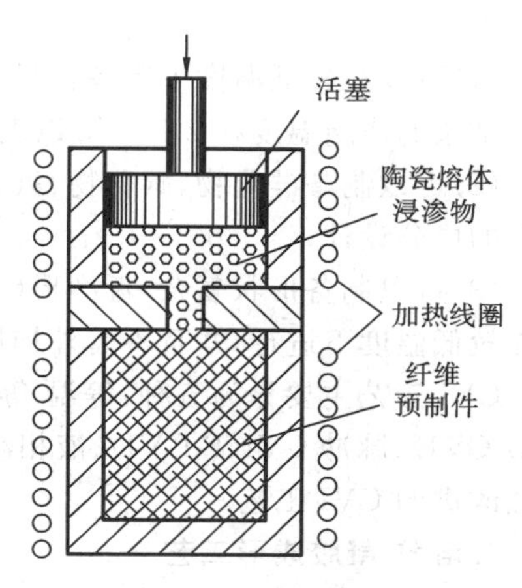

图 19.16　熔体浸渗成形

这种技术多用于碳化硅等晶须或颗粒增强的陶瓷基复合材料的成形，其主要特点如下：

(1)只需通过一步浸渗处理即可获得完全致密和没有裂纹的基体；

(2)在从预制件到成品的处理过程中，其尺寸基本不发生变化；

(3)适合于制作任何形状复杂的结构件；

(4)陶瓷材料熔点一般很高，因此在浸渗过程中易使纤维性能受损或纤维与基体的界面处发生化学反应；

(5)陶瓷熔体的黏度要比金属的黏度大得多，会大大降低浸渗速度，因此加压浸渗势在必行，并且压力愈大，纤维间距愈小，试样尺寸愈大，浸渗速度愈慢；

(6)熔体在凝固过程中，会因热膨胀系数的变化而产生体积变化，易导致复合材料中产生残余应力。

浸渗过程的关键在于纤维与陶瓷基体的润湿性。为改善其润湿性，可采用真空加压浸渗等成形工艺对纤维表面进行涂层处理。

4. 化学气相浸渗成形

化学气相浸渗成形(chemical vapor infiltration，CVI)工艺是在 CVD 工艺基础上发展起来的一种制备复合材料的新工艺，CVI 工艺能将气体反应物渗入多孔体内部，反应物发生化学反应并沉积。该工艺特别适合用来制备由连续纤维增强的陶瓷基复合材料。如图 19.17 所示，涂覆气体经水冷底座下部进入纤维预制件的间隙，由加热装置所产生的上高、下低的温度梯度和涂覆气体的气压梯度使混合气体在热端发生反应并沉积下来，形成浸渗的复合材料。整个试件的成形是由下而上进行的，所得试样的密度可达理论密度的 93%～94%；CVI 的另一大优点是复合材料成分均匀，并可制得多相、均匀和形状复杂的制品。缺点是沉积速度慢，生产率较低。

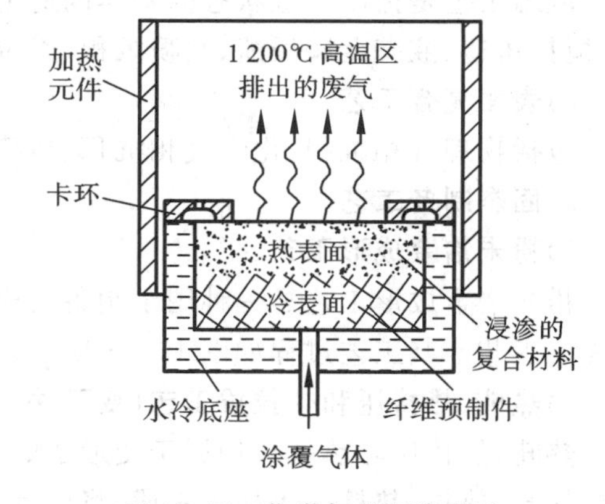

图 19.17　化学气相浸渗成形

与固相粉末烧结法和液相浸渍法相比，CVI 工艺在制备陶瓷基复合材料方面具有以下显著优点：

(1)可以在较低温度下制备材料，如在 800～1 200 ℃的温度下制备 SiC 陶瓷，而传统的粉末烧结法的烧结温度在 2 000 ℃以上；

(2)可以制备硅化物、碳化物、氮化物、硼化物和氧化物等多种陶瓷材料，并实现在微观尺度上的成分设计；

(3)可以制备形状复杂、近净形(near-net shapped)和纤维体积含量高的部件，由于制备过程在较低温度下进行，并且不需外加压力，材料内部的残余应力小，纤维几乎不受损伤。

CVI 工艺主要分为五种：等温-等压 CVI(I-CVI)、强制对流 CVI(F-CVI)、热梯度等压 CVI(TG-CVI)、脉冲 CVI(P-CVI)、液相渗入 CVI(LI-CVI)。此外，还有利用等离子、微波、催化等方法改进的 CVI 工艺。

5. 溶胶-凝胶成形工艺

溶胶-凝胶(sol-gel)成形的工艺过程是：用液体化学试剂(或将粉状试剂溶入溶剂)或溶胶为原料，与液相均匀混合并进行反应，生成稳定且无沉淀的溶胶体系，放置一定时间后溶胶体系转变为凝胶，经脱水处理得到制品，再在一定温度下烧结。在溶胶-凝胶成形的全过程中，金属醇盐、溶剂、水及催化剂组成均相溶液，由水解缩聚而形成均相溶胶，并进一步陈化成为湿凝胶，经过蒸发除去溶剂，得到气凝胶或干凝胶，后者经烧结后形成致密的陶瓷体。

19.4　金属基复合材料的制备及成形

19.4.1　金属基复合材料的制备

1. 金属基复合材料制备工艺的分类

1)固态工艺

固态工艺是指用固态基体制造金属基复合材料的工艺，包括粉末冶金、热压、热等静压、轧制、挤压和拉拔、爆炸焊接等工艺。

2)液态工艺

液态工艺是指用熔融状态的基体制造金属基复合材料的工艺，包括真空压力浸渍、挤压铸造、搅拌铸造、液态金属浸渍、共喷沉积、原位反应生成等工艺。

3)表面复合工艺

包括物理气相沉积、化学气相沉积、热喷涂、化学镀和电镀、复合镀等工艺。

2. 固态制备工艺

1)粉末冶金成形工艺

粉末冶金成形工艺是一种用于制备与成形颗粒增强(非连续增强型)金属基复合材料的传统固态工艺。其工艺过程如图 19.18 所示，其中的热压过程如图 19.19 所示。

2)热轧、热挤压和热拉拔工艺(变形法)

热轧、热挤压和热拉拔均属于变形法的范畴。变形法就是利用金属具有塑性的工艺特点，通过热轧、热拉、热挤压等加工手段，将已复合好的颗粒、晶须、短纤维增强金属基复合材料进一步加工成板材。

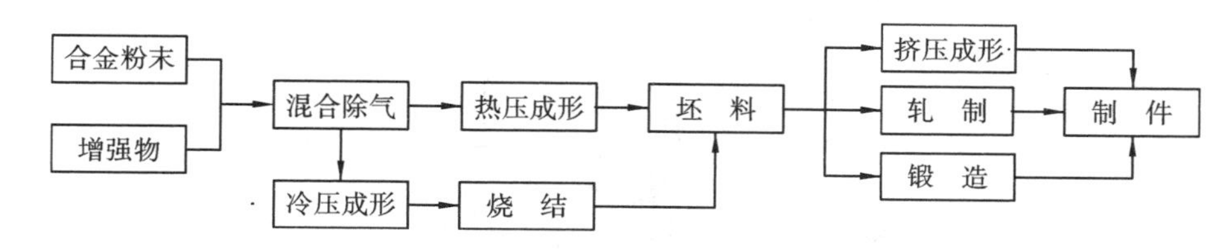

图19.18 粉末冶金成形工艺过程

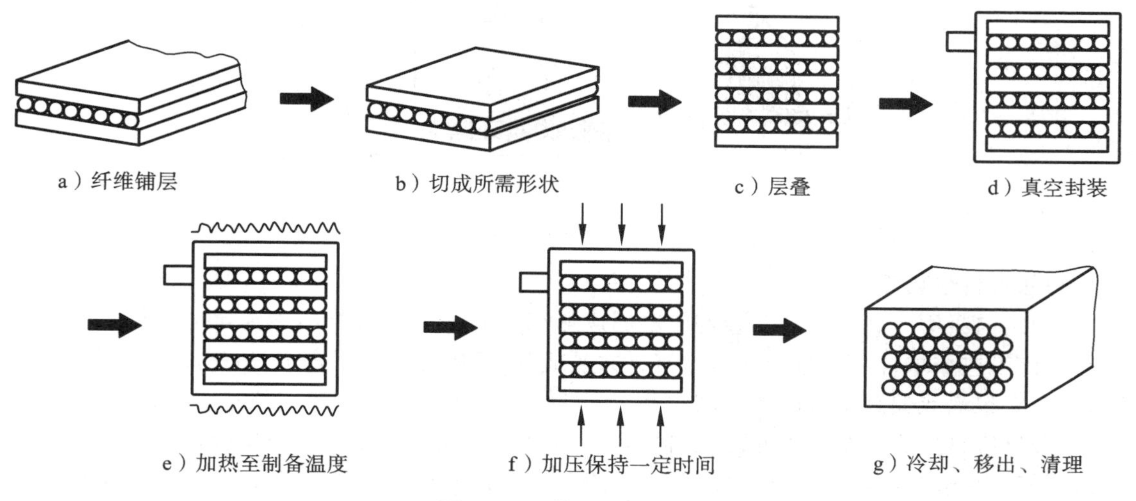

图19.19 热压过程简图

3. 液态制备工艺

1)**真空压力浸渍**

真空压力浸渍是在真空和高压惰性气体的共同作用下，使熔融金属浸渗入预制件来制造金属基复合材料的方法。真空压力浸渍炉结构如图19.20所示。

2)**挤压铸造**

挤压铸造是通过压机将液态金属压入增强材料预制件来制造复合材料的方法。

3)**液态金属搅拌铸造**

液态金属搅拌铸造是将增强相颗粒直接加入金属熔体，通过搅拌使颗粒均匀分散，然后浇铸成形，制成复合材料制品的成形工艺。

4)**共喷沉积**

共喷沉积的基本原理是：通过特殊的喷射方式，使液态金属在惰性气体的作用下分散成细小的液态金属雾化(微粒)流，喷射到衬底上。在液态金属喷射雾化过程中将增强颗粒加入雾化的金属流，使其与金属液滴混合在一起沉积在衬底上，凝固成金属基复合材料，其工艺原理和装置如图19.21所示。

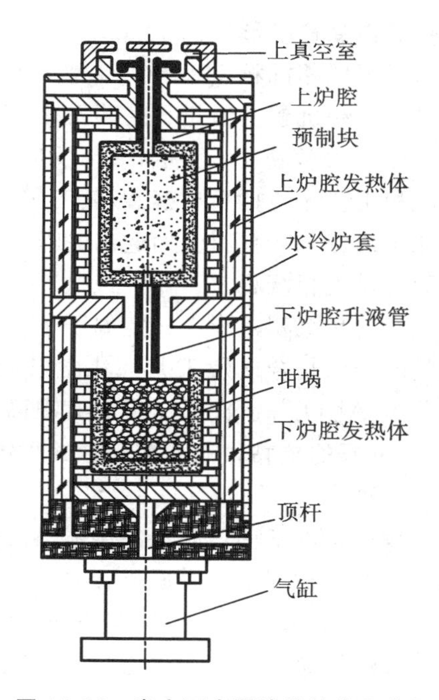

图19.20 真空压力浸渍炉结构示意图

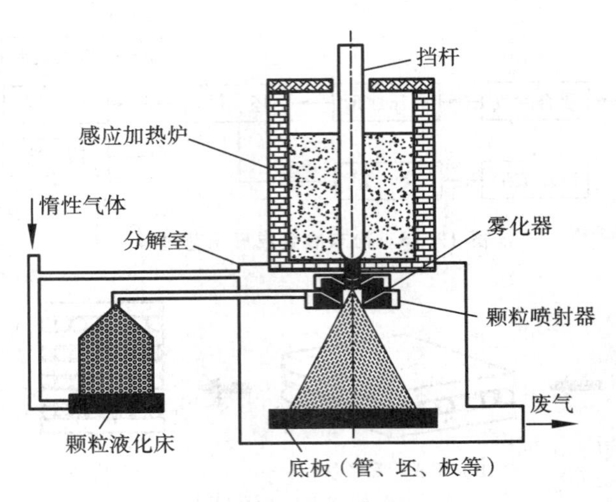

图 19.21　共喷沉积的基本原理

5)原位自生成工艺

(1)定向凝固　利用共晶合金定向凝固成形工艺制备的复合材料称为定向凝固共晶复合材料。该工艺要求合金成分为共晶或接近共晶成分,开始时是二元合金,后扩展为三元单变共晶,以及有包晶或偏晶反应的两相结合体。

(2)反应自生成　其基本原理是,根据材料设计的要求,选择适当的反应剂(气相、液相或粉末固相),在适当的温度下,通过元素之间或元素与化合物之间的化学反应,使金属基体内原位生成一种或几种高硬度、高弹性模量的陶瓷增强相,从而达到强化金属基的目的。

4. 表面复合成形工艺

1)物理气相沉积

物理气相沉积是通过真空蒸发、电离或溅射等方法使原材料不断汽化,产生金属离子并沉积于基体表面形成金属涂层,或与反应气体化合形成化合物涂层的表面复合成形工艺。物理气相沉积工艺还包括真空蒸镀,其工艺过程是:在高真空度的反应室中,对镀层材料进行加热,使其原子或分子从材料表面逸出,在真空条件下撞击工件表面而形成沉积层。

2)化学气相沉积

化学气相沉积是指在一定温度下,利用气态物质在固体表面上进行化学反应而生成固态沉积膜的表面复合成形工艺。化学气相沉积常用的涂层材料为碳化物、氮化物、氧化物,如TiC、TiN、Al_2O_3等。此类涂层具有很高的硬度(2 000～4 000 HV)、较小的摩擦系数、优异的耐磨性、良好的抗黏着能力和优越的耐蚀性。

3)热喷涂

热喷涂是以某种热源将涂层材料加热到熔化或熔融状态后,用高压高速气流将其雾化成细小的颗粒喷射到工件表面上,形成一层覆盖层的过程。常用的热喷涂的主要方法有火焰喷涂、电弧喷涂、等离子喷涂等。等离子喷涂以气体导电(或放电)所产生的等离子电弧作为高温热源。火焰喷涂的具体方法是:把金属线(或粉末)以一定的速度送进喷枪里,使金属线端部或金属粉末在高温火焰中熔化,随即用压缩空气把熔融金属液雾化并吹走,沉积在预处理过的工件表面上。

19.4.2 金属基复合材料的成形工艺

金属基复合材料的成形工艺有铸造成形、塑性成形、连接成形等。

1. 铸造成形

1)搅拌铸造成形

(1)液态机械搅拌铸造　在该工艺中,需将增强相颗粒直接加入金属熔体,通过搅拌使颗粒均匀分散,然后浇铸成形,制成复合材料制品。

(2)半固态搅拌铸造　在该工艺中,搅拌是在半固态金属熔体中进行的,颗粒加入半固态金属,在搅拌作用下通过其中的固相金属将颗粒带入熔体。

2)正压铸造成形

(1)挤压铸造　它是通过压力机将金属液压入增强材料预制件中来制造复合材料的铸造成形工艺。

(2)离心铸造　离心铸造是在离心力作用下将金属液浸入增强材料间隙形成复合材料制品的铸造成形工艺。

3)负压铸造成形

(1)真空吸铸　在真空吸铸过程中,将预制品放入铸型,铸型一端浸入金属液,铸型另一端接真空,使金属液吸入预制体来进行铸造。

(2)自浸透　借助预制体内毛细管作用将金属液引入增强体间隙而制成复合材料的工艺。

2. 塑性成形

塑性成形工艺适用于非连续增强金属基复合材料,主要是铝基复合材料和镁基复合材料,此外还有钛基复合材料等。通常经原位反应自生成、粉末冶金、共喷沉积、搅拌铸造和挤压铸造等成形工艺制备出复合材料后,再采用塑性成形工艺,其目的是使材料致密化(消除孔隙),改变增强颗粒分布,获得指定形状。如铝基复合材料塑性成形方法有拉拔、压缩(包括高温压缩)、挤压、轧制等。

1)金属基复合材料的高温压缩变形

以镁基复合材料为例。由于镁晶体为密排六方结构,镁基体室温滑移系少,加入增强体纤维后所形成的镁基复合材料加工性能较差,故通过二次塑性成形工艺——高温压缩变形来改善组织性能并最终实现其制件成形。有研究人员采用真空压力浸渗法制备了纤维体积含量为20%的C_{gf}/AZ91D复合材料,利用Gleeble-3500数控热/力模拟实验机(可利用微机设定高温变形关键物理参数,高温压缩过程中,微机显示界面会全程记录压缩的位移、载荷、真应力、真应变、变形温度等变形参数),研究了变形温度(340~460 ℃)、应变速率(0.001~10.1 s^{-1},)、变形量(最大真应变为0.7)等的影响,得出的结论是:

(1)镁基复合材料在高温压缩变形的过程中,其应力-应变曲线上有明显的峰值,即当压缩变形量达到一定值时该材料会出现应力减小的现象,即应变软化。

(2)变形温度越高,复合材料中纤维转动越容易;应变量越大,纤维转动程度越大。

(3)复合材料高温压缩变形机制有二:

①纯固相变形机制,即位错的运动协调晶界的变形;

②有微量液相存在时,沿晶界和界面的位错运动协调晶界滑移和界面滑移,同时伴随液相的协调作用。

2)金属基复合材料的轧制成形

影响金属基复合材料质量的因素有:轧制温度,其对材料的致密度有影响;变形量,其对材料的致密度和抗拉强度有影响;预热温度,其对材料的抗拉强度等有影响。图 19.22 所示为轧态和铸态下铝基复合材料的宏观组织。

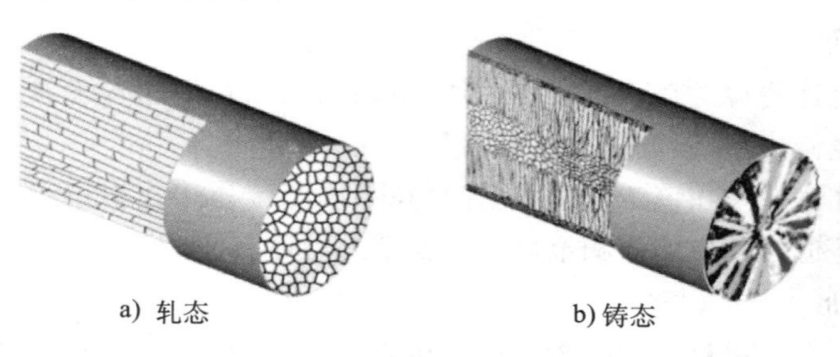

图 19.22　轧制对复合材料组织的影响

3. 连接成形

复合材料的连接技术分为三类:

(1)熔化焊接,包括钨极惰性气体保护焊、熔化极惰性气体保护焊、电子束焊、激光焊、电阻焊、储能焊、等离子弧焊等;

(2)固相焊,包括扩散焊、摩擦焊、磁控电弧对焊等;

(3)钎焊与胶接。

19.4.3　纤维增强金属基复合材料的成形

1. 增强纤维

表 19.2 列出了用于金属基复合材料的无机纤维及晶须的种类及特性。若要使复合材料密度小、强度高,则纤维的密度要小,且抗拉强度要高。此外还要求纤维在高温下稳定,不与金属基体发生反应而形成脆性化合物。这些纤维在使用时,通常被预成形为束状(一维增强用)、毡状(二维增强用)或块状(三维增强用)。

表 19.2　无机纤维的种类与特性

纤　　维		抗拉强度/MPa	弹性模量/MPa	密度/(g/cm^3)	直径/μm
硼纤维	B(13 μm 钨丝芯)	40	4 000	2.46	100,142
	B(30 μm 碳纤维丝芯)	33	3 700	2.23	100,142
	B(涂 B_4C,13 μm 钨丝芯)	38	3 700	2.27	142
碳化硅纤维	CVD-SiC(13 μm 钨丝芯)	31.5	4 300	3.16	100,142
	CVD-SiC(30 μm 碳纤维丝芯)	28	4 000	3.07	142
	烧结 SiC	27.5	1 900	2.55	10～15
碳纤维	高强型	45	2 600	1.74	7
	高弹型	25	4 000	1.84	7
	沥青基高弹型	21	7 000	2.10	11
	人造丝基高弹型	30	2 500	1.75	7

续表

纤　维		抗拉强度/MPa	弹性模量/MPa	密度/(g/cm^3)	直径/μm
氧化铝纤维	多结晶氧化铝纤维	15	3 900	3.90	20
	氧化铝-氧化硅纤维	19	2 100	3.20	9
晶须	Si_3N_4	138	3 790	3.18	0.2～0.5
	SiC	138	5 510	3.17	0.1～1.0
	$K_2O \cdot 6TiO_2$	69	2 740	3.58	0.2～0.3
	Al_2O_3	20	3 000	3.30	3

注：氧化铝-氧化硅纤维中 $V(Al_2O_3):V(SiO_2)=85:15$，$V(Al_2O_3)$、$V(SiO_2)$分别表示 Al_2O_3、SiO_2的体积分数。

2. 成形工艺

图 19.23 所示为纤维增强金属基复合材料成形工艺的分类。从中可看出，要制取纤维与金属基的黏结性良好、无纤维损伤及无孔隙的致密制品，可采用固态和液态复合成形，为达到最终成形的目的，须采用各种物理、化学及机械方法预先制作预浸带、预浸丝或预浸纤维成形体等。以下仅介绍液态铸造成形。

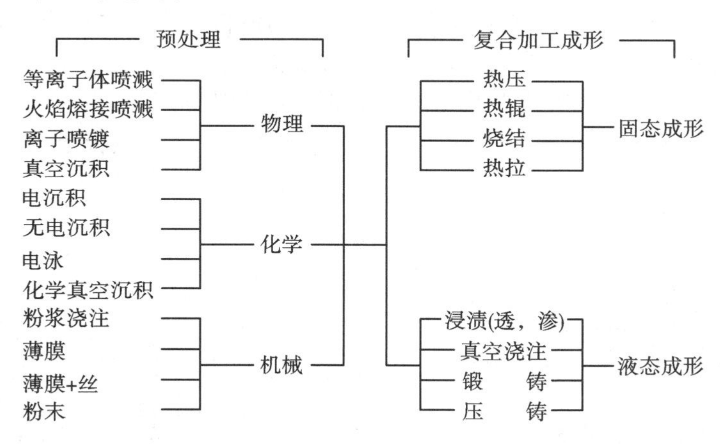

图 19.23　纤维增强金属基复合材料的成形工艺分类

1)熔融浸透成形

图 19.24 是熔融浸透成形示意图。将纤维与基体金属真空封入金属壳里，在高温下金属熔融后，同时对金属与壳加压，可得到致密的复合材料制品。用这种方法，当纤维和基体金属的密度不同时，纤维容易集中在上部或下部，因此很难制成纤维体积含量在 30%以上的制品。这种浸透成形工艺适用于碳铝、碳镁等低熔点金属系复合材料。

熔融浸透成形的另一成形工艺是纤维束预制浸渗成形(图 19.25)，其过程是：对碳纤维进行表面化学镀镍和化学气相沉积 SiC，并将其纤维束布设在精铸型壳内，然后把型壳放置在浸渗设备内，并预热至 600 ℃，液态铝硅合金过热至 750 ℃，在压力作用下使铝液浸渗型壳，从而获得纤维增强的金属基复合材料铸件。

2)预成形体加压铸造成形

在液态成形工艺中，为易于在纤维之间充填基体金属，也可采用加压铸造成形(图19.26)，即先用黏结剂将纤维制成相应形状的预成形体，然后放在金属型中的适当位置，浇注金属液，压机活塞下降，压射冲头加压，使金属液渗入预成形体的间隙，凝固后就得到所要求的金属基

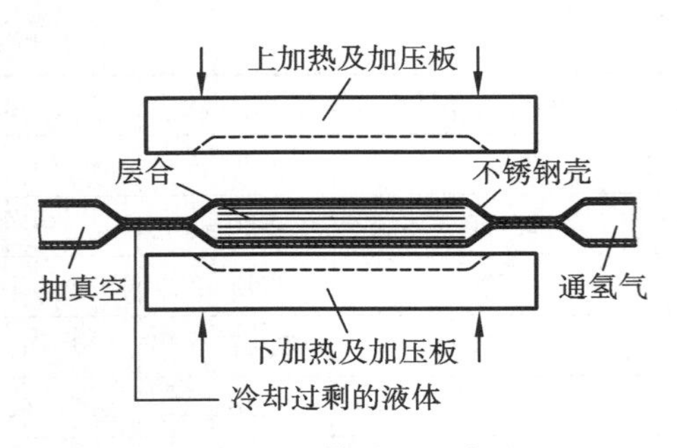

图 19.24 熔融浸透成形

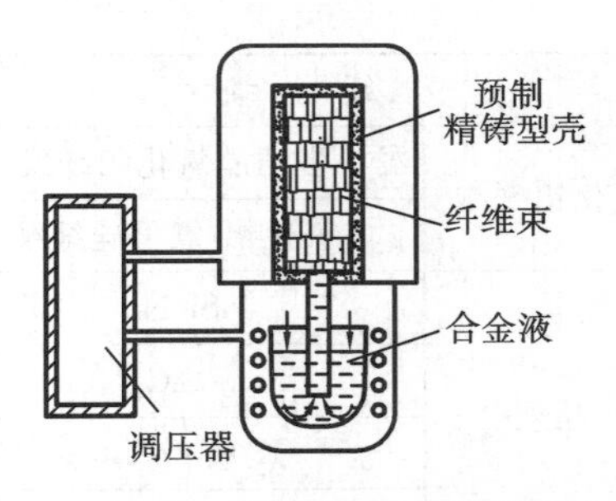

图 19.25 纤维束预制浸渗成形

复合材料制品。该法的特点是,可避免润湿性、反应性、密度差等因素对纤维与金属液结合的影响。如果预成形体制造得很好,浸渗时温度、压力等参数控制得当,可成功地制取纤维分布均匀、纤维体积含量高的金属基复合材料。国外已用此法制造了陶瓷纤维增强金属基复合材料的轿车和卡车发动机活塞,其强度和热疲劳性能较采用其他工艺生产的同类产品有显著提高。

3)**真空铸造成形**

为使液态基体金属更容易充填在纤维之间,可采用熔模真空铸造成形。含钨 2%(质量分数)的氧化钍纤维增强超耐热合金的涡轮叶片的熔模真空铸造成形如图 19.27 所示。具体成形过程是:将纤维束预成形体放置在精铸型壳中的适当位置,在真空状态下将耐热合金液浇入精铸型壳,冷凝后敲碎型壳,即可获得性能很好的纤维增强的超耐热合金复合材料制品。

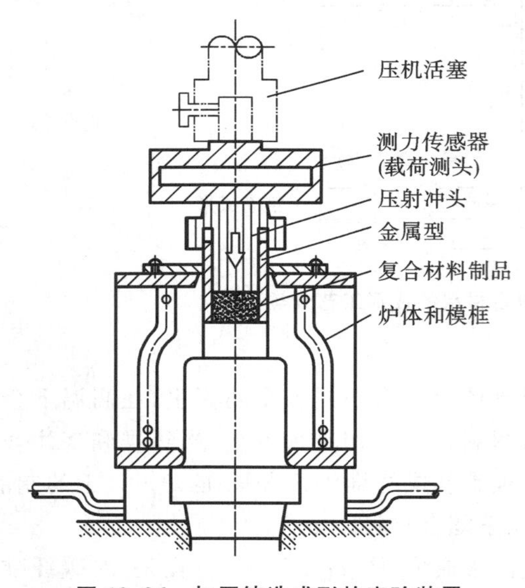

图 19.26 加压铸造成形的实验装置

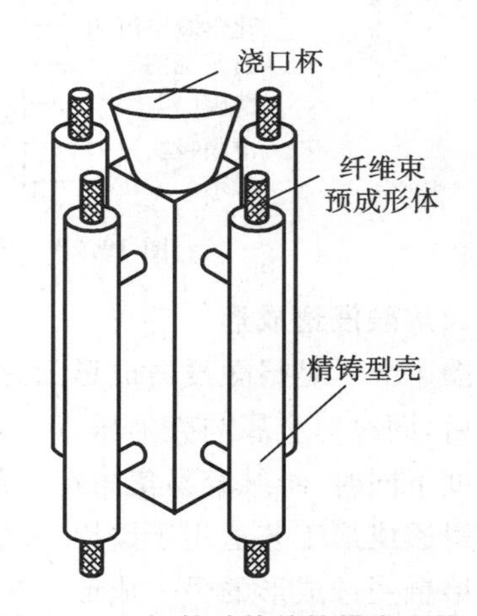

图 19.27 涡轮叶片的熔模真空铸造

19.4.4 颗粒增强金属基复合材料的成形

1. 颗粒增强物

常用的增强颗粒为氧化物、碳化物、氮化物等,如 Al_2O_3、ZrO_2、CaO、MgO、SiO_2、TiO_2、CeO_2、SiC、TiC、Cr_7C_3、WC 及 Si_3N_4。颗粒应具有良好的热稳定性、高熔点和高硬度,一定的粒度和较低的成本。由于颗粒的存在,金属凝固时的温度分布和晶体生长的热力学、动力学过程都发生了变化，相应的凝固特性、溶质再分配等规律也发生了变化。与颗粒在母相中的分布有关的因素如表 19.3 所示，这些都将对复合材料的结构和性能产生影响。

表 19.3　影响颗粒在母相中的分布的因素

影响因素类别	具体影响因素
颗粒	种类、尺寸、形状、是否经过表面处理
液相	种类、黏度、温度、是否经过热处理
颗粒与液相间关系	颗粒与液相间的密度差、液相对颗粒的润湿性
分散法	分散条件、铸造方法、铸型

颗粒分散相分布在金属相中而构成复合材料，复合材料应比原金属基体具有更好的耐热性、耐磨性、减震性等。无论采用何种工艺制取和成形颗粒增强金属基复合材料，最终都应达到如下目的：颗粒均匀地分布在金属相中，能够制成粒子体积分数和粒子尺寸可调的复合材料，材料无铸造缺陷，可在铸件的各个部位制取含有颗粒的复合层等。

2. 成形工艺

颗粒增强金属基复合材料的成形方法较多，已投入实际应用的为以下几种。

1)液态搅拌铸造成形

液态搅拌铸造成形由两个阶段组成(图 19.28)：

①搅拌金属液，制取复合材料；

②将液态复合材料浇入铸型，形成复合材料制品。

即先通过高速旋转的搅拌棒使金属液产生旋涡，然后向旋涡中逐步投入增强颗粒，使其分散，待增强颗粒润湿、分散均匀后浇入金属型，用挤压铸造或压铸等工艺成形。

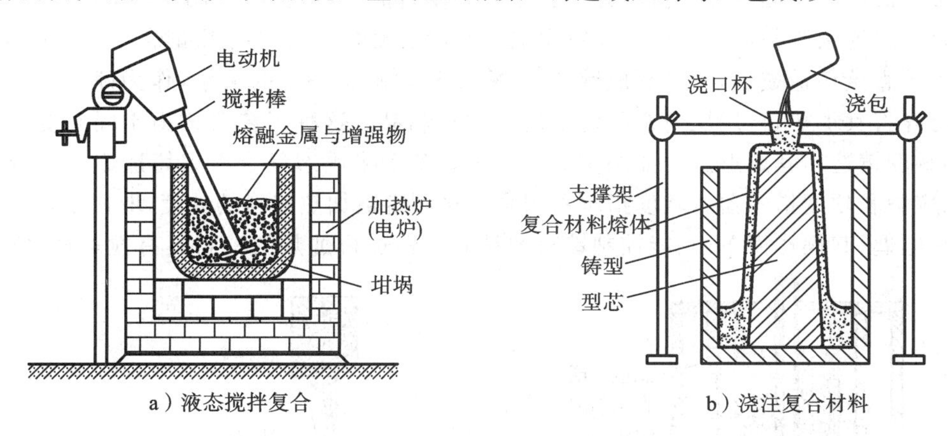

a）液态搅拌复合　　b）浇注复合材料

图 19.28　液态搅拌复合铸造成形

该工艺的重点和难点在于复合材料的制取。在搅拌过程中，为防止金属液中卷入气体和混入夹杂物，可对上述方法进行改进，即使从金属的熔化、增强物的加入和搅拌直到浇注成形的整个复合材料的制造过程均在真空容器内进行。此外，改用多级倾斜叶片组成的搅拌棒，并提高其转速至 2 500 r/min，使叶片剪切力达到最大值，但不形成旋涡，不产生气泡等。改进后的工艺使复合材料及其制品的性能得到了明显提高，如含 SiO_2 或 Al_2O_3 颗粒 15%～20%（体积分数）的铝基复合材料，屈服强度和抗拉强度都比基体合金高 15%以上，弹性模量比基体合金高 25%～35%，而成本增加不多。

此外,为提高金属液对增强颗粒的润湿性,可利用某些使金属液有较好润湿性的金属来包覆增强颗粒,以提高固体表面能,使金属与增强颗粒的接触变为金属与金属的接触,如对于铝合金液,采用镍、铜等金属包覆石墨、TiO_2等增强颗粒。在基体金属液中加入有利于浸润的合金元素,也能提高金属液对增强颗粒的润湿性。对增强颗粒施以热处理可去除其表面吸附物,也能改善金属液对增强颗粒的润湿性。通过外加压力方法(如挤铸、压铸)可使复合材料在铸型中快速凝固,以得到增强颗粒分布均匀的制品。

2)半固态复合铸造成形

将温度控制在液相线与固相线之间对金属液进行搅拌,同时将增强颗粒徐徐加入含有一定固相粒子(固相粒子质量分数通常为40%～60%)的金属液中。金属液中存在的大量固相初晶,可有效防止增强颗粒的浮沉或凝聚,使之均匀分散。此外,由于半固态金属液的温度较全液态的低,因而吸气量也相对较少。研究及应用的结果表明,对任意增强颗粒而言,半固态金属液均比全液态金属液的润湿性及分散性好,如能精确控制半固态浆液温度,则用半固态复合铸造法可以比用普通液态搅拌法更易获得合格的颗粒增强复合材料。

(1)半固态复合浆料的制备　图19.29所示的是半固态复合浆料连续制备器。它包括一个液态金属熔池和由一个坩埚组成的混合室及冷却室。混合搅拌器是用高纯度矾土制成的空心管,转速达1 000 r/min,均采用感应加热方式。旋转时,混合搅拌器能升降,用升降的高度来控制浆料流出的速率。通过调节半固态金属连续制备器的浆料流出速率即可控制浆料温度、固态组分的比例以及增强物粒子的含量等。提高浆料流出速率就会缩短合金在混合室内的停留时间,这样就可降低固态组分的比例,增强颗粒的比例也就相应减少,反之亦然。

(2)半固态复合铸造　将半固态复合浆料连续制备器所生产的半固态浆料直接压铸成形,这种成形方法称为半固态复合流变铸造。半固态复合流变铸造成形(图19.30)装置由一台半固态复合浆料连续制备器和一台压铸机组成。半固态复合浆料连续制备器生产的半固态复合浆料还可不直接铸造成形,而是制成锭料,并将锭料切割至一定的大小,作为商品出售。用户在使用时先将其加热,再用压铸机压铸成复合材料制品。这种工艺又称为半固态复合搅熔铸造(也称触变铸造),其成形过程如图19.31所示。整个半固态复合搅熔铸造成形系统包括压铸机、感应炉和软度指示器。软度指示器用来直接测定被加热锭料的软度,取代了控制再加热工序的热电偶,其操作简单,且能控制锭料的品质。经过再加热的锭料具有搅熔性,它以原来

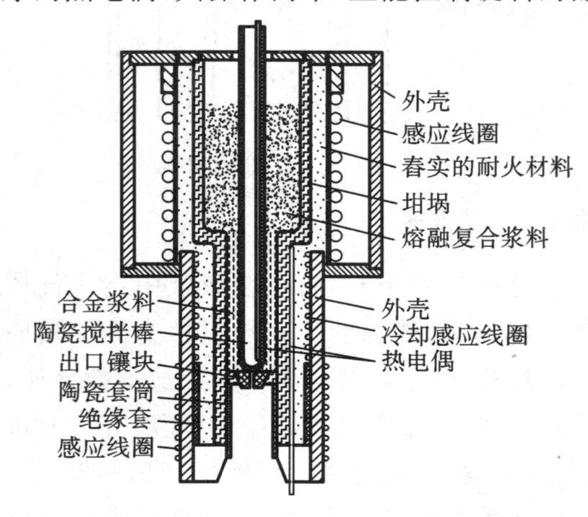

图19.29　半固态复合浆料连续制备器

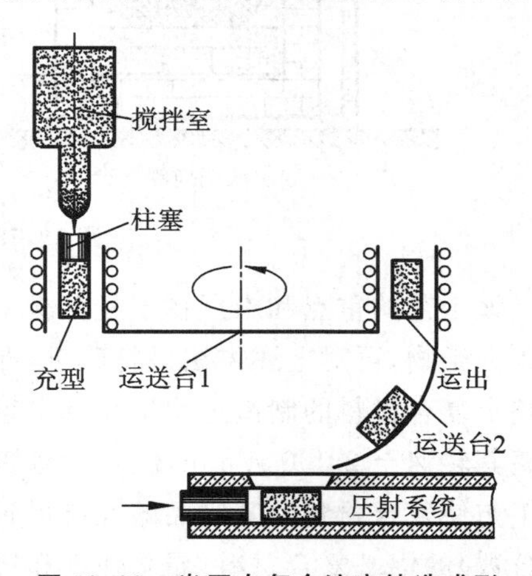

图19.30　半固态复合流变铸造成形

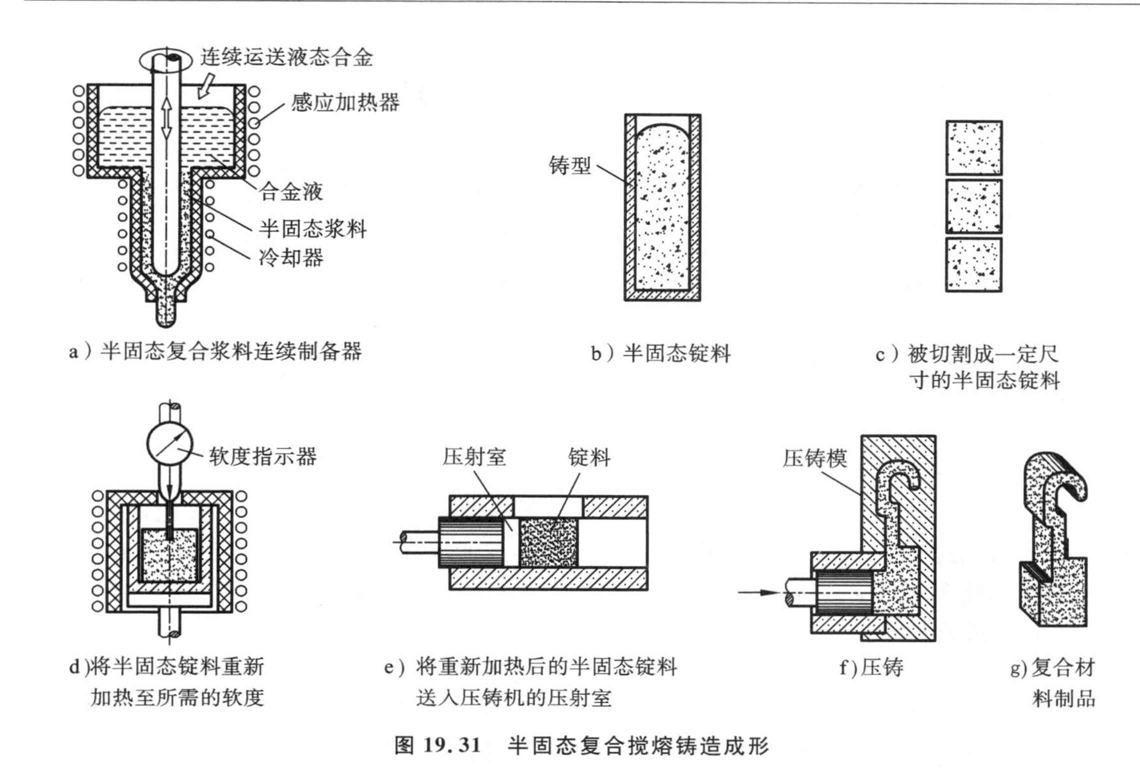

a）半固态复合浆料连续制备器　b）半固态锭料　c）被切割成一定尺寸的半固态锭料
d）将半固态锭料重新加热至所需的软度　e）将重新加热后的半固态锭料送入压铸机的压射室　f）压铸　g）复合材料制品

图 19.31　半固态复合搅熔铸造成形

的锭料形状进入压射室，而不是流入压射室，但在压射过程中，锭料在剪力的作用下又会获得流动性。

(3)半固态复合铸造成形新技术　半固态复合流变铸造及半固态复合搅熔铸造均需先预制半固态复合浆料，然后再将浆料压铸成复合材料制品，能耗大，工艺过程复杂，成本高，并且对半固态复合浆料的保存与输送要求十分严格。因此，半固态复合铸造成形工艺的工业应用受到了限制。

近年来，人们利用塑料注射成形原理开发了触变注射成形和流变注射成形的新技术，其所用成形机原理与塑料注射机相似，成形过程为：将被制成粒料、屑料或细块料的原料从料斗中加入，熔化成浆料；螺杆将浆料向前推进，受螺杆的剪切作用，浆料被加热至半固态；一定量的半固态金属复合浆料在螺杆前端堆积；在注射缸的作用下，半固态浆料被注入模具型腔成形；冷却后开模，即可取出铸件。

该技术集半固态金属浆料的制备、输送、成形于一体，较好地解决了半固态金属浆料的保存、输送、成形及控制等问题，所得复合产品的孔隙率较低(小于 0.1%)，尺寸精度高，重复性好(制品质量误差为±0.2%)。其缺点是，原料需预加工成屑、粒或细块状，这样会造成成本增加；机器内螺杆及内衬磨损严重，寿命短。

3)喷射复合铸造成形

有一种喷射复合铸造成形工艺(图 19.32)：以氩气、氮气等非活性气体作为载体，把增强颗粒喷射到浇注的金属液流上；随着液流的翻动，颗粒分散开来；带有增强颗粒的金属液进入金属铸型，冷却凝固后形成铸件。该工艺称为喷射复合分散(图 19.32a)。这种工艺不仅适用于以铝、镁等非铁金属为基体的复合材料，还可用于以钢铁等高熔点合金为基体的复合材料。

另外，为了进一步改善增强颗粒与金属液的分散均匀性，人们还提出了一种喷射复合沉积

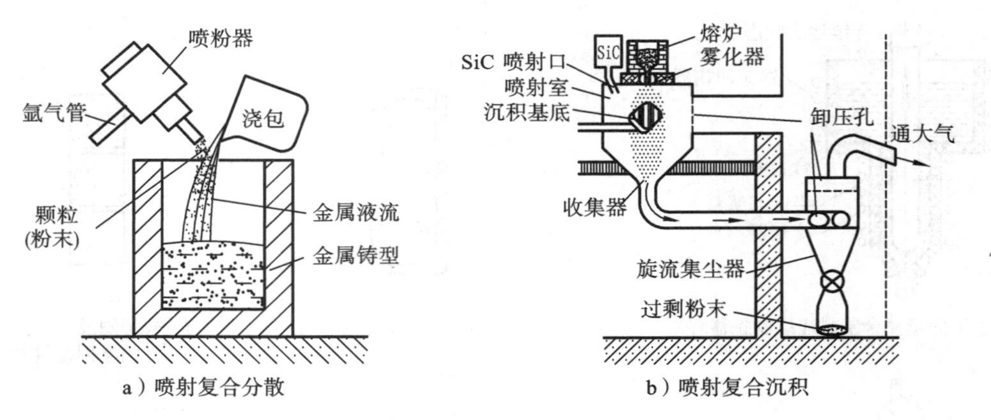

a）喷射复合分散　　b）喷射复合沉积

图 19.32　喷射复合成形

成形工艺(图 19.32b)。喷射复合沉积成形的工艺过程是:将金属液与非活性气流混合,喷射在有保护气氛的密闭容器内的铸型或底板上,沉积形成所要求的复合材料制品。该工艺生产率高,制得的复合材料制品性能好(晶粒细小,没有偏析),且由于颗粒与金属液接触时间特别短(仅几秒),没有任何界面反应,是一种很有前途的工艺方法。

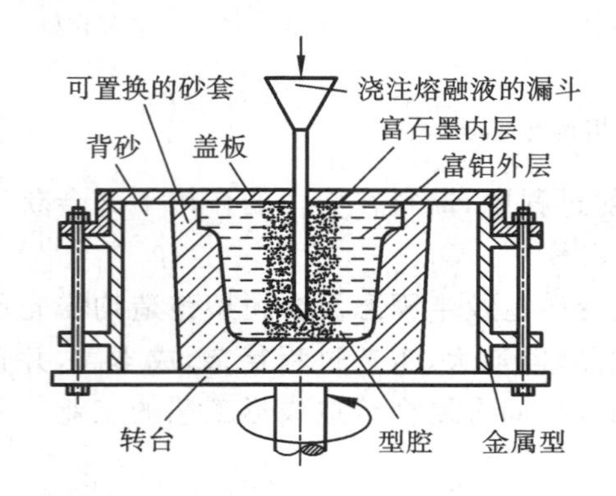

图 19.33　石墨-铝复合材料的离心铸造

4)石墨-铝复合材料的离心铸造成形

石墨是一种具有低切变模量的软材料,它具有排列松散的原子平面,能起到良好的润滑作用。用石墨-铝复合材料作为贵重的铜、锡和铅基合金的代用品来制造轴承,效果十分引人注目。在使用时,希望石墨-铝轴承内表面含有较多的石墨颗粒,以提高轴承的润滑性。石墨与铝合金的密度不同,前者为 1.8～2.08 g/cm^3,后者为 2.7 g/cm^3,使用离心铸造方法,可使密度较大的铝液以较快的速度远离液体圆筒的内表面,最后石墨颗粒富集在圆筒内表面上。因此,制品完全凝固后具有富石墨的内层和无石墨的外层。图 19.33 所示为石墨-铝复合材料的离心铸造。其过程是:首先将石墨颗粒加入正在搅拌的铝液,待其均匀分散后,再将混合液浇入正在旋转的离心铸造机中的砂型,待混合液冷却凝固后即得到石墨-铝复合材料轴承。

3. 原位反应增强颗粒成形

以上所介绍的颗粒增强金属基复合材料的成形,均为外加颗粒复合成形。该方法有两个不足之处:一是外加颗粒不可避免地有表面污染和附着物,与基体相容性差,界面结合不良;二是外加颗粒尺寸较大且一般有尖角,对基体有割裂作用,使得颗粒的增强效果不能得到理想的发挥。于是在 20 世纪 80 年代中后期,一种新的复合材料——原位反应颗粒增强复合材料应运而生,其成形工艺大致与外加颗粒增强金属基复合材料的成形工艺相似。以下仅介绍几种较成熟的原位反应颗粒的制取方法。

(1)向含钛的铝液中通入 CH_4 及 NH_3 气体,这些气体分解,并与金属液中的钛、铝反应,在铝液中就生成了 TiC、AlN、TiN 等增强颗粒。

(2)让高温金属液(如铝、钛、锆液等)暴露于空气中,使其表面首先氧化成一层氧化膜(如

Al_2O_3、TiO_2、ZrO_2膜等)，里层金属再通过氧化层逐渐向表层扩散，暴露于空气中后又被氧化，如此反复，最终形成增强金属氧化物。

(3)利用一个特殊的液体喷射分散装置，在氧化性气氛中将铝液分散成大量细小的液滴，使其表面氧化，生成 Al_2O_3 膜。这些带有 Al_2O_3 膜的液滴在沉积过程中相互碰撞，使表层 Al_2O_3膜破碎分散，从而在铝液中形成弥散分布的 Al_2O_3 颗粒增强物。

(4)将含有增强颗粒形成元素的固体物质(纯净的元素粉末或化合物)在一定温度下加入金属液，使其与金属液的合金元素发生充分的化学反应，从而制出原位颗粒增强物。如将碳粉加入铜钛合金液，制取 TiC 颗粒增强物，将 Al_4C_3 粉末加入铝钛合金液，也可在铝液中得到原位 TiC 颗粒。

复习思考题

(1)复合材料的定义是什么？复合材料种类较多，通常有哪些分类方法？如按被增强的基体来分类，常用的复合材料有哪几类？

(2)树脂基复合材料的主要特点是什么？其基体有哪些种类？它们对复合材料的成形工艺及制品性能有何影响？

(3)在树脂基复合材料的成形方法中，缠绕成形是一种机械化生产玻璃钢制品的成形工艺，其对缠绕用树脂和纤维的性能各有什么要求？

(4)液体模塑成形是指将液态聚合物树脂注入铺有纤维预成形体的闭合模腔，或加热熔化预先放入模腔内的树脂膜，使液态聚合物在流动充型的同时润湿纤维，最后材料经固化成形为制品的一类制备工艺。简述其具体的成形方法和特点。

(5)在脆性的陶瓷材料中引入第二相材料，使其增强、增韧。请介绍陶瓷基复合材料的几种常用增韧技术及其特点。

(6)陶瓷基复合材料的制备及成形工艺主要有哪几种？试述其成形原理和特点。

(7)金属基复合材料是以金属为基体、以高强度的第二相为增强体而制得的复合材料。如按基体和增强体来分类，金属基复合材料可分为哪些类型？

(8)在纤维增强金属基复合材料的成形工艺中所使用的纤维有哪些种类？对其性能有何要求？试述纤维增强金属基复合材料的具体成形工艺和特点。

(9)在颗粒增强金属基复合材料的成形工艺中所使用的增强颗粒有哪些种类？对其性能有何要求？试述颗粒增强金属基复合材料的具体成形工艺和特点。

第20章　3D打印成形工艺

3D打印成形又称快速成形、增材制造等，它于20世纪80年代末期开始商品化，是一种集激光、机械、计算机、数控和材料于一体的高新先进制造技术。其原理是：将计算机辅助设计(CAD)、计算机辅助制造(CAM)、计算机数字控制(CNC)、激光加工、精密伺服驱动和新材料等先进技术集于一体，将CAD三维图形直接输入3D打印机并完成数字切片，同时将切片的信息传送到3D打印机上，然后将连续的薄片层面层层堆叠起来，打印出样品零件。

3D打印成形技术改变了传统制造技术的理念和模式。它是近几十年来先进制造领域兴起的一种短流程、低成本、数字化，实现了高性能构件制造一体化的最具有代表性的颠覆性技术。3D打印技术解决了国防、航空航天、工业、交通运输、生物医学、电子电器、电力等重点领域高端复杂精细结构关键零部件的制造难题，并提供了应用支撑平台，有极其重要的应用价值，对推进第四次工业革命具有举足轻重的作用。随着3D打印技术的快速发展，其应用将越来越普遍。

20.1　3D打印概述

20.1.1　3D打印与传统加工制造

1.机械制造的三种方式

(1)减材制造：一般是用刀具进行切削加工，也可以用电化学方法或用激光束、电子束等去除毛坯中不需要的材料，剩下的部分即是所需加工的零件或产品。

(2)等材制造：主要是利用模具成形，将液体或固体材料变为所需结构的零件或产品。铸造、锻压等均属于此种方式。

减材制造与等材制造均属于传统的制造方法。

(3)3D打印制造：它不需刀具及模具，是用材料逐层累积叠加制造实体的方法。

2.3D打印与传统制造技术的区别

(1)3D打印技术是一种与传统的材料加工方法截然相反的，基于三维CAD模型数据并通过增加材料逐层进行制造的方式，是一种直接制造与相应数学模型完全一致的三维物理实体模型的制造方法。

(2)3D打印技术获得零件的途径不是传统的去除材料或使材料变形。它是在计算机控制下，基于离散/堆积原理，采用不同方法堆积材料，最终完成零件的成形与制造的技术。

(3)从成形角度看，零件可视为由点、线或面叠加而成，即从CAD模型中离散得到点、线、面的几何信息，再与成形工艺参数信息结合，控制材料有规律、精确地由点到面、由面到体地堆积出所需零件。

(4)从制造角度看，3D打印时可根据CAD造型生成零件三维几何信息，将这些信息转化为相应的指令后传输给数控系统，通过激光束或其他方法使材料逐层堆积而形成原型或零件，无须经过模具设计制作环节，这就极大地提高了生产效率、降低了生产成本，特别是极大地缩短了生产周期，被誉为制造业中的一次革命。

(5)3D 打印技术集中体现了 CAD、建模、测量、接口软件、CAM、精密机械、CNC 数控、激光、新材料和精密伺服驱动等先进技术的精粹，采用了全新的叠加成形法，与传统的去除成形法有本质的区别。3D 打印技术是多种学科集成发展的产物。

(6)3D 打印不需要刀具和模具，利用三维 CAD 模型在一台设备上可快速而精确地制造出结构复杂的零件，从而实现"自由制造"，完成传统制造工艺难以加工或无法加工的零件的加工任务，突破了传统制造工艺局限，并大大缩短了加工周期，对于复杂结构的产品这一点尤其明显。

(7)零件的精度与表面品质目前还不如去除成形的好。

20.1.2　3D 打印的特点和优势

1. 制造更快速、更高效，成本更低

3D 打印是制作精密复杂原型和零件的有效手段。采用该技术，由产品 CAD 数据或从实体反求获得数据到制成 3D 模型，一般只需几小时到几十个小时，速度比采用传统成形加工方法快得多。3D 打印成形工艺流程短、全自动，可实现现场制造，制造更快速、更高效。随着互联网的发展，3D 打印技术还可以用于提供远程制造服务，使资源得到充分利用，用户的需求也可得到最快的响应。

此外，3D 打印材料利用率高，成本较低（一般只需传统加工方法 20%～35%的成本）。

2. 技术高度集成

3D 打印技术是 CAD、数据采集与处理、材料工程、精密机电加工与 CNC 数字控制技术的综合体现。设计制作一体化（即 CAD/CAM 一体化）是 3D 打印技术的另一个显著特点。在传统的 CAD/CAM 技术中，由于成形技术的局限性，设计制造一体化很难实现。而 3D 打印技术采用的是离散/堆积分层制作工艺，可以实现复杂结构的成形，因而能够很好地将 CAD 与 CAM 结合起来，实现设计与制造的一体化。

3. 3D 打印制件材料几乎不受限制

3D 打印技术可采用的材料十分广泛，可以是树脂、塑料、纸、石蜡，以及复合材料、金属材料或者陶瓷材料的粉末、箔、丝、小块体等，也可以是涂覆某种黏结剂的颗粒、板、薄膜等。此外，利用 3D 打印技术，可制造由不同材料复合的 3D 制件，而从下至上的堆积方式在非匀质材料、功能梯度材料器件的成形方面尤其有优势。

4. 制造过程高度柔性化

3D 打印技术采用降维制造（分层制造）方式，将三维结构的物体分解成二维层状结构，逐层累加形成三维物品，使得制造过程高度柔性化。它取消了专用工具，可在计算机管理和控制下制造出任意复杂形状与结构的制件，设计者不受零件结构工艺性的约束，可以随心所欲地设计零件，可以说"只有想不到，没有做不到"。

5. 直接制造组合件和形状复杂的中空零件

任何高性能难成形的拼合零部件和形状复杂的中空零件均可通过 3D 打印方式一次性直接制造出来，不需要采用工模具，通过组装拼接等复杂过程来实现。对于航空零件，这样可以减轻重量和减少装配结合面，提高安全性。

6. 应用领域广泛

3D 打印技术还特别适用于新产品的开发、快速单件及小批量零件的制造、不规则零件或复杂形状零件的制造、模具及模型设计与制造、外形设计检查、装配检验、快速反求与复制，以及难加工材料的制造等。这项技术在制造业的产品造型与模具设计领域，以及材料科学与工程、工业设计、医学科学、文化艺术、建筑工程、国防及航空航天等领域都有着广阔的应用前景。

综上所述，3D 打印技术具有的优势如下：

①从设计和工程的角度来看，可以设计更加复杂的零件；

②从制造的角度来看，减少了设计、加工、检查的工序，可大大缩短新品进入市场的时间。

③从市场和用户的角度来看，减少了风险，可根据市场需求实时、低成本地改变产品。

20.2 3D 打印的成形原理

3D 打印技术的基本核心原理是：利用 CAD 软件对所需成形工件的复杂三维形体进行数字切片处理，将三维实体模型转化为各层截面简单的二维图形轮廓，类似于高等数学中的微分过程；然后将切片得到的二维轮廓信息送到 3D 打印机中，由计算机根据这些二维轮廓信息控制激光器(或喷嘴)选择性地切割片状材料(或固化液态光敏树脂，或烧结热熔材料，或喷射热熔材料及黏结剂等)，从而形成一系列具有微小厚度的片状实体，再采用黏结、聚合、熔结、焊接或化学反应等手段使其逐层堆积叠加成为一体，从而制造出所设计的三维模型或样件，这个过程类似于高等数学中的定积分模式。因此 3D 打印的原理是三维→二维→三维的转换过程。3D 打印技术堆积叠层的基本原理如图 20.1 所示。

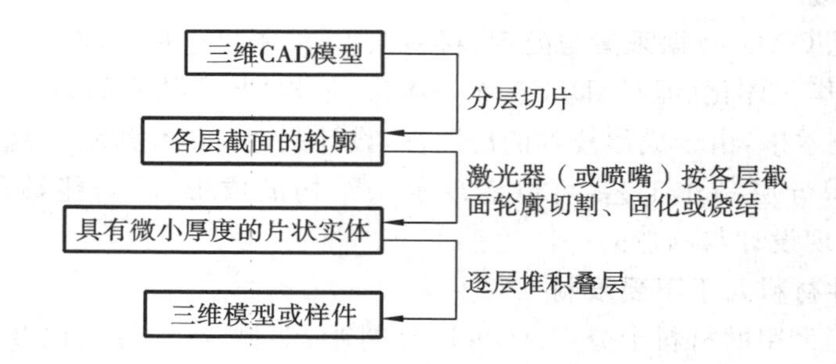

图 20.1　3D 打印技术堆积叠层基本原理

图 20.2 所示为花瓶的 3D 打印过程。设计者首先用计算机软件建立花瓶的三维数字化模型(图 20.2a)并输入 3D 打印机，用切片软件对该三维模型进行分层切片处理，得到零件各层的二维片层轮廓(图 20.2b)；再用成形头发射的激光束选择性地对花瓶的片层截面轮廓材料进行扫描，使被扫描的片层轮廓材料固化，形成一个个截面层(图 20.2c)；工作台沿高度方向移动一个片层厚度，然后在已固化薄片层上面再铺设第二层成形材料，并对第二层材料进行扫描固化，与此同时，第二层材料还会自动与前一层材料黏结并固化在一起。如此继续重复上述操作，连续顺序打印并逐层黏结一层层的薄片材料，直到最后扫描固化完花瓶的最高一层，此时就可打印出三维立体的花瓶制件(图 20.2d)。

3D 打印将复杂的三维加工分解成简单的二维加工的组合，因此，不必采用传统的加工机床和工模具，就能直接成形零件。其中分层制片是由数控成形头选择性地固化一层层液态树脂，或烧结一层层粉末材料，或喷涂一层层热熔材料或黏结剂等来完成的。

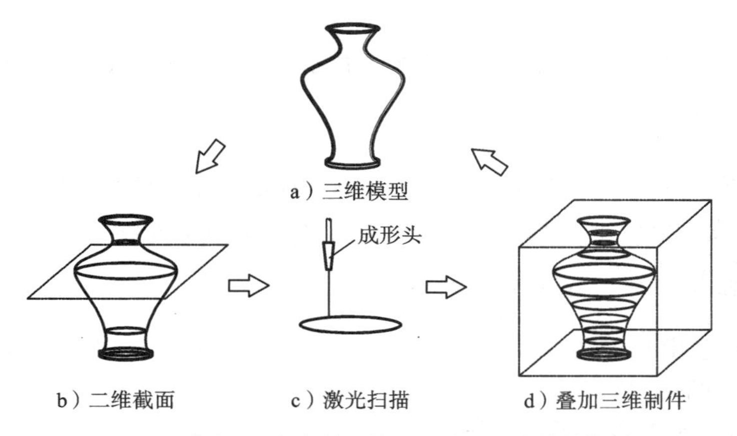

图 20.2 花瓶 3D 打印的三维→二维→三维的转换过程

20.2.1 3D 打印技术的全过程

3D 打印技术的全过程可以归纳为以下三个步骤(图 20.3)。

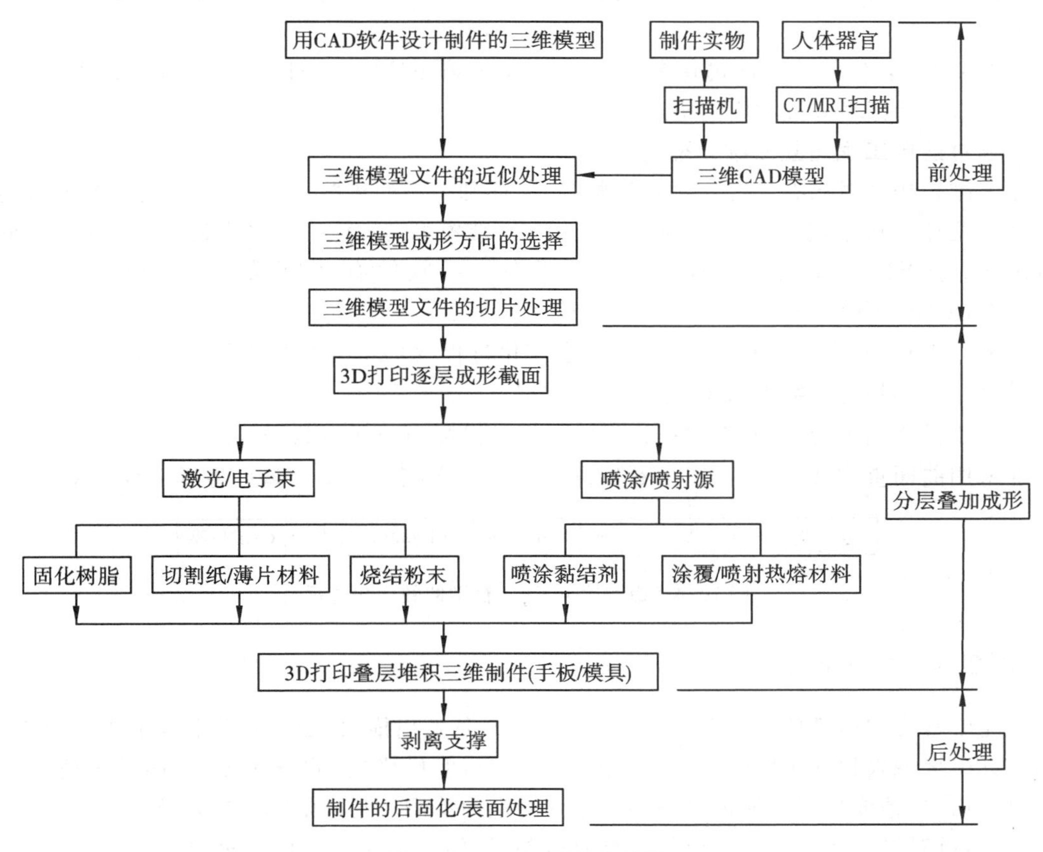

图 20.3 3D 打印的全过程

1)前处理

前处理包括工件三维 CAD 模型文件的建立、三维模型文件的近似处理与切片处理，模型文件 STL 格式的转化。

2)**打印成形**

打印成形是3D打印技术的核心,包括逐层成形制件的二维截面薄片层以及将二维薄片层叠加成三维制件。

3)**后处理**

后处理是对成形后的三维制件进行修整,包括从成形制件上剥离支撑结构、成形制件的强化(如后固化、后烧结)和表面处理(如打磨、抛光、修补和表面强化)等。

20.2.2 零件三维CAD模型文件的建立

所有3D打印机都只能接受零件的三维CAD模型,然后进行3D打印成形。建立三维CAD模型有以下两种方法。

1. 用三维CAD软件设计三维模型

用于构造模型的CAD软件应有较强的三维造型功能,即要求具有较强的实体造型和表面造型功能,后者对构造复杂的自由曲面有重要作用。三维造型软件种类很多,包括Unigraphics、Pro/Engineer、SolidWorks、AutoCAD、I-DEAS、CATIA、CAXA、3DS MAX、MAYA等,其中前几种在工业领域应用较多;3DMAX、MAYA在艺术品和文物复制等领域应用较多。

三维CAD软件的输出格式有多种,其中常见的有IGES、STEP、DXF、HPGL和STL等,STL格式是3D打印机最常用的格式。

2. 通过逆向工程建立三维模型

用三维扫描仪对已有工件实物进行扫描,可得到一系列离散点云数据,再通过数据重构软件处理这些点云数据,就能得到被扫描零件的三维模型,这个过程常称为逆向工程(reverse engineering,RE),又称反求工程。常用的逆向工程软件有多种,如Geomegics Studio和Image Ware和MIMICS等。

在逆向工程中,由实物到CAD模型的数字化过程(图20.4)包括以下三个步骤:

①对三维实物进行数据采集,生成点云数据;

②对点云数据进行处理(对数据进行滤波以去除噪声或拼合数据等);

③采用曲面重构技术,根据点云数据进行曲面拟合,借助CAD软件生成三维CAD模型。

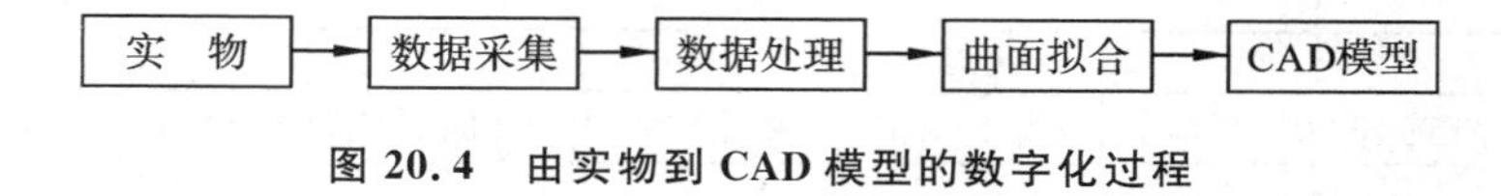

图20.4　由实物到CAD模型的数字化过程

20.2.3 三维扫描仪

工业中常用的扫描仪有接触式和非接触式(如激光扫描仪、面结构光扫描仪),如图20.5所示。其中接触式扫描仪(图20.5a)的测量精度高,但价格贵,测量速度慢,而且不适合现场工况,仅适合高精度规则几何体机械加工零件的室内检测;非接触式扫描仪(图20.5b、c)采用光电方法,可对复杂曲面的三维形貌进行快速测量,精度能满足逆向工程的需要,而且对物体表面不会造成损伤,最适合文物和仿古现场的复制需要。非接触式扫描仪中面结构光扫描仪速度比激光线扫描仪快,应用更广泛。

面结构光三维测量的原理如图20.6所示。使用手持式三维扫描仪(图20.6a)对被测物体进行测量时,使用数字光栅投影装置向被测物体投射一系列编码光栅条纹图像并由单个或

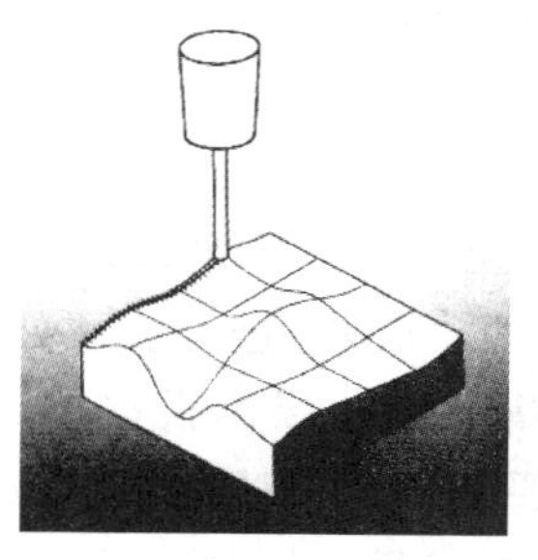

a）接触式扫描仪

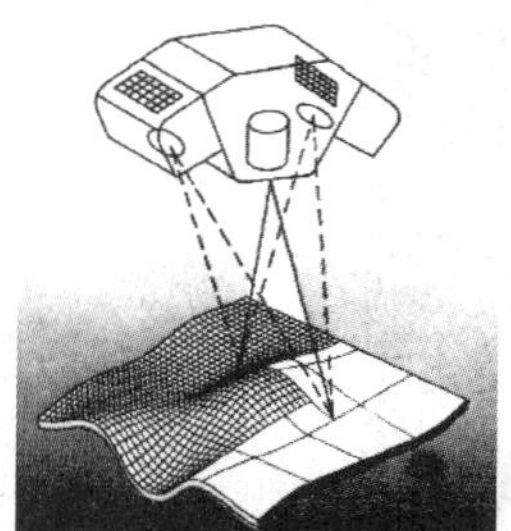

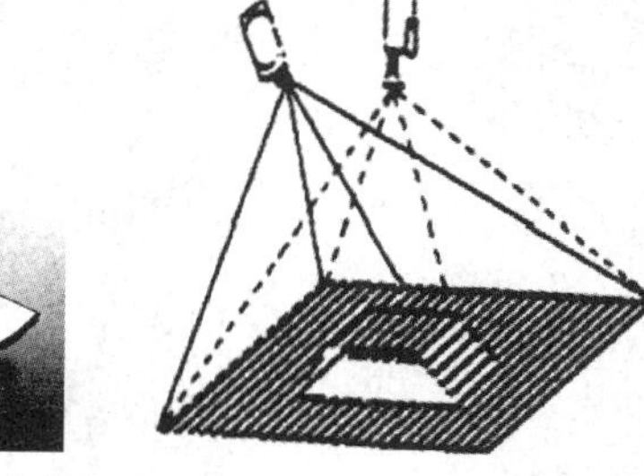

b）非接触式扫描仪

图 20.5　常用三维扫描仪类型举例

多个高分辨率 CCD 数码相机同步采集经物体表面调制而变形的光栅干涉条纹图像(图 20.6b、c),然后用计算机软件对采集得到的光栅图像进行相位计算和三维重构等处理,可在极短时间内获得复杂零件表面完整的三维点云数据。

a）手持式

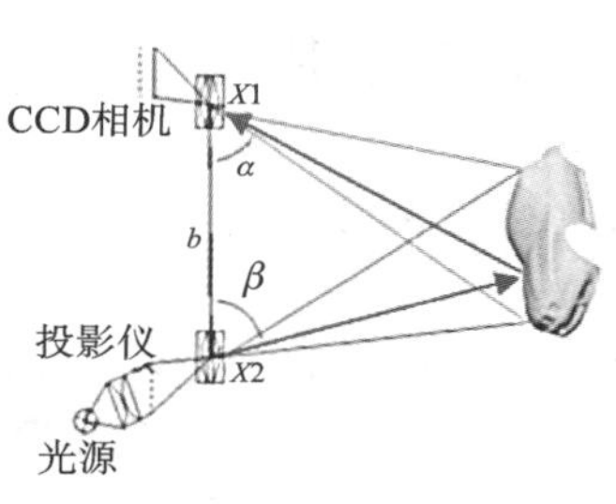

b）透射编码光栅条纹图像和采集光栅干涉条纹图像

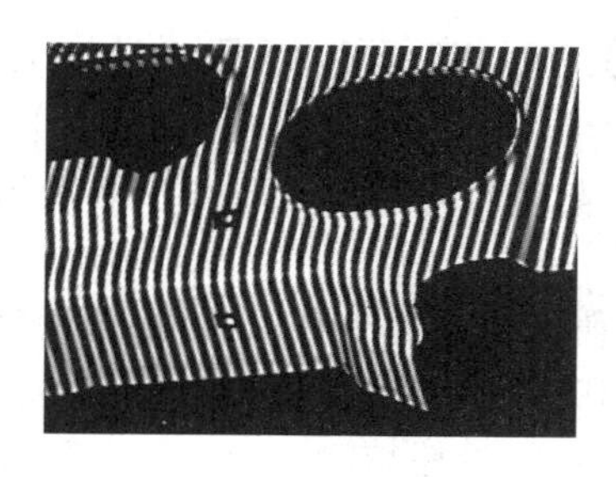

c）光栅干涉条纹图像

图 20.6　手持式三维扫描仪测量物体原理图

面结构光三维扫描仪测量速度快,测量精度高(单幅测量精度可达 0.01 mm),便携性好,设备结构简单,适用于复杂形状物体的现场测量。该种扫描仪可广泛应用于常规尺寸(10 mm～5 m)下的工业产品的检测、逆向设计、物体测量和文物复制,等等。特别是便携式 3D 扫描仪可以快速地对任意尺寸的物体进行扫描,不需要反复移动被测物体,也不需要在被测物体上做大量标记。这些优势使 3D 扫描仪成为文物保护不可缺少的工具。

20.2.4　三维模型文件的近似处理与切片处理

建立三维 CAD 模型文件之后,还需要对模型进行近似处理或修复近似处理可能产生的缺陷,再对模型进行切片处理,这样才能获得 3D 打印机所能接受的模型文件。

1. 三维模型文件的近似处理

由于零件三维模型上往往有一些不规则的自由曲面,所以成形前必须对其进行近似处理。目前在 3D 打印中最常见的近似处理方法是将零件的三维 CAD 模型转换成 STL 格式模型文件,即用一系列的小三角形平面来逼近零件自由曲面。选择三角形的大小和数量就能得到不同的曲面近似精度。经过上述近似处理的三维模型即 STL 格式模型,它由一系列相连的空间三角形面片组成(图 20.7)。STL 模型对应的文件称为 STL 格式文件。典型的 CAD 软件都有转换和输出 STL 格式文件的接口。

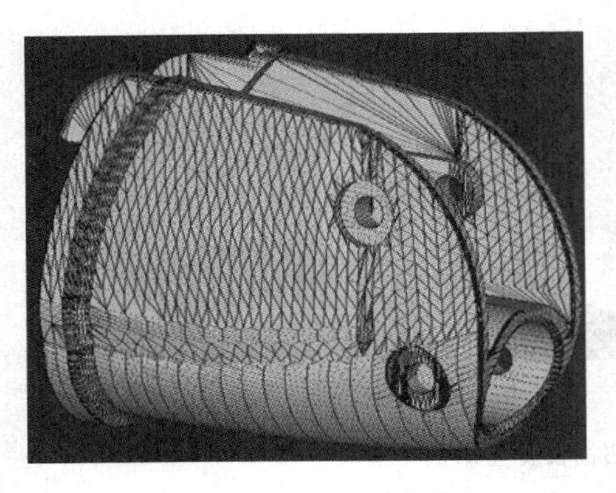

图 20.7　STL 格式模型

2. 三维模型文件的切片处理

3D 打印是按零件切片分层后每一层截面轮廓来打印成形的，因此，成形前必须在三维模型上，用切片软件沿成形的高度方向，每隔一定的间距(即切片层厚)进行切片处理，以便提取截面的轮廓。切片层厚根据被成形件精度和生产率的要求选定。切片层厚愈小，精度愈高，但成形时间愈长。切片层厚的范围一般为 0.05～0.5 mm，常用 0.1～0.2 mm，在此取值下，能得到相当光滑的成形曲面。切片层厚选定之后，成形时每一层叠加材料的厚度应与之相适应。显然，切片层厚度不得小于每一层叠加材料的最小厚度。

20.3　主流的 3D 打印机及成形工艺

3D 打印机是叠加堆积成形制造的核心设备，它具有截面轮廓成形和截面轮廓堆积叠加两个功能。

所谓截面轮廓成形，是指根据切片处理得到的工件截面轮廓，在计算机的控制下，3D 打印机的打印头(激光头、喷头或挤压头)在 *X*-*Y* 平面内自动按截面轮廓运动，固化液态树脂(或烧结粉末材料、涂覆熔融材料、切割纸、喷涂黏结剂等)，得到零件的一层层截面轮廓。

所谓截面轮廓堆积叠加，是指每层截面轮廓成形之后，3D 打印机将下一层材料送至已成形的轮廓面上，然后进行新一层截面轮廓的成形，从而将一层层的截面轮廓逐步叠合在一起，最终形成三维成形件。

根据所采用材料及对材料处理方式的不同，3D 打印机主要的成形工艺可分为图 20.8 所示的几种。由此也可将 3D 打印机分为多种类型。各类打印机的成形原理都是叠加成形，它们的差别主要在于打印薄片层采用的原材料类型、由原材料构成截面轮廓的方法，以及截面层之间的结合方式。

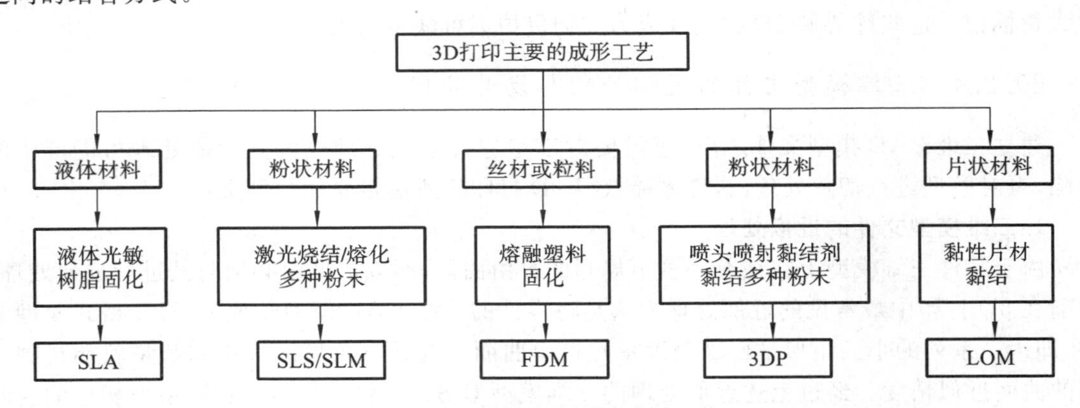

图 20.8　3D 打印主要的成形工艺

20.3.1 光固化 3D 打印机

光固化 3D 打印机(stereo lithography apparatus,简称 SLA,直译为立体平版印刷设备)是最早出现的一种商品化 3D 打印机。图 20.9 所示为光固化 3D 打印机的结构及打印的制件。该机由液槽、可升降工作台、激光器与扫描系统、计算机数控系统等组成。其中,液槽中盛满液态光敏树脂,带有许多小孔的网板工作台浸没在树脂液槽中,通过步进电动机驱动,使升降臂沿 Z 方向做上下往复运动。激光器为紫外(UV)激光器,如固体 Nd:YVO_4(半导体泵浦)激光器、氦-镉(He-Cd)激光器和氩离子激光器;激光的波长为 320～370 nm(常用 355 nm,处于中紫外至近紫外波段)。扫描系统由一组 X-Y 扫描振镜构成,它能根据控制系统的指令,按照成形件截面轮廓的要求做高速往复摆动,从而使激光器发出的激光束反射并聚焦于液槽中光敏树脂的上表面,并沿此面做 X-Y 方向的扫描运动。在这一层受到紫外激光束照射的部位,液态光敏树脂发生聚合反应而快速固化,形成相应的一层固态成形件截面轮廓和支撑结构。

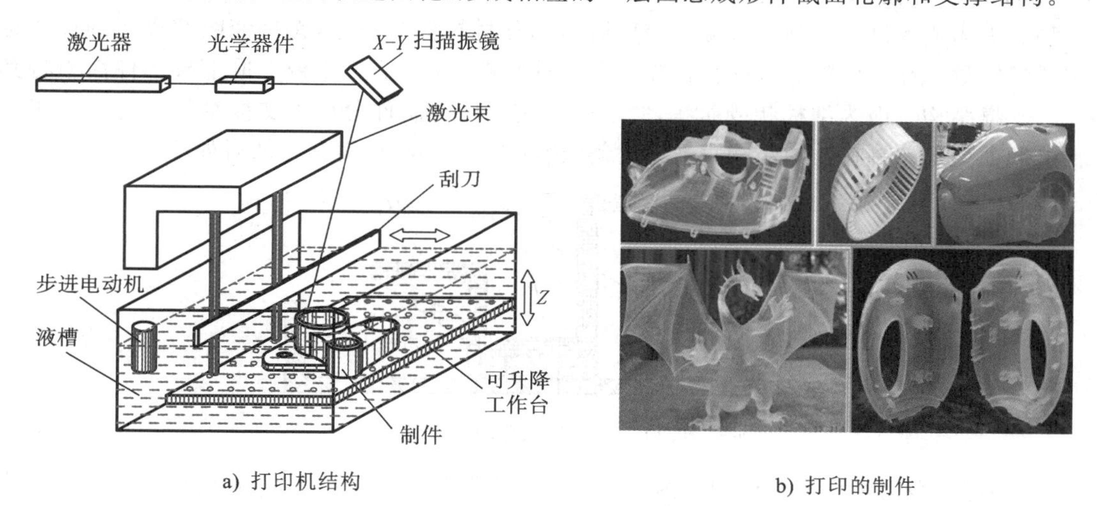

a) 打印机结构　　b) 打印的制件

图 20.9 光固化 3D 打印机结构及制件

1. 光固化成形过程

光固化 3D 打印过程如图 20.10 所示:开始时,工作台的上表面处于液面下一个截面层厚的高度(通常为 0.125～0.750 mm),该层液态光敏树脂被激光束扫描而固化,并形成所需第一层固态截面轮廓(图 20.10a);之后工作台下降一层高度,液槽中的液态光敏树脂流过已固化的截面轮廓层(图 20.10b),刮刀按照设定的层高做往复运动,刮去多余的液态树脂,再对新铺上的这一层液态树脂进行扫描固化,形成第二层所需固态截面轮廓(新固化的一层能牢固地黏结在前一层上,每一个固化层的厚度一般为 0.076～0.381 mm)。如此重复,直到整个制件打印成形完毕(图 20.10c)。最后将已成形的制件放在后固化箱中,用大功率紫外灯进行加固处理,并进行打磨、喷涂、着色或电镀处理等,获得精美制件。

2. 光固化成形工艺的应用

光固化 3D 打印机能直接制作塑料件,特别适合中小件的打印成形,它用聚焦的激光束成形制件,光斑直径小(一般为 0.06～0.1 mm),分辨率高,因此能成形较高精度的细小、复杂特征结构。也可用激光固化成形树脂模来代替熔蜡铸造的蜡模,这种树脂模为内腔有网格支撑的薄壁中空熔模,外表皮的厚度约为 1 mm,对其进行涂料、结壳、焙烧后,能去除树脂模得到

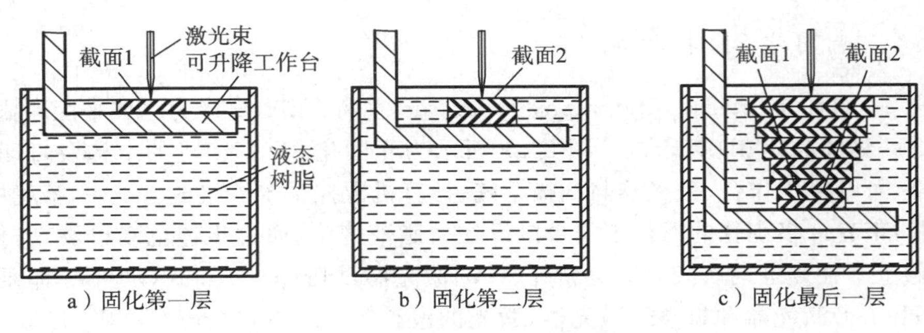

图 20.10　激光固化成形过程

中空陶瓷型壳，用于浇铸精密金属铸件。

3. 光固化成形工艺的缺点

(1)对于工件截面上的孤立轮廓和悬臂结构，一般需要添加专门设计制作的支撑结构(图20.11)。因为成形过程中尚未被激光束照射的部分材料仍为液态，无法使刚刚成形的孤立轮廓和悬臂定位。在工件的底部往往也需设置支撑结构，以便从工作台上取下成形件而不将其损坏。支撑结构一般为细柱状或肋状，便于成形完成后与制件分离。支撑结构也有助于减小制件的翘曲变形。制作支撑结构需花费时间，会降低成形效率，也会增加后处理的麻烦。

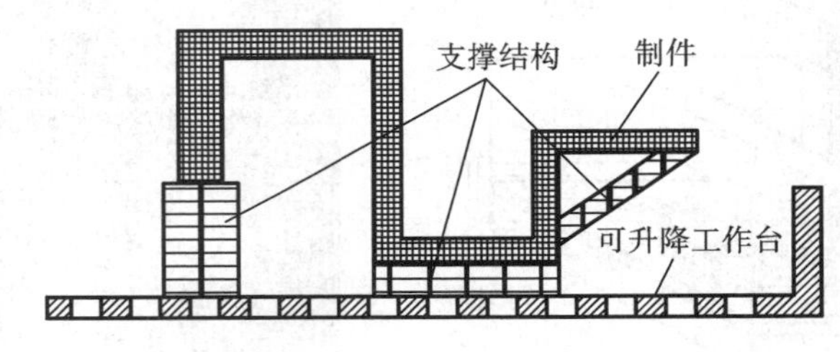

图 20.11　光固化成形的支撑结构

(2)制件一般需经后固化处理。为了减少翘曲变形和提高成形效率，通常仅用激光束固化靠近制件表面的一部分液态树脂，而制件的内腔为支撑网格和未固化的树脂液。所成形的制件只是半成品，需再将其置于大功率紫外光固化箱中做进一步的内腔固化。

(3)固化过程中会产生刺激性气体，有污染，可造成人皮肤过敏，机器运行时成形腔室应密闭。

(4)紫外激光器的价格较高，使用寿命不太长，原材料(光敏树脂)的价格较高，因此使光固化 3D 打印机的购置费用与运行成本偏高。

20.3.2　选择性激光烧结 3D 打印机

1. 选择性激光烧结 3D 打印机结构及材料

选择性激光烧结(selected laser sintering，SLS)3D 打印机有下送粉式和上送粉式两种类型，如图 20.12 所示。该机的光学系统由 50～200 W 的 CO_2 激光器(或 Nd:YAG 激光器，激光的波长一般为 10.6 μm，处于近红外波段)、X-Y 扫描振镜、料斗、定量闸门、铺粉辊、加热罩和工作台等组成。

采用的粉材可以是塑料粉、蜡粉、铸造用树脂砂、陶瓷粉或金属粉与黏结剂的混合粉、金属粉等，粉粒直径一般为 50～125 μm。在烧结金属粉材时，成形室为密闭腔室，内充保护气体(氮气)。

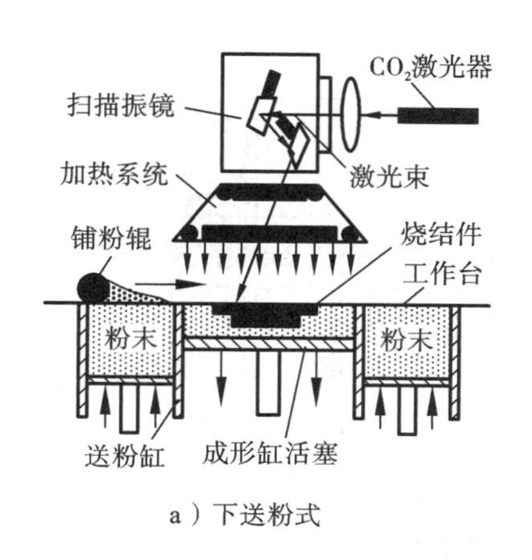

a）下送粉式

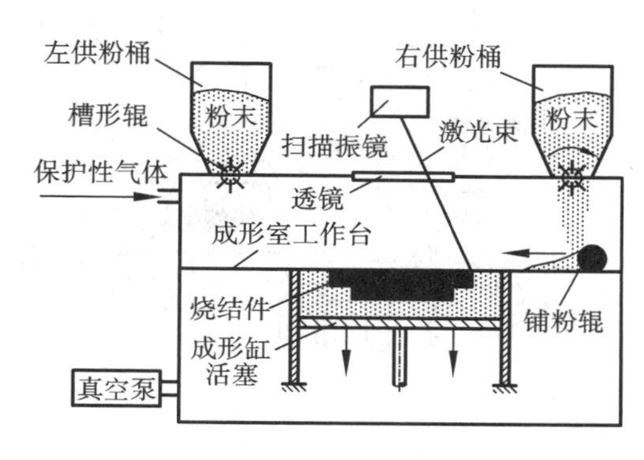

b）上送粉式

图 20.12　SLS 3D 打印机结构

2. 激光烧结 3D 打印成形过程与工艺

1)SLS 成形过程

SLS 成形过程(图 20.13)如下：

(1)送粉缸活塞上升，将粉末升到高于缸的顶面，铺粉辊沿箭头方向运动将一层粉末铺在工作台上面(图 20.13a)；

(2)工作缸上方的辐射加热罩将粉末预热至低于烧结点的温度，在计算机的控制下，激光束通过 X-Y 扫描振镜按照工件截面轮廓的信息，对该层制件截面的粉末进行扫描烧结(图 20.13b)，使粉末的温度上升，粉末颗粒交界处熔化，颗粒相互黏结，烧结成一层轮廓。未被扫描的非烧结区粉末仍呈松散状，作为成形件和下一层粉末的支撑。

(3)一层截面成形完成后，工作台下降一截面层的高度，送粉缸活塞上升，将第二层粉末升到高于缸的顶面，铺粉辊再次沿水平方向运动，在工作台上铺粉(图 20.13c)；

(4)激光束再扫描、烧结(图 20.13d)。如此循环，最终形成三维成形件。

2)SLS 成形工艺的类型

SLS 成形工艺又可分为直接烧结成形和间接烧结成形两种。

(1)直接烧结成形：用激光束烧结塑料粉或蜡粉，直接得到塑料件或蜡件。

(2)间接烧结成形：采用含有低温易熔组分或黏结剂的复合粉材(例如与黏结剂混合的金属或陶瓷粉末)，用低功率激光在较低的温度下使材料熔化，得到生坯；之后将生坯放置在加热炉内进行后处理，烧除易熔组分或黏结剂后，将剩余的高熔点及化学性能稳定的粉材在高温炉中烧结成金属件或陶瓷件。为降低成形件的孔隙率，还可在经后处理的成形件中渗入其他金属(如渗铜等)，获得金属或陶瓷-金属复合成形件。

3)SLS 成形的特点及应用

SLS 成形的特点如下。

(1)SLS 制件可直接作为商品样件，供市场研究及设计分析用，还可作为铸件的母模及各种模具。用 SLS 法可直接烧结陶瓷或金属与黏结剂的混合物，经后处理得到陶瓷或金属模具。

(2)与光固化成形制件相比，SLS 制件的力学性能高，受环境温度、湿度的影响小，抵抗化学腐蚀的能力强，其材料性质类似于热塑性材料，能方便地进行钻、铣等加工，不像光固化成形制件那样容易碎裂。

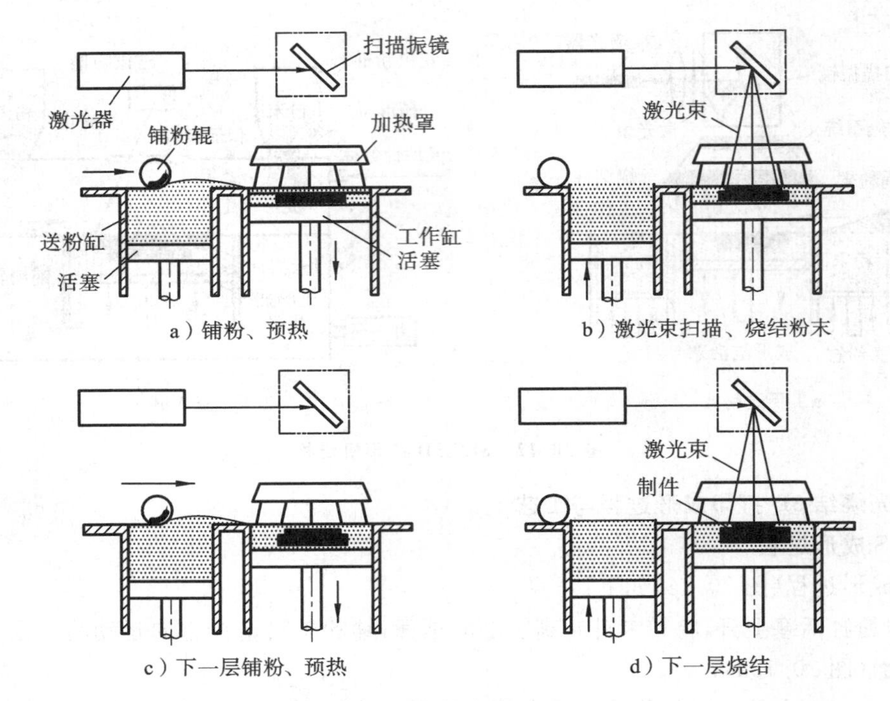

图 20.13 SLS 成形过程

(3)SLS 成形每一层截面的辅助时间比光固化成形的短，且 SLS 制件在成形过程中不需要辅助支撑，故成形效率高。

(4)SLS 成形工艺所用的材料来源广泛、价格低廉、性能好。

(5)SLS 制件的精度、表面及外观品质比光固化成形制件的低，用 SLS 工艺打印的聚苯乙烯模(或其他塑料模)可代替熔模铸造的蜡模，其尺寸精度可达±(0.13～0.25)mm，表面粗糙度 $Ra=6.3\sim3.2\ \mu m$。

SLS 成形工艺的应用十分广泛。由图 20.14 右边可见，利用该工艺可打印成形蜡模，进行汽车耐热钢排气管、铝合金摩托车缸体、耐磨铸铁叶轮的精密铸造，打印液压阀的砂型及精确固定在砂型中的扭曲的流道砂芯；图 20.14 下部为 SLS 打印的近 1 m 长的六缸柴油发动机缸盖砂芯、砂型及浇注的缸盖铸件；图 20.14 左上部为用聚酰胺打印的锯树机，左中部为用间接法打印的金属制件，左下部为用间接法打印的具有随形冷却水道(模具凸凹部位)的金属模具。

20.3.3 选择性激光熔化 3D 打印机

1. 选择性激光熔化 3D 打印机的原理及应用

选择性激光熔化(selective laser melting，SLM)是一种能够直接制造金属零件的 3D 打印工艺。它与 SLS 成形工艺的原理相似，与后者的区别是它采用了功率较大(100～500 W)的光纤激光器或 Nd-YAG 激光器(具有较高的激光能量密度和较小的光斑直径)，制件的力学性能、尺寸精度等均较好，只需简单后处理即可投入使用，并且成形所用原材料无须特别配制。

SLM 3D 打印机结构及打印的制件如图 20.15 所示。SLM 成形原理是：采用铺粉装置将一层金属粉末材料铺平在已成形零件截面轮廓的上表面，控制系统控制高能量激光束按照该层的截面轮廓在金属粉层上扫描，使金属粉末完全熔化并与下面已成形的部分熔合。当一层截面熔化完成后，工作台下降一个薄层的厚度(0.02～0.03 mm)，然后铺粉装置又在上面铺上

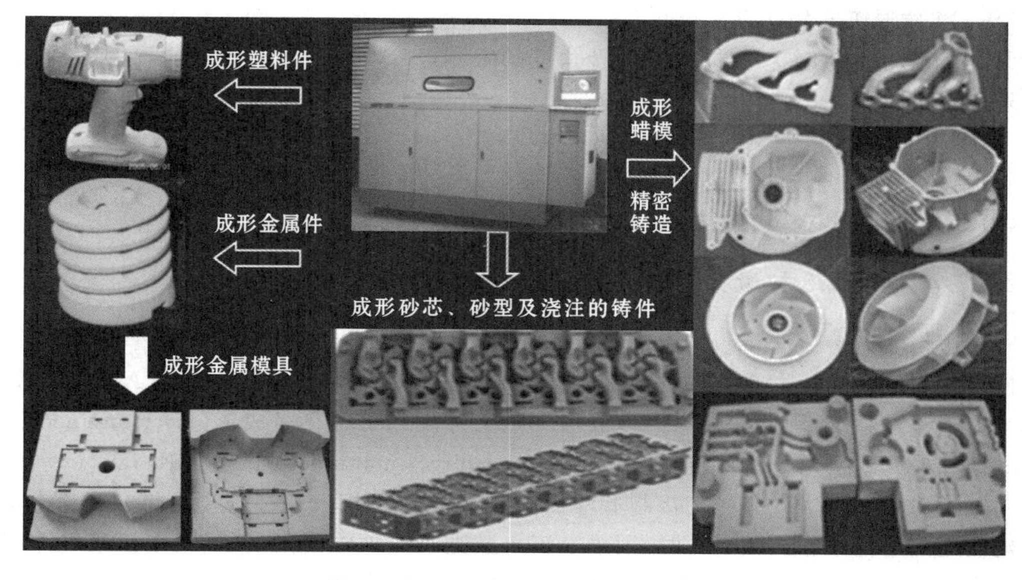

图 20.14　SLS 激光成形的应用实例

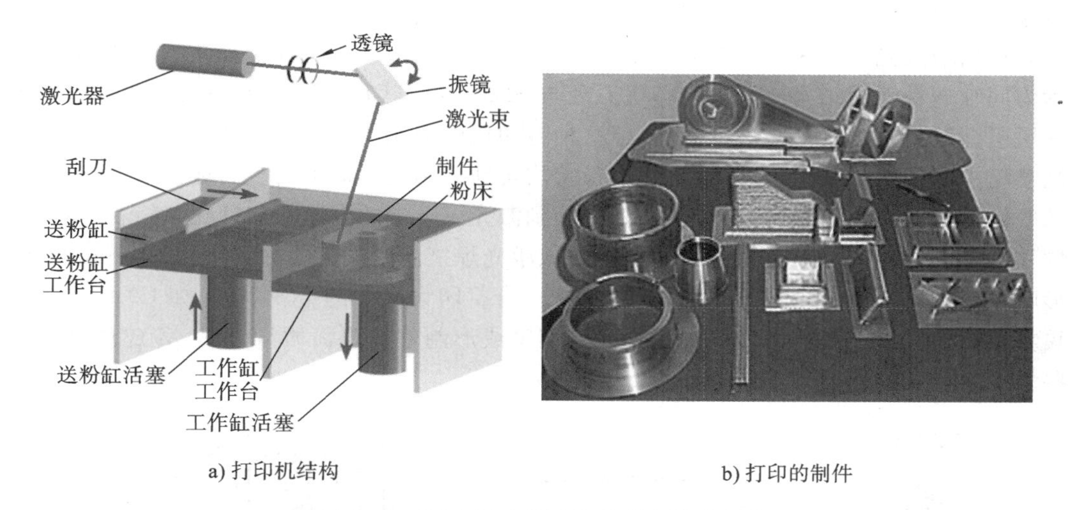

a) 打印机结构　　b) 打印的制件

图 20.15　SLM 3D 打印机结构及打印的制件

一层均匀密实的金属粉末，进行新一层截面的熔化。如此反复，直到完成整个金属制件的成形。为防止金属氧化，整个成形过程一般在惰性气体的保护下进行，对于易氧化的金属（如 Ti、Al 等），还必须抽真空去除成形腔内的空气。

2. SLM 成形工艺的特点

1）SLM **成形工艺的优点**

（1）可直接制造金属功能件，不需中间工序。

（2）光束质量良好，可获得细微聚焦光斑，从而可以直接制造出具有较高尺寸精度和较小表面粗糙度的功能件。

（3）金属粉末完全熔化，直接制造的金属功能件具有冶金结合组织，致密度较高，具有较好的力学性能。

（4）粉末材料可为单一材料也可为多组元材料，原材料无须特别配制。

2)SLM **成形工艺的缺点**

(1)由于激光器功率和扫描振镜偏转角度的限制,SLM 成形工艺能够成形的零件尺寸范围有限。

(2)SLM 设备价格昂贵,机器制造成本高。

(3)制件表面质量差,产品需要进行二次加工。

(4)SLM 成形过程中,制件容易出现球化和翘曲现象。

20.3.4 同轴送粉激光熔覆 3D 打印机

同轴送粉激光熔覆(coaxial powder feeding laser cladding,CPFLC)成形是将激光熔覆和选择性激光烧结融合而形成的先进的激光直接成形工艺,该工艺采用了 Nd:YAG 固体激光器和同步粉末输送系统,因此而得名。该成形工艺又称激光工程化净成形(laser engineered net shaping,LENS)或激光金属直接制造(laser metal direct manufacturing,LMDM)。

同轴送粉喷嘴是实现激光直接制造堆积成形的关键部件,其主要作用是将金属粉末均匀、稳定地输送到熔池中。同轴送粉时,因粉末流与激光束同轴输出,所以当粉末汇集性差、汇集焦距太小(粉末汇集焦距是指喷嘴出口到粉末汇集点的距离)时,在成形过程中粉末的反弹容易造成喷嘴堵塞而影响零件的成形。

同轴送粉激光熔覆 3D 打印机结构如图 20.16 所示,其中图 a 所示为该打印机结构,图 b 所示为同轴送粉喷嘴结构。该种打印机原理与 SLM 3D 打印机相似,也是用大功率激光器熔化一层层金属粉末而成形金属零件的,但这种打印机的金属粉末未采用铺粉结构,而采用了沿围绕喷嘴中心轴的倾斜流道,将金属粉末稳定均匀地送到成形面上的金属熔池中,同时周围用保护气体覆盖。激光束从中心孔道射出,将流到激光束下端的金属粉末熔化,喷嘴沿零件截面轮廓移动,激光束和金属粉末亦随之运动,类似激光焊接。激光熔覆的层厚(约 3 mm)比 SLM 成形时大,打印速度比 SLM 成形快很多,特别适合打印大尺寸的金属零件,如 C919 大飞机的中央翼根肋、主风挡窗框等,但同轴送粉激光熔覆成形制件的表面质量比 SLM 成形制件的要低些。

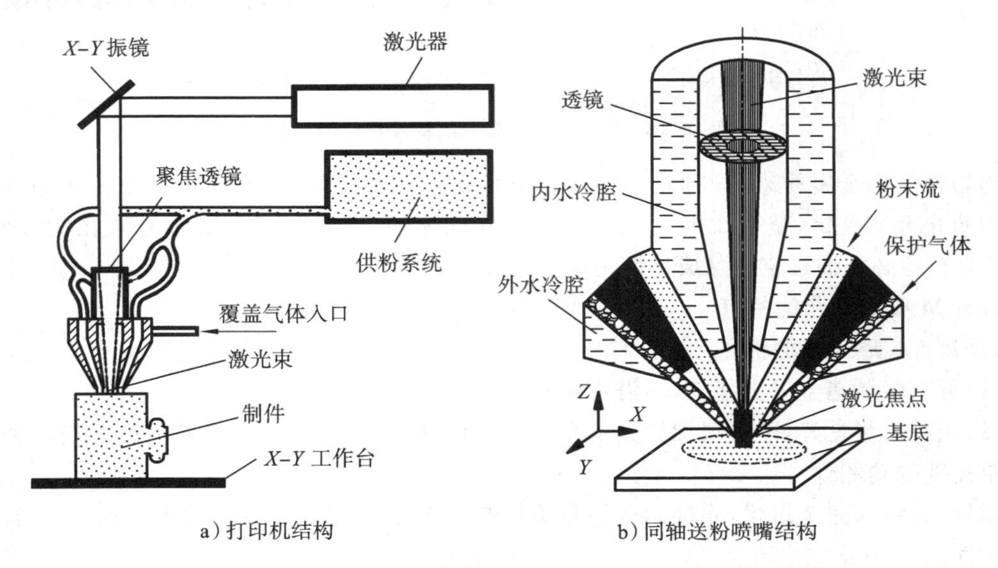

a) 打印机结构　　b) 同轴送粉喷嘴结构

图 20.16　同轴送粉激光熔覆 3D 打印机结构原理及喷嘴结构

20.3.5　电子束熔化 3D 打印机

1)电子束熔化成形的原理

电子束熔化(electron beam melting,EBM)成形原理与 SLM 成形原理大体相同,它们同属于高能束流加工工艺,且所采用的高能束流的能量密度在同一段数量级,远高于其他热源,同时,两种束流与材料的作用原理也极其相近。与 SLM 成形的不同之处是,EBM 成形所采用的能量源不是大功率激光束,而是能量密度达 $10^6 \sim 10^9$ W/cm^2 的极细的电子束。其成形原理是:在真空条件下,对电子枪产生的电子进行加速、聚焦,并在极短的时间内,将电子的动能转换为热能,使被冲击部位的材料温度达到几千摄氏度,从而一层层熔化金属粉末而成形金属零件,类似于电子束焊接。这种 3D 打印机的结构原理及制件如图 20.17 所示。

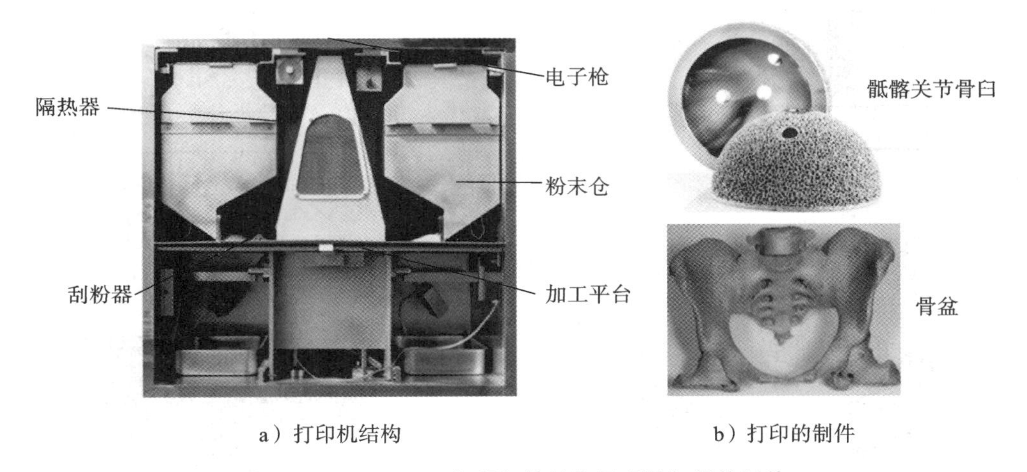

a) 打印机结构　　b) 打印的制件

图 20.17　EBM 3D 打印机的结构原理及打印的制件

2)EBM 成形工艺的特点

(1)电子束是束流更细、可控性更好的能量源,可使打印制件的表面质量优于 SLM 成形;

(2)EBM 制件的深宽比很容易达到 10∶1,打印中能量转换效率非常高(80%～90%),熔覆的层厚更大(约 3 mm),优于 SLM 成形工艺,且 EBM 成形速度比 SLM 快很多;

(3)对不同材料、特殊材料的适应性更好;

(4)需要高真空环境以防止电子散射及 X 射线;

(5)不能打印磁性材料;

(6)设备复杂,打印制件尺寸受到真空室的限制。

EBM 成形与 SLM 成形的机理大致相同,应用领域也大体相同。但是,由于它们的能量束的产生和传输方式不同,因而各有各的应用场合。它们不能相互代替,但可相互补充。作为应用者,应合理地进行成形工艺的选择。

20.3.6　熔丝制造 3D 打印机

熔丝制造(fused filament fabrication,FFF)3D 打印机也称熔融挤压式 3D 打印机或熔融沉积成形(fused deposition modeling,FDM)3D 打印机。“熔丝制造 3D 打印机”是美国 3D 打印技术委员会(F42 委员会)公布的名称。该打印机的原理及 3D 打印制件和支撑如图 20.18 所示。

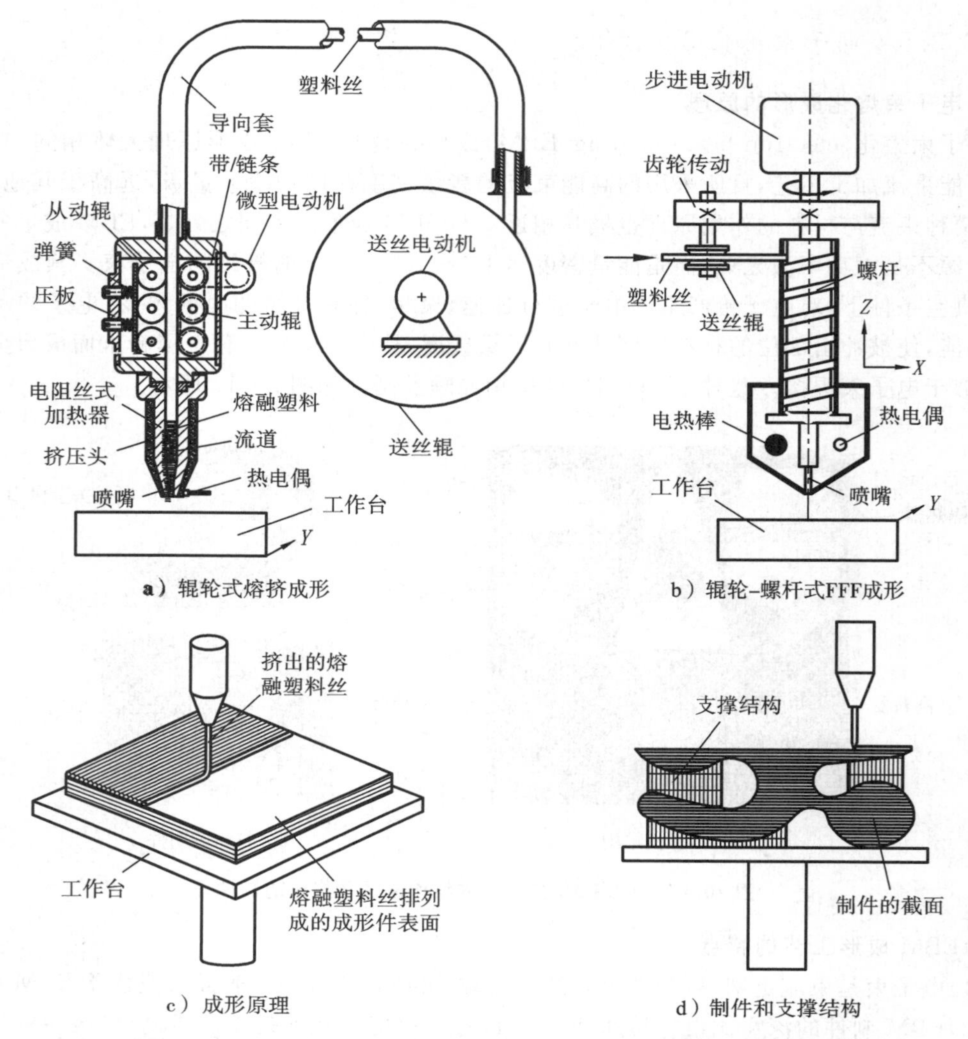

图 20.18　FFF 3D 打印机结构、成形原理及 3D 打印制件和支撑结构

1. FFF 成形原理

FFF 成形过程是:将热熔性丝材(通常为 ABS 或 PLA 材料)缠绕在送丝辊上,由步进电动机驱动辊子旋转,丝材在主动辊与从动辊的摩擦力作用下向挤出机喷头送出,由供丝机构送至喷头;在喷头上方的电阻丝式加热器的作用下,丝材被加热到临界半流动的熔融状态,然后被挤出机从加热的喷嘴挤出到工作台上(图 20.18a～c),材料冷却后便形成了制件的截面轮廓。在供料辊和喷头之间有一导向套,导向套采用低摩擦系数材料制成,以便丝材能够顺利准确地被送丝辊送到喷头的内腔。

采用 FFF 成形工艺制作具有悬空结构的工件时需要设计支撑结构,而喷头则按截面轮廓信息移动,按照工件每一层的预定轨迹,以固定的速率进行熔体沉积(图 20.18d),喷头在移动过程中所喷出的半流动材料沉积固化为一个薄层。每完成一层,工作台下降一个切片层厚,再沉积固化出另一个新的薄层,进行叠加,如此反复,一层层成形且相互黏结,便堆积叠加出三维实体,最终实现工件的沉积成形。

FFF 成形的关键是使半流动成形材料的温度刚好在熔点之上(比熔点高 1 ℃左右)。其每一层片的厚度由挤出丝的直径决定，通常是 0.25～0.50 mm。

为了节省材料成本和提高成形的效率，新型的设备采用了双喷头设计，一个喷头负责挤出成形材料，另外一个喷头负责挤出支撑材料。

一般用于制作工件的丝材质量更好，价格更高，沉积效率也更低；用于制作支撑的丝材则会相对较粗，而且成本较低，但沉积效率较高。支撑材料一般会选用水溶性材料或比成形材料熔点低的材料，这样在后期处理时通过物理或化学的方式就能很方便地把支撑结构去除干净。

2. FFF 成形工艺的特点

1)FFF **成形工艺的优点**

(1)操作环境干净、安全(不会产生有毒的化学物质)，可在办公室环境下进行，不需要价格昂贵的激光器和振镜系统，设备价格较便宜。

(2)工艺简单，易于操作且不产生垃圾，操作环境干净。

(3)制件表面质量较好，可快速构建瓶状或中空零件。

(4)原材料以卷轴丝的形式提供，易于搬运和快速更换(运行费用低)。

(5)原材料费用低，材料利用率高。

(6)可选用多种材料，如可染色的 ABS 和医用 ABS、聚酯碳酸(PC)、聚苯砜(PPSF)、蜡、聚烯烃树脂、聚酰胺和人造橡胶等。

2)FFF **成形工艺的缺点**

(1)精度较低，难以构建结构复杂的零件。成形制件精度低(在这方面不如光固化成形工艺)，最高精度也不高。

(2)工件在与截面垂直的方向上强度低。

(3)成形速度相对较慢，不适合构建大型制件，特别是厚实制件。

(4)喷嘴温度控制不当容易堵塞，不便于更换不同熔融温度的材料。

(5)悬臂件需加支撑，不宜用于制造形状复杂构件。

3. FFF **成形工艺应用及发展**

该工艺适用于产品的概念建模及形状和功能测试。例如，用性能更好的聚酯碳酸和聚苯砜代替 ABS，可制作塑料功能产品。一般的小型台式 FFF 3D 打印机适用于制作薄壁壳体制件(中等复杂程度的中小型件)。

目前已发展到工作台面长数米，成形件高度超过 1 m 的大型机，成形材料可用聚丙烯等机械强度较高的颗粒塑料代替塑料丝材，直接打印模具(代替木模)，或打印家具等功能件。

20.3.7　叠层实体制造 3D 打印机

1. 叠层实体制造原理

叠层实体制造(laminated object manufacturing，LOM)属于薄层材料的选择性激光切割 3D 打印成形工艺。它由成形箔材(底面涂覆热熔胶的纸或涂覆陶瓷箔、金属箔或其他材质基的箔材)、存储及送进机构、热黏压机构、激光切割系统、可升降工作台等组成(图 20.19a)。LOM 成形过程如图 20.19b 所示，具体步骤如下：

(1)先将被成形件的三维图形输入计算机，用切片软件对三维图形进行切片处理，沿高度方向把成形件分成一层层的横截面。

(2)将底面涂有热熔胶和添加剂的纸卷(这是 LOM 成形常用的薄片成形材料，也可为塑料胶带卷或箔材卷)套在送纸辊上，并将纸卷跨过支承辊，逐步送到工作台上方，再缠绕到收纸

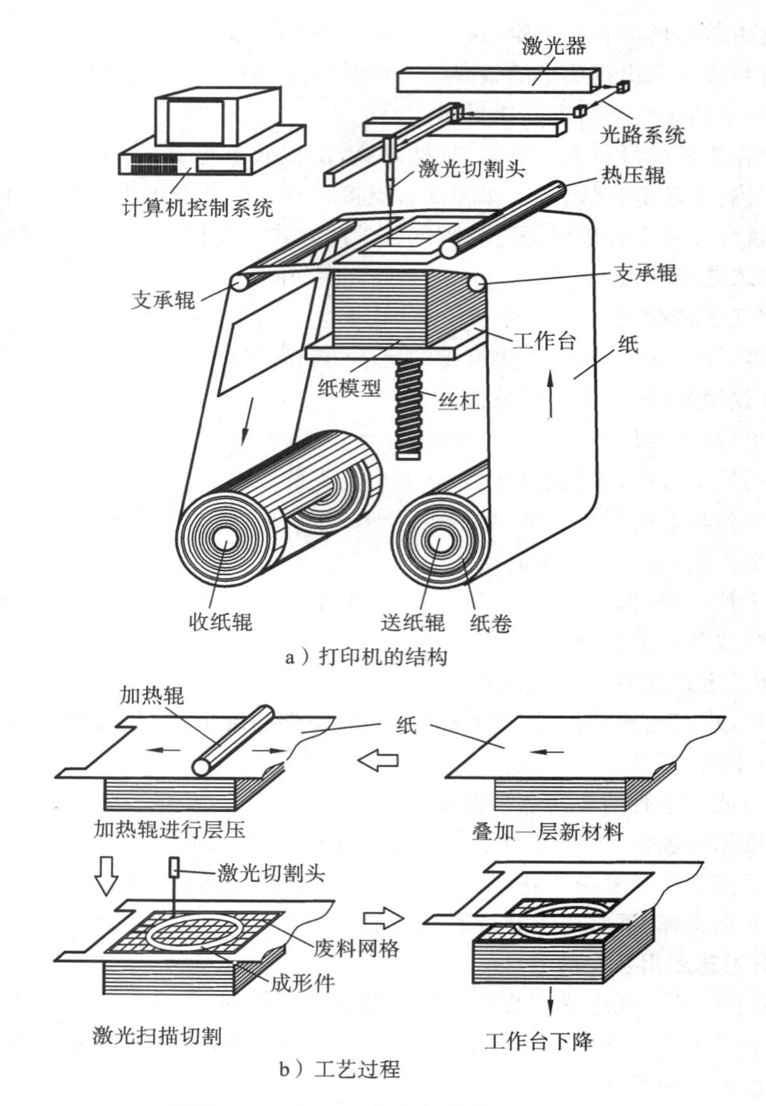

a）打印机的结构

b）工艺过程

图 20.19　LOM 3D 打印机结构及工艺过程

辊上。步进电动机带动收纸辊转动,使纸卷移动一定的距离(沿图 20.19b 中箭头方向)。

(3)工作台上升至与纸接触,热压辊沿纸面自右向左滚压,边滚边加热纸背面上的热熔胶,将这一层纸与基底上的前一层纸黏合在一起。

(4)用激光束或刀具对纸或箔材进行切割。首先切割出工艺边框和制件的内外轮廓,然后将不属于制件本体的轮廓外区域的废纸余料(作为制件的支撑材料)切割成小网格状,以便制造完毕后剥离废料。

(5)切割完一层纸面的轮廓后,工作台连同被切出的轮廓层自动下降一定距离,然后步进电动机再次驱动收纸辊将纸移到第二层需要切割的截面轮廓上,重复上一工作循环,直至形成由一层层横截面黏叠的、包含制件模样的长方体纸块。

(6)剥离掉废纸小方块,即可得到性能似硬木或塑料的纸质制件。网格的大小根据制件的形状复杂程度选定,网格愈小,愈容易剔除废料,但花费的成形时间较长。计算机可自动控制切割深度刚好为一层纸厚(约 0.1 mm),使激光束不会割伤前面已成形的一层制件。

2. LOM 成形工艺的优点

(1)用 LOM 成形工艺成形不需设计和构建支撑,不需用激光束扫描成形件的整个二维截面,只需要沿其横截面的内、外轮廓线进行切割,即确定了制件截面的轮廓线就可成形制件的整个截面,因此比较省时,故在较短时间(如几小时至几十小时)内就能制出形状复杂的制件,生产效率高。

(2)制件的尺寸大。LOM 成形工艺最适合用来制造较大尺寸的中大型厚实制件(特别是用作铸造木模的替代模)。目前已成形的最大制件的尺寸为 1 200 mm×750 mm×550 mm,如发动机缸体等大型精密制件。

(3)制件的力学性能较高。LOM 成形工艺的制模材料因涂有热熔胶和特殊添加剂,其制件硬度与硬木及夹布胶木相似,有较好的力学性能,且有良好的机械加工性能,可方便地进行打磨、抛光、着色、油漆等表面处理,获得光滑表面,如图 20.20 所示。

图 20.20 火车机车发动机缸盖的 LOM 制件模型

(4)原材料(纸)价格比其他工艺便宜,不需设计和制作支撑结构,不需后固化处理。打印机操作简便、运行可靠、价格较便宜,制件的成本低。

(5)制件的精度高而且稳定。由于其原材料只一层极薄的胶发生状态变化——由固态变为熔融态,而基底材料仍保持固态不变,因此翘曲变形较小。制件在 X、Y 方向上的精度可达±(0.1～0.2)mm,在 Z 方向上的精度可达±(0.2～0.3)mm。

2)LOM 成形工艺的缺点

(1)材料利用率低,且种类有限。

(2)分层结合面连接处台阶明显、表面质量差。

(3)制件易吸湿膨胀,层间的黏结面易裂开,因此成形后应尽快对制件进行表面防潮处理并刷防护涂料。

(4)制件内部废料不易去除,处理难度大。

目前 LOM 成形技术已逐渐被其他成形技术(如选择性激光成形、3DP 等成形技术)所取代,其应用范围正渐渐缩小。

20.3.8 3DP 打印机

三维打印(three-dimensional printing, 3DP)机以某种喷头作成形头,该喷头与在普通纸张上打印的二维打印机的不同点仅在于其工作台不仅能做 X-Y 平面运动,还能做沿 Z 方向的垂直运动,喷头喷射的材料不是墨水,而是黏结剂、光敏树脂、熔融塑料和熔融蜡等,因此可打印三维制件。

3DP 成形过程与 SLS 成形相似,只是 SLS 3D 打印机中的激光器变成了喷墨打印头,以喷射黏结剂("墨水")。3DP 成形原理类似于喷墨打印机的工作原理,3DP 成形工艺是形式上最贴合"3D 打印"概念的成形工艺之一。3DP 成形工艺与 SLS 成形工艺的相同之处是,都是采用粉末状的打印材料,如陶瓷粉、金属粉、塑料粉,但与后者不同的是 3DP 使用的粉末并不是通过激光烧结黏合在一起的，而是通过喷头喷射黏结剂将制件的截面“打印”出来并一层层堆积黏结成形的。

1. 3DP 打印机的分类

按照喷头喷射的材料不同，可以将现有的 3DP 打印机分为以下三种(图 20.21)：

(1)喷射黏结剂的 3DP 打印机(图 20.21a)；

(2)喷射光敏树脂的 3DP 打印机(图 20.21b)；

(3)喷射熔融塑料和熔融蜡的 3DP 打印机(图 20.21c)。

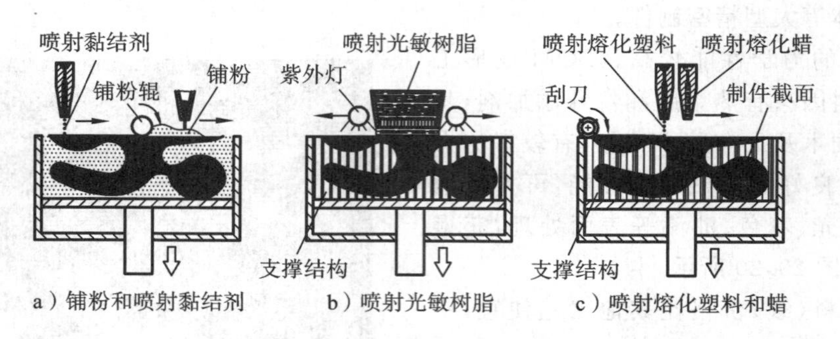

图 20.21　三种 3DP 打印机原理图

1)喷射黏结剂的 3DP 打印机及成形材料

喷射黏结剂的 3DP 打印机的工作过程(图 20.22)如下：

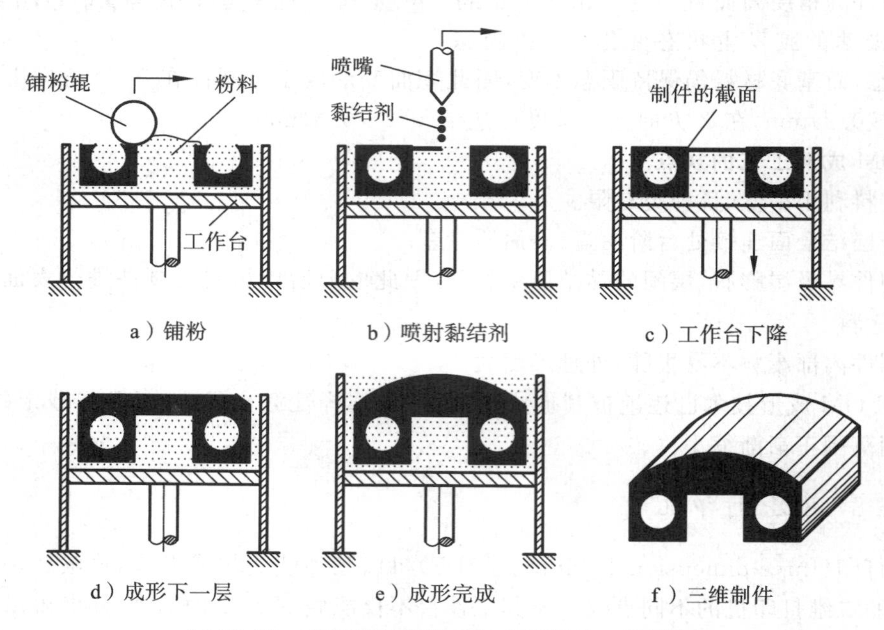

图 20.22　喷射黏结剂的 3DP 打印机的工作过程

(1)铺粉装置在工作台上铺设一层粉料(图 20.22a)。

(2)喷头按照所需制件的截面轮廓的信息，在水平面上沿 X 方向和 Y 方向运动，并在铺好的一层层粉料上，有选择性地喷射黏结剂(图 20.22b)，黏结剂渗入部分粉料的微孔并使其黏结，形成工件的截面轮廓。

(3)一层成形完成后,工作台下降一截面层的高度(图 20.22c),再进行下一层的铺粉与黏结(图 20.22d)。

如此循环,直到完成最后一层的铺粉与黏结(图 20.22e),形成三维工件(图 20.22f)。

在上述成形过程中,未黏结的粉料自然构成支撑,因此不必另外设计和制作支撑结构。成形完成后也可免除剥离支撑结构的麻烦。此外,喷头还可喷射多种颜色的黏结剂,以便成形彩色制件。

喷射黏结剂的 3DP 打印机常用的粉材有石膏粉、淀粉、陶瓷粉、砂(硅砂、锆砂等)及金属粉末。陶瓷粉黏结成形后构成半成品,将此半成品放置在加热炉中,可使其烧结成用于精密铸造的陶瓷型壳。采用的黏结剂最好是水溶性混合物,例如,水溶性聚合物、碳水化合物、糖和糖醇等。

2)喷射光敏树脂的 3DP 打印机

喷射光敏树脂的 3DP 打印机(图 20.23)的喷头有许多喷嘴以及相应的供料装置,这些装置供应成形材料(加热成较低黏度的液态光敏树脂)或支撑材料(例如可加热成黏度较低的凝胶状聚合物)。喷头喷射的光敏树脂在紫外灯发出的紫外光照射下立即固化,形成制件的一层截面片。构成的凝胶状支撑结构可以在成形完成后用手清除或喷水冲洗掉。该种打印技术将喷射成形和光固化成形的优点结合在一起,降低了成本。

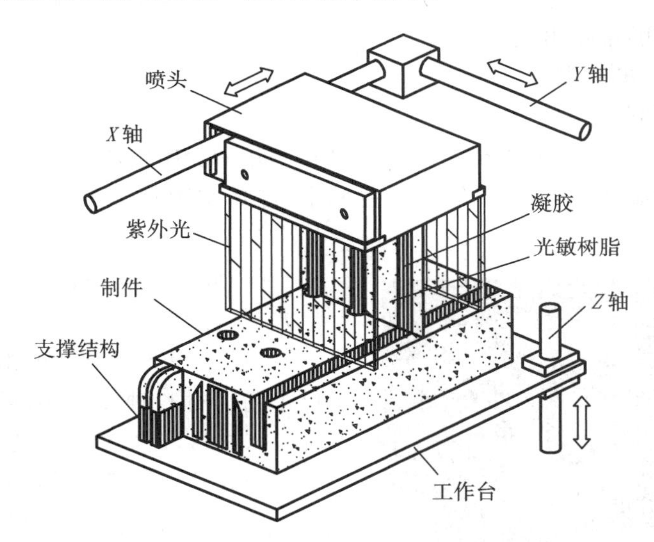

图 20.23　喷射光敏树脂的 3DP 打印机原理

3)喷射熔融塑料和熔融蜡的 3DP 打印机

喷射熔融塑料和熔融蜡的 3D 打印机(图 20.24)的喷头上有 2～3 个喷嘴,其中 1～2 个喷嘴喷射熔化的热塑性塑料(熔点为 90～113 ℃),用于成形工件的轮廓,另外的喷嘴喷射熔化的合成蜡(熔点为 54～76 ℃),用于支撑正在成形的工件。熔化的热塑性塑料和蜡被喷射至工作台上后能迅速固化,形成工件的轮廓层。用铣刀(图 20.24a)或刮刀(图 20.24b)铣去或刮削去该层多出的材料,确保每层轮廓有精确的高度。成形完成后,可用溶液来使制件、支撑结构和基底分离。

2. 3DP 打印机的喷头

3DP 打印机中常用的喷头有热泡式喷头和压电式喷头。热泡式喷头由加热电阻、喷嘴、

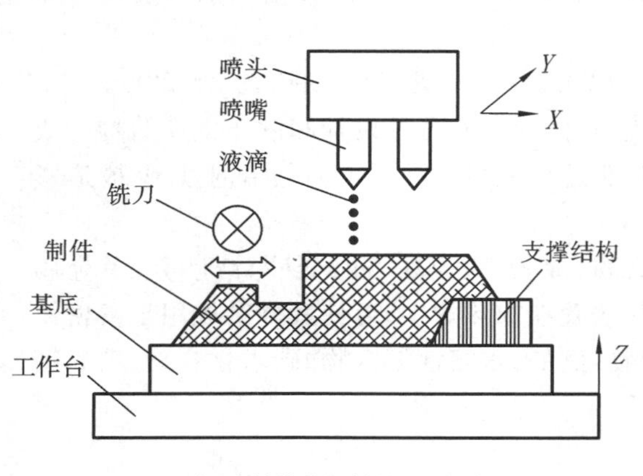

a）喷射熔化塑料的3DP打印机

固化灯
支撑材料
制件材料
水平移动工作台
修理刮刀
喷墨打印头
制件
制件的支撑
升降工作台

b）喷射熔融蜡的3DP打印机

图 20.24　喷射熔融塑料、熔融蜡的 3DP 打印机原理图

储存喷射液的小容腔组成，施加喷射信号后，电阻加热，喷射液立即蒸发，然后，蒸气泡增至最大，迫使喷射液迅速从喷嘴喷出。压电式喷头由压电晶体、喷嘴和储存喷射液的小容腔组成，需要喷射时，在压电晶体上施加一个脉冲电压，压电晶体立即发生变形，使容腔的容积迅速缩小，迫使喷射液从喷嘴中喷出。

3. 3DP 成形工艺的特点

1)3DP **打印机的优点**

(1)不用激光器，因此购置 3DP 打印机的费用与运行费用较低。

(2)在黏结剂中添加颜料，可以制作彩色原型，这是 3DP 打印最具竞争力的特点之一，如图 20.25 所示。

图 20.25　3DP 打印的彩色气缸体模型

(3)成形过程不需要支撑，多余粉末的去除方便，特别适合于成形内腔复杂的制件。

(4)与 SLS 成形工艺相似，适用于 3DP 成形工艺的材料种类较多，可采用复合材料、金属粉末材料，还可采用非均匀材料。

2)3DP **成形工艺的缺点**

(1)3DP 打印机的喷嘴会因喷射液中所含微粒过大或杂质沉积而发生堵塞，造成打印过程中断和不稳定。

(2)3DP 打印机的喷头价格贵，且需不定期更换，这样会影响生产率并使运行成本增加。

4. 3DP 成形工艺的应用

与 SLS 相同，3DP 成形工艺可使用的成形材料和能成形的制件类型较广泛，在制造多孔的陶瓷部件(如金属陶瓷复合材料多孔坯体、陶瓷模具等)方面具有较强的优越性，但制造致密的陶瓷部件具有较大的难度。

20.4　3D 打印技术的应用与发展

3D 打印技术是最近 30 多年来制造领域的一项突破性进展，它在零件的成形原理上与传统制造方法迥然不同，可以显著地缩短产品开发周期，降低成本，提高企业的竞争力，因此在国防、航空航天、汽车、船舶、电力、铁路、生物医学、文创艺术及文物考古等许多领域中获得了广泛的应用，为解决重点领域高端复杂精细结构关键零部件的制造难题，提供了应用的支撑平台，有极为重要的应用价值，对推进第四次工业革命具有举足轻重的作用。其主要应用如图 20.26 所示。

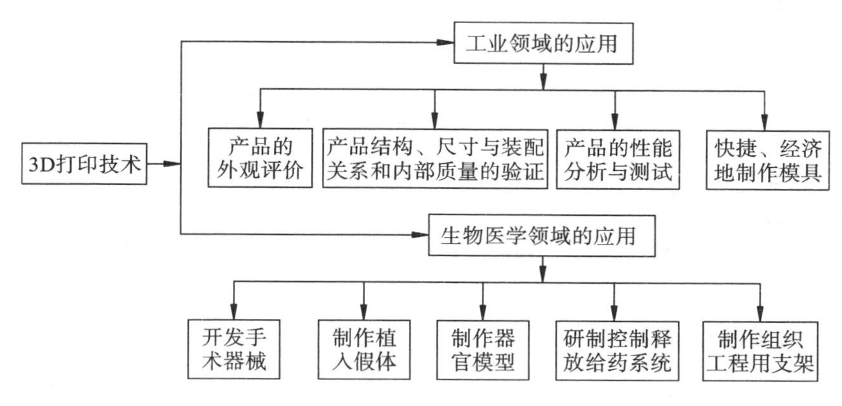

图 20.26　3D 打印技术的主要应用

20.4.1　3D 打印技术在工业领域的应用与发展

1. 产品的外观评价

新产品的研发往往是从外形设计开始的，外形是否美观、实用是现代产品极为重要的一个评价指标。为此，设计师必须首先进行概念设计，画出产品的二维或三维草图，再通过 CNC 机床和手工加工制作原型件(即产品的样品，俗称手板或首版)，并根据这种原型件来评价产品的外观。

采用 3D 打印技术能及时、方便地制作原型件，特别是形状复杂的原型件，与 CNC 机床和手工加工相比，原型件的形状愈复杂，3D 打印技术的优势愈明显，从而能为新产品的外观评价提供十分优越的条件。

2. 产品结构、尺寸与装配关系和内部质量的验证

用 3D 打印机制作原型件不需传统的机床与工模具，这些原型件既可用于检验零部件本身的结构与尺寸，也可用来检验彼此的装配关系，从而能在设计初期及时发现与纠正错误，减少或避免返工；还可验证产品内在质量性能，显著缩短研发周期。

例如广西玉柴机器集团研制的大尺寸(1 000 mm×500 mm×80 mm)KJ100 型柴油发动机 RuT-340 蠕墨铸铁缸盖铸件(图 20.27)，用传统模具加工制造需半年，用 SLS 3D 打印机仅 12 天便打印出了缸盖的全部砂芯及砂型，一次成功浇注了合格的缸盖铸件。经外观检验确认尺寸合格，无砂眼、气孔缺陷；铸件切削加工后，未发现皮下气孔等缺陷；经水压试验确认无渗漏；将缸盖铸件沿技术要求规定的截面解剖，经观察确认缸盖水道、进气道、排气道光滑，流线形状规范，缸壁厚度均匀。由于采用了 3D 打印技术，KJ100 型柴油发动机提前半年上市，创

a) 缸盖砂芯

b) 蠕墨铸铁缸盖铸件

图 20.27　用大型 SLS 3D 打印机打印的大尺寸 KJ100 型柴油发动机缸盖砂芯及浇注的 RuT-340 蠕墨铸铁缸盖铸件

造了可观的经济效益。

3. 产品的性能分析与测试

3D 打印制件可用于产品的性能分析与测试,如有限元分析、应力测试、空气动力学测试、水压试验及解剖等。

4. 快捷、经济地制作模具

利用 3D 打印技术可以制作试制用模(快速软模)、快速过渡模和快速批量生产模,这些模具在铸造生产与塑料及橡胶行业中得到了广泛的应用。

在铸造生产中,可用 3D 打印成形模替代木模,直接用 SLS 成形工艺烧结覆膜砂得到砂型及砂芯,3D 打印蜡模用于熔模精密铸造或石膏型精密铸造。

图 20.28 所示为用 3D 打印原型件当母模制造子午线轮胎合金铸铁模的实例。其过程是:首先依据该轮胎的三维 CAD 模型打印出轮胎的首版模原型(图(20.28a),然后用轮胎原型浇灌硅橡胶翻制成凹模(图(20.28b),再用硅橡胶凹模翻制陶瓷型(图(20.28c),最后将铁水浇注到陶瓷型里面,冷凝后获得轮胎的合金铸铁模(图 20.28d)。

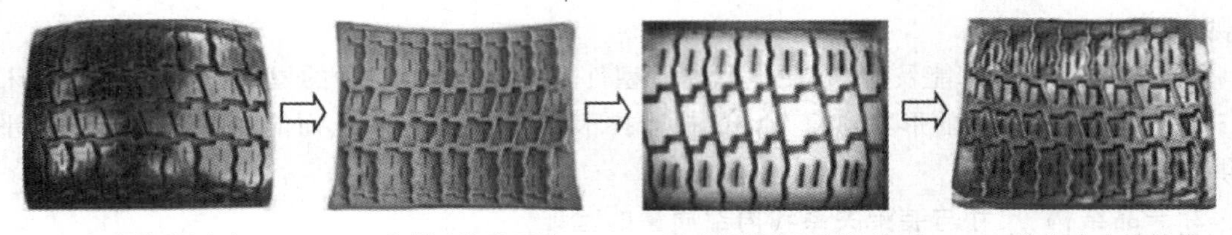

a) 打印轮胎原型　b) 翻制硅橡胶凹模　c) 用硅橡胶模翻制陶瓷型　d) 浇注合金铸铁模

图 20.28　轮胎合金铸铁模的快速成形

图 20.29 所示为用 3D 打印原型模制作注射塑料件的镍壳-铜层-背衬模。其制作过程是:在 3D 打印的原模上喷涂导电胶→将原模置入电铸槽电铸镍壳层→从电铸槽取出带电铸镍壳层的原模,在镍壳层上安放共形冷却水道→将带共形冷却水道的原模再置入电铸槽电铸铜层→用砂箱包围已电铸镍壳层及铜层,将环氧树脂或石膏等填充材料浇注入背衬模→使电铸模、背衬模与砂箱脱离,再与模架装配。至此即完成所需模具的制作。由该例可以看出,3D 打印技术特别适合用来制造复杂模具,尤其是具有复杂形状的随形冷却水道的模具,能缩短模具内零件的成形时间,大大提高生产效率,还可提高模具使用寿命。

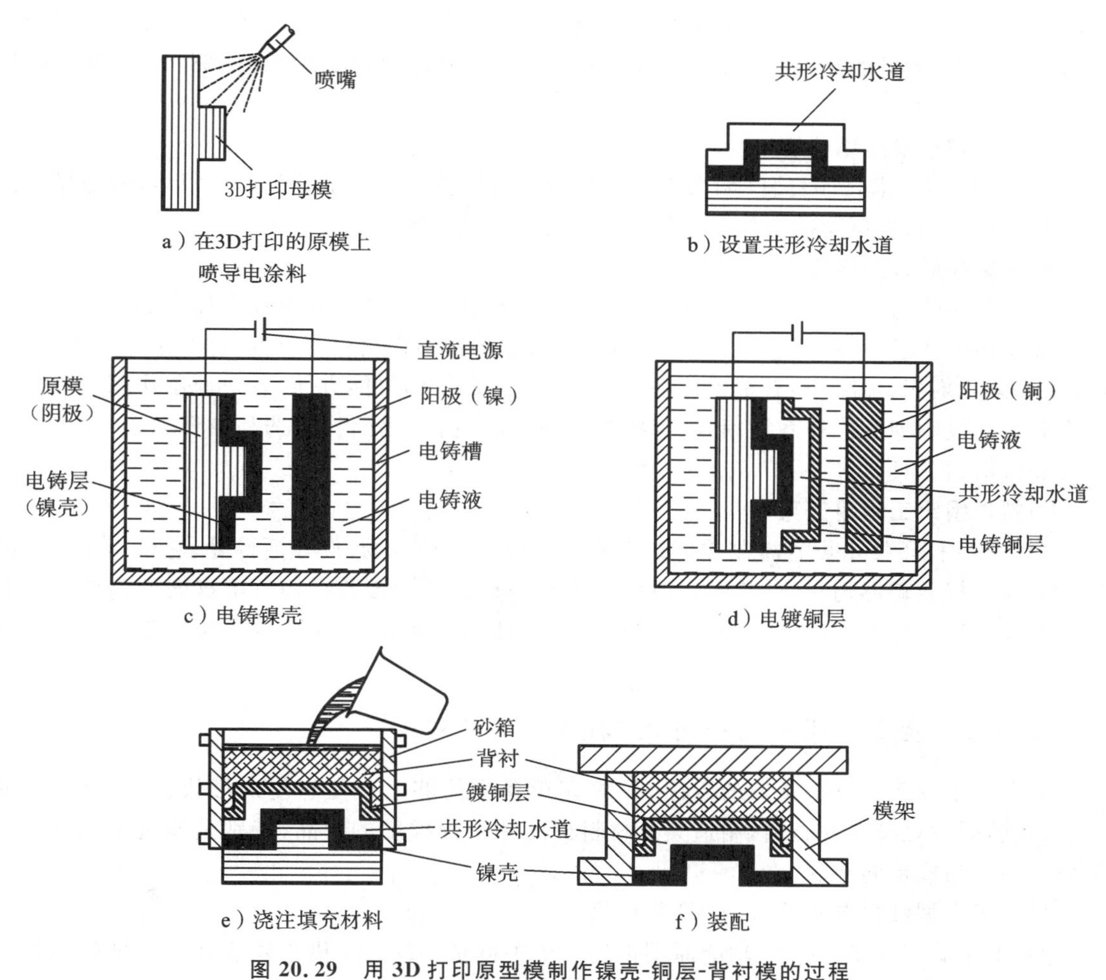

图 20.29　用 3D 打印原型模制作镍壳-铜层-背衬模的过程

20.4.2　3D 打印技术在生物医学领域的应用

1. 3D 打印技术的生物医学应用

1）开发手术器械

3D 打印技术能够把虚拟的设计更直接、更快速地转化为现实。在一些复杂的手术（如移植手术）中，可通过 CT（计算机断层扫描）或者 PET（正电子发射计算机断层显像）检查获取病人的图像，然后利用 3D 打印技术按病人身体结构数据直接做出合适的手术器械，这对手术的影响将是巨大的。

2）制作个性化植入假体

3D 打印工艺非常适合用于制作植入假体。特别是个性化植入假体，这种假体与标准系列产品相比有明显的优势，随着其成本的降低和制作效率的提高，势必会愈来愈多地得到推广。在个性化植入假体制作领域，率先采用 3D 打印技术的是义齿的制作——用三维微滴喷射成形工艺直接成形个性化蜡模或用陶瓷型精密铸造，获得特定病人所需的金属修复体（如钛金属基托、支架、冠桥等），免除传统用磷酸盐包埋材料铸造所需的烦琐工序。

目前国内 3D 打印骨骼技术也已取得初步成就，在脊柱及关节外科领域研发出几十个 3D

打印脊柱外科植入物,其中颈椎椎间融合器、颈椎人工椎体及人工髋关节、人工骨盆等多个产品骨的植入情况非常好,在很短的时间内,就可以看到骨细胞已经长入到打印骨骼的孔隙里面。

3)构建和修复组织器官

用3D打印技术打印器官(如人工肾脏),不但可解决供体不足的问题,而且可避免异体器官的排异问题,未来更换病变的器官将成为一种常规治疗方法。

4)研制控制释放给药系统

控制释放给药系统能控制药物释放的时间、位置和速率,改善药物在人体内的释放、吸收、分布代谢和排泄过程,从而达到延长药物作用、减少药物不良反应的目的,这对于危重疾病(如癌症、心血管疾病、哮喘等)有很重要的意义。借助3D打印机能方便、有效地制作药物成分呈梯度分布的控制释放给药系统;利用生物3D打印技术打印出药物筛选和控释支架,可为新药研发提供新的工具。

5)制作组织工程用支架

利用3D打印技术可直接制作组织工程用生物活性植入物,例如活性骨,它可用于置换因疾病造成缺损或畸形的骨骼,其中一项技术关键是具有复杂微孔结构三维支架的制作。虽然目前有很多种制作支架的方法,但3D打印支架有独到的优势,必将成为支架制作的一种重要手段。

20.4.3 生物医学中的专用3D打印设备示例

应用于生物医学制造领域的专用3D打印设备应能够生产任意复杂形状、高度个性化的产品,能够同时处理多种材料,制造具有材料梯度和结构梯度的产品,特别是能满足组织工程领域一些产品成形的要求。

1)采用微型注射器式喷头的3D打印机

用3D打印工艺直接制作功能原型件的一个关键是,3D打印机必须能采用多种类型和规格的成形材料。为了达到这一目的,可采取的一条有效途径是,采用微滴喷射3D打印机来制作所需的一层层小薄片截面。该打印机可通过计算机控制的外力,迫使流态材料以微滴(或液流)的形式从喷头小孔(喷嘴)中喷出,并且选择性地沉积在工作台的基材上,从而逐步构成制件的二维截面层并叠加得到三维实体。微滴喷射3D打印机能采用多种不同形式的喷头,例如热泡式喷头、压电式喷头、电场偏转式喷头、阀控式喷头、微注射器式喷头等,并用这些喷头喷射不同的成形材料。其中,采用微注射器式喷头的微滴喷射3D打印机(图20.30)最适合医疗应用,其微注射器(microsyringe)式喷头中的活塞由计算机控制的压缩空气或直线步进电动机产生的压力驱动,从而迫使注射筒中的流态材料按照工件薄截面层的结构要求由针头(喷嘴)喷出并沉积在工作台上,逐层叠加,最终形成三维制件。活塞由压缩空气驱动微注射器称为压力助推微注射器(pressure assisted microsyringe,PAM,见图20.30a),活塞由直线步进电动机驱动的微注射器称为电动机助推微注射器(motor assisted microsyringe,MAM,见图20.30b)。

2)微滴喷射3D打印机的供料方式

微滴喷射3D打印机常用的三种供料方式如图20.31所示。

(1)气动挤出(图20.31a) 该方式用于水溶液、凝胶、浆料,可根据材料黏度调节气压大小,易于操作,广泛用于生物领域。

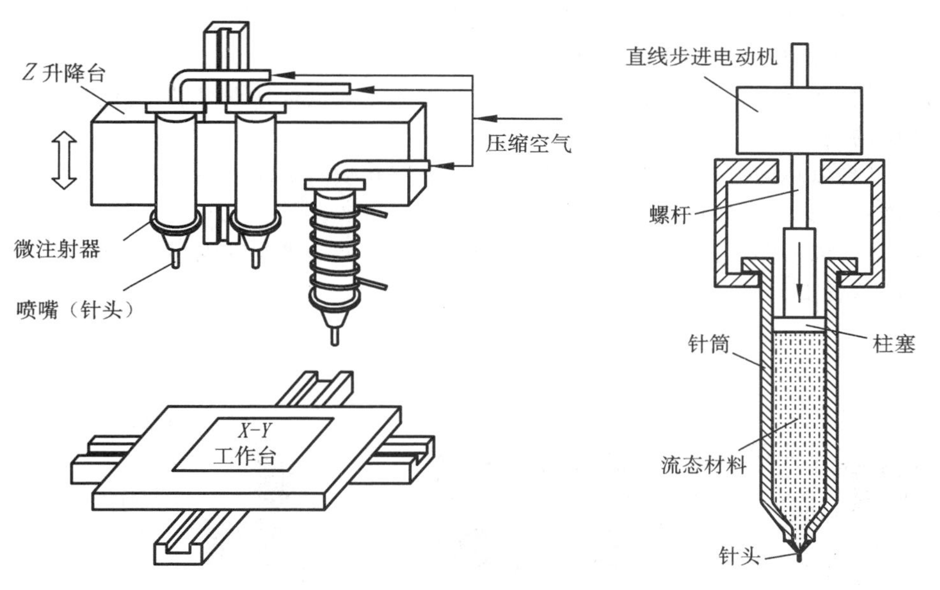

a）采用压力助推微注射器　b）电动机助推微注射器式喷头

图 20.30　采用微注射器式喷头的微滴喷射 3D 打印机与微注器式喷头

（2）螺杆挤出（图 20.31b）　该方式用于粉末状材料或高黏度材料的熔融体、乳浊液。用电动机驱动螺杆挤出材料，供料压力大，可在较大范围内调节材料挤出速度。但其成形直径较大，使用材料范围窄。若材料黏度过低，采用该方式容易出现流延现象，难以控制。此外高精度螺杆加工困难，且保温、清洗拆卸都较为复杂。

（3）活塞挤出（图 20.31c）　用步进电动机驱动，通过丝杠螺母连接将转动转换为平移，推动活塞线性移动，使材料从喷嘴挤出。该供料方法简单，但如要实现材料微量挤出，对步进电动机要求较高，不易控制低黏度材料的挤出。

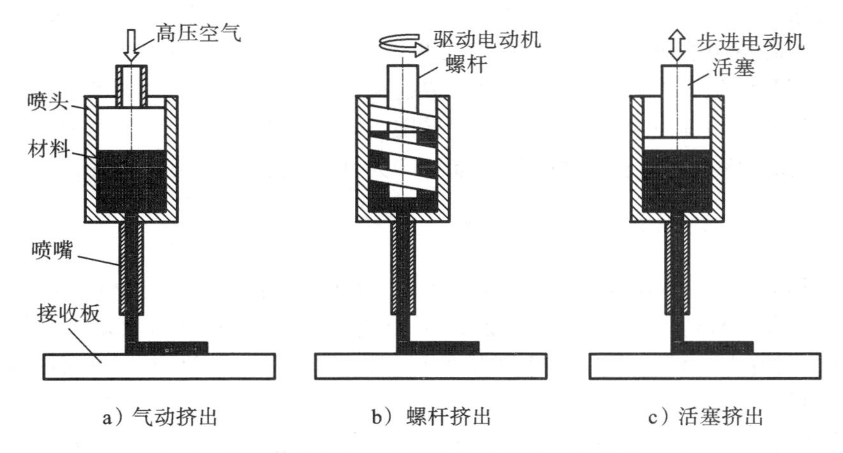

a）气动挤出　b）螺杆挤出　c）活塞挤出

图 20.31　微滴喷射 3D 打印机常用的三种供料方式

3）一体化再生支架 3D 打印过程

图 20.32 所示为一体化再生支架 3D 打印过程。具体打印步骤如下。

（1）接收平台运动到活塞挤出供料喷头的工位，连续挤出骨支架多孔成形材料，完成第一层骨支架的喷射成形；

(2)接收平台运动到快速调压供料装置静电纺丝喷头的位置，静电纺丝喷头在已成形的第一层骨支架上喷射沉积一层纳米纤维网；

(3)接收平台在活塞挤出供料喷头与静电纺丝喷头之间进行往返移动，完成一体化再生支架中骨支架层的制备；

(4)接收平台以相同方式在同轴挤出喷头和静电纺丝喷头之间往返移动，在骨支架层的基础上成形宏微观结构的过渡层；

(5)接收平台以相同方式在快速调压喷头和静电纺丝喷头之间往返移动，在过渡层上打印出宏观结构的软骨支架层。最终实现梯度材料结构要求的一体化再生支架。

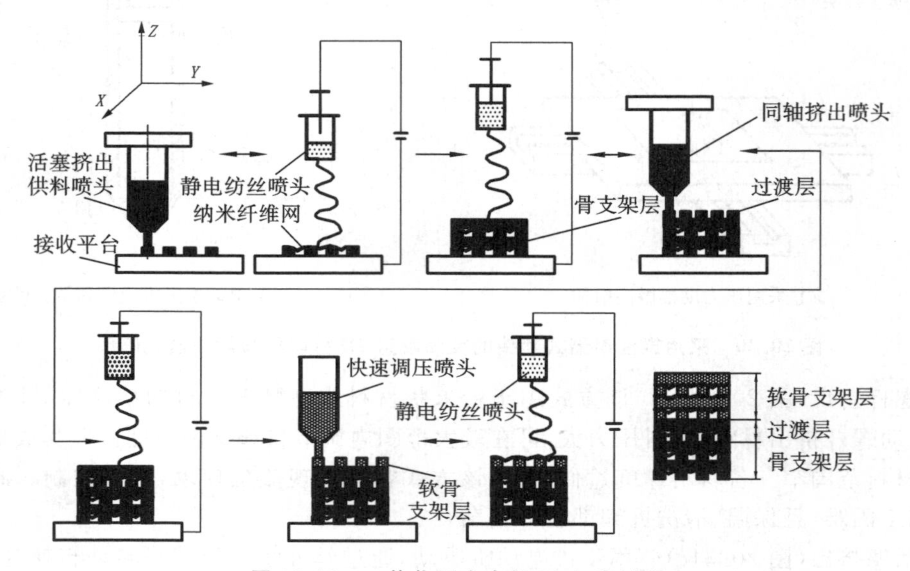

图 20.32 一体化再生支架 3D 打印过程

一体化再生支架 3D 打印的实质是用直写技术来创造一种由活动的细胞、蛋白、DNA 片段、抗体等组成的三维工程机构。该技术将在生物芯片、生物电气装置，以及探针探测、生物材料加工和自然生命系统操纵、变态细胞和癌细胞培养等方面发挥不可估量的作用。一体化再生支架 3D 打印最大的意义在于，该技术用制造的概念和方法完成活体成形，突破了千百年来一直禁锢人们思想的枷锁——制造与生长之界限。随着生物材料 3D 打印技术的逐渐成熟，我们将可能以细胞为材料进行 3D 打印，直接打印人体组织、器官，甚至生命体。

20.4.4 我国 3D 打印技术的发展

我国 3D 打印技术虽然在技术标准、技术水平、打印材料、产业规模和产业链方面与发达国家相比还存在大量有待改进和发展的地方，但经过多年的发展，已形成以高校为主体的技术研发力量布局，在若干关键技术方面已取得重要突破，3D 打印技术应用范围不断扩大，出现了一批达到 3D 打印国际水平的院校和企业。目前我国 3D 打印技术已经从早期的原型制造发展出涉及多种功能、多种材料、多种应用的许多工艺，在概念上正在从快速原型转变为快速制造，在功能上正在从完成原型制造向批量定制发展。基于这个基本趋势，3D 打印设备已逐步向概念型、生产型和专用成形设备分化。

1. 初步建立了以高校为主体的技术研发力量体系

自 20 世纪 90 年代初开始，清华大学、华中科技大学、西安交通大学、北京航空航天大学、西北工业大学、哈尔滨工业大学、华北工业大学等高校相继开展了 3D 打印技术研究，这些高校成为我国开展 3D 打印技术的主要力量，推动了我国 3D 打印技术的整体发展。

我国在高性能金属零件激光直接成形技术方面居世界领先地位，攻克了金属材料 3D 打印的变形、翘曲、开裂等关键问题，成为首个成功利用激光熔覆直接成形技术制造大型金属零部件的国家。北京航空航天大学已掌握使用激光快速成形技术制造超过 12 m^2 复杂钛合金构件的方法。西北工业大学用该成形技术可一次打印超过 5 m 的钛金属飞机部件，构件的综合性能可达到或超过锻件水平。该技术已成功应用于制造我国自主研发的大型客机 C919 的中央翼根肋、主风挡窗框等，降低了飞机的结构重量，缩短了制造时间，我国因此而成为目前世界上唯一掌握激光成形钛合金大型主承力构件制造技术且付诸实用的国家。

清华大学生物制造与快速成形技术北京市重点实验室对 LOM、FDM、3DP、EBM 及生物打印等多种 3D 打印技术开展了全方位研究，并面向全国推广应用，在各大主要城市成立了生产力促进中心，将研发的 3D 打印技术转让给企业实现商品化。该实验室在国内率先开展了 EBM 技术与装备的研发，并在世界上首次实现了双金属梯度结构的电子束粉末床熔融成形；近年来该实验室将多尺度计算模拟引入基于粉末床熔融的增材制造过程研究，发明了新型电子束-激光和电子束增减材复合工艺方法，以降低粉末床熔融制件的表面粗糙度。

华中科技大学材料成形与模具技术国家重点实验室 2013 年开发出全球首台工作台面大小为 1.4 m×1.4 m，采用四振镜、四激光器的选择性激光烧结装备及扫描系统，这标志着该实验室在粉末烧结技术方面达到了国际领先水平。同时，该实验室还独创了多种 3D 打印工艺软件的理论和方法，保证了用 SLS 工艺成形的大尺寸制件连接处的强度与其他部位一致；分区变向与轮廓复合扫描缩短了空行程长度和分散应力，大大提高了 SLS 3D 打印的效率。图 20.33 所示为华中科技大学销售给新加坡国立大学的 HRPS-Ⅷ型双振镜大型 SLS 3D 打印机打印的高度为 1200 mm 的鱼尾狮聚苯乙烯蜡模。

华中科技大学还在 LOM 3D 打印机、SLM 3D 打印机、同轴送粉熔覆 3D 打印机、真空注型机，以及动态三维测量技术与装备、等静压近净成形技术研究等方面做出了突出成绩，实现了商品化。

2020 年 12 月 29 日由华中科技大学机械学院教授张海鸥带领团队完成的“高档数控机床与基础制造装备”国家重大专项之“复杂构件电弧-激光微铸锻铣磨复合制造工艺与装备”项目(SK201901A09-2)通过国家验收，顺利通过综合绩效评价。张海鸥教授团队还利用微铸锻技术成功打印出大型泵喷推进器桨叶(图 20.34)，并实现了量产。

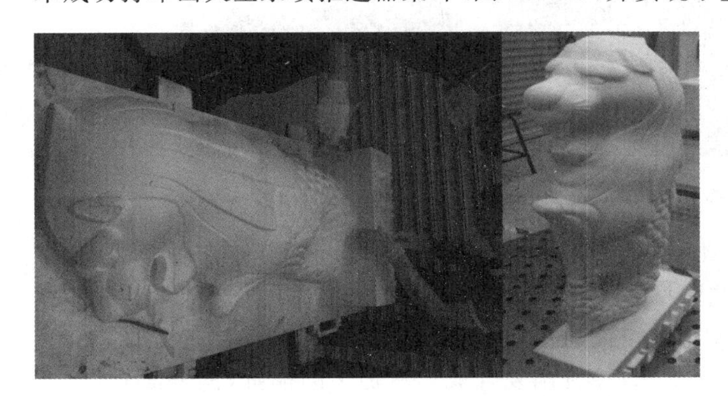

图 20.33 HRPS-Ⅷ型双振镜大型 SLS 3D 打印机打印的鱼尾狮聚苯乙烯蜡模

图 20.34 大型泵喷推进器桨叶

西安交通大学快速制造国家工程研究中心主要从事高分子材料光固化3D打印技术及装备研究，在全国各大城市建立了许多3D打印生产力促进中心，面向全国推广各种3D打印技术。该研究中心研发制造的光固化3D打印机在国内享有盛名；其还开发了用光固化打印陶瓷材料制造医用及国防工业制品的技术；开展了复合材料回收再打印技术和极端环境3D打印工艺研究，为太空3D打印走向工程化提供了原创技术。

哈尔滨工业大学冷劲松教授研究团队在基于形状记忆聚合物材料的4D打印技术(能打印形状可随时间变化的物体)方面取得了突出成绩。采用形状记忆聚合物材料的4D结构在微创医学、智能机器人、可变形电子器件等领域具有较好的应用前景。

2. 国产3D打印机企业的发展示例

湖南华曙高科技有限公司在2014年成功研制出了世界上速度最快的工业级3DP打印机。

北京太尔时代科技有限公司自主研发的桌面级3D打印机产品多次获得国际大奖，自主开发的UP！系列3D打印机在硬件、软件和易用性上都已达到相当高的水平，甚至与世界知名的Makerbot和CubeX系列相比也毫不逊色。

宁夏共享集团研发了世界最大尺寸的铸造砂型3D打印机，其成形空间达2.2 m×1.5 m×0.7 m×2(双缸)，如图20.35所示，打印的砂型及砂芯浇注了六大类共计几百种铸件，每年浇注的铸件达4000多吨(图20.36)，占全球40%左右的份额，市场占有率世界领先。这些铸件包括：核电机座铸铁件、铸钢件(图20.36a)，大型燃气轮机铸铁、铸钢件(图20.36b)，超大型柴油机铸铁件(图20.36c)，蒸汽透平机缸体、缸盖等铸件，大型水轮机铸件，以及制造技术世界一流的60万～100万千瓦超临界及超超临界蒸汽发电机铸铁件、铸钢件(图20.36d)，进一步提高了我国智能制造行业技术的整体水平，对促进3D打印技术产业的发展具有重大意义。

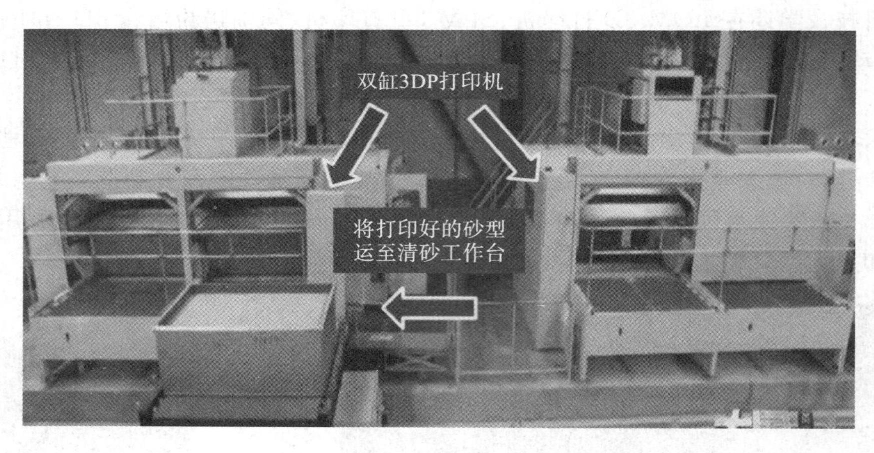

图20.35　共享集团的双缸超大型3DP打印机

香港生产力促进中心开发了SLM(增材打印)+数控铣削(减材加工)复合成形机，如图20.37所示，每层用激光熔化成形工艺增材打印成形，紧接着用数控铣削工艺对打印的每层进行铣削减材精加工。图20.38为SLM+数控铣削复合机与单纯用SLM 3D打印机加工模具质量的对比，其中图20.38a所示为SLM+数控铣削复合成形机加工的模具，其表面光洁、尺寸精确(±(10～5) μm)，可直接用作模具零件；图20.38b所示为仅用SLM 3D打印机加工的模具，其表面粗糙、尺寸精度差(±100 μm)，不能直接用作模具零件。

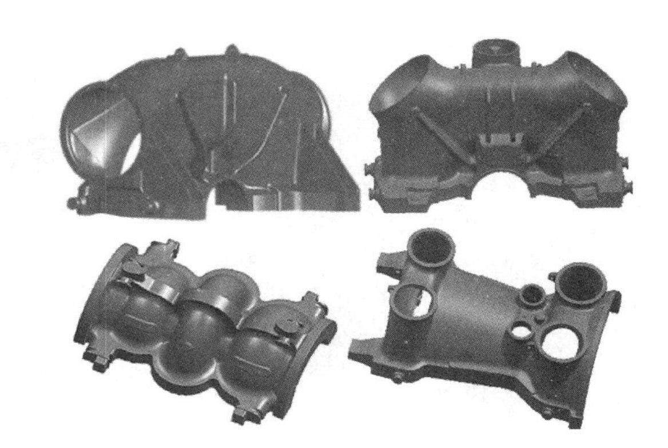

(a) 核电机座铸铁件、铸钢件

(b) 大型燃气轮机铸铁、铸钢件

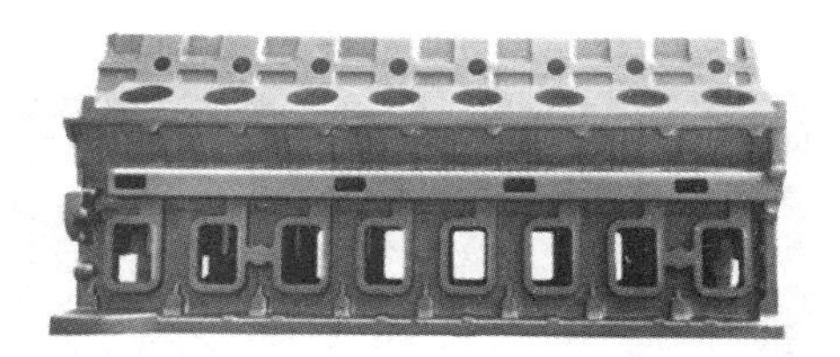

(c) 超大型柴油机铸铁件

(d) 60万～100万千瓦超临界及超超临界燃气发电机铸铁件、铸钢件

图 20.36　用共享集团超大型 3D 打印机打印的砂型浇注的铸铁件、铸钢件

广东华领智能制造有限公司开发了将 FDM 3D 打印与数控铣削相结合的龙门式增减材混合加工中心(图 20.39)，它是超大型(在全球来说都是相当大的)FDM(增材制造)＋五轴数控铣削(减材制造)复合成形机。该机最大型号 HM360 的技术参数如下。

①设备外形尺寸：9 510 mm×5 170 mm×5 200 mm。

②工作台尺寸：7 350 mm×3 000 mm。

③打印行程：X＝5 300 mm，Y＝2 800 mm，Z＝1 400 mm。

④加工行程：X＝5 700 mm，Y＝2 800 mm，Z＝1 500 mm。

⑤打印速度：15～18 m/min。

⑥五轴头旋转角度：B 轴为±135°，C 轴为±320°。

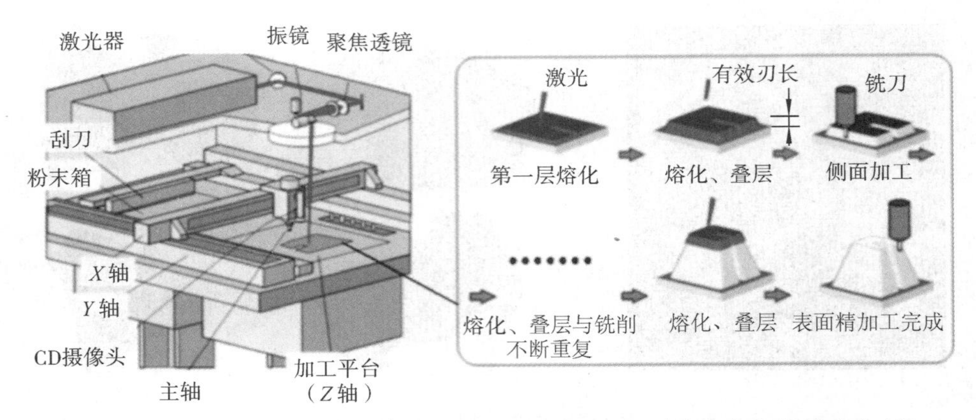

a) SLM+数控铣削复合成形机的机构　　b) SLM+数控铣削复合成形机的成形过程

图 20.37　SLM+数控铣削复合成形机的结构及成形过程

a) SLM+数控铣削复合加工的模具零件　　b) 单纯的SLM 3D打印的模具零件

图 20.38　SLM+数控铣削复合成形机与单纯用 SLM 3D 打印机制造模具零件的对比

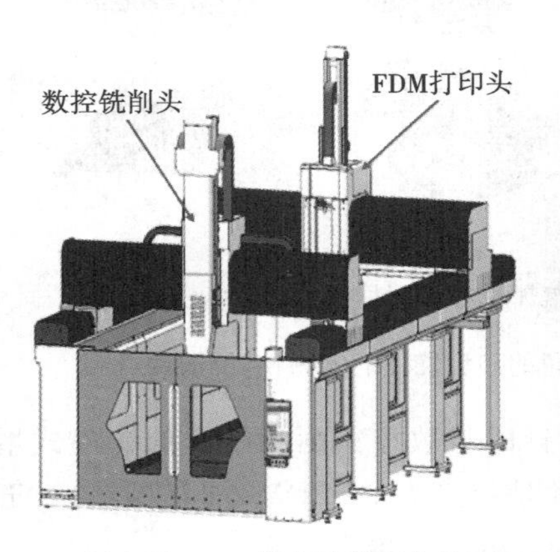

a) 超大型FDM+数控铣削复合机结构　　b) 超大型FDM+数控铣削复合机打印的制件

图 20.39　超大型 FDM+五轴数控铣削复合成形机及打印制件

⑦主轴功率：8.5 kW。

⑧打印线宽：ϕ2～8 mm。

⑨设备整体质量：38 000 kg。

⑩打印头套数：2。

该机结构如图 20.39a 所示，每层用颗粒状塑料进行 FDM 3D 打印成形，成形一层后紧接着用数控铣削工艺对打印的每一层进行减材精加工。用该机成形的制件如图 20.39b 所示。

该成形机的特点是：

①用其打印的模具可替代木模、塑料模及部分金属模；

②用粒料代替丝材送进，喷嘴直径大，打印速度快(每小时出料量＞20 kg/h)、效率高；

③可用的颗粒(成本比丝材低)挤出材料包括聚碳酸酯、聚乳酸(PLA)、聚醚醚酮(PEEK)等多种。例如聚醚醚酮是一种半结晶性、高性能的工程热塑性塑料，具有良好的力学性能、耐化学性、耐磨性、抗疲劳性和抗蠕变性，并能耐 260 ℃的高温。由于这些性能，聚醚醚酮及其复合材料广泛用于航空航天、汽车、高温电器和生物医学(生产医疗设备和植入物)等领域；

④挤出机工作温度可为 350 ℃，且具有热稳定成形空间。

3. 国内 3D 打印技术的应用现状与未来发展

1)应用现状

随着关键技术的不断突破，以及产业的稳步发展，我国 3D 打印技术的应用也取得较大进展，已成功应用于设计、制造、维修等产品全寿命周期内的各个环节。3D 打印技术广泛应用于概念设计、原型制作、产品评审、功能验证等，显著缩短了设计时间，节约了研制经费。

在工业及国防领域，3D 打印技术已应用于汽车、飞机、舰船等集成部件大型复杂结构件的制造与维修。

在生物医疗领域，3D 打印技术已成功应用于假肢、骨盆、髋关节骨臼、人工血管支架等植入体的制造。

在建筑领域，已用于打印各种房屋、城市规划建筑模型等。

在文创领域，可利用 3D 打印技术打印各种个性定制的鞋、服饰及文化用品等。

在考古领域，可利用 3D 打印技术打印各种大型文物复制品等。

2)未来发展

3D 打印技术是典型的颠覆性技术，与传统的制造技术形成了互补关系。

尽管 3D 打印主要适用于小批量生产，但是 3D 打印产品的性能可以远远优于传统制造业生产的产品——更轻便、更坚固，可进行定制化生产，可将多种零件直接整组成形。

单台 3D 打印机能创建各种完全不同的产品，而传统制造方式需要改变流水线才能完成定制生产，需要昂贵的设备投资和长时间停机等待。在未来，工厂可以用同一个车间的 3D 打印机制造茶杯、汽车零部件，以及量身定制医疗产品。因此，3D 打印是新的精密技术与信息化技术的融合，它不会取代传统的制造技术，而是会与其平行发展。

复习思考题

(1)3D 打印的基本原理是什么？它与传统的切削加工方法有何根本区别？

(2)3D 打印是哪些先进技术的集成？它有何特点？

(3)获得三维模型的途径有哪些？

(4)工业中常用的扫描仪有哪几类？简述它们的特点及应用。

(5)计算机辅助设计软件产生的模型文件的输出格式主要有哪几种？

(6)为什么需对三维模型文件进行近似处理？在 3D 打印中最常用的近似处理方法是哪种？

(7)试述五种工业中的主流3D打印机机型、成形基本原理及应用。

(8)现急需生产一个电话机壳及塑料玩具的新产品样件,试举出几种3D打印制造方法。

(9)试述3D打印在工业领域有哪些主要应用。

(10)试述3D打印在生物医疗领域有哪些主要应用。

第 5 篇　材料成形工艺的选择

第 21 章　常用材料成形工艺分析

21.1　材料成形工艺的确定程序及选择原则

21.1.1　零件设计与制造流程

零件从设计到制造一般需要经历如图 21.1 所示的流程。

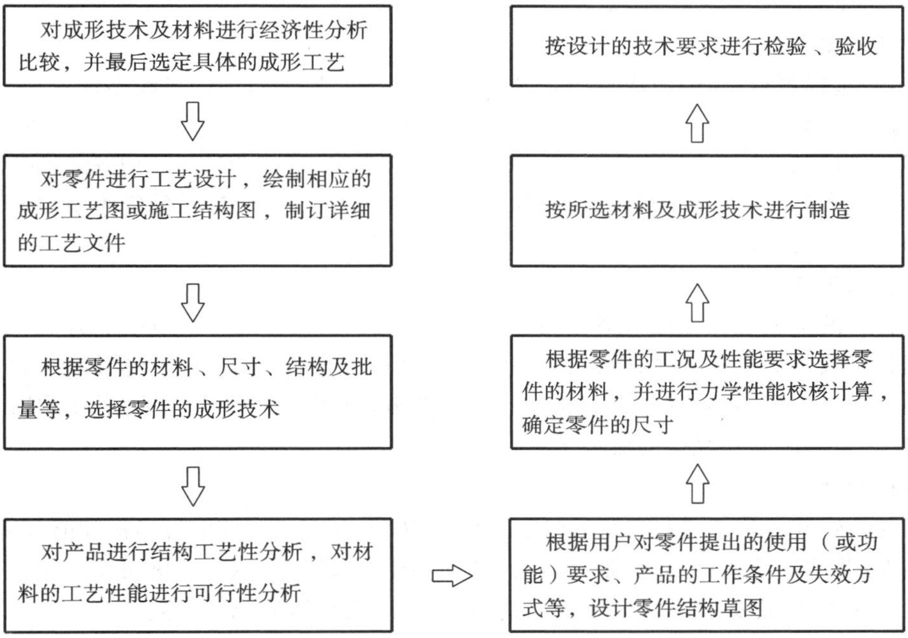

对成形技术及材料进行经济性分析比较，并最后选定具体的成形工艺

按设计的技术要求进行检验 、验收

对零件进行工艺设计，绘制相应的成形工艺图或施工结构图，制订详细的工艺文件

按所选材料及成形技术进行制造

根据零件的材料 、尺寸、结构及批量等，选择零件的成形技术

根据零件的工况及性能要求选择零件的材料，并进行力学性能校核计算，确定零件的尺寸

对产品进行结构工艺性分析，对材料的工艺性能进行可行性分析

根据用户对零件提出的使用（或功能）要求、产品的工作条件及失效方式等，设计零件结构草图

图 21.1　零件从设计到制造的流程

21.1.2　材料成形工艺的选择原则

材料成形工艺的选择原则是高效、优质、低成本，即应在规定的交货期内，经济地生产出符合技术要求的产品，其核心是产品品质。必须指出，设计者所要求实现的成本预算是以生产合格产品为基础的，如果所选择的成形工艺方法虽然相对经济，但导致了更多废品的出现，那么，原来所估算的经济效益也就无法实现了，同时也无法达到交货期限要求。为了避免出现这种情况，选择合适的成形工艺，设计者应深入生产实际，多与现场工艺及施工人员配合，综合考虑各方面的因素。

21.2　材料成形工艺的选择依据

21.2.1　产品材料的性能

一般而言，当产品的材料选定以后，其成形工艺的类型就已大致确定了。例如：产品为铸铁件，应选铸造成形工艺；产品为薄板成形件，应选冲压成形工艺；产品为 ABS 塑料件，应选注射成形工艺；产品为陶瓷制件，应选相应的陶瓷成形工艺；等等。然而，在选择成形工艺时还必须考虑材料的各种性能，如力学性能、使用性能、工艺性能及某些特殊性能。

1. 材料的力学性能

例如：对于材料为钢的齿轮零件，当其力学性能要求不高时，可采用铸造成形工艺（生产齿轮坯件），力学性能要求高时，则应选压力加工成形工艺。

2. 材料的使用性能

例如：若选择钢材，用模锻成形工艺制造小轿车、汽车发动机中的飞轮零件，由于轿车转速高，要求行驶平稳，在使用中不允许飞轮锻件有纤维外露，以免产生腐蚀，影响其使用性能，故不宜采用开式模锻成形工艺，而应采用闭式模锻成形工艺。这是因为，利用开式模锻工艺只能锻造出带有飞边的飞轮锻件，在随后进行的切除飞边修整工序中，锻件的纤维组织会被切断而外露；而利用闭式模锻工艺锻造的锻件没有飞边，可克服此缺点。

3. 材料的工艺性能

金属材料的工艺性能包括铸造性能、锻造性能、焊接性能、热处理性能及切削加工性能等。例如易氧化和吸气的非铁金属材料，其焊接性差，宜选用氩弧焊，而不宜选用普通的手弧焊工艺。又如聚四氟乙烯塑料，尽管它也属于热塑性塑料，但因其流动性差，故不宜采用注射成形工艺，而只宜采用压制加烧结的成形工艺。

4. 材料的特殊性能

材料的特殊性能包括材料的耐腐蚀、耐磨、耐热、导电或绝缘性能等。例如耐酸泵的叶轮、壳体等零件：若选用不锈钢制造，则只能用铸造成形；如选用塑料制造，则可用注射成形；如要求其既耐蚀又耐热，那么就应选用陶瓷制造，并相应地选用注浆成形工艺。

21.2.2　产品的生产类型

(1)对于成批、大量生产的产品，可选用精度和生产率都比较高的成形工艺。虽然这些成形工艺装备的制造费用较高，但这方面的费用可以由单个产品成本的降低来补偿。

(2)大量生产锻件，应选用模锻、冷轧、冷拔及冷挤压等成形工艺；

(3)大量生产非铁合金铸件，应选用金属型铸造、压铸及低压铸造等成形工艺；

(4)大量生产 MC 尼龙制件，宜选用注射成形工艺；

(5)单件、小批生产金属零件时，可选用精度和生产率均较低的成形工艺，如手工造型、自由锻造及砂型铸造与切削加工联合成形的工艺。

21.2.3　产品的形状复杂程度与尺寸精度要求

1. 产品的形状复杂程度

(1)对于形状复杂的金属制件，特别是内腔形状复杂的金属制件，如箱体、泵体、缸体、阀体、壳体、床身等，可选用铸造成形工艺；

(2)对于形状复杂的工程塑料制件，多选用注射成形工艺；

(3)对于形状复杂的陶瓷制件，多选用注浆成形工艺或热压铸及等静压成形工艺；

(4)对于而形状简单的金属制件，可选用压力加工、焊接成形工艺，亦可选用铸造成形工艺；

(5)对于形状简单的工程塑料制件，可选用吹塑、挤出成形或模压成形工艺；

(6)对于形状简单的陶瓷制件，多选用模压成形工艺。

2. 产品的尺寸精度要求

(1)若产品为铸件：尺寸精度要求不高时可采用普通砂型铸造；尺寸精度要求较高时，依铸造材料或批量的不同，可选用熔模铸造、气化模铸造、压铸及低压铸造等成形工艺。

(2)若产品为锻件：尺寸精度要求低时多采用自由锻造成形工艺，而精度要求较高时则选用模锻成形、挤压成形等工艺。

(3)若产品为塑料制件：尺寸精度要求低时多选用中空吹塑技术，而尺寸精度要求高时则选用注射成形工艺。

21.2.4　现有生产条件

现有生产条件是指生产产品的设备的能力、人员技术水平及对外协作可能性等。

例如生产重型机械产品(如万吨水压机)时，在现场没有大容量的炼钢炉和大吨位的起重运输设备的情况下，常常选用铸造与焊接联合成形的工艺，即首先将大件分成几小块铸造，再拼焊成大铸件。

又如车床上的油盘零件(图 21.2)，通常是用薄钢板在压力机上冲压成形，但如果现场条件不具备，则应采取其他工艺方法。

①当现场没有薄板材料，也没有大型压力机对薄板进行冲压时，就不得不采用铸造成形工艺来生产(铸件壁厚会大于冲压件的壁厚)。

②当现场有薄板材料，但没有大型压力机对薄板进行冲压时，就需要选用经济可行的旋压成形工艺来代替冲压成形工艺。

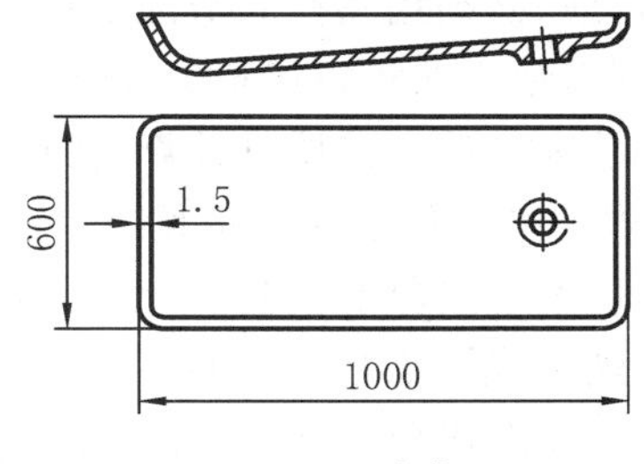

图 21.2　油盘

21.2.5　充分考虑利用新工艺、新技术和新材料的可能性

随着工业市场需求的日益增大，用户对产品品种和品质更新的欲望愈来愈强烈，使生产性质由成批、大量变为多品种、小批量，因而扩大了新工艺、新技术和新材料应用的范围。为了缩短生产周期，更新产品类型及品质，在可能的条件下应大量采用精密铸造、精密锻造、精密冲裁、冷挤压、液态模锻、超塑成形、注射成形、粉末冶金成形、陶瓷等静压成形、复合材料成形以及快速成形等新工艺、新技术及新材料，进行少无余量成形，使零件近净形化，从而显著提高产品品质和经济效益。

除此之外，为了合理选用成形工艺，还必须对各类成形工艺的特点、适用范围以及涉及成形工艺成本与产品品质的因素有比较清楚的了解。

21.3　主要材料成形工艺的特点

21.3.1　金属的铸造成形工艺

铸造是一种历史悠久的金属液态成形工艺，六千多年前我国就铸造了青铜宝剑，到今天在铸造工艺上已达到相当高的水平，年产数千万吨铸件。如果没有铸造，汽车、家用器具、机械设备等的价格一定会变得很高。铸造成形技术应用如此广泛的原因在于，它是采用金属液充填型腔而成形铸件，适用性强。它具有下列特点：

(1)可铸出各种形状复杂，特别是内腔形状复杂的铸件。

(2)铸件的大小和所用的金属材料几乎不受限制：可以生产小到几克的首饰，大到 300 t 的轧钢机架等铸件；不论是钢铁金属还是非铁合金，都可用铸造工艺成形，其中应用最广的是铸铁材料，且铸铁只能用铸造工艺成形。

(3)铸造成本较低。大多数铸造原材料价格便宜，来源较广泛，可以大量利用废料重熔、重铸，且铸造不需昂贵的设备；铸件形状与零件最终形状较接近，可以节省大量金属材料与切削工时。

(4)铸件的力学性能，特别是抗冲击性能较差。一般来说，铸造合金的内部组织晶粒较粗大，铸造生产的工艺复杂，影响铸件品质的因素多，铸件容易产生缺陷，废品率高，故铸件的力学性能不如锻件和焊件，不宜作为承受较大冲击动载荷的零件。

基于以上特点，铸造成为人们一般会优先选用的金属材料的成形工艺。凡是要求耐磨、减震、价廉、必须用铸铁制造的零件(如活塞环、气缸套、气缸体、机床床身、机座)以及一些形状复杂、用其他方法难以成形的零件(如各类箱体、泵体、叶轮、燃气机涡轮等)，几乎只能用铸造成形工艺来制造。按质量计算：在机床、内燃机等机械中，铸件占 70%～90%；在拖拉机中，铸件占 50%～70%；在农业机械中，铸件占 40%～70%。铸件中的 80%是铸铁件，而且绝大部分是用砂型铸造成形工艺生产的。随着材料科学与铸造工艺的不断发展，一些在传统生产中用金属塑性成形工艺生产的零件，如曲轴、连杆、齿轮等，也逐渐开始采用球墨铸铁件。

在铸造成形工艺中，除砂型铸造以外的其他成形工艺，如金属型铸造、压铸、低压铸造、离心铸造、熔模铸造及气化模铸造等成形工艺，在特定的生产条件下，在提高生产率、获得尺寸精确、表面光洁的铸件方面，更优于普通砂型铸造，更适应少无切削的发展方向，是生产近净形铸件时应优先选择的成形工艺。

常用铸造成形工艺的选用如表 21.1 所示。

表 21.1　常用铸造成形工艺的选用

特　　点		砂型铸造	金属型铸造	离心铸造	熔模铸造	低压铸造	压　　铸
零件	材料	任意	铸铁及非铁金属	以铸铁及铜合金为主	所有金属，以铸钢为主	以非铁金属为主	锌合金及铝合金

续表

特点		砂型铸造	金属型铸造	离心铸造	熔模铸造	低压铸造	压铸
零件	形状	任意	用金属型芯时，形状有一定限制	以自由表面为旋转面的为主	任意	用金属铸型与金属型芯时，形状有一定限制	形状有一定限制
	质量/kg	0.01～300 000	0.01～100	0.1～4 000	0.01～10(100)	0.1～3 000	<50
	最小壁厚/mm	3～6	2～4	2	1	2～4	0.5～1
	最小孔径/mm	4～6	4～6	10	0.5～1	3～6	3(锌合金) 0.8(铝合金)
	致密性	低到中	中到较好	好	较好到好	较好到好	中到较好
	表面质量	低到中	中到较好	中	中到好	较好	好
成本	设备成本	低(手工) 中(机器)	较高	较低到中	中	中到高	高
	模具成本	低(手工) 中(机器)	较高	低	中到较高	中到较高	高
	工时成本	低(手工) 中(机器)	较低	低	中到高	低	低
生产条件	操作技术	高(手工) 中(机器)	低	低	中到高	低	低
	工艺准备时间	几天(手工) 几周(机器)	几周	几天	几小时～几周	几周	几周～几月
	生产率/(件/(型·h))	<1(手工) 中(机器)	5～50	2(大件)～36(小件)	1～1 000	5～30	20～200
	最小批量/件	1(手工) 20(机器)	≤1 000	≤10	10(手工) 1 000(机器)	≤100	≤10 000
产品举例		机床床身、缸体、带轮、箱体	铝活塞、铜套	缸套、污水管	汽轮机叶片、成形刀具	大功率柴油机活塞，气缸头，飞轮壳	汽车、摩托车、电机、散热器及水泵上的零部件

21.3.2 金属的塑性成形工艺

用塑性成形工艺制造的金属零件，其晶粒组织较细，没有铸件那样的内部缺陷，其力学性能优于相同材料的铸件。所以，一些要求强度高、抗冲击、耐疲劳的重要零件，多采用塑性成形工艺来制造。但与铸造成形工艺相比，通过塑性成形工艺一般较难获得形状复杂，特别是一些带复杂内腔的零件。常用金属塑性成形工艺的特点及应用概括如下。

1. 自由锻造成形工艺

自由锻造成形工艺适用于生产形状简单的锻件，如光轴、阶梯轴、齿轮坯、齿圈、刀杆、吊钩以及一些筒类零件，质量从百余克到几百吨。其中单件生产选用手工自由锻造，中小件批量生产选用机器自由锻造。自由锻造的缺点是锻件精度不高，表面粗糙度高，某些凹挡部位不能锻出，须用余块填补，故自由锻件的加工余量大，消耗金属多，而且生产率低，劳动强度大，锻造大型工件时还需用巨型水压机。尽管如此，目前在重型机器制造业中，自由锻造仍占有一定的地位，因为它是生产重型锻件的唯一方法。

2. 模锻成形工艺

模锻成形工艺是通过使金属材料在锻模模膛内产生塑性变形而获得模锻件的，该工艺的特点是：

(1)模锻件的尺寸较精确，表面光洁，可节约金属、减少材料和切削加工成本；

(2)由于模锻件的纤维分布合理(沿模膛分布)，故锻件的强度高，耐疲劳，使用寿命也较长；

(3)模锻成形需采用专用的模锻设备，且锻模要用昂贵的模具钢制造，模膛加工又困难，故模锻成形工艺的成本高，只适合成批、大量生产时选用；

(4)模锻件是在锻模模膛内整体变形的，变形抗力大，因受模锻设备吨位的限制，故模锻成形工艺一般只适用于质量在150 kg以下的锻件；

(5)为了使金属易于充满模膛，对模锻件的形状也有一定限制，如不应有薄壁、高肋，以及多孔和深孔等结构。

模锻成形工艺中，锤上模锻成形工艺主要用于制造汽车、拖拉机、风动机械及军工产品中一些受力复杂的中小件，其中，曲轴、连杆、齿轮坯是锤上模锻件的典型锻件。

曲柄压力机、摩擦压力机上模锻成形工艺除适用于杆类、轴类、饼类零件外，还适用于一些锤上模锻所不能成形的局部镦粗件及一端带法兰的不通孔零件。

平锻机上模锻成形工艺适用于锻造一端镦粗的长杆件(如汽车半轴及进、排气阀)、带法兰的通孔或不通孔件，以及需要两个相互垂直分模面的锻件(如两端带法兰的通孔件)等。

此外，还有精密模锻、闭式模锻等先进的成形工艺，它们可以使锻件的几何形状、尺寸精度和表面品质符合设计要求，与开式模锻相比，可大大提高金属材料的利用率和锻件精度。

3. 挤压成形工艺

挤压成形是一种生产率高的少无切削加工新工艺。其工艺特点是：

(1)挤压件尺寸精确，表面光洁，适合具有薄壁、深孔、异形截面等结构的复杂形状的零件，一般不需再进行切削加工，可节约大量金属材料和加工工时；

(2)由于挤压过程的加工硬化作用，零件的强度、硬度、耐疲劳性能都有显著提高；

(3)挤压时金属在三向压应力状态下变形，有利于改善金属的塑性，因此，不但塑性良好的铜、铝合金、低碳钢可以挤压成形，其他中、高碳量的碳素结构钢、合金结构钢、工具钢、奥氏体不锈钢也都可以挤压成形。

目前受挤压设备吨位的限制，挤压件的质量一般还只能在30 kg以下。为了增大挤压变形量，简化工序，提高生产率与解决设备吨位不足的困难，也可将金属加热到100～800 ℃之间进行温挤压和热挤压成形，但所得产品的精度与表面品质不如室温下的冷挤压成形制件好。挤压成形工艺已广泛用于汽车、拖拉机、风动机械，以及一些军工零件，自行车、缝纫机零件等的生产。

4. 冷冲压成形工艺

冷冲压成形工艺特点是：

(1)在室温下进行，主要适用于厚度在 6 mm 以下、塑性好的金属板料和条料制件，也适用于非金属材料(如塑料、石棉、硬橡胶板材)的某些制件；

(2)通过冷冲压可以制出形状复杂、质量较小而刚度好的薄壁件，其表面品质好，尺寸精度满足一般互换性要求，而不必再经切削加工；

(3)由于冷变形后冲压件会产生加工硬化，其强度和刚度有所提高；

(4)冷冲压易于实现机械化与自动化，生产率高，产品合格率与材料利用率均高，所以冲压件的制造成本较低；

(5)薄壁冲压件的刚度略低，因此，对于一些形状、位置精度要求较高的零件，冲压件的应用受到限制；

(6)由于冲压模具费用高，故冲压件只适于成批或大量生产。

常用金属塑性成形工艺的特点及选用见表 21.2。

表 21.2　常用金属塑性成形工艺的特点及选用

特点		锻造成形			挤压	冷锻	冲压成形			
		自由锻	模锻	平锻			落料与冲孔	弯曲	拉深	旋压
零件	材料	各种形变合金	各种形变合金	各种形变合金	各种形变合金，特别是铜合金、铝合金及低碳钢	各种形变合金，特别是铜合金、铝合金及低碳钢	各种形变合金板料	各种形变合金板料	各种形变合金板料	各种形变合金板料
	形状	有一定限制	有一定限制	有一定限制	有一定限制	有一定限制	有一定限制	有一定限制	一端封闭的筒体	一端封闭的筒体
	质量/kg	0.1～200 000	0.01～100	1～100	1～500	0.001～50	—	—	—	—
	壁厚或板厚/mm	5(最小壁厚)	3(最小壁厚)	$\phi 3$～230 棒料	1(最小壁厚)	1(最小壁厚)	10(最大板厚)	100(最大板厚)	10(最大板厚)	10(最大板厚)
	最小孔径/mm	10	10	—	20	5	—	—	<3	—
	表面品质	差	中	中	中到好	较好到好	—	好	好	好
成本	设备成本	有低有高	高	高	高	中到高	中	低到中	中到高	低到中
	工时成本	低	较高到高	较高到高	中	中到高	中	低到中	较高到高	低
	模具成本	高	中	低到中	中	中	低到中	低到中	低到中	中

续表

特点		锻造成形			挤压	冷锻	冲压成形			
		自由锻	模锻	平锻			落料与冲孔	弯曲	拉深	旋压
生产条件	操作技术	高	中	低到中	低到中	低到中	低到中	低到中	低到中	低到中
	工艺准备时间	几小时	几周～几月	几周～几月	几天～几周	几周	几天～几周	几小时～几天	几周～几月	几小时～几天
	生产率/(件/h)	1～50	10～300	400～900	10～100	10～10 000	100～10 000	10～10 000	10～1 000	10～100
	批量/件	1～100	100～1 000	100～10 000	100～1 000	1 000～10 000	100～10 000	1～10 000	100～10 000	1～100
	常用设备	空气锤，空气-蒸汽锤，水压机	模锻锤，曲柄压力机，摩擦压力机，水压机	平锻机	压力机	冷镦机	冲床	冲床，折弯机，弯管机	曲柄压力机	旋压机

21.3.3　金属的焊接成形工艺

一些单件生产的大型机件，如机架、立柱、箱体、底座、水轮机、涡壳、转子与空心转轴等，有些是采用焊接成形工艺制造的。焊接成形工艺非常灵活，其特点如下：

①能以小拼大，所得焊件不仅强度与刚度好，且质量小。

②可进行异种材料的连接，材料利用率高。

③一些受力复杂的大型机件对强度、刚度要求均高，若采用锻件必须为之先铸钢锭，钢锭锻造之前还要截头去尾，材料利用率低，且大件自由锻造所用的巨型水压机不是一般工厂所能具备的。若采用铸钢件，则需用大容量炼钢炉，还需巨大的模样与专用砂箱等工艺装备，不但工艺准备周期长，而且单件生产采用这些大型专用装备的成本也太高，产品改型时，还须改变所有工艺装备，十分麻烦。而采用钢板或型材焊接，或采用铸焊、锻焊或冲焊联合成形工艺，其优点就十分明显了——工序简单，工艺准备和生产周期短，不需重型与专用设备，产品的改型方便。

例如某大型水轮机空心轴毛坯，其净质量为 47.3 t，有三种制造方案(图 21.3)。

方案一：整体自由锻造成形(图 21.3a)。采用本方案，需先铸出 200 t 的钢锭，在万吨水压机上进行自由锻造。由于两端法兰不能锻出，只能用余块填补，因而加工余量大，材料利用率只有 23.6%(毛坯质量为 110 t)，切削加工需 1 400 h。

方案二：两端法兰采用铸钢件(砂型铸造成形)，轴筒仍用水压机自由锻造成形，然后将轴筒与法兰焊接成一体(图 21.3b)。本方案需消耗钢 132 t，焊成的毛坯质量为 66 t，材料利用率为 35.8%，切削加工尚需 1 200 h。

方案三：两端法兰采用铸钢件，轴筒用厚钢板弯成两个半筒之后，再焊成整个筒体，然后再

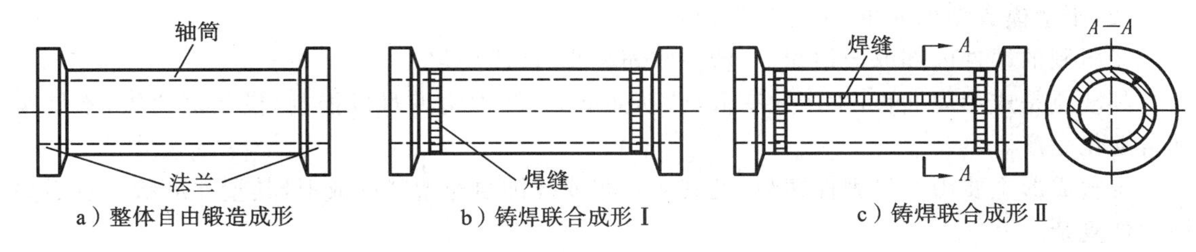

图 21.3　水轮机空心轴毛坯的三种制造方案

与法兰焊成一体(图 21.3c)。本方案用钢 102 t，焊成的毛坯质量为 53 t，材料利用率为 47%，切削加工只需 1 000 h，且不需大型熔炼与锻压设备，一般工厂都可以生产。

上述三种制造方案的相对直接成本(即材料成本与工时成本之和)之比为 2.2∶1.4∶1.0。若将大型熔炼设备、钢锭加热设备与大型水压机的维修、管理和折旧费用都计算在内，则方案一的生产总成本将超出方案三的 3 倍，从中可看出铸焊联合成形工艺的优越性。

根据不同要求，对于焊接结构还可在同一零件上采用不同材料。例如，铰刀的切削部分采用高速钢，刀柄部分采用 45 钢，然后焊成一体。有时为了简化后续工艺，还可以将工件分段制造，然后再焊接成整体。这些优点都是其他成形工艺所不具备的。

但是，焊接是一个不均匀的加热和冷却过程，焊接结构内部容易产生应力与变形，同时焊接结构上位于热影响区的部位力学性能也会有所下降。因此，若采用的工艺措施不当，焊件可能产生不易发现的缺陷，这些缺陷有时还会在使用过程中逐步扩展，导致焊件突然失效，酿成事故。所以对重要的焊件必须进行无损探伤，并且要做定期检查。

21.3.4　塑料的主要成形工艺

塑料有优异的性能。它具有密度小(只有钢材的 1/5～1/7)、比强度和比刚度大、减摩、耐磨、绝缘、易成形、复合能力强等优良的综合性能，因而在工程技术中得到了广泛的应用。塑料成形的工艺很多，且都有各自的特点及适用范围。

1. 注射成形

注射成形工艺的特点如下：

(1)注射成形是热塑性塑件的主要成形工艺，亦可应用于某些热固性塑件的成形，最适宜用于形状复杂的塑件，尤其是需侧向抽出的型芯数量多的塑件；

(2)与压塑成形相比，它具有成形周期短、生产率高、塑件品质好且稳定、模具寿命长、易于实现自动化操作等优点；

(3)注射机及其模具费用较高，只有在成批、大量生产条件下选用才合算；

(4)注射成形不适于用布和纤维填充的塑料，因为它们会堵塞注射机的喷嘴。

(5)对于尺寸精度和形状精度要求很高、表面粗糙度要求低的塑件，还可选用精密注射成形工艺，但这种工艺需有专门的精密注射机来产生高的注射压力(180～250 MPa，普通注射压力为 40～200 MPa)和注射速度，并且温度控制要精确，合模系统应有足够的刚度，塑料应有良好的流动性和成形性，尺寸与形状稳定性好，抗蠕变性能好。目前用于精密注射成形的塑料有聚碳酸酯、聚酰胺、聚甲醛及 ABS 等。

2. 压塑成形

与注射成形相比，压塑成形的优点是：

(1)可采用普通液压机而不需专门采用注塑机；

(2)压塑模具结构简单(无浇注系统);

③压制的塑件内部取向组织少,塑件收缩率小,性能均匀。

其缺点是成形周期长,生产效率低,劳动强度大,塑件精度难以控制,模具寿命短,不易实现自动化生产。

压塑成形主要用于热固性塑料,尤其适合布或纤维填充塑料的成形,其塑件形状一般不如注塑件复杂。

压塑成形亦可用于压制热塑性塑料,但塑料同样要经历由固态变为黏流态而充满型腔的阶段。热塑性塑料压制成形时,模具需要交替地加热和冷却,故生产周期长,效率低,所以,只是对于一些流动性很差、无法进行注射成形的热塑性塑料(如聚四氟乙烯等),才考虑压制成形。此外,压制成形工艺还可用来生产发泡塑料制品。

3. 传递模塑成形

传递模塑成形改进了压塑成形的缺点,又吸收了注射成形的优点。其特点是:

(1)塑件尺寸准确,性能均匀,品质较高,飞边尺寸小,模具磨损较小。

(2)比压塑成形的模具成本高,压力大,操作复杂,耗料多。

(3)适用于带有深孔的、形状复杂塑件的成形及带有精细、易碎镶嵌件的成形,还可用于复合材料的成形。

4. 挤出成形

挤出成形是一种用途广泛的热塑性塑料的加工方法。挤出成形的特点如下:

(1)挤出成形生产过程是连续的,生产效率高,可生产品质均匀、致密的塑件,生产操作简单,工艺控制较容易。

(2)设备成本低,投资少,见效快。

(3)应用范围广,综合生产能力强,主要用来生产连续的型材,如管、棒、丝、板、薄膜、电线电缆的涂层塑件等,亦可用于异形型材及中空塑件型坯的生产,还可用于混合、塑化、造粒等加工。除热塑性制件以外,挤出成形还可用于如酚醛、脲醛等不含矿物质,以石棉、碎布等为填料的热固性塑料的成形,但仅限于少数几种塑料,而且挤出塑件的种类少。

5. 吹塑成形

吹塑成形的优点是所用设备和模具结构简单,缺点是塑件的壁厚不均匀。它适用于容器类及箱体类塑件的成形。

6. 真空成形

真空成形是利用真空负压将加热的塑料吸塑贴于模具面上成形塑件的工艺。与吹塑成形相比,它的优点是模具简单,模具材料来源广泛,不仅可采用金属,亦可采用木材、石膏等更经济的材料。真空成形多用于药品、电子产品的包装,快餐盒、罩壳类等塑件的成形。

7. 浇注成形

浇注成形包括静态浇注、离心浇注、嵌铸、流延铸塑、搪塑及滚塑等多种工艺。浇注成形时塑料呈流体状态充填型腔,很少施加压力,故对设备和模具要求不高,适于形状复杂件及大型件的成形。

21.3.5　橡胶成形工艺

1. 橡胶模压成形

橡胶模与塑料的压塑模结构相似,橡胶模压成形的实例参见图 16.4,压塑模参见图 15.6。

2. 橡胶注射成形

橡胶注射成形与塑料注射成形相类似，是一种将胶料直接从机筒注入模具硫化的生产工艺。多模胶鞋注射机的结构参见图16.6。

3. 橡胶浸渍成形

以乳胶手套为例，其多用化学凝固法，即首先将模型浸渍于凝固剂槽中，然后再将带有凝固剂的模型浸入胶乳配合液，使其凝固成手套。

21.3.6 粉末冶金、陶瓷及复合材料的成形工艺

1. 粉末冶金成形

粉末冶金是用金属粉末或金属与非金属粉末的混合物做原料，经压制烧结等工序后，制得某些金属制品或金属材料的成形工艺。它既是一种生产工程金属材料的方法，又是一种少无切削生产零件的新工艺。其特点如下：

(1)可以生产组元彼此不相熔合，且密度、熔点相差悬殊的金属所组成的“伪合金”(如钨铜电触头材料)的粉末制品，也可生产不构成合金的金属与非金属的复合材料(如铁、氧化铝、石棉粉末制成的摩擦材料)的粉末制品。

(2)能生产难熔合金(如钨钼合金)或难熔金属及其碳化物的粉末制品(如硬质合金)，金属或非金属氧化物、氮化物、硼化物的粉末制品(如金属陶瓷)，它们用一般熔炼与铸造成形工艺很难生产。

(3)由于烧结时主要组元没有熔化，通常又都在还原性气氛或真空中进行，没有氧化烧损，也不带入杂质，因而能准确控制材料的成分及性能。

(4)可直接制出品质均匀的多孔性制品，如含油轴承、过滤元件等。

(5)能直接制出尺寸准确、表面光洁的零件，一般可省去或大大减少切削加工工时，显著降低成本。

(6)因制品内部有孔隙，故其强度比相同成分的锻件或铸件低20%～30%；压制成形所需的压强高，因而制品的质量受到限制，一般小于10 kg；压模成本高，只适用于成批、大量生产。

(7)可制造的机械零件有铁基或铜基含油轴承，铁基齿轮、凸轮、滚轮、链轮、气门座圈、顶杆套、枪机、模具，铜基或铁基加石墨、二硫化钼、氧化硅、石棉粉末制成的摩擦离合器、刹车片等，还可制造各种刀具、工模具及一些特殊性能的元件，如硬质合金刀具、模具量具、金刚石工具、金属陶瓷刀具，以及接触点，极耐高温的火箭、宇航零件与核工业零件。

(8)将粉末冶金与精密锻造成形工艺联合，形成粉末冶金锻造成形工艺，所得到的制品质地均匀，晶粒细化，无各向异性现象，其性能甚至超过了模锻件，同时该联合成形工艺有利于降低模锻设备吨位，减少工装与设备的投资，缩短工艺准备周期，提高材料利用率。这种联合成形工艺主要用于汽车工业与农业机械上的齿轮、凸轮、阀头、小型曲轴、连杆等零件的制造。

2. 陶瓷成形

1)**注浆成形**

注浆成形适于制造大型的、形状复杂的、薄壁制品，在传统工艺中，一般利用浆料自重使其流入石膏型中成形，目前则采用压力注浆、离心注浆和真空注浆等新工艺，以生产形状复杂、精度更高的中小型制品，其中效果较好的有热压铸成形。

2)挤压成形

挤压成形的优点是污染小,易于实现自动化操作,可连续生产,效率高,适合管状、棒状制品的成形。其缺点是挤嘴结构复杂,加工精度要求高,对泥料的要求(如在细度、溶剂、增塑剂、黏结剂含量方面的要求)较高。

3)轧膜成形

轧膜成形适合生产厚度在 1 mm 以下的薄片状制品。该法的不足之处是坯体在性能上会出现各向异性,烧结时横向收缩大,易出现变形和开裂,不能制造厚度小于 0.08 mm 的超薄片。

4)模压成形

模压成形(干压成形)工艺简单,操作方便,生产周期短,生产效率高,便于进行自动化生产,坯体密度大,尺寸精确,收缩小,强度高,电性能好,为工程陶瓷生产所常用。该法的缺点是生产大型坯体较困难,模具磨损大,加工复杂,成本高;只能上下加压,压力分布不均,密度不均,收缩不均,而会产生开裂、分层等现象。

5)等静压成形

等静压成形可较方便地提高成形压力,效果比干压法好;可以成形一般方法不能生产的、形状复杂的大件及细而长的制品,制品品质好;坯体多向压力均匀,密度高而均匀,烧成收缩小,不易变形;模具制作方便,寿命长,成本低,可少用或不用黏结剂。

6)流延法成形

流延法设备不复杂,工艺稳定,可连续操作,便于生产自动化,生产效率高,适合制造厚度在 0.2 mm 以下、表面光洁的超薄型制品。但该法对坯料的强度、粒形要求较高,且因其黏结剂含量高,收缩率高达 20%～21%,因而可能导致制品变形、开裂。

3. 复合材料成形

1)树脂基复合材料的成形

用于树脂基复合材料的增强物主要为纤维,其中以玻璃纤维增强的树脂基复合材料的成形技术最为成熟,其制品已在国民经济的各个行业得到应用。其成形工艺及优缺点如表 21.3 所示,可根据结构件的大小、形状、批量及品质要求,选择不同的成形工艺。

表 21.3　玻璃纤维增强树脂基复合材料的成形工艺及优缺点

<table>
<tr><th>成形方法</th><th>制品举例</th><th>优　点</th><th>缺　点</th></tr>
<tr><td>手糊成形</td><td>长达 50 m 的船壳</td><td>操作简单;模具便宜;不限制尺寸;设计自由;设计变更容易;设备简单;可涂胶衣</td><td>工时数多;只有一面平滑;制品品质受操作者影响</td></tr>
<tr><td>真空袋成形</td><td rowspan="2">长达 25 m 的大型制品</td><td>玻璃纤维体积含量大;表面品质良好;孔隙率小;有蜂窝夹层时与芯材的黏结性能好。其他方面与手糊成形相同</td><td>工时数多;袋面的品质不如模具面;制品品质受操作者影响</td></tr>
<tr><td>袋压成形</td><td>可成形圆筒状制品;玻璃纤维体积含量大;密度高,孔隙率小;可成形凹槽;可以预埋芯材镶嵌件。其他方面与手糊成形相同</td><td>仅用凹模;工时数更多;袋面的品质不如模具面;制品品质受操作者影响</td></tr>
</table>

续表

成形方法	制品举例	优点	缺点
高压釜成形	大小为能放到高压釜内的制品	可成形凹槽；玻璃纤维体积含量大；密度大；可以预埋芯材和镶嵌件；其他方面与手糊成形相同	工时数多；高压釜价格高；尺寸受高压釜限制；制品品质受操作者影响
喷射成形	长达10 m的大型制品	装置轻便，投资小；玻璃纤维基材便宜；成形复杂形状制品时损失少；工时数少；模具便宜；容易现场施工	模具反面的质量差；操作控制难；在简单形状时与手糊成形的工时数无差别
冷压成形	大至汽艇的船壳	模具、夹具便宜；模具制作时间短；成形压力低；可涂胶衣；可预埋镶嵌件；工艺操作性比手糊好；工时数少，适于成批（200～10 000件）生产	生产性比金属对模成形的差；必须装饰
丙烯酸酯板/纤维增强塑料复合成形	大至浴盆、防水底盘或汽车底盘	表面品质好	生产性不如喷射成形；表面耐热性不够
树脂注入成形	长达5 m、深至浴盆的深度	工艺操作性比手糊成形好；模具寿命长；两面品质都好，适于中等批量（250～5 000件）生产	必须修理；生产性比金属对模成形的差
连续层合成形	宽达2 m的板状物，长度不限	长度自由；可进行自动化生产；模具、夹具便宜；表面品质可变；可赋予各种形状；壁厚均匀	最大厚度为4 mm；少量生产时不经济
连续挤拉成形	从小型棒状物到直径为250 mm的圆筒，高200 mm、宽1 000 mm的方管	可连续操作；可用于小型截面物件；在一个方向上可以得到高强度；可成形截面形状相当复杂的制品	少量生产不经济
纤维缠绕成形	从小型圆筒至直径为4 mm、长度为7 mm的容器	比强度最大；材质、方向性均匀；可正确地机械加工；可自动化；使用特殊模具也可成形复杂形状的制品；可用预浸纱；可成形两端封闭物；玻璃纤维成本便宜	形状限于回转体或与回转体形状接近的制品；在高压（1～7 MPa）条件下使用时需要衬里

续表

成形方法	制品举例	优　点	缺　点
预浸纱压力成形，毡压力成形	从安全帽至长度达 7 m 的船壳	经济；材料便宜；易于实现自动化生产；易调节厚度	厚度在 6 mm 以下；尺寸受限制
预浸布压力成形		适用于大型平板成形；壁厚一定的制品成形容易	限于简单形状制品
预浸布压力成形	从小型板状物至厚板	玻璃纤维体积含量大，强度高；可成形厚壁层合板；也可成形薄壁层合板	布的成本高；限于简单形状的制品
片状模塑料成形	从小型制品至 100 kg 的制品	形状自由；易使用注入法；易于实现自动化生产；厚度变化自由；细部成形性良好；可带镶嵌件	材料价格稍高；需要注意材料保管
块状模塑料成形	从小型制品到 10 kg 的制品	形状自由；易使用注入法；易于实现自动化生产；厚度变化自由；细部成形性良好；可带镶嵌件	强度不高
热冲压成形（纤维增强塑料板）	从小型制品到 100 kg 的制品	工艺操作性极好；可用机械压力；制品特性好；成形的同时就可进行装饰	最小生产批量大；形状受限制；设备费高；模具价格高
传递模塑成形（块状模塑料）	小型电气零件等	制品尺寸精度好；成形时毛刺少；可带有镶嵌件	制品尺寸受限制；模具价格高
注射成形（块状模塑料及纤维增强热塑性塑料）	200 g 以下的制品，也可制成质量达 6 kg的制品	适于自动化大量生产；工时数少；重复性好；细部成形好；适于小型精密零件成形	制品尺寸受限制；模具价格高
离心成形	长达 7 m 的圆筒	工时数少；可进行自动化生产；模具、夹具便宜；内、外表面平滑；损耗少；壁厚均匀、孔隙率少；可在外面开螺纹	形状限于壁厚一定的圆筒；设备价格高
回转成形	—	可一体化成形大型密闭容器；可以干法混合（热塑性树脂）	设备费高；成形周期长；玻璃纤维难以分布均匀

续表

成形方法	制品举例	优　点	缺　点
回转层合成形	—	可一体化成形大型圆筒；不需模具；设备简单；生产性良好；材料性能良好；可现场成形	形状限于圆筒形
浇注成形	小型电气零件等	工艺简单；模具、夹具便宜；材料利用率高；可埋入任意尺寸、形状和数量的镶嵌件	固化速度慢；增强效果差

2)陶瓷基复合材料的成形

陶瓷基复合材料通常是指由纤维、晶须、颗粒增强及相变增韧的陶瓷材料。在发挥陶瓷基体的耐高温、耐腐蚀、超硬度等优点的基础上，复合的主要目的是克服陶瓷基体的脆性而改善其韧性。目前，人们在改进陶瓷脆性方面开发了几种有效的工艺方法，但仍存在不少问题，有必要进一步在纤维/陶瓷复合材料的制备及成形工艺上进行开发研究；而晶须增韧陶瓷复合材料的制备技术相对较成熟，将此复合材料应用于热机结构是可行的，但仍需完善制备及成形工艺，以稳定和提高其力学性能。以下是几种有应用前景的成形工艺。

(1)传统的浆料浸渗成形　浆料浸渗成形在制造长纤维补强玻璃和玻璃纤维增强陶瓷基复合材料方面应用较多且较成功。其缺点是只能制作一维或二维纤维增强的复合材料，且由于热压烧结等工艺的限制，只能生产一些结构简单的零件。

(2)短纤维定向排列的浸渗成形　短纤维定向排列的浸渗成形弥补了长纤维浆料浸渗成形的不足，通过定向排列成形工艺，可得到分散均匀、性能优良的短纤维增强复合材料。

(3)熔体浸渗成形　熔体浸渗成形是通过加压将陶瓷熔体浸渗于增韧纤维或颗粒预成形体的间隙内，以制备复合材料制品的一种工艺，其最大优点是能生产出形状结构复杂的制品。

(4)化学气相浸渗成形　化学气相浸渗成形是用涂覆材料的蒸气在热端发生化学反应，反应生成物沉积下来浸渗到纤维预制件中而形成复合材料的工艺。利用该工艺可在较低温度和压力下制造出成分均匀、结构复杂的浸渗复合材料制品，但是沉积速度慢，生产效率低。

3)金属基复合材料的成形

金属基复合材料的制备及成形技术不如塑料基复合材料成熟，但其性能优于陶瓷基复合材料。金属基复合材料的增强物主要有纤维、晶须和颗粒，其加工及成形工艺中属于纤维增强成形工艺的有熔融浸透成形，其中包括热固成形(热压、热辊、热拉、烧结)、液态成形(浸润、真空浇注、挤压、压铸)、加压铸造和真空铸造。属于颗粒增强成形工艺的有液态搅拌铸造成形、半固态复合铸造成形、喷射成形、离心铸造成形和原位反应成形。这些方法的主要特点是让金属液能顺利渗透到增强物之间，使增强物与金属基体结合良好，其中尤以真空加压法获得的制品均匀、致密。颗粒增强金属基复合材料的成形工艺及特点如表21.4所示。

表21.4　颗粒增强金属基复合材料的成形工艺及特点

制造工艺	特　点	技术关键
液态搅拌铸造成形	整体复合，用于低熔点合金	防止颗粒偏析，防止搅动过程中吸气
半固态复合铸造成形	整体复合，除用于非铁合金外，还可用于铁合金	简化工艺和设备
喷射成形	整体复合，颗粒与基体密度差小	控制快速凝固，控制增强颗粒含量

续表

制造工艺	特　　点	技术关键
离心铸造成形	用于环形、筒形件的外表面或内表面的复合,粒子与基体材料的密度差大	控制凝固速度

21.3.7　复合成形工艺的进展

复合成形工艺有铸锻、铸焊、锻焊复合和不同塑性成形工艺的复合等,如液态模锻、连铸连轧、冲焊成形等。

1)连铸连轧成形工艺

连铸连轧成形工艺实质是金属熔体在连铸机结晶器中首先凝固成厚 50～90 mm 的坯料后,紧接着在后续的连轧机上被连轧成板材。连铸连轧成形工艺是直接将金属熔体“轧制”成半成品带坯或成品带材的工艺(图 21.4),其显著特点是其两个水冷结晶器为旋转铸轧辊,熔体在轧辊缝间将连铸和轧制两个独立的工艺过程紧密地衔接在一起,完成凝固和热轧两个过程,而且在很短的时间(2～3 s)内完成。连铸连轧具有一步成形的特点,其投资省、成本低、流程短,广泛用于有色合金,特别是铝带的生产。

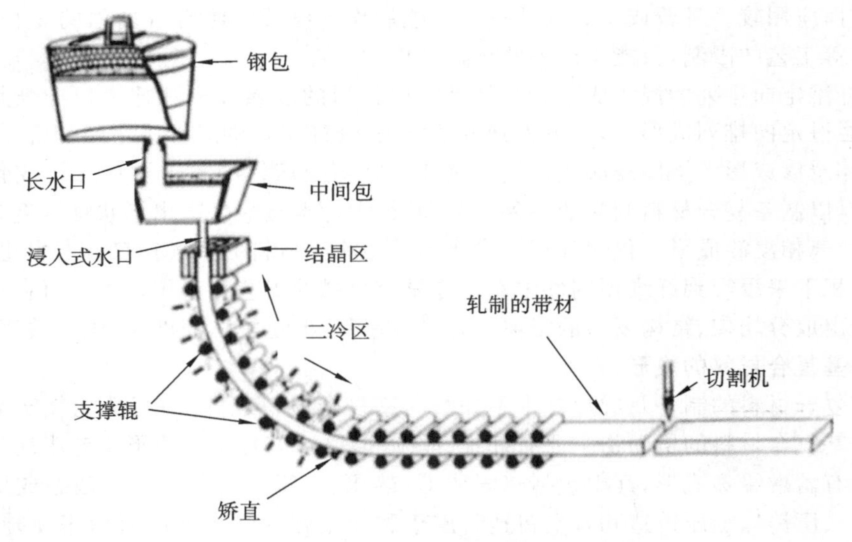

图 21.4　连铸连轧成形工艺原理示意图

2)挤压压铸模锻成形工艺

该成形工艺原理最简单的表述是“铸造充型加锻造”。挤压压铸模锻并不能称为液态模锻。液态模锻特指一种锻压冲头同时是毛坯成形面,直接对液态金属连续完成铸锻(或称冲锻)成形的一种工艺。它也是一种以“锻”为终极要求的连铸连锻工艺形式,所生产出来的毛坯一定是锻件毛坯,内部均为破碎晶粒、锻态组织。

挤压压铸模锻机本质上也是一种连铸连锻设备(特指利用同一套模具、在同一台设备上连续完成铸造充型与锻造的设备),它的最大优势是能与压铸机完全兼容,既可生产普通压铸件,也可生产各种结构复杂的液态模锻件、低压铸造件,以及运用半固态加工工艺,在大气下(无保护气氛)生产最普通的阻燃镁合金件。

挤压压铸模锻技术是 1997 年由我国工程技术人员原创发明的半固态连铸连锻工艺，又可称为低压（重力、差压）铸造模锻、压铸模锻、半固态充型模锻及多向液态压铸模锻等。其设备可以是立式或卧式的；其压射充型的方式可以是热压室式或冷压室式；可用于成形镁合金、铝合金、铜合金等所有牌号的有色金属，如配置耐高温模具，也可用于成形各种黑色金属、不锈钢等。目前挤压压铸模锻设备已从最初的六轴对向压铸模锻机，发展到十六轴的轴向加径向多向压铸模锻机，可实现锻压行程的数字化精确控制。图 21.5 所示为倍增力多向挤压压铸模锻装置及模具，其模锻的产品实例如图 21.6 所示，所生产的模锻件毛坯的尺寸精度能达到 IT7～IT8 级，表面粗糙度 Ra 可达 0.8～0.4 μm，稍加抛光后的挤压压铸模锻件，表面质量可接近镜面。

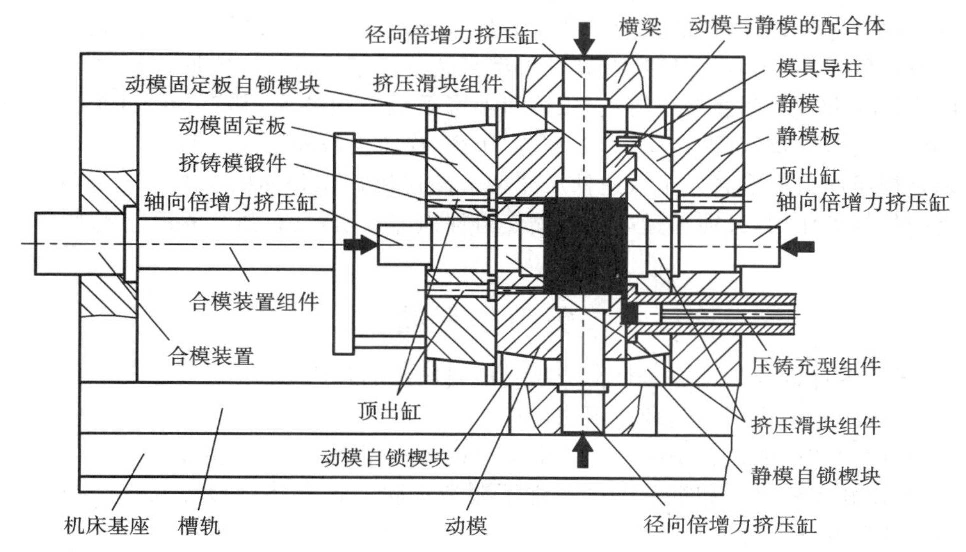

图 21.5　倍增力多向挤压压铸模锻装置及模具

a）铝合金活塞　　b）压缩机摇盘

图 21.6　挤铸模锻件实例

挤压压铸模锻是为了解决普通压铸和液态模锻（直接挤压铸造）两项技术存在的主要问题，集合这两项工艺的优势提出来的。挤压压铸模锻的主导工艺特征是：按普通压铸（间接挤压铸造）工艺充型，按液态模锻（直接挤压铸造）工艺进行强制补缩与锻造。它通过在压铸充型之后增加锻压（挤压）工步来进行强制补缩与锻造，以解决传统压铸、真空压铸技术普遍存在的气密性（主要是缩孔与缩松）问题，消除各种收缩性缺陷。当对毛坯进行全投影面积锻压时，就能生产出具有破碎的锻态金相组织的毛坯,其力学性能可达到锻压件的力学性能水平。

挤压压铸模锻也可说是在压铸机上实现液态模锻(直接挤压铸造)的技术,它极大地拓展了传统压铸机和压铸技术的适用范围;其重大的经济性优势还在于,挤压压铸模锻机如以 1.4 MPa 的低压充型,所生产零件的投影面积将是原来普通压铸工艺的 80～100 倍,换言之,以低压充型加液态模锻方式,只要现有压铸设备工作台能安装的模具足够大,就能生产比传统压铸技术能生产的大得多的毛坯。

挤压压铸模锻的工艺思想是:在能满足充型条件的前提下,尽可能采用最低的充型速度和相对低的充型比压。这种工艺思想与传统压铸工艺高速、高压充型的工艺思想是对立的。对于低流动性的变形合金,挤压压铸模锻成形工艺能满足其低压、低速充型的要求;低压、低速充型对于各种厚大零件、带型芯的大型复杂压铸件生产是必需的。这是挤压压铸模锻成形工艺能替代或覆盖低压、差压、重力铸造及部分大型复杂带型芯砂型铸造成形工艺的原因。

挤压压铸模锻涉及间接挤压铸造、压铸和液态模锻三项技术,其工艺特性横跨液态、半固态、固态成形工艺,涉及低压、差压、重力铸造、压铸、连铸连锻和半固态加工等多项特种成形技术。特别是挤压压铸模锻融入了低速低压充型＋高比压挤压补缩的工艺思想,既可以保证低压铸造充型的排气作用,又能通过高压补缩使铸件内部致密,具有强大的适应能力。

复习思考题

(1)试述从零件设计到生产出合格产品一般要经历的程序。

(2)试述选择材料成形工艺的原则和依据。

(3)材料的力学性能是否是决定其成形工艺的唯一因素？简述理由。

(4)试举出在单件生产和批量生产条件下制造齿轮变速箱体(1 000 mm×600 mm×500 mm,厚度为 12 mm)的成形工艺。

(5)图 21.7 所示的为不锈钢(2Cr13)套环,批量为 25 000 件。试比较用棒料车制、挤压成形、熔模铸造、粉末冶金等四种成形工艺成形的优劣。如只生产 25 件,应选用何种成形工艺？

(6)试为家用电风扇(年产 2 万台)的扇叶与轴承各选用两种材料及成形工艺,并加以比较。

(7)图 21.8 所示的榨油机螺杆,要求有良好的耐磨性与高的疲劳强度,年产 2 000 件,请选择材料及成形工艺。

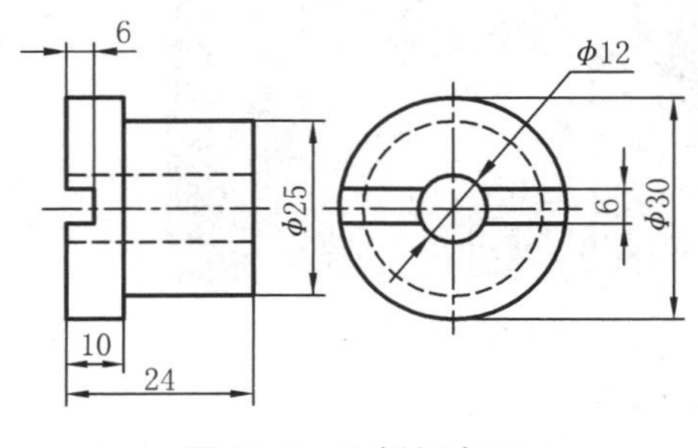

图 21.7　不锈钢套环

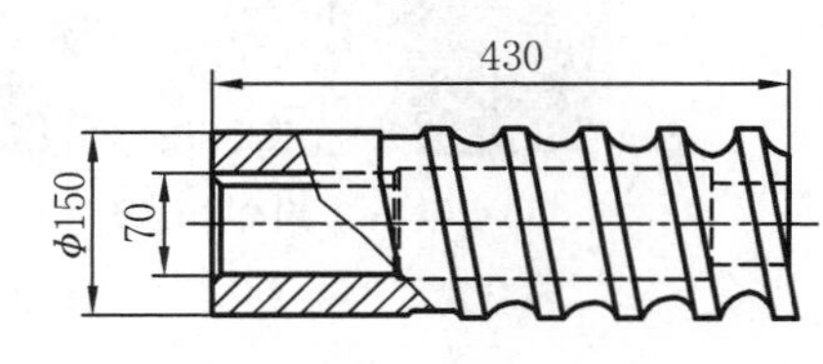

图 21.8　榨油机螺杆

(8)试为家用热水瓶壳选用两种材料及成形工艺,要求年产 2 万件。

(9)试为在室温下工作的耐酸泵的泵轮选择在单件、成批及大量生产条件下的三种材料及成形工艺。

第22章　材料成形工艺方案的变更及选用

新产品的材料成形工艺方案确定后，还需在实际生产中对其进行检验，并针对所暴露的不足进行修订，甚至完全变更方案。材料成形工艺方案修订的原则和依据大多数与确定新产品成形工艺时的相同。修订方案时的主要依据应为产品品质和经济性。

22.1　经济性对材料成形工艺方案的影响

1.进一步修改产品的结构工艺，以降低生产成本

【例1】　图22.1a所示的为可锻铸铁车轮。原设计铸造工艺方案如图22.1b所示，即中心轮毂及轮缘凸台上各安放一冒口，工艺出品率只有40%。现将零件结构稍加修改，在中央轮毂与轮缘凸台之间加一补贴（该处壁厚增厚，见图22.1c）。这样修改并不影响零件的使用，但可保证只在轮缘用一个侧冒口，便能使铸件实现由中心轮毂向轮缘方向的定向凝固。该方案将工艺出品率提高到了65%，生产成本也因此而下降。

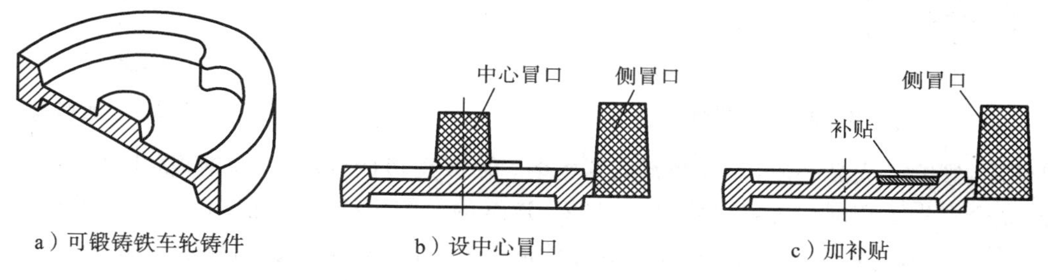

图22.1　可锻铸铁车轮的铸造工艺方案

【例2】　图22.2所示的为仪表座冲压件。在原设计方案（图22.2a）中，支架与耳块是分别先经落料、冲孔及弯曲成形（弓形和角形），然后再用点焊工艺焊接到座体上的。这种方案生产工序多，所需模具多，为了点焊时定位准确，还需要特殊夹具，因而成本高，工艺准备时间长。在不影响原零件使用的前提下，对原设计方案进行改进（图22.2b）后，支架与座体可以一次冲压成形，无须焊接，减少了工序与模具、夹具数量，并缩短了工艺准备时间，从而大大降低了成本。

【例3】　图22.3所示的冲压件，修改设计后，材料的利用率提高了。图22.3a所示为原结构设计，材料利用率只有73%；修改后（图22.3b），由于排料紧凑，材料利用率提高到90%，从而降低了成本。

2.改变材料及成形工艺，以降低原材料成本及加工成本

有时可通过改变材料来达到简化工艺、降低成本的目的。必须说明，改变材料应在不降低产品性能与品质的前提下进行。

【例4】　某厂生产的如图22.4所示的套筒扳手，原设计用45钢，经车削、钻孔、插齿，最后经调质处理制成。为了便于插齿，弥补削减筒壁厚度后带来的影响，在内齿的下方须车一圈退刀槽。在调质工序中，因两次加热到高温（淬火与高温回火），部分零件易出现变形与局部脱

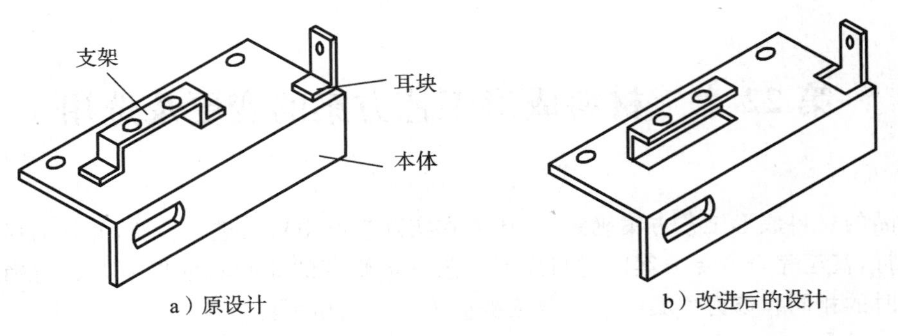

a）原设计　　b）改进后的设计

图 22.2　仪表座冲压件

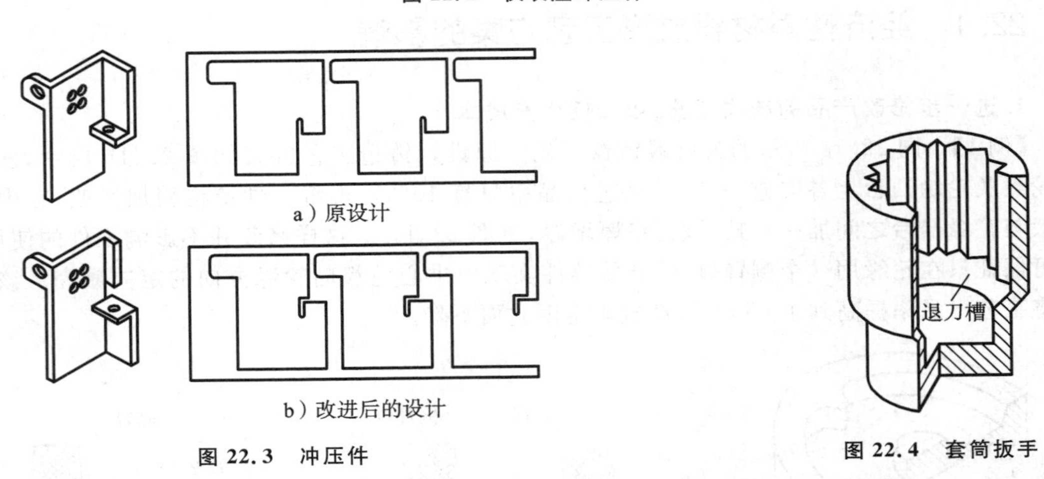

a）原设计

b）改进后的设计

图 22.3　冲压件

图 22.4　套筒扳手

碳等缺陷，影响了成品品质，而且消耗能源也多。后改用塑性良好的 20 钢，预冲之后一次挤压成形，完全省去了切削加工，齿形保持了封闭、连续的纤维组织。而低碳钢淬火后形成低碳马氏体也使工件具有较高的强度、韧度与良好的耐磨性，完全能满足使用要求。另外，低碳钢产生淬火裂纹及变形的倾向均较小，因而热处理后的合格率也大为提高。该厂的套筒扳手改用 20 钢的挤压毛坯后，生产率提高数倍，成本大幅度降低。

与此类似，我国不少工厂已成功地用球墨铸铁铸造了多种系列的柴油机曲轴、凸轮轴、连杆、齿轮零件，如无锡柴油机厂用球墨铸铁代替 45 钢和 40Cr 锻钢铸造曲轴，用砂型铸造成形代替原有模锻成形，其成本降低了 50％～80％，加工工时减少 30％～50％，还提高了曲轴的耐磨性。由此可见，通过合理地改变材料来降低成本大有可为。

3. 改变成形技术，降低废品率，节约工时及原材料消耗

在批量合适、条件又许可的情况下，应尽可能用先进的成形工艺取代落后的旧工艺，以便大幅度提高生产率与降低成本，并促进我国机械工业的现代化。

【例 5】　图 22.5 所示为拖拉机半轴零件，材料为 45 钢，年产量为 1 万件。

原成形工艺方案是先在空气自由锻锤上拔长，然后在摩擦压力机上终锻成形，得到锻件毛坯(图 22.6a)。毛坯的左端为盲孔，其花键孔无法在拉床上拉出，只能用插齿机插出或刨出。这样不仅生产率低，切削加工工时成本高，而且不易保证花键孔的精度。

改进工艺后，将该零件分成两件，用普通空气自由锻锤锻造毛坯(图 22.6b)，粗车后用拉刀拉出左边套筒的花键孔，然后用摩擦焊将此套筒与右端另一件锻坯焊接成为一整体，再以左端花键孔与右端的中心孔定位，精加工外圆及右端花键轴，这样既保证了精度，又提高了生产

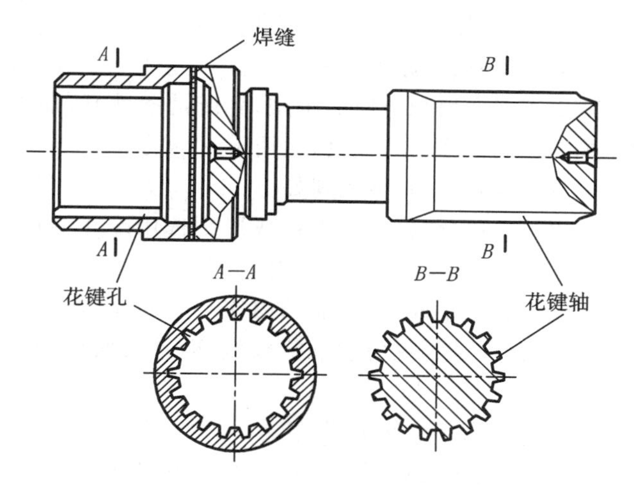

图 22.5　拖拉机半轴零件

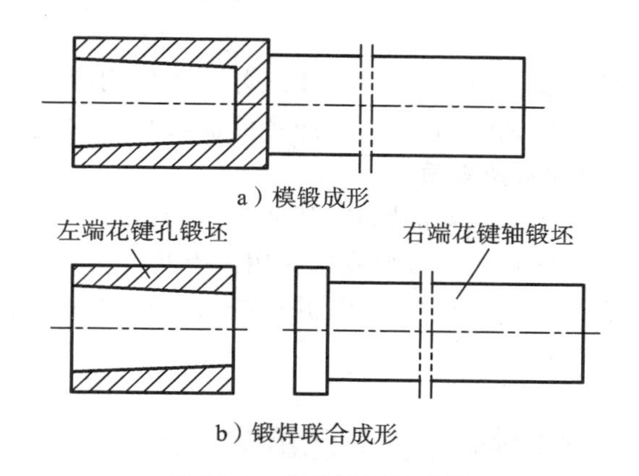

图 22.6　拖拉机半轴毛坯

率，使制造总成本降低很多。

【例 6】　图 22.7 所示的为发动机上的气门零件，其材料为耐热钢，该件的成形工艺有以下几种方案可供选择。

方案一：胎模锻造成形。选用直径较粗的棒料毛坯（$D_{坯}>d$）加热→在空气自由锻锤上拔长杆部→用胎模镦粗头部法兰。

方案二：平锻机上模锻成形。用气门杆部直径大小的坯料，在平锻机上对头部进行聚料镦锻，因聚料困难，需在锻模模膛内经五个局部镦粗工步，方可锻造成形。

方案三：电热镦粗（电镦）成形。按气门杆部直径选择坯料→将头部进行电热镦粗→在摩擦压力机上将头部法兰进行镦锻成形。

方案四：热挤压成形。选用直径较粗的棒料毛坯（$D>D_{坯}>d$）→中频感应加热→在两工位热模锻压力机上挤压杆部（使直径由粗变细至 d）→对头部法兰进行闭式镦粗成形（头部直径由 $D_{坯}$ 增大到 D）。

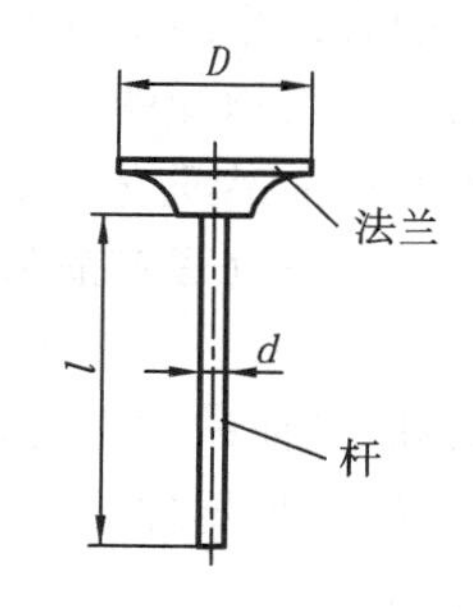

图 22.7　气门

方案一劳动强度大，生产率低，仅适合小批生产。

方案二需经四次以上的聚料工步，才能给头部聚积足够的金属，聚料效率不高，且平锻机设备和模具费用极高，仅适用于大批量生产。

方案三聚料可一次完成,效率较方案二高,且毛坯加热和镦粗是局部连续进行的,坯料镦粗长度可不受镦粗规则的限制,一次镦粗的长径比 l/d 可达 15～20,因此只需电镦与终锻两个工步即可成形。电镦解决了多次聚积金属的困难,且劳动条件好,加工余量小,材料利用率高。电镦可采用结构简单的通用性强的工夹具,适用于中小批生产。

方案四则比方案三更具有优越性,具体表现如下:

①热挤压成形工艺选用热轧棒材为坯料,电镦成形则选用冷轧钢材为坯料。热轧棒材的价格仅为冷轧钢材的 50%,甚至更低,可显著节省原材料费用。

②热挤压是在三向压应力状态下成形,产品的内在与表面品质均优良,而电热镦粗时,其镦粗部分表面处于拉应力状态,产品不仅力学性能较差,而且表面易于产生裂纹,废品率常高达 6%～8%。

③热挤压成形的生产率远远高于电镦成形。

因此,工业发达的国家已普遍采用热挤压成形工艺代替电镦工艺来生产气门锻件。轿车上使用的强化发动机转速达 5 000～6 000 r/min,发动机的气门只有用热挤压工艺生产才能满足性能要求。

还须指出,成形工艺的改变,必将导致设备及工艺装备费用的增加,这些费用将作为成本由合格产品分担,所以改用新工艺时,必须结合产品批量来考虑,并进行经济分析。

4. 提高生产和管理人员的科技素质

必须明确,人是生产力中第一重要的因素,任何先进的成形工艺,均要有相应科技素质的生产者和管理人员来实施,从而真正有效地发挥作用。因此,生产单位应经常进行各种形式的现代工业技术教育,增强各类人员的科技素质,并严格按工艺文件管理和操作,使成形工艺不断得到经济合理的运用。

22.2 产品品质对材料成形工艺的影响

在不改变原有材料的前提下,不同成形工艺对产品品质的影响是比较大的。产品品质包括外部品质(如尺寸精度、表面粗糙度等)和内在品质(如晶粒大小,致密度,纤维分布,应力分布,孔洞,裂纹与抗磨、耐蚀、耐热性能等)。

随着市场经济的发展,产品的更新换代周期愈来愈短,竞争激烈。用户除了在经济上要求产品应与其承受的生产能力相适应以外,对产品品质的要求也愈来愈高。面对这种情况,我们必须对产品品质有恰如其分的合理要求。

1. 正确处理产品品质要求与产品成形工艺可行性的关系

(1)产品品质与所采用的成形工艺有关。例如:熔模铸造比砂型铸造所生产的铸件尺寸精度要高,表面品质也更好;模锻件的品质优于自由锻件;对非铁金属焊件而言,氩弧焊优于手弧焊;注射成形塑件的精度优于压塑成形的塑件;用热等静压成形生产的陶瓷制品的品质优于用其他陶瓷成形工艺生产的制品。

(2)相同成形工艺所能达到的产品品质与产品特征有关。例如,熔模铸造成形工艺用于一般小件能获得较好的精度和表面品质,但当将其用于生产大尺寸的铸件时,铸件尺寸精度就不理想了,因为大件的蜡模易产生变形。

2. 合理地制定产品品质的技术要求和验收标准

(1)对产品品质的要求并非愈高愈好。例如,对砂型铸造的大型铸件笼统地提出“不允许有任何铸造缺陷"的要求就是不切实际的。合理的验收要求是，对一些重要部位（如机床导轨部分）要求可以高一些，而对其他非配合、非外露表面要求可低一些，并应规定允许存在的缺陷类型、尺寸大小分布状况及允许修复的范围。

（2）制定技术要求时应了解成形工艺的特点。例如，压铸件的内部常存在微小气孔，因此对压铸件提出进行切削加工和热处理的要求显然是不恰当的。

（3）对重要零件应制定严格的验收标准。例如对于液压阀、油缸、锅炉及压力容器等零件，在技术要求中必须规定在多少压力、多长时间保压下不得渗漏，并规定应通过磁力探伤、X 光及超声波探伤等无损检测手段进行验收。又如对于桥梁等大型构件，为了保证安全，应严格规定其热影响区的范围，并选用相应的焊接成形工艺来实现。

3. 对产品的使用性能和品质要求是促进成形工艺改进的动力

（1）产品的使用性能常常对成形工艺的确定有重要影响。在酸、碱介质下工作的零件，如各种阀、泵体、叶轮、轴承等，均有耐蚀、耐磨的要求。这些零件最初是用普通铸铁制造的，性能差，寿命极短；随后又改用不锈钢铸造；自塑料工业发展后，就改用塑料注射成形工艺来制造，然而塑料的耐磨性仍不理想；随着陶瓷工业的发展，它们又改用陶瓷材料，通过注浆成形、热压铸成形或等静压成形工艺来制造。特别是用在要求耐蚀、耐热的工况下的零件，如汽车发动机气缸中的火花塞，尤其适合采用陶瓷材料并以上述成形工艺来制造。

（2）用户对产品品质要求的提高推动了成形工艺的改进。例如，炒菜用的铸铁锅有两种成形工艺（图 22.8）：传统工艺是采用泥型铸造成形工艺（图 22.8a），铸造铁锅的锅底部有铲除直浇道的结疤，既不美观，又影响使用，甚至可使锅底浇道处产生渗漏。而且泥型铸造靠铁水重力充型，为了防止铁水浇不足，铸铁锅的壁厚不能太薄。改用挤压铸造工艺生产（图 22.8b），可定量浇入铁液，不用浇注系统，直接由上模向下挤压铸造成形。所铸出的铁锅外形美观，壁薄而均匀，质量小，组织致密，不渗漏，使用寿命长，并可节省铁水消耗，生产率高，劳动条件好，便于组织机械化流水线生产。

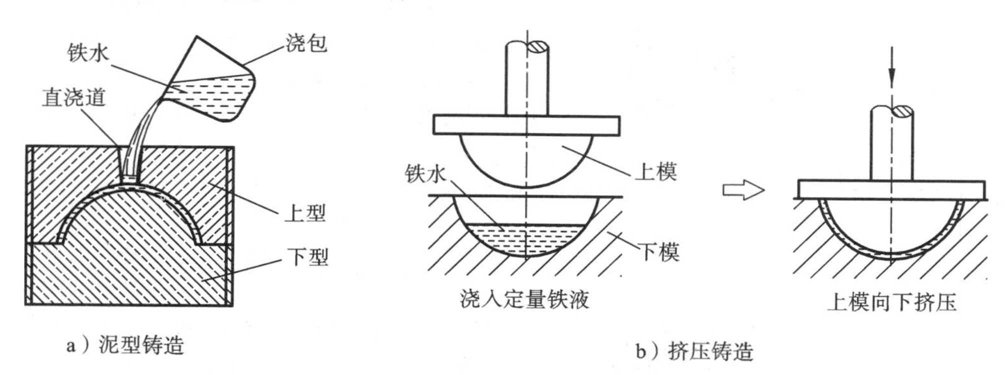

图 22.8　铸造铁锅的两种成形工艺

4. 应重视产品品质对于成批、大量生产的重要性

产品的尺寸精度高，表面平整，无氧化皮，无黏砂缺陷，硬度均匀，品质稳定，对成批、大量生产来说是非常重要的。在单件、小批生产时，为了减少工装成本，往往不用专用夹具，毛坯靠划线找正，其精度允许低一些，加工余量也留得大些。可是在大量生产时，特别是当材料成本在总成本中所占比例较大时，改用先进的成形方法提高毛坯精度，就可收到明显的经济效果。因为采用近净形化新工艺增加的毛坯成本支出，可以通过大量减少切削加工工序及工时得到补偿,甚至可有盈余。

例如,某工厂制造直柄麻花钻,年产量 200 万件,所用材料为高速钢(8 057 元/吨),其材料成本占总成本的 78%。采用轧制成形工艺并设法提高其轧制毛坯精度后,磨削余量由原来的 0.4 mm 减为 0.2 mm,由此每年可节约高速钢 47.8 t,仅此一项每年即可节约 38 万余元,另外还可减少磨削工时与砂轮消耗。由此可见在大量生产时毛坯精度及相应成形工艺的重要性。

22.3　材料成形工艺的选择示例

22.3.1　承压油缸毛坯

1. 技术分析

承压油缸如图 22.9 所示,其材料为 45 钢,工作压力为 15 MPa,要求水压试验压力为 3 MPa,年产 200 件。图样规定内孔及两端法兰结合面为加工面,不允许有任何缺陷,其余外圆部分不加工。

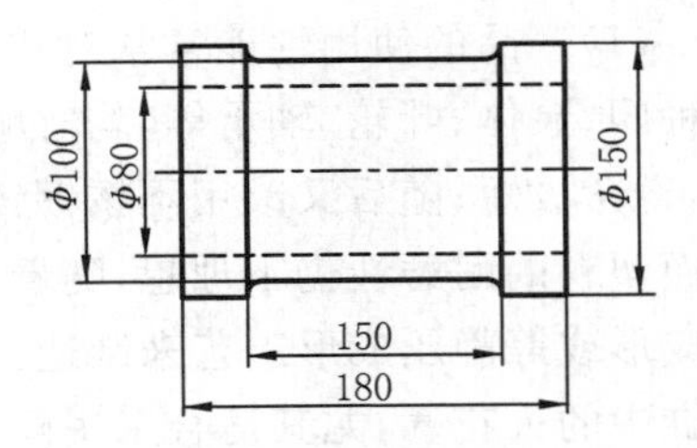

图 22.9　承压油缸

2. 成形工艺方案选择及比较

承压油缸毛坯成形工艺方案选择及比较如表 22.1 所示。

表 22.1　承压油缸毛坯成形工艺方案选择与比较

方案号	方案名称	工艺简图	工艺说明	优点	缺点
1	用圆钢车削加工	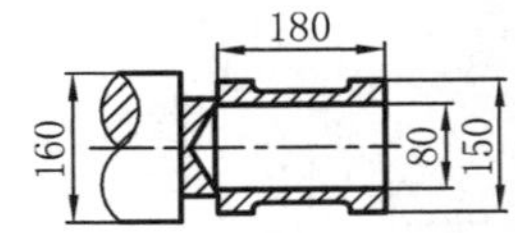	钻 φ60 mm 底孔→粗车外圆及端面→精镗孔至 φ80 mm→粗车外圆及端面→切断	可全部过水压试验	内、外表面加工余量大,切削加工费用高,材料利用率低
2	砂型铸造	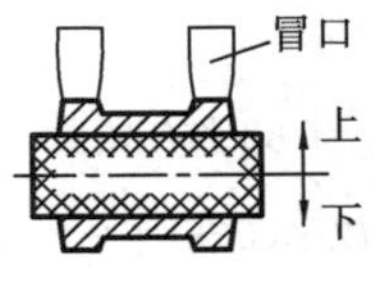	平浇,法兰顶部安置冒口	工艺简单,内孔铸出,加工量少	法兰与缸壁交接处补缩不好,水压试验合格率低,内孔品质不好,冒口浪费钢液
		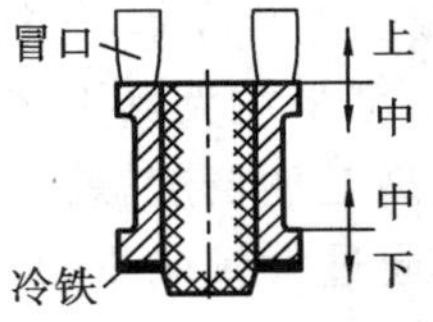	立浇,上部用冒口,下部法兰端面用冷铁	缩松问题有所改善,内孔品质较好	仍不能全部通过水压试验

续表

方案号	方案名称	工艺简图	工艺说明	优　点	缺　点
3	平锻	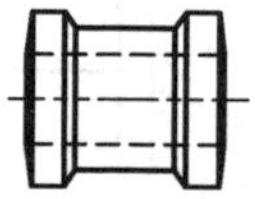	平锻机上锻造	能全部通过水压试验,能锻出通孔,锻件精度高,可锻出法兰及通孔,加工余量少	平锻机昂贵,模具昂贵,工艺准备时间长,批量太小时不合适
4	模锻	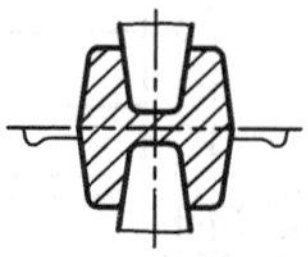	工件立放	可通过水压试验,能锻出孔(但有连皮)	设备昂贵,模具成本高,不能锻出法兰,外圆面加工余量大
		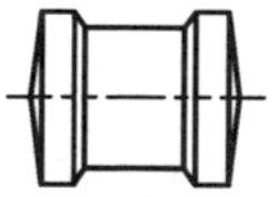	工件卧放	可通过水压试验,能锻出法兰	设备昂贵,模具成本高,锻不出孔,内孔的加工余量大
5	胎模锻	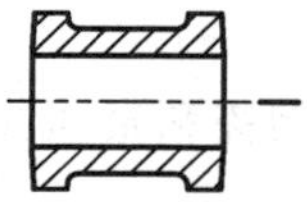	在空气锤上先镦粗、冲孔、带心轴拔长,然后在胎模内带心轴锻出法兰	能全部通过水压试验,可锻出法兰及通孔,加工余量小,设备与模具成本不高	生产率比锤上模锻法低,非加工面上有披缝(但可打磨除去)
6	焊接	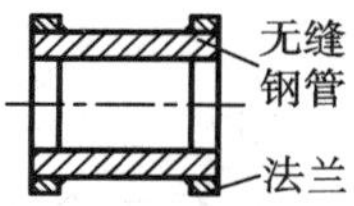 无缝钢管 法兰	用无缝钢管,两端焊上法兰	材料最省,工艺准备时间短,不需要特殊设备,能全部通过水压试验	不易获得此规格的无缝钢管
结　论	结合批量与现实可能性考虑,以方案 5 最合理,因为不需要特殊设备,胎模成本不高,能保证产品品质,且原材料供应有保证				

22.3.2　耐酸离心泵

1. 耐酸离心泵的工作原理及主要结构

图 22.10 所示为耐酸离心泵结构图。它主要由泵体、叶轮、后座体和冷却夹套及机械端面密封件所组成,其进、出口内径分别为 75 mm、65 mm,流量为 20 m^3/h,转速为 2 900 r/min,功

率为 3 kW,要求能输送 100 ℃以下的任意浓度的无机酸、碱、盐溶液,特别是输送氢氟酸时,泵体应具有优良的耐蚀性。

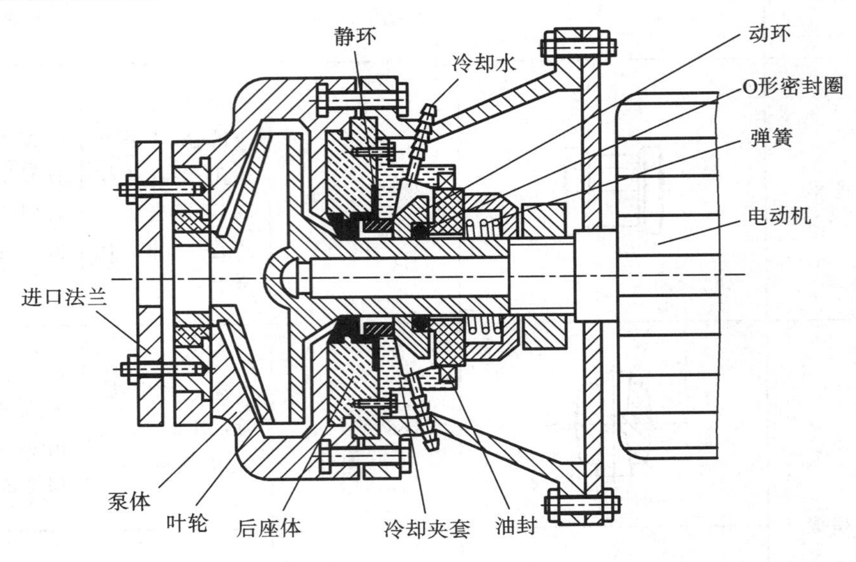

图 22.10　耐酸离心泵

2. 各部件材料及成形工艺选择

(1)泵体采用聚四氟乙烯压制成形。聚四氟乙烯具有优良的耐蚀性,尤其是耐氢氟酸性能为一般不锈钢或玻璃钢所不及。泵体形状复杂,故采用压塑成形工艺成形。

(2)叶轮采用聚四氟乙烯压制成形,与金属联轴器连接。

(3)后座体和冷却夹套因形状复杂而采用耐蚀合金铸铁铸造成形,与酸接触的部分,内衬采用聚四氟乙烯压制成形。

(4)端面密封件除要求耐蚀外,还要求耐磨,故采用陶瓷和聚四氟乙烯材料,分别进行陶瓷模压与塑料压制加烧结成形来制造。

3. 使用效果

某药厂使用直径为 1.5 in(38 mm)的聚四氟乙烯离心泵,输送 30%(体积分数)的盐酸和醋酸钠溶液等,轴冷却水阀门常开,在 0.2～0.3 MPa 压力下无泄漏现象,使用半年以上无损坏。

4. 技术分析

以上说明,由所选择的材料和成形工艺制造的耐酸离心泵在输送所要求的介质时是可以正常工作的。但聚四氟乙烯离心泵不适合输送含微小固体颗粒的介质以及高卤化物、芳香族化合物、发烟硫酸和 95%(体积分数)的浓硝酸等。如需输送以上物质,则必须改用陶瓷材料来制造离心泵,并根据其批量和品质要求选用离心注浆成形或真空注浆成形等工艺。

22.3.3　汽车轮毂

1. 对汽车轮毂的要求

轮毂(又称轮圈、车铃)是汽车上最重要的安全零件之一,其外观造型有宽轮辐、窄轮辐、多轮辐、少轮辐及空心轮辐等许多形状(图 22.11),按材质有钢制轮毂和铝制轮毂之分。轮毂承受汽车和装载物的重力作用,受到车辆在启动、制动时动态扭矩的作用,还承受汽车在行驶过

图 22.11　汽车轮毂的类型举例

程中转弯时的冲击及凹凸路面、路面障碍物冲击等带来的不同方向动态载荷造成的不规则交变力。轮毂的质量和可靠性不但关系到车辆和车上人员、物资的安全性，还影响到车辆在行驶中的平稳性、操纵性、舒适性等性能，这就要求轮毂动平衡性能好、疲劳强度和刚度高、弹性好、尺寸和形状精度高、质量小等。铝合金轮毂具有质量小、散热快、减震性能好、寿命长、安全可靠、外观美丽、图案丰富多彩、尺寸精确、动平衡性能好等优点，满足了上述要求，在安全性、舒适性和轻量化等方面表现突出，博得了市场青睐，正逐步代替钢制轮毂成为当前的最佳选择。

2. 铝合金轮毂的成形工艺

铝合金轮毂的性能直接取决于其采用的成形工艺。铝合金轮毂有如下类型的成形工艺。

1)铸造成形

目前砂型铸造轮毂已被淘汰，一般采用的是金属型重力铸造、低压铸造、挤压铸造轮毂。

低压铸造具有生产效率高、铸件组织致密、自动化程度高等特点，可满足汽车铝合金轮毂的制造需要，成为近年来国际上的主流工艺。占国内总产量的 85%以上的汽车铝合金轮毂都是采用低压铸造成形工艺生产的，其余采用金属型重力铸造、挤压铸造成形工艺生产。采用高真空反压铸造成形工艺生产轮毂可产生近乎锻造的效果。铸造轮毂的价格比锻造的低，但力学性能不如锻件，主要作为一般的汽车用轮毂。

2)锻造成形

锻造轮毂的组织是破碎晶粒的锻态组织，优于铸造轮毂的枝晶状晶粒的铸态组织。就单项力学性能指标(伸长率)而言，锻造轮毂普遍较铸造轮毂高 30%～50%，强度则是铸造轮毂的 3 倍，而质量比铸造轮毂小 20%。锻造轮毂结构非常紧凑扎实，可以承受较高的应力，当车子辗过路面坑洞时，铸造轮毂可能变形，而锻造轮毂却有可能安然无恙。在造型设计上，对于锻造轮毂可以设计出比较活泼的细轮辐，能大大减小材料的厚度，提高整车的承载质量与非承载质量的比值,提高操控性能。性能卓越的车(如赛车、载货车和大型客车),全部都是采用的锻造轮毂。

铝合金轮毂的锻造成形工艺有以下几种:

(1)固体锻造成形　根据轮毂材质和尺寸,可采用热锻与冷锻,如对结构简单的卡车铝轮毂,可以用热锻造成形生产,以 6 000 t 的压力趁着热劲,把一块铝锭压成一个轮毂。冷锻比热锻更能降低轮毂的表面粗糙度,并可提高其强度,但加工比热锻更难。

(2)锻造-旋压成形　那些越来越精美的轿车与摩托车轮毂,用单一的固体锻造是很难生产出来的。这就需要先铸造或锻造成形出基本形状的毛坯,然后再到锻压机床上对毛坯进行旋压、精锻。大部分结构很复杂、外观很精美的轮毂,都可用这种成形工艺来生产。

(3)液态模锻成形　采用液态模锻工艺,使铝合金液在高压下结晶,并在结晶过程中产生一定量的塑性变形,消除缩孔、疏松、气孔等缺陷,产品既具有接近锻件的优良力学性能,又有精铸件一次精密成形的高效率、高精度,且投资大大低于低压铸造成形。液态模锻的主要问题在于在轮缘与原浇注液面之间容易形成较深的冷隔,必须采取相应的工艺措施才能避免。

(4)半固态锻造成形　半固态锻造(semi-solid forging,SSF)是介于金属液态成形(铸造和液态锻造)和普通热锻造之间的一种成形工艺,实质上也是连铸连锻成形工艺。它是先制取细小均匀的球形晶粒铸造坯料,然后将其按所需质量锯切成锻造坯料,在自动控制加热温度的炉内加热到含有 30%～50%液体的半固态,在轮毂毛坯铸件低压充型结束后,由专用锻压机(对向三锻压低压铸造充型液态模锻轮毂机)分别对轮毂的毂、辐条和轮辋直接进行独立强制模锻,一次压制成形。采用该工艺可以生产出结构更复杂、辐条更简单精细、图案更精美、内部组织更致密的锻态轮毂。该锻态轮毂机械强度比用前述工艺生产的轮毂高 20%以上,伸长率高 50%～100%甚至更多,冲击韧度高 200%～500%,轮毂表面粗糙度为 1.6～0.8 μm,表面加工效果可媲美机加工出的镜面反光效果。

半固态锻造是在由计算机控制的自动化生产线上进行的,具有生产率高、再现性强、尺寸精密、切削加工量少等优点,是目前铝合金轮毂及其他零件成形的先进技术。并且研究人员还开发了采用此工艺的镁合金轮毂生产设备。该法已成为我国汽车铝、镁轮毂生产的新途径。

22.3.4　小型汽油发动机

1. 发动机结构及工作原理

图 22.12 所示的为小型汽油发动机。其主要支承件是缸体和缸盖。缸体内有气缸、曲轴及轴承,气缸内有活塞(其上带活塞环及活塞销)、连杆;缸体的右侧面有凸轮轴,背面有离合器壳、飞轮(图中未画出)等;缸体底部为油底壳;缸盖顶部有进、排气门、挺杆、摇臂、火花塞及配电系统(图中未示出)等。

小型汽油发动机的工作循环如下:

①由配电系统控制电喷系统(图中未示出)使火花塞点火,气缸内的可燃气体燃烧膨胀,产生很大的压力,使活塞下行,借助连杆将活塞的往复直线运动,转变为曲轴的回转运动;

②通过曲轴上的飞轮储蓄能量,使曲轴转动平稳连续;

③再通过离合器及齿轮传动机构传递发动机的动力,驱动汽车行驶。

④发动机中的凸轮轴、挺杆、摇臂系统用来控制进、排气门的开闭,周期性地实现进气、点火燃烧、膨胀、活塞下行推动曲轴回转、活塞上升、排气等步骤,连续不断地进行循环工作。

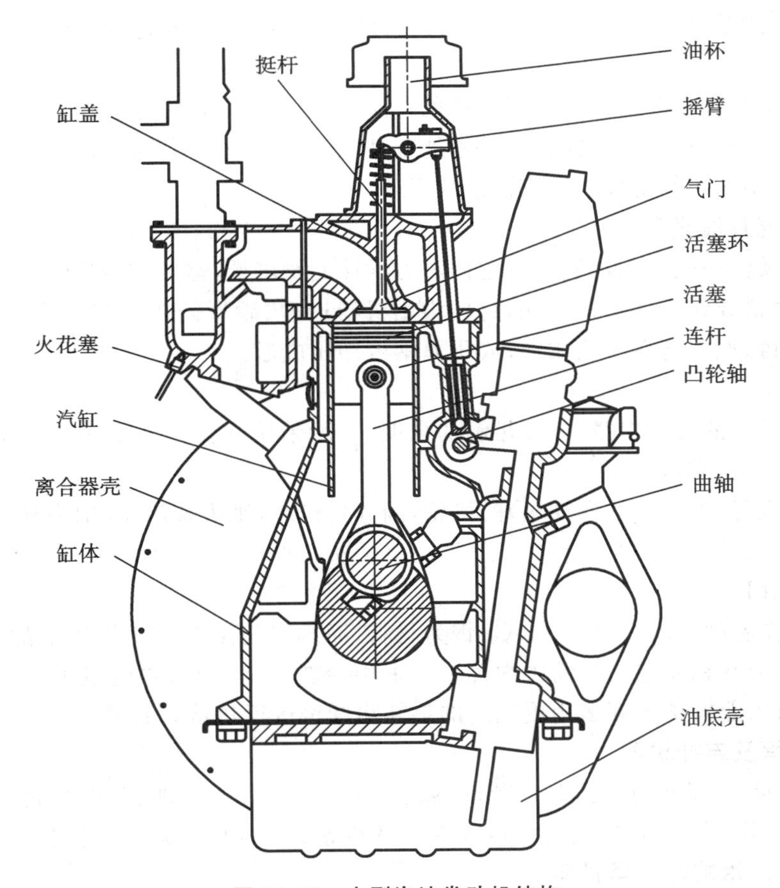

图 22.12　小型汽油发动机结构

2. 发动机上各主要零件的材料及成形工艺的选择

1)缸体、缸盖

缸体、缸盖为形状复杂件，其内腔尤为复杂，且为基础支承件，有吸震性的要求，同时汽车多为批量生产，故选用 HT200 材料，并选用机器造型、砂型铸造工艺成形。

用在摩托车、轿车、快艇或飞机上的小型发动机缸体、缸盖，由于要求其质量小，则常选用铸造铝合金材料，并根据批量及耐压要求，可选用压铸或低压铸造工艺成形。

2)曲轴、连杆、凸轮轴

曲轴、连杆、凸轮轴多采用珠光体球墨铸铁材料，可采用机器造型、砂型铸造或金属型覆砂工艺成形。对于小型的曲轴、连杆及凸轮轴，当毛坯尺寸精度要求更高时，可选用球墨铸铁通过壳型铸造或熔模铸造工艺成形；当力学性能要求较高、受冲击载荷较大时，也可采用 45 钢模锻成形。

3)活塞

国内外生产汽车活塞最普遍的成形工艺是铸造铝合金金属型铸造成形。船用大型柴油发动机的活塞常采用铝合金低压铸造或液态模锻成形以达到较高的内部致密度和力学性能。

4)活塞环

活塞环是箍套在活塞外侧的环槽中并与气缸内壁直接接触、与它之间存在滑动摩擦的薄片环形零件。要求其有良好的减摩和润滑特性，并能承受活塞头部点火燃烧所产生的高温和高压,一般多采用孕育铸铁 HT250、球墨铸铁或低合金铸铁及机器造型、叠箱造型铸造成形。

5)**摇臂**

摇臂须频繁地摇摆并要承受气门挺杆的作用力,应有一定的力学性能,并且与挺杆接触的头部要求耐磨。同时摇臂除孔需进行机械加工外,其外形基本不加工,故对毛坯的形状和尺寸精度要求较高,多选用铸造碳钢精密铸造成形。

6)**离合器壳及油底壳**

离合器壳及油底壳均系薄壁件。它们对力学性能要求低,但要求铸造性能好,可采用普通灰铸铁、孕育铸铁或铁素体球墨铸铁,它们均用机器造型、砂型铸造工艺成形。质量小的可用铸造铝合金压铸、低压铸造工艺成形;或用薄钢板冲压成形。

7)**飞轮**

飞轮承受较大的转动惯量,应有足够的强度,一般采用孕育铸铁或球墨铸铁材料,用机器造型、砂型铸造工艺成形。

高速发动机(如轿车上的发动机)的飞轮,因其转速高,则需选用 45 钢为材料,用闭式模锻工艺成形。

8)**进、排气门**

进气门工作温度不高,一般用 40Cr 钢为材料,而排气门则在 600 ℃以上的高温下持续工作,多用含氮的耐热钢制造。目前国内仍主要采用冷轧圆钢棒料,先电镦头部法兰,再用模锻工艺终锻成形;工业发达国家多用更先进的热轧粗圆钢进行热挤压成形。

9)**曲轴轴承及连杆轴承**

曲轴轴承及连杆轴承均属于滑动轴承,多采用减摩性能优良的铸造铜合金(如 ZCuSn5Pb5Zn5 等)为材料,用离心铸造或真空吸铸等工艺成形。采用铝基合金轧制轴瓦。

10)**发动机上用的非金属材料**

(1)缸盖与缸体之间的密封垫用石棉板冲压成形;

(2)多种密封圈采用橡胶模压成形;

(3)一些在无油润滑条件下工作的活塞环可用自润滑性能良好的聚四氟乙烯塑料进行压制及烧结成形;

(4)要求耐磨、耐热的气门座圈、挺杆套等,可用粉末冶金成形工艺压制成形。

由此可见,发动机上零件的成形几乎涉及本书所介绍的全部材料成形工艺。

复习思考题

(1)试举两例说明改变产品的结构对成形工艺经济效益的影响。

(2)图 22.13 所示的为空调器中的冷却水管的接头,底部 ϕ7 mm 的孔为进水孔,而另一端的四个 ϕ5 mm 的孔为出水孔。该件要求壁薄,质量小,散热快,能承受自来水的压力,请为它选择材料及成形工艺。

(3)焊接 500 mm×700 mm×1 200 mm 的容器,所用材料为 1Cr18Ni9Ti 钢,板厚 2 mm,批量为 200 件。试从手弧焊、气焊、埋弧焊、氩弧焊、电阻焊、等离子弧焊等方法中选择一种最合理的焊接方法。若只生产 2 件,又该如何选择?

(4)图 22.14 所示的为自来水龙头的阀体,年产 3 万件,请推荐两种材料及成形工艺,并加以比较。

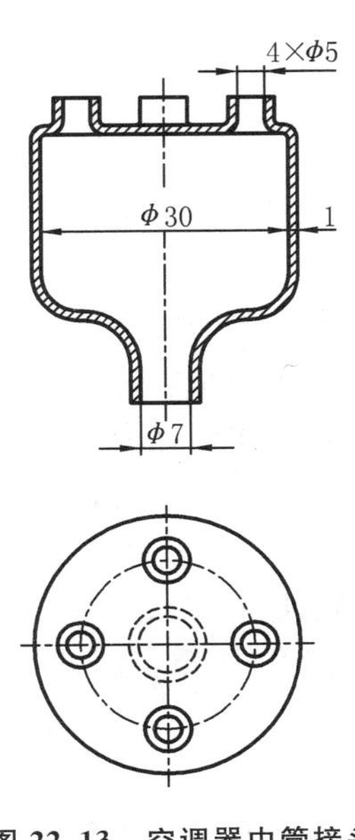

图 22.13　空调器中管接头

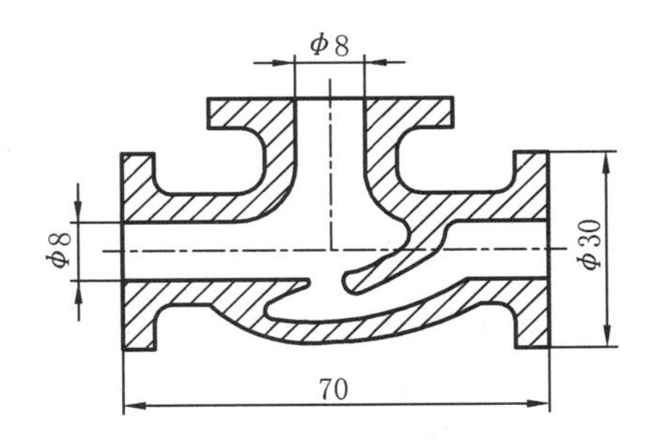

图 22.14　阀体

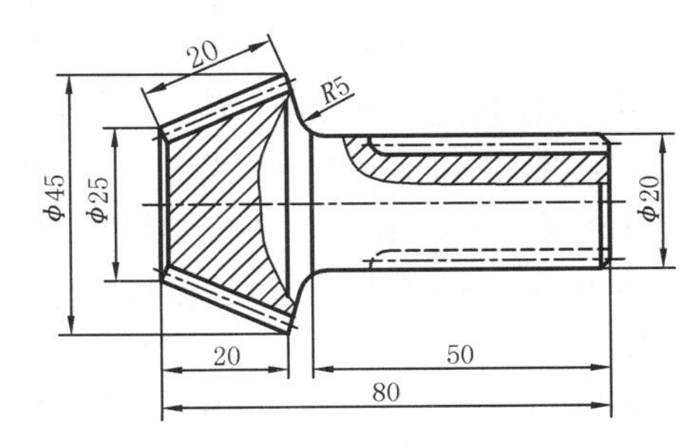

图 22.15　锥齿轮

(5)某厂要生产图 22.15 所示的锥齿轮，要求其耐冲击、耐疲劳、耐磨损，对力学性能要求较高。当批量分别为 10 件、200 件与 10 000 件时，分别该如何选择材料及毛坯的成形工艺？

(6)某油田需要生产 5 000 个 ϕ60 mm 的提升原油的深井泵泵轮，试为其选择生产泵轮的材料及相应的成形方法，并说明理由。

(7)试为大型船用柴油机、高速轿车及普通汽车上的活塞选择材料及成形工艺。

(8)试为汽车驾驶室中的方向盘选择三种材料及成形工艺，并进行比较。

(9)试为下列齿轮选择材料及成形方法：

①承受冲击的高速重载齿轮，ϕ200 mm，批量为 2 万件；

②不承受冲击的低速中载齿轮，ϕ250 mm，批量为 50 件；

③小模数仪表用无油润滑小齿轮，ϕ30 mm，批量为 3 000 件；

④卷扬机大型人字齿轮，ϕ1 500 mm，批量为 5 件；

⑤钟表用小模数传动齿轮，ϕ15 mm，批量为 10 万件。

参考文献

[1] 王文清,李魁盛.铸造工艺学.北京:机械工业出版社,1998.

[2] 张伯明.铸造手册(第1卷:铸铁).3版.北京:机械工业出版社,2011.

[3] 娄延春.铸造手册(第2卷:铸钢).3版.北京:机械工业出版社,2012.

[4] 戴圣龙.铸造手册(第3卷:铸造非铁合金).3版.北京:机械工业出版社,2011.

[5] 李新亚.铸造手册(第5卷:铸造工艺).3版.北京:机械工业出版社,2011.

[6] 姜不居.铸造手册(第6卷:特种铸造).3版.北京:机械工业出版社,2014.

[7] 王运赣.快速成形技术.武汉:华中理工大学出版社,1999.

[8] 杜东福,苟文熙.冷冲压模具设计.长沙:湖南科学技术出版社,1985.

[9] 翁其金.冷冲压与塑料成形——工艺及模具设计(上、下册).北京:机械工业出版社,1990.

[10] 林发禹.特种锻压工艺.北京:机械工业出版社,1991.

[11] 焊接学会.焊接手册(第2卷:材料的焊接).北京:机械工业出版社,1992.

[12] 焊接学会.焊接手册(第3卷:焊接结构).北京:机械工业出版社,1992.

[13] 赵熹华.压力焊.北京:机械工业出版社,1992.

[14] C.A.库尔金.焊接结构生产工艺:机械化与自动化图册.关桥,等译.北京:机械工业出版社,1995.

[15] 赵保金.集成电路封装.北京:国防工业出版社,1993.

[16] 何康生,曹雄夫.异种金属的焊接.北京:机械工业出版社,1986.

[17] 姜焕中.电弧焊及电渣焊.北京:机械工业出版社,1988.

[18] 王桂萍,邱以云.塑料模具的设计与制造问答.北京:机械工业出版社,1999.

[19] 植村益次,牧广.高性能复合材料最新技术.贾丽霞,白淳岳,译.北京:中国建筑工业出版社,1989.

[20] 成都科技大学.塑料成型工艺学.北京:中国轻工业出版社,1995.

[21] 成都科技大学,北京化工学院,天津轻工业学院,等.塑料成型模具.北京:中国轻工业出版社,1993.

[22] 钱知勉.塑料性能应用手册.上海:上海科学技术文献出版社,1982.

[23] 塑料模设计手册编写组.塑料模设计手册.北京:机械工业出版社,1988.

[24] 陈耀庭.橡胶加工工艺.北京:化学工业出版社,1993.

[25] 李郁忠.橡胶材料及模塑工艺.西安:西北工业大学出版社,1989.

[26] 王盘鑫.粉末冶金学.北京:冶金工业出版社,1997.

[27] 粉末冶金模具手册编写组.粉末冶金模具手册:模具手册之一.北京:机械工业出版社,1978.

[28] 王运炎.金属材料与热处理.北京:机械工业出版社,1984.

[29] G.皮亚蒂.复合材料进展.赵渠森,伍临尔,译.北京:科学出版社,1984.

[30] KALPAKJIAN S,SCHMID S R. Manufacturing engineering and technology. 4th ed.

Upper Saddle River:Prentice Hall,2001.

[31] 李建辉,李春峰,雷廷权. 金属基复合材料成形加工研究进展. 材料科学与工艺,2002,10(2):207-212.

[32] 董永祺. 我国树脂基复合材料成型工艺的发展方向. 纤维复合材料,2003(2):32-35.

[33] 欧阳明. 挤压压铸模锻工艺与装备技术的突破. 铸造纵横,2003(10):23-26.

[34] 欧阳明. 挤压压铸技术在汽车、摩托车精密铸件上的应用. 铸造技术,2004,25(5)363-364.

[35] 欧阳明,欧阳润松. 杯状壳体类零件压铸模具改为挤压压铸模锻模具的方案. 铸造技术,2005,26(4):350.

[36] 施江澜. 材料成形技术基础. 北京:机械工业出版社,2005.

[37] 樊自田. 先进材料及成形工艺. 北京:化学工业出版社,2006.

[38] 于治水,李瑞峰,祁凯. 金属基复合材料连接方法研究综述. 热加工工艺,2006,35(7):44-48.

[39] 乔东,胡红. 树脂基复合材料成型工艺研究进展. 塑料工业,2008,36(z1):11-17.

[40] 叶长青,杨青芳. 树脂基复合材料成型工艺的发展. 粘接,2009(1):66-70.

[41] 程远胜,张艳英,杜之明. 局部增强铝基复合材料挤压铸造一体化成形技术. 特种铸造及有色合金,2010,30(3):231-233.

[42] 滑有录,王海龙. 喷射成形技术的发展与应用. 金属铸锻焊技术,2010(11):192-196.

[43] 何亚飞,矫维成,杨帆,等. 树脂基复合材料成型工艺的发展. 纤维复合材料,2011(2):7-13.

[44] 贺毅强. 金属及金属基复合材料粉末成形技术的研究进展. 热加工工艺,2013,42(4):109-112.

[45] 焦健,刘善华. 化学气相渗透工艺(CVI)制备陶瓷基复合材料的进展研究. 航空制造技术,2015,483(14):101-104.

[46] 沈其文. 选择性激光烧结 3D 打印技术. 西安:西安电子科技大学出版社,2016.

[47] 景婷婷. 典型先进树脂基复合材料成型工艺的发展综述. 现代工业经济和信息化,2016,6(20):69-70.

[48] 康永,豆高雅. 陶瓷基复合材料研究现状和应用前景. 陶瓷,2016(11):9-14.

[49] 艾江,张小红,王坤,等. 连续纤维增强陶瓷基复合材料合成技术及发展趋势. 陶瓷,2016(12):9-13.

[50] 钱芳. 成型工艺在树脂基复合材料的发展. 科技与创新,2017(7):49.

[51] 尚峰,乔斌,贺毅强,等. 氧化铝陶瓷基复合材料的近净成形制备技术研究现状. 热加工工艺,2017,46(10):35-37.

[52] 朱怡臻,王瑛,陈鸣亮,等. 先进树脂基复合材料 RTM 成型工艺研究及应用进展. 塑料工业,2020,48(5):18-22,128.

[53] 林峰. 电子束粉末床熔融技术研究进展与前瞻. 科技瞭望,2019(1):35-39.

表 4.1 铸造工艺图中符号及表示方法

名　称	符　号	说　明
浇注位置、分型面及分模面	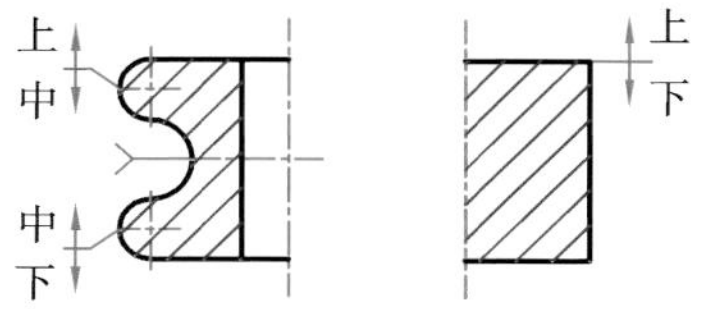 上 中 中 下 上 下	用蓝色或红色线和箭头表示，其中汉字及箭头表示浇注位置，曲、折线及直线表示曲面分型面，直线尾端开叉表示分模面
机械加工余量和起模斜度	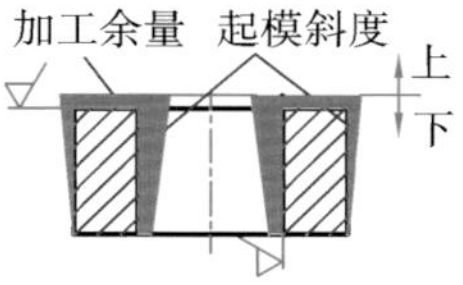 加工余量 起模斜度 上 下	用红线绘出轮廓，剖面处涂以红色(或细网格)；加工余量值用数字表示；有起模斜度时，一并绘出
不铸出的孔和槽	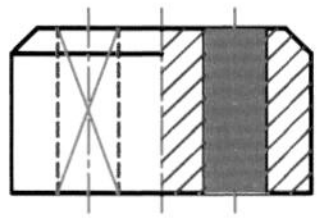	用红“×”表示，剖面涂以红色(或以细网格表示)
型芯	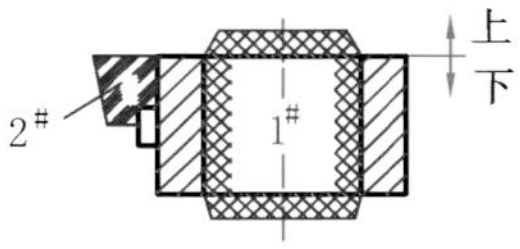 上 下 2# 1#	用蓝线绘出芯头，注明尺寸；不同型芯用不同的剖面线或数字序号表示；型芯应按下芯顺序编号
活块	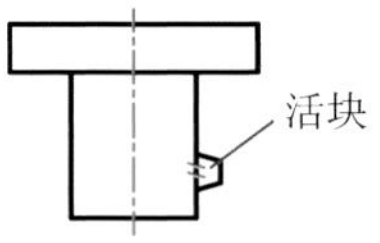 活块	用红色斜短线表示，并注明“活块”
芯撑	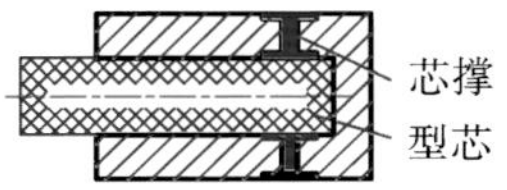 芯撑 型芯	用绿色或蓝色绘出，并注明“芯撑”
浇注系统	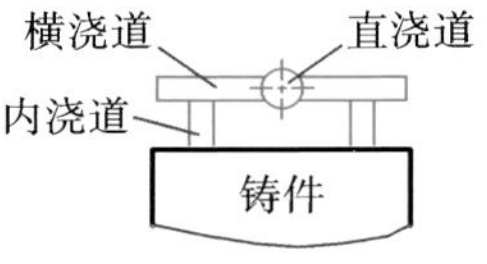 横浇道 直浇道 内浇道 铸件	用红色绘出，并注明主要尺寸
冷铁	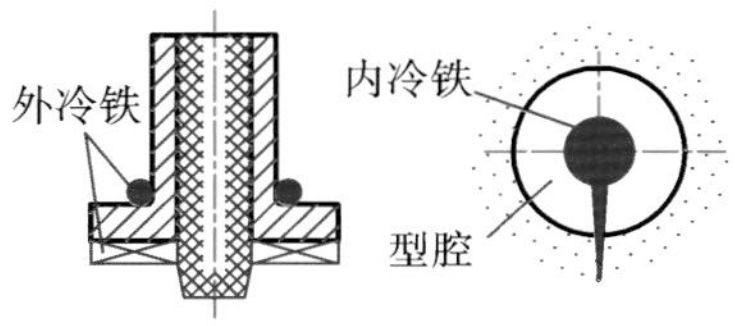 外冷铁 内冷铁 型腔	用绿色或蓝色绘出，并注明“冷铁”

铸件色温
铸　件：wheel
材　质：ZL101A

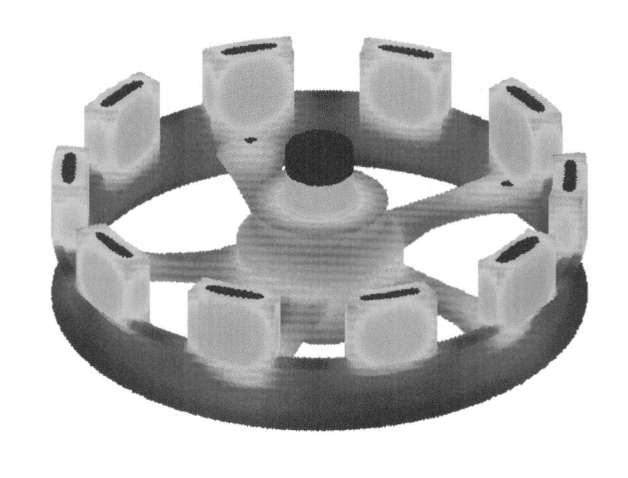

温度色标

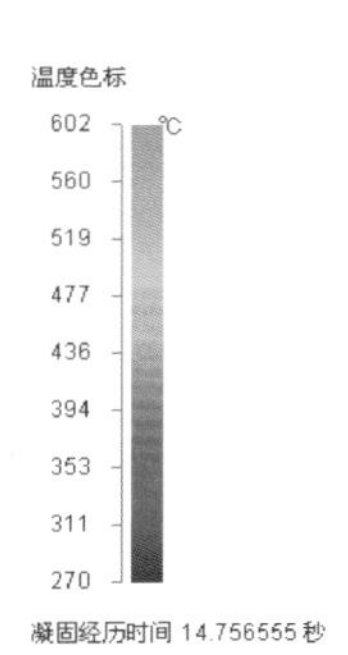

凝固经历时间 14.756555 秒

图 4.21　汽车轮毂铸件凝固时的温度场分布图

液相分布
铸　件：wheel
材　质：ZL101A

总共 21 个液相区，液相总体积 1144.13 cc
—固相
—液相
临界固相温度 ＝573　°C
凝固经历时间 11.875829 秒

图 4.22　汽车轮毂铸件的液相及缺陷分布(全部)

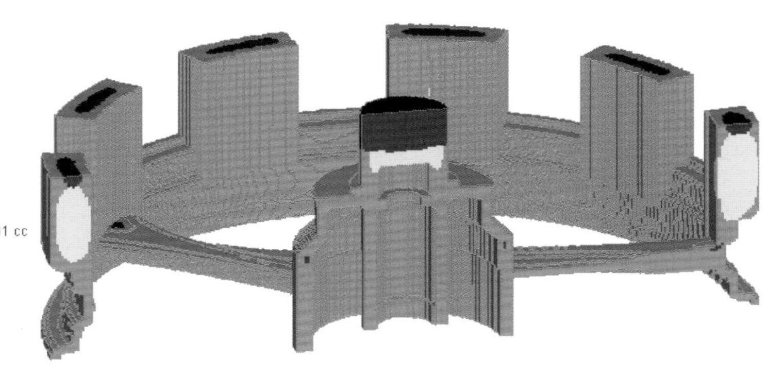

图 4.23 汽车轮毂铸件的液相及缺陷分布(剖分)

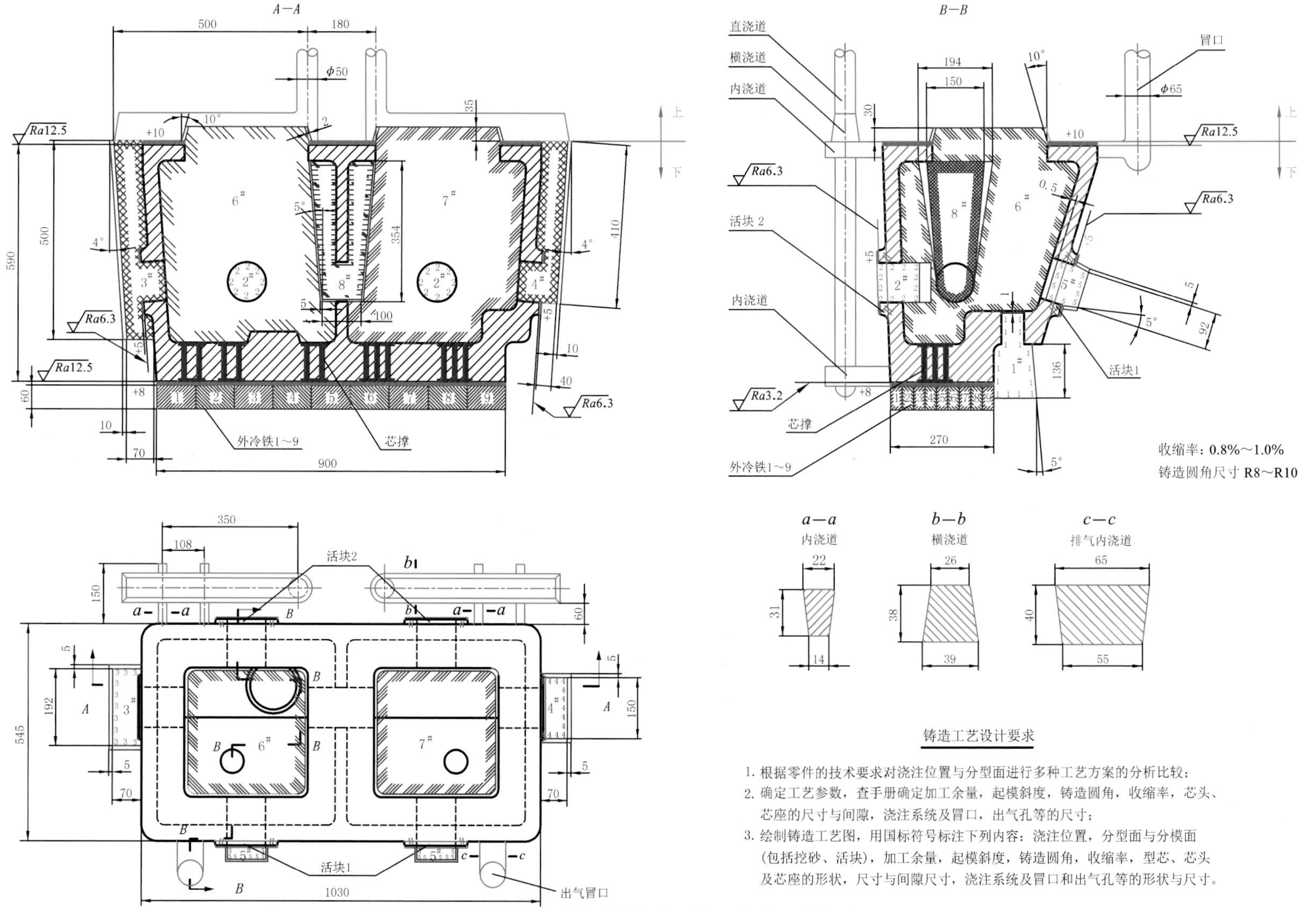

图 4.28　机床底座的铸造工艺图(部分尺寸从略)